COURS ÉLÉMENTAIRE
DE PHYSIQUE

RÉDIGÉ

CONFORMÉMENT AUX PROGRAMMES DES LYCÉES

(ENSEIGNEMENT CLASSIQUE ET ENSEIGNEMENT SPÉCIAL)

ET AUX PROGRAMMES POUR LES EXAMENS DU BACCALAURÉAT ÈS SCIENCES
ET DU BACCALAURÉAT ÈS LETTRES

PAR

M. AD. FOCILLON

Officier de la Légion d'honneur
Ex-professeur de Sciences physiques au Lycée Louis-le-Grand
Directeur de l'École municipale Colbert

PARIS

CH. DELAGRAVE, LIBRAIRE-ÉDITEUR

58, RUE DES ÉCOLES, 58

COURS ÉLÉMENTAIRE

DE PHYSIQUE.

PARIS. — Impr. J. CLAYE. — A. QUANTIN et Cie, rue Saint-Benoît.

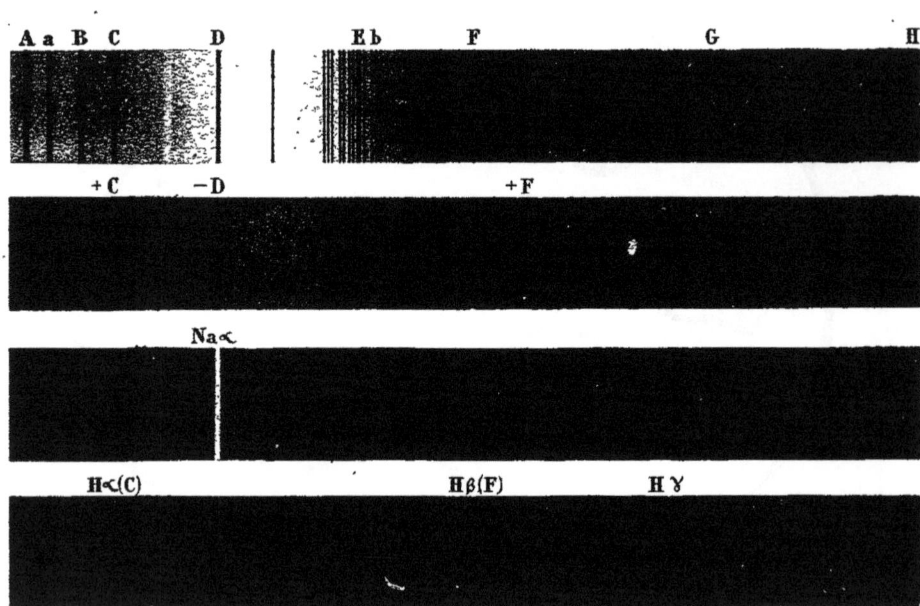
A a B C D
E b F G H
+C −D +F
Na α
H α(C) H β(F) H γ

COURS ÉLÉMENTAIRE

DE PHYSIQUE

RÉDIGÉ

CONFORMÉMENT AUX PROGRAMMES DES LYCÉES

(ENSEIGNEMENT CLASSIQUE ET ENSEIGNEMENT SPÉCIAL)

ET AUX PROGRAMMES POUR LES EXAMENS DU BACCALAURÉAT ÈS SCIENCES
ET DU BACCALAURÉAT ÈS LETTRES

PAR

M. AD. FOCILLON

Officier de la Légion d'honneur

Professeur de Sciences physiques au Lycée impérial Louis-le-Grand

SIXIÈME ÉDITION

PARIS

LIBRAIRIE CH. DELAGRAVE

15, RUE SOUFFLOT, 15

1880

COURS ÉLÉMENTAIRE

DE PHYSIQUE

CHAPITRE PREMIER.

PRÉLIMINAIRES.

DIVISIONS DE LA PHYSIQUE. — PROPRIÉTÉS GÉNÉRALES DE LA MATIÈRE. — PRINCIPALES ESPÈCES DE MOUVEMENTS. — RELATION DES FORCES CONSTANTES AVEC LES VITESSES QU'ELLES IMPRIMENT. — NOTION DE LA MASSE. — PRINCIPES DE LA COMPOSITION DES FORCES.

DIVISIONS DE LA PHYSIQUE. — On nomme *matière* tout ce qui, dans le monde créé, nous révèle son existence en agissant sur nos sens ; ou, d'une façon plus explicite, tout ce qui se touche, se goûte, se sent par l'odorat, se fait voir ou entendre. La matière se présente à nous en amas, de dimensions, de consistance, de propriétés très-variées, que l'on nomme les *corps*. En observant ces corps, on remarque, non-seulement qu'ils se distinguent les uns des autres de bien des façons, mais encore qu'ils sont sujets à des changements considérables dont il est besoin de rappeler quelques exemples connus.

Un morceau de glace abandonné à lui-même par un temps doux se transforme peu à peu en eau par la fusion. Exposée à un froid suffisant, cette eau retourne à l'état de glace ; maintenue à l'air libre pendant longtemps, elle diminue et s'épuise peu à peu en s'évaporant, c'est-à-dire en se transformant en vapeur. Mais cette vapeur recueillie dans une cloche de verre non échauffée s'y condense en gouttelettes d'eau.

Un bâton de cire à cacheter frotté sur un morceau de drap acquiert bientôt la propriété d'attirer à lui des parcelles légères, telles que de menus fragments de papier ou des grains de sciure de bois. Abandonné à lui-même, il ne tarde pas à perdre cette propriété momentanée.

Mises en présence d'un aimant, les parcelles de limaille de fer se dirigent vers lui et se fixent à sa surface.

Vus à travers un verre de forme lenticulaire, les corps nous semblent modifiés dans leurs formes et dans leurs dimensions. Néanmoins si nous écartons de nos yeux le verre qui produit ce changement, tout reprend son aspect accoutumé.

Voilà plusieurs cas où les corps ont subi des changements momentanés sous l'empire d'agents extérieurs dont l'influence générale, en les modifiant temporairement, les a laissés identiques à eux-mêmes dès qu'elle a cessé d'agir sur eux. Dans aucun de ces changements il n'y a eu transformation définitive et durable du corps modifié en des corps nouveaux.

Il n'en est pas toujours ainsi. Supposons que l'on prenne un morceau de craie et qu'on le chauffe à un feu énergique; il diminue de poids, devient beaucoup plus dur et très-avide d'eau. Laissez-le refroidir et examinez-le : ce n'est plus de la craie, c'est de la chaux.

Plongez dans de l'eau-forte un morceau de cuivre rouge, le métal se fond ou mieux se dissout assez promptement dans le liquide qui prend une teinte bleue. Il se dégage en même temps des vapeurs rougeâtres. Chauffez doucement pour faire évaporer peu à peu le liquide, il se formera en beaux cristaux au fond du vase un corps bleu d'un aspect vitreux. Le cuivre métallique a disparu ou plutôt s'est transformé en un sel de cuivre.

Allumez dans une petite cupule un morceau de soufre, il brûle avec une flamme bleue, en dégageant des vapeurs épaisses et une odeur forte et suffocante, celle des allumettes soufrées que l'on enflamme. Quand la combustion est finie tout le soufre a disparu et s'est transformé en ces vapeurs irritantes que les savants nomment de l'acide sulfureux.

Le bois qui brûle dans nos foyers passe ainsi à l'état de fumée; la fumée est un mélange de corps aériformes nés de la transformation du bois.

Cette nouvelle série de changements est caractérisée par ce fait qu'ils ont lieu au contact intime des corps et qu'ils modifient leur constitution moléculaire jusqu'à altérer toutes leurs propriétés et à produire de nouveaux corps. Ce sont là des *phénomènes chimiques*.

Dans la première série de changements cités ci-dessus, nous avons au contraire retrouvé constamment les corps qui les avaient subis tels qu'ils étaient primitivement. Leur constitution intime n'a pas été altérée par la modification toute passagère qu'ils ont éprouvée. Ce sont là des *phénomènes physiques*.

On peut donc définir la *Physique*, telle qu'on l'entend aujourd'hui, l'étude des modifications passagères qui se manifestent dans les corps matériels sans que leur nature intime et leurs propriétés individuelles soient altérées d'une façon permanente.

Cette science se divise en plusieurs parties : 1° elle étudie la matière sous ses trois états, l'*état solide*, l'*état liquide*, l'*état gazeux* ou aériforme, et constate plus spécialement les effets variés de la *pesanteur;* 2° elle constate et mesure les phénomènes dus à la *chaleur;* 3° elle étudie et relie entre eux ceux que l'on rapporte à l'*électricité* et au *magnétisme;* 4° elle recherche la cause et les propriétés des sons ou phénomènes d'*acoustique;* 5° enfin elle s'efforce de définir et d'expliquer les effets de la *lumière* ou phénomènes d'*optique.*

Avant d'aborder successivement ces diverses séries de connaissances physiques, il est nécessaire de considérer la matière d'une façon générale.

PROPRIÉTÉS GÉNÉRALES DE LA MATIÈRE.— La matière nous offre d'abord deux propriétés sans lesquelles nous ne pouvons concevoir qu'elle existe, ce sont l'*étendue* et l'*impénétrabilité.*

On nomme *étendue* la propriété que possède nécessairement chaque corps matériel d'occuper une certaine portion de l'espace. La portion d'espace occupée par lui s'appelle son *volume;* elle s'étend dans trois sens ou *dimensions :* la *longueur*, la *largeur* et la *profondeur* ou *épaisseur*. Ces trois dimensions sont physiquement inséparables du corps; par une abstraction de l'esprit, le géomètre les étudie successivement et à part sous les noms de *ligne* (longueur), *surface* (longueur et largeur), *solidité* ou *volume* (longueur, largeur et profondeur). Le physicien considère surtout le volume et les modifications qu'il subit.

On entend par *impénétrabilité* la propriété que présentent les corps de ne pouvoir en même temps occuper une même partie de l'espace. Plusieurs faits semblent au premier abord contraires à l'existence de cette propriété. Mais il suffit de réfléchir quelques instants pour se convaincre que partout où un corps semble pénétrer dans un autre, il en écarte les parties matérielles pour prendre la place de quelques-unes d'entre elles. C'est de cette façon que pénètre dans une planche un clou chassé par le marteau. C'est ainsi que notre main pénètre dans l'eau où nous la plongeons.

L'étendue et l'impénétrabilité constituent essentiellement la matière pour notre esprit, elles en sont inséparables, et c'est pour cela qu'on les nomme les *propriétés nécessaires de la matière*. Si nous observons l'une de ces propriétés sans l'autre, il n'y a pour nous ni corps ni matière. L'ombre que nous projetons derrière nous à la lumière du soleil, a de l'étendue sans être impénétrable; nous ne la considérons pas comme un corps. Il en est de même de notre image reproduite dans un miroir.

L'observation nous révèle en outre dans la matière des propriétés générales qui n'ont pas pour notre esprit le même caractère de nécessité, et qu'on désigne souvent sous le nom de *propriétés contingentes* de la matière. Nous les concevons comme résultant de la volonté du

Créateur qui aurait pu sans doute en ordonner autrement. Un énoncé rapide de ces propriétés suffira dans ces préliminaires.

La matière est *divisible*, sinon jusqu'à l'infini, au moins en parcelles tellement petites que nos sens et nos instruments ne sauraient plus les saisir ni les apercevoir. Elle est *dilatable* et *compressible*; c'est-à-dire que le volume d'un même corps augmente ou diminue sous l'influence de certaines causes, sans que la quantité de matière contenue dans le corps varie en rien. Cette aptitude des corps matériels à changer de volume sans perte ou addition de matière, nous amène à les concevoir comme formés de particules impalpables et invisibles pour nous, bien plus petites que tout ce que nous pouvons voir ou toucher, mais non contiguës et laissant entre elles des intervalles ou *pores* qui diminuent ou augmentent dans la compression ou la dilatation. Un grand nombre de phénomènes se joignent à ceux de compression et de dilatation pour nous démontrer qu'en effet la matière est *poreuse*, même dans les corps qui nous semblent les plus compactes. Il est bien entendu que nos sens n'ont jamais pu nous faire reconnaître l'existence des particules qui laissent ces pores entre elles, ni ces pores eux-mêmes; nous supposons leur existence pour nous rendre compte de plusieurs propriétés de la matière. On donne à ces particules le nom de *molécules* (*molecula*, petite masse) et la supposition de leur existence est le fondement de nos idées sur la constitution des corps matériels.

Les pores ou interstices moléculaires de la matière nous paraissent contenir les agents impondérables auxquels sont dus les phénomènes de chaleur, d'électricité, de magnétisme et de lumière qui seront étudiés plus loin. Ces agents, qu'ils soient multiples ou qu'ils puissent se ramener à un seul, nous sont complétement inconnus dans leur nature et leur manière d'être individuelle; les effets que nous leur attribuons nous amènent seuls à supposer leur existence. L'expérience nous a seulement appris que dans les corps où la chaleur augmente, les molécules semblent s'écarter, tandis qu'elles paraissent se rapprocher lorsque ces mêmes corps perdent de la chaleur. On a donc imaginé l'hypothèse suivante : les molécules d'un même corps sont maintenues à distance par deux forces contraires dont l'une les attire les unes vers les autres, tant qu'elles sont en présence à des distances insensibles pour nous, c'est la *cohésion*; l'autre les repousse l'une de l'autre à ces mêmes distances, c'est la *répulsion calorifique*. Cette hypothèse permet d'expliquer d'autres propriétés que la matière présente à notre observation et concorde avec un grand nombre de faits qui seront exposés dans la suite de ce cours élémentaire. Elle permet de comprendre la *dilatabilité* et la *compressibilité* de la matière qui a été indiquée ci-dessus et l'*élasticité* qui en résulte. On appelle *élasticité* la faculté que les corps matériels présentent, toutes les fois que leur volume a été modifié, de revenir à leur état primitif par une série prolongée de dilatations et de compressions. Ils entrent alors dans un état vibratoire dont nous aurons surtout à nous occuper en étudiant les causes du son.

Cette même hypothèse permet d'expliquer encore l'existence de la matière sous trois états, l'*état solide*, l'*état liquide*, l'*état gazeux* ou *aériforme*, que le même corps peut souvent affecter successivement selon les circonstances. Ainsi tout le monde connaît l'eau, qui est liquide à la température ordinaire; un froid intense la rend solide, et c'est alors la glace; la chaleur la transforme en un fluide gazeux, la vapeur d'eau, particulièrement lorsqu'on la fait bouillir. Ces trois états ou manières d'être de la matière peuvent se caractériser comme il suit :

1° A l'*état solide*, les corps ont une forme, un volume défini, et résistent avec plus ou moins d'énergie aux causes qui tendent à modifier l'une ou l'autre. A mesure qu'on les chauffe, ils se dilatent jusqu'à leur changement d'état; refroidis, ils se contractent. Ils exhalent de la chaleur quand on les comprime.

2° Les liquides sont définis encore dans leur volume, mais non plus dans leur forme. Ils n'occupent du vase qui les contient qu'un espace déterminé; mais ils adoptent sa forme, quelle qu'elle soit. La chaleur les dilate fortement, et ils se contractent réciproquement par le froid; mécaniquement, ils sont à peine compressibles.

3° Les gaz n'ont plus ni forme ni volume déterminé; non-seulement ils adoptent la forme des espaces qui les contiennent, mais ils en prennent même le volume en s'y répandant uniformément, quelles que soient leurs dimensions. Cette instabilité de forme et de volume se manifeste par cette *expansibilité* particulière aux gaz, qui constitue leur *force élastique* ou leur *tension*. La chaleur, en dilatant les corps gazeux, augmente cette expansibilité; le froid l'atténue; n'ayant pas de volume fixe, ils sont éminemment compressibles; mais, pour eux surtout, cette compression est caractérisée par un dégagement de chaleur.

Enfin, terminons par cette dernière observation, que de même qu'une quantité déterminée d'un corps fusible et volatil n'a pas cessé d'absorber de la chaleur pour passer de l'état solide aux deux autres, de même, en général, il n'a pas cessé d'augmenter de volume.

Pour expliquer ces faits on recourt à l'hypothèse énoncée plus haut sur la constitution des corps matériels. Ces corps peuvent être conçus comme des agglomérations de molécules qui ne se touchent pas, puisque, d'une part, tous les corps sont poreux, et que, d'une autre part, leur volume peut varier. La force qui unit ces molécules est la *cohésion*.

Elle est combattue par la *chaleur*, qui tend à écarter les molécules matérielles. L'état solide est celui où les corps possèdent les moindres quantités de chaleur : aussi, à cet état, la cohésion se manifeste très-énergiquement. Elle maintient les molécules unies à des distances faibles, ce qui *détermine* le volume du corps, et dans des positions fixes, de là naît cette permanence de la forme qui caractérise l'état solide. A l'état liquide, les corps plus riches en chaleur sont moins soumis à la cohésion : déjà leurs molécules glissent les unes sur les autres, de manière à rendre leur forme variable, et, en outre, de leur surface s'échappent des quantités plus ou moins faibles de vapeurs qui indiquent une tendance continuelle à passer à ce troisième état où la cohésion, trop faible pour assurer la forme ni le volume du corps, laisse la chaleur interposée entre les molécules manifester sa présence par l'*expansibilité* ou *force élastique* qui constitue la propriété essentielle de l'état gazeux.

Mobilité, inertie, forces. — Une des propriétés les plus remarquables de la matière est son aptitude à être mise en *mouvement*, c'est-à-dire à se laisser déplacer dans l'espace. C'est ce qu'on nomme la *mobilité* de la matière. Si un corps matériel occupait à tous moments exactement la même portion de l'espace, on dirait qu'il est en *repos absolu*. Notre esprit peut concevoir un corps dans cet état d'immobilité ou de repos ; mais aucun des corps que nous observons dans la création ne nous le présente. La terre se meut incessamment dans l'espace, entraînant dans son état de mouvement tout ce qu'elle porte à sa surface ou renferme en elle-même. Le soleil et les autres astres sont animés de mouvements compliqués, et ceux qui nous semblent immobiles ne peuvent être regardés comme tels dès qu'on étudie avec les astronomes le mécanisme des corps célestes. Mais on observe fréquemment des corps qui, sans être en repos absolu, conservent une même position par rapport à d'autres corps ; on dit alors que les premiers sont en *repos relatif*.

La matière ne peut sortir par elle-même de l'état de repos pour entrer dans l'état de mouvement ; ce changement est toujours dû à l'intervention d'une cause extérieure agissant sur le corps. De même, une fois en mouvement, le corps matériel ne rentre en repos que par l'influence d'une cause extérieure qui arrête son mouvement. On nomme *inertie* l'incapacité de la matière à passer d'elle-même du repos au mouvement, du mouvement au repos, ou à modifier en quoi que ce soit le mouvement dont elle est animée. On appelle *forces* les causes, quelles qu'elles soient, qui mettent les corps en mouvement, les font rentrer dans l'état de repos ou modifient leur mouvement sans l'annuler. La volonté des animaux est une force ; l'expansibilité de la va-

·pour, la pesanteur, l'attraction magnétique, le frottement, etc., sont des forces. Quant à l'inertie de la matière, elle se révèle plus particulièrement dans certains phénomènes assez connus. Si une voiture, un convoi de chemin de fer sont arrêtés brusquement, chacun sait ce qui arrive aux voyageurs. Posés simplement sur les siéges et animés du même mouvement que le véhicule, ils continuent quelques instants à se mouvoir et sont projetés contre les parois dans le sens où le mouvement général avait lieu. Un cavalier dont le cheval s'arrête tout à coup, est lancé par-dessus la tête de sa monture, s'il n'a pris soin de se maintenir sur elle de façon à être arrêté en même temps. C'est encore l'inertie de la matière qui explique les chocs violents que l'on éprouve lorsqu'on descend sans précaution d'une voiture en pleine marche. Le corps du voyageur, qui commet cette imprudence, est animé, lorsqu'il rencontre le sol, d'un mouvement rapide. Les pieds sont arrêtés par le contact du sol ; mais la tête et le haut du corps continuent à se mouvoir et vont heurter le sol dans le sens du mouvement de la voiture. Chacun sait que pour emmancher un marteau il suffit de placer une extrémité du manche dans le trou que présente la masse de fer et de frapper l'autre extrémité contre un corps résistant. A chaque coup le manche est arrêté par la résistance du corps fixe ; mais la masse de fer continue à se mouvoir en vertu de son inertie et s'avance le long du manche de façon à l'embrasser solidement.

La matière est donc *mobile*, c'est-à-dire susceptible d'être mise en mouvement ou ramenée au repos par les forces qui agissent sur elle. Elle est en même temps *inerte*, c'est-à-dire incapable de produire à elle seule le mouvement ou le repos.

Toutes les fois qu'un corps matériel en repos entre en mouvement ; toutes les fois qu'un corps matériel en mouvement éprouve une modification dans ce mouvement, on dit que le corps est sollicité par une *force*. Les mécaniciens ont donc pu définir la force comme il suit :

Une *force* est toute cause qui sollicite un point matériel à se mouvoir. Le point sur lequel agit la force est son *point d'application*. La ligne qui unit toutes les positions successives que le point matériel occupe dans son mouvement est la *trajectoire* de ce mouvement et en détermine la *direction*. Cette ligne pouvant être prolongée indéfiniment à droite et à gauche, deux forces peuvent entraîner leurs points d'application suivant la même direction, mais en sens inverse l'un de l'autre.

Les effets des forces nous révèlent seuls leur existence et leur intervention ; ces effets sont le mouvement d'un corps en repos, ou la modification du mouvement d'un corps qui se meut. Il est bien entendu que le repos relatif que la nature nous offre seul, est celui dont nous parlons ici, à défaut de repos absolu.

PRINCIPALES ESPÈCES DE MOUVEMENTS. — Le plus simple de tous les mouvements est le *mouvement uniforme*. On désigne par ce nom tout mouvement dans lequel le mobile, ou corps en mouvement, parcourt successivement dans des temps égaux des espaces égaux. Ainsi un convoi de chemin de fer serait animé d'un mouvement uniforme si dans chaque minute il parcourait rigoureusement 80 mètres. Malheureusement si le mouvement uniforme est le plus simple et le plus facile à concevoir, il est aussi le plus rare à observer. Les mobiles qui se meuvent autour de nous parcourent presque toujours dans des temps égaux des espaces inégaux, et ne sont par conséquent pas animés d'un mouvement uniforme. La nature ne nous offre guère qu'un seul mouvement de ce genre et nous en tirons un grand parti. La terre tourne autour de son axe avec un mouvement rigoureusement uniforme. C'est sur l'observation de ce mouvement que les astronomes ont fondé la mesure du temps et ont réglé la marche des chronomètres, des montres et des horloges qui nous indiquent les heures. Ces appareils eux-mêmes ne peuvent être maintenus dans un état exact de mouvement uniforme; leur marche se compose en réalité de mouvements variés formant des périodes d'égale durée.

Pour nous faire une idée de la rapidité d'un mouvement uniforme, nous sommes naturellement amenés à comparer l'espace que parcourt le mobile au temps employé pour parcourir cet espace. Ainsi un point de la circonférence de l'équateur terrestre parcourt d'un mouvement uniforme, en 24 heures, la longueur de la ligne équatoriale terrestre qui est de 40070376 mètres. En divisant 40070376 par 24, on trouve que ce point de la terre parcourt 1669599 mètres par heure, ou, en ramenant la durée à l'unité de temps, 403^{m},7775 par seconde.

On nomme *vitesse* dans un mouvement uniforme l'espace parcouru par le mobile dans l'unité de temps. Le mouvement de rotation de la terre autour de son axe a donc une vitesse de 403^{m},7775.

La vitesse, dans le mouvement uniforme s'obtient évidemment en divisant l'espace parcouru dans un temps donné, par ce temps lui-même. Appelons l'espace e, le temps t et la vitesse v; on aura

$$v = \frac{e}{t} \text{ d'où } e = vt.$$

Cette dernière formule est caractéristique du mouvement uniforme, puisqu'elle résulte des termes mêmes de sa définition. Elle fournit la solution des problèmes que l'on peut poser sur les conditions du mouvement uniforme.

Mais, comme il a été dit plus haut, la nature ne nous offre guère qu'un exemple de mouvement rigoureusement uniforme; rien n'est d'ailleurs plus difficile que d'imprimer artificiellement à un mobile un mouvement de ce genre. Il faut donc examiner une autre espèce de mouvement que l'on nomme *mouvement varié*, et qui est celui où dans des temps consécutifs égaux, quelque petits qu'ils soient, le mobile parcourt des espaces inégaux. Ainsi nous verrons bientôt qu'un corps pesant qui tombe librement dans le vide (pour que la résistance de l'air ne retarde pas le mouvement) parcourt en 1 seconde $4^m,90$ de haut en bas; en 2 secondes, il parcourt $19^m,60$, et, en 3 secondes, $44^m,10$. Voilà un mouvement varié, car il résulte de ces chiffres que les espaces successivement parcourus dans chacune des secondes consécutives sont, pour la 1re seconde, $4^m,90$; pour la 2e, $14^m,70$; pour la 3e, $24^m,50$.

Si les espaces inégaux parcourus dans des temps consécutifs égaux vont en augmentant, le mouvement varié est dit *accéléré;* il est dit *retardé,* si ces espaces vont en diminuant. Dans certains mouvements variés, les espaces parcourus dans les temps consécutifs égaux sont irrégulièrement inégaux, et ses mouvements s'appellent *irrégulièrement variés;* mais le plus souvent il n'en est pas ainsi. Tantôt le mouvement varié est *périodique,* c'est-à-dire composé de périodes successives semblables et de même durée, comme on le voit dans le mouvement des aiguilles d'une horloge. Tantôt le mouvement est *uniformément varié,* comme dans la chute d'un corps pesant que nous avons cité plus haut comme exemple.

Pour donner une définition nette du mouvement uniformément varié, il faut d'abord concevoir ce qu'on nommera *vitesse* dans le mouvement varié. Si nous nous reportons à l'exemple cité plus haut et à la définition de la vitesse dans le mouvement uniforme, nous serons tentés de dire que le corps pesant qui tombe ayant parcouru $44^m,10$ en 3 secondes, sa vitesse doit être égale à $\dfrac{44,10}{3}$, soit $14^m,70$. Mais ce nombre exprime véritablement l'espace que le corps aurait parcouru dans chaque seconde, si, animé d'un mouvement uniforme, il était tombé en 3 secondes d'une hauteur de $44^m,10$; il représente donc la vitesse moyenne du mobile. Il y a autre chose à considérer; c'est la vitesse que le corps possède par exemple après la 1re seconde de chute, après la 2e seconde, après la 3e seconde. Ces vitesses sont inégales, puisque le mouvement a augmenté de rapidité, comme l'indique l'augmentation des espaces parcourus. Pour prendre une idée de l'une de ces vitesses, on fait l'hypothèse suivante : supposons qu'après deux secondes de chute par exemple le mobile cesse tout à coup de ressentir l'influence de la force qui produit son mouvement, il ne s'arrêtera pas, puisqu'il est inerte, c'est-à-dire incapable de rentrer de lui-même dans le repos; mais il continuera à se mouvoir, avec cette différence que, rien n'accélérant plus son mouvement, il parcourra dans des temps égaux des espaces égaux ; en un mot, son mouvement deviendra uniforme. On nomme *vitesse du mouvement varié* la vitesse du mouvement uniforme que prendrait le mobile si à un moment déterminé les causes qui font varier son mouvement cessaient tout à coup d'agir sur lui. Dans l'exemple de la chute d'un corps pesant, le calcul et l'expérience nous ont appris qu'après la 1re seconde de chute, la vitesse est de $0^m,80$. Cela veut dire que si après avoir fait tomber le corps pendant une seconde la pesanteur cessait de l'entraîner vers le sol, le mobile parcourrait en mouvement uniforme $0^m,80$ dans chaque seconde. Après deux secondes de chute, le corps possède une vitesse de $19^m,60$; après 3 secondes, une vitesse de $20^m,40$.

On nomme *mouvement uniformément varié* celui dont les vitesses varient régulièrement de quantités égales dans des temps égaux. Cette variation de vitesse est donc dans le mouvement uniformément varié une quantité constante qui caractérise chaque mouvement; on la nomme *accélération* du mouvement. En examinant les nombres que je viens de citer pour le cas de la chute d'un corps pesant, l'accélération du mouvement de chute s'aperçoit facilement; les trois vitesses après chacune des 3 premières secondes étant $0^m,80 — 19^m,60 — 29^m,40$, on reconnaît qu'après chaque seconde l'augmentation de vitesse est de $9^m,80$ ($19^m,60 = 9^m,80 + 9^m,80$; $29^m,40 = 19^m,60 + 9^m,80$). L'accélération de la chute du corps pesant est donc $9^m,80$.

La variation de vitesse n'est pas toujours un accroissement, elle peut se produire en sens inverse; on distingue le *mouvement uniformément accéléré*, où la vitesse augmente uniformément, et le *mouvement uniformément retardé*, où la vitesse diminue uniformément; l'accélération ayant lieu en sens inverse du mouvement primitif. C'est ce que présentera le mouvement d'un corps pesant lancé verticalement de bas en haut; la pesanteur agit en retardant le mouvement.

Nous aurons bientôt lieu d'étudier plus complétement le mouvement uniformément varié dans la chute des corps pesants.

Relation des forces constantes avec les vitesses qu'elles impriment. — On appelle *force constante* toute force qui, agissant sur un corps en repos, lui donne un mouvement uniformément accéléré. Ainsi, d'après l'exemple que nous avons étudié plus haut, le poids d'un corps est une force constante. Ne connaissant les forces que par leurs effets, nous admettrons volontiers que, si le même mobile, successivement sollicité par deux forces constantes, reçoit de la première une accélération double de celle que lui donne la seconde, la première force a une intensité deux fois plus grande que la seconde. Le raisonnement le plus simple rend cette assertion presque évidente. Soit un corps M soumis à l'action d'une force constante F qui lui communique une accélération v (c'est-à-dire qui lui imprime un mouvement uniformément varié dont la vitesse augmente régulièrement d'une quantité v après chaque seconde); si nous appliquons, sur le corps M, 2 forces constantes égales à F, l'accélération du mouvement qui en résultera devra être 2 v; sous l'influence de 3 forces constantes égales à F l'accélération sera 3 v. On peut donc établir d'une manière générale que *les forces constantes sont proportionnelles aux accélérations qu'elles impriment à un même mobile.* Ce principe a été confirmé par l'expérience et peut se résumer dans la formule suivante :

$$\frac{F}{F'} = \frac{v}{v'}$$

F et F' étant des forces constantes d'intensité différente; v et v', les accélérations que ces forces impriment à un même mobile. Comme d'ailleurs les accélérations sont nécessairement proportionnelles aux vitesses que le mobile reçoit de chacune des deux forces pendant le même temps, en appelant ces vitesses V et V', on pourra écrire

$$\frac{F}{F'} = \frac{V}{V'}$$

Les forces constantes sont proportionnelles aux vitesses qu'elles produisent dans un même temps et pour un même mobile.

NOTION DE LA MASSE. — Si nous nous reportons à la première des deux égalités de rapports qui précèdent, nous pouvons, en y changeant les moyens de place, écrire la nouvelle relation :

$$\frac{F}{v} = \frac{F'}{v'}$$

Elle signifie que, pour le même mobile M, il existe toujours le même rapport entre la force constante qui agit sur lui et l'accélération qu'il en reçoit. Si nous supposons un système matériel composé de deux mobiles semblables à M et qu'on peut représenter par 2M, chacune des forces ne lui imprimera les mêmes accélérations v et v', qu'à la condition de devenir double en intensité. On aurait alors

$$\frac{2F}{v} = \frac{2F'}{v'} \; .$$

Pour un système matériel mobile égal à 3M, on aurait

$$\frac{3F}{v} = \frac{3F'}{v'}$$

En un mot, le rapport $\frac{F}{v}$ de la force à l'accélération qu'elle produit augmente ou diminue proportionnellement à la quantité de matière à mouvoir. Cette quantité de matière à mouvoir ne peut être mesurée directement, puisque nous en avons la notion par une abstraction de l'esprit. Mais le rapport $\frac{F}{v}$ nous en donne une mesure appréciable, surtout si nous nous reportons à l'exemple que nous avons déjà cité plusieurs fois, celui de la chute des corps pesants. Dans ce cas, la force constante qui produit le mouvement est le poids du corps M et l'accélération qu'elle produit est, comme nous l'avons vu, de $9^{m},80$. On représente ordinairement ce nombre par la lettre g, et si l'on appelle P le poids du corps, le rapport $\frac{F}{v}$ prend la forme $\frac{P}{g}$, et, d'après ce qui vient d'être dit, ce rapport est proportionnel à la quantité de matière à mouvoir renfermée dans chaque corps. Cette quantité de matière propre à chaque mobile est ce qu'on nomme la *masse* du corps, et nous pouvons maintenant préciser comme il suit l'idée que ce mot représente :

La masse d'un corps est le quotient d'une force constante par l'accélération qu'elle imprime à ce corps ; ou plus simplement, *la masse d'un corps est le quotient de son poids par l'accélération de la pesanteur dans le lieu où on le pèse.*

$$M = \frac{F}{v} = \frac{P}{g}$$

Si l'on veut avoir une idée de l'unité de masse, il faut supposer dans la relation qui précède M égal à 1, et nécessairement dans ce cas F et v doivent être exprimés par le même nombre, puisque toute fraction égale à 1 a son numérateur égal à son dénominateur. On peut donc dire que *l'unité de masse est celle qui, sollicitée par 1 kilogramme, en recevrait une accélération de 1 mètre,* ou, ce qui est la même chose, acquerrait après une seconde une vitesse de 1 mètre.

MESURE DES FORCES CONSTANTES. — Nous avons déjà fait remarquer que nous connaissons les forces seulement par leurs effets ; c'est donc par leurs effets qu'il faut les mesurer. On est convenu de comparer les effets des forces que l'on veut mesurer aux poids des corps. Sur cette comparaison repose la mesure des forces, et cette comparaison se fait d'après des principes que je résume ici.

On dit que deux forces sont égales, lorsque dans les mêmes circonstances elles produisent le même effet. Si un mobile soumis à l'action de deux forces qui le sollicitent à se mouvoir en sens contraire l'une de l'autre et dans la direction d'une seule et même ligne droite, demeure néanmoins immobile, il est clair que les deux forces s'annulent réciproquement et par conséquent sont égales. Supposons une lame prismatique d'acier fixée à ses deux extrémités d'une façon invariable; suspendons à son milieu un poids de 10 kilogrammes, et constatons que, la lame fléchissant en vertu de son élasticité, son milieu s'est abaissé de 5 centimètres par exemple. Toute force qui, appliquée au

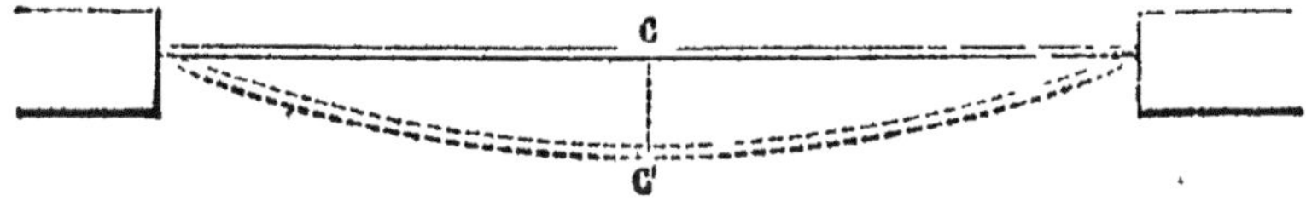

Fig. 1.

même point de la même lame, produira un abaissement de 5 centimètres, sera une force égale à un poids de 10 kilog. Par abréviation on dira que c'est une force de 10 kilog. Si un poids de 20 kilog. produit sur la lame d'acier un abaissement de 9 centimètres, toute force produisant le même effet sera une force de 20 kilog., et ainsi de suite. On conçoit donc que *le kilogramme peut être pris comme unité de force.* A l'aide d'instruments nommés *dynamomètres* (δύναμις, force et μέτρειν, mesurer), qui pour la plupart sont en même temps des *pesons* ou appareils de pesage, on peut comparer facilement les forces aux poids, c'est-à-dire mesurer leur grandeur.

Les principes établis plus haut donnent d'ailleurs les moyens d'évaluer les forces constantes par le calcul. Nous avons vu en effet que :

1° La masse est le quotient de la force constante appliquée à un corps divisée par l'accélération qu'elle lui imprime; ou le quotient du poids du corps par l'intensité de la pesanteur au lieu où l'on expérimente;

$$M = \frac{F}{v} = \frac{P}{g};$$

2° Les forces constantes sont proportionnelles aux accélérations ou aux vitesses qu'elles impriment à un même corps, ou à deux masses égales.

La masse étant représentée par une fraction $\frac{F}{v}$; si l'on suppose deux masses inégales M et M', leurs grandeurs respectives seront exprimées par $\frac{F}{v}$ et $\frac{F'}{v'}$. Admettons que ces deux forces F et F' impriment la même vitesse aux deux masses M et M', on pourra écrire

$$M = \frac{F}{v}$$

$$M' = \frac{F'}{v}.$$

Car, dans ce cas, les accélérations v et v' seront égales. De là on tirera l'égalité de rapports

$$\frac{M}{M'} = \frac{Fv}{F'v} = \frac{F}{F'}.$$

Deux masses sont proportionnelles aux deux forces qui leur impriment des vitesses égales.

Supposons maintenant une force F imprimant à une masse M une vitesse V, et une force F' imprimant à une masse M' une vitesse V'. Si l'on admet qu'une troisième force f puisse imprimer à la masse M la vitesse V', on aura deux forces F et f agissant sur la masse M et lui donnant, l'une la vitesse V, l'autre la vitesse V'. En vertu d'un des principes qui précèdent, ces deux forces sont entre elles comme les vitesses dont elles animent la même masse

$$\frac{F}{f} = \frac{V}{V'}.$$

Mais d'une autre part les deux forces f et F' impriment la même vitesse V' aux masses M et M'; ces deux forces sont donc entre elles dans le rapport des masses

$$\frac{f}{F'} = \frac{M}{M'}.$$

Si l'on multiplie terme à terme ces deux égalités de rapports, on obtient la relation proportionnelle

$$\frac{F}{F'} = \frac{MV}{M'V'}.$$

On a donné à ce produit MV de la masse d'un corps par la vitesse qu'il reçoit d'une force constante, le nom de *quantité de mouvement.* Le principe qui vient d'être établi peut donc s'énoncer ainsi : *Deux forces sont entre elles comme les quantités de mouvements ou produits des masses par les vitesses qu'elles impriment en un même temps.*

On prend pour unité de force constante, la force qui en 1 seconde imprime à l'unité de masse l'unité de vitesse qui est de 1 mètre. En supposant que F soit l'unité de force et M l'unité de masse, V sera nécessairement l'unité de vitesse et l'égalité de rapport du principe précédent devient F' $=$ M'V'. Cette égalité signifie qu'une force constante est représentée en grandeur par le même nombre que le produit de la masse qu'elle meut par la vitesse qu'elle lui imprime dans l'unité de temps. En un mot *une force constante a pour mesure la quantité de mouvement qu'elle peut produire pendant l'unité de temps.*

Principes de la composition des forces. — Ce qui précède nous a montré les forces comme des grandeurs que l'on peut évaluer comparativement les unes aux autres. Comme chaque force tend à entraîner le mobile qu'elle sollicite dans une direction rectiligne déterminée, on peut représenter les forces par des lignes droites dont les longueurs sont proportionnelles aux grandeurs des forces, et dont une extrémité coïncide avec le point où la force est appliquée pour agir.

Lorsqu'une force unique agit sur un point matériel, ce point lui obéit sans obstacle. Mais il importe d'indiquer ce qui arrive lorsque deux forces agissent en même temps sur un même point matériel.

1° Si deux forces appliquées sur un même point matériel le sollicitent dans une même direction, mais en sens inverse l'une et l'autre, le point matériel n'obéit qu'à l'excédant de la plus grande force sur la plus petite. Si donc les deux forces sont égales, le point matériel demeure immobile, comme si aucune force ne le sollicitait.

2° Si deux forces sollicitent un même point matériel, suivant la même direction et dans le même sens, ces forces s'ajoutent; c'est comme si le point matériel était soumis à l'action d'une seule force égale à la somme des deux forces données.

3° Si deux forces de direction différente sollicitent un même point matériel, celui-ci n'obéit à aucune des deux exclusivement, mais se conduit comme s'il était soumis à l'action d'une force unique représentée en grandeur et en direction par la diagonale du parallélogramme construit avec les deux forces données, pour côtés adjacents. Cette force unique qui pourrait être substituée aux deux forces données et produire le même effet sur le point matériel mobile, se nomme la *résultante* des deux forces. Celles-ci sont appelées les *composantes* de la résultante.

Ainsi dans la figure ci-jointe *a* étant un mobile sollicité par deux forces constantes que les lignes *ac* et *ab* représentent en grandeur et en direction, le mobile se mettra en mouvement suivant la direction *ad*, et il arrivera au point *d* dans le temps qu'il aurait employé, en obéissant à l'une des deux forces *ac*, *ab*, pour arriver à l'un des points *c* ou *b*. Il se conduit donc comme si aux forces *ac* et *ab* était substituée une force unique *ad*. La force *ad* est la résultante des composantes *ac* et *ab*.

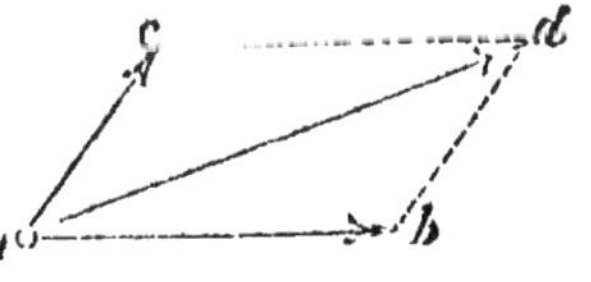

Fig. 2.

On énonce habituellement le principe du parallélogramme des forces et de la composition de ces deux forces, de la manière suivante :

Lorsque deux forces de direction différente sollicitent un point matériel, il y a une résultante représentée en grandeur et en direction par la diagonale du parallélogramme construit sur les droites représentant les grandeurs et les directions des deux forces.

Il résulte de ce principe que, si l'on connaît les grandeurs des composantes, un simple calcul de trigonométrie déterminera celle de la résultante.

Un nouveau cas se présente si l'on vient à considérer deux points matériels invariablement liés l'un à l'autre, par exemple les deux extrémités d'une même barre. Sans nous occuper de toutes les conditions que ce nouveau cas peut présenter, nous nous attacherons à l'effet que produisent sur deux points matériels invariablement liés entre eux, deux forces parallèles en direction agissant chacune sur l'un des deux points. Les mécaniciens ont établi le principe suivant :

Lorsque deux forces parallèles et de même sens sont appliquées aux extrémités d'une même droite inflexible, il y a une résultante de ces deux forces ; elle est dirigée parallèlement aux forces, dans le même sens et égale à leur somme ; son point d'application divise la droite donnée en deux parties inversement proportionnelles aux deux forces.

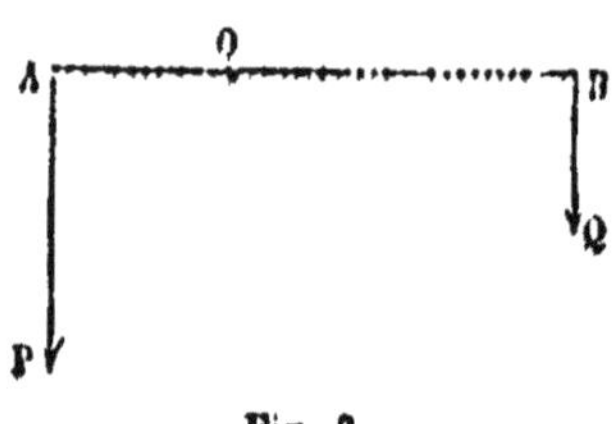

Fig. 3.

AB étant une barre inflexible, AP et BQ deux forces appliquées en A et en B, on aura en O une résultante égale à AP + BQ, égale à leur somme et dirigée dans le même sens. En outre il existera la relation

$$\frac{AP}{BQ} = \frac{OB}{OA}.$$

Si les forces parallèles sont dirigées en sens contraire et d'inégale grandeur, il y a encore une résultante ; mais elle est égale à la différence des deux forces et dirigée dans le sens de la plus grande. Les distances du point d'application de la résultante aux points d'application des composantes, sont inversement proportionnelles à ces composantes.

On appelle *couple* un système de deux forces égales, parallèles et dirigées en sens contraire. Un pareil système ne peut être remplacé par une force unique, c'est-à-dire que dans ce cas, les deux forces n'ont pas de résultante. Le couple tend à imprimer à la ligne droite aux extrémités de laquelle agissent les forces, un mouvement de rotation autour de son milieu.

Si l'on suppose plusieurs forces de directions parallèles et de même sens sollicitant plusieurs points matériels liés invariablement entre eux (des points d'un même corps, par exemple), on peut facilement, d'après les principes précédents, trouver la résultante de toutes les forces parallèles.

Supposons quatre points matériels **A, B, C, D** (voir la figure 4) liés ensemble et sollicités par les forces parallèles AF, BF', CF'' et DF'''. Les deux forces AF et BF' seront remplacées, conformément au principe énoncé plus haut par une résultante suivant la direction IM appliquée en I et égale à AF + BF'. Maintenant nous pouvons considérer IC comme une nouvelle ligne inflexible sollicitée par les forces parallèles IM et CF''; leur résultante se déterminera comme la précédente et sera dirigée suivant KN, appliquée en K et égale à AF + BF' + CF''. Enfin nous obtiendrons de même une troisième résultante des deux forces appliquées en K et en D. Cette résultante sera appliquée en G, dirigée suivant GR et égale à la somme des quatre forces AF, BF', CF'', DF'''.

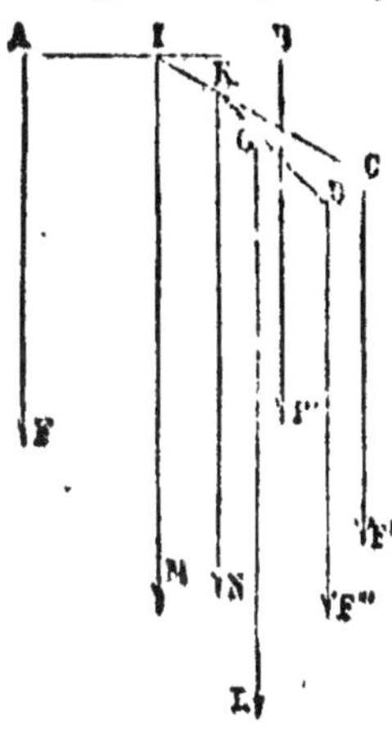

Fig. 4.

On nomme *centre des forces parallèles* le point d'application de la résultante de toutes les forces parallèles qui sollicitent des points matériels invariablement liés entre eux. La construction que nous venons de faire pour trouver le point G, centre des forces parallèles agissant sur le système ABCD, nous montre que la position de ce point est indépendante de la grandeur des forces, et dépendante au contraire de la position des points A, B, C, D. On ne peut donc faire varier la position relative des divers points du système mobile sans changer la position du centre des forces parallèles agissant sur ce système; mais on peut faire varier la grandeur des forces sans que la position de ce centre soit changée.

RÉSUMÉ DU CHAPITRE PREMIER.

DIVISIONS DE LA PHYSIQUE.

La *matière* est tout ce qui exerce une impression sur nos sens.

Les *corps* sont des amas de matière de dimensions et de propriétés variées.

On peut définir la *Physique*, l'étude des modifications passagères qui se manifestent dans les corps matériels, sans que leur nature intime et leurs propriétés individuelles soient altérées d'une façon permanente.

La Physique comprend l'étude : 1° de la matière sous ses trois états, solide, liquide, gazeux, et des effets de la pesanteur sur elle à ces trois états; 2° de la chaleur; 3° de l'électrité et du magnétisme; 4° des phénomènes du son; 5° de la lumière.

PROPRIÉTÉS GÉNÉRALES DE LA MATIÈRE.

La matière a pour propriétés nécessaires l'étendue et l'impénétrabilité. — Elle a pour propriétés contingentes, la divisibilité, la dilatabilité et la compressibilité, la porosité, la mobilité.

On nomme *cohésion* la force qui attire les unes vers les autres les molécules matérielles dès qu'elles se trouvent en présence à des distances insensibles pour nous.

Les molécules matérielles sont maintenues à distance les unes des autres dans un même corps par la force répulsive de la chaleur que le corps renferme.

La matière affecte trois états; état solide, caractérisé par la permanence de la forme et du volume; état liquide, caractérisé par la permanence du volume et l'instabilité de la forme; état gazeux, caractérisé par l'instabilité de la forme et du volume.

Ces trois états peuvent être affectés par un même corps. A l'état solide le corps est moins riche en chaleur; ses molécules sont maintenues dans des positions fixes par la cohésion. A l'état liquide, le corps possède une plus grande quantité de chaleur, ses molécules plus disjointes sont devenues mobiles les unes sur les autres, mais sont encore maintenus à des distances fixes les unes des autres. A l'état gazeux la répulsion de la chaleur domine et annule les effets de la cohésion. C'est l'état où le corps possède le plus de chaleur intermoléculaire.

Aucun des corps de la nature n'est dans un état de repos absolu. Nous ne connaissons que des corps dans l'état de repos relatif.

La matière est inerte, c'est-à-dire incapable de se mettre par elle-même en mouvement ou en repos, et de modifier en rien le mouvement qui lui a été imprimé.

Toutes les fois qu'un point matériel entre en mouvement, entre en repos, ou éprouve une modification de son mouvement, une cause extérieure a agi sur lui. On donne le nom de *force* à la cause, quelle qu'elle soit, qui sollicite un point matériel à se mouvoir.

PRINCIPALES ESPÈCES DE MOUVEMENTS.

On nomme *mouvement uniforme*, celui où le mobile parcourt, dans des temps successifs égaux des espaces égaux.

La nature ne nous offre guère qu'un exemple de véritable mouvement uniforme, c'est celui de la rotation de la terre autour de son axe,

On nomme *vitesse* dans le mouvement uniforme, l'espace parcouru par le mobile dans l'unité de temps (qui est la seconde).

Les mouvements que nous observons autour de nous sont des *mouvements variés*, c'est-à-dire que le mobile parcourt des espaces inégaux dans des temps successifs égaux.

On nomme vitesse dans un mouvement varié la vitesse du mouvement uniforme que prendrait le mobile, si à un moment déterminé la cause du mouvement cessait tout à coup d'agir sur le mobile. Cette vitesse varie à chaque moment tant que cette cause continue d'agir.

On nomme *mouvement uniformément varié* celui où la vitesse s'accroît d'une quantité constante dans des temps successifs égaux.

On appelle *accélération* du mouvement la quantité constante dont s'accroît la vitesse dans chaque unité de temps.

RELATION DES FORCES CONSTANTES ET DES VITESSES.

La force est constante lorsqu'elle imprime au mobile un mouvement uniformément varié.

Les forces constantes sont proportionnelles aux accélérations qu'elles impriment à un même mobile, ou encore aux vitesses qu'elles impriment au mobile dans un même temps.

NOTION DE LA MASSE.

Le quotient de la force par l'accélération qu'elle imprime à un corps donné est une quantité constante pour chaque corps. Ce quotient est proportionnel à la quantité de matière que les forces ont à mouvoir dans le corps. On a donné à ce quotient constant le nom de *masse*.

Si l'on considère comme force le poids même du corps, la masse peut se définir le quotient du poids du corps par l'accélération de la pesanteur dans le lieu de l'expérience.

MESURE DES FORCES CONSTANTES. — COMPARAISON DES FORCES AUX POIDS.

Les masses sont proportionnelles aux forces qui leur impriment des vitesses égales.

On nomme *quantité de mouvement* le produit de la masse par la vitesse que la force lui imprime en un temps donné.

Les forces sont entre elles comme les quantités de mouvement.

Une force constante a pour mesure la quantité de mouvement qu'elle peut produire dans l'unité de temps.

COMPOSITION DES FORCES.

Deux forces appliquées sur un même point matériel ayant la même direction et agissant en sens inverse se retranchent l'une de l'autre ; elles s'annulent si elles sont égales. — Agissant dans le même sens, elles s'ajoutent.

Deux forces de direction différente appliquées sur un même point ont une résultante représentée en grandeur et en direction par la diagonale du parallélogramme construit sur les longueurs qui représentent les deux forces composantes.

Deux forces de directions parallèles et de même sens, appliquées aux extrémités d'une ligne droite inflexible, ont une résultante égale à leur somme ; son point d'application divise la droite en raison inverse des grandeurs des deux forces.

Ce principe permet de trouver la résultante de plusieurs forces de directions parallèles et de même sens agissant sur un système de points matériels invariablement liés ensemble. Le point d'application de cette résultante se nomme *centre des forces parallèles*. La position du centre des forces parallèles est indépendante de la grandeur des forces et dépend de la position des points matériels du système.

CHAPITRE II.

PESANTEUR.

DE LA PESANTEUR. — CENTRE DE GRAVITÉ. — POIDS. — LOIS
DE LA CHUTE DES CORPS PESANTS.

NOTIONS GÉNÉRALES SUR LA PESANTEUR. — La *pesanteur* est la *force* qui entraîne les corps vers la terre jusqu'à ce qu'un obstacle arrête leur mouvement. Il n'est besoin de rappeler à personne que tous les objets matériels qui nous entourent tombent dès qu'ils ne sont pas soutenus. Les exceptions apparentes à cette loi ne sont, nous le verrons plus tard, que des conséquences rigoureuses de l'action de la pesanteur. Le chemin que suivent les corps en tombant nous trace la *direction* de la pesanteur, nous indique vers quel point de l'espace cette force les attire. Il est donc important de bien établir quelle est la direction suivant laquelle a lieu la chute des corps pesants, ce que les physiciens appellent les *graves* (en latin *gravia*).

Direction de la pesanteur. — La *direction* de la pesanteur se détermine à l'aide d'un fil suspendu par une de ses extrémités, portant à l'autre un corps pesant, comme un morceau de plomb, et libre de prendre telle direction que lui imprimera la pesanteur. C'est ce qu'on appelle le *fil à plomb* (fig. 5). Or, dès que le fil à plomb est en repos, on reconnaît que sa direction est perpendiculaire à la surface des eaux tranquilles, ou en général des liquides en repos; c'est ce que nous nommons *verticale*. Une expérience bien simple prouvera cette perpendicularité. Disposez (fig. 6) un fil à plomb sur un bain de ce métal liquide désigné sous le nom de mercure de manière que le plomb vienne toucher la surface du mercure. Cette surface forme un miroir dans lequel l'image du fil se voit nettement. Il est facile de constater que cette image est dans le prolongement du fil, de quelque côté qu'on l'observe. Ce fil forme donc dans tous les sens, avec la surface du mercure, un angle toujours égal; il est, en un mot, perpendiculaire à cette surface. Il est évident que la surface des liquides en repos est parallèle à la surface générale de la terre (c'est-à-dire, abstraction faite de ses inégalités) dans le lieu où l'on expérimente; on doit

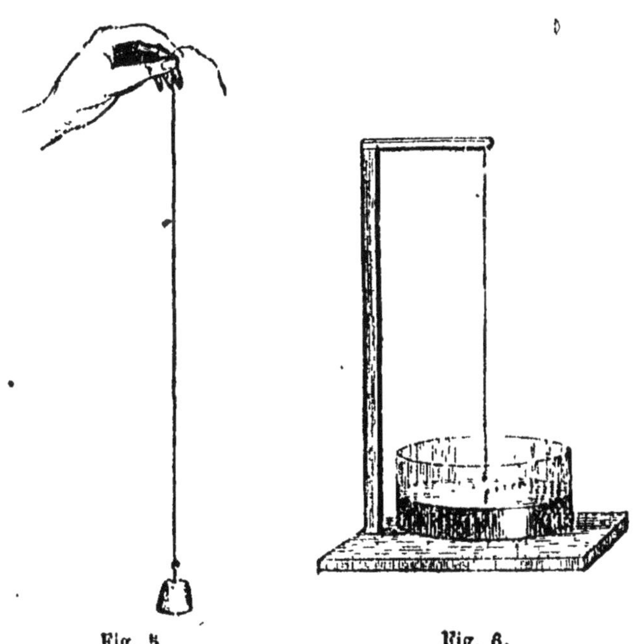

Fig. 5.   Fig. 6.

donc en conclure que la pesanteur attire les corps vers la terre perpendiculairement à chaque portion de sa surface, c'est-à-dire suivant la direction du rayon correspondant de la sphère terrestre. On voit donc, en un mot, que *la pesanteur attire les corps vers le centre de la terre;* de telle sorte que, si la terre devenait une masse aérienne à travers laquelle pussent continuer à *tomber* les corps arrêtés à sa surface, ils iraient tous s'accumuler au centre. La conséquence de ces faits est important : puisque les *verticales* vont toutes se rencontrer au centre de la terre, *elles forment toutes un angle entre elles. Dans un même lieu* cet angle est beaucoup trop petit pour être sensible et *les verticales sont, pour nous, parallèles;* mais *dans des lieux éloignés* l'angle qu'elles forment devient très-appréciable; c'est celui des deux rayons terrestres menés aux deux points dont on considère les verticales. Ainsi la verticale de Dunkerque et celle de Paris forment un angle de 2° — 11' — 56" : cet angle se mesure par l'observation des astres; car il serait impossible de comparer des directions à de telles distances. C'est sur la direction constamment verticale de la pesanteur qu'est fondé l'usage du *niveau* (fig. 7). On s'en sert pour s'assurer de l'horizontalité des surfaces. Le niveau se compose d'un triangle ou d'un quadrilatère fait avec des traverses de bois et muni de prolongements destinés à reposer sur la surface qu'on veut dresser, et qui pour cela ont leur face inférieure exactement dans le même plan. Du milieu supérieur du niveau pend un fil à plomb, et sur la traverse inférieure est

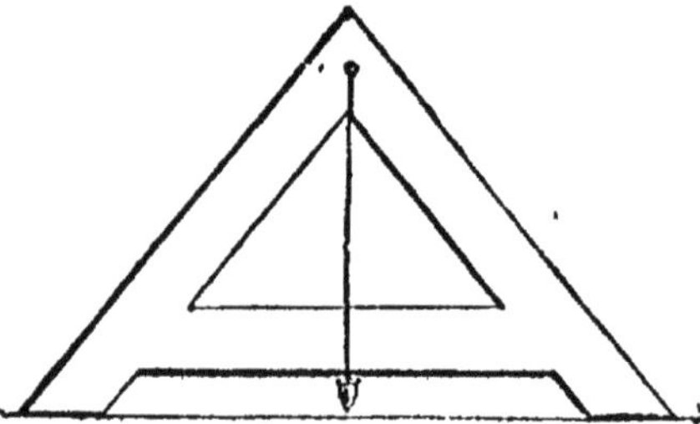

Fig. 7.

un trait vertical avec lequel coïncide le fil à plomb quand les pieds du niveau reposent sur une ligne horizontale. Pour dresser une surface avec cet instrument, on y place successivement le niveau dans deux directions perpendiculaires. Si la surface est horizontale, le fil coïncidera avec le trait dans les deux essais. Si cette coïncidence n'existe pas, la surface baissera du côté vers lequel incline le fil par rapport au trait du niveau.

Intensité de la pesanteur. — L'*intensité* d'une force se manifeste par la *vitesse* qu'elle imprime dans un temps donné au corps soumis à son action : cette vitesse elle-même se mesure par l'*espace* que, sous son empire, parcourt le corps dans un temps donné. La détermination de *l'intensité de la pesanteur* repose sur un principe indispensable à connaître avant d'essayer aucune évaluation numérique. La première question que se pose l'esprit est en effet celle-ci : la pesanteur attire-t-elle tous les corps avec la même intensité? C'est ce qui semble ne pas être vrai, puisque si nous laissons tomber une balle de plomb et une rondelle de papier, le papier arrive sur le sol après la balle, et par conséquent a marché moins vite dans sa chute. C'est donc une difficulté qui mérite d'être éclaircie par des expériences précises. Or voici le principe auquel ont conduit ces expériences.

Dans le vide, tous les corps tombent avec la même vitesse; ou, en d'autres termes, *l'intensité de la pesanteur, à la surface de la terre, est la même pour tous les corps;* pour donner une exactitude absolue à ce principe il faut ajouter : *dans un même lieu de cette surface.* Nous verrons bientôt quelles variations légères, mais cependant appréciables, subit cette intensité lorsqu'on change de latitude sur notre globe.

La démonstration de ce principe est facile. Voici (fig. 8) un tube de verre muni à ses deux extrémités d'une douille en cuivre. L'une de ces douilles est munie d'un robinet, et un pas de vis permet de fixer le tube sur la *machine pneumatique.* On retire l'air et on ferme ensuite le tube de manière à maintenir le vide. L'autre douille est complétement bouchée. Dans ce tube sont de petits corps très-inégaux en poids, et qui dans l'air tomberaient avec des vitesses très-différentes; des billes de plomb, d'ivoire, une plume, un morceau de papier, etc. Il suffit de retourner rapidement le tube pour faire tomber ces corps, et on peut alors se convaincre que, dans le vide, ces différents corps tombent avec la même vitesse. Mais si, en tournant le robinet, on laisse rentrer un peu d'air, la plume, le papier commencent à éprouver un retard qui augmente à mesure que l'on fait rentrer une plus grande quantité d'air, et qui est évidemment dû à la résistance qu'oppose ce fluide au mouvement des corps dans leur chute.

Une expérience plus simple démontre que, sans opérer dans le vide, il suffit d'annuler la résistance de l'air pour rendre aux corps leur vitesse égale, due à l'égale intensité de la pesanteur. Taillez une rondelle de papier de la même grandeur qu'un disque de plomb ou de tout autre métal; appliquez cette rondelle exactement sur la face supérieure du disque, et de manière à laisser le moins d'air possible ent e le métal et le papier; abandonnez ce système à la pesanteur, et vous verrez les deux corps tomber simultanément, tandis que séparés ils offrent une

Fig. 8.

différence notable dans leur vitesse. C'est dans le cours de mécanique que les élèves acquerront les notions nécessaires pour comprendre comment l'air doit ainsi résister inégalement aux corps légers et aux corps plus lourds. Admettons, quant à présent, ce fait que l'expérience rend incontestable.

Convaincus maintenant que *dans un même lieu la pesanteur agit sur tous les corps avec la même intensité*, nous pouvons comprendre qu'on ait déterminé par un chiffre cette intensité à Paris, par exemple. Ce chiffre, d'après ce que j'ai dit en commençant de nos moyens d'apprécier l'intensité d'une force, doit exprimer l'espace parcouru par un corps, à Paris, dans l'unité de temps et en vertu de la vitesse développée par l'intensité de la pesanteur. En 1 seconde, à Paris, l'espace parcouru par un corps mû librement par la pesanteur est de 4 mètres 9044; la vitesse développée dans le corps par l'action de cette force, pendant 1 seconde, est, comme nous l'avons appris précédemment (ch. i), capable de faire parcourir au corps, pendant le même temps, un espace double; et comme c'est précisément cette *vitesse* qui mesure *l'intensité de la pesanteur*, on dit qu'à Paris cette intensité est de 9 mètres 8088. Les physiciens ont l'habitude de représenter dans leurs calculs cette même intensité par la lettre g; on aura donc à Paris :

$$g = 9^\mathrm{m},8088,$$

Les variations que subit la valeur de g suivent une loi très-simple; cette valeur augmente à mesure que l'observateur, partant de l'équateur, se rapproche du pôle, de telle sorte que *l'intensité de la pesanteur a son minimum à l'équateur et son maximum aux pôles terrestres.* Ce fait est une conséquence de l'aplatissement de notre planète vers ses pôles, et du mouvement de rotation qu'elle exécute autour de la ligne qui joint ces mêmes pôles entre eux.

L'étude des lois de la chute des graves appartient aussi bien à la physique qu'à la mécanique. Nous allons nous en occuper spécialement quelques pages plus loin.

Point d'application de la pesanteur. — La force que nous nommons la *pesanteur* se montre à nous comme *appliquée sur chaque molécule du corps pesant.* Supposons qu'une pierre, par exemple, devienne tout à coup pulvérulente : chacun sait qu'elle *tombera en poussière*, c'est-à-dire que les molécules, rendues libres les unes des autres, obéiront séparément à la pesanteur qui agit sur chacune d'elles. Dans un corps pesant, toutes les molécules sont donc autant de *points d'application des actions de la pesanteur.* Dans les corps *solides*, ces molécules sont fixes dans leur position où les maintient la *cohésion* ou attraction intermoléculaire; elles ne peuvent donc se déplacer librement pour suivre l'impulsion que chacune d'elles reçoit de la pesanteur, et elles constituent un assemblage, un *système* dont chaque partie ne se meut plus individuellement, mais s'anime d'un mouvement résultant à la fois de toutes les actions de la pesanteur et des obstacles qu'apporte tout le reste du système au mouvement libre de chaque molécule. Le mouvement résultant de ces deux effets opposés peut être conçu comme produit par une *force* ayant pour intensité la somme des actions de la pesanteur, qui toutes agissent sur les molécules parallèlement dans le même sens, et ayant pour direction la verticale; cette force se nomme la *résultante* des actions de la pesanteur.

CENTRE DE GRAVITÉ. — Si nous nous reportons aux notions données plus haut sur la composition des forces, nous reconnaissons que les corps pesants nous offrent en réalité un système de points matériels soumis à l'action de forces parallèles quant à leur direction et agissant dans le même sens. Le point d'application de la résultante est donc un centre de forces parallèles, on l'a nommé le *centre de gravité* (du latin *gravitas*, pesanteur).

On peut donc en résumé définir le *centre de gravité* d'un corps en ces termes : *c'est le point d'application de la résultante des actions de la pesanteur sur le système de molécules qui forme ce corps.*

La mécanique enseigne les moyens de déterminer par le raisonnement et le calcul la position du centre de gravité; mais quand les corps ont certaines figures régulières et sont bien homogènes, on peut le connaître immédiatement. Ainsi, dans un corps homogène ayant la forme d'un parallélogramme, il est au point d'intersection des diagonales; dans un parallélipipède également. Dans un cylindre droit il est au milieu de la hauteur, et au milieu de l'axe dans un cylindre oblique. Dans certains cas ce point d'application des résultantes de la pesanteur est en dehors des points matériels du corps. Ainsi, dans un anneau partout d'égale épaisseur, il est au centre.

Nous avons vu plus haut que le centre des forces parallèles a une position indépendante de la grandeur des forces, mais subordonnée aux positions relatives de leurs points d'application. Il résulte de ce principe que dans un corps solide qui ne subit aucun changement dans la disposition relative de ses parties, le centre de gravité *est un point invariable.* Mais ce point invariable peut se déplacer dès qu'on ajoute quelque nouveau corps au système de molécules pesantes formé par le premier, ou simplement si l'on change la disposition relative des parties de ce même système. Quand le système pesant n'est pas homogène, et qu'une de ses parties est plus lourde, le centre de gravité se rapproche de cette partie. Un seul exemple suffira pour nous faire bien comprendre. Dans une diligence, avant le chargement des bagages sur l'impériale, le centre de gravité est un peu au-dessus du niveau des essieux. L'addition des bagages le rélève considérablement et l'amène dans le haut de la voiture. Mais si on pouvait les mettre en dessous, le centre de gravité s'abaisserait de manière à se trouver au-dessus de la caisse de la diligence. Ce moyen de déplacer le centre de gravité en déplaçant les masses pesantes est d'un usage très-fréquent.

On peut employer, pour déterminer le centre de gravité des corps solides, des méthodes purement pratiques. Supposons, par exemple, qu'on suspende un corps par un de ses points A (fig. 9); l'équilibre étant établi, il est clair que le centre de gravité doit se trouver sur le prolongement AB du fil de suspension. Si on le suspend ensuite par un autre point C, le centre de gravité devra aussi se trouver sur le prolongement CD du fil, et par suite, si l'on peut suivre à peu près la direction des deux lignes AB et CD, on aura une idée de la position du centre de gravité, qui est à leur point d'intersection.

Lorsqu'il s'agit d'un corps plat et d'une épaisseur très-petite, comme une feuille de carton, une plaque de métal, etc., on peut chercher à

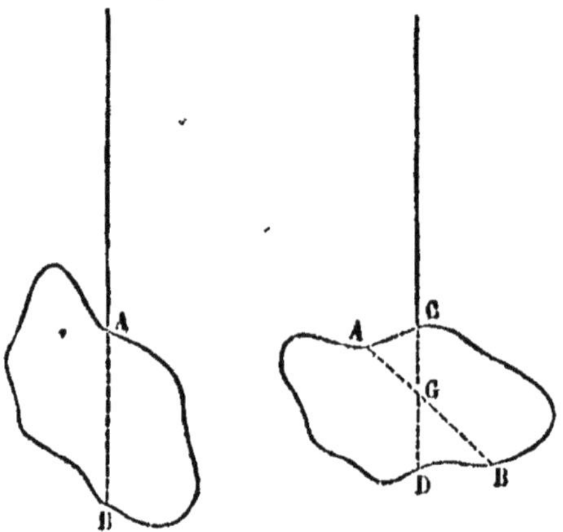

Fig. 9.

soutenir le corps en le faisant reposer par deux points de son contour; la ligne qui joint ces deux points contenant le centre de gravité, si l'on fait deux opérations semblables, on obtiendra deux lignes dont le point d'intersection sera le point cherché. Comme moyen de vérification, on peut faire un certain nombre d'expériences et obtenir ainsi des lignes qui doivent toutes se couper au même point. C'est ainsi, par exemple, qu'en soutenant le sommet et le milieu du côté opposé dans une plaque triangulaire, on constaterait que celle-ci est soutenue, et que par conséquent le centre de gravité du triangle est sur la médiane. Les plaques sur lesquelles on opère, comme il vient d'être dit, ont toujours une certaine épaisseur, ce sont de véritables prismes. La méthode précédente fournit, à proprement parler, le centre de gravité des bases : *le centre de gravité du corps est au milieu de la droite qui joint les centres de gravité des deux bases.* Ce résultat est, du reste, toujours vrai, quelle que soit l'épaisseur du prisme.

Équilibre des corps solides. — On dit qu'un corps est en *équilibre* quand il est en repos quoique sollicité par des forces à se mouvoir; mais ces forces sont alors telles, qu'elles annulent réciproquement leur effet. Pour qu'un corps pesant soit en équilibre, il faut que la résultante des actions de la pesanteur sur ses molécules soit annulée par une force contraire en direction et égale en intensité. Cette force est communément pour les corps solides la résistance des obstacles. Les obstacles qui peuvent annuler l'effet de la pesanteur sur les solides affectent plusieurs dispositions. Le plus souvent c'est une *surface éten-due et fixe,* comme celle d'une table; d'autres fois, c'est un *axe hori-zontal* auquel le corps est fixé: enfin ce peut être un simple fil ou un support pointu sou'enant le corps par un seul de ses points. Dans ces diverses circonstances on a toujours lieu de vérifier le principe suivant :

Pour qu'un corps soit en équilibre il faut que son centre de gravité soit soutenu; ou plus scientifiquement : *il faut que la résistance des obstacles soit dirigée suivant la même verticale que la résultante des actions de la pesanteur.*

Cette condition se réalise de plusieurs façons, suivant la nature du

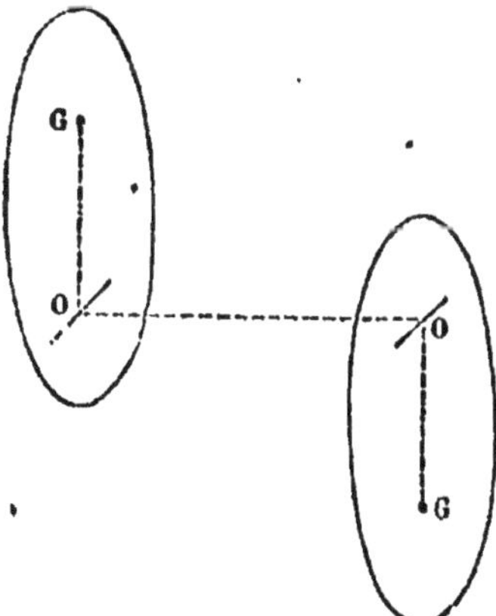

Fig. 10.

support. Quand l'obstacle ne fournit qu'un point d'appui (un axe hori-zontal de suspension, ou un fil, etc.) il y a trois genres d'équilibre.

Supposons le corps mobile auto· r de son axe de sustentation, il faut pour l'équilibre que la verticale menée par son centre de gravité rencontre cet axe; car dans ce cas, et dans ce cas seulement, l'action de la pesanteur sera détruite. Cette condition peut être remplie par deux positions très-différentes du corps, le centre de gravité peut être au-dessus ou au-dessous de l'axe (fig. 10). Dans le premier cas, il est évident que si le corps est dérangé tant soit peu de sa position d'équilibre, l'effet de la pesanteur sera de la lui faire abandonner sans retour; dans le second cas, au contraire, l'action de la pesanteur tend continuellement à rétablir l'équilibre s'il vient à être troublé. L'équilibre est *instable* dans le premier cas, *stable* dans le second. Si le centre de gravité était sur l'axe de rotation, l'équilibre serait *indifférent*, c'est-à-dire qu'il aurait lieu dans toutes les positions possibles.

Comme exemple d'équilibre stable on peut examiner ce qui se produit si l'on observe une boule suspendue à l'extrémité d'un fil (fig. 11) : le centre de gravité est en c; $c\,p$ représente la résultante des actions de la pesanteur. Comme le point c est dans la même verticale que le point de suspension, il y a équilibre. Supposons que l'on amène la boule dans une des positions indiquées sur la figure par des points, en c' par exemple. La résultante de la pesanteur sera $c'\,p'$ et ramènera le corps vers la position c; seulement, arrivée en c, la boule aura une vitesse qui l'entraînera jusqu'en c'', d'où la force $c''\,p''$, résultante de

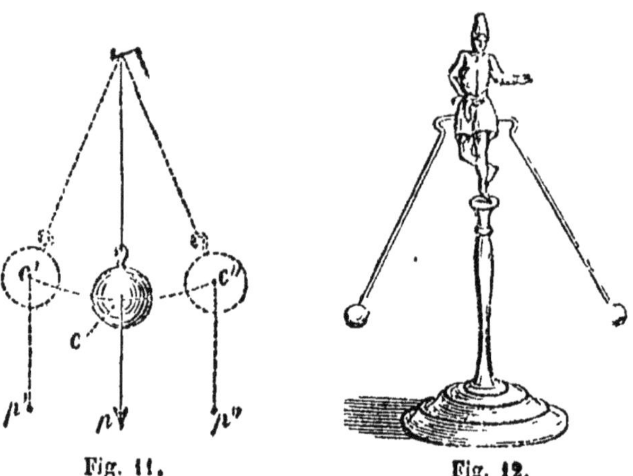

Fig. 11.   Fig. 12.

la pesanteur, la ramènera en c puis en c', et ainsi de suite. Un corps en *équilibre stable*, écarté de sa position d'équilibre, y revient donc toujours après une série d'oscillations. La figure 12 montre une figurine maintenue en équilibre stable par deux boules de plomb qui abaissent son centre de gravité au-dessous du point d'appui.

Une barre (fig. 13) très-mince soutenue par une de ses extrémités est en équilibre instable. Car dans la seconde posit on, indiquée par des points, il est clair que la force $c'\,p'$ l'écartera de sa première position, sans jamais l'y ramener.

Il est important de remarquer qu'un corps placé dans une position d'équilibre instable ne peut s'y maintenir. Car il y a toujours, en fait, des causes de dérangement, telles que le mouvement de l'air, la flexion des points d'appui, etc., qui en écartent le corps. Si on parvient à réaliser quelques phénomènes de ce genre, c'est à cause du frottement qui en modifie la nature et empêche d'avoir leur effet les causes de rupture de l'équilibre que nous avons signalées.

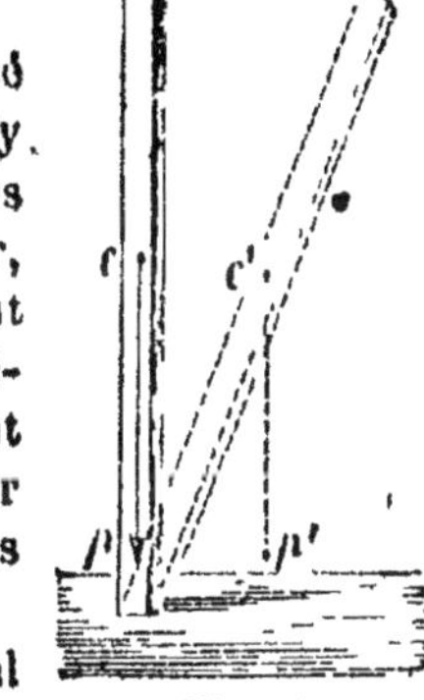

Fig. 13.

Lorsqu'un corps repose sur un plan horizontal par un certain nombre de points, il faut, pour l'équilibre, que la verticale menée par son centre de gravité tombe dans l'intérieur du polygone convexe que l'on peut former en réunissant les points d'appui; il est clair en effet que dans ce cas la pesanteur n'aura d'autre action que d'appliquer le corps contre le plan. Plus, d'ailleurs, cette base de sustentation du corps sera grande, plus évidemment l'équilibre sera stable.

La stabilité croîtra aussi à mesure que le centre de gravité s'abaissera; car il faudra un mouvement de plus en plus considérable pour que la verticale du centre de gravité sorte de la base d'appui. Enfin la stabilité de l'équilibre dépend encore du point où la verticale du centre de gravité rencontre la base de sustentation. Si ce point est près de la limite du polygone, un petit mouvement imprimé au corps dans ce sens pourra détruire l'équilibre, tandis que cet effet ne saurait être produit par un mouvement beaucoup plus étendu dans le sens opposé.

En appliquant ces notions au chargement des voitures, on voit qu'on doit chercher à abaisser le plus possible le centre de gravité, et à répartir la charge de façon que la verticale qui passe par ce point rencontre le sol, à peu près au point *central* de la figure formée par les points d'appui. Cette dernière condition est d'autant plus importante que lorsque la voiture tourne rapidement il se produit une impulsion due à la force centrifuge, qui peut s'ajouter aux autres causes qui tendent à faire verser, et qui serait surtout efficace si la charge se trouvait accumulée du côté des roues extérieures à l'arc décrit.

Lorsqu'un corps pesant est gêné dans son mouvement par sa liaison avec d'autres, il se place toujours de façon que son centre de gravité soit le plus bas possible; dans toute autre position il ne peut y avoir tout au plus qu'un état d'équilibre instable. Ce principe général donne l'explication de quelques phénomènes qui au premier abord ont un aspect paradoxal.

Sur un plan incliné ABC (fig. 14) on place un cylindre en bois M, dans l'intérieur duquel on a logé une masse de plomb K. Le centre de

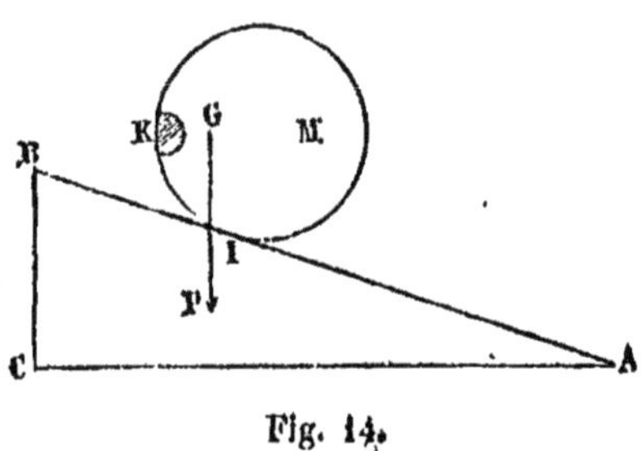

Fig. 14.

gravité, par suite de cette circonstance, n'est plus au centre, mais bien en un certain point G ; on conçoit par conséquent qu'on puisse placer le cylindre de façon que la verticale GP du centre de gravité rencontre le plan au-dessus du point de contact I. Si alors on l'abandonne à lui-même, il remontera le long du plan et se placera après quelques oscillations dans une position telle que la verticale du point G passe par le point de contact. C'est une position d'équilibre, et le corps y demeurera si l'on suppose du moins que le frottement soit assez fort pour l'empêcher de glisser sur le plan.

Sur deux règles AC, AB (fig. 15), disposées de manière à former un plan incliné, on place le double cône M. Dès que celui-ci est abandonné à lui-même, il remonte le long du plan incliné, et ses extrémités

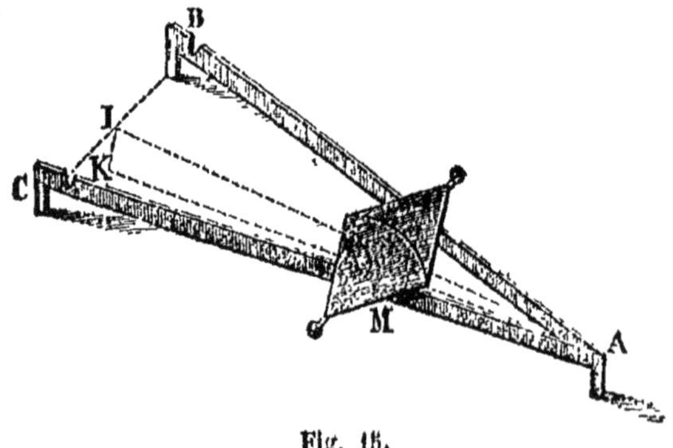

Fig. 15.

viennent s'engager dans des entailles pratiquées en B et C. Cette ascension n'est qu'apparente; en effet, lorsque le cône est au sommet A du triangle formé par les règles, son centre de gravité est élevé au-dessus du plan horizontal mené par le point A d'une quantité égale a son rayon. Quand il est à l'extrémité de l'appareil, son centre de gravité est élevé au-dessus du même plan, de la hauteur même du plan incliné. Si donc cette hauteur est inférieure au rayon du cône, et c'est à cette condition seulement que l'expérience est possible, le centre de gravité aura descendu.

Horloge magique. Si l'on conçoit que le centre de gravité d'un corps mobile autour d'un axe se déplace d'une manière continue, le corps

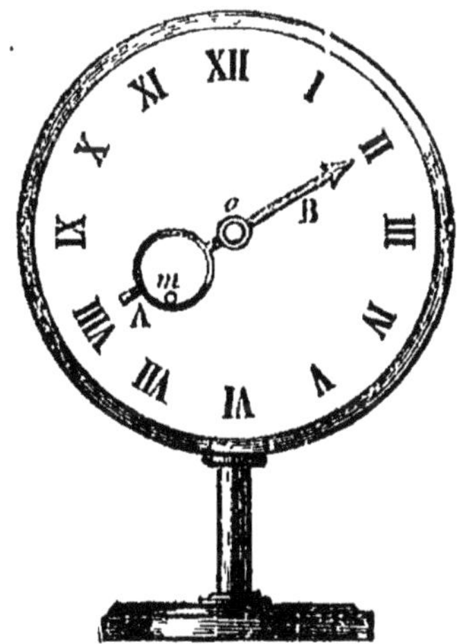

Fig. 10.

lui-même se déplacera pour prendre à chaque instant la position qui convient à l'équilibre stable. C'est sur ce principe qu'est fondée l'horloge magique. Elle se compose (fig. 10) d'une aiguille AB portant à l'une de ses extrémités un anneau creux, dans l'intérieur duquel un mouvement d'horlogerie fait circuler d'une manière continue une masse *m*. Il résulte de là que le centre de gravité se déplace. De plus, si on cherche sa position pour chacune de celles que prend la masse, on voit qu'il se meut sur la circonférence d'un cercle décrit autour d'un certain point o. Si l'on fixe en ce point un axe de rotation pour l'aiguille, celle-ci se placera à chaque instant dans sa position d'équilibre, elle tournera par conséquent d'une manière continue. En supposant que la masse *m* effectue sa révolution en douze heures, l'aiguille accomplira la sienne dans le même temps, et pourra par conséquent marquer elle-même les heures. Si à un certain moment on l'écarte de la position qu'elle occupe, elle y reviendra et s'y fixera après quelques oscillations. C'est sans doute parce que la cause de ces divers mouvements n'est pas apparente qu'on a donné à cet appareil le nom d'horloge magique.

Poids. — On appelle *poids* d'un corps *la résultante des actions de la pesanteur sur les molécules de ce corps.* Le poids et la pesanteur sont donc bien distincts; puisque la *pesanteur* est la force générale qui produit le *poids*. Le *poids* se définit aussi bien *la pression qu'exerce un corps sur un obstacle.* On mesure le poids des corps en le comparant à un poids convenu, celui *d'un centimètre cube d'eau distillée, à la température de* $+ 4°$; c'est ce qu'on nomme le *Gramme.* Cette unité a, comme on sait, pour multiples décimaux le *Décagramme,* l'*Hectogramme,* le *Kilogramme.* Ses sous-multiples sont le *Décigramme,* le *Centigramme,* le *Milligramme.* Pour les poids considérables, on prend habituellement comme unité le *Kilogramme* qui a pour multiples le *Quintal,* de 100 kilogrammes, et la *Tonne* ou *Millier,* de 1000 kilogr. On appelle peser un corps, déterminer le rapport de son poids à celui du gramme : pour cette détermination on se sert d'un instrument qu'on nomme la *Balance,* et que nous étudierons bientôt.

Lois de la chute des corps pesants. — On sait que dans le vide tous les corps tombent avec la même vitesse; c'est donc la même loi qui régit la chute de tous les corps pesants, et les différences que l'on observe dans les circonstances ordinaires sont dues aux effets variables de la résistance de l'air. Pour découvrir la nature du mouvement qui constitue la chute des graves, il faudrait donc opérer dans le vide, afin d'éliminer l'influence perturbatrice de la résistance de l'air; mais cela serait sinon impossible, du moins très-difficile; on a donc cherché à éluder la difficulté, et on y parvient par deux méthodes différentes.

1° On dispose l'expérience de façon que la vitesse de chute soit notablement ralentie, sans que toutefois la loi du mouvement éprouve d'altération; de cette façon, comme la résistance croît rapidement avec la vitesse, et que cette dernière reste faible, on peut considérer le phénomène comme, à très-peu de chose près, semblable à celui qui aurait lieu dans le vide. Cette disposition offre d'ailleurs l'avantage spécial de rendre l'observation plus facile à cause de la lenteur même du mouvement.

2° On fait tomber librement d'une petite hauteur un corps dont le poids soit assez considérable par rapport à son volume, par exemple une masse de plomb ou de cuivre; dans ces circonstances, la vitesse n'a pas le temps de s'accélérer beaucoup; la surface du corps étant d'ailleurs petite par rapport à son poids, on peut négliger la résistance de l'air. C'est à l'aide de ces expériences qu'on a reconnu que le mouvement d'un corps pesant est uniformément accéléré : nous allons indiquer la manière de les exécuter.

La première méthode a été mise en pratique pour la première fois par Galilée au moyen du plan incliné ; puis elle a inspiré au physicien Atwood l'idée de l'appareil connu sous son nom. C'est la seconde méthode qui a été mise en œuvre dans l'appareil de M. Morin.

Le plan incliné de Galilée ralentit la chute d'un corps pesant par un mécanisme assez simple à comprendre.

Soit un plan incliné dont la section par un plan vertical est FEH ; supposons sur la pente FE un corps pesant A, et représentons son

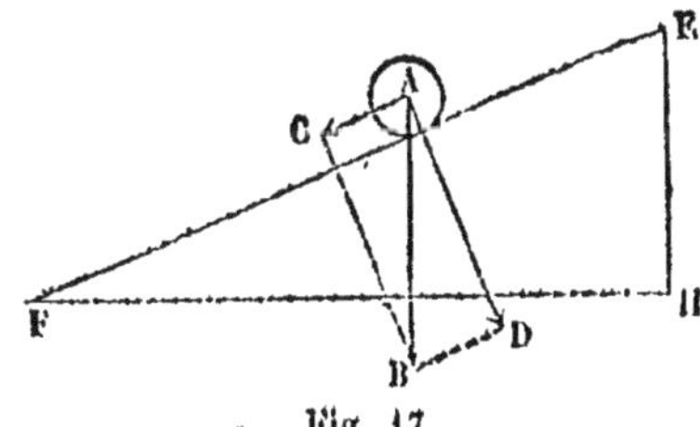

Fig. 17

poids, en grandeur et en direction, par la ligne AB. La résistance du plan incliné ne permet pas à cette force de produire son effet, et comme le corps A reste posé sur le plan incliné et glisse sur sa pente, les choses se passent comme si à la force AB, considérée comme résultante, on substituait les deux composantes AD et AC, l'une perpendiculaire à la pente du plan incliné, l'autre parallèle à cette pente. En construisant le parallélogramme des forces sur AB comme diagonale, on détermine les grandeurs de AC et AD ; AD est annulé par la résistance du plan incliné, AC est donc la force qui fait glisser le corps A. Mais si l'on observe que ACB et FEH sont des triangles semblables comme ayant leurs côtés parallèles ou perpendiculaires, on a la relation

$$\frac{AC}{AB} = \frac{EH}{FE}.$$

Le corps pesant obéit donc à une force qui est une fraction de la pesanteur, indiquée par le rapport de la hauteur du plan à sa longueur. Le glissement sera donc ici un mouvement de même nature que la chute libre, mais plus lent.

Machine d'Atwood. — La machine d'Atwood se compose essentiellement (fig. 18) d'une poulie très-mobile A autour de laquelle s'enroule un fil très-fin, supportant à ses deux extrémités deux poids égaux PP. Si l'on fait abstraction du poids du fil, les deux poids se feront équilibre dans une position quelconque. Mais si l'on charge l'un d'eux d'une masse additionnelle p, le système entier se mettra en mouvement ; or, la seule force agissante est toujours le poids de cette dernière masse p, qui, d'après la disposition adoptée, entraîne les deux autres. Le mouvement sera donc ralenti ; mais comme d'aillours la cause du ralentissement est constante, les lois du mouvement ne seront pas altérées. Cela posé, voici les dispositions que présente la machine pour une expérimentation précise.

Une colonne F (fig. 19) supporte la poulie AB, dont l'axe repose sur les jantes croisées de deux autres poulies très-mobiles, ce qui a pour

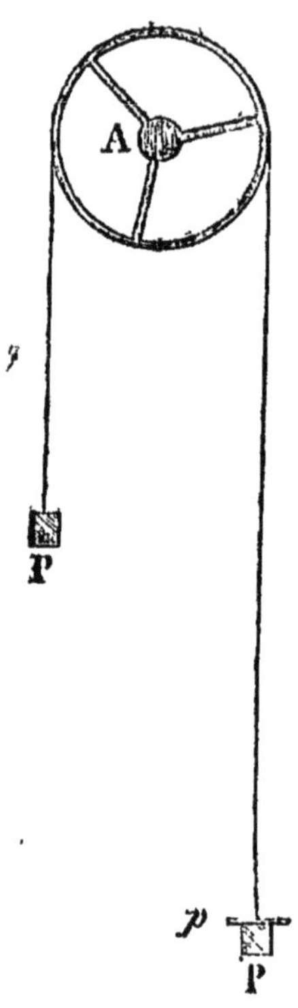

Fig. 18.

effet de diminuer notablement l'intensité du frottement. L'un des poids M se meut le long d'une règle graduée CD, sur laquelle on peut arrêter à différents points le curseur plein P. Une horloge à secondes H sert à mesurer le temps. Au zéro de la graduation de la règle se trouve une petite planchette destinée à recevoir le corps M, chargé de sa masse additionnelle; cette planchette fait partie d'un système de leviers, dont l'extrémité L est soutenue par un doigt arrondi fixé à la roue d'échappement de l'horloge.

Il suit de là que le système commence à se mouvoir au moment où le pendule commence son oscillation; si donc on observe le point de la règle où il se trouve à la fin de l'oscillation elle-même, on aura l'espace parcouru pendant une seconde. Cette détermination peut d'ailleurs être rendue très-précise; il suffit pour cela de placer le curseur P de façon qu'on entende simultanément le bruit du pendule achevant son oscillation, et celui du corps qui vient frapper le curseur; si petit que fût l'intervalle entre les deux bruits, l'oreille s'en apercevrait aisément. On peut donc mesurer très-exactement l'espace parcouru pendant une, deux, trois,... secondes.

Loi des espaces. — Cela posé, pour constater la loi des espaces parcourus, on place le curseur plein à l'endroit où le système pesant arrive au bout d'une seconde. Supposons que ce soit à la 11ᵉ division; on répète l'expérience en plaçant le curseur à la 44ᵉ division, et on reconnaît que le système y arrive exactement au bout de deux secondes; on place enfin le curseur à la 00ᵉ division, et on voit que le système parcourt cet intervalle exactement en trois secondes. On voit donc que l'espace parcouru pendant une seconde étant 11, l'espace parcouru pendant 2 secondes est $11 \times 2^2 = 44$; l'espace parcouru pendant 3 secondes est $11 \times 3^2 = 00$. En répétant l'expérience avec des masses additionnelles diverses, les espaces parcourus sont différents; mais la loi est toujours la même. Il est donc démontré que *les espaces parcourus sont proportionnels aux carrés des temps employés à les parcourir.* Si l'on désigne en général par K l'espace parcouru pendant la première unité de temps, l'espace parcouru pendant le temps t sera égal à Kt^2; on aura donc la formule

$$e = Kt^2$$

Loi des vitesses. — Les mécaniciens démontrent que si un mouvement a pour formule de l'espace qu'il fait parcourir à un mobile en un temps t

$$e = Kt^2$$

la vitesse au bout du temps t est représentée par

$$v = 2Kt$$

c'est-à-dire que *les vitesses sont proportionnelles aux temps.* Cette dernière loi peut aussi se vérifier à l'aide de la machine d'Atwood en ce qui concerne la chute des corps pesants. On se sert d'un curseur annulaire P', qui laisse passer la masse principale et retient la masse additionnelle que l'on choisit pour cela de

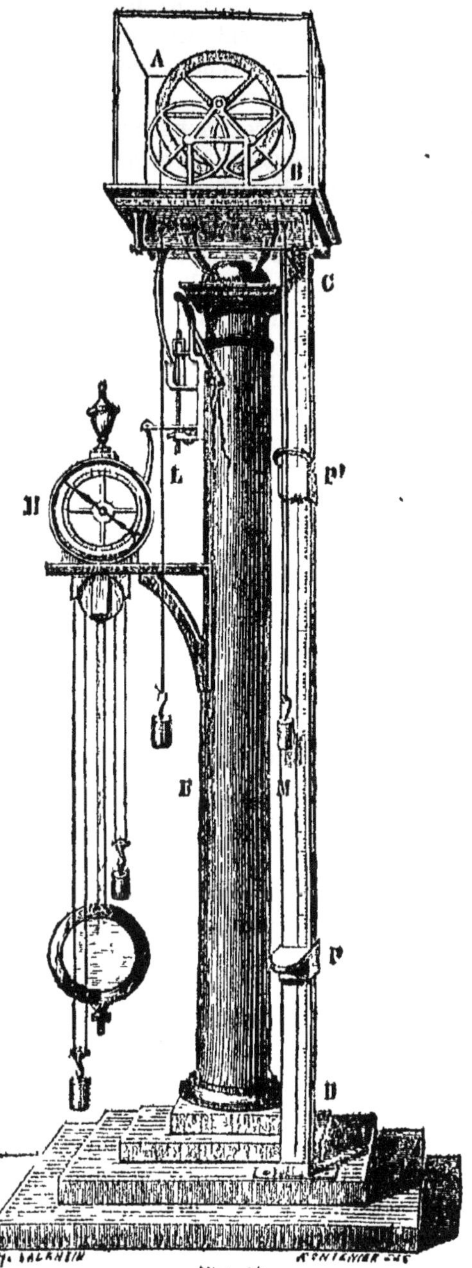

Fig. 19

forme allongée. A partir du moment où la masse additionnelle est supprimée, le système ne se meut plus qu'en vertu de la vitesse acquise; son mouvement devient uniforme, et si l'on observe l'espace parcouru en une seconde, on aura la vitesse au moment même de la suppression de la force.

Cela posé, on place le curseur annulaire à la division 11, et le curseur plein à la division 33, et on reconnaît que le système arrive au premier point au bout d'une seconde, et au deuxième au bout de deux secondes. La vitesse acquise au bout d'une seconde est donc égale à 22 des divisions de la règle. On recommence l'expérience en plaçant le curseur annulaire de la division 44, et le curseur plein à la division 88; et on voit qu'au bout de deux secondes, le curseur atteint le premier point et le deuxième au bout de trois secondes : donc la vitesse acquise au bout de deux secondes est égale à 44, c'est-à-dire au double de celle qui est acquise en une seconde. On fait enfin une troisième expérience en plaçant le curseur annulaire à la 99ᵉ division et le curseur plein à la 165ᵉ, et on constate que le premier intervalle est parcouru en trois secondes, et que le système atteint le curseur plein au bout de trois secondes. La vitesse acquise au bout de trois secondes est donc égale à 66 divisions, c'est-à-dire au triple de la vitesse acquise en une seconde. Il est donc démontré directement que dans la chute des corps pesants *les vitesses sont proportionnelles aux temps écoulés depuis l'origine du mouvement.*

On voit de plus, d'après ces expériences, que la vitesse acquise au bout d'une seconde est égale à 22, tandis que l'espace parcouru pendant la première seconde est égal à 11; donc, en général, la vitesse acquise au bout d'une unité de temps est le double de l'espace parcouru pendant cette première unité de temps. En désignant, comme nous l'avons fait par K, l'espace parcouru pendant une seconde, la vitesse au bout de ce temps sera 2K, et, par conséquent, la vitesse au bout d'un temps t sera égale à 2Kt; on aura donc pour la valeur de cette vitesse

$$v = 2Kt.$$

Les formules qui viennent d'être établies sont les formules caractéristiques du mouvement uniformément accéléré; il est donc établi que, *dans la chute des graves, le mouvement est uniformément accéléré.*

Appareil de M. Morin. La machine d'Atwood ne laisse rien à désirer sous le rapport de l'exactitude, mais elle a l'inconvénient de ne vérifier la loi que pour un nombre entier de secondes; en outre, le phénomène qu'on observe n'est pas *direct;* ce n'est pas la chute véritable d'un corps qu'on étudie, mais quelque chose qui lui ressemble. Bien qu'il ne puisse résulter de cette double circonstance aucune con-

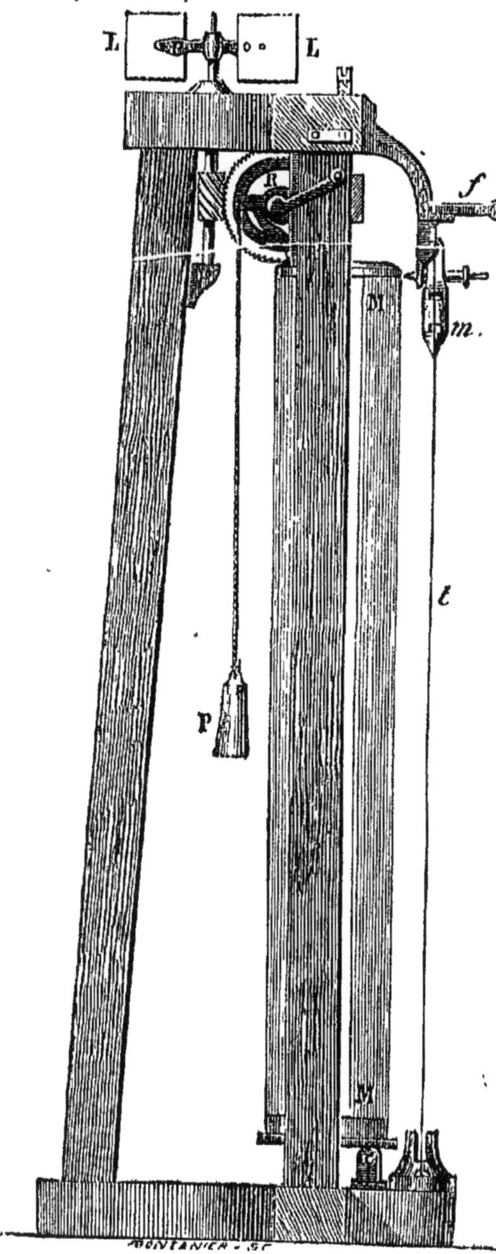

Fig. 20.

clusion erronée, on conçoit qu'il soit avantageux de pouvoir vérifier les lois de la chute *libre* pour un intervalle de temps quelconque. C'est là l'objet de l'appareil employé pour la première fois par M. Morin.

Il se compose (fig. 20) d'un cylindre en bois MM recouvert de papier qui peut recevoir un mouvement uniforme de rotation autour de son axe vertical par la chute d'un gros poids P. La corde qui supporte le poids est enroulée autour d'un tambour muni d'une roue dentée, laquelle engrène, d'une part, par l'intermédiaire d'une vis sans fin, avec l'axe du cylindre; d'autre part, avec un axe portant les ailettes LL qui régularisent le mouvement. En regard du cylindre tournant se trouve un poids cylindro-conique *m*, qui porte un crayon dont la pointe s'appuie sur le papier, et qui est armé d'ailleurs d'oreilles glissant sur les fils verticaux *t*, destinés à le diriger dans sa chute. En appuyant sur le levier *f*, on peut faire partir le poids à un moment donné ; on attend pour cela que le mouvement du cylindre soit devenu uniforme, ce qui a lieu quand le poids a parcouru les 2/3 ou les 3/4 de sa course. Il suit de cette disposition, que si on a réglé la position du crayon de façon qu'il s'appui

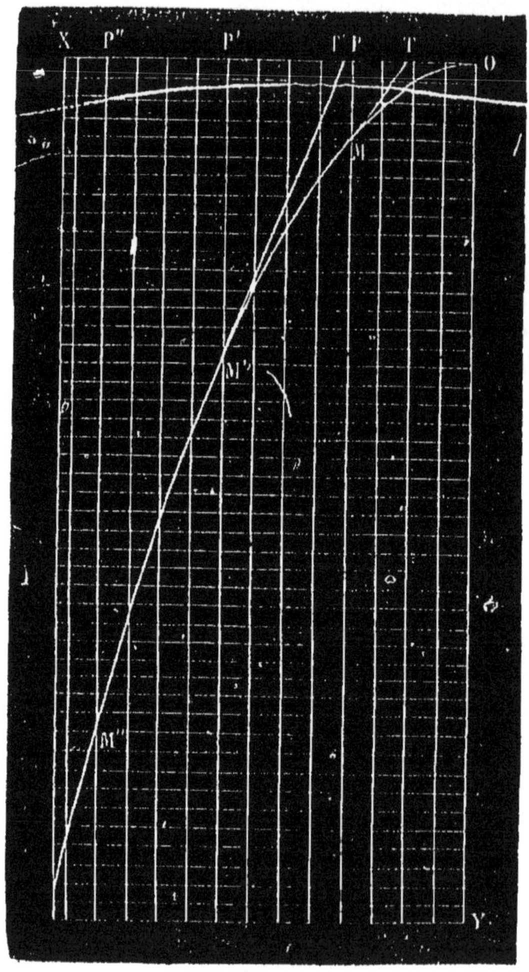

Fig. 21.

sur le papier sans exercer un frottement trop considérable, il tracera une ligne qui, la feuille de papier étant développée, aura la forme indiquée par la figure 21 [1].

1. Cette courbe est une parabole.

Menons par l'origine de la courbe la droite horizontale OX, et prenons sur cette droite des longueurs égales OP, PP', P'P'', et par les points P, P', P'', traçons les perpendiculaires PM, P'M', P''M'', jusqu'à la rencontre de la courbe; il est clair, puisque le mouvement du cylindre est uniforme, que PM est l'espace parcouru par le corps, au bout d'un certain temps représenté par OP; P'M' l'espace parcouru pendant un temps double; P''M'' l'espace parcouru pendant un temps triple. Or, on reconnaît par la mesure directe que P'M' est égal à 4 fois PM; P''M'' égal à 9 fois PM : donc, les *espaces parcourus sont proportionnels aux carrés des temps employés à les parcourir.* On peut prendre d'autres points que P, P', P'', et multiplier ainsi les vérifications qui sont toujours très satisfaisantes. Pour rendre plus rapides les mesures des lignes telles que PM, P'M', on peut employer du papier quadrillé, ou tracer par avance sur une feuille de papier ordinaire des traits verticaux et horizontaux équidistants.

La courbe OMM'M'' est ce que l'on nomme la courbe figurative du mouvement; si nous voulons avoir la vitesse au bout d'un temps quelconque OP, il faudra mener la tangente au point correspondant M de la courbe, et mesurer la *tangente trigonométrique* de l'angle MTP qu'elle fait avec la droite OX. En effectuant cette mesure pour les deux points P et P', on constate facilement que P''T' est double de PT; mais comme d'après la loi des espaces M'P' est égal à 4 MP, il s'ensuit que la tangente de l'angle M'P'T' est double de la tangente MPT; donc la vitesse au bout du temps OP', est double de la vitesse au bout de OP, en d'autres termes, *les vitesses sont proportionnelles aux temps.*

On pourrait aussi, avec l'appareil précédent, déterminer l'espace parcouru par un corps pesant pendant une seconde; il suffirait de connaître la vitesse de rotation du cylindre; toutefois, c'est par un procédé plus précis que cette détermination a eu lieu. Nous l'étudierons bientôt, et nous verrons comment on détermine le nombre g déjà cité, qui représente l'accélération due à la pesanteur, et qui est égal au double de l'espace parcouru pendant la première seconde de chute.

Ainsi que nous l'avons déjà dit plus haut,

$$g = 9^{\mathrm{m}},8088,$$

En introduisant cette quantité g dans les formules de la chute des corps, celles-ci deviennent, pour la loi des vitesses $v=gt$; pour la loi des espaces $e=\dfrac{gt^2}{2}$. Si on élimine t entre ces deux relations, il vient

$v = \sqrt{2ge}$ formule très-employée, et qui donne la vitesse acquise en fonction de l'espace parcouru. Ces trois relations permettent de résoudre toutes les questions relatives à la chute des corps.

Ex. I. — Quel est le temps employé par un corps pour tomber d'une hauteur de 150^m, et quelle est la vitesse acquise au bas de la chute?

Les formules $v = gt$ et $v = \sqrt{2ge}$ donnent

$$t = \sqrt{\frac{2e}{g}} = \sqrt{\frac{300}{9,80888}} = 4'',4$$

$$v = \sqrt{2ge} = \sqrt{2 \cdot 9,8088 \cdot 150} = 54^m,2.$$

Ex. II. — De quelle hauteur devrait tomber un corps pour acquérir une vitesse de 10 ^{m} par seconde?

De la formule $v = \sqrt{2ge}$ on déduit

$$e = \frac{v^2}{2g} = \frac{100}{19,6176} = 5^m.$$

Ex. III. — Quel serait l'espace parcouru par un corps pesant pendant 20'' et la vitesse acquise au bas de la chute?

On déduit des formules $v = gt$ et $\dfrac{gt^2}{2}$

$$e = \frac{gt^2}{2} = \frac{9,8088 \cdot 400}{2} = 1961^m$$

$$v = gt = 9,8088 \cdot 20 = 195^m.$$

Ex. IV. — On laisse tomber une pierre de l'orifice d'un puits et on compte n secondes jusqu'au moment où on entend le bruit de la pierre tombant dans l'eau; on demande la profondeur du puits. On sait que la vitesse du son est égale à 340^m par seconde.

Soit x la quantité cherchée; le temps employé par le corps pour tomber est égal à $\sqrt{\dfrac{2x}{g}}$; d'autre part, le temps que met le son à parcourir l'espace x est égal à $\dfrac{x}{340}$; on a donc d'après l'énoncé

$$\sqrt{\frac{2x}{g}} + \frac{x}{340} = n$$

équation du second degré, d'où on déduit la valeur de x[1].

____

1. Voir les traités d'algèbre, pour l'interprétation de la double valeur de x.

Considérons actuellement le cas où un corps serait lancé verticalement de bas en haut, et cherchons la hauteur à laquelle il parviendra.

Désignons par a la vitesse initiale, la vitesse au bout d'un temps quelconque t sera

$$v = a - gt$$

et l'espace parcouru au bout du même temps

$$e = at - \frac{gt^2}{2}$$

or, au moment où le corps atteindra le sommet de sa course, sa vitesse sera nulle; on aura donc

$$a = gt$$

d'où

$$t = \frac{a}{g}$$

l'espace parcouru pendant ce temps, c'est-à-dire la hauteur cherchée, sera par conséquent

$$a\frac{a}{g} - \frac{g}{2} \cdot \frac{a^2}{g^2} = \frac{a^2}{2g}.$$

Le mobile, après s'être élevé, redescend. Si l'on veut connaître la vitesse qu'il possède lorsqu'il revient à son point de départ, il faut, dans la formule $\sqrt{2ge}$, remplacer e par $\frac{a^2}{2g}$, ce qui donne

$$v = \sqrt{2g \cdot \frac{a^2}{2g}} = \sqrt{a^2} = a$$

c'est-à-dire que la vitesse est la même qu'au moment du départ. Ce résultat était facile à prévoir, car dans la période descendante la pesanteur doit imprimer les mêmes accroissements de vitesse qu'elle avait donnés en sens contraire du mouvement pendant la période ascendante. Plus généralement, soit qu'il monte, soit qu'il descende, le mobile a aux mêmes points la même vitesse, seulement de sens contraire. Cherchons, en effet, la vitesse à la hauteur h, quand le mobile monte, nous n'avons qu'à éliminer t entre les deux équations du mouvement, et remplacer e par h, ce qui donne

$$t = \frac{a - v}{g}$$

$$h = \frac{a^2 - av}{g} - \frac{g}{2} \cdot \left(\frac{a - v}{g}\right)^2 = \frac{a^2 - v^2}{2g}$$

d'où

$$v = \sqrt{a^2 - 2gh.}$$

Quand le mobile descend et qu'il est arrivé au même point, il a parcouru un espace égal à $\dfrac{a^2}{2g} - h$; sa vitesse s'obtiendra donc en mettant dans la formule $v = \sqrt{2ge}$ à la place de e, $\dfrac{a^2}{2g} - h$, ce qui donne

$$v = \sqrt{2g\left(\dfrac{a^2}{2g} - h\right)} = \sqrt{a^2 - 2gh}$$

valeur qui coïncide avec la précédente, ainsi que nous l'avions indiqué.

Remarque. On peut sans calcul, et à l'aide de la machine d'Atwood, démontrer directement que la hauteur à laquelle parvient un mobile lancé verticalement de bas en haut avec une certaine vitesse est telle qu'en tombant de cette hauteur le mobile acquerrait précisément la même vitesse en sens contraire. Voici comment on fait l'expérience.

On dispose le curseur annulaire P (fig. 22) en un certain point A de la règle graduée, et un autre curseur annulaire P' dont l'anneau puisse recevoir le second poids M à une certaine distance AB. On place le premier poids M, muni de la masse additionnelle de forme allongée, au zéro, et l'on dispose une masse semblable sur l'anneau P'. En abandonnant le système à lui-même, au bout d'un certain temps, le premier poids M abandonne sa masse additionnelle en P; mais on a pris la longueur du fil telle qu'à ce moment même le second poids M se charge en traversant P' de la masse additionnelle qui y avait été placée. Le système tout entier se meut, à partir de ce moment, d'un mouvement retardé uniformément analogue à celui d'un corps lancé de bas en haut, et avec une vitesse initiale précisément égale à celle qu'avait acquise en tombant le premier poids M. La vitesse va donc en diminuant de plus en plus et finit par devenir nulle. Si on remarque quel est à cet instant l'espace parcouru au-dessus de P', on trouve qu'il est précisément égal à la distance du point A à l'origine de la graduation, ce qui vérifie précisément la proposition que nous avons énoncée et que nous avions précédemment démontrée par le calcul.

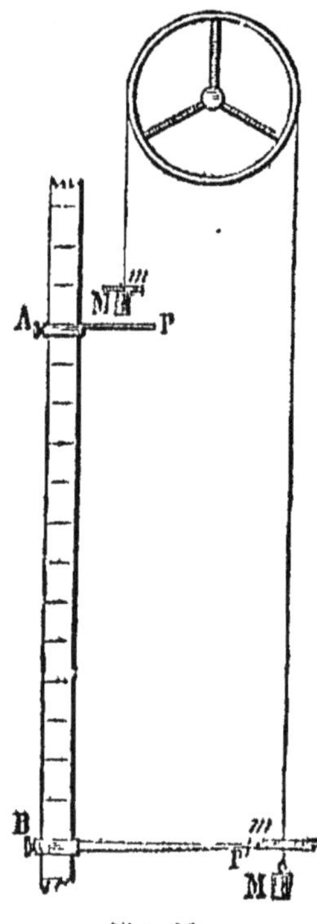

Fig. 22.

RÉSUMÉ DU CHAPITRE II,

NOTIONS GÉNÉRALES SUR LA PESANTEUR.

La *pesanteur* est la force qui attire les corps vers la terre.

Sa *direction* est celle de la verticale du lieu. — Niveau.

Son *intensité* est la même pour tous les corps. — Expérience du long tube vide.

La *vitesse acquise* à Paris par un corps pesant, pendant 1 seconde de chute, est capable de lui faire parcourir en 1 autre seconde, et indépendamment de l'action de la pesanteur, un *espace* de $0^m,8$; ce nombre exprime l'intensité de la pesanteur à Paris : on le représente par la lettre g.

CENTRE DE GRAVITÉ; POIDS.

La pesanteur a son *point d'application* sur chaque molécule du corps. Toutes ces forces parallèles ont une *résultante*, verticale comme elles et égale à leur somme; cette résultante est le *poids* du corps.

On peut aussi définir le *poids*, la pression exercée par les corps solides sur les supports.

On nomme *centre de gravité* le point d'application de la résultante des actions de la pesanteur sur un corps.

Un corps solide est en *équilibre* quand son centre de gravité est soutenu, c'est-à-dire quand la verticale menée par le centre de gravité passe par le point d'appui, et s'il y en a plusieurs par l'un des points d'appui ou dans le polygone circonscrit par eux.

Quand il n'y a qu'un point d'appui ou que les points d'appui sont très-rapprochés, si le centre de gravité est situé au dessus, l'*équilibre* est *instable;* s'il est au-dessous, l'équilibre est *stable;* s'il est au point d'appui, l'équilibre est *indifférent.*

LOIS DE LA CHUTE DES CORPS PESANTS.

On a reconnu, en observant la chute des corps dans le vide, que ces corps sont animés, en tombant, d'un *mouvement uniformément accéléré.*

Conformément aux lois du mouvement uniformément accéléré, la chute des corps pesants a lieu suivant deux lois :

1° *Loi des espaces :* les espaces parcourus sont proportionnels aux carrés des temps employés à les parcourir ;

2° *Loi des vitesses :* les vitesses acquises après divers temps de chute sont proportionnelles aux temps employés à les acquérir.

Vérification de ces lois par le plan incliné de Galilée et au moyen de la machine d'Atwood.

Ces deux appareils ralentissent le mouvement des corps pesants qui tombent sans altérer la nature de ce mouvement ; dans le plan incliné, le ralentissement est dû à la résistance du plan incliné qui annule une partie de l'action de la pesanteur ; dans la machine d'Atwood, il est dû à une combinaison qui augmente la masse du corps pesant, sans accroître l'action de la pesanteur.

Vérification de ces lois au moyen de l'appareil à indications continues de M. Morin. Ici on enregistre sur une feuille de papier animée d'un mouvement de rotation autour d'un axe vertical, la chute même du corps pesant. La courbe tracée par le corps qui tombe est une parabole, et en l'étudiant, on vérifie les deux lois énoncées.

Les deux lois se résument dans les formules suivantes : — Loi des espaces, $e = \dfrac{gt^2}{2}$; — Loi des vitesses, $v = gt$, ou encore, $v = \sqrt{\dfrac{2}{2ge}}$.

Solution de quelques questions par l'emploi de ces formules.

CHAPITRE III.

DU PENDULE. — DÉTERMINATION DE L'INTENSITÉ DE LA PESANTEUR. — DE LA BALANCE.

DU PENDULE. — On appelle *pendule* un corps pesant m (fig. 23) suspendu à un fil et mobile, autour d'un point fixe O. Quelquefois, la masse pesante M (fig. 24) est fixée à une règle rigide AB, qui est mobile autour d'un axe horizontal O. Dans les deux cas, l'appareil sera en équilibre lorsque le fil ou la règle seront dans une position verticale, car dans ce cas, l'action de la pesanteur sera contre-balancée par la résistance de l'axe de suspension.

Si l'on écarte le pendule de sa position d'équilibre, il y revient d'abord, la dépasse en vertu de la vitesse acquise, et exécute autour d'elle une série d'oscillations dont l'amplitude décroît graduellement par suite des obstacles que rencontre le mouvement de l'appareil, qui sont notamment la résistance de l'air et le frottement au point de suspension.

Il résulte des recherches de Galilée, que tant que l'amplitude n'est pas considérable, qu'elle ne dépasse pas, par exemple, 5 ou 6 degrés, les oscillations ont la même durée. On raconte qu'il fut conduit à cette

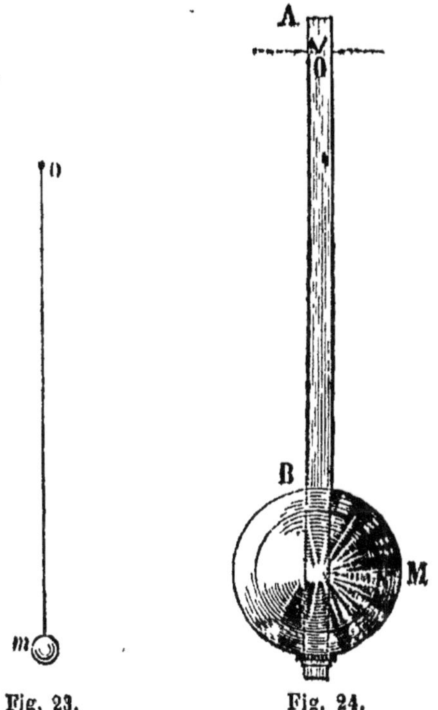

Fig. 23.   Fig. 24.

importante observation en considérant le mouvement d'une lampe suspendue à la nef d'une église, à Pise : il fut frappé de l'uniformité que paraissait avoir la durée des oscillations, bien que leur amplitude fût inégale, et il fut amené ainsi à vérifier le fait par des expériences précises. On peut constater par l'expérience l'isochronisme des oscillations du pendule. En observant avec une montre à secondes la durée d'un certain nombre d'entre elles à diverses époques du mouvement, on trouve que cette durée est exactement la même, bien que l'angle d'écart soit très-différent.

Si l'on considère un pendule semblable à celui que représente la fig. 23, et dans lequel la masse *m* soit très-petite, par rapport à la longueur du fil, on peut constater aussi, que la nature particulière de la substance qui forme la boule *m* est sans influence sur la durée de l'oscillation. Ainsi, que l'on suspende successivement à un fil très-fin des boules de cuivre, d'ivoire, de bois ou de toute autre matière, on trouvera qu'elles oscillent toutes dans le même temps. La résistance de l'air peut toutefois apporter dans cette expérience une cause de trouble, si les boules ont une faible masse et surtout pour des amplitudes un peu fortes; mais en prenant une masse suffisante, ou mieux encore en faisant osciller dans le vide, la vérification du fait dont nous parlons a lieu d'une manière complète.

La durée de l'oscillation dépend de la longueur du pendule; elle augmente ou diminue avec elle, comme le prouve l'observation la plus superficielle : de plus, cette variation est soumise à une loi très-simple qui a été découverte aussi par Galilée. Pour qu'un pendule ait une durée d'oscillation double, triple, quadruple de celle d'un autre, il faut que sa longueur soit 4, 9, 16 fois plus considérable; en d'autres termes, *la durée de l'oscillation est proportionnelle à la racine carrée de la longueur du pendule.*

Sachant, par exemple, qu'à Paris le pendule dont la durée d'oscillation est égale à une seconde, a pour longueur 0^m,994, pour avoir la longueur du pendule, qui oscillerait en 8″, il faut multiplier 0^m, 994 par 64, ce qui donne 63^m,62. C'était à peu près la longueur du pendule établi primitivement au Panthéon, par M. Foucault, dans ses célèbres expériences sur la rotation de la terre.

Les divers résultats dont nous venons de parler peuvent être établis *a priori* par la *mécanique rationnelle*. On considère pour cela un pendule idéal qu'on appelle pendule simple, et qui se compose d'un simple point matériel A (fig. 25) suspendu à l'extrémité d'un fil inextensible et sans pesanteur. Si l'on écarte le fil d'un certain angle α de sa position d'équilibre, de manière à porter le point A en A′, la pesanteur aura pour effet de ramener le fil à sa première position ; mais en vertu de la vitesse acquise, le point A s'élève de l'autre côté jusqu'en un point A″ situé à la même hauteur que A′, d'où il redescendra pour exécuter une série d'oscillations d'égale amplitude, et par suite, d'égale durée. En analysant les circonstances de ce mouvement, on démontre que, pour une amplitude d'excursion assez petite, la durée de l'oscillation T est donnée par la formule

$$T = \pi \sqrt{\frac{l}{g}}.$$

l désigne la longueur du pendule, g le nombre 9^m,8088 égal au double de l'espace que parcourt un corps à Paris dans la première seconde de sa chute, et π le rapport de la circonférence au diamètre.

On voit, d'après cette formule, que la durée de l'oscillation est indépendante de l'amplitude, et qu'elle varie proportionnellement à la racine carrée de la longueur du pendule : ce sont précisément les deux lois découvertes par Galilée.

La formule énoncée ci-dessus se rapporte à un pendule abstrait et dont on ne peut que se rapprocher plus ou moins; en réalité tous les pendules dont on se sert sont des *pendules composés*. On peut toutefois

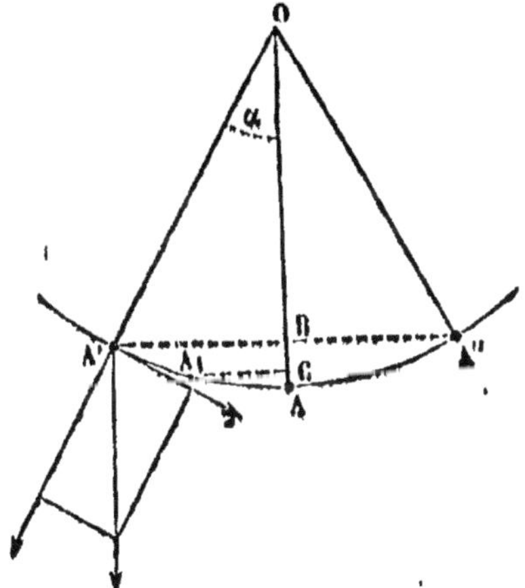

Fig. 23.

faire voir qu'il y a toujours un pendule simple dont la durée d'oscillation est la même que celle d'un pendule quelconque. En effet, si les diverses molécules constitutives du pendule composé étaient isolées, elles oscilleraient comme autant de pendules simples avec des durées d'oscillation inégales; mais comme elles sont toutes liées les unes aux autres, il en résulte que celles qui sont éloignées de l'axe de suspension ralentissent le mouvement de celles qui en sont plus rapprochées, tandis que celles-ci accélèrent le mouvement des premières. Il y a donc quelque part dans le pendule une série de molécules qui oscillent comme si elles étaient libres; elles sont situées sur une ligne parallèle à l'axe de suspension et forment ce qu'on appelle l'*axe d'oscillation*. La distance de l'axe d'oscillation à l'axe de suspension est la longueur du pendule simple correspondant. D'après cette remarque, toutes les lois relatives au pendule simple pourront être étendues à un pendule composé quelconque, pourvu qu'on entende par longueur du pendule celle du pendule simple correspondant.

Le pendule de la figure 23 peut être assimilé à un pendule simple, sans erreur appréciable; c'est pour cela que Galilée a pu, en observant un appareil de ce genre, constater la loi de la racine carrée des longueurs, loi qui n'est rigoureusement vraie que pour le pendule simple.

L'isochronisme des oscillations du pendule fournit un moyen précieux de mesurer le temps : si l'on prend, par exemple, une longueur telle que la durée d'oscillation soit égale à une seconde, on n'aura qu'à compter un certain nombre d'entre elles pour avoir une mesure exacte de l'intervalle de temps pendant lequel elles se sont accomplies. Quelle que soit au reste leur durée, comme elle est la même pour toutes, on pourra toujours s'en servir pour compter des intervalles de temps parfaitement égaux. Ce moyen a été proposé et employé même par Galilée; mais il offre de graves inconvénients. C'est d'abord une chose pénible, et par suite sujette à erreur, que de compter une à une les oscillations du pendule; si pour se dispenser de ce soin on adapte à l'appareil un mécanisme qui fasse mouvoir une aiguille sur un cadran, les frottements devenant beaucoup plus considérables, le mouvement s'éteindra très-vite, et on ne pourra mesurer qu'un intervalle de temps très-limité. Il faudrait donc, pour utiliser les propriétés du mouvement pendulaire, combiner avec le pendule lui-même, un moteur qui restituât à chaque instant la force d'impulsion que le frottement et les autres résistances font perdre continuellement à l'appareil. C'est ce que l'on fait en associant le pendule aux horloges proprement dites[1].

Une horloge se compose essentiellement d'un moteur formé par un poids suspendu à une corde qu'on enroule autour d'un cylindre; si l'on abandonne le poids à lui-même, il descend en vertu de la pesanteur, imprime son mouvement au cylindre, qui le transmet lui-même à d'autres pièces à l'aide d'un système particulier d'engrenages. Mais réduite à cela, l'horloge ne saurait avoir aucune efficacité, parce que le mouvement serait à la fois trop rapide et irrégulier; il faut donc, indépendamment du moteur, une disposition qui en ralentisse la marche et en régularise le mouvement. On peut obtenir ce résultat en adaptant à l'une des roues du mécanisme des ailettes qui offrent à l'air une assez grande surface; comme la résistance qu'oppose ce fluide au mouvement croît rapidement avec la vitesse, il arrivera un instant où celle-ci se maintiendra constante, parce qu'un accroissement nouveau produirait une résistance de l'air supérieure à l'action même du moteur. A partir de ce moment, le mouvement se maintiendra et pourra servir, par conséquent, à mesurer le temps. Ce mode de régularisation de l'horloge est en réalité peu exact, parce qu'il se produit dans la masse d'air environnante des variations qui proviennent soit des courants, soit des changements dans la pression ou la température, et qui

---

1. L'origine des horloges est assez obscure, et cette obscurité tient en partie à ce que sous le nom d'horloges, on a désigné des appareils n'ayant de commun que le nom, avec ceux que l'on emploie aujourd'hui; par exemple des clepsydres. Quelques auteurs attribuent l'invention des horloges à notre compatriote Gerbert qui fut pape sous le nom de Sylvestre II, et mourut au commencement du xi⁰ siècle; quoi qu'il en soit, il est constant que l'usage ne s'en répandit que près de deux siècles plus tard.

amènent des variations correspondantes dans la vitesse; aussi ne
l'emploie-t-on généralement que dans des espèces d'horloges de construction grossière, comme, par exemple, les tourne-broches.

Le régulateur qu'on a d'abord employé dans les horloges proprement
dites est le balancier ; c'est une roue massive en cuivre (fig. 26) dont

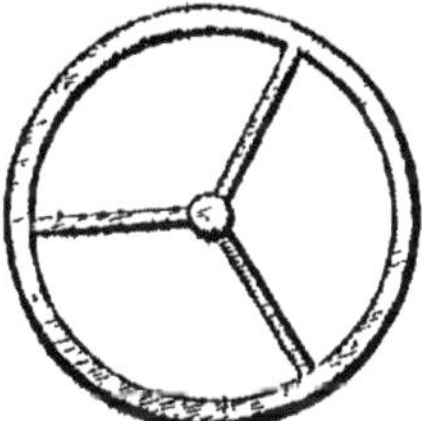

Fig. 26.

l'axe porte deux petites palettes situées à 90 degrés de distance angu-
laire l'une de l'autre ; elles sont en outre placées à des hauteurs
différentes sur l'axe du balancier, et l'intervalle qui les sépare est
précisément égal au diamètre d'une roue appelée *roue de rencontre,*
dont les dents inclinées dans le sens du mouvement se trouvent ainsi
à la hauteur de chacune d'elles. Supposons l'une des palettes en contact avec une dent de la roue, celle-ci se trouve momentanément arrêtée; mais en vertu de l'action du moteur, elle presse sur la palette,
fait mouvoir le balancier, et se trouve ainsi libre ; mais alors l'autre
palette vient se présenter au-devant d'une dent située de l'autre côté,
laquelle est arrêtée à son tour pour s'échapper ensuite. On voit donc
que le moteur détermine le mouvement oscillatoire du balancier,
tandis que ce dernier produit dans l'action du moteur lui-même des
arrêts périodiques entre lesquels la roue de rencontre, dite aussi *roue
d'échappement,* tourne d'une fraction de tour dont le numérateur est
l'unité et le dénominateur le nombre de ses dents. Si, par exemple,

la roue a 24 dents, la rotation est de $\frac{1}{24}$ de tour par chaque double

oscillation du balancier. Ce mode de régularisation ne saurait être
précis qu'autant que la force qui met le balancier en mouvement
serait rigoureusement constante; car à cette condition seulement, les
amplitudes d'oscillation étant les mêmes, il s'écoulera le même temps
entre deux arrêts consécutifs du moteur. Or, la force motrice peut
changer ou éprouver, ce qui revient au même, des résistances variables
par suite de la variation même de l'état des surfaces qui frottent les
unes sur les autres ; d'où il suit que les oscillations du balancier auront
une durée essentiellement variable, et, par conséquent, ce genre de

régulateur manque d'exactitude. Pour arriver à une régularisation plus parfaite, il faudrait que le régulateur eût un mouvement propre et indépendant du moteur, lequel n'interviendrait que pour lui restituer l'impulsion qui aurait été perdue par suite du frottement ou des autres résistances. On obtient ce résultat à l'aide du pendule, qui a été proposé et employé pour la première fois dans ce but par Huyghens en 1657.

La figure 27 représente le mode d'échappement appelé échappement à *ancre*. La roue A dont toutes les dents sont inclinées dans le même

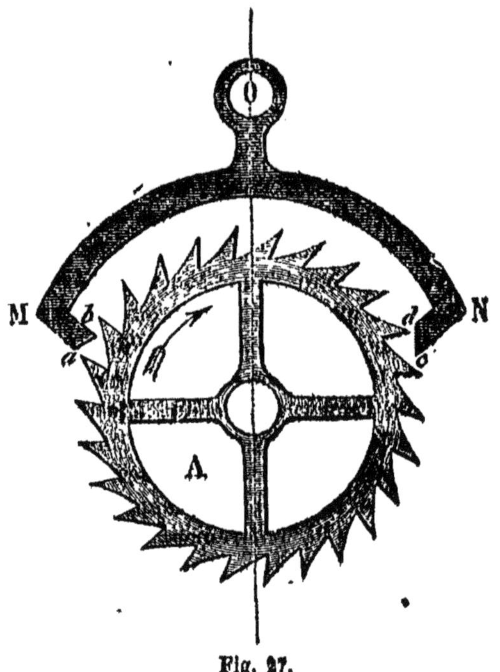

Fig. 27.

sens, se meut au-dessous de la pièce OMN qui reçoit du pendule un mouvement oscillatoire autour du point O; les extrémités de cette pièce appelées ancre sont terminées par deux facettes planes *ab*, *cd* inclinées en sens contraire; les dimensions de l'appareil sont telles d'ailleurs, que lorsque le pendule est vertical les deux extrémités de l'ancre sont en contact avec deux des dents de la roue, dont le mouvement se trouve ainsi suspendu malgré l'action du moteur; mais si le pendule vient à osciller, une dent passe alternativement d'un côté et de l'autre, et par conséquent le mouvement de la roue se compose de périodes qui ont une même durée, puisque c'est précisément celle de l'oscillation du pendule. Au moment où les dents de la roue d'échappement abandonnent l'ancre, elles glissent sur les facettes *ab*, *cd*, et on voit, d'après la disposition de celles-ci, que la pression qui en résulte a pour effet de donner au pendule une nouvelle impulsion. Le mouvement du régulateur se trouve donc entretenu par le moteur; sans cette disposition importante, l'amplitude des oscillations diminuerait de plus en plus, et il arriverait un moment où les dents cesseraient de s'échapper; alors l'horloge s'arrêterait.

DÉTERMINATION DE L'INTENSITÉ DE LA PESANTEUR. — Le pendule est devenu, entre les mains des physiciens, l'appareil spécial pour mesurer l'intensité de la pesanteur, c'est-à-dire pour évaluer le nombre représenté habituellement par la lettre g. Pour comprendre les principes sur lesquels repose cet emploi du pendule, il suffit de se reporter à la formule donnée plus haut comme expression de la durée des oscillations du pendule

$$T = \pi \sqrt{\frac{l}{g}}.$$

Si l'on suppose cette durée bien connue par une observation exacte d'un pendule donné dont la longueur a d'ailleurs été mesurée avec soin, on tirera facilement de la formule précédente la valeur de g :

$$g = \frac{\pi^2 l}{T^2}.$$

Tout repose donc sur l'évaluation précise et rigoureuse de la durée de l'oscillation T et de la longueur l du pendule. En 1790, Borda et Cassini ont appliqué, avec une grande exactitude, cette méthode à la mesure de l'intensité de la pesanteur à l'Observatoire de Paris. Ils employèrent un pendule de 4 mètres environ de longueur et formé d'une boule de platine suspendue à un fil métallique très-mince et sans torsion. Plus récemment Biot, Arago, Mathieu et Bouvard, avec un pendule long de 0^m,76, ont vérifié et confirmé la détermination de Borda et de Cassini.

Il résulte de ces observations qu'à l'Observatoire de Paris le pendule indique pour valeur du nombre g, 9,8088.

C'est-à-dire que tout corps pesant tombant librement dans le vide, à l'Observatoire de Paris, possède, après 1 seconde de chute, une vitesse capable de lui faire parcourir, à elle seule, en une autre seconde un espace de 0^m,8088. De là résulte aussi que dans la première seconde de chute, l'espace que parcourt le corps est de 4^m,9044, c'est-à-dire la moitié de 9,8088.

La valeur de g étant ainsi déterminée, on peut calculer sans peine par la formule

$$T = \pi \sqrt{\frac{l}{g}}$$

la longueur du pendule qui, à Paris, aurait pour durée de son oscillation 1 seconde :

$$l = \frac{gT^2}{\pi^2} = \frac{9,8088}{9,8696} = 0^m,993800.$$

De nombreuses observations faites sur divers points de la surface du globe ont démontré d'une façon incontestable que le même pendule, placé dans des circonstances aussi analogues que possible, ne se conduit pas de même dans tous les lieux. La durée de ses oscillations va en diminuant à mesure que l'on se dirige de l'équateur vers le pôle. En déterminant dans divers lieux la longueur que doit avoir un pendule pour battre la seconde, c'est-à-dire pour que la durée de son oscillation soit égale à 1 seconde, on reconnaît que la longueur de ce pendule devra augmenter à mesure que l'on se rapproche du pôle. Les nombres suivants sont extraits des observations de Freycinet, Duperrey, Bessel, Forster, Sabine et Svanberg.

LIEU DE L'OBSERVATION.	LATITUDE.	LONGUEUR DU PENDULE A SECONDE.
HÉMISPHÈRE BORÉAL.		
Spitzberg....................	79° 49' 58" nord.	0m,99613
Stockholm...................	59° 20' 34" —	0m,99492
Kœnigsberg.................	54° 42' 12" —	0m,99411
Paris.......................	48° 50' 14" —	0m,99386
RÉGION ÉQUATORIALE.		
Ile Rawak.................	0° 01' 34" sud.	0m,99113
HÉMISPHÈRE AUSTRAL.		
Ile de France...............	20° 09' 23" sud.	0m,99185
Cap de Bonne-Espérance..	33° 55' 15" —	0m,99264
Cap Horn	55° 51' 20" —	0m,99462
Nouveau Shetland.........	62° 56' 11" —	0m,99523

On attribue ces faits à ce que l'intensité de la pesanteur varie selon les latitudes; à l'équateur elle a son minimum, on l'évalue à 9^m,7800; au pôle elle atteint sans doute son maximum, qui n'a pu être déterminé par l'observation, mais on sait qu'à une latitude de 80° l'intensité de la pesanteur est de 9^m,8203. Il faut en conclure évidemment qu'au pôle un corps pèse plus qu'à l'équateur; mais il faut se hâter de remarquer que cette différence est difficile à mettre en évidence, puisqu'elle se produit en même temps sur tous les corps dont on peut comparer les poids dans l'un ou dans l'autre lieu.

On rapporte à deux causes les variations de l'intensité de la pesanteur : 1° l'aplatissement de la terre vers ses pôles qui rend l'observateur plus voisin du centre de la terre aux pôles qu'à l'équateur; 2° la force centrifuge résultant du mouvement de rotation de la terre qui se manifeste énergiquement à l'équateur où les points de la surface terrestre ont leur plus grande vitesse de rotation et qui diminue lorsqu'on s'éloigne de l'équateur pour s'annuler à chacun des pôles. Je me borne à indiquer ces deux causes, il appartient à la mécanique d'expliquer leur influence.

DE LA BALANCE. — On nomme *balance* un appareil destiné à mesurer le poids des corps, c'est-à-dire, à comparer ce poids à un poids convenu pris comme unité. On sait que l'unité de poids, nommée *gramme*, est le poids d'un centimètre cube d'eau distillée prise à la température de 4° au-dessus de 0°. Ainsi lorsque l'on dit qu'un corps pèse 1 kil., 385, par exemple, c'est comme si l'on disait que ce corps pèse autant que 1385 centimètres cubes d'eau distillée prise à + 4° de température. La *Balance* se compose essentiellement d'une barre inflexible, suspendue en équilibre stable par un axe horizontal, et aux extrémités de laquelle on applique les poids que l'on veut comparer. Voici la disposition qu'on lui donne. L'instrument fig. 28 repose sur une colonne suffisamment pesante pour être inébranlable pendant l'opération. Cette colonne est terminée par une rainure sur chacun des côtés de laquelle est disposée une surface bien polie et d'une grande dureté afin que l'axe de rotation ou le *couteau* qui va reposer dessus s'y meuve facilement, et que le frottement ne puisse l'user. La barre inflexible, que l'on nomme le *fléau*, est une barre ordinairement d'acier ou de fer, munie à son milieu d'un axe perpendiculairement taillé en bizeau à sa partie inférieure et que nous venons d'appeler le *couteau*. Le fléau a été fait de telle façon que son centre de gravité est très-voisin du couteau, et un peu au-dessous pour obtenir un équilibre stable. A chaque extrémité du fléau est suspendu un plateau destiné à recevoir soit le corps qu'on veut peser, soit les grammes, décigrammes, etc., qui donneront la mesure de son poids. On peut facilement se rendre compte du mécanisme d'un tel instrument. Il est construit de façon que les plateaux étant vides, le fléau est horizontal; il suffit pour cela que les deux bras du fléau et les plateaux aient le même poids de part et d'autre. La balance étant ainsi en équilibre, placez dans un des plateaux le corps que vous voulez *peser*. Le bras du fléau et le plateau formeront avec le corps ajouté, un système plus pesant que l'autre bras et son plateau vide, le centre de gravité du système se déplacera pour se rapprocher du plateau chargé. L'axe de suspension ou le couteau ces-

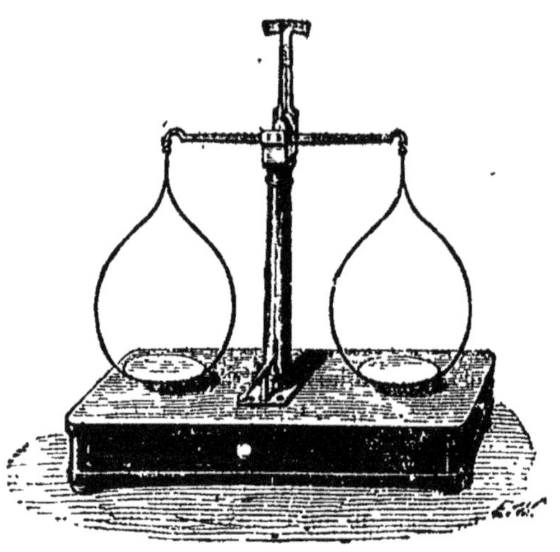

Fig. 28.

sera de soutenir le centre de gravité; l'équilibre n'existant plus, la pesanteur entraînera le fléau du côté où le corps a été ajouté. Mais si dans l'autre plateau on met des poids marqués, c'est-à-dire des grammes, décigrammes, à mesure que l'on chargera ce second plateau, le centre de gravité du système oscillant de la balance reviendra peu à peu vers le couteau, et au moment où il se trouvera de nouveau au-dessous de cet axe l'équilibre se rétablira. Alors évidemment on aura dû ajouter dans le second plateau un poids précisément égal à celui du corps déposé sur le premier, et pour le connaître, il suffira de lire sur les poids marqués le nombre de grammes et de fractions de grammes. Telle est la théorie de l'opération; mais pour que son résultat soit exact, pour que la balance soit *juste*, il faut deux conditions que j'exposerai brièvement.

Conditions de justesse des balances. — Pour qu'une balance soit juste, il faut :

1° Que les distances du point d'appui aux points de suspension du fléau soient égales ; ce qu'on exprime encore en disant que les deux bras du fléau doivent être égaux.

2° Que le fléau soit horizontal quand les plateaux sont vides.

Pour vérifier la justesse d'une balance, on commence ordinairement par s'assurer de *l'horizontalité du fléau.* On rend facile cette vérification en adaptant au fléau une aiguille perpendiculaire à son axe et placée dans le plan d'oscillation de la balance ou dans un plan parallèle. Cette aiguille se meut sur un petit arc de cercle dont le 0 correspond à la verticale quand la colonne de la balance est bien verticale elle-même. Si le fléau a l'horizontalité qu'on lui demande, l'aiguille doit coïncider avec le 0 quand les plateaux sont vides et la balance en repos. On vérifie *l'égalité des bras du fléau* par l'opération suivante : On met dans les plateaux deux poids tels que le fléau se maintienne horizontal ; cette horizontalité bien établie, on change de plateau les deux poids, et si l'horizontalité se manifeste encore, les deux bras du levier sont égaux. Si l'un des bras était plus long que l'autre, le poids appliqué à ce bras agirait plus énergiquement que l'autre, de manière que le fléau serait horizontal sans que les poids fussent égaux ; mais quand on aurait changé les poids, le plus faible se trouverait à son tour correspondre au plus court bras, et le plus fort au bras le plus long, alors l'inégalité des poids deviendrait d'autant plus apparente, et l'horizontalité du fléau ne saurait exister. Cette propriété du plus long bras de levier d'augmenter l'effet produit par un poids donné a été utilisée dans la construction de la balance dite *Romaine* (fig. 29). Elle se

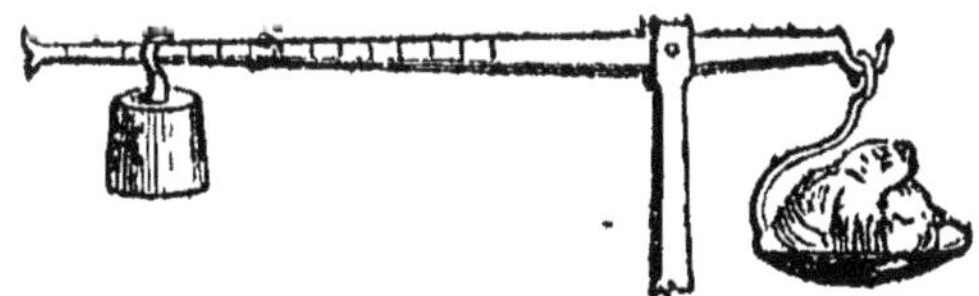

Fig. 29.

composé d'un fléau supporté ou plus souvent suspendu de manière à ce que les deux bras de leviers présentent une grande inégalité. On peut alors constater que les poids appliqués au bras le plus long font équilibre à des poids bien plus considérables, et qu'en faisant varier la distance à laquelle on place un poids fixe, pouvant glisser le long du fléau, ce poids invariable fait équilibre à des poids successivement de plus en plus grands à mesure qu'on l'éloigne, c'est-à-dire à mesure qu'on allonge le bras du fléau. On peut donc écrire à chaque division de la longueur de ce bras le nombre de kilogrammes auxquels le poids invariable fait équilibre lorsqu'il est arrêté sur cette division.

Conditions de sensibilité d'une balance. — On appelle *sensible* une balance qui *s'écarte visiblement de l'équilibre* dès qu'on ajoute un très-petit poids dans l'un de ses plateaux. Plus le poids nécessaire pour produire cet effet est petit, plus la balance est sensible : ainsi quand c'est un dix-milligramme on dit que la balance *trébuche au dix-milligramme*. Voici les conditions de la sensibilité d'une balance : 1° les points de suspension des plateaux et le point d'appui du couteau doivent être sur une même droite ; 2° le centre de gravité du fléau doit être au-dessous de son point d'appui, mais très-près de lui.

La première condition fera comprendre pourquoi une balance perd sa sensibilité quand les poids mis dans les plateaux sont capables de faire fléchir le fléau, et pourquoi on construit des balances de divers genres destinées à peser les corps dont le poids est compris entre certaines limites. La seconde condition est nécessaire pour donner à la balance cet équilibre stable qui doit la ramener toujours à sa position d'équilibre, après une série d'oscillations. Si le centre de gravité coïncidait avec le point d'appui, l'équilibre serait indifférent, et le fléau serait en équilibre dans toutes les positions ; s'il était au-dessus, l'équilibre devenant instable, le fléau s'écarterait au moindre choc de sa position d'équilibre, sans jamais tendre à y revenir, la balance serait *folle*.

Usage de la balance. — Pour faire une *pesée* on fait choix d'une balance assez forte pour le poids du corps à peser, puis, la balance étant en repos, on dépose le corps dans un des plateaux, et dans l'autre des poids marqués ; la balance oscille, on voit de quel côté elle oscille le plus, ce côté est plus pesant que l'autre. D'après cette indication on ajoute ou on retranche des poids marqués, jusqu'à ce que l'aiguille du fléau oscille très-également de chaque côté du 0 de l'arc de cercle ; alors en effet, si on laissait osciller jusqu'au retour à l'état de repos, l'aiguille s'arrêterait juste sur le 0, et par conséquent les poids placés dans les plateaux sont égaux, pourvu que la balance soit juste.

La justesse s'altère assez facilement, parce que les points de suspension des plateaux ne sont pas toujours rigoureusement au même lieu et parce que les variations de température modifient la longueur relative des bras du fléau. D'ailleurs quand on a reconnu qu'une balance n'est pas juste, il est impossible de corriger à l'instant ses défauts, il faut en prendre une autre. Un physicien français, Borda, a imaginé une méthode fort simple qui permet de déterminer exactement le poids d'un corps, avec une balance dont les bras de levier sont inégaux : cette méthode est connue sous le nom de *méthode de Borda*, ou *méthode des doubles pesées*. Voici en quoi elle consiste : dans un des plateaux on dépose le corps à peser; dans l'autre on lui fait équilibre avec de la grenaille de plomb. L'équilibre une fois établi, on retire le corps du plateau où il a été placé, et on le remplace par des poids marqués, capables de faire équilibre à la grenaille du second plateau. Évidemment ces poids égalent exactement celui du corps, puisqu'ils le remplacent et produisent le même effet; on évite ainsi la nécessité que les bras du fléau soient égaux, puisque la pesée se fait réellement dans un seul et même plateau. Cette méthode doit être employée toutes les fois qu'on n'est pas parfaitement sûr de sa balance, ou même qu'on veut une exactitude incontestable.

Tel est l'usage habituel de la balance. Selon que l'instrument est construit avec plus ou moins de soin et manié avec plus ou moins d'habileté, il donne des résultats plus ou moins exacts. Mais pour les pesées minutieuses qu'exigent les recherches du physicien et du chimiste, on a dû construire des balances dites *de précision* qui atteignent parfois une exquise sensibilité et comportent des dispositions tout à fait spéciales. Le fléau soigneusement évidé est aussi léger que possible tout en demeurant d'une inflexibilité absolue dans la limite des poids auxquels la balance est destinée. Le couteau du fléau soigneusement aiguisé ne repose sur les plans de sustentation que pendant le temps très-court où l'on fait la pesée; en tout autre temps un système de fourchettes mobiles soulève le fléau et le supporte. On met le plus grand soin à suspendre les plateaux aux extrémités du fléau de façon à éviter tout frottement et à maintenir le point de suspension toujours à la même distance du couteau. Une longue aiguille fixée à l'axe du couteau vient indiquer, sur un arc de cercle gradué placé au bas du support, les oscillations qui se font pendant les pesées. Enfin tout l'appareil est enveloppé d'une cage de verre destinée à le protéger contre les courants d'air, les changements brusques de température et l'humidité.

Dans les notions qui précèdent j'ai passé sous silence la théorie mécanique de la balance, qui se rattache à celle des leviers et fait partie de l'étude de la mécanique.

RÉSUMÉ DU CHAPITRE III.

DU PENDULE.

On nomme *pendule* un corps pesant suspendu à un fil et mobile autour du point de suspension du fil.

On appelle *pendule simple* un pendule idéal composé d'un seul point matériel suspendu par un fil inextensible et sans pesanteur. Les autres pendules formés de plusieurs points matériels, sont des *pendules composés*.

Galilée a reconnu le premier que

1° La durée de l'oscillation d'un pendule est toujours la même quelle que soit l'amplitude, pourvu que cette amplitude soit très-petite, ou, en d'autres termes : pour une très-petite amplitude les oscillations d'un pendule sont isochrones et indépendantes de leur amplitude;

2° La durée de l'oscillation est proportionnelle à la racine carrée de la longueur du pendule.

On peut ajouter que la durée des oscillations est inversement proportionnelle à la racine carrée de l'intensité de la pesanteur.

Ces lois sont résumées dans la formule

$$T = \pi \sqrt{\frac{l}{g}}.$$

L'isochronisme des battements du pendule a été appliqué à la régularisation du mouvement des horloges.

DÉTERMINATION DE L'INTENSITÉ DE LA PESANTEUR.

En déterminant exactement la longueur d'un pendule et la durée de l'oscillation, la formule du pendule permet de calculer g, l'intensité de la pesanteur. On a ainsi trouvé qu'à l'observatoire de Paris

$$g = 0^{m},8088.$$

On a reconnu en outre que cette valeur de g varie en divers lieux de la terre; en général elle a son minimum à l'équateur et augmente si l'on s'avance vers l'un des pôles.

DE LA BALANCE.

La *balance* est un instrument destiné à faire connaître le poids des corps par rapport à un poids pris comme unité. — Gramme, ses multiples et sous-multiples.

Une balance est *juste* 1° si les deux bras du fléau sont égaux;

2° Si le fléau est horizontal quand les plateaux sont vides.

Une balance est *sensible* : 1° si le couteau et les points de suspension des plateaux sont bien en ligne droite;

2° Si le centre de gravité du fléau est un peu au-dessous du couteau, mais très-près de lui.

On éprouve la *justesse* d'une balance en changeant de plateaux, quand elle est équilibrée, les corps qui servent à faire la pesée.

On éprouve sa *sensibilité* en cherchant quel est le plus faible poids qui, mis dans l'un des plateaux, fait *trébucher* la balance.

La *méthode des doubles pesées*, ou *de Borda*, consiste à peser successivement dans le même plateau le corps et les poids qui équivalent au sien : l'autre plateau est équilibré par de la grenaille de plomb.

CHAPITRE IV.

ÉQUILIBRE DES LIQUIDES DANS LES VASES. — PRINCIPE D'ÉGALITÉ DE TRANSMISSION DE PRESSION. — PRESSE HYDRAULIQUE. — VASES COMMUNIQUANTS. — NIVEAU D'EAU.

ÉQUILIBRE DES LIQUIDES. — Un liquide en *équilibre* est un liquide dans lequel sont annulées toutes les actions de la pesanteur. Le support de la masse liquide devra donc s'opposer aussi bien à la chute verticale des molécules liquides qu'à leur glissement dans une direction plus ou moins oblique, en vertu de leur fluidité. Il faut, en un mot, que le support soit un vase capable de contenir le liquide; il s'accumulera dans le fond de ce vase, s'il ne peut le remplir, et se moulera sur lui, sauf à sa surface supérieure, qui est désignée sous le nom de surface libre. On reconnaîtra que le liquide est en équilibre, si tous les points de sa masse sont en repos. A ce moment il remplit deux conditions caractéristiques :

1° Sa surface libre est perpendiculaire à la verticale, c'est-à-dire, *horizontale*;

2° Chaque molécule liquide est également pressée dans tous les sens.

Première condition. — La direction horizontale de la surface libre des liquides en repos est un fait que l'observation nous a tous appris, mais dont le raisonnement peut nous montrer la nécessité. Il suffira de démontrer que du moment où la surface libre cessera d'être horizontale, certaines molécules du liquide seront forcées d'obéir plus ou moins complétement à la pesanteur, ou que leur équilibre est détruit.

En effet, quand une molécule liquide fait partie de la surface libre, elle est supportée par ce liquide, dont la résistance annule l'effet de la pesanteur. Mais cette annulation n'a lieu que si la résistance du liquide, qui agit perpendiculairement à sa surface, est dirigée en sens précisément opposé, et en suivant la même droite que la pesan-

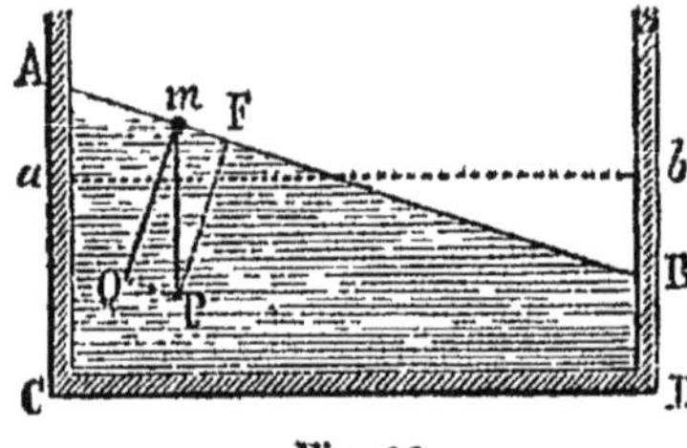

Fig. 30.

teur, c'est-à-dire, verticalement, d'où l'on pourrait déjà conclure que la surface du liquide doit être horizontale pour que l'équilibre existe. Examinons le cas où cette surface est oblique. Soit un liquide ABCD, contenu dans un vase et ayant sa surface libre dirigée suivant AB. Si nous considérons une molécule m de cette surface, elle sera sollicitée par la pesanteur mP suivant une direction verticale. La résistance du liquide n'agira pas exactement dans ce sens, mais angulairement par rapport à la pesanteur. Cette force mP se décomposera alors en deux nouvelles forces mQ et mF (d'après le principe du parallélogramme des forces); mQ sera dirigée comme la résistance du liquide, perpendiculairement à la surface, et en sens directement opposé ; par conséquent mQ sera annulée par cette résistance ; alors restera la force mF, qui fera glisser m suivant le plan incliné formé par la surface AB, et entraînera cette molécule jusqu'au bas de la pente. Ainsi toute la partie soulevée de la surface AB descendra vers la partie abaissée, jusqu'à ce que la surface libre ait repris la direction horizontale ab ; alors seulement la résistance du liquide, agissant de nouveau suivant la direction de la pesanteur, pourra en annuler complétement les effets.

Deuxième condition. — La seconde condition est l'énoncé d'une nécessité évidente. Si, en effet, une seule molécule était inégalement pressée, les forces qui agiraient sur elle ne se détruiraient plus, c'est-à-dire qu'elle ne serait plus en équilibre.

Principe de la transmission des pressions. — Le puissant génie de Pascal, en déduisant avec une admirable logique les consé-quences de la *fluidité* des liquides, a posé le premier un principe célèbre, souvent désigné sous son nom, et qui nous guidera dans l'étude de tous les effets de la pesanteur sur les liquides et même sur les gaz.

Principe. — Les liquides transmettent *avec la même intensité, dans tous les sens,* les pressions exercées *sur un point quelconque* de leur masse.

Imaginons un vase de forme quelconque (fig. 31) et rempli par un liquide. Sur des ouvertures percées dans divers sens et ayant toutes la même surface A, B, C, D, E, supposons des pistons mobiles que le liquide puisse soulever librement. Sur le piston A, déposons un poids de 1 kilogramme ; il va presser l'eau sous sa face inférieure. Si cette eau était un corps solide, tout le système que représentent ses molécules matérielles se déplacerait simultanément et l'ensemble du corps transmettrait la pression seulement dans le sens même où elle est exercée et sur

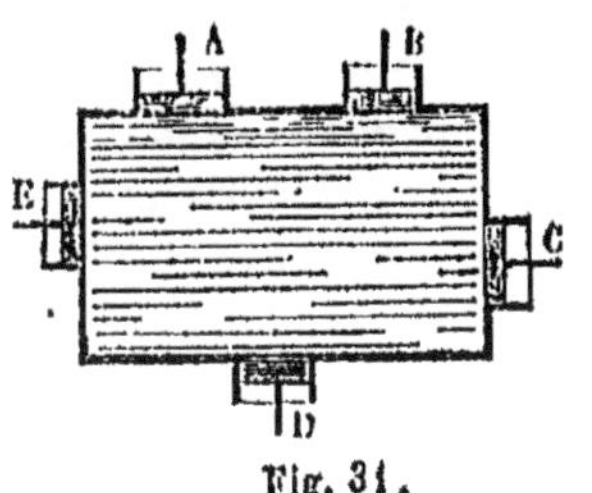

Fig. 31.

les points directement opposés. Il n'en est plus ainsi dès que les molécules jouissent de l'indépendance que leur donne la fluidité. Alors les molécules placées sous le piston A tendent à se déplacer sous la pression qu'elles supportent, et elles poussent non-seulement les molécules placées sous elles, mais elles écartent celles qui les environnent dans toutes les directions. On se fera une idée de cette action en examinant ce qui se passe quand on introduit un corps étranger dans un sac presque rempli de blé, par exemple. Les grains, repoussés dans tous les sens, gonflent le sac dans toutes les directions. Sous l'empire de cette pression exercée en A, toutes les molécules du liquide vont donc s'animer de proche en proche d'un mouvement qui transmettra à chacune d'elles, dans quelque sens qu'elle soit placée, la pression subie primitivement par une quelconque d'entre elles sous le piston A. Comme d'ailleurs les pistons ont la même surface, le même nombre de molécules liquides doit correspondre à chacun d'eux ; la pression transmise aura donc partout la même intensité, et chacun des pistons B, C, D, E supportera par transmission une pression de 1 kilogramme. Si maintenant les pistons n'avaient pas la même surface, comme le nombre de molécules qui transmettent la pression est nécessairement proportionnel à l'étendue de la surface, la pression supportée croît comme cette surface. D'ailleurs, il est évident que si l'on suppose le piston B, par exemple, non plus égal en surface au piston A, mais double, triple, etc., B équivaudra à 2 ou 3 pistons A, rapprochés suffisamment pour se confondre, et de cette façon encore on concevra que la pression transmise est proportionnelle à la surface, de telle sorte que, pour une pression de 1 kilogramme en A, la pression supportée en B deviendrait 2, 3 kilogrammes, etc., si le piston B avait 2, 3 fois, etc., la surface du premier.

Dans tous ces raisonnements, nous n'avons tenu aucun compte de la pesanteur du liquide ; et c'est parce qu'on ne peut en faire abstraction dans la pratique que l'expérience que nous venons de supposer n'est pas réalisable ; car elle donnerait des résultats inégaux, quant à la valeur des pressions transmises, à cause de l'intervention de la pesanteur qui ajouterait sous les divers pistons une pression plus ou moins grande suivant leur position. Le frottement des pistons introduirait encore une autre cause d'erreur dont il est difficile de se garantir. Mais si le principe de Pascal n'est pas directement démontrable, il l'est suffisamment par la conformité de ses conséquences avec les faits, et surtout par sa belle application à la *presse hydraulique* dont nous donnerons le détail plus loin.

La figure 32 représente cependant un petit appareil qui permet de démontrer au moins que la transmission des pressions a lieu dans tous les sens. C'est un petit tube dans lequel se meut un piston, et terminé par un ballon percé dans diverses directions. Ayant rempli d'eau le ballon et une partie du tube, il suffit de pousser le piston pour voir le liquide jaillir *également* dans toutes les directions.

Ce principe a des conséquences très-importantes relativement à l'action de la pesanteur sur les liquides, et aux pressions qui se développent en eux dans leur position d'équilibre.

Pressions développées dans les liquides par la pesanteur. — Toutes ces pressions étant proportionnelles aux surfaces, en vertu du principe de Pascal, je les considérerai abstraction faite des variations de ces surfaces, c'est-à-dire, sur l'unité, le centimètre

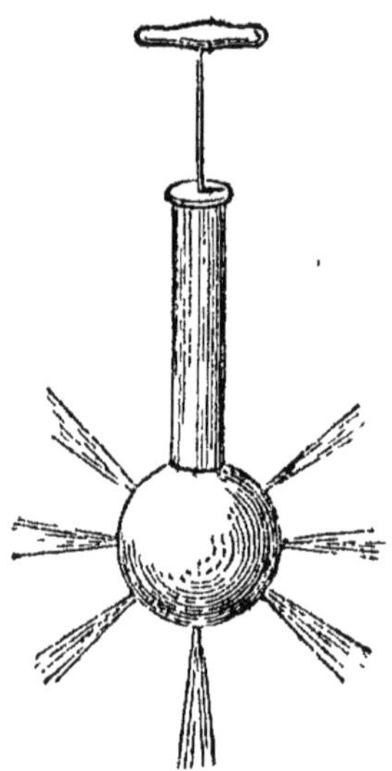

Fig. 32.

carré, ou sur des surfaces toujours égales entre elles. Ce que je vais examiner ce sont les autres conditions qui déterminent, sous l'influence de la pesanteur, les pressions en tous sens dans les divers points d'un liquide en équilibre.

A. — *Pressions verticales de haut en bas.* — Quatre lois, déduites du principe de l'égale transmission des pressions, définissent les effets de la pesanteur dans la direction verticale et suivant le sens même de cette force.

1° — La pression sur chaque tranche d'un liquide homogène est *proportionnelle à la profondeur* de la tranche au-dessous de la surface libre.

Il est évident en effet que dans un vase d'eau, ABCD (fig. 33), une

tranche EF située à 2 centimètres au-dessous de la surface libre supportera la pression de toutes les tranches placées au-dessus, *puisque ces
tranches sont pesantes.* Mais une seconde tranche

Fig. 33.

GH placée à 4 centimètres, aura au-dessus d'elle
deux fois plus de tranches pesantes que la première, la pression supportée par cette seconde
tranche sera donc double, comme sa profondeur.

2° Dans ce liquide homogène, tous les points
d'une même couche horizontale supportent *la
même pression.*

C'est là une loi évidente ; puisque les couches supérieures sont partout égales en nombre, la couche étant horizontale comme la surface
libre ; et que tout excès de pression sur un des points de cette couche
entraînerait d'ailleurs ce point dans le sens même de cette pression et
le ferait sortir de la couche que nous considérons.

3° Dans ce même liquide homogène, la pression sur une tranche
quelconque dépend seulement de la *surface* de la tranche et de sa
profondeur ; elle est *indépendante de la forme du vase.*

Cette loi peut se concevoir rationnellement. Quelle que soit en effet
la forme de la masse liquide qui surmonte une tranche, toutes les portions de la surface sont également pressées. Considérons une colonne
liquide s'étendant de la surface libre du liquide jusqu'à notre tranche,
et reposant sur un centimètre carré, par exemple : l'intensité de la
pression supportée par ce centimètre carré sera déterminée par la hauteur de la colonne liquide qui le surmonte ; mais en vertu du principe
de Pascal cette pression sera transmise dans tous les sens avec la même
intensité ; donc tous les autres centimètres carrés supporteront la
même pression que si chacun d'eux portait une semblable colonne
liquide, et la forme du vase n'y apportera aucun changement.

La pression des liquides sur le fond des vases n'est qu'un cas particulier de cette loi générale ; cette pression est donc *indépendante de
la forme du vase.* On le démontre ordinairement avec l'appareil de
M. de Haldat. Cet appareil représenté dans la figure 34, se compose
d'un tube de verre deux fois recourbé à angle droit et rempli de mercure ; l'une des branches est ouverte et disposée pour observer le niveau du mercure que contient le tube. Un anneau métallique glissant
le long de cette branche sert de point de repère pour ces observations.
L'autre branche est munie d'un ajutage en fer sur lequel peuvent se
visser des vases de diverses formes (fig. 35). Une tige portée par un
montant de bois descend dans le vase qu'on a fixé sur l'ajutage et sert
à déterminer le niveau auquel s'élève le liquide de manière à pouvoir
opérer toujours avec la même hauteur verticale. Un robinet placé dans

l'ajutage permet de vider le vase lorsqu'on veut en adapter un d'une autre forme. Voici comment on expérimente : on visse sur l'ajutage un vase conique ayant la forme d'une sorte de verre à pied. On remplit ce

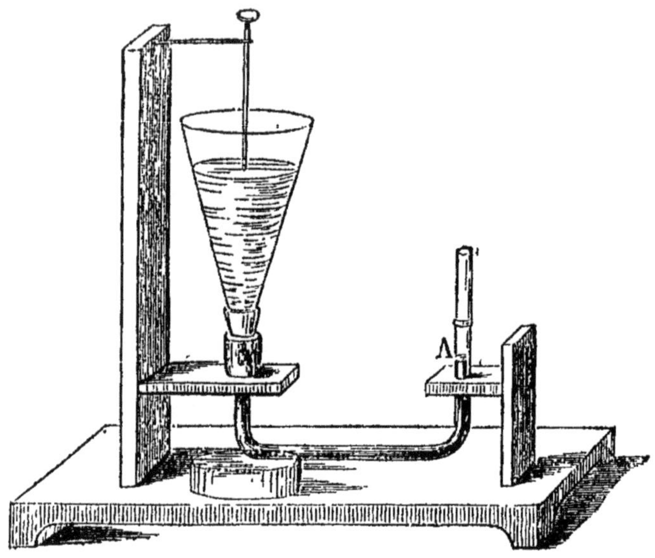

Fig 34.

vase d'un liquide. On amène la tige indicatrice à toucher de son extrémité la surface libre de ce liquide ; le fond du vase est formé par le sommet de la colonne de mercure contenue dans le tube recourbé ; ce

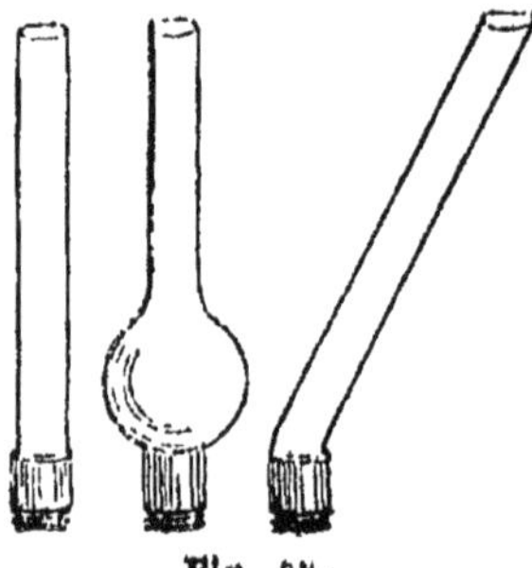

Fig. 35.

mercure, sous la pression qu'exerce le liquide sur ce fond mobile, s'abaisse dans la branche qui supporte le vase, et s'élève dans l'autre branche. On note avec l'anneau métallique à quelle hauteur il parvient. Cette observation faite, on vide au moyen du robinet le vase conique, on l'enlève et on lui substitue successivement les autres vases de diverses formes (fig. 35). On remplit chacun de ces vases jusqu'à la hauteur de l'extrémité de la tige indicatrice, de sorte que dans chaque expérience, on a la *même hauteur* de liquide. On constate aussi que le mercure s'élève constamment au même niveau A indiqué par l'anneau métallique. Il est donc démontré que, quelle que soit la *forme du vase*, la pression supportée par le

fond ne varie pas, quand la *hauteur du liquide* et la *surface du fond*
restent les mêmes. Bien entendu qu'on opère dans ces expériences successives avec le même liquide.

M. A. Masson a proposé, pour démontrer ce même principe, un
autre appareil où l'on mesure plus directement la pression sur
le fond d'un vase. Cet appareil se compose d'un trépied de cuivre
supportant une virole sur laquelle peuvent s'adapter des vases de
même diamètre à leur partie inférieure, mais de formes très-diverses.
Ces vases n'ont d'ailleurs pas de fond, mais les bords inférieurs en sont
parfaitement planés pour recevoir un *obturateur* ou fond mobile suspendu par son centre, à l'aide d'un fil résistant, au plateau de la balance
hydrostatique. Ce fond mobile supporte une pression dès que le vase
est rempli de liquide, et des poids placés dans le plateau opposé de
la balance combattent cette pression et soutiennent l'obturateur. Ces
poids demeureront les mêmes tant que la pression supportée par le
fond sera constante. En ayant soin, au moyen d'un index, d'amener
toujours le liquide à la même hauteur dans les vases de formes diverses, on constate que les mêmes poids font équilibre à la pression
supportée par l'obturateur, quelle que soit la forme du vase.

4° — Dans des liquides différents, à une même profondeur la *pression* est *proportionnelle à la densité* du liquide.

Cette dernière loi est évidente ; car le poids des couches interposées
entre la surface libre et la profondeur que l'on considère croît comme
la densité du liquide qui les forme ; et la pression croît aussi comme
ce même poids.

B. — *Pressions verticales de bas en haut.* — Le principe de Pascal
a pour conséquence nécessaire que la pres-
sion de bas en haut ou la *poussée* est dans
une tranche horizontale donnée, égale à la
pression verticale de haut en bas dans cette
même tranche. Pascal l'a démontré par une
expérience bien simple (fig. 36). On prend un
vase cylindrique de cristal ouvert à ses deux
extrémités. Un obturateur de verre ou de
cuivre, muni d'un fil suspenseur, on peut fermer l'ouverture inférieure. On plonge dans
un liquide ce vase ainsi fermé : la poussée

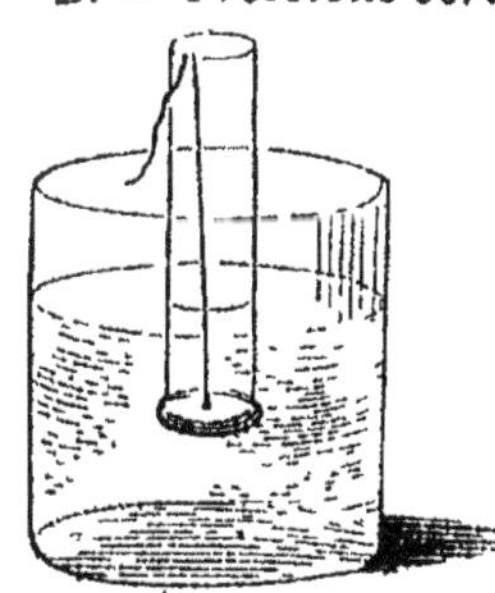

Fig. 36.

maintient l'obturateur, pas une goutte de liquide ne peut entrer dans le
vase ; mais si on ajoute lentement dans ce vase une quantité du même
liquide telle que le niveau soit le même de part et d'autre, la poussée équilibrée par la pression qu'exerce de haut en bas le liquide
intérieur, cesse de soutenir l'obturateur qui tombe sous son propre

poids. Donc dans la couche où se trouvait notre obturateur la *poussée* et la pression de haut en bas étaient égales, puisqu'elles se font équi-libre. La *poussée* suivra nécessairement toutes les lois que nous venons de formuler précédemment.

C. — Pressions exercées par des liquides sur les parois des vases. — La pression exercée par un liquide sur une portion de paroi est égale à celle d'une colonne du liquide ayant *pour base cette surface* et pour *hauteur la distance verticale du centre* de cette portion de paroi à la surface libre. Ce principe dérive naturellement de l'égale transmissibilité des pressions par les liquides. Il est clair en effet qu'une couche horizontale doit transmettre à la paroi sur laquelle elle repose et proportionnellement à la surface de cette paroi la pression qu'elle supporte elle-même. Donc une partie quelconque de la paroi d'un vase supporte la même pression que celle exercée sur une même surface de la couche liquide qui la baigne t or cette pression sur une surface donnée de cette couche est mesurée par celle d'une colonne liquide ayant pour base la surface égale à celle de la portion de paroi et pour hauteur la profondeur *moyenne* de la couche.

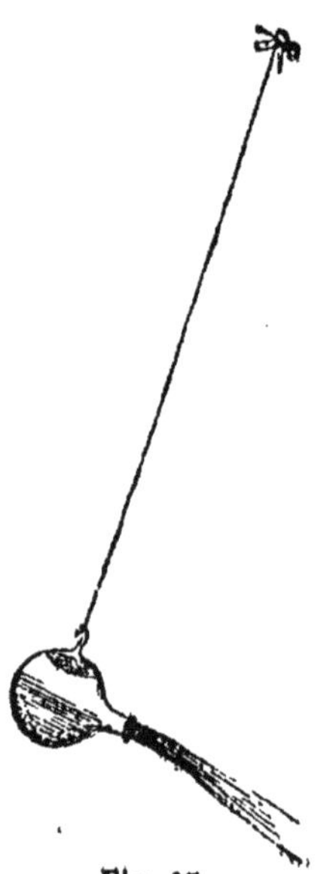

Fig. 37.

Quelques expériences démontrent facilement ces pressions latérales. Il est clair en effet que dans un vase si on perce une paroi, la résistance de cette paroi étant supprimée en ce point le li-quide s'écoulera ; puis sur le point directement opposé la pression du liquide contre la paroi ne sera plus équilibrée à cause de l'écoulement, et cette pression poussera dans le sens contraire à l'écoulement le vase qui obéira s'il est assez mobile. Pour cela on suspend à un fil un petit vase plein d'eau et muni d'une tubulure latérale (fig. 37). On ouvre la tubulure, l'écou-lement commence, et aussitôt le vase recule dans le sens opposé à l'écoulement, puis ramené par la pesanteur vers sa position d'équi-libre et repoussé tour à tour par la *pression sur la paroi latérale* non équilibrée il entre dans une série d'oscillations qui ont valu à ce petit appareil le nom de *pendule hydraulique*.

Le *tourniquet hydraulique* (fig. 38) est encore destiné à mettre le même fait en évidence. Dans une monture en bois est fixé un vase mo-bile sur pivot en haut et en bas. Ce vase resserré vers sa partie inférieure porte perpendiculairement à son axe deux tubes directement opposés

et terminés par un coude tourné l'un à droite et l'autre à gauche du
tube. En dessous est un bassin métallique destiné à recevoir le liquide
qui s'écoule. On bouche d'abord les orifices de ces deux tubes coudés,
on remplit le vase d'eau, puis on débouche les tubes, l'écoulement a
lieu et le vase se met à tourner sur ses pivots en sens contraire à l'é-
coulement. C'est que du moment où l'orifice B est débouché, la pression en A n'est plus équilibrée, le même phénomène se produit à
chaque extrémité, et comme les deux coudes sont tournés en sens
contraire, la pression qui pousse chacun d'eux au point A s'ajoute pour
faire tourner tout l'appareil dans le sens opposé à celui où le liquide
s'écoule.

Tels sont les principes d'après lesquels est constitué l'équilibre
d'une masse liquide dans un vase. On en déduit une conséquence cu-

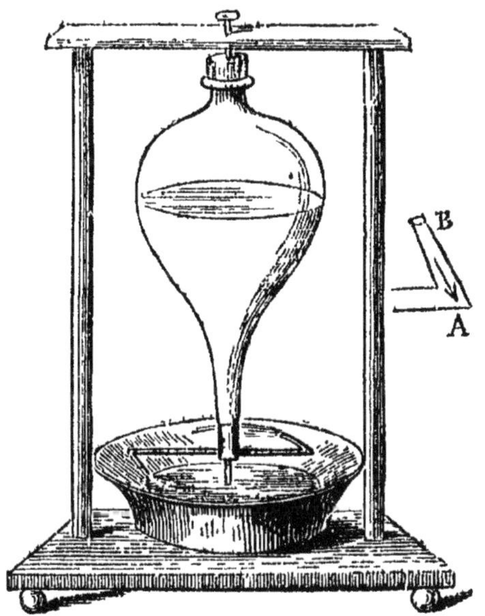

Fig. 38.

rieuse qui montre bien à quel point la *pression* et le *poids* sont deux
valeurs différentes dans les liquides. Cette conséquence, connue sous
le nom de *paradoxe hydrostatique*, sera exposée et rendue compré-
hensible en quelques mots, si l'on se souvient que la pression sur le
fond d'un vase est indépendante de la forme du vase, et par conséquent
de la masse liquide qui la produit, mais dépend seulement, pour
un même liquide, de la hauteur de cette masse et de la surface du
fond du vase.

Paradoxe hydrostatique. — Dans un vase plus resserré à son orifice qu'à sa partie inférieure, la pression totale exercée sur le fond du vase est plus considérable que la pression transmise par le vase à son support.

En effet imaginons un vase ABCDEF (fig. 30); la tranche horizontale AB supportera en IK la pression d'une colonne liquide ayant pour hauteur FK; mais comme sur une même tranche horizontale la pression également transmise est partout égale, AI et BK supporteront la même

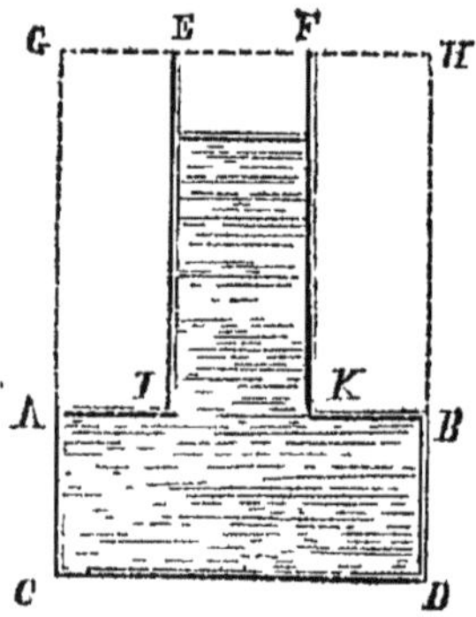

Fig. 30.

pression; c'est-à-dire que ces portions de surface seront pressées exactement comme si les masses liquides AIGE et FHKB existaient au-dessus d'elles, et le fond du vase en définitive supportera la même pression que si le vase était cylindrique et la masse d'eau bien plus considérable. Mais la pression transmise au support ou l'augmentation de poids que le vase reçoit du liquide est proportionnelle à la masse du liquide, et ici par conséquent plus petite que la pression sur le fond du vase. Quand ce vase est plus large à sa partie supérieure, cette pression sur le fond est plus petite que le poids; enfin pour un vase exactement cylindrique, la pression sur le fond et la pression transmise au support sont égales, déduction une fois faite du poids du vase.

Je n'ai pas cru, dans l'intérêt des élèves, devoir éloigner les uns des autres les divers principes sur lesquels repose l'équilibre des liquides: leur ensemble même facilite l'intelligence de chacun d'eux. Il est temps de nous arrêter à une application importante du *principe de la transmission des pressions;* je veux parler de la presse hydraulique.

APPLICATION DU PRINCIPE DE PASCAL A LA PRESSE HYDRAULIQUE. — Le principe de Pascal nous a enseigné que les pressions exercées sur un point d'une masse liquide se transmettent proportionnellement aux surfaces quand celles-ci ne sont pas égales. La conséquence pratique de cette vérité avait été aperçue par le génie de Pascal. Il avait conçu la possibilité d'un appareil dans lequel un effort exercé sur un point d'une masse liquide serait *décuplé, centuplé* en le recueillant sur une surface dix, cent fois plus grande. Imaginons en effet deux vases de très-inégal diamètre, communiquant par un tuyau horizontal, à leur partie inférieure: il y a de l'eau dans l'appareil, un piston se meut dans le petit vase, et dans le grand un autre piston dont la surface pourra être cent fois celle du premier. Exercez sur la tige du petit piston un effort de 40 kilogrammes, le grand piston sera soulevé par une pression de 4000 kilogrammes, dont on aurait seulement à déduire, pour l'effet utile, le poids de ce grand piston ainsi soulevé.

DESCRIPTION SUCCINCTE DE CET APPAREIL. — Ce fut un mécanicien anglais nommé Bramah qui, en 1796, construisit le premier un appareil réalisant l'idée de Pascal, une *presse hydraulique*. Elle se compose d'un petit corps de pompe D communiquant par un petit tube EEE avec à un grand corps de pompe fixé au plancher par la partie supérieure et plongeant au-dessous dans un bâti en maçonnerie. Dans le

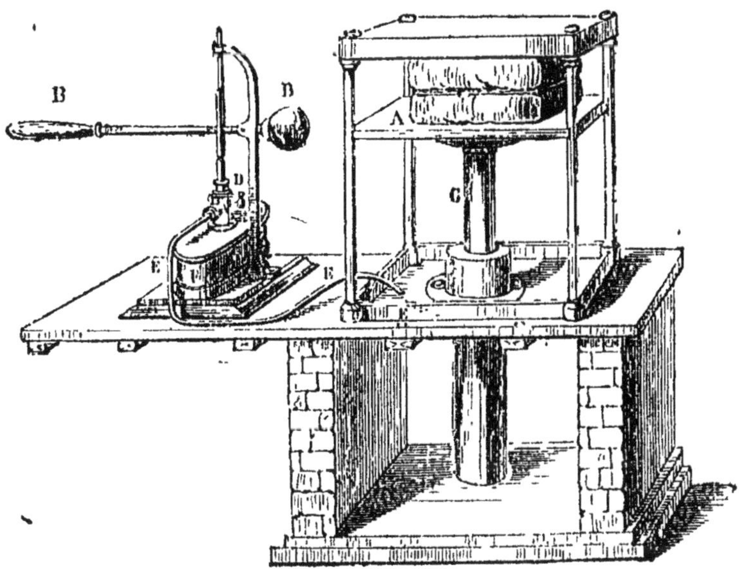

Fig. 40.

premier corps D se meut un petit piston cylindrique qui sert à la fois à exercer la pression et à faire monter l'eau d'un petit réservoir F. Du second corps de pompe sort la tige G du grand piston, terminée par une large surface A sur laquelle est placé le corps que l'on veut soumettre à la pression. Ce corps est poussé contre un plancher solidement fixé sur quatre colonnettes au-dessus du grand piston. Il est nécessaire d'ajouter à cette courte description quelques développements relatifs à certaines pièces de l'appareil. La figure 41 représente à droite les détails du petit piston B, et à gauche ceux du grand, A : R est la soupape d'aspiration du petit piston; une pomme d'arrosoir F introduit l'eau qui, aspirée par le piston B, soulève R et pénètre dans le corps de pompe. En H est une autre soupape, dite de refoulement, destinée, quand le piston remonte, à empêcher la communication du corps de pompe avec le tube D, mais s'ouvrant dès qu'il descend et.en même temps que R se referme, pour rétablir cette communication par laquelle la pression va se transmettre. Une soupape G, chargée plus ou moins, modère cette pression, et la vis E permet d'ouvrir, quand on la dévisse, le tube O par laquelle l'eau s'échappe, et la pression se détruit. Dans l'autre partie de la figure, A est la tige du gros piston, VX son corps de pompe en fonte très-épaisse. La difficulté était d'empêcher

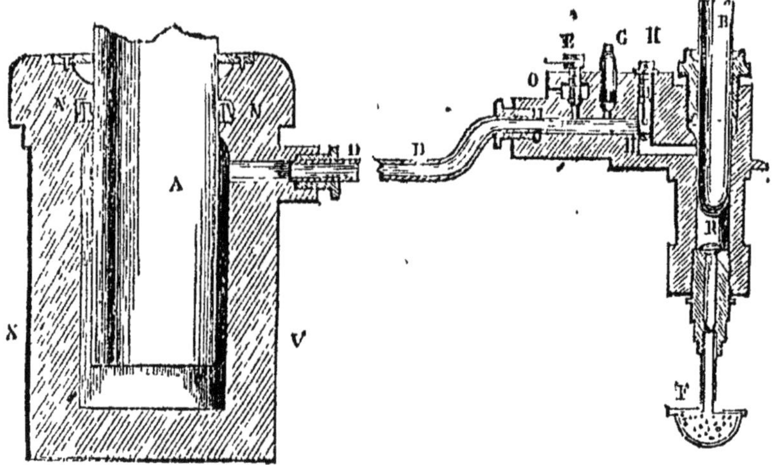

Fig. 41.

l'eau de filtrer entre le piston et l'orifice du corps de pompe; Braman en a triomphé par l'invention du cuir embouti. Dans la petite cavité circulaire N, creusée dans l'orifice même, est disposé à cheval sur une lame saillante un anneau de cuir plié deux fois sur lui-même comme le montre la figure 34. Quand l'eau a glissé entre le corps de pompe et le piston, elle soulève le cuir et ferme elle-même le passage. La pression est faite par un ouvrier sur un levier fixé à la tige du petit piston (BB, fig. 22). La pression est multipliée suivant le rapport des surfaces, et peut ainsi

Fig. 42.

devenir énorme : à chaque coup de piston en D (fig. 40) une nouvelle quantité d'eau pénètre dans l'appareil, et ainsi le piston G monte lentement en triturant les substances placées entre les deux plateaux. Un homme pouvant facilement exercer une pression de 800 kilogrammes en supposant le rapport des surfaces des pistons $\frac{1}{400}$, par exemple, on aura en A une pression de 120000 kilogrammes. On gagne ainsi de la force, à la condition de perdre de la rapidité. Cet appareil est aujourd'hui très-employé dans l'industrie : il sert à presser les betteraves, les graines oléagineuses, le coton, les étoffes, les fourrages, etc.; c'est par lui qu'on essaie les canons, les chaudières à vapeur, les chaînes pour la marine.

LIQUIDES SUPERPOSÉS. — Quand un vase contient plusieurs liquides, pour qu'ils soient en équilibre, outre les conditions déjà énoncées pour un seul liquide, il faut que :

1° *Les liquides y soient rangés d'après leur densité, les plus lourds au fond, les plus légers en dessus;*

2° *Les surfaces de séparation soient planes et horizontales.*

Le premier principe se démontre à l'aide de la *fiole des éléments*

Fig. 43.

(fig. 43). C'est un flacon qui contient, par exemple, du mercure, de l'eau et de l'huile de naphte. Cet ordre, qui est celui de leur densité en commençant par le plus lourd, se reproduit obstinément dès que l'équilibre est rétabli, quelques efforts que l'on ait faits pour les mêler.

La seconde condition résulte de ce principe que, dans une même tranche horizontale, il ne peut y avoir deux liquides de densité différente. Considérons en effet dans la fiole des éléments ABEF (fig. 44), la tranche EF, et supposons qu'elle contienne du mercure et de l'eau; la surface de séparation *m* sera inégalement pressée, puisque dans le sens F*m* elle supportera la pression d'une colonne de mercure, et dans l'autre sens celle d'une colonne d'eau d'égale hauteur. Cessant d'être en équilibre, *m* se déplacera et l'équilibre ne pourra reparaître que lorsque la tranche EF ne contiendra plus qu'un seul liquide.

Fig. 44.

C'est en vertu de ces conditions de l'équilibre des liquides d'inégale densité dans un même vase, que l'eau des fleuves, rejetée dans la mer par leurs embouchures, se répand à la surface de l'eau salée et y surnage quelque temps.

VASES COMMUNICANTS. — Dans les vases qui communiquent entre eux, quand il s'agit *d'un seul liquide,* aux conditions ordinaires d'équilibre s'ajoute la suivante.

Les surfaces libres dans les divers vases communicants sont toutes situées dans un même plan horizontal :

Quand ces vases contiennent plusieurs liquides, à cette condition se substitue celle-ci :

Les hauteurs des colonnes liquides comparées d'un vase à l'autre, sont en raison inverse des densités des liquides qui occupent les divers vases communicants.

Pour comprendre ces deux principes il suffit, dans deux vases communicants AB et C (fig. 45), de considérer dans le tube de jonction un élément de surface *mn*. Cet élément ne pourra être en équilibre que s'il

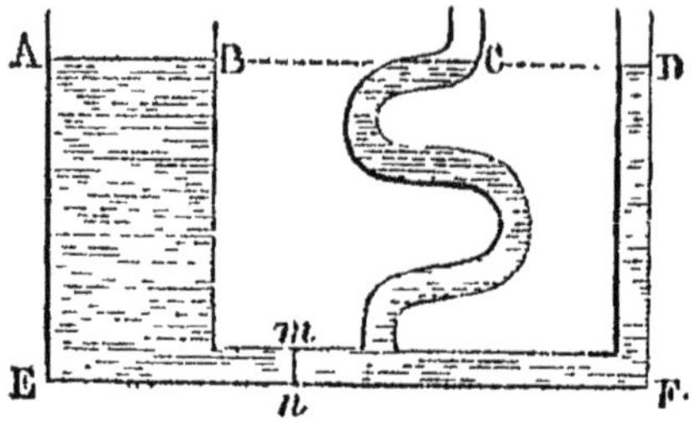

Fig. 45

est également pressé dans tous les sens : or, si nous avons un seul liquide, il faut, pour que la pression soit égale, que les deux colonnes aient la même hauteur verticale ; donc leurs surfaces de niveau seront dans un même plan horizontal. La forme du vase n'ayant d'ailleurs

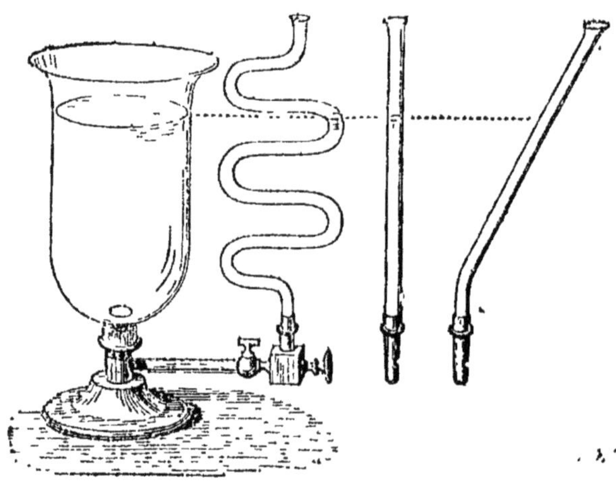

Fig. 46.

aucune influence, nous le savons, sur les pressions que supporte une paroi ; cela se manifestera dans des vases très-dissemblables (fig. 46) et qui donnent des longueurs de colonnes liquides très-inégales. La hauteur *verticale* importe seule.

Si maintenant nous supposons que chaque vase contienne un liquide différent ; par exemple, l'un du mercure, l'autre de l'eau ; la pression exercée sur ce même élément du tube de jonction sera mesurée ainsi qu'il suit : au-dessous du niveau B O, nous avons de part et d'autre un même liquide ; l'équilibre s'établit par l'égalité des hauteurs. Mais au-dessus ? Dans le vase B est, au-dessus de B O, une colonne d'eau ; dans le vase A, une colonne de mercure. Pour que ces deux colonnes produisent la même pression, et que mn persiste dans son équilibre, il faut évidemment que le mercure, qui est environ 13 fois aussi lourd que l'eau, ait une hauteur 13 fois moindre ; c'est-à-dire que les hauteurs des liquides seront en raison inverse de leurs densités respectives. Cette relation a pu être employée pour déterminer la densité des liquides.

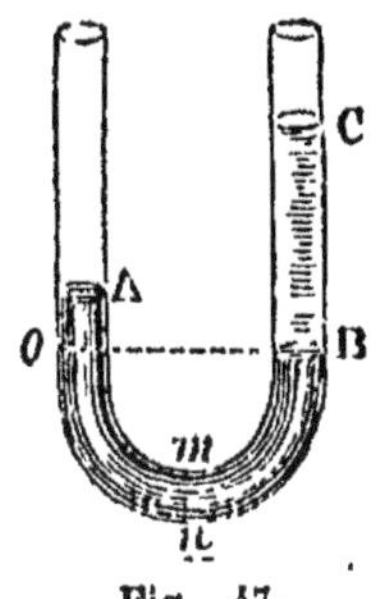

Fig. 47.

Niveau d'eau. — On emploie au nivellement des terrains et au lever des plans un instrument basé sur les principes des vases com-

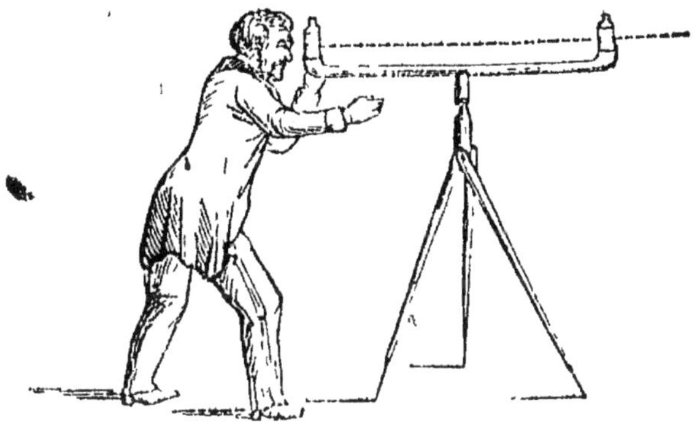

Fig. 48.

municants, et nommé le *niveau d'eau*. Il sert principalement à mesurer le relief des terrains, et se compose d'un tube horizontal de fer-blanc courbé à chaque extrémité et portant une petite bouteille en verre sans fond et communiquant par le tube de fer-blanc avec celle de l'autre côté. Un trois-pieds en bois supporte ce petit appareil. On y verse de l'eau jusqu'à ce qu'elle monte dans les petites bouteilles ; alors il suffit, en plaçant son œil à la hauteur de la surface libre dans l'un des vases, de viser (fig. 48) l'autre surface, l'on est sûr que le rayon visuel est alors parfaitement horizontal ; cela résulte des principes de l'équilibre des vases communicants.

Pour prendre un nivellement, il faut se munir encore d'une *mire*.

C'est une règle carrée de 2 mètres environ, pouvant s'allonger par une coulisse, et divisée en centimètres sur l'une de ses faces. Sur

cette règle glisse, par une armure en cuivre, une planchette carrée qu'au moyen d'une vis de pression on fixe à la hauteur que l'on veut. Cette planchette est divisée en quatre carrés égaux peints en rouge et en jaune et opposés, de façon à rendre très-visible le point de rencontre de leurs côtés au milieu de la planchette. Muni de la mire et du niveau, et accompagné d'un aide, l'opérateur se place en un point un peu élevé du terrain pendant que son aide plus loin plante la mire dans le sol là où le lui indique le geste de l'arpenteur. Celui-ci, cependant, vise le milieu de la planchette, et quand il a amené ce point central à coïncider avec le plan de la surface libre de

Fig. 49.

l'eau dans les branches du niveau, la ligne menée par cette surface et le point, est une horizontale. Alors, au moyen des divisions de la règle de la mire, il note à quelle hauteur est le centre de la planchette au-dessus du sol ; il exécute de l'autre côté du niveau la même opération avec la mire ; il a ainsi deux points d'un plan horizontal fourni par le niveau, et la hauteur du centre de la mire sur chaque point

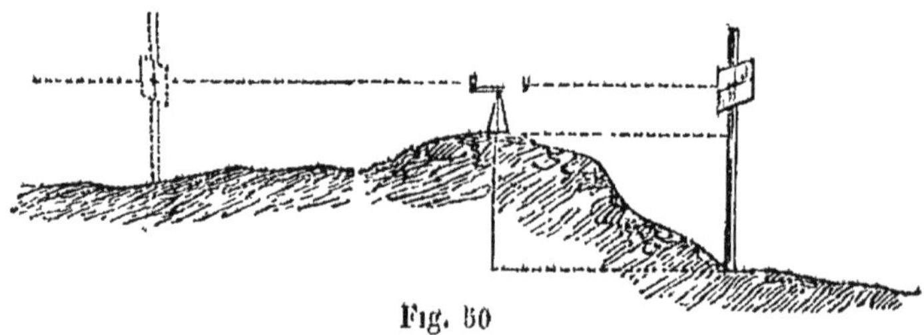

Fig. 50

du sol donne le rapport de ce plan horizontal avec le relief du terrain. Ainsi supposons que la hauteur de la mire ait été 2m,27, et en second lieu de 1m,39, le second point est élevé de 0m,88 au-dessus de l'autre. Une série de différences de niveaux ainsi constatée permet de connaître et de représenter dans d'exactes proportions le relief d'un terrain.

Niveau à bulle d'air.—On se sert beaucoup, en physique, d'un autre instrument basé sur les conditions d'équilibre des liquides dans un même vase. Le *niveau à bulle d'air* (fig. 51) consiste simplement en un tube de verre fermé à ses deux extrémités et très-légèrement courbé dans sa longueur. Ce tube contient de l'eau colorée en rouge et une bulle d'air bien visible ; il est enveloppé d'une armure en laiton, cylindrique, munie à son milieu d'une longue échancrure à laquelle correspond la convexité du tube ; à la partie opposée l'armure est munie d'un plateau de laiton, parfaitement plan, et par lequel le niveau repose sur les surfaces. Deux petites bandes transversales de laiton indiquent la place que doit occuper la bulle d'air lorsque son support est sur une surface horizontale. En décrivant plus d'un appareil de physique, nous retrouverons le niveau à bulle d'air et nous verrons les services variés qu'il peut rendre.

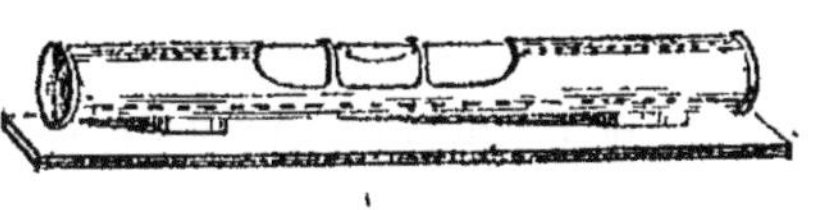

Fig. 51.

RÉSUMÉ DU CHAPITRE IV.

PROPRIÉTÉ FONDAMENTALE DES LIQUIDES.

Principe de la transmission des pressions. — Les liquides transmettent dans tous les sens, et avec la même intensité, les pressions exercées en un point quelconque de leur masse. — Application de ce principe à la presse hydraulique.

CONDITIONS D'ÉQUILIBRE DANS UN MÊME VASE.

1° *D'un liquide homogène.* — Lorsqu'un liquide est soumis à la seule action de la pesanteur, sa surface libre tend toujours à être horizontale. — Chaque molécule doit être également pressée dans tous les sens pour que l'équilibre existe.

2° *De plusieurs liquides superposés.* — Dans un même vase, des liquides de densité différente se superposent dans l'ordre de leur densité, les plus lourds au fond du vase, les plus légers en dessus; — Embouchure des fleuves. — Les surfaces de séparation sont planes et horizontales.

CONDITIONS D'ÉQUILIBRE DANS DES VASES COMMUNICANTS.

1° *D'un seul liquide homogène.* — Les surfaces libres ne sont pas seulement horizontales, mais situées dans un même plan, de telle sorte que les hauteurs verticales des colonnes liquides sont les mêmes d'un vase à l'autre.

L'usage du niveau d'eau est basé sur ce principe.

2° *De plusieurs liquides.* — Les surfaces libres toujours horizontales ne sont plus dans un même plan, car les hauteurs verticales des diverses colonnes liquides sont en raison inverse de la densité des liquides.

PRESSIONS DÉVELOPPÉES DANS LES LIQUIDES EN VERTU DE LA PESANTEUR.

Pression verticale de haut en bas. — Sur chaque tranche horizontale d'un même liquide cette pression est, sur une surface égale, proportionnelle à la profondeur. — Elle est la même sur tous les points d'une même couche horizontale.—Elle est sur une tranche quelconque, et même sur le fond du vase, indépendante de la forme du vase. Appareils de MM. de Haldat et Masson; paradoxe hydrostatique. — Dans des liquides différents, pour une même profondeur, cette pression est proportionnelle à la densité des liquides.

Pression verticale de bas en haut ou poussée. — Dans une tranche horizontale quelconque d'un liquide, sur une même surface, la *poussée* est égale à la pression verticale de haut en bas. Expérience de Pascal.

Pressions latérales sur les parois d'un vase. — La pression sur une portion quelconque de la paroi du vase est égale à la pression verticale d'une colonne liquide ayant pour base la portion de paroi et pour hauteur la distance verticale du centre de figure de cette portion, à la surface libre du liquide. — Pendule hydraulique; tourniquet hydraulique.

CHAPITRE V.

PRINCIPE D'ARCHIMÈDE ET SES CONSÉQUENCES. — MESURE DE LA DENSITÉ DES LIQUIDES ET DES SOLIDES.

PRINCIPE D'ARCHIMÈDE. — On désigne sous le nom de *Principe d'Archimède* un principe relatif aux pressions que subit, de la part d'un liquide, un corps plongé en totalité ou partiellement dans ce liquide. Ce principe, découvert par Archimède de Syracuse, peut s'énoncer ainsi : *Un corps plongé dans un liquide subit, de la part de ce liquide, une pression de bas en haut, égale au poids du volume de liquide qu'il déplace,* ou plus simplement : *Tout corps plongé dans un liquide y perd une partie de son poids égale à celui du volume de liquide déplacé.* Ce principe, qui peut se concevoir rationnellement, est également susceptible d'une démonstration expérimentale.

1° *Démonstration rationnelle.* — Soit dans un vase (fig. 52) une masse d'eau, par exemple; considérons dans cette masse une portion *m* d'une forme et d'un volume quelconques, et supposons un moment que cette portion *m* a perdu sa fluidité, est devenue solide, sans que

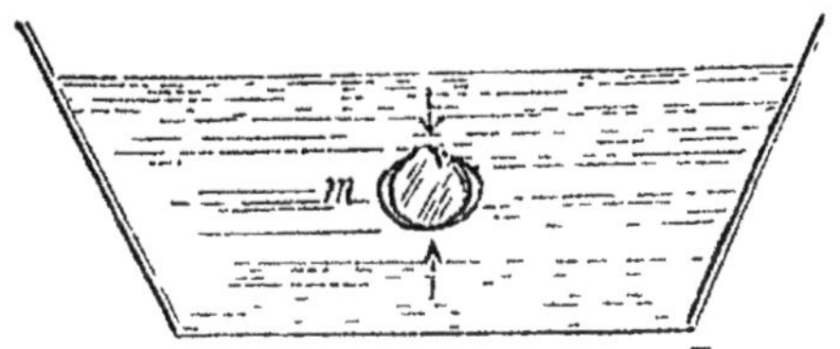

Fig. 52.

d'ailleurs rien soit changé dans ses autres propriétés. Cette portion du liquide est en équilibre, puisqu'elle est en repos au milieu du liquide; or, comme son poids la sollicite à descendre vers le fond du vase, il faut bien que la résistance du liquide ou la *poussée* que subit *m* soit précisément égale au poids de cette petite masse d'eau. Mais cette poussée sera encore la même quand à *m* nous substituerons une masse solide de fer, de cuivre, etc. Donc enfin, la *poussée* subie par un corps plongé est égale au poids de la masse de liquide déplacé. Cette proposition, d'ailleurs, se déduit logiquement des principes du numéro précédent relatifs aux pressions développées à diverses profondeurs sur une tranche horizontale.

Considérons un vase plein d'eau et dans ce vase un cylindre solide

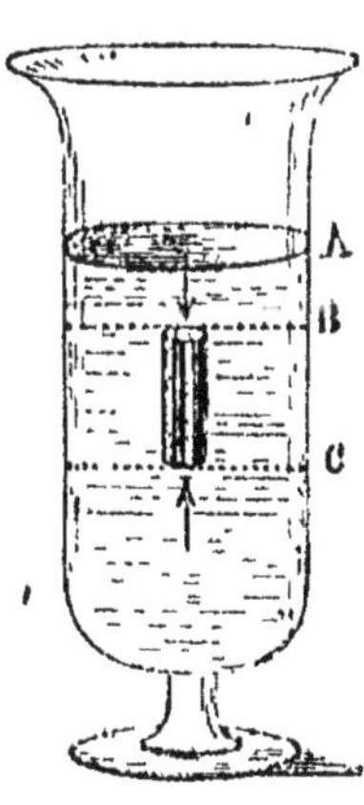

d'une substance quelconque. Dans chaque tranche du liquide, la pression en tout sens est égale, puisque tout demeure en repos; mais dans la tranche B, la pression est proportionnelle à la profondeur A B; dans la tranche C, elle serait plus considérable proportionnellement à la profondeur A C. Mais ici ce n'est plus une pression de haut en bas que reçoit le corps; sa surface est dirigée de façon que lui-même occupe la place du liquide qui exercerait cette pression, et il ne peut subir qu'une poussée. L'effet de cette poussée sera diminué de la pression exercée en B, puisque c'est une pression de haut en bas, et cet effet restera par conséquent égal à celui que produirait une colonne liquide occupant la place du corps. Il est clair qu'en raisonnant ainsi pour chaque point de la surface du corps, on arrive au principe d'Archimède.

Fig. 53.

2° *Démonstration expérimentale.* — La démonstration de ce prin-

cipe se fait avec une balance dite *hydrostatique* et un double cylindre
de laiton que je vais décrire. La *balance hydrostatique* ne diffère
que par quelques points des balances ordinaires. Ses plateaux sont
suspendus plus haut et munis, au centre de leur face inférieure, de
crochets qui permettent d'y fixer tel corps que l'on veut. D'une autre
part, le fléau est supporté à l'extrémité d'une branche verticale, pouvant, à l'aide d'une crémaillère, rentrer dans le pied de la balance ou
en sortir de manière à élever ou abaisser à volonté le fléau. Quant
au double cylindre de laiton, c'est un cylindre creux muni en haut
d'une anse pour le suspendre en dessous d'un crochet; il reçoit à
frottement un cylindre plein armé d'un autre crochet à sa face supérieure; il résulte de cette disposition que le volume intérieur du

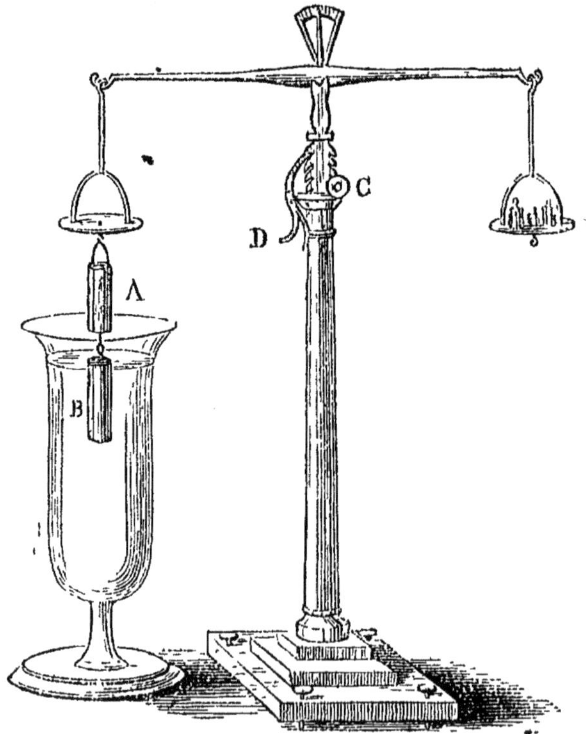

Fig. 54.

cylindre creux est précisément celui du cylindre plein. Voici maintenant comment se fait l'expérience : Sous un des plateaux de la balance
on suspend le cylindre creux, puis au crochet inférieur de celui-ci
on fixe le cylindre plein, et avec des poids ou de la grenaille mis

dans l'autre plateau on fait équilibre. Dès que le fléau, parfaitement horizontal, annonce que cet équilibre existe, on approche un vase contenant un liquide, de l'eau, par exemple, et on le place sous le système des cylindres. Baissant alors la crémaillère, on fait peu à peu descendre le cylindre plein dans le vase d'eau ; à mesure qu'il y pénètre, le fléau se penche du côté opposé, et le poids excède de plus en plus celui des cylindres. De cette perturbation d'équilibre, qui annonce une diminution dans le poids du cylindre plein, on est en droit de conclure que ce cylindre *subit de la part de l'eau une poussée* qui, agissant en sens inverse du poids, s'en retranche et se traduit expérimentalement par une perte de poids. La suite de l'expérience va nous apprendre quelle est la valeur de cette poussée. Prenons, en effet, dans le vase, de l'eau avec une pipette, et faisons-en écouler dans le cylindre creux jusqu'à ce qu'il soit plein ; à ce moment précis l'équilibre se rétablira. La perte de poids a donc été exactement compensée par l'addition de ce volume d'eau ; or, ce volume, d'après la construction des cylindres, est justement égal à celui du cylindre plein qui subit la poussée de l'eau ; donc enfin, *cette poussée est égale au poids d'un volume d'eau égal à celui du cylindre*, c'est-à-dire, égal à celui que déplace le cylindre plongé.

Ainsi se démontre le principe d'Archimède ; mais il a d'importantes conséquences et d'utiles applications, dont nous allons nous occuper.

Corps flottants. — Si nous supposons plongé dans un liquide un corps qui pèse moins que le volume de liquide déplacé, un corps, en un mot, plus léger que l'eau, il est facile de se rendre compte de ce qui arrivera. En vertu du principe d'Archimède, il subira une poussée plus considérable que son propre poids, et alors, de même que l'excès du poids sur la poussée entraîne au fond du vase les corps plus lourds que l'eau ; de même ici l'excès de la poussée sur le poids entraînera le corps vers les couches supérieures du liquide. Arrivé à la surface, le corps mettra peu à peu hors du liquide une portion de son volume, et à mesure le volume d'eau déplacé diminuera sans que le poids du corps change. Mais en même temps que décroîtra le volume d'eau déplacé, son poids et par conséquent l'énergie de la poussée décroîtront pareillement ; il arrivera donc un moment où cette poussée sera précisément égale au poids du corps ; à ce moment il y aura équilibre, et le mouvement ascensionnel du corps s'arrêtera. On déduit de là un premier principe de l'équilibre des corps flottants. *Tout corps flottant déplace en plongeant partiellement, dans le liquide un volume de ce liquide dont le poids est égal au poids total du corps.* On doit donc distinguer dans un corps flottant la partie *émergée* et la partie *plongée* ; la ligne qui les sépare est la *ligne de flottaison.*

Ce premier principe nous apprend pourquoi un corps flotte et à quelle condition il pourra flotter; mais il est important de savoir aussi quelle nouvelle condition déterminera la position définitive que prendra le corps à la surface du liquide sur lequel il flotte, c'est-à-dire la position où son équilibre sera stable. *Un corps flottant est dans un équilibre stable quand le centre de gravité du corps et le centre de poussée du liquide* (centre de gravité du volume d'eau déplacé) *sont sur la même verticale.* Si le premier est au-dessous du second, l'équilibre sera stable; mais ce n'est pas une nécessité absolue. Ces principes reçoivent d'intéressantes applications dans la navigation. L'art de charger un navire consiste à placer convenablement, par la distribution de la charge, le centre de gravité du système flottant, et l'emploi du lest a pour but d'abaisser ce point assez pour que la stabilité de l'équilibre soit assurée.

Ludion. — Un petit appareil bien simple, nommé *ludion*, est basé sur le principe même du flottage des corps et peut mettre en évidence les conditions du phénomène. Le ludion (fig. 55) se compose d'un vase en verre rempli d'eau et fermé par un ajutage en cuivre muni d'une vis de pression, ou plus simplement par une peau de vessie

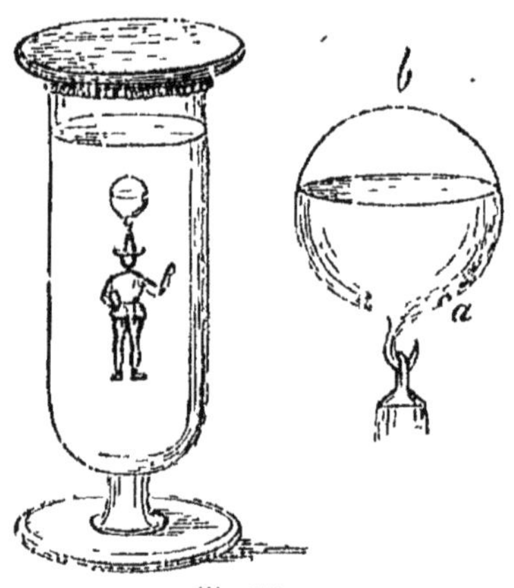

Fig 55.

attachée autour de son orifice et sur laquelle on appuie le pouce pour produire le même effet. Dans ce vase est un petit personnage en verre de couleur, suspendu à une boule de verre à demi remplie d'eau et contenant de l'air au-dessus, mais percée en *a* dans sa partie inférieure d'un petit trou qui fait communiquer avec l'eau du vase l'eau que contient la boule elle-même. La quantité d'air laissée dans la boule est telle que le petit personnage constitue avec elle un flotteur presque totalement plongé, c'est-à-dire, à peine moins pesant que l'eau qu'il déplacerait s'il était entièrement immergé. Mais dès qu'à l'aide de la vis ou du pouce appuyé sur la membrane de l'orifice, on exercera une pression sur tout ce que contient le vase; voici ce qui se passera. La petite quantité d'air que renferme encore le vase est comprimée et transmet la pression à l'eau; cette pression, passant au flotteur, s'exerce jusque dans la boule et y introduit une certaine quantité d'eau en comprimant l'air qu'elle contient. Ce surcroît d'eau augmente le poids du flotteur, le rend plus lourd que le volume d'eau qu'il déplace; il cesse dès lors de flotter et descend vers le fond du vase. Mais dès qu'on interrompt la pression, l'air de la boule, revenant à son volume primitif, expulse la quantité d'eau introduite; l'appareil remonte à la surface et redevient flottant.

MESURE DE LA DENSITÉ DES LIQUIDES ET DES SOLIDES. — On connaît en physique deux expressions synonymes dans la pratique, mais bien distinctes en théorie : ce sont les mots *poids spécifique* et *densité*. On entend par *densité, la masse ou quantité de molécules contenues dans un corps sous un volume déterminé, tel que l'unité de volume, par exemple,* ce qui peut encore s'énoncer : *le rapport de la masse d'un corps à son volume.* On appelle *poids spécifique, le poids d'un corps sous l'unité de volume ou sous un volume déterminé, ou bien encore le rapport du poids du corps à son volume.* Mais comme le rapport du poids d'un corps à son volume est le même que celui de sa masse, on confond ces deux quantités dans la pratique.

De l'énoncé même de ces définitions résultent les relations suivantes. Soit D la densité ou le poids spécifique d'un corps, V son volume, P son poids, M sa masse, on a

1° Pour expression de sa *densité*, connaissant le volume et le poids :

$$D = \frac{P}{V}$$

En effet, D étant le poids du corps sous l'unité de volume, si ce corps contient 6 unités de volume, par exemple, son poids divisé par 6 donnera évidemment le poids d'une seule de ces unités, c'est-à-dire, la valeur de D.

2° On aura aussi pour expression de la masse :

$$M = VD$$

Car on a $D = \frac{M}{V}$ d'après la définition même.

3° Enfin de la première expression [1°] on peut tirer encore

$$P = VD \quad \text{et} \quad V = \frac{P}{D}$$

Ces relations ont dans la résolution des problèmes une importance qui mérite de fixer toute l'attention des élèves.

Pour exprimer par des nombres la densité des corps, il a fallu rapporter toutes les densités à celle d'un corps donné. *Il est donc convenu que le rapport du poids de l'eau distillée à son volume*, c'est-à-dire, *la densité de l'eau*, est 1, de même que 1 exprime déjà le nombre de grammes que pèse l'unité de volume d'eau, le centimètre cube. Si maintenant un centimètre cube de fer pèse 7 grammes 78, comme il pèse 7 fois et plus de grammes que le centimètre cube d'eau, sa *densité*, le *rapport du poids au volume*, sera 7,78, celle de l'eau étant 1. Le nombre même de grammes que pèse le centimètre cube d'un corps exprime donc sa densité relativement à l'eau. Mais supposons qu'un petit barreau de fer pèse 210^{gr},06 : si je parviens à savoir qu'un volume d'eau égal à celui du barreau pèse 27 grammes, comme évidemment 27 grammes d'eau représentent 27 centimètres cubes, en divisant 210,06 par 27 je connaîtrai le poids, c'est-à-dire, le nombre qui exprime la densité relative du fer. Si D est cette densité, on aura donc

$$D = \frac{210,06}{27} = 7,78$$

La conclusion de ces raisonnements peut se formuler ainsi : *la mesure de la densité d'un corps revient à déterminer expérimentalement le poids du corps sous un volume quelconque; déterminer le poids d'un égal volume d'eau distillée; enfin diviser le poids du corps par celui de l'eau.* La seule difficulté que présente ce problème général est la détermination du poids *d'un égal volume* d'eau. Plusieurs méthodes permettent d'arriver à cette détermination et servent à la mesure des densités. Je citerai celle du flacon, celle de la balance hydrostatique et celle des aréomètres.

1° *Méthode du flacon.* — Expliquons d'abord la mesure de la densité des solides.

Cette méthode exige l'emploi d'une balance et d'un petit flacon de verre de 6 à 7 centimètres cubes (fig. 56), fermé hermétiquement par un bouchon usé à l'émeri et prolongé en un tube fin ouvert à son extrémité. Ce tube a pour but de permettre de remplir le flacon de liquide toujours au même degré. On détache du corps dont on mesure la densité un fragment assez petit pour pouvoir être introduit dans le flacon ; enfin on remplit celui-ci d'eau distillée exactement jusqu'au sommet du tube effilé.

Après ces préparatifs, on *détermine le poids du fragment du corps*. Pour cela, on dépose le flacon plein d'eau sur un plateau de la balance et à côté le fragment, et l'on établit l'équilibre avec de la grenaille de plomb dans l'autre plateau. On retire ensuite ce corps, que l'on remplace par des poids marqués, jusqu'à parfait équilibre ; ces poids marqués expriment le poids du corps p.

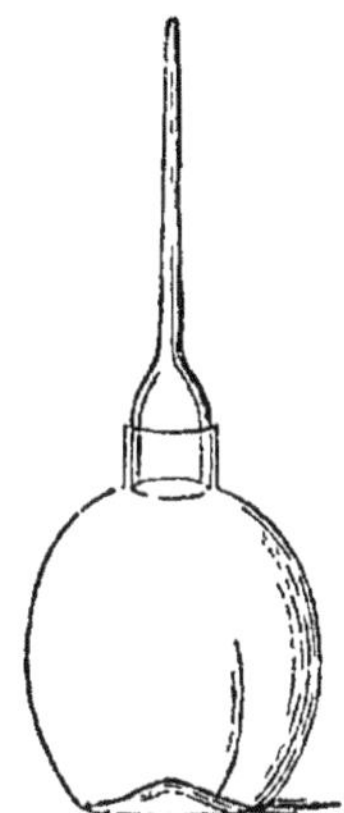
Fig. 50. (grand. nat.).

. Maintenant il faut *déterminer le poids d'un égal volume d'eau*. On retire le flacon du plateau, on l'ouvre, on y introduit le corps, on le referme et on le maintient plein d'eau comme précédemment. Il est facile de concevoir qu'il contient la quantité d'eau qu'il renfermait dans la première opération, diminuée du volume d'eau dont le corps a pris la place. On met le flacon ainsi disposé sur le plateau de la balance. La grenaille de plomb restée dans l'autre doit peser plus que le flacon, le corps et l'eau contenus dedans. Car dans la première opération cette grenaille faisait équilibre au flacon plein d'eau et au corps placé au dehors de lui. Il manque donc maintenant le poids de l'eau sortie pour faire place au corps. Des poids marqués placés sur le plateau qui porte le flacon, en rétablissant l'équilibre, feront connaître le poids p' d'un volume d'eau égal à celui du corps.

Il suffit, pour connaître la densité, de *diviser le poids du corps par le poids du volume d'eau égal au sien :*

$$\frac{p}{p'} = D$$

Si donc on a trouvé, en opérant avec le cuivre rouge, $p = 10$ gr. 25 et $p' = 2$ gr. 17, on trouvera

$$D = \frac{19,25}{2,17} = 8,88$$

C'est la densité du cuivre rouge.

Je me hâte de faire ici une remarque générale pour tous les procédés de mesure des densités. Si le corps était soluble dans l'eau, on mesurerait sa densité par rapport à un autre liquide dans lequel il fût insoluble, et pour revenir à la densité relativement à l'eau, on multiplierait la densité trouvée par la densité du liquide employé. — Si le corps est pulvérulent ou poreux, on enlève l'air adhérent aux granules ou interposé dans les pores en soumettant le flacon à la machine pneumatique. — Si l'on voulait la densité *apparente* d'un corps poreux, on l'enduirait d'une très-légère couche de cire pour lui conserver son volume apparent et empêcher l'eau de pénétrer dans les pores.

Cette méthode s'applique très-simplement à la mesure de la densité des liquides.

Le flacon dont on se sert habituellement a la forme qu'indique la figure 57. On le pèse ou on le tare vide avec son bouchon ; puis on le remplit du liquide dont on mesure la densité, et avec des poids marqués on constate l'augmentation de poids ; cette augmentation est le poids p d'un volume de liquide égal au volume intérieur du flacon. Cette première opération terminée, on vide le flacon, que l'on nettoie et que l'on sèche avec soin ; puis on le remplit d'eau,

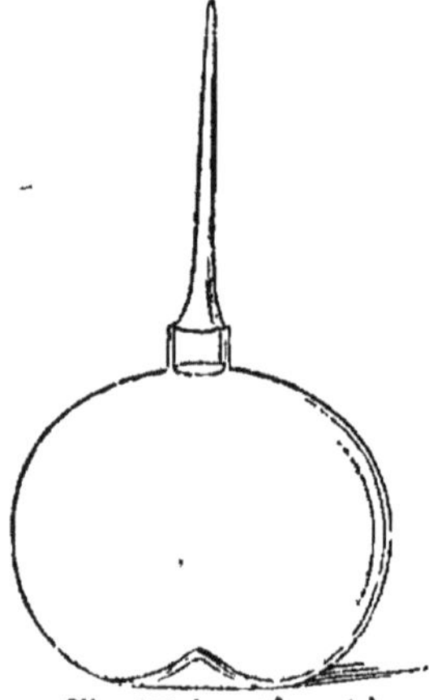

Fig. 57 (grand. nat).

on constate encore avec des poids marqués la nouvelle augmentation de poids : c'est p' le poids du volume d'eau qui remplit le flacon. Or, p et p' sont évidemment les poids de volumes égaux des deux liquides ; donc on aura

$$\frac{p}{p'} = D$$

C'est-à-dire qu'en divisant le poids du liquide par le poids de l'eau, on a la densité cherchée.

Supposons qu'une fois la tare du flacon vide faite avec la grenaille de plomb, il ait fallu, le flacon étant plein d'huile d'olive, ajouter 5 gr. 46 à la tare, et dans la dernière opération le flacon étant plein d'eau, 6 gr. 70, on aura donc $p = 5$ gr. 46 et $p' = 6$ gr. 70 :

$$D = \frac{5,46}{6,70} = 0,815$$

2° *Méthode de la balance hydrostatique.* — Nous connaissons déjà la balance hydrostatique ; en nous appuyant sur le principe d'Archimède, elle va nous fournir le moyen de mesurer la densité des solides et des liquides.

Occupons-nous d'abord des solides. On attache le corps solide, un morceau de soufre, par exemple, sous un des plateaux de la balance hydrostatique avec un fil pesant très-peu. Si le corps est plus léger que l'eau et doit flotter quand on voudra le plonger, ce sera un fil de fer très-fin pour qu'il pèse aussi peu que possible. Le corps ainsi fixé, on fait une pesée qui donne la valeur de p le poids du corps dans l'air; soit $p = 13$ gr. 72.

Approchons maintenant un vase d'eau sous le plateau auquel le soufre est suspendu et abaissons le fléau de la balance de manière que ce corps plonge dans l'eau : il y subira une poussée égale au poids du volume d'eau qu'il déplace ; cette poussée soulèvera le morceau de soufre, qui perdra ainsi une partie de son poids équivalente à celui d'un égal volume d'eau. Pour compenser cette perte, nous ajouterons dans le plateau sous lequel est fixé le corps des poids marqués qui nous donneront 6 gr., 75. Ces 6 gr., 75 sont le poids p' du volume d'eau égal à celui du corps, $p' = 6$ gr., 75. On tirera de ces données D la densité du soufre.

$$ D = \frac{p}{p'} = \frac{13,72}{6,75} = 2,03 $$

Pour mesurer la densité des liquides, en procède de la manière suivante. Sous un des plateaux je suspends un corps solide inattaquable aux liquides sur lesquels je vais expérimenter; par exemple, un morceau de verre. Je tare avec de la grenaille de plomb dans l'autre plateau, puis je plonge le corps suspendu sous le plateau dans un vase d'eau ; des poids marqués déposés dans le plateau sous lequel le corps est fixé, et rétablissant l'équilibre, font connaître la perte de poids subie par le corps, et par conséquent le poids d'un volume d'eau égal au sien (principe d'Archimède). Retirant le vase d'eau, j'essuie le corps et le pèse encore plongé dans l'autre liquide ; cette seconde opération me donne le poids d'un volume de ce liquide égal à celui du corps. Soit p' le poids du volume d'eau, p celui du volume de liquide : ces volumes sont égaux, puisque c'est de part et d'autre celui du corps; on a donc

$$ \frac{p}{p'} = D $$

Supposons que la première opération ait donné 11 gr.,50 pour valeur de p'; que la seconde faite dans l'éther sulfurique ait donné 10 gr.,58, on trouvera que

$$D = \frac{10\ ^{gr},58}{11\ ^{gr},50} = 0,73 \text{ densité de l'éther sulfurique.}$$

3° Aréomètres. — On nomme *aréomètres* de petits instruments qui ne sont au fond que des flotteurs, et ont été diversement adaptés à la détermination des densités. Il y a deux sortes d'aréomètres, les uns à volume cónstant et à poids variable, les autres à poids constant et à volume variable.

Aréomètres à volume constant. — *L'aréomètre de Nicholson* est destiné à mesurer la densité des solides. Il est ordinairement en laiton ou en fer-blanc : il se compose d'un cylindre long d'environ 1 décimètre, terminé à chaque extrémité par un cône dont le supérieur est

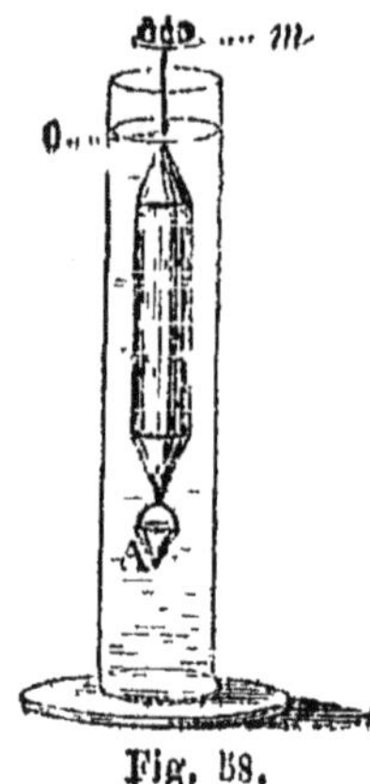

Fig. 58.

surmonté d'une tige portant un petit plateau *m* où l'on déposera des poids ou des corps pesants ; l'inférieur porte, suspendu à un crochet, un petit panier métallique A pouvant recevoir les corps et pouvant les maintenir au besoin par une sorte de couvercle à grillage. Dans le fond de ce panier est un lest en plomb destiné à abaisser le centre de gravité du flotteur pour lui donner dans les liquides un équilibre stable. Pour se servir de cet instrument, on prend une éprouvette à pied (fig. 58) presque pleine d'eau et on y plonge l'aréomètre. Il enfonce d'une partie seulement de son volume ; on dépose sur le petit plateau *m* le corps dont on veut prendre la densité.

un morceau de plomb, par exemple, et on ajoute de la grenaille pour que l'aréomètre plonge jusqu'à un trait O marqué sur la tige : c'est le *point d'affleurement*. L'instrument ainsi *affleuré*, on enlève le corps du plateau pour lui substituer des poids marqués capables de produire le même effet ; on trouve ainsi *p* le poids du corps dans l'air, soit : 23 ^{gr},75. Cette double opération terminée, on retire l'aréomètre de l'eau, on dépose sur le panier A le morceau de plomb, et l'on plonge de nouveau l'instrument. On replace en *m* la grenaille de plomb, et l'instrument, bien que chargé du corps et de la grenaille de plomb comme précédemment, n'affleure pas. C'est que le corps est maintenant plongé, que la poussée le soulève, et en vertu du principe d'Archimède, l'énergie de cette poussée est égale au poids du volume d'eau que le corps déplace. Si donc, pour faire affleurer l'instrument, nous ajoutons des poids marqués, ces poids, puisqu'ils feront équilibre à la poussée, représenteront précisément le poids de l'eau déplacée, c'est-à-dire d'un volume d'eau égal à celui du corps. On connaît ainsi p'; ce sera ici 2 ^{gr},09. L'équation ordinaire donnera la densité

$$D = \frac{23,75}{2,09} = 11,35$$

L'aréomètre de Fahrenheit est employé pour la mesure de la densité des corps liquides. Il reproduit à peu près les formes du précédent, mais il est en verre; sa tige est creuse, et une petite baguette de verre qui y est introduite porte en rouge la marque du *point d'affleurement* O (fig. 59); enfin, sa partie inférieure, au lieu de porter un panier, est terminée par une petite boule remplie de mercure. On en fait usage de la manière suivante : On pèse l'aréomètre bien exactement; son poids sera π, 147 ^{gr}, je suppose; dans une éprouvette à pied remplie d'eau on plonge l'instrument, et on le charge de poids marqués jusqu'à ce qu'il *affleure*. En vertu du principe fondamental de l'équilibre des flotteurs, il déplace à ce moment un volume d'eau dont le poids est égal au sien, augmenté de celui des poids marqués P', 9 ^{gr},67, par exemple. Nous aurons ainsi le poids p' d'un certain volume d'eau représenté par l'équation $p' = \pi + P'$. Maintenant,

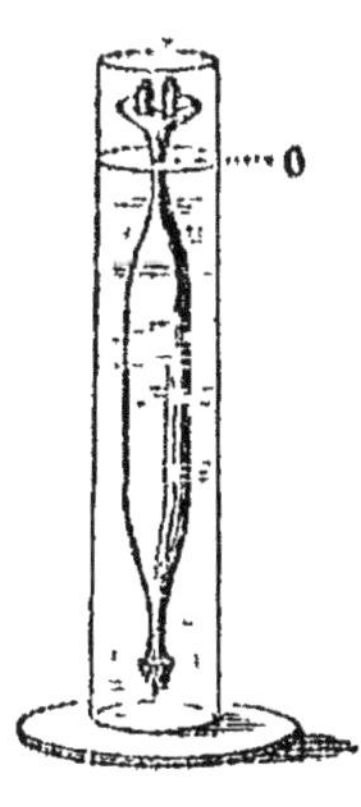

Fig. 59.

ayant retiré et bien essuyé l'aréomètre, je le plonge dans une autre éprouvette contenant de l'acide sulfurique, si c'est là le liquide dont je veux connaître la densité; je charge jusqu'à l'*affleurement*. Dès qu'il existe, le volume d'acide sulfurique déplacé est égal à celui de l'eau dans la première opération, le poids de ce volume est déterminé par le nombre des poids dont on a chargé l'aréomètre, ajouté au poids de cet instrument, $\pi + P = p$. La quantité P, les poids dont on a chargé l'instrument dans la dernière opération, vaudra ici 111 ^{gr},28. Le calcul qui fera connaître la densité peut se formuler maintenant. Puisque $p = \pi + P$, et que $p' = \pi + P'$, la formule $D = \dfrac{p}{p'}$ devient celle-ci :

$$D = \frac{\pi + P}{\pi + P'} = \frac{117 + 141,28}{147 + 9,67} = 1,84$$

On voit que ces deux aréomètres déplacent un *volume constant* de liquide, et ce sont les *variations de poids* qui mesurent les densités.

Aréomètres à poids constant. — Cette seconde espèce d'aréomètres est la plus vulgaire; c'est celle qui porte spécialement le nom d'*aréomètres*. Ils sont destinés aux liquides; mais leurs indications diffèrent un peu de ceux des précédents. L'industrie, le commerce, l'administration, qui s'en servent journellement, leur demandent, non pas de mesurer des densités inconnues, mais bien de contrôler des densités parfaitement connues, et de s'assurer jusqu'à quel point un liquide donné a la densité qu'il doit avoir, et par conséquent quel est son degré de pureté. Ce sont, en un mot, des instruments de vérification et non de recherche. Leur principe est toujours celui des flotteurs; l'instrument déplacera dans les liquides de densité différente des volumes qui, devant toujours peser le poids de l'aréomètre, seront en raison inverse de la densité des liquides. Les indications seront

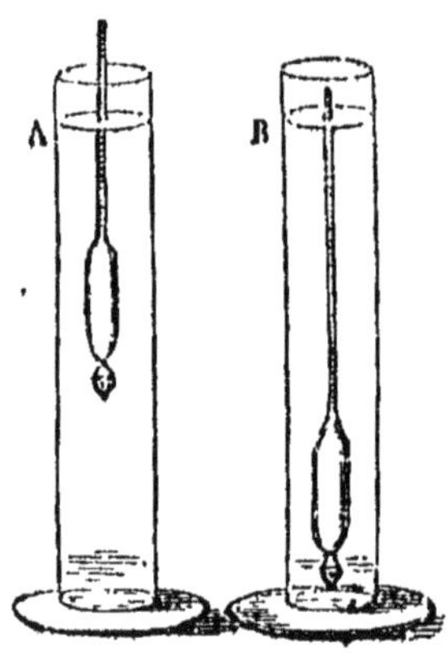

Fig 60.

donc fournies par le volume de liquide déplacé, c'est-à-dire par la quantité plus ou moins grande dont l'instrument enfonce dans les liquides que l'on vérifie. Pour rendre facile cette observation, on donne une forme particulière à ces instruments. Ils se composent d'une boule ou d'un petit cylindre en verre (fig. 60, A); en dessous est une petite ampoule de verre contenant le lest en mercure ou en grenaille de plomb; au-dessus est un tube étroit fermé par le haut et contenant sur un rouleau de papier la graduation de l'instrument. Cette graduation diffère selon l'usage auquel sont destinés les aréomètres, et justifie seule des divers noms qu'on leur donne, *pèse-vins*, *pèse-acides*, *pèse-sels*, etc. On a pour *l'aréomètre de Baumé*, le plus répandu de ces instruments, deux échelles. Dans les uns, destinés au liquide plus denses que l'eau, le 0° est au haut de la tige (B, fig. 60); dans les autres, il est au bas; et ceux-ci servent pour les liquides moins denses que l'eau.

Un instrument voisin de ceux-ci, mais qui, par son mode de graduation vraiment scientifique, rend les plus grands services à l'industrie et à l'administration, c'est l'*alcoomètre centésimal* de Gay-Lussac. Les eaux-de-vie en cercles paient un droit d'entrée de 50 francs par hectolitre d'alcool absolu. Pour régulariser la perception de ce droit, il fallait pouvoir facilement évaluer la quantité d'alcool contenue dans un liquide. C'est précisément l'indication que fournit l'alcoomètre de Gay-Lussac. A la partie supérieure de sa tige est le chiffre 100, c'est le point d'affleurement de l'instrument dans l'alcool absolu. Les autres points de l'échelle déterminés expérimentalement sont les degrés 95, 90, 85, 80, etc., de 5 en 5 jusqu'à 0°, qui est le point d'affleurement dans l'eau; chacun des degrés intermédiaires est obtenu en divisant en 5 parties égales les espaces très-inégaux qui séparent ces points de repère. Dès que l'alcoomètre est plongé dans une liqueur alcoolique, il suffit de lire le numéro du point d'affleurement, ce numéro exprime le nombre de volumes d'alcool absolu que renferment 100 volumes du mélange. Ainsi, l'eau-de-vie preuve de Hollande marque ordinairement 51 à l'alcoomètre centésimal; cela veut dire qu'elle contient 51 pour 100 en volume d'alcool absolu et 49 pour 100 d'eau. La détermination des points 95, 90, 85, etc , a été un long et pénible travail. Pour obtenir un mélange contenant 95 pour 100 d'alcool absolu et 5 pour 100 d'eau, il n'a pas suffi de prendre 95 parties d'alcool absolu et de les mêler avec 5 d'eau distillée, car il, y a contraction au moment où les deux liquides se combinent, et l'on obtient moins que 100 parties de liqueur alcoolique. Il faut donc, par la détermination expérimentale de la densité du mélange comparativement aux densités des liquides mélangés, conclure la contraction éprouvée, et arriver ainsi à trouver comment on devra composer le liquide qui contiendra 95 pour 100 d'alcool absolu. Ce travail délicat s'est renouvelé pour chacun des points de l'échelle de 5 en 5; puis, comme la température a une influence sur la densité des mélanges, Gay-Lussac a dû graduer son instrument pour + 15° et dresser des tables de corrections auxquelles il faut recourir quand la température à laquelle on opère est trop peu rapprochée de celle de + 15°. Ces beaux travaux de Gay-Lussac ont fourni les principes sur lesquels ont été construits plusieurs instruments du même genre destinés à d'autres usages, et dont je n'ai pas le loisir de parler ici.

Densités de quelques corps à la température 0°, la densité de l'eau distillée à 4° étant égale à 1.

1° SOLIDES.

Platine laminé	22,069	Zinc fondu	6,861
— forgé	20,337	Antimoine fondu	6,712
Or forgé	19,362	Diamant	3,531
— fondu	19,258	Marbre statuaire	2,837
Plomb fondu	11,352	Verre de Saint-Gobain	2,488
Argent fondu	10,474	Porcelaine de Sèvres	2,146
Bismuth fondu	9,822	Soufre natif	2,033
Cuivre rouge fondu	8,788	Houille compacte	1,329
Acier non écroui	7,816	Glace fondante	0,930
Fer en barre	7,788	Bois de hêtre	0,852
— fondu	7,207	Bois de sapin jaune	0,657
Étain fondu	7,291	Liège	0,240

2° LIQUIDES.

Mercure.	13,578	Eau distillée à 0°	0,999
Acide sulfurique.	1,843	Vin de Bordeaux	0,994
— chlorhydrique.	1,210	Huile d'olive.	0,915
— azotique.	1,420	Alcool absolu.	0,792
Lait.	1,03	Éther sulfurique	0,715
Eau de mer.	1,026		

RÉSUMÉ DU CHAPITRE V.

PRINCIPE D'ARCHIMÈDE.

Tout corps plongé dans un liquide y subit une *poussée* ou pression de bas en haut égale au poids du volume de liquide qu'il déplace.

Démonstration expérimentale par la balance hydrostatique.

ÉQUILIBRE DES CORPS FLOTTANTS.

Tout corps flottant déplace, en plongeant partiellement dans le liquide, un volume de ce liquide dont le poids est précisément égal au poids total du corps.

Pour qu'il demeure en équilibre stable, dans une certaine position, il faut que son *centre de gravité* soit sur la même verticale que le *centre de poussée*, et en général au-dessous de celui-ci. — Ludion.

MESURE DE LA DENSITÉ DES LIQUIDES ET DES SOLIDES.

On nomme *densité* la masse ou quantité de molécules contenues dans un corps sous un volume déterminé, c'est-à-dire le rapport de la masse d'un corps à son volume.

On nomme *poids spécifique* le poids d'un corps sous l'unité de volume ou sous un volume déterminé, c'est-à-dire le rapport du poids d'un corps à son volume.

Dans la pratique, le même nombre exprime ces deux rapports.

La densité des corps solides ou liquides se mesure par rapport à l'eau distillée à la température de $+ 4°$.

Mesurer la densité d'un corps, c'est déterminer expérimentalement le poids du corps sous un volume quelconque; déterminer le poids d'un volume égal d'eau distillée; enfin, diviser le poids du corps par celui de l'eau.

Méthode du flacon.

Méthode de la balance hydrostatique.

Méthode des aréomètres. — Aréomètres à volume constant. — A poids constants. — Alcoomètre centésimal de Gay-Lussac.

CHAPITRE VI.

PRESSION ATMOSPHÉRIQUE. — BAROMÈTRES.

PRESSION ATMOSPHÉRIQUE. — La *pression atmosphérique* est la pression qu'exerce sur tous les corps qui y sont plongés, l'*air* au milieu duquel nous vivons. Cette pression *résulte de la pesanteur de l'air*; les fluides gazeux développent, en effet, sous l'influence de la pesanteur, les mêmes pressions que nous avons vues se développer dans les liquides (ch. IV). Plongés comme nous le sommes dans une couche de l'atmosphère située à une profondeur déterminée, nous subissons, de la part de l'air, des pressions analogues à celles que nous subirions de la part de l'eau si nous y étions plongés. La pression atmosphérique est bien distincte de la *force expansive* ou *force élastique* que l'air doit posséder, comme étant un corps gazeux. Cette force élastique est, au contraire, limitée dans ses effets par la pression atmosphérique. Pour le prouver, il suffit de prendre une vessie membraneuse munie d'un ajutage à robinet. Ce robinet ouvert, on presse la vessie entre ses mains de manière à exprimer la plus grande partie de l'air qu'elle contient; on ferme le robinet, et ainsi vidée on la met sous le récipient de la machine pneumatique. On retire l'air de manière à soustraire la pression atmosphérique, et on voit la vessie se gonfler au point de remplir la cloche du récipient; dès qu'on fait rentrer l'air, elle reprend, à mesure que la pression atmosphérique se rétablit, le volume qu'elle avait au commencement de l'expérience. Ce gonflement de là vessie est dû à l'*expansion* de la petite quantité d'air contenue entre les plis de la vessie.

La pression atmosphérique étant une conséquence de ce fait que l'*air est pesant*, commençons par l'établir expérimentalement. On a pour cela un ballon de verre muni d'un ajutage à robinet en cuivre sur lequel peut se visser une pièce munie d'un crochet. On dessèche bien ce ballon; le robinet ouvert et le crochet enlevé, on le visse sur la platine de la machine pneumatique, et l'on y fait le vide aussi exactement que possible, puis on ferme le robinet. On ajoute alors le crochet pour suspendre le ballon vide sous un des plateaux de la balance hydrostatique, et dans l'autre plateau on fait équilibre avec des poids marqués. On a ainsi le poids du ballon vide. Si l'air est impondérable, on pourra le laisser rentrer dans le ballon sans que l'équilibre de la balance en soit affecté. Or, pour faire rentrer l'air on n'a qu'à tourner le robinet de l'ajutage ; un sifflement prolongé annonce l'arrivée du gaz, et on voit alors pencher la balance du côté du ballon. Il pèse donc davantage, et cette augmentation est égale au poids du volume d'air qui y est rentré. En ajoutant des poids dans l'autre plateau jusqu'à ce que l'équilibre soit rétabli, on évalue le poids de l'air qui remplit le ballon, et si on connaît le volume de celui-ci, on arrive facilement à savoir ce que pèse un litre d'air. Ainsi, le ballon ayant une capacité de 7 litres, on trouvera que la rentrée de l'air donne un excédant de 9 gr,10 sur le poids du ballon vide ; 7 litres d'air pèsent donc 9 gr,10, ou, en d'autres termes, 1 litre d'air pèse 1 gr,3. Un mètre cube d'air pèsera donc 1 kil,3 ou 1300 grammes.

L'air étant un fluide pesant, les principes que j'ai exposés en étudiant les effets de la pesanteur dans les liquides peuvent lui être appliqués, et l'on conçoit la pression atmosphérique comme en étant une conséquence. Cette pression devra même s'exercer en tous sens avec la même énergie dans une même couche horizontale ; diminuer à mesure qu'on s'élèvera dans l'atmosphère, puisque la profondeur des couches traversées successivement sera de moins en moins grande, etc., toutes déductions parfaitement confirmées par l'expérience, et que j'aurai lieu d'exposer en leur place.

Expériences qui la mettent en évidence. — On démontre l'existence de la pression atmosphérique par quelques expériences bien simples.

1° *Crève-vessie.* — Sur la platine de la machine pneumatique on 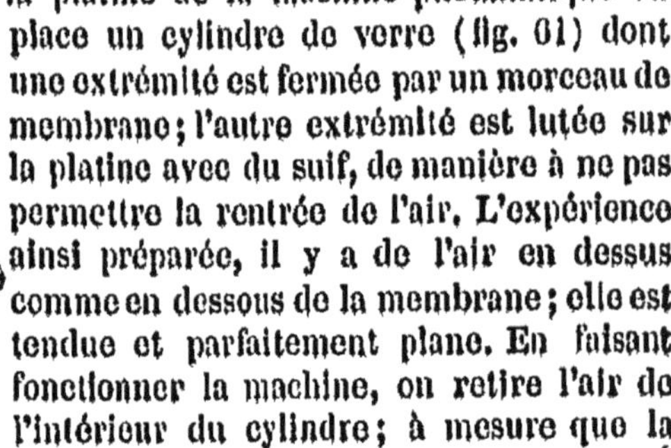place un cylindre de verre (fig. 61) dont une extrémité est fermée par un morceau de membrane ; l'autre extrémité est lutée sur la platine avec du suif, de manière à ne pas permettre la rentrée de l'air. L'expérience ainsi préparée, il y a de l'air en dessus comme en dessous de la membrane ; elle est tendue et parfaitement plane. En faisant fonctionner la machine, on retire l'air de l'intérieur du cylindre ; à mesure que la

Fig. 61.

quantité d'air diminue dans le cylindre, on voit la membrane se creuser comme si une pression s'exerçait en dessus, et, à un certain moment, elle se rompt avec fracas. Il est évident que la membrane n'est ainsi pressée que par l'atmosphère qui, du moment où on retire l'air, n'agit plus que sur une seule face, sans que rien lui vienne faire équilibre.

2° *Hémisphères de Magdebourg.* — Cette seconde expérience, imaginée en 1670 par Otto de Guericke, bourgmestre de Magdebourg, démontre que la pression atmosphérique s'exerce dans tous les sens. Elle se fait au moyen de deux hémisphères en laiton (fig. 62), et pouvant se joindre exactement de manière à former une boule creuse

Fig. 62.

bien fermée. L'un des hémisphères est muni d'un ajutage avec un robinet, l'autre d'un anneau à main. On peut facilement joindre et séparer les deux hémisphères tant qu'il y a de l'air dans ce petit appareil; mais si on le visse sur la machine pneumatique, et qu'après y avoir fait le vide on ferme le robinet de manière à ce que l'air n'y puisse rentrer, dès lors, après avoir enlevé les hémisphères de la machine, on peut essayer de les séparer sans que les plus grands efforts y réussissent, quelque position que l'on donne à l'appareil. La pression atmosphérique ne s'exerce plus, en effet, qu'à l'extérieur, et n'étant plus équilibrée par celle de l'air intérieur, elle les réunit avec une puissance extrême et qui croît avec leur surface.

3° *Disques plans.* — Prenez un bloc de bois muni à sa face supérieure d'un disque de verre bien plan. Un autre disque de métal, également bien plan et muni d'une poignée, se place sur lui et s'en détache sans difficulté. Mais ayez soin de presser dans tous les sens le disque métallique sur le verre de manière à ne plus laisser entre les deux surfaces la plus petite lame d'air; la pression atmosphérique, en s'exerçant sur les points de leur superficie autres que ceux par lesquels les deux corps se touchent, les fera adhérer l'un à l'autre, et l'on enlèvera le bloc de bois en même temps que le disque de métal.

4° *Expérience de Torricelli.* — Quand le génie de Galilée répudiant le vieil axiome : *La nature a horreur du vide,* eut deviné la pesanteur de l'air et l'existence de la pression atmosphérique, Torricelli, en 1640, par une expérience célèbre, démontra et mesura cette pression. Voici en quoi consistait cette expérience si simple et si féconde :

Soit un tube de verre long de 1 mètre environ et de 5 à 6 millimètres de diamètre, fermé à une extrémité, ouvert à l'autre; remplissez-le exactement de mercure, puis fermez avec le pouce de la main droite en tenant le tube comme l'indique la figure 63. Alors renversez le tube en amenant son extrémité fermée en haut, plongez l'extrémité que ferme le pouce de la main droite dans un bain de mercure, et une fois l'immersion faite de manière à ce que le mercure seul puisse communiquer avec l'intérieur du tube, retirez la main. Rien n'a pu rentrer dans le tube qui ne contient que du mercure; ce-

6

pendant, au lieu de continuer à en occuper toute la longueur, le métal en abandonne une partie et s'arrête à une hauteur A de 0ᵐ,76 environ au-dessus du niveau B du mercure dans la cuvette. Il est facile d'expliquer le phénomène. Considérons la surface B; tous ses points sont également pressés par l'atmosphère avec laquelle ils sont en contact; mais dans la portion de cette surface, qui correspond au tube, il y a une section circulaire qui n'est pas en contact avec l'atmosphère et n'en subit pas la pression. Cette section circulaire supporte la pression de la colonne de mercure maintenue jusqu'en A au-dessus du niveau B. Comme tout est en repos, *il y a équilibre*. Donc, tous

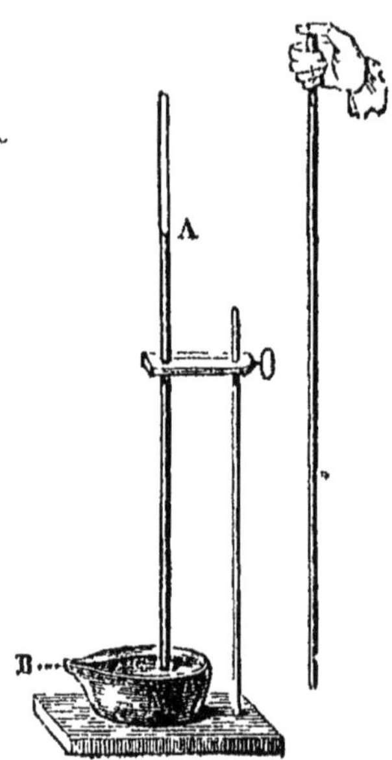

Fig. 63.

les points de la surface B sont également pressés, et par conséquent la pression exercée par la colonne de mercure équivaut à celle qu'exercerait l'atmosphère sur le même élément de surface. On demeure donc ainsi convaincu que *la colonne de mercure soulevée dans le tube de Torricelli remplace à la base du tube la pression que l'atmosphère y exercerait, et fait équilibre aux pressions que supporte de sa part chacun des points de la surface libre du mercure dans la cuvette.* Quant à la partie du tube abandonnée par le mercure, rien n'y est rentré, aucun corps matériel que le mercure ne pourrait s'y trouver. Puisque le métal se maintient à un niveau inférieur, cette portion du tube est *vide*, et c'est le vide le plus parfait que nous puissions produire; on le désigne souvent sous le nom de *vide barométrique*. L'espace lui-même est ce qu'on appelle en physique la *chambre barométrique*. Évidemment, cet appareil est propre à mesurer l'intensité de la pression atmosphérique; car si elle augmente, la colonne de mercure, pour faire équilibre à une pression plus forte, devra augmenter de hauteur; elle montera. D'après le même raisonnement, elle baissera dans le cas contraire. C'est sur ce principe qu'est fondé l'usage du *baromètre*, dont je parlerai bientôt.

Cette expérience, qui ouvrait un nouvel horizon à la physique expérimentale et introduisait définitivement une cause nouvelle et très-générale dans les théories scientifiques, fut commentée par tous les

savants. Mais le génie de Pascal en déduisit les plus belles conséquences. Si l'air agit sur les corps qui y sont plongés, comme les liquides
et en vertu de son poids, à mesure qu'on s'élève dans des couches de
l'atmosphère moins profondément situées, la pression atmosphérique
doit diminuer d'énergie. Il conclut donc que *sur les montagnes la
colonne de mercure doit baisser dans le tube de Torricelli.* Son beau-
frère, qui habitait l'Auvergne, fut chargé de vérifier cette conséquence,
sur le Puy-de-Dôme. L'expérience confirma pleinement les théories
de Pascal et la justesse du principe : la pression atmosphérique. La
colonne de mercure subit un abaissement qui, au sommet de la montagne, fut environ de 8 centimètres ; au lieu de mesurer $0^m,76$ de hauteur, elle en avait seulement $0^m,68$.

Une seconde expérience fut aussi heureusement conçue, et déduite
pareillement des principes d'équilibre des fluides pesants. Une colonne de mercure de $0^m,76$ fait équilibre à l'atmosphère ; si cette proposition est vraie, tout autre liquide doit pouvoir exercer la même
pression et fournir un appareil analogue à celui de Torricelli. La seule
condition, c'est que la hauteur de la colonne du nouveau liquide sera,
par rapport à celle de la colonne de mercure, en raison inverse des
densités des deux liquides. Ainsi, quelle sera la colonne d'eau qui fera
équilibre à la pression atmosphérique ? L'eau a pour densité 1 ; le
mercure, 13,6. D'après le principe que je viens d'énoncer, l'eau étant
13 fois moins dense que le mercure, sa hauteur devra être 13 fois
plus grande. Ainsi la colonne d'eau faisant équilibre à la pression de
l'atmosphère devrait avoir $10^m,33$ ($0^m, 76 \times 13,6$).

En 1646, à Rouen, avec un tube de 15 mètres de longueur, Pascal
répéta l'expérience de Torricelli, en substituant l'eau au mercure. La
colonne d'eau s'arrêta précisément à $10^m,33$ au-dessus du niveau du
réservoir. Ainsi furent confirmées toutes les théories déduites de la
pesanteur de l'air.

Enfin le tube de Torricelli fournit les indications nécessaires pour
calculer la pression de l'air sur une surface donnée. En effet, il nous
apprend que sur 1 centimètre carré, par exemple, la pression atmosphérique exerce le même effort que ferait une colonne de mercure
ayant 1 centimètre carré de base et 76 centimètres de hauteur. Or,
1 centimètre cube de mercure pèse $13^{gr},6$, d'après la densité du mercure ; donc la colonne totale pèsera sur sa base avec l'énergie de
1033 grammes ou $1^{kil},033$. Ainsi l'on trouve que *l'atmosphère exerce
sur chaque centimètre carré de la surface des corps qui y sont
plongés une pression de* $1^{kil},033$. La surface du corps humain étant en
moyenne de 1 mètre carré $\frac{1}{2}$, on peut évaluer à 15500 ^{kil} la pression

que nous supportons sur l'ensemble de notre corps. Les liquides, les gaz contenus dans nos organes font équilibre à cette pression et en annulent pour nous les effets. Aussi ne pouvons-nous, sans que nos organes se gonflent et menacent de laisser échapper leurs liquides, les plonger dans un air trop raréfié, dans le vide incomplet que nous produisons. On comprend aussi que les variations de la pression de l'atmosphère, suivant les saisons et le temps, exercent sur nous une influence parfaitement appréciable.

Baromètres de Fortin et de Gay-Lussac. — Le tube de Torricelli, devenu un instrument usuel entre les mains des physiciens, a pris le nom de *baromètre*. Un *baromètre* (fig. 64) est, comme son nom l'indique, un instrument destiné à mesurer la pression de l'atmosphère. On se contenta d'abord de faire au tube de Torricelli les modifications nécessaires pour assurer à l'appareil une certaine durée, et pour permettre de mesurer facilement la hauteur de la colonne barométrique. C'est surtout le bain de mercure où devait plonger le tube qui devint l'objet de ces modifications. On lui accorda aussi peu de volume que possible pour alléger l'instrument; avec cela, cependant, on s'efforça de lui donner une surface très-grande par rapport à sa masse, et cette seconde condition avait pour but de rendre la mesure de la hauteur plus exacte. Cette mesure s'effectue à l'aide d'une échelle placée sur la planchette à côté du tube; cette échelle, divisée autrefois en pouces, maintenant en centimètres, a son 0 au niveau de la surface du mercure dans la cuvette. Mais l'inconvénient de cette disposition, c'est que cette surface n'est pas fixe; quand le mercure monte dans le tube, une certaine quantité de liquide passe de la cuvette dans le tube, et nécessairement le niveau s'abaisse dans la cuvette; quand le mercure descend au contraire, la rentrée d'une certaine quantité de métal élève le niveau dans la cuvette, et ainsi le 0 fixe de l'échelle n'est presque jamais précisément au niveau du mercure. C'est pour rendre aussi petits que possible ces changements de niveau que l'on cherche à donner une grande surface à la cuvette. La forme adoptée est en général celle que représente en coupe théorique la figure 64. Le tube, effilé en pointe et percé d'un très-petit orifice, pénètre jusque

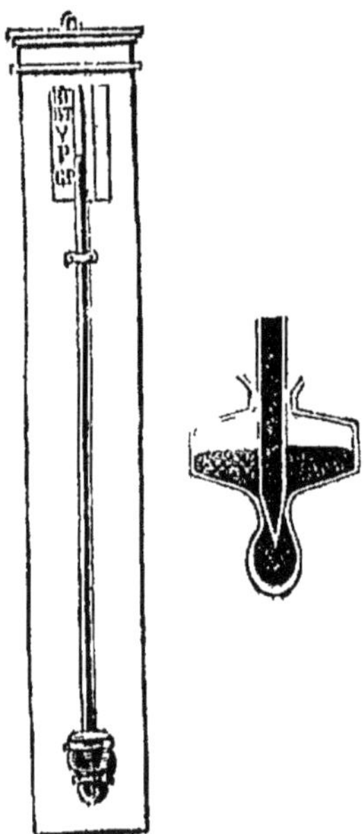

Fig. 64.

dans le second compartiment, de façon qu'il ne peut s'agiter, et que le mercure n'y entre pas trop précipitamment. Cette même figure représente le baromètre que je viens de décrire et qui est connu sous le nom de *baromètre à cuvette.* Il est important de le suspendre de façon à ce que le tube tombe librement, car la pression est en raison de la hauteur verticale, et la moindre obliquité allongerait la colonne et donnerait de fausses indications.

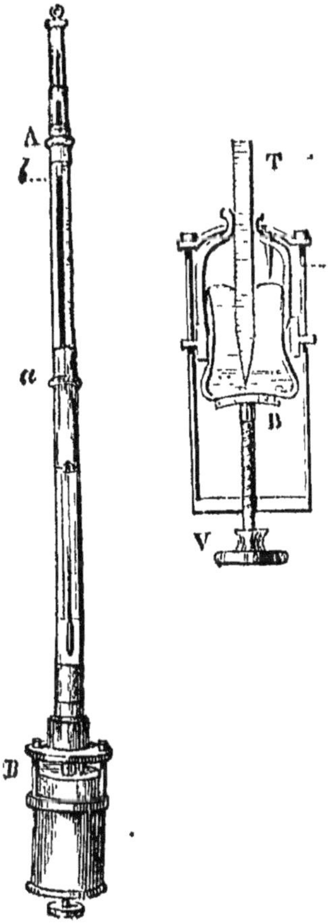

Le *baromètre de Fortin* a été construit pour mesurer avec précision la pression de l'atmosphère, et par conséquent on y a évité les divers inconvénients, résolu les difficultés que je viens de signaler. Le premier point était de *rendre constant le niveau du mercure dans la cuvette.* Fortin y est parvenu en donnant à cette cuvette un fond mobile. On peut suivre les détails de sa construction sur la coupe qui accompagne la figure 65. La cuvette se compose d'un cylindre de verre, dans lequel est engagé le tube barométrique T, de manière à laisser pénétrer l'air ; une peau de chamois en forme le fond. Une monture en laiton enveloppe le tout et le protége. Dans la face inférieure de cette monture est engagée une vis V, qui se termine par une petite plaque B à l'aide de laquelle on peut élever ou abaisser la peau de chamois de manière à mettre le niveau du mercure de la cuvette à tel point que l'on veut, et, par exemple, à le faire coïncider

Fig. 65.

avec le 0 de l'échelle. Ce point 0 est indiqué d'une manière bien simple : dans l'obturateur supérieur de la monture en cuivre est engagée une petite pointe d'ivoire A dont l'extrémité correspond juste au 0 de l'échelle. Il suffit dès lors d'amener cette pointe au contact de la surface du mercure : pour cela on regarde dans cette surface qui fait miroir l'image de la pointe, et au moyen de la vis on met le mercure en telle position que l'image et la pointe se touchent sans se pénétrer l'une l'autre. Si elles ne se touchaient pas, le niveau du métal serait au-dessous du zéro; il serait au-dessus si elles se pénétraient, puisque alors la pointe plongerait dans le liquide. A côté de la coupe de la cuvette (fig. 65) est représenté le baromètre de Fortin dans son entier. On voit l'aspect extérieur de cette cuvette et la disposition du tube. Un manchon de laiton fixe le tube au réservoir et le protége de manière à rendre l'instrument portatif. Sur ce manchon est fixé un thermomètre qui ne fait pas nécessairement partie de l'instrument, mais est très-utile pour indiquer la température à laquelle on observe la pression. Les autres dispositions sont destinées à donner à l'observation la précision désirable. Voici en quoi elles consistent. Le manchon présente deux fenêtres longitudinales opposées l'une à l'autre et qui laissent apercevoir le tube de verre et la colonne de mercure. Les bords de ces fenêtres portent les divisions de l'échelle en centimètres et millimètres comptés à partir de la pointe d'ivoire. On voit donc nettement le sommet de la colonne en *b*, par exemple. Mais pour lire bien exactement la division de l'échelle à laquelle correspond le sommet, le tube porte un curseur annulaire A, souvent muni d'un vernier, et dont on se sert de la manière suivante. On l'abaisse vers le sommet de la colonne barométrique : tant qu'il y a une petite distance entre son bord inférieur et la surface du mercure dans le tube, cette surface est éclairée par la lumière que laissent arriver les deux fenêtres ; mais dès que cette distance n'existe plus, la surface devient obscure : c'est le moment où le curseur a son cercle inférieur précisément dans le plan du sommet de la colonne. On lit alors sur le manchon le numéro de la division sur laquelle est placé le bord du curseur, et on a exactement la différence entre le niveau B du mercure dans la cuvette et celui *b* qu'il affecte dans le tube; c'est-à-dire la *hauteur de la colonne de mercure qui fait équilibre à la pression atmosphérique.* Pour faire ces observations avec le tube bien vertical, on peut suspendre l'instrument à l'aide du petit anneau que porte sa monture à l'extrémité supérieure. Fortin a disposé son instrument pour être placé si l'on veut sur un support à trois pieds. Le bourrelet *a* est destiné à recevoir deux vis qui le fixent au support sur lequel il peut osciller en tous sens à l'aide d'une *suspension de Cardan.* Elle consiste en deux anneaux concentriques qui se meuvent, l'intérieur, sur un axe appuyé sur l'extérieur; et celui-ci sur un autre axe perpendiculaire au premier et fixé au support lui-même. En décrivant la *boussole marine*, je reviendrai sur ce mode ingénieux de suspension. Alors le baromètre, dont le centre de gravité est vers la partie inférieure, se place dans une position exactement verticale.

Pour transporter le baromètre de Fortin, on relève avec la vis le fond de la cuvette, de manière à ce que le mercure la remplisse et ne puisse plus heurter le verre et le briser. Ordinairement l'instrument est muni d'un étui en cuir, avec une bretelle qui le rend très-portatif.

Les *baromètres à cadran*, que l'on trouvait si communément autrefois dans nos appartements, sont construits un peu différemment de ceux que je viens de décrire. L'appareil n'a pas de cuvette, c'est un tube recourbé et fermé d'un côté, ouvert de l'autre. On remplit de mercure la branche fermée, qui a 80 centimètres de longueur; puis on retourne, et l'on voit alors le mercure prendre la position indiquée dans la figure 66. C'est qu'en effet la pression atmosphérique s'exerce en D sur la surface du mercure dans la branche ouverte, tandis que dans l'autre il n'y a que la colonne de mercure capable de faire équilibre à cette pression, c'est un vase communiquant à deux fluides : dans la branche fermée du mercure, dans la branche ouverte l'air atmosphérique. La différence de niveau du mercure dans les deux branches mesurera donc encore l'énergie de la pression; on nomme cet instrument, *baromètre à siphon*. Pour en faire un *baromètre à cadran*, on place ce tube derrière un cadran, au centre duquel, sur le même axe qui porte l'aiguille, mais par derrière, est fixée une petite poulie A.

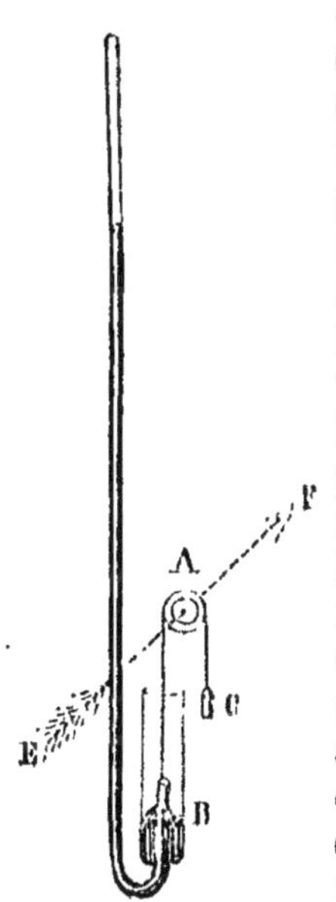

Fig. 66.

Sur la gorge de cette poulie est placé un fil portant à ses extrémités deux petits poids égaux en fer, dont l'un repose sur le mercure de la branche ouverte. Quand le niveau du mercure baisse dans le tube barométrique, il s'élève dans la branche ouverte, par reflux du liquide; le poids placé sur le mercure est soulevé, l'autre poids C descend, la poulie tourne et l'aiguille EF marche sur le cadran. Si le baromètre monte, l'aiguille, par un mécanisme analogue, tournera en sens inverse. Le cadran porte les indication *beau temps*, *variable*, etc., et l'aiguille arrête sa pointe F sur l'un ou l'autre de ces mots.

C'est le baromètre à siphon perfectionné par Gay-Lussac, qui porte aujourd'hui le nom de *baromètre de Gay-Lussac*. Il se compose d'un tube contourné, comme on le voit dans la figure 67. La partie *a b* est d'un diamètre capillaire; les deux branches sont fermées, mais la plus courte est percée en O d'un petit trou par où pénètre l'air atmosphérique. Voici le but de toutes ces dispositions: l'ouverture en O est trop petite pour que le mercure puisse s'écouler, et la partie capillaire *a b* ne lui permet pas de passer librement de la grande branche dans la petite. De cette manière l'instrument peut être renversé, manié de toutes façons sans que le mercure se perde, ni que l'air rentre dans la chambre barométrique. Reste à connaître maintenant la disposition de

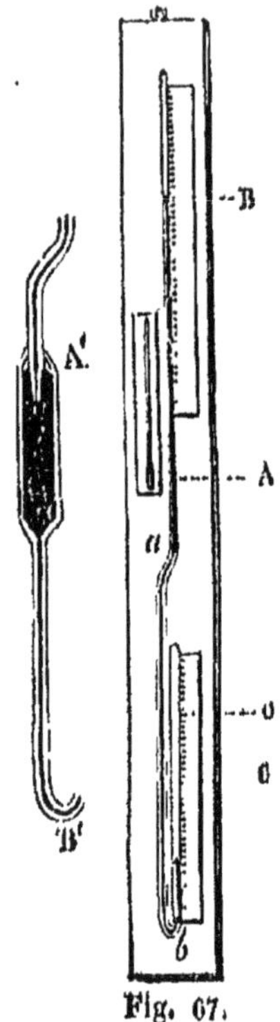

Fig. 67.

l'échelle. Elle est divisée en centimètres et millimètres, mais on a commencé à les compter à partir d'un point arbitraire A choisi entre les deux surfaces dont il faut mesurer la différence de niveau : en B et en C sont donc deux plaques portant des divisions métriques comptées, les unes en montant, les autres en descendant à partir de ce point A arbitrairement choisi. Pour évaluer la différence de niveau des deux surfaces, c'est-à-dire la hauteur barométrique, il suffit de lire le nombre auquel correspond le sommet de la colonne de mercure dans chaque branche. Supposons que le sommet dans la grande branche marque 348 millimètres, cela veut dire que ce sommet est élevé de 348 au-dessus du point fixe A ; mais si d'un autre côté le mercure, dans la petite branche, est à la 406me division, cette seconde surface sera de 406 millimètres au-dessous de ce même point A. Il est clair alors que la différence de niveau dans les deux branches sera la somme de ces deux nombres 348 + 406 ; la pression est de 754 millimètres, c'est-à-dire équivaut à la pression d'une colonne de mercure de 754 millimètres de hauteur. Ainsi, en général, dans le baromètre de Gay-Lusaac, on lit sur chaque échelle le nombre auquel correspond la tête de la colonne, on ajoute ces deux nombres, et on a la véritable hauteur barométrique. Cette ingénieuse disposition dispense de s'occuper des changements de niveau ; le point fixe n'en dépend plus. Le baromètre de Gay-Lussac est ordinairement disposé dans une petite boîte longue, et pour le transporter, on le renverse de manière à tenir en bas le sommet de la branche fermée. On évite ainsi le choc de la colonne de mercure contre l'extrémité du tube. La petite quantité de mercure employée dans cet instrument le rend très-léger et extrêmement commode. Pour observer, on le suspend de manière à ce qu'il soit libre de se placer verticalement. Un petit thermomètre est placé auprès du baromètre.

M. Bunten a introduit dans la construction de ce baromètre un perfectionnement important. Dans les mouvements que l'on fait exécuter à l'instrument lorsqu'on le transporte, malgré la portion capillaire du tube, il arrive encore parfois que quelques bulles d'air rentrent dans la chambre barométrique, et mettent le baromètre hors de service. Pour y obvier, M. Bunten a placé sur le trajet du tube capillaire *a b* une ampoule oblongue (fig. 67, A′B′), dans laquelle le tube supérieur s'ajuste à l'aide d'un bec plongeant, comme on le voit en A′. Dès lors s'il rentre de l'air dans l'instrument, il va se loger à la partie supérieure de l'ampoule, mais ne peut jamais monter jusque dans la chambre barométrique. M. Bunten revêt en outre ses baromètres d'un étui de laiton à la manière de ceux de Fortin, et les rend ainsi on ne peut plus faciles à transporter.

La construction de tous ces instruments exige un mercure bien purifié, pour que sa densité soit toujours la même et que les baromètres soient comparables. Aussi, après avoir pris du mercure parfaitement pur, on le fait bouillir avec soin pour le sécher, et c'est alors qu'on l'introduit dans l'appareil. Les indications d'un bon instrument demandent encore certaines corrections que je ne puis indiquer ici, mais qui seront signalées plus loin.

Je ne terminerai pas ce paragraphe sans donner une idée succincte de deux appareils capables de fournir des indications barométriques, et très-différents de ceux que je viens décrire. Ils sont remarquables en ce que le mercure n'y entre pas, que leur forme est beaucoup plus commode; mais ils demandent à être réglés et gradués à l'aide d'un baromètre étalon à mercure, et n'ont pas toute la précision ni toute la délicatesse des instruments précédents.

Baromètre anéroïde. — Ce baromètre (fig. 68) est une boîte circulaire semblable aux pendules de salle à manger, mais de 12 à 15 centimètres de diamètre. Une aiguille qui se meut sur le cadran indique à l'aide d'un arc de cercle divisé, la hauteur barométrique correspondante à la pression qu'éprouve l'instrument. Or, voici comment cette pression est mesurée. Dans la boîte est un petit tambour métallique représenté en A B C

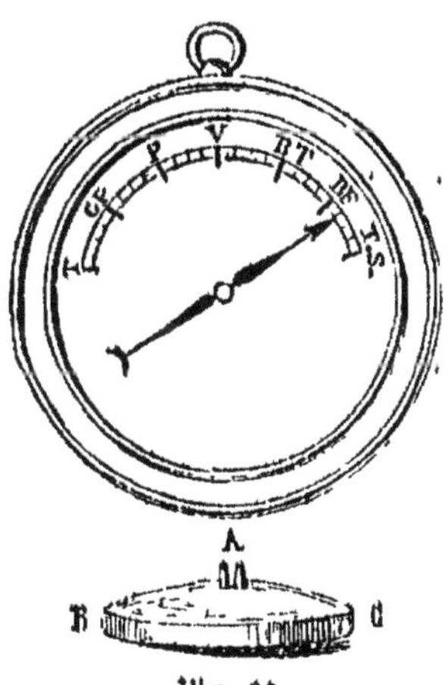

Fig. 68.

(fig. 68); cette petite caisse lenticulaire, dans laquelle on a fait le vide, est fermée par des parois assez minces pour fléchir sous la pression de l'air ambiant; de telle sorte qu'un renvoi de mouvement fixé en A fait marcher l'aiguille du cadran selon que la paroi métallique s'affaisse sous la pression atmosphérique, ou se relève par son élasticité lorsque cette pression diminue. L'arc de cercle du cadran est gradué par comparaison avec un baromètre à mercure. Cet instrument est commode, mais le mécanisme qui met l'aiguille en mouvement est un peu compliqué.

Baromètre de M. Bourdon. — Celui-ci a l'avantage d'une extrême simplicité. Voici quel est son principe : *Un tube métallique à parois flexibles, légèrement aplati, et courbé circulairement ou en hélice dans le sens de son plus petit diamètre, s'enroule lorsqu'une pression agit sur lui extérieurement, et se déroule lorsque cette pression lui est intérieure.* Dans le cadre circulaire que représente la fig. 69 est donc fixé, par un seul point, un tube de ce genre roulé en cercle, dont les extrémités sont en *a* et *b*, et dans lequel on a fait le vide avant de le fermer. La pression atmosphérique agit donc extérieurement sur lui, sans que rien lui fasse équilibre à l'intérieur : dès lors ce tube devra *s'enrouler* davantage

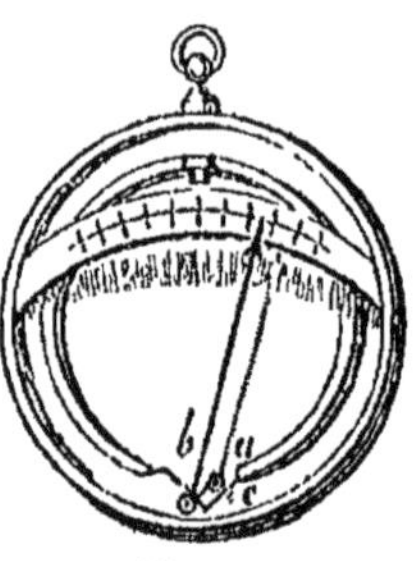

Fig. 69.

lorsqu'il sera plus pressé, et les extrémités *a* et *b* se rapprocheront, et quand il le sera moins, il devra *se dérouler* en éloignant ses deux extrémités. Or, chacune d'elles est attachée par un fil inextensible à une des branches d'un levier dont le point fixe est une tige *c* portant une aiguille dont la pointe se meut sur un arc de cercle gradué comme dans le baromètre anéroïde. A l'aide de ce levier, le tube métallique, quand il se déroule, fait mouvoir l'aiguille, qu'un ressort placé à la base de la tige fixe *c* tend à ramener en sens inverse quand les deux extrémités du tube se rapprochent. Maintenant il est facile de se rendre compte de l'effet que produit la pression atmosphérique sur un tube de ce genre. Cette pression agit proportionnellement aux surfaces; or, ici, la surface intérieure à l'enroulement est plus petite que la surface convexe qui lui est extérieure. Cette dernière est donc toujours soumise à une pression plus forte. Mais la différence n'est pas une quantité constante : quand la pression augmente, elle devient plus grande sur chaque élément de surface, et par conséquent elle agit plus énergiquement sur la portion excédante que possède la paroi convexe du tube, celui-ci s'enroule, tandis qu'en vertu de son élasticité il se déroule dans le cas contraire. Ce baromètre est fort simple, très-peu volumineux et d'une grande sensibilité.

Usages barométriques. — L'usage des baromètres a permis de se rendre un compte exact des variations de la pression atmosphérique. Elle varie : 1° suivant les heures de la journée, ce sont les *varia-*

tions horaires, elles se produisent régulièrement ; 2° sous l'influence des vents, des saisons, du climat en général, ce sont les *variations accidentelles*.

Les variations horaires présentent leur plus grande régularité dans les contrées équatoriales où les variations accidentelles sont à peu près nulles. De midi à 4 heures, le baromètre descend ; de cette dernière heure jusqu'à 11 heures du soir, il remonte ; puis il offre un nouveau minimum à 4 heures du matin, et un autre maximum à 9 heures. Dans nos climats, ces minima et ces maxima se manifestent aux mêmes heures, mais d'une manière moins sensible, à cause des variations accidentelles.

Quant aux *variations accidentelles*, elles sont plus grandes que les premières ; leur amplitude augmente à mesure qu'on opère plus près des pôles, elle atteint 60 millimètres à 25° latitude du pôle ; à l'équateur, cette amplitude des variations barométriques, presque exclusivement diurnes, n'est que de 6 millimètres. On tient compte des variations accidentelles par le calcul des hauteurs moyennes. Ainsi, en observant le baromètre à chaque heure du jour, si l'on fait la somme des 24 hauteurs et qu'on divise cette somme par 24, on aura la *hauteur moyenne diurne* : c'est d'une même façon que l'on se procurera la *hauteur moyenne mensuelle et annuelle*. A Paris, la hauteur moyenne annuelle est de 0^m,7568. Au niveau des mers, elle est de 0^m,761, c'est là ce qu'on nomme la *pression normale*.

Les baromètres sont vulgairement employés à pronostiquer l'état du ciel. Mais ces indications n'ont rien de précis, car l'instrument ne peut mesurer avec certitude que l'intensité de la pression. En général dans nos climats, quand cette pression est au-dessous de 0^m,758, il fait mauvais temps, tandis que le beau temps coïncide ordinairement avec des pressions supérieures à cette limite. Voici donc d'après ces observations la correspondance de ces indications avec les hauteurs barométriques :

785 millimètres......................		Très-sec.
770	—	Beau fixe.
767	—	Beau temps.
758	—	Variable.
749	—	Pluie ou vent.
740	—	Grande pluie.
731	—	Tempête.

Les causes des variations de la pression atmosphérique, se trouvent dans la température de l'air, son état de repos ou d'agitation, etc. ; mais cette étude appartient plus à la météorologie qu'à la physique.

Un usage important et curieux du baromètre, c'est la *mesure des hauteurs des montagnes ou des monuments*. Cette mesure est basée sur ce fait annoncé par Pascal que *l'intensité de la pression diminue régulièrement à mesure qu'on s'élève dans l'atmosphère*, exactement comme cela aurait lieu dans une masse liquide. Il suffit donc de constater au même moment la hauteur du baromètre au niveau de la mer ou du sol, et cette hauteur sur la montagne ou le monument. La différence de ces deux observations peut faire connaître la hauteur du point élevé. En général, la colonne barométrique baisse de 1 millimètre pour 10^m,400 d'élévation; mais on ne s'en tient à cette relation grossière que pour de petites hauteurs; pour avoir des résultats précis, il faut avoir recours à une formule qui tient compte de la diminution de la densité de l'air à mesure que l'on s'élève. Les baromètres sans mercure rendent ces observations très-faciles, grâce à leur légèreté et leur forme commode pour le transport.

RÉSUMÉ DU CHAPITRE VI.

PRESSION ATMOSPHÉRIQUE.

· La pression atmosphérique est la pression qu'exerce l'air en vertu de sa pesanteur, sur tous les corps qui y sont plongés.— Elle s'exerce dans tous les sens et avec la même intensité dans une même couche horizontale; elle varie avec la profondeur de la couche dans l'atmosphère.

Démonstration de la pesanteur de l'air par la balance. — 1 litre d'air pèse 1^{gr},3 à la température de 0°.

EXPÉRIENCES QUI LA METTENT EN ÉVIDENCE.

1° Crève-vessie.
2° Hémisphères de Magdebourg.
3° Disques plans.
4° Expérience de Torricelli. — Elle fournit le moyen de mesurer la pression atmosphérique. — Cette pression est en moyenne, dans la couche où nous vivons, de 1^{kil},03 par centimètre carré.

BAROMÈTRES DE FORTIN ET DE GAY-LUSSAC.

Le *baromètre* est un instrument destiné à mesurer la pression atmosphérique et à en indiquer les variations.— Baromètre à cuvette. Baromètre de Fortin. — Disposition de sa cuvette à fond mobile

— Fixation du niveau du mercure. — Observation de la hauteur de la colonne barométrique.

Baromètre à siphon. — Baromètre de Gay-Lussac. — Disposition du tube. — Perfectionnement de Bunten.

Usages du baromètre : 1° Observation des variations barométriques; variations horaires, variations accidentelles. La hauteur normale est $0^m,76$.

2° Indication du temps : incertitude de ces indications.

3° Mesure des hauteurs. — La colonne barométrique s'abaisse à peu près proportionnellement à l'élévation où l'on parvient dans l'atmosphère. — Cet abaissement est d'environ 1 millimètre pour 10 mètres, 466 d'élévation.

CHAPITRE VII.

LOI DE MARIOTTE. — MANOMÈTRES. — MACHINE PNEUMATIQUE.
— AÉROSTATS. — TIRAGE DES CHEMINÉES.

Loi de Mariotte. — Nous venons d'étudier les effets de la pesanteur dans les fluides liquides ou gazeux; mais nous savons que les gaz possèdent une force d'expansion ou force élastique qui leur est propre. Cette force, qui tend à les dilater indéfiniment, est équilibrée par la résistance des parois qui les contiennent ou par les pressions qu'ils supportent de la part des liquides ou des autres gaz avec lesquels ils sont en rapport. L'abbé Mariotte, vers le milieu du XVII° siècle, a étudié les modifications que subit le volume d'une masse gazeuse sous l'influence de diverses pressions, et il a formulé une loi célèbre, à laquelle son nom est resté attaché. Elle peut s'énoncer ainsi : *A une même température, les volumes que prend une même masse de gaz sont en raison inverse des pressions qu'elle supporte.* Cela veut dire que si l'on prend *un litre* de gaz soumis à une pression déterminée, la même masse, sous une *pression double*, n'aura plus qu'*un demi-litre* de volume, et occupera, au contraire, *deux litres* sous une *pression moitié moindre;* et ainsi de suite.

La loi de Mariotte se démontre expérimentalement, mais on ne se sert pas toujours du même appareil. Pour des pressions supérieures à celle de l'atmosphère, on emploie l'appareil même qui a conduit à la découverte de cette loi, et qu'on appelle le *tube de Mariotte* (fig. 70). C'est tout simplement un tube de verre recourbé deux fois sur lui-même, de manière à présenter une grande branche A C ouverte à son

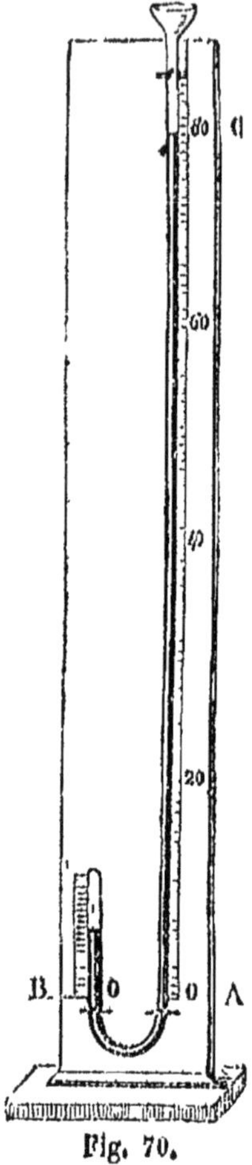

Fig. 70.

extrémité et une petite branche B fermée comme un tube barométrique, et plus courte que l'autre. A partir d'un même point marqué 0, la ourte branche est divisée en centimètres cubes. On voit en A et en B l'origine des deux échelles. Par la grande branche, on verse du mercure de manière à occuper la courbure et à ce que le niveau du métal corresponde au 0 des deux échelles. Alors il est clair que dans la petite branche on a une certaine masse d'air complétement enfermée; mais comme le niveau est le même dans les deux branches du vase communiquant, les pressions y sont égales; donc cette masse d'air exerce la même pression que l'air atmosphérique; elle est alors, comme on dit, *à la pression de l'atmosphère*. Si dans la grande branche on ajoute maintenant du mercure, la pression augmente de ce côté, et par conséquent se transmet plus énergique à la masse d'air de la petite branche. Cette masse gazeuse diminue de volume à mesure que la pression augmente; on continue à verser du mercure jusqu'à ce que le volume du gaz soit réduit de moitié. A ce moment, on mesure la différence de niveau entre la surface du mercure dans chaque branche, et on trouve que le mercure de la longue branche s'élève de 0m,76 au-dessus de l'autre; c'est le point de l'expérience représenté dans la figure. Quelle est alors la pression supportée par la masse gazeuse renfermée dans la courte branche? c'est celle de l'air atmosphérique augmentée de la pression d'une colonne de mercure de 0m,76 de hauteur. Or, elle est précisément équivalente à celle de l'atmosphère; donc la masse gazeuse est soumise à une pression de 2 atmosphères ; et on voit ainsi que le volume s'est réduit à la moitié lorsque la pression est devenue double. En d'autres termes, si V est le volume primitif, et V' le nouveau volume, on a :

$$\frac{V}{V'} = \frac{2}{1}$$

Si de même H est la pression première et H' la seconde, nous savons par la mesure des hauteurs du mercure que

$$\frac{H'}{H} = \frac{2}{1}$$

D'où l'on conclut, à cause du terme commun aux deux équations,

$$\frac{V}{V'} = \frac{H'}{H}$$

C'est-à-dire que dans les circonstances où nous opérons, les volumes sont en raison inverse des pressions; ce qui est l'énoncé de la loi de Mariotte.

En réduisant le gaz au tiers de son volume, on trouverait entre les deux colonnes de mercure une différence de niveau de 1^m,52 (0^m,76 $\times$ 2); ce qui indiquerait une pression de 3 atmosphères, et

Fig. 71.

ainsi de suite. L'appareil de Mariotte avait permis de vérifier sa loi jusqu'à 8 ou 9 atmosphères; en 1830, MM. Dulong et Arago, dans un travail célèbre par l'ingénieuse persévérance de ses auteurs et par la précision de ses résultats, à l'aide d'un tube gigantesque dressé le long de la tour de Clovis dans le jardin du lycée Napoléon, alors collége Henri IV, vérifièrent la loi de Mariotte jusqu'à concurrence de 27 atmosphères, et trouvèrent une concordance parfaite entre leurs expériences et les conséquences du principe posé dès 1050.

C'est avec un appareil assez différent que l'on vérifie cette même loi pour des pressions inférieures à celle de l'atmosphère. Il est connu sous le nom de *cuve profonde*, et la fig. 71 en donne une idée : il se compose d'une petite cuvette D en fer dont le fond se prolonge en un cylindre E; le tout est soutenu sur trois pieds en fer. Dans cette cuvette on met du mercure, puis on y plonge à la manière du tube de Torricelli un tube contenant du mercure, et où on a laissé seulement le volume d'air AB; après le retournement du tube, ce volume occupe la chambre barométrique du tube; et si on plonge le tube dans la cuve de façon à ce que le mercure ait dans le tube le même niveau que dans la cuvette D, il est clair que la masse d'air sera à la pression atmosphérique, l'égalité de niveau du mercure annonçant l'égalité de pression. Soulevons maintenant le tube hors du mercure, l'air contenu en AB se dilate ; continuons à soulever jusqu'à ce que le volume AB soit *doublé*, soit devenu AC. Alors le niveau du mercure est loin d'être le même dans le tube que dans la cuvette, et en mesurant on trouve que la colonne de mercure CD, qui s'élève dans le tube, a 0m,38 de hauteur. Or, en D la pression est celle d'une atmosphère ; à ce même niveau D, dans le tube elle est aussi d'une atmosphère : mais cette pression est exercée par le gaz contenu en AC plus celle de la colonne de mercure CD. On aura donc l'évaluation de la pression exercée et subie par le gaz AC, en retranchant de la pression atmosphérique celle de la colonne de mercure soulevée : cette colonne de 0m,38 a une hauteur précisément égale à la moitié de la colonne de 0m,76. Donc le gaz AC est à une pression de $\frac{1}{2}$ atmosphère lorsque son volume est devenu double. Ce résultat rentre dans la relation générale déjà posée :

$$\frac{V}{V'} = \frac{H'}{H}.$$

On trouverait de même que pour un volume de la masse gazeuse devenu *triple*, la colonne de mercure soulevée dans ce tube serait de 0m,50 et quelques millimètres, c'est-à-dire qu'elle représente une pression des $\frac{2}{3}$ de celle de l'atmosphère. De là il est facile de conclure que la masse d'air triplée de volume est à une pression de $\frac{1}{3}$ par rapport à l'atmosphère.

De ces diverses expériences il résulte une démonstration complète de la loi de Mariotte, au moins pour l'air atmosphérique. M. Despretz, et plus tard M. Regnault, ont étudié la loi de Mariotte dans les autres gaz, et ne l'ont pas trouvée absolument exacte. Elle cesse de l'être, quand les gaz comprimés approchent de leur point de liquéfaction. De plus, elle n'est pas absolument vraie pour tous les gaz ; la compression marche un peu plus vite dans l'*air* et dans l'*azote*, un peu moins vite dans l'*hydrogène*, que ne le voudrait la loi de Mariotte : elle cesse complétement d'être exacte pour l'*acide carbonique*, à moins qu'on ne s'en tienne à de faibles pressions. Malgré ces restrictions, comme cette loi célèbre est sensiblement vraie pour tous les gaz et sous les pressions dont nous nous servons communément, elle est un des principes les plus féconds, les plus importants de la physique : elle renferme d'ailleurs un autre principe non moins utile aux physiciens. A mesure que la masse gazeuse change de volume, ses molécules se rapprochent ou s'éloignent; mais, en tous cas, elles sont d'autant plus serrées que le volume est moindre, et d'autant moins que celui-ci est plus grand. Cette relation se formule donc, comme conséquence de la loi de Mariotte, dans les termes suivants : *A une même température, les densités que prend une même masse de gaz sont en raison directe des pressions qu'elle supporte.* Le calcul déduit facilement cette seconde loi de la première. La *densité* a été définie le rapport du poids d'un corps à son volume, de sorte que p étant le poids, V le volume et d la densité, on a :

$$\frac{p}{V} = d.$$

Appelons d' la densité du gaz sous le nouveau volume V'; comme il s'agit de la même masse de gaz, le poids p ne varie pas, et on a la seconde équation :

$$\frac{p}{V'} = d'.$$

De là on tirera facilement

$$\frac{d'}{d} = \frac{pV}{pV'} \quad \text{ou} \quad \frac{d'}{d} = \frac{V}{V'}$$

Et comme la loi de Mariotte nous a déjà donné

$$\frac{V}{V'} = \frac{H'}{H} \quad \text{on aura} \quad \frac{d'}{d} = \frac{H'}{H}$$

Ce qui est la formule générale du dernier principe que j'ai énoncé.

La loi de Mariotte est d'un usage très-fréquent en physique et en chimie; elle fournit la solution d'un nombre considérable de problèmes. Tantôt il s'agit de déterminer à une température invariable les variations de volume d'une masse de gaz soumise à des pressions variables; tantôt ce sont ces pressions mêmes que l'on déduit des variations de volume; tantôt, supposant le volume invariable, on cherche les divers poids que représente ce volume, à diverses pressions, etc. Chacun de ces problèmes correspond à quelque formule déduite de la Loi de Mariotte.

MANOMÈTRES. — Les *manomètres* sont les instruments avec lesquels on mesure les pressions des gaz et des vapeurs. On peut distinguer d'abord les manomètres à mercure et les manomètres métalliques.

Manomètres à mercure. — Il y a deux genres de manomètres à mercure : 1° *les manomètres à air libre*; 2° les manomètres à air comprimé.

Les manomètres à air libre se composent simplement d'un tube recourbé en U, communiquant par une de ses branches avec l'espace qui contient le gaz ou la vapeur, par l'autre branche ouverte recevant librement le contact de l'atmosphère. La figure 72 peut en donner l'idée; G est le générateur où se forme la vapeur ou le gazomètre qui contient le gaz dont on veut mesurer la pression. Dans le tube manométrique est une colonne de mercure A'B' : en A' elle supporte la pression du gaz ou de la vapeur, en B' la pression atmosphérique, puisque la branche BB' est ouverte. Il est facile alors de fixer la valeur des indications d'un pareil instrument : quand le mercure est au même niveau AB dans les deux branches, la pression est égale de part et d'autre, c'est-à-dire que le gaz ou la vapeur de l'espace G est à une pression de 1 atmosphère. Sur l'échelle du manomètre on écrira donc 1 au point B. Mais dès que la pression augmente, le mercure descend dans la branche A et monte en B; une différence apparaît entre les deux niveaux; cette différence mesure l'excès de la pression intérieure sur 1 atmosphère, et quand la colonne BB' dépasse de 0^m,76 le niveau de la colonne AA', la pression est de 2 atmosphères, et on écrit 2 sur l'échelle.

Fig. 72.

Les autres points en sont déterminés de même. La forme qu'on donne ordinairement à ces instruments est représentée dans la figure 73. Tout le tube est en fonte, sauf le cylindre B qui est en verre fort, pour qu'on puisse lire le niveau du mercure. Ce cylindre a un diamètre considérable, afin que la différence de niveau s'établisse par un abaissement dans le tube avec une faible élévation du mercure dans le cylindre. On voit en A le tube à robinet qui amène la vapeur ou le gaz; à côté du cylindre B sont les chiffres qui indiquent les atmosphères. Le réservoir de fer placé à l'origine du tube de fonte reçoit de l'eau; l'autre réservoir qui termine le tube est destiné à recevoir le mercure qu'un excès de pression chasserait hors du cylindre B. Cet appareil, fort employé

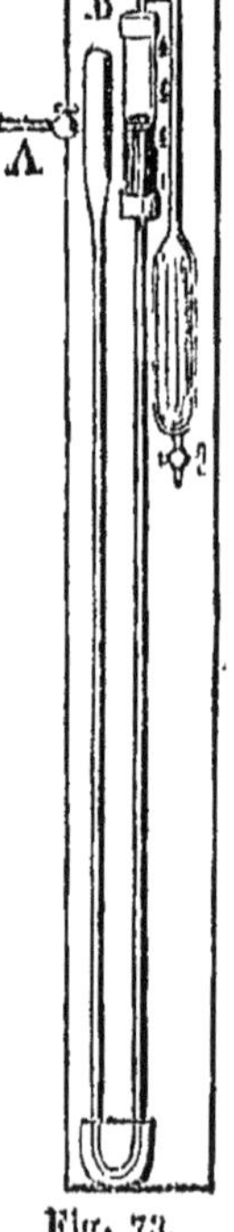

Fig. 73.

dans les machines à vapeur, est plus long que n'a pu le représenter la figure 73 ; aussi enterre-t-on généralement la partie inférieure du tube en fonte de manière à mettre le cylindre au niveau de l'eau dans la chaudière.

Le *manomètre à air comprimé* est moins volumineux que le précédent. Il peut se composer comme lui d'un tube en U contenant une colonne de mercure ; mais seulement, tandis qu'une branche communique avec le générateur, l'autre est fermée, de manière à contenir une certaine masse d'air que les changements de niveau du mercure compriment plus ou moins et dont les variations de volume mesurent

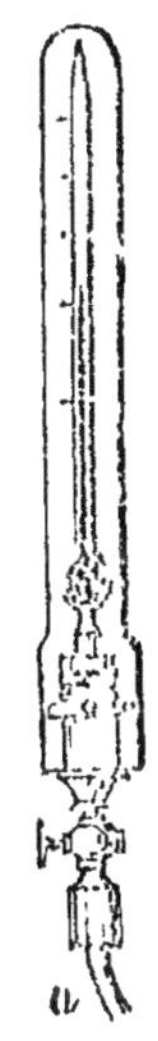

Fig. 74.

les pressions exercées par la vapeur. C'est donc une sorte de tube de Mariotte dont la grande branche serait remplacée par la vapeur dont la force élastique presse le mercure. Telle est l'idée générale des manomètres à air comprimé ; mais la figure 74 représente la forme qu'on leur donne dans les machines à vapeur, et particulièrement les locomotives. Par le tube inférieur *a*, qui est métallique et très-résistant, arrive la vapeur ; le robinet permet de l'introduire dans le réservoir, où se trouve une cuvette de mercure. Dans cette cuvette plonge un tube en verre, que l'on voit se prolonger sur la planchette. Ce tube est fermé à son extrémité, qui peut avec avantage avoir une forme conique. La vapeur exerce sa pression sur le niveau du mercure dans le réservoir, fait monter le liquide dans le tube, et l'air, par sa diminution de volume, indique, suivant la loi de Mariotte, la pression exercée dans le réservoir. On détermine pratiquement les divers points de l'échelle, 1, 2, 3 atmosphères. A mesure que l'air comprimé diminue de volume sous l'influence de l'augmentation de pression, cette diminution est moins forte ; aussi dans les hautes pressions les divisions de l'échelle sont très-rapprochées ; c'est pour obvier à cet inconvénient que l'on donne à l'extrémité supérieure du tube une forme conique qui allonge les volumes observés et rend plus distants les degrés de l'échelle manométrique. Quand on cesse de chauffer la machine et que la force élastique de la vapeur diminue par le refroidissement, il faut avoir soin de fermer le robinet pour empêcher que la diminution de pression ne fasse sortir le mercure du réservoir, et par suite une portion de l'air enfermé dans le tube, car alors l'instrument serait hors de service, puisque sa graduation ne serait plus en rapport avec la masse d'air qu'il contient. Les manomètres à air comprimé formés d'un tube recourbé peuvent être mis à l'abri de ces accidents. Je ne puis cependant m'étendre davantage sur ce sujet.

Manomètres métalliques. — On se rappelle le principe (ch. vi) établi par M. Bourdon, et qui lui a servi à construire son baromètre. Ce même principe peut être appliqué à la construction d'un manomètre que l'on doit également à cet ingénieux mécanicien. L'ajutage à robinet (fig. 75), au lieu de faire arriver la vapeur dans un tube à mercure, la conduit dans un tube à minces parois, comprimé de manière à présenter une section elliptique. Ce tube, complétement fermé, est enroulé en hélice, et son extrémité libre porte une aiguille qui se meut sur un arc divisé. La vapeur introduite dans le tube presse sa surface interne proportionnellement à son étendue. Or la surface intérieure à l'hélice est plus petite que l'autre; supposons que ce soit

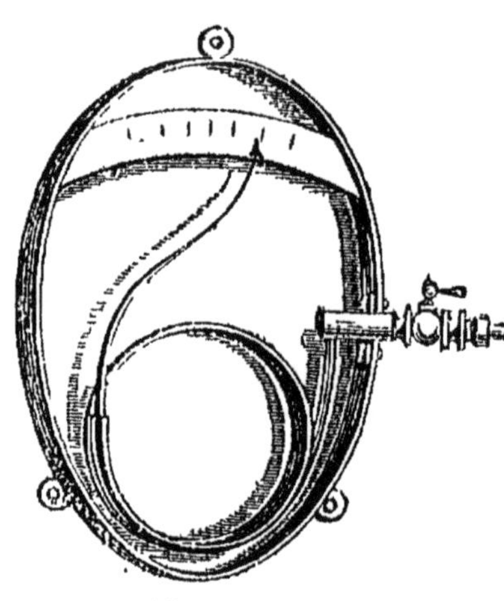

Fig. 75.

de 4 centimètres. Si la vapeur a une pression de 2 atmosphères au lieu de 1, comme nous savons que l'atmosphère presse chaque centimètre carré avec une énergie d'environ $1^{kil},03$, évidemment, sous la pression 1 la plus grande surface supporterait un excès de pression de $4^{kil},12$; mais ce même excès deviendrait $8^{kil},24$ sous la pression 2. Dès lors si la différence de la pression supportée par la surface extérieure à l'enroulement et celle que supporte la surface intérieure, augmente avec la pression et diminue avec elle, il est clair que le tube se déroulera quand la pression augmentera, et l'aiguille marchera de gauche à droite sur l'arc divisé; il s'enroulera dans le cas contraire et l'aiguille marquera encore toutes ces variations. On gradue l'instrument en le soumettant à des pressions connues : il est très-portatif, peu fragile et d'une sensibilité très-satisfaisante. On l'emploie surtout avec avantage pour les locomotives.

MACHINE PNEUMATIQUE. — La chambre barométrique nous a montré le vide parfait, mais dans des conditions où il est presque impossible de soumettre les corps à son influence. Aussi a-t-on depuis longtemps cherché à construire une machine qui fit le vide à volonté. La *machine pneumatique* est destinée à cet usage. Inventée en 1650 par

Otto de Guericke, elle a subi de nombreux perfectionnements, et la figure 76 représente sa forme actuelle. Elle se compose de deux cylindres ou corps de pompe en verre ou en laiton, dans chacun desquels se meut un piston. De ces corps de pompe naît un tube qui va s'ouvrir dans un récipient dont ils doivent raréfier l'air. Pour avoir une idée exacte de l'appareil, il faut en examiner chaque partie en détail.

Les *corps de pompe* ou *cylindres* sont fixés sur une monture en laiton unie par deux colonnettes latérales à une caisse plate également en laiton qui maintient les cylindres à leur partie supérieure. Dans

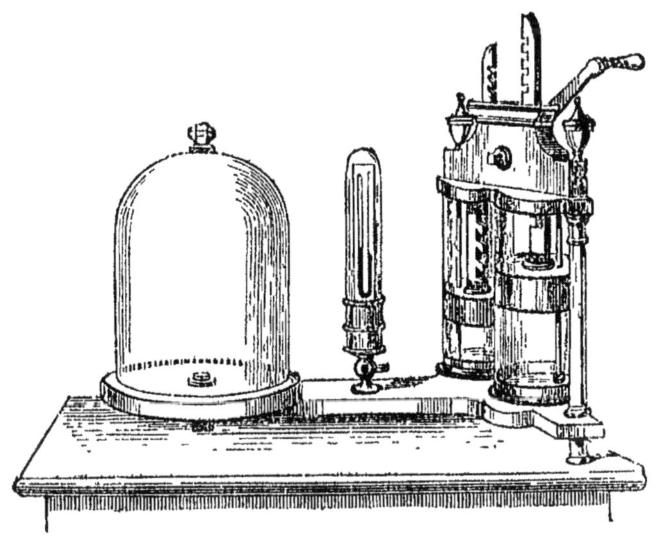

Fig. 70. [1]

cette caisse passent les deux tiges des pistons, dont le bord interne est taillé en crémaillère, et s'engrène avec une roue dentée placée entre elles dans la même caisse métallique. A l'axe de cette roue vient s'emmancher une branche à double manette que l'on anime d'un mouvement alternatif d'abaissement et d'élévation, de manière à communiquer aux pistons un mouvement analogue par le va-et-vient de la roue dentée. La monture supérieure de chaque cylindre est percée d'un trou qui laisse accès à l'air extérieur. Nous verrons tout à l'heure la disposition de leur monture inférieure.

Le *piston* est une pièce importante de la machine; la figure 77

1. On a grossi les corps de pompe par rapport au reste de la machine afin de mieux faire saisir les détails.

7.

représente la coupe d'une des formes habituelles de cet organe. Ce qui en fait la complication, c'est que, fermant hermétiquement la capacité du corps de pompe, il doit cependant contenir une soupape qui permette à l'air comprimé sous lui dans sa marche descendante, de passer sur sa face supérieure et de s'échapper dans l'atmosphère. Dans

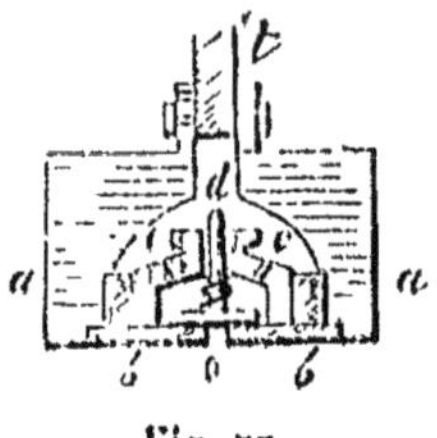

Fig. 77.

la figure 77, t est la tige du piston fixée par un écrou à deux mâchoires laissant entre elles une libre ouverture. Cette ouverture communique avec une cavité conique, dont la base est vers la face inférieure du piston. Dans cette cavité est logé l'appareil de la soupape. C'est d'abord une pièce $b\,b$ vissée dans le bord inférieur de cette cavité et percée à son centre d'un trou o : dans cette première pièce se visse une seconde co, rétrécie en une sorte de goulot à sa partie supérieure. Le pourtour est percé de petits orifices c pour l'échappement de l'air. Au sommet est un orifice plus large, où est engagée la tige d'une espèce de petite soupape d. Elle se compose d'un petit disque appliqué sur l'orifice o et de cette tige engagée dans la pièce co, et autour de laquelle s'enroule un ressort à boudin ou fil métallique contourné en hélice. Ce ressort, par son élasticité, maintient la soupape d appliquée sur le trou o. Alors rien ne peut passer à travers le piston. Mais si une pression plus forte s'exerce en o, le ressort cède, l'air qui a pressé ouvre la soupape, passe sous la pièce co, sort par les nombreux orifices qu'elle présente et s'échappe enfin au-dessus du piston. Une pression, au contraire, qui s'exercerait de haut en bas, fermerait davantage la soupape, de telle façon que le piston ne peut laisser passer que l'air comprimé sous lui. Le reste du piston aa est formé de rondelles de cuir serrées entre deux plaques métalliques ; une abondante quantité d'huile permet au piston de glisser à frottement hermétique dans l'intérieur du cylindre. Ce même piston est traversé vers son bord par une tige qui s'y meut à frottement, l'extrémité inférieure de cette tige porte l'obturateur de l'orifice qui fait communiquer le corps de pompe avec le récipient. La tige se voit en t (fig. 78) ; l'obturateur est un petit cône renversé s' qui peut plonger dans l'orifice c. L'extrémité supérieure de la tige va heurter contre la monture supérieure du cylindre, de manière à ce que son mouvement ne soit pas aussi étendu que celui du piston, dans lequel elle glisse.

De la partie inférieure de chaque corps de pompe naît un conduit ou *tuyau d'aspiration $i\,i$* qui se réunit à son congénère pour aller au récipient. Celui-ci se compose d'une platine DF à monture métallique

formée par un disque de verre bien plané, et au milieu duquel vient
s'ouvrir le tuyau d'aspiration. A cet orifice peuvent s'adapter à l'aide
d'un pas de vis diverses pièces utiles dans les expériences. Sur la
platine se place une cloche C en verre, dont les bords sont aussi parfaitement planés, et que l'on lute encore avec du suif afin d'empêcher
toute communication avec le dehors.

Sur le trajet du tuyau d'aspiration et communiquant avec lui est
une petite éprouvette E munie d'un robinet R' à sa base, parfaitement
fermée, et contenant une
sorte de petit manomètre
destiné à faire connaître
la pression de l'air dans
le récipient. Cette éprouvette en partage toutes les
variations de pression, du
moment où on la laisse
communiquer avec le
tuyau d'aspiration. Le
manomètre est désigné
sous le nom de *baromè-
tre tronqué* : c'est un
tube recourbé *ab* ouvert
en *b* et fermé en *a*. Il a
environ 10 centimètres de

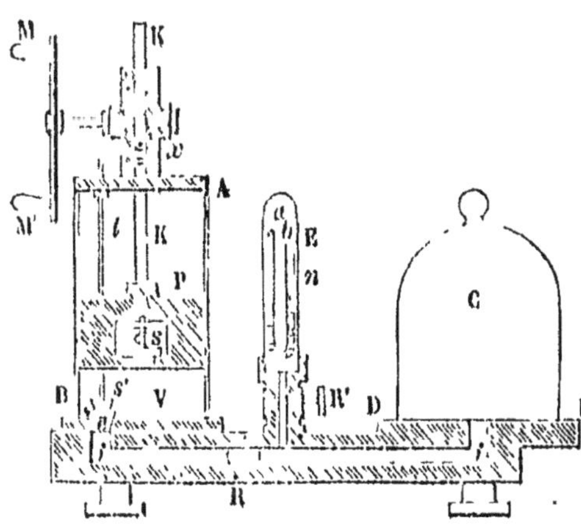

Fig. 78.

longueur à chaque branche ; mais la branche fermée est pleine de mercure, tandis que la branche ouverte ne contient du mercure que dans
une portion de sa longueur jusqu'en *n*. A mesure que la pression diminue dans le récipient par suite du jeu de la machine, elle diminue
aussi sur la surface *n* ; il arrive donc un moment où l'excès de hauteur
de la colonne *a* sur la colonne *n* fait équilibre à la pression de l'air
raréfié : comme cette raréfaction continue, à partir de ce moment le
mercure baisse en *a*, de manière que les deux niveaux se rapprochent.
Or, cet abaissement du mercure en *a* produit une véritable chambre
barométrique où on a le vide parfait. Si on arrivait à établir le même
niveau dans les deux branches, le vide serait complet dans la machine :
c'est ce que l'on ne peut obtenir ; mais enfin l'excès de la colonne *a*
sur la colonne du tube *b* indique la pression très-faible de l'air laissé
dans le récipient. Une échelle placée entre les deux branches mesure
très-exactement cette différence. On fait le vide dans une machine
ordinaire jusqu'à rendre cette différence seulement de 2 millimètres ;
M. Babinet, par un ingénieux perfectionnement, a réussi a faire le
vide à moins de 1 millimètre.

Quand le vide est produit dans le récipient, une force énorme maintient la cloche fixée sur la platine ; il faut donc pouvoir y faire rentrer l'air pour l'enlever. Il y a pour cela une dernière partie de la machine nommée la *clef*. C'est un tronc de cône allongé qui s'adapte dans une cavité conique traversant à angle droit le tuyau d'aspiration sur un de ses points. Dans la figure 61 elle est placée en R, où on en

Fig. 70.

voit la coupe circulaire. La figure 70 montre la coupe de cette même clef dans le sens longitudinal : *a* est la section transversale d'un canal droit percé dans la clef et perpendiculaire à son axe ; *bc* est un canal courbe percé au même niveau que le précédent, mais qui va s'ouvrir à la face extérieure de la clef. Une petite cheville sert à fermer ce canal. Quand on veut établir la communication entre les cylindres et le récipient, c'est-à-dire *fermer* la machine, on place le canal droit *a* sur le trajet du tuyau d'aspiration ; la figure le montre en R dans cette position. Quand on veut faire rentrer l'air dans le récipient, on met l'orifice *b* en face de la portion du tuyau d'aspiration appartenant au récipient, puis on retire peu à peu la cheville *c*, et l'air rentre en sifflant dans l'appareil ; c'est ce qu'on appelle *ouvrir l'appareil*. Une lettre F placée sur le manche de la clef sert à indiquer la première position, et la seconde se reconnaît à la lettre O.

Telle est, dans son ensemble, la machine pneumatique ; il est facile de comprendre comment elle fonctionne. Il suffit de suivre sur la figure 61 la théorie suivante ; considérons un seul corps de pompe, et le piston au bas de sa course reposant sur le fond du cylindre AB. En tournant la manette MM', la roue dentée entraîne de bas en haut la crémaillère KK, et le piston P remonte dans le corps de la pompe. La tige *t* se relève, et l'obturateur *s'* se détache de l'orifice *o* ; le tuyau d'aspiration est ouvert. L'espace V qui grandit ne peut recevoir de l'air que par le tuyau *i i*, car la soupape *s* du piston ne permet pas, nous le savons, que l'air passe en dessous de lui. Quand le piston est parvenu au haut de sa course, l'air primitivement contenu dans le récipient C s'est donc dilaté de manière à occuper non-seulement l'espace C, mais encore la capacité V du corps de pompe sous le piston. A ce moment, en retournant la manette MM', on abaisse le piston : aussitôt la tige *t* est poussée vers l'orifice *o*, et ferme le tuyau d'aspiration. L'espace V diminue, l'air dilaté d'abord qui l'occupait est comprimé par la descente du piston, la soupape *s* se soulève par suite de l'excès de pression, et l'air passe par-dessus le piston, de telle façon qu'il y est passé tout entier quand le piston est complétement descendu. Tel est l'effet du premier coup de piston. Quand le second commence, le ressort ferme la soupape *s*, et tout se passe de nouveau comme la première fois.

Supposons donc que le corps de pompe ait un volume qui soit la sixième partie de celui du récipient et du tuyau d'aspiration : le premier coup de piston enlèvera $\frac{1}{7}$ de l'air qu'il contenait. Il restera en C les $\frac{6}{7}$ de la masse première; comme le volume n'a pas changé, la pression de ce résidu sera diminuée proportionnellement à la densité, c'est-à-dire dans le rapport de 7 à 6; elle sera donc égale à $0^m,76 \times \frac{6}{7}$ ou $0^m,651$. Après un second coup, il resterait les $\frac{6}{7}$ des $\frac{6}{7}$ de la masse primitive, c'est-à-dire les $\frac{36}{49}$, et la pression serait de $0^m,558$ $\left(0^m,76 \times \left(\frac{6}{7}\right)^2\right)$. Après le troisième coup, on aurait $0^m,76 \times \left(\frac{6}{7}\right)^3 = 0,456$. Il est facile de conclure de là quelle formule donnera en général la tension intérieure *t* après un nombre *n* de coups de piston. Soit R le récipient, P le corps de pompe, H la pression atmosphérique observée, on aura :

$$t = H \times \frac{R^n}{(R + P)^n}.$$

On peut déduire de cette formule deux faits importants : 1° *la tension intérieure ne sera jamais égale à 0, c'est-à-dire la machine ne donnera jamais le vide parfait.* En effet, pour que *t* fût égal à 0, il faudrait que la fraction $\frac{R^n}{(R + P)^n}$ prît une valeur égale à 0. Or, s'il est vrai que cette fraction est plus petite à mesure que *n* devient plus grand, il est vrai aussi qu'elle deviendra infiniment petite, sans atteindre 0 : *t* aura donc toujours une valeur réelle. En termes plus simples, cela veut dire que chaque coup de piston n'enlevant jamais qu'une fraction de l'air qui reste dans la machine, il est impossible que cet air soit enlevé complétement.

2° *Plus le corps de pompe est grand par rapport au récipient, plus la tension diminue rapidement.* En effet, plus la fraction $\frac{R}{R + P}$ a une grande valeur, plus il y a de différence entre les valeurs de ses différentes puissances; plus, en un mot, sa puissance *n* sera petite. Ce qui peut s'énoncer ainsi : plus le volume du corps de pompe sera grand, plus la fraction d'air enlevée à chaque coup sera grande ; plus la tension intérieure diminuera vite.

Il est aussi facile de trouver que la masse d'air m, qui reste après les n coups de piston, est égale à la masse primitive M multipliée par la même fraction :

$$m = M \times \frac{R^n}{(R + P)^n}.$$

Telle est, en résumé, la théorie de la machine pneumatique. Celle d'Otto de Guericke ressemblait peu à celle que je viens de décrire. Des perfectionnements successifs l'ont amenée à ce point. Hook plaça verticalement le corps de pompe en coudant le tuyau d'aspiration. Papin substitua la platine actuelle au ballon de verre qui servait de récipient. Hawksbée introduisit les deux corps de pompe qui rendent le jeu de la machine moins fatigant et plus rapide.

Nous avons déjà employé la machine pneumatique à un grand nombre d'expériences, elle nous servira encore en plus d'une occasion ; mais il est bon de rappeler ici les principaux faits qu'elle a permis de constater :

1° Dans le vide la combustion ne se fait plus ; tous les corps enflammés s'y éteignent.

2° La respiration ne peut s'y continuer davantage ; la plupart des animaux y meurent asphyxiés.

3° La fermentation ne s'y manifeste pas, de telle sorte que les matières putrescibles s'y conservent sans altération.

4° Lorsqu'on fait le vide sur un point du corps, la pression des liquides contenus dans notre organisme fait gonfler la peau, que le sang colore abondamment.

Je constaterai dans la suite d'autres phénomènes non moins importants, que le vide modifie puissamment.

INFLUENCE DU POIDS DE L'AIR SUR LE POIDS DES CORPS QUI Y SONT PLONGÉS. — L'air agit sur les corps qui y sont plongés exactement comme les liquides. Fluide pesant, il engendre dans sa masse des pressions en tous sens, de telle sorte qu'un corps plongé dans notre atmosphère y subit une pression verticale de haut en bas, des pressions latérales, et enfin une pression verticale de bas en haut. Tout se passe donc comme dans les liquides, et on est amené à conclure que le principe d'Archimède s'applique à l'air et en général à tous les fluides pesants. Il est exact, en effet, que *tout corps plongé dans l'air ou dans un gaz y perd une partie de son poids égale au poids l'air ou du gaz déplacé.* On peut donner du principe d'Archimède un énoncé général qui comprend toutes les applications : *Tout corps plongé dans un fluide y subit une pression verticale de bas en haut égale au poids du volume de fluide déplacé.*

On démontre expérimentalement que ce principe célèbre se manifeste dans les gaz. Cette expérience se fait au moyen d'un instrument 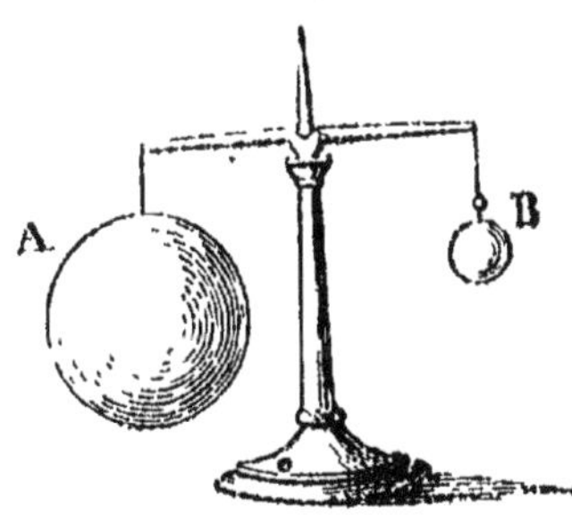 nommé le *baroscope*, et représenté dans la figure 80. C'est une espèce de balance portant à une des extrémités du fléau une petite boule de laiton pleine B; à l'autre une boule A de même métal, beaucoup plus grande, mais creuse. L'instrument a été construit de façon que dans l'air la boule pleine B et la boule creuse A, se faisant exactement équilibre, ont le même poids apparent. Leur volume étant fort

Fig. 80.

différent, la plus grosse déplace beaucoup plus d'air que l'autre ; par conséquent, si le principe d'Archimède est applicable aux gaz, la perte de poids résultant de la *poussée* de l'air doit être beaucoup plus forte pour elle que pour la plus petite, et comme ces deux boules pèsent le même poids dans l'air, la boule A doit, en réalité, peser plus que l'autre. On place donc le baroscope sous la cloche de la machine pneumatique, on retire l'air, et à mesure que sa pression s'affaiblit, l'instrument perd l'équilibre qu'il conservait dans l'atmosphère. Le fléau s'incline du côté de la boule A, qui, subissant une poussée affaiblie proportionnellement à la diminution de pression, perd une quantité bien moindre de sa pesanteur que dans l'atmosphère. Dès lors son *poids apparent*, qui est la différence du poids réel et de la perte due à la poussée de l'atmosphère, augmente d'autant plus que celle-ci devient plus petite. La boule B augmente bien aussi de poids apparent avec la raréfaction de l'air, mais dans une bien plus faible proportion, puisque, par suite de son petit volume, elle subissait une poussée bien plus faible. On comprend donc pourquoi la boule A entraîne le fléau de son côté et le maintient incliné vers elle tant que l'air est raréfié. Mais si l'on ouvre la machine, l'air rentre peu à peu, et à mesure on voit l'équilibre revenir, en même temps que la pression ordinaire se rétablit dans le récipient.

Le principe d'Archimède se trouve donc ainsi vérifié pour les fluides aériformes, et, dès lors, nous devons en conclure que tous les objets placés dans l'atmosphère ne manifestent pas leur poids réel, mais bien un *poids apparent* qui est, ainsi que je l'ai dit, *la différence entre le poids absolu du corps et l'intensité de la poussée qu'il subit dans l'air.* Ceci est important dans toutes les posées très-exactes, car avec les variations de pression le poids apparent varie, et il est souvent indispensable d'en tenir compte.

Aérostats. — Les *aérostats* sont des appareils construits pour s'élever dans l'atmosphère en vertu de leur légèreté spécifique. L'atmosphère doit en effet, comme les liquides, avoir ses *corps flottants :* imaginez un corps qui déplace dans la couche atmosphérique où nous vivons un volume d'air dont le poids soit plus considérable que le sien, dès lors la poussée qu'il subira surpassera l'énergie de la pesanteur, et au lieu de tomber vers la terre, il s'élèvera dans l'atmosphère. Il n'ira cependant pas flotter à la surface de cette immense masse gazeuse ; la densité de l'air diminue à mesure qu'on s'élève ; le poids du volume d'air déplacé diminuera donc, et avec lui la poussée. Le corps s'arrêtera dans une couche d'une densité telle que le volume d'air déplacé soit précisément le poids du corps ; à ce moment il y aura équilibre. Tel est le principe des aérostats : ce sont donc de véritables *flotteurs atmosphériques.*

C'est par des raisonnements de ce genre que l'Écossais Black annonçait, dès 1767, qu'une vessie remplie d'hydrogène s'élèverait dans l'atmosphère en vertu de la légèreté spécifique du gaz. C'était là tout entière l'idée de nos *ballons,* et cependant Black n'y vit qu'une curiosité. Cavallo, en 1782, avait constaté que des bulles de savon remplies d'hydrogène s'élèvent dans l'atmosphère. Mais il n'alla pas plus loin et ne considéra le fait que dans les proportions étroites d'une expérience de physique.

Aussi attribue-t-on sans contestation la découverte des aérostats aux deux frères Étienne et Joseph Montgolfier, fabricants de papier à Annonay. Ils ne connaissaient aucune expérience de ce genre, et l'observation d'un fait accidentel leur fit penser qu'une masse d'air chaud enfermée dans une mince enveloppe constituerait un appareil capable de s'élever dans l'atmosphère. Le 5 juin 1783, ils en firent publiquement l'essai en présence des États et d'une foule immense. Ils avaient construit un ballon en toile doublée de papier ; ce ballon mesurait 36 mètres de circonférence et pesait 250 kilogrammes. A l'aide d'une ouverture ménagée à la partie inférieure, on le gonfla d'air échauffé par un feu de papier, de laine et de paille mouillée. Ce vaste globe s'éleva majestueusement dans les airs et s'y soutint longtemps comme par un effet magique. Cette expérience frappa vivement tous les esprits et fut répétée de tous côtés.

Trois mois plus tard, un physicien célèbre, Charles, professeur à Paris, eut l'heureuse idée de gonfler son ballon d'hydrogène au lieu d'air chaud. Le 27 août 1783, l'expérience fut faite au Champ-de-Mars, et son succès excita l'enthousiasme le plus exalté. Mais jusque-là personne n'avait essayé de voyager dans l'air, porté par ce frêle appareil. Le 15 octobre de cette même année, deux hardis expérimentateurs osèrent tenter cette audacieuse navigation. Pilâtre de Rozier et le chevalier d'Arlandes eurent la gloire d'exécuter le premier voyage en ballon. A l'aide d'un aérostat gonflé d'air chaud et captif, ils s'élevèrent à 300 pieds dans l'atmosphère. Le 21 novembre, dans un ballon libre à air chaud, les mêmes expérimentateurs, partis du jardin de la Muette, à Passy, s'élevèrent à 500 pieds, et parcoururent 2 lieues en 17 minutes. Charles et Robert répétèrent cette magnifique expérience, le 1er décembre suivant, aux Tuileries, mais avec un ballon à hydrogène. Dès lors l'usage des ballons à hydrogène prévalut sur celui des ballons à air chaud trop exposés aux chances d'incendie. Ces derniers, réservés pour certaines occasions où l'on veut élever des ballons sans voyageurs, et souvent retenus captifs à l'aide de cordages, ont conservé le nom spécial de *montgolfières*.

De nombreuses ascensions furent faites dans les années suivantes, non sans que cette conquête de l'humanité eût, comme tant d'autres, ses victimes. Le 7 janvier 1785, Blanchard et le Dr Jeffries firent en ballon le voyage de Douvres à Calais; leur traversée fut très-pénible, et ils atteignirent la France après avoir jeté à la mer jusqu'à leurs vêtements pour alléger leur aérostat, dont la force ascensionnelle s'était épuisée. Mais le 15 juin de la même année, Pilâtre de Rozier et Romain eurent la malheureuse idée de répéter ce voyage avec deux ballons liés l'un à l'autre, une montgolfière et un ballon à hydrogène. A peine élevé dans l'air, le ballon à hydrogène prit feu, les cordes rompues laissèrent tomber la nacelle de 300 toises d'élévation. Les deux malheureux voyageurs payèrent de leur vie une imprudence incompréhensible.

Les plus célèbres ascensions furent exécutées dans un but scientifique par MM. Biot et Gay-Lussac d'abord, puis en 1804 par M. Gay-Lussac seul. Parti de la cour du Conservatoire des Arts et Métiers, il s'éleva jusqu'à 7,016 mètres au-dessus du niveau de la mer, et redescendit six heures après aux environs de Rouen. Cette ascension a enrichi la science de faits remarquables. Le baromètre était à 0m,32; le thermomètre marquait 9°,5 au-dessous de 0, tandis qu'au départ il avait marqué + 31°. La sécheresse était extrême. La respiration, accélérée, devenait très-difficile, et le pouls battait 120 pulsations à la minute au lieu de 66 qu'il donnait à l'état normal. M. Green a depuis atteint une hauteur plus considérable. MM. Barral et Bixio, dans une ascension récente, ont fourni à la science des résultats non moins intéressants, mais différents sur plusieurs points de ceux de M. Gay-Lussac.

Enveloppe de l'aérostat. — Les ballons actuels sont faits de longs fuseaux de taffetas cousus ensemble et vernis au caoutchouc. Au sommet de l'enveloppe est une *soupape* fermée par un ressort et que l'aéronaute peut ouvrir en tirant une corde. Elle sert à faire échapper du gaz et à allourdir l'appareil en diminuant son volume. Un *filet* de cordes recouvre l'enveloppe et la maintient, en même temps qu'il supporte une légère nacelle d'osier suspendue au-dessous du ballon et capable de contenir plusieurs personnes.

Dimensions. — L'appareil a des dimensions variables, suivant le nombre des voyageurs ou la nature de la charge. Un ballon de 15 mètres de haut sur 11 de diamètre, contenant environ 700 mètres cubes de gaz, peut sans peine enlever trois personnes. L'enveloppe, le filet, la nacelle, etc., pèsent de 140 à 150 kilogrammes.

Gonflement. — On remplit les aérostats avec de l'hydrogène pur quand on veut s'élever à des hauteurs exceptionnelles, et avec du gaz d'éclairage pour les ascensions ordinaires. Ce dernier gaz, un peu moins léger que l'hydrogène pur, se trouve tout fait aux usines à gaz, d'où on le conduit avec un tube de toile gommée jusqu'au lieu de l'ascension. Quand on se sert d'hydrogène pur on le prépare autour du ballon dans des tonneaux contenant des copeaux de fer, et où l'on verse de l'acide sulfurique. L'enveloppe est soutenue, à un mètre environ au-dessus du sol, par un câble passé dans un anneau de la soupape, et à l'aide de deux mâts. De fortes cordes fixées au filet sont maintenues par des hommes pour empêcher que le ballon ne parte avant que tout soit prêt. Les divers préparatifs durent environ 2 heures; enfin à un signal donné on lâche tout, et le ballon s'élève très-vite d'abord, puis sa force diminue jusqu'à ce qu'il soit arrivé dans la couche où il peut flotter. On a eu soin de le gonfler incomplétement, parce que le gaz intérieur se dilate par suite de la diminution de la pression atmosphérique.

Force ascensionnelle. — La force avec laquelle le ballon s'élève dépend de son poids, de son volume et de la densité du gaz qui le remplit. Cette *force* dite *ascensionnelle* est égale à *l'excès du poids du volume d'air déplacé sur le poids de l'appareil.* Elle n'a pas besoin d'être supérieure à 4 ou 5 kilogrammes; dès lors il est facile de déterminer ce que peut porter un ballon quand on connaît le poids de l'enveloppe et de ses accessoires, ainsi que sa capacité. On calcule le poids du gaz intérieur d'après sa densité; on ajoute ce poids à celui de l'enveloppe; on calcule, d'autre part, le poids d'un volume d'air égal à celui du ballon; on fait la différence de ces deux poids, et de cette différence on retranche 4 ou 5 kilogrammes; ce dernier reste est la pesanteur que peut enlever le ballon. Une fois établie en raison du poids de l'enveloppe, de sa capacité et de la densité du gaz intérieur, la force ascensionnelle reste constante tant que le gaz n'a pas totalement dilaté l'enveloppe. A mesure que la pression diminue par suite de l'élévation, le gaz se dilate, le volume d'air déplacé augmente, et par conséquent son poids demeure le même. La poussée reste donc constante, et avec elle la force ascensionnelle.

Manœuvre. — C'est au moyen du baromètre et d'après son abaissement que l'aéronaute mesure la hauteur à laquelle il se trouve. Quand il veut descendre, il fait échapper du gaz en ouvrant la soupape, et pour qu'il puisse remonter on a placé dans la nacelle des sacs de toile pleins de sable, c'est le *lest*, il en jette une certaine quantité pour alléger son appareil et reprendre de la force ascensionnelle. Pour ralentir la chute quand l'aéronaute a dû abandonner le ballon, on emploie le *parachute*. C'est une toile circulaire de 5 mètres de diamètre, et qui, à la manière d'un immense parapluie, soutient la nacelle et modère la rapidité de sa descente. Cette toile porte au centre un trou qu'on nomme la cheminée; il sert à laisser l'air s'échapper, sans que l'appareil prenne de mouvement oscillatoire. L'invention du parachute est due à Blanchard, et J. Garnerin s'en servit le premier.

ÉQUILIBRE DES FLUIDES DONT LES DIVERSES PARTIES NE SONT PAS A LA MÊME TEMPÉRATURE. — Les élèves qui ne comprendraient pas parfaitement ce que je vais dire à ce sujet pourront laisser momentanément cette question et y revenir après avoir vu les divers chapitres, où sont étudiées les propriétés de la *chaleur*. Alors toute obscurité disparaîtra pour eux. Ils sauront, en effet, quelle influence exerce le calorique sur les corps et particulièrement sur les fluides. *Quand la température s'élève, les corps se dilatent et leur densité diminue; ils se contractent, au contraire, et deviennent plus denses lorsque la température s'abaisse.* Ce principe a des conséquences bien simples relativement à l'équilibre des fluides dont les diverses parties ne sont pas à la même température. Il est clair, en effet, que ces fluides ont dans leurs diverses parties des *densités différentes.* Ils obéiront dès lors à ce principe d'hydrostatique : *Dans un même vase des fluides d'inégale densité se superposent dans l'ordre de leur densité, les plus lourds au fond*, et on arrive tout natuellement à formuler ainsi les conditions de l'équilibre qui nous occupe :

Un fluide dont les diverses parties ne sont pas à la même température ne peut être en équilibre que s'il est disposé par couches horizontales dans chacune desquelles la température est uniforme, les moins chaudes sont les plus profondes.

Ce principe important se vérifie dans une foule d'occasions, mais il donne surtout lieu dans l'atmosphère à des phénomènes importants. Ainsi nous verrons plus tard '(ch. x) qu'en échauffant le fond d'un vase plein de liquide, on y détermine des courants ascendants de liquide chaud et des courants descendants de liquide froid. Un corps chaud, en élevant la température des couches d'air qui le touchent, donne naissance à des courants atmosphériques; l'air chaud, moins dense, s'élève, tandis que l'air froid descend. Enfin, en général *les fluides dont les diverses parties ne sont pas à la même température sont animés de courants qui tendent à y établir l'équilibre: les couches chaudes s'élèvent et les couches froides descendent.*

TIRAGE DES CHEMINÉES. — Les cheminées sont des foyers ouverts dans une pièce, adossés à un mur et surmontés d'un tuyau par lequel s'échappe la fumée. Cette définition d'un objet bien connu est utile pour la théorie que nous avons à étudier. Le *tirage* d'une cheminée est le courant de bas en haut qui s'établit dans son tuyau dès qu'il y a du feu dans le foyer. On explique simplement le tirage, et on en peut déterminer les conditions. L'appartement et le tuyau de la cheminée représentent deux vases communiquant par le foyer. Quand la température est la même dans tous les points de ces deux vases, la pression est égale de part et d'autre; il y a équilibre. Mais quand le feu allumé dans le foyer vient à changer la température dans le point de communication du tuyau avec la chambre, l'équilibre est détruit. En effet, la colonne d'air du tuyau s'échauffe, perd de sa densité, et ce n'est plus un fluide exactement identique qui remplit les deux espaces communiquants. Le moins dense n'est plus capable de faire équilibre à l'autre, dès lors il y a rentrée de l'air de l'appartement dans le tuyau par le foyer, et il s'établit dans ce tuyau un courant ascendant d'air chaud. Le courant est d'autant plus rapide que la différence de densité est plus grande, c'est-à-dire que la colonne d'air du tuyau est plus échauffée. On dit que la cheminée *tire bien* quand ce courant s'établit promptement et avec énergie.

Voici quelles sont les conditions d'un bon tirage :

1º Il faut que le tuyau de la cheminée soit resserré pour éviter l'établissement de courants descendants d'air froid autour du courant ascendant. Ces courants feraient fumer la cheminée ;

2º Le tuyau devra être élevé, afin que la colonne échauffée soit plus longue et la différence de pression d'autant plus grande ;

3º L'appartement d'où l'air froid s'écoule dans la cheminée, doit pouvoir en admettre facilement de nouvelles quantités. Si cette rentrée d'air froid est insuffisante, le gaz se raréfie dans la pièce et l'équilibre se rétablit; de manière qu'il n'y a plus de tirage ou qu'il devient très-faible. Les joints des portes et des croisees servent d'habitude à cette rentrée d'air froid;

4° Il faut éviter de faire communiquer deux pièces qui ont chacune une cheminée, ou même deux tuyaux de cheminée, car si toutes les deux ne tirent pas également bien, l'appel d'air froid se fait par celle dont le tirage est moins bon, et elle fume.

APPAREILS DE CHAUFFAGE PAR CIRCULATION D'EAU CHAUDE. — Les cheminées sont un très-mauvais moyen de chauffage au point de vue économique; la chaleur perdue y est environ 94 pour 100 de la chaleur produite, avec le bois, et 87 avec le charbon de terre. On a donc cherché à les perfectionner, et surtout à inventer des appareils de chauffage plus économiques. Les *poêles* sont des appareils vulgaires où la plus grande partie de la chaleur produite est utilisée. Puis on a imaginé le chauffage à la vapeur (voyez ch. x), le chauffage à air chaud, dans lequel un système de tuyau d'air placé dans les murs d'un édifice est chauffé à l'étage inférieur et devient le siége de courants ascendants d'air chaud qui par des bouches de chaleur, pénètrent dans l'appartement. Ce sont ces appareils que l'on désigne sous le nom de *calorifères*. Enfin on fait le chauffage par des *appareils à circulation d'eau chaude*. Ce sont de véritables calorifères, où l'air est remplacé par l'eau, et où le système de tuyau est absolument clos. Inventé par Bonnemain il y a 70 ans environ, ce mode de chauffage a été perfectionné récemment par M. Léon Duvoir. Voici la disposition générale qu'il a adoptée. Dans les caves de l'édifice est établi le chauffage. Il se fait par une chaudière en forme de cloche, au centre de laquelle est logé le foyer. Un long tube naît de sa partie supérieure et s'élève verticalement jusqu'à un réservoir placé sous les combles de l'édifice. Le tube est, comme la chaudière, plein d'eau, ainsi que la plus grande partie du réservoir. Une soupape disposée dans la paroi supérieure de ce réservoir limite la tension de la vapeur. De la partie inférieure du réservoir naît un système de tubes qui se répandent dans les diverses pièces, traversent dans chacune d'elles un réservoir d'eau, puis circulant jusque vers le bas de la chaudière, y rentrent sans avoir présenté la moindre discontinuité. L'eau chauffée dans la chaudière monte par le tube vertical, se rend dans le réservoir supérieur et de là redescend par le système de circulation que j'ai décrit, pour rentrer enfin par la partie inférieure de la chaudière. C'est en circulant ainsi qu'elle cède peu à peu aux appartements la chaleur que lui communique le foyer. Ces appareils, une fois chauffés, se refroidissent lentement, de manière que leur chaleur est très-uniforme. La capacité de l'appareil se détermine en partant de cette donnée qu'un litre d'eau, dans nos pays, en hiver, suffit pour échauffer à 15 degrés 3,200 litres d'air. Il est facile de voir que ces appareils reposent sur les principes précédemment formulés relativement à l'équilibre des fluides dont les diverses parties ne sont pas à la même température.

RÉSUMÉ DU CHAPITRE VII.

LOI DE MARIOTTE.

A la même température, les volumes que prend une masse de gaz sont en raison inverse des pressions qu'elle supporte.

Démonstration par le tube de Mariotte pour les pressions supérieures à celle de l'atmosphère ; — par la cuve profonde pour les pressions inférieures.

A une même température, les densités sont en raison directes des pressions supportées.

MANOMÈTRES.

Les manomètres servent à mesurer la force élastique d'un gaz ou d'une vapeur.

Manomètres à mercure, à air libre, à air comprimé.

Manomètre métallique de Bourdon.

MACHINE PNEUMATIQUE.

La machine pneumatique sert à retirer l'air d'un espace clos, de manière à y produire une raréfaction aussi complète que possible.

Description de cette machine. — Sa théorie.

INFLUENCE DU POIDS DE L'AIR SUR LE POIDS DES CORPS QUI Y SONT PLONGÉS.

Le principe d'Archimède s'applique aux fluides aériformes aussi bien qu'aux liquides. — On le démontre par le baroscope.

Le poids apparent d'un corps dans l'air est la différence entre son poids absolu et la poussée de l'atmosphère.

AÉROSTATS.

Les aérostats sont des appareils disposés pour peser moins que le volume d'air qu'ils déplacent.

L'excès de la poussée sur leur poids absolu donne la force ascensionnelle.

Invention des montgolfières et des ballons. — Disposition actuelle, gonflement et maniement d'un ballon. — Parachute.

ÉQUILIBRE DES FLUIDES DONT LES DIVERSES PARTIES NE SONT PAS A LA MÊME TEMPÉRATURE.

Un fluide dont les diverses parties ne sont pas à la même température ne peut être en équilibre que s'il est disposé par couches horizontales dans chacune desquelles la température est uniforme : les moins chaudes sont les plus profondes. Ce fluide sera donc animé de courants qui tendent à y établir l'équilibre : les couches chaudes s'élèvent, les couches froides descendent.

TIRAGE DES CHEMINÉES.

Le tirage est le courant d'air qui va de la pièce dans le tuyau de la cheminée par suite de l'échauffement de l'air contenu dans ce tuyau.

Un bon tirage a pour conditions :

1° Que le tuyau de la cheminée soit étroit ;

2° Qu'il soit élevé ;

3° Que le renouvellement d'air froid se fasse bien dans l'appartement ;

4° Que les cheminées ne communiquent pas ensemble.

APPAREILS DE CHAUFFAGE PAR CIRCULATION D'EAU CHAUDE.

Ces appareils sont construits d'après ce principe qu'une masse d'eau échauffée en un des points de la partie inférieure de sa masse devient le siége d'une circulation d'eau chaude qui monte et d'eau froide ou refroidie qui redescend. — Appareils de M. Léon Duvoir.

CHAPITRE VIII.

POMPE. — SIPHON.

Pompes. — Les pompes sont les appareils le plus fréquemment employés pour élever l'eau, surtout quand il s'agit de la porter à une hauteur considérable. Les autres appareils, tels que les roues élévatoires, le bélier hydraulique, la vis d'Archimède, etc., ne peuvent en général donner lieu qu'à une élévation très-limitée.

Les pompes se composent essentiellement de cylindres, dans lesquels se mouvent, à frottement exact, des pistons qui, par leur mouvement de va-et-vient, provoquent, à l'aide du jeu de soupapes convenables, l'ascension de l'eau, soit dans le cylindre lui-même, soit dans des tuyaux latéraux.

Les soupapes sont destinées à ouvrir et à fermer périodiquement certaines ouvertures, et à établir ainsi ou supprimer la communication entre deux parties d'un cylindre. On distingue plusieurs sortes de soupapes :

1° *Les soupapes coniques* formées par un bouchon métallique, ayant la forme d'un tronc de cône (fig. 81). A la soupape est fixée, en général, une tige qui peut glisser dans une ouverture convenable, et guider le mouvement, de sorte que quand la soupape a été soulevée, elle reprenne exactement sa position primitive :

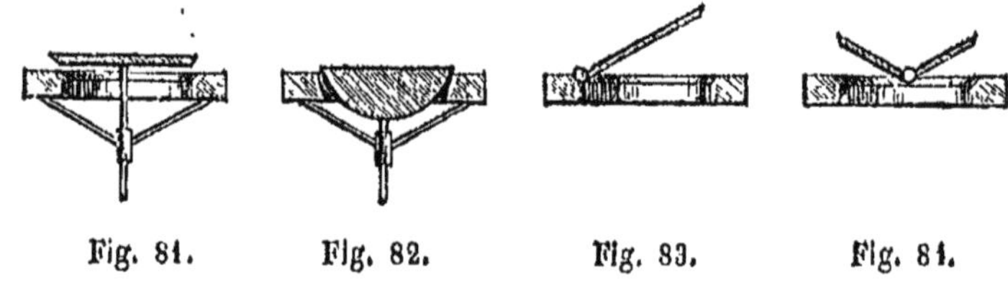

Fig. 81.   Fig. 82.   Fig. 83.   Fig. 84.

2° *Les soupapes sphériques*, formées par une sphère ou une portion de sphère (fig. 82), et munies aussi, en général du moins, d'une tige directrice;

3° *Les soupapes à clapet*, formées par une lame métallique, munie d'une charnière (fig. 83); la charnière se trouve quelquefois au milieu de l'ouverture (fig. 84), alors la soupape est composée de deux plaques formant chacune une portion de l'ouverture totale.

La soupape à clapet est souvent formée par une lame de cuir, dont une portion libre sert de charnière, et l'autre est recouverte d'une lame métallique.

Pistons. — Les pistons des pompes ne sont pas, en général, entièrement métalliques; ils sont formés de rondelles de cuir superposées, fortement serrées les unes contre les autres et maintenues par deux disques métalliques. Le disque inférieur et le disque supérieur peuvent être rapprochés l'un de l'autre dans de certaines limites, de manière à serrer plus ou moins les rondelles de cuir ou la garniture d'étoupes disposées dans l'intervalle qu'ils laissent entre eux.

Pompes aspirantes. — La pompe aspirante (fig. 85) se compose d'un corps de pompe ABCD, dans lequel se meut un piston; ce corps de pompe communique par un tuyau EF, d'un diamètre plus petit et appelé tuyau d'aspiration, avec le réservoir contenant l'eau à élever. Au point de jonction du corps de pompe et du tuyau d'aspiration se trouve une soupape *s* s'ouvrant de bas en haut; de même dans l'épaisseur du piston se trouve une ouverture fermée par une soupape *s'*, s'ouvrant aussi de bas en haut.

Cela posé, supposons que le tuyau d'aspiration soit rempli d'air, et que l'eau, par conséquent, soit au même niveau dans son intérieur et dans le puisard. Supposons, en outre, que le piston étant au bas de sa course on vienne à l'élever; le vide se faisant au-dessous du piston, la soupape *s* s'ouvrira et l'air du tuyau d'aspiration se répandra dans le corps de pompe; mais alors sa force élastique diminuant graduellement, la pression atmosphérique déterminera l'ascension de l'eau dans le tuyau, jusqu'à une hauteur telle que cette hauteur, augmentée de la pression de l'air intérieur, fasse une somme précisément égale à la pression atmosphérique. Si maintenant on abaisse le piston, la soupape *s* se ferme, l'eau reste au point où elle a.été soulevée, et quant à l'air, il se comprime dans le corps de pompe, ouvre la soupape *s'* et s'échappe à l'extérieur. Au second coup de piston, l'eau montera d'une nouvelle quantité, et une nouvelle portion d'air s'échappera à l'extérieur. Si donc le tuyau d'aspiration EF a moins de 10 mètres de hauteur, au bout d'un certain nombre de coups de piston, l'eau finira par atteindre la soupape et s'élever dans l'intérieur du corps de pompe. A partir de ce moment les phénomènes vont

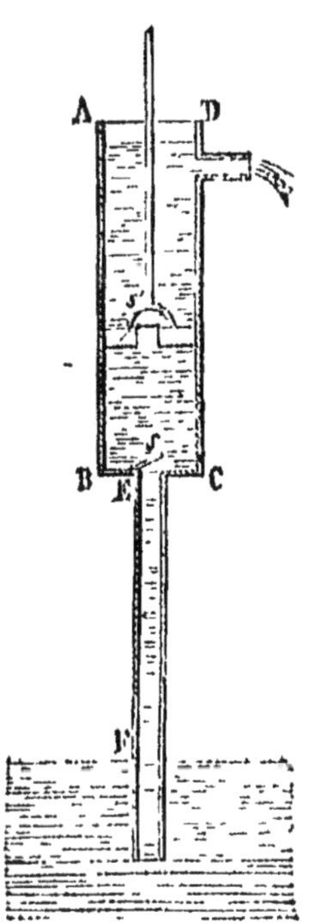

Fig. 85.

changer de nature; en effet, le piston en s'abaissant comprime l'air qui s'échappera au dehors; mais l'eau elle-même passera par l'ouverture *s'* au-dessus du piston, de sorte que celui-ci étant au bas de sa course aura au-dessus de lui la quantité d'eau qui a précédemment pénétré dans le corps de pompe. Si alors on soulève le piston, et qu'on suppose, ce qui doit toujours avoir lieu du reste, que la hauteur totale à laquelle il parvient soit à moins de 10 mètres au-dessus du niveau du puisard, l'eau le suivra dans sa course et remplira la capacité du corps de pompe. Quand le piston descendra ensuite, il fera passer au-dessus de lui cette quantité d'eau et la rejettera à l'extérieur par le déversoir D dans le mouvement ascensionnel suivant. Mais une quantité nouvelle d'eau ayant pénétré dans le corps de pompe, les choses se continueront de la même manière.

On voit donc qu'à partir du moment où l'eau a pénétré dans le corps de pompe, où la pompe est *amorcée,* chaque fois qu'on soulève le piston on rejette au dehors un volume de liquide égal au volume du corps de pompe.

Pour que l'eau puisse arriver jusqu'au corps de pompe, il faut que la soupape s soit à moins de 10 mètres au-dessus du niveau de l'eau dans le puisard; s'il en était autrement, l'eau s'arrêterait en un certain point du tuyau d'aspiration, sans que le mouvement du piston pût la faire monter davantage.

En outre, pour que la marche de la pompe soit celle que nous avons indiquée, c'est-à-dire, pour qu'à chaque ascension du piston on enlève un volume d'eau égal au volume du corps de pompe, il faut que le déversoir lui-même D soit à moins de 10 mètres au-dessus du réservoir. On voit donc que la pompe aspirante ne permet pas d'élever de l'eau à plus de 10 mètres de hauteur. Dans les appareils ordinaires, la hauteur à laquelle l'eau peut être portée est beaucoup moindre, à cause des imperfections de construction.

Il pourrait arriver que l'eau n'atteignît pas le corps de pompe, et par conséquent que la pompe ne fonctionnât pas, bien que la hauteur totale à laquelle parvient le piston fût inférieure à 10 mètres. Cette circonstance peut tenir à ce que, quand le piston arrive au bas de sa course, il n'est pas en contact avec la partie inférieure du corps de pompe; il laisse au-dessous de lui un certain espace où se trouve de l'air; la force élastique que cet air possède au moment où le piston est levé diminue d'une quantité correspondante la hauteur que peut atteindre l'eau. Si, par exemple, le tuyau d'aspiration a $0^m,50$, et que la force élastique de l'air laissé au-dessous de lui fasse équilibre au moment de sa plus grande raréfaction à une colonne d'eau d'une hauteur égale à 1 mètre, il est clair que la hauteur totale à laquelle l'eau pourra s'élever sera inférieure à 0 mètres, et par conséquent elle ne saurait atteindre le corps de pompe.

Exemple. — La soupape d'aspiration d'une pompe est placée à 8 mètres au-dessus de la surface de l'eau, et le piston dont la course totale est de 20 centimètres reste au point le plus bas à 8 centimètres de la soupape fixe; cherchons si, dans ce cas, l'eau pourra atteindre le corps de la pompe.

Au moment où le piston est au bas de sa course, l'air qu'il laisse au-dessous de lui est à la pression de l'atmosphère; lorsque le piston est élevé, l'air se raréfie et sa pression devient, d'après la loi de Mariotte, les $\frac{8}{28}$ de la pression atmosphérique; cette pression est par conséquent capable de faire équilibre à une colonne d'eau de

$10^m \times \frac{8}{28} = 2^m,8$. Il suit de là que la hauteur maxima à laquelle l'eau puisse arriver dans le tuyau d'aspiration est égale à $10^m - 2^m,8 = 7^m,2$, et par suite, comme le tuyau d'aspiration a 8 mètres, on voit que l'eau n'atteindra pas le corps de pompe.

Force nécessaire pour soulever le piston. — La force qu'il faut déployer pour soulever le piston est égale au poids d'une colonne d'eau ayant pour base la section du piston et pour hauteur la hauteur même à laquelle l'eau est élevée. Soient, en effet, S la section du piston, P la pression atmosphérique, h la hauteur de l'eau au-dessus de la position actuelle du piston, h' la hauteur de la colonne d'eau qui est au-dessous : la face supérieure du piston est pressée par une force égale à P $+$ Sh; la face inférieure est pressée en sens contraire par la force P $-$ Sh'; c'est la différence de ces deux forces, c'est-à-dire S $(h + h')$, qui représente la pression de haut en bas.

On arriverait à la même conclusion quand bien même l'eau n'aurait pas encore atteint le piston; en effet, dans ce cas, en désignant par l la hauteur de la colonne d'eau soulevée, la pression au-dessous du piston est égale à P $-$ Sl, la pression au-dessus est simplement la pression atmosphérique P; par conséquent la différence de ces deux pressions agit de haut en bas et a pour valeur Sl.

Pompes foulantes. — La pompe foulante se compose (fig. 86) d'un corps de pompe plongeant dans l'eau, et muni à sa partie inférieure d'une soupape s s'ouvrant de bas en haut. Un tuyau latéral communique avec le corps de pompe, et présente une soupape s'ouvrant du corps de pompe au tuyau. Un piston plein se meut dans le corps de pompe, et il est visible que, quand le piston s'élève, l'eau s'introduit dans le corps de pompe par la première soupape; que quand il s'abaisse, au contraire, l'eau est refoulée dans le tuyau d'ascension. Plus la hauteur de ce tuyau sera grande, plus la force nécessaire pour

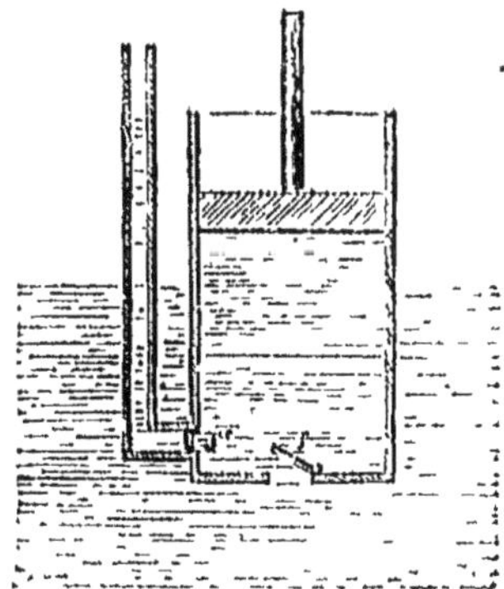

Fig. 86.

abaisser le piston sera considérable, car il faudra vaincre la pression due à la colonne d'eau soulevée.

Pompe à incendie. — La pompe à incendie ordinaire (fig. 87) est formée par la réunion de deux pompes foulantes, dont les tuyaux latéraux viennent déboucher dans un réservoir contenant de l'air. Dans l'eau du réservoir plonge un tube, à l'extrémité duquel s'ajuste le

tuyau en cuir qui forme le tuyau d'ascension de l'appareil. La pompe
est installée dans un réservoir portatif où l'on maintient de l'eau, que

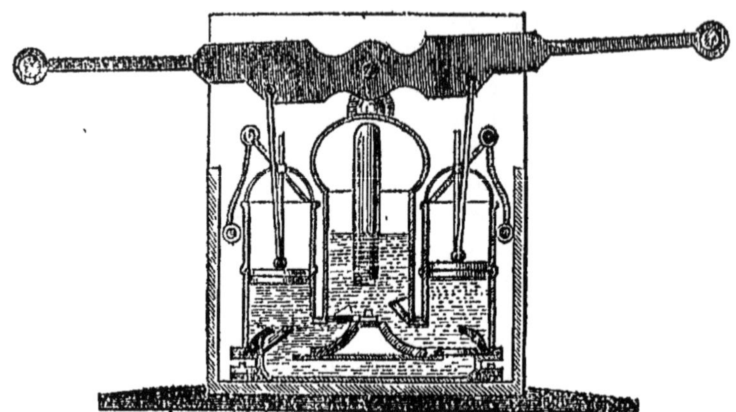

Fig. 87.

l'on apporte directement dans des seaux, en faisant la *chaîne* sur le
lieu de l'incendie. Les tiges des pistons sont articulées à deux points
d'un levier, auquel on donne, à bras d'homme, un mouvement alternatif; de cette façon, l'eau arrive d'une manière continue dans le réservoir. De plus, l'air que celui-ci renferme répartit par son ressort les
variations de vitesse du liquide, de façon que le jet qui se produit à
l'extrémité du tuyau d'ascension a une grande régularité. On a reconnu
par l'expérience que cette condition est importante.

Pompe aspirante et foulante. — La pompe aspirante et foulante est,
comme l'indique son nom, une combinaison des deux dispositions que
nous venons de décrire. Elle se compose (fig. 88) d'un corps de pompe
ABCD, dans lequel se meut un piston plein. A la partie inférieure se
trouve un tuyau d'aspiration plongeant dans le réservoir d'eau et muni
à sa partie supérieure d'une soupape s analogue à celle de la pompe
aspirante. Le tuyau d'ascension T présente à sa partie inférieure une
soupape s' analogue à celle de la pompe foulante. Il suit de là, évidemment, que pendant l'ascension du piston l'eau sera aspirée, et pendant la descente refoulée dans le tuyau d'ascension. Une fois la pompe
amorcée, c'est-à-dire une fois le corps de pompe plein d'eau, à chaque
descente du piston le tuyau latéral recevra un volume d'eau égal au
volume du corps de pompe.

C'est la pompe aspirante et foulante qu'on emploie quand on veut
élever l'eau à une hauteur considérable. Le mouvement de l'appareil
est produit souvent par une machine à vapeur; l'appareil porte alors
le nom de *pompe à feu.*

Pompes à piston plongeur. — *Pompes de Marly.* — Lorsque la hauteur à laquelle l'eau doit être élevée est très-considérable, les diverses parties de la machine doivent être ajustées avec une grande solidité pour résister à l'énorme pression produite par la colonne d'eau.

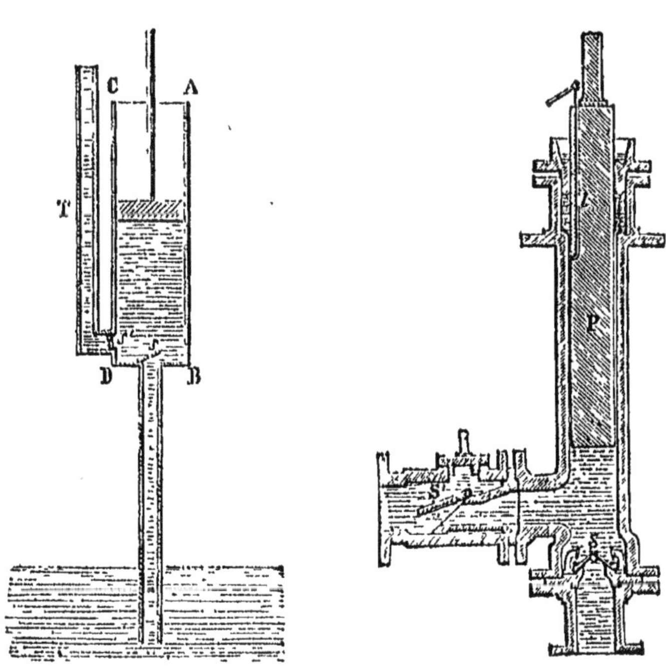

Fig. 88.   Fig. 89.

Dans ces circonstances en général, le piston à étoupes ou à rondelles de cuir ne peut pas être employé, on fait usage d'un piston entièrement métallique, qu'on appelle piston plongeur. La figure 89 représente une section des pompes de Marly, qui élèvent l'eau d'un seul jet à 100 mètres.

Le corps de pompe n'est pas alésé; mais il porte à sa partie supérieure une boîte à étoupes, dans laquelle glisse le piston métallique P exactement calibré. La soupape d'aspiration S est à double clapet, fermant sur des plans inclinés à 45° qui bouchent le haut du tuyau d'aspiration; des arrêts placés au-dessus empêchent les soupapes de se renverser. La soupape S' placée en bas du tuyau d'ascension est aussi une soupape à clapet. Le jeu de la machine est le même que dans la

8.

pompe décrite au paragraphe précédent, le mouvement ascendant du piston détermine l'aspiration de l'eau, et le mouvement descendant la refoule dans le tuyau latéral. A mesure que la machine marche, de l'air se dégage de l'intérieur de l'eau, et finirait par nuire au jeu de la pompe; on lui donne issue de temps en temps en ouvrant la partie supérieure du canal *l*, qui est pratiqué dans l'épaisseur du piston. On emploie aussi un piston plongeur dans la pompe de la presse hydraulique.

Dans les mines on a quelquefois besoin d'élever l'eau à une hauteur très-considérable; mais cette élévation n'a pas lieu en général d'un seul jet. Une première pompe l'élève jusqu'à un réservoir, dans lequel plonge le tuyau d'aspiration d'une seconde pompe qui fait monter l'eau à un second réservoir, et ainsi de suite. Les tiges des diverses pompes sont toutes unies à une tige unique appelée *maîtresse tige*, qui reçoit son mouvement d'une machine à vapeur.

Siphon. — On nomme *Siphon* un tube courbé deux fois sur lui-même de manière à présenter une figure plus ou moins analogue à un U ou à un V, et qui s'emploie pour transvaser les liquides. Ordinairement l'une des branches du siphon est plus courte que l'autre, mais ce n'est pas une condition nécessaire. La figure 90 montre un siphon ABCD fonctionnant pour transvaser, du vase placé en A, le liquide XX' dans le vase placé au-dessous du tube D. Pour faire marcher l'instrument, on remplit d'eau le tube ABCD : c'est ce que l'on nomme *amorcer* le siphon; avec un doigt on bouche chaque extrémité A et D, puis, renversant le siphon, l'on plonge l'extrémité A qui est la plus courte dans le vase X où le liquide a le niveau le plus élevé, et l'on débouche les deux extrémités du siphon. Aussitôt on voit le liquide s'écouler régulièrement par l'orifice D, jusqu'à ce que le niveau du liquide dans le vase X soit abaissé au-dessous de l'extrémité de la branche A du siphon.

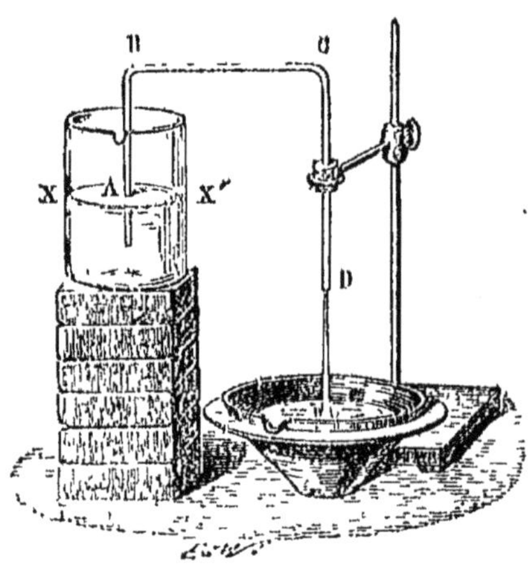

Fig. 90.

Les conditions nécessaires au maintien de l'écoulement ou capables de le modifier peuvent se résumer de la manière suivante :

1° Le tube du siphon ne doit pas avoir une trop grande largeur (il ne doit guère excéder 0^m,02 de diamètre) ou bien il ne fonctionnera qu'à la condition d'avoir ses deux orifices immergés;

2° L'extrémité du siphon engagée dans le vase où le liquide a un niveau plus élevé, doit rester plongée dans ce liquide;

3° Il doit exister une différence de niveau entre les deux liquides contenus dans les deux vases, et, lorsqu'il s'agit d'un même liquide, l'écoulement a lieu du niveau le plus élevé vers le niveau le plus bas;

4° L'écoulement est d'autant plus rapide qu'il y a plus de distance entre l'orifice de la longue branche (D) et le niveau du liquide (X) dans le vase où plonge la courte branche (A); de telle sorte que, pour avoir un écoulement d'une rapidité constante, il suffit de combiner l'appareil de manière à rendre cette distance invariable.

Toutes ces propriétés du siphon ont été expliquées par Pascal, et la figure 91 permettra de suivre cette théorie. Si l'on considère la surface XX' dans le vase V, toute la portion libre de cette surface subit la pression de l'atmosphère; on en conclura donc que, pour faire équilibre en O, à cette pression, il faudrait avoir en OB une colonne d'eau de 10 mètres environ de hauteur. Mais comme OB ne mesure pas, bien loin de là, une semblable hauteur, le liquide contenu en E dans la branche de communication reçoit un excédant de pression égal à la pression atmosphérique diminuée de la pres-

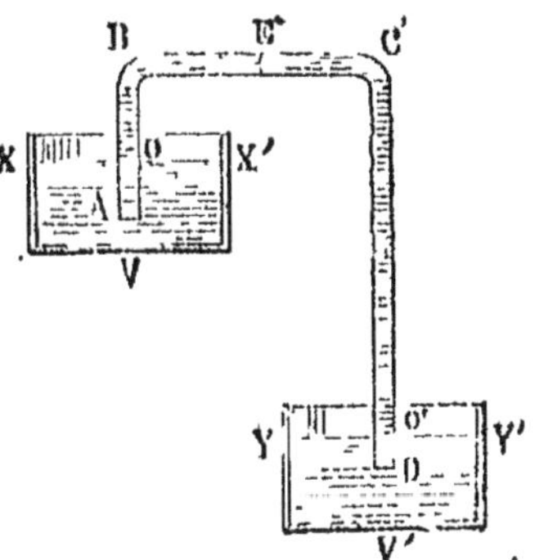

Fig. 91.

sion de la colonne d'eau OB. Le même raisonnement est applicable au vase V', et de ce côté le liquide intermédiaire contenu en B reçoit un excédant de pression égal à la pression atmosphérique diminuée de la pression de la colonne d'eau O'C. Ce second excédant sera moins fort que le premier de toute la quantité dont O'C surpassera OB, et par conséquent le liquide B, plus pressé du côté OB que du côté O'C, s'écoulera par l'extrémité C', sous l'influence d'une pression proportionnelle à la différence des niveaux dans les deux vases. De là résulte que, si cette différence devenait nulle, il n'y aurait plus de mouvement dans le liquide, et que, d'un autre côté, la vitesse de l'écoulement augmente avec cette différence, ou demeure constante si celle-ci est invariable.

Cette théorie suppose également que le siphon est rempli de liquide, car si le liquide ne s'était pas d'abord élevé jusqu'en BC de manière à redescendre par son propre poids dans le tube CD, la colonne AB retomberait en V en obéissant à la pesanteur. De même, si l'on faisait au siphon un trou vers le point E, la colonne divisée retomberait dans

chacun des vases. Le rôle attribué par la théorie à la pression atmosphérique doit faire conjecturer qu'un siphon ne fonctionnerait pas

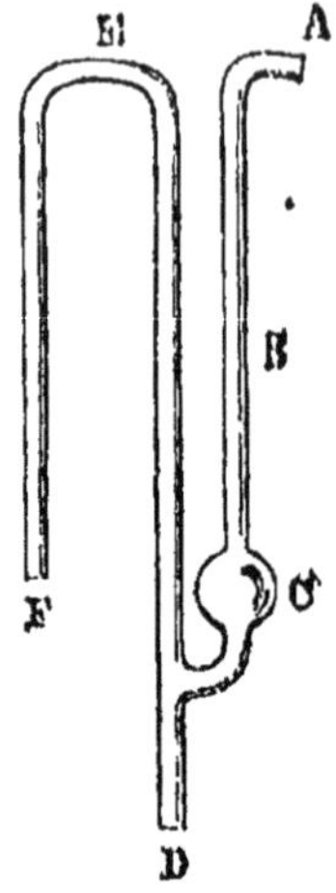

Fig. 92.

dans le vide, ou même dans l'air s'il avait 10
mètres de hauteur; l'expérience a confirmé ces
deux propositions.

Si l'orifice O' n'était pas plongé et que le diamètre du siphon fût trop grand, l'air rentrerait
dans le tube en divisant la colonne liquide, et
l'écoulement cesserait de cette façon.

Pour *amorcer* le siphon, on emploie plusieurs
moyens. Le plus simple consiste à le mettre en
place et à aspirer le liquide en appliquant la bouche à l'extrémité par laquelle doit se produire
l'écoulement. Il ne saurait être mis en pratique
lorsqu'il s'agit de liquides désagréables ou surtout
nuisibles. Dans ce cas, on a recours à des siphons
munis d'un tube latéral d'aspiration ABC (fig. 92),
et l'on applique la bouche en A.

L'emploi des siphons pour transvaser les liquides
était bien connu des anciens; Héron d'Alexandrie décrit plusieurs
appareils qui ont pour pièce principale le siphon, et les sculptures
murales des monuments égyptiens montrent plusieurs scènes où il est
impossible de ne pas reconnaître cet instrument.

RÉSUMÉ DU CHAPITRE VIII.

POMPES.

On nomme *Pompe* un appareil employé généralement à élever l'eau
ou les liquides. Cet appareil consiste essentiellement en un vase ordinairement cylindrique où se meut un piston, et auquel sont adaptées
des soupapes combinées pour régler la marche du liquide.

On emploie divers genres de soupapes; toutes ont pour effet de fermer un orifice dans un sens déterminé et de le laisser s'ouvrir en sens
opposé; la pression du liquide est la force qui, dans ce cas, les met
en jeu.

On appelle *Pompe aspirante* celle qui élève le liquide au niveau de
son corps de pompe par une simple aspiration; elle comporte une soupape à l'orifice de jonction du corps de pompe et du tuyau d'aspira-

tion, et une soupape dans le piston ; toutes deux s'ouvrent sous une pression dirigée de bas en haut.

On appelle *Pompe foulante* celle qui, pressant le liquide, le contraint à s'élever dans un tube latéral ; elle comporte aussi deux soupapes s'ouvrant de bas en haut, l'une au fond du corps de pompe, l'autre à la base du tuyau ou tube latéral ; le piston est plein.—Pompe à incendie.

En combinant ces deux genres de pompes, on obtient la *Pompe aspirante et foulante* qui conserve le système de soupape de la pompe foulante.

SIPHON.

Le *Siphon* est un tube courbé en V ou en U et employé pour transvaser les liquides. Pour le mettre en jeu, il faut l'*amorcer*, c'est-à-dire le remplir de liquide, puis tenir sa courte branche trempée dans le liquide que l'on veut transvaser.

Le tube du siphon ne doit guère avoir plus de 2 centimètres de diamètre.

L'extrémité du siphon doit rester plongée dans le vase d'où le liquide est transvasé.

Le niveau de ce liquide doit demeurer supérieur à celui du liquide dans le second vase.

CHAPITRE IX.

CHALEUR.

THERMOMÈTRE. — MESURE DE LA DILATATION DES CORPS PAR LA CHALEUR. — DENSITÉ DES GAZ.

CHALEUR. — On appelle *chaleur* la sensation que nous font éprouver les corps chauds, et souvent aussi par extension la cause même de cette sensation. Cette cause nous est inconnue en elle-même, et nous admettons que c'est un fluide impondérable et impalpable, qu'il vaut mieux désigner sous le nom de *calorique*. La même cause suffit pour expliquer ce que nous appelons le *froid* et le *chaud*. Notre corps étant à un certain état de chaleur, celui qui possède plus de chaleur sensible que lui est *chaud*, et celui qui en possède moins est *froid*. Les corps froids sont donc ceux qui renferment peu de calorique.

DILATATION DES CORPS PAR LA CHALEUR. — La chaleur ou le calorique n'agit pas seulement sur nos organes : les corps en s'échauffant ou en se refroidissant subissent d'importants changements. Quel que soit en effet le corps soumis à l'influence de la chaleur, *il se dilate lorsqu'il s'échauffe et se contracte lorsqu'il se refroidit.* Plus tard, nous verrons que la chaleur peut encore produire d'autres changements bien plus considérables : quant à présent, je n'ai à parler que du phénomène de la *dilatation*.

Quelques expériences fort simples démontrent ce phénomène dans les corps solides, liquides ou gazeux.

1º *Solides.* — On distingue dans les solides la *dilatation linéaire* ou l'augmentation qui a lieu suivant une seule de leurs dimensions, la

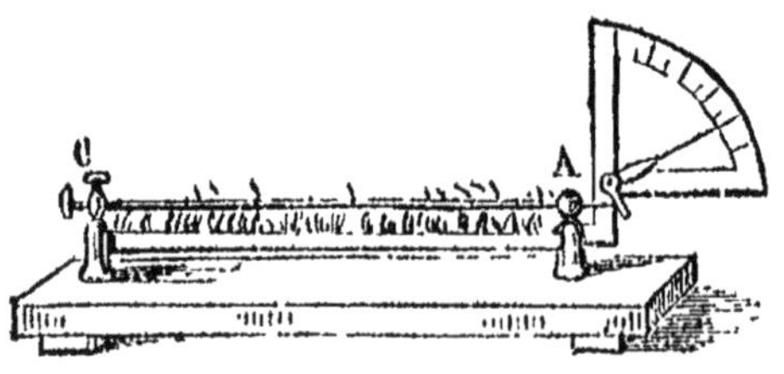

Fig. 93.

longueur; et la *dilatation cubique*, qui est leur augmentation de volume.

La *dilatation linéaire* des solides peut se démontrer de bien des manières, mais entre autres avec l'appareil représenté dans la figure 93.

se compose de deux supports, dans lesquels est engagée une barre de métal AC; cette barre, que l'on peut changer, pour varier la nature du corps soumis à l'expérience, est maintenue en C par une vis de pression, et libre en A. De ce côté est un quart de cadran, au centre duquel est fixé un levier coudé à angle droit. La grande branche de ce levier est une aiguille, et la petite est contiguë à l'extrémité de la barre AC. A la température ordinaire l'aiguille est horizontale et la barre ne pousse pas le petit bras du levier. Mais entre les deux montants est une rainure cylindrique remplie d'une mèche de coton imbibée d'alcool; on allume, la barre s'échauffe, et on voit l'aiguille marcher sur le quart de cercle. La barre s'est donc allongée et a poussé devant elle le petit bras avec lequel se déplace l'aiguille.

Une autre expérience fort simple, imaginée par S' Gravesande, suffit pour démontrer la *dilatation cubique* des solides. A la partie moyenne d'un petit support est fixé un anneau métallique, tandis que de sa tige supérieure recourbée pend une boule de métal qui, à la température ordinaire, passe exactement, mais sans difficulté, dans l'anneau. On chauffe cette boule seulement avec une lampe à alcool, et elle est devenue trop grosse pour passer dans l'anneau resté à la température ordinaire. Cette boule a évidemment augmenté de volume sous l'influence de la chaleur.

2° *Liquides.* — On ne peut dans les liquides et les gaz concevoir que la *dilatation cubique.* Elle se démontre bien facilement : prenez

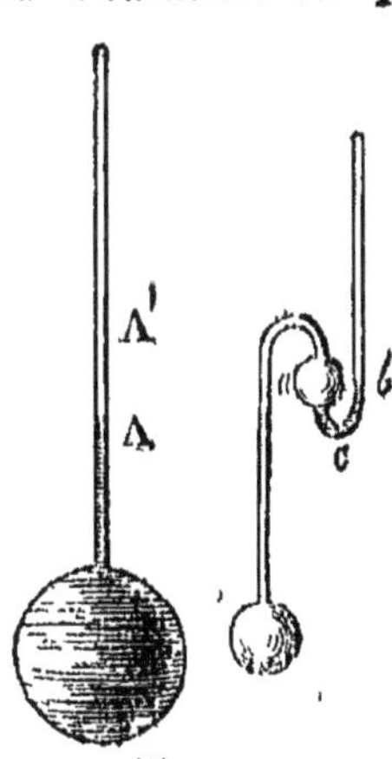

Fig. 94.

(fig. 94-A) un tube muni à une extrémité d'un réservoir sphérique et ouvert à l'autre extrémité, remplissez d'un liquide quelconque le réservoir et une faible portion du tube. Si vous soumettez cet appareil à l'action de la chaleur, vous verrez le liquide s'élever de A en A', et ainsi de suite ; si, au contraire, vous le refroidissez, la colonne liquide descend de manière à accuser une contraction de volume. Mais au moment où commence l'action de la chaleur, il se produit un phénomène important à constater. Si, par exemple, vous plongez l'appareil dans un bain d'eau chaude, le liquide commence par s'abaisser dans le tube, puis il remonte et s'élève alors régulièrement, et de même si l'appareil est plongé dans la glace; avant de se contracter, le liquide s'élève dans le tube. Ces deux phénomènes sont dus à l'action de la chaleur sur l'enveloppe de verre qui contient le liquide. Dans le premier cas, cette enveloppe échauffée avant lui se dilate, et le liquide s'abaisse, parce que la capacité du vase a augmenté Mais bientôt échauffé lui-même, il se dilate à son tour et s'élève alors d'une manière continue. Sous la première influence du froid, le verre s'est contracté avant que le liquide en ressentît l'influence. On a donc lieu d'observer à la fois les changements de volume des solides et des liquides sous l'influence de la chaleur.

L'appareil assez semblable au précédent, représenté figure 94-*abc*, sert à démontrer la dilatation des gaz. C'est encore un tube soudé à un réservoir, mais ce tube, courbé en S dans sa partie *a c b*, reçoit là une petite colonne de mercure qui sépare la masse gazeuse mise en expérience. Il suffit d'échauffer avec la main le réservoir pour constater par les mouvements de la colonne de mercure une augmentation de volume dans la masse gazeuse, et le moindre refroidissement y provoque une contraction considérable.

Ces expériences nous apprennent que les corps, quel que soit leur état, se dilatent quand on les échauffe, se contractent quand on les refroidit. Elles nous apprennent aussi que sous l'influence d'un même échauffement les changements de volume diffèrent suivant la nature des corps, et que d'une manière générale les liquides se dilatent ou se contractent plus que les solides, et les gaz plus encore que les liquides.

Les divers corps possèdent des quantités absolues de calorique très-variables, et que nous essaierons plus tard de mesurer. Mais une portion de ce calorique peut se communiquer soit à nos organes pour leur donner la sensation d'un échauffement ou d'un refroidissement, soit aux autres corps pour les échauffer ou les refroidir. C'est là ce qu'on appelle souvent le *calorique sensible*. Ce calorique, sensible en se communiquant ainsi, établit dans chaque corps un certain degré de chaleur que nos organes apprécient vaguement dans certaines limites, que les changements de volume accusent bien nettement. *La température est le degré de chaleur qui résulte, dans un corps, de la quantité de calorique sensible qu'il possède;* car s'il est vrai que deux corps différents de nature ne possèdent pas à une même température des quantités égales de chaleur, et nous examinerons cette question plus tard, il est vrai aussi que dans un même corps la température est précisément en raison de cette quantité de calorique sensible. *Les températures se mesurent par la dilatation ou la contraction qui en résulte.* C'est sur ce principe que repose l'usage des *thermomètres*.

CONSTRUCTION ET USAGE DES THERMOMÈTRES. — On nomme *thermomètre un instrument destiné à mesurer les températures.* Du principe que je viens d'énoncer il résulte que cet instrument se compose toujours d'un corps disposé de façon à ce qu'on puisse commodément observer ses changements de volume. On peut donc construire des thermomètres avec tous les corps; mais il en est qui présentent certains avantages. Les solides et les gaz, dans la plupart des circonstances, ont, les premiers, une dilatation trop faible, les seconds, trop considérable. On a donc préféré des thermomètres construits avec les liquides, et parmi eux le *mercure* a l'avantage de se dilater plus uniformément, de ne se solidifier que par un refroidissement considérable et de passer à l'état de vapeur seulement sous l'influence d'une grande chaleur. En général, le *thermomètre à mercure* est donc préférable aux autres; je parlerai plus loin des circonstances où on a dû adopter d'autres corps.

Thermomètre à mercure. — Cet instrument se compose d'un tube capillaire fermé à une extrémité, muni à l'autre d'un réservoir contenant une certaine masse de mercure. Le métal se continue en une mince colonne dans le tube, et dès que son volume augmente il s'y élève; il s'abaisse, au contraire, quand ce volume diminue, de manière que l'élévation ou l'abaissement de la colonne indique les températures. Je vais expliquer comment on construit ce thermomètre et comment on le rend propre à fournir des indications précises.

Construction. — On *choisit* un tube capillaire, c'est-à-dire d'un diamètre extrêmement petit. Pour qu'il ne fasse aucune illusion et que l'allongement soit toujours exactement en rapport avec l'augmentation de volume, ce diamètre doit être très-égal dans toute la longueur, c'est ce qu'on appelle un tube *bien calibré*. Pour faire ce choix on divise mécaniquement le tube en petites longueurs parfaitement égales, et on y introduit une colonne de mercure d'un centimètre. On fait ensuite cheminer cette petite colonne dans le tube. Si elle conserve partout sa même longueur, le tube est bien calibré. Ce tube choisi, on soude à une de ses extrémités un réservoir en verre fermé (figure 65) et à l'autre extrémité un autre réservoir *a* étiré en une pointe tubulaire fine et ouverte.

L'enveloppe ainsi préparée, il s'agit de *remplir* l'instrument. Pour cela on fait bouillir du mercure bien purifié, puis on le laisse refroidir. Alors on chauffe le tube et son réservoir inférieur de manière à dilater l'air qu'ils contiennent. Dans cet état de dilatation, on plonge la pointe du réservoir *a* dans le mercure; à mesure que le refroidissement a lieu, l'air intérieur se contracte, et le mercure monte dans le réservoir *a*. Fig. 65. Quand il est plein, on fait descendre le métal dans le tube capillaire et le réservoir inférieur en chauffant de nouveau celui-ci. L'air dilaté sort à travers la couche de mercure contenue en *a*, et alors, si on laisse refroidir l'instrument, la contraction de l'air intérieur fait entrer du mercure dans le tube capillaire. En recommençant plusieurs fois toute cette manœuvre on arrive à remplir convenablement l'instrument. Pendant l'opération, on a soin de faire bouillir le mercure pour chasser l'air du tube que les vapeurs mercurielles occupent bientôt seules; puis choisissant le moment où le mercure bouillant remplit tout l'appareil, on le ferme à la lampe au-dessous du réservoir *a* et de manière à enlever celui-ci désormais inutile. Après le refroidissement, on a donc un thermomètre contenant une colonne de mercure, libre, selon ses variations de volume, de se mouvoir dans le tube le long duquel ses divers niveaux indiquant la dilatation ou la contraction de la masse mesureront les températures. Mais pour cette mesure, il faut établir une échelle, une graduation d'après des températures connues auxquelles on puisse comparer les autres.

L'opération importante qui va terminer la construction du thermomètre consiste donc à le *graduer*. Pour terme de comparaison, on a cherché, ai-je dit, des températures constantes : or, l'expérience nous a enseigné que la glace pendant qu'elle fond est à une température qui ne varie pas, et que d'une autre part l'eau, sous une pression extérieure constante, émet, lorsqu'elle bout, des vapeurs dont la température est

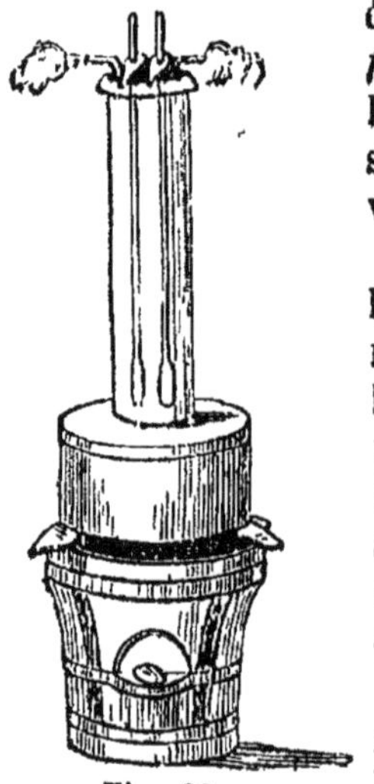

Fig. 96.

également fixe. Telles sont les deux *points fixes* du thermomètre. Le point où s'arrêtera la colonne de mercure dans la glace fondante s'appellera 0; celui où elle s'élèvera dans la vapeur d'eau bouillante sera marqué 100.

Détermination du zéro. — On a un vase cylindrique en métal, porté sur trois pieds et muni à son fond d'un trou d'écoulement pour l'eau de fusion. On remplit ce vase de glace pilée ou de neige, et on y plonge le thermomètre. Le mercure s'abaisse, puis devient stationnaire à un certain niveau. Après un quart d'heure environ le point fixe est bien établi; on le marque sur le tube.

Détermination du point 100. — La détermination du second point fixe est plus délicate. Il faut pour cela se servir de l'appareil que l'on voit dans la figure 96. C'est une timbale en cuivre rouge sur laquelle s'adapte exactement un couvercle de même métal. Ce couvercle porte vers son centre un cylindre élevé dont la figure ne montre que le contour extérieur. Ce cylindre est double, au centre en est un second de plus petit diamètre qui s'élève un peu moins que l'extérieur et s'ouvre dans sa capacité par son extrémité supérieure. Ce cylindre communique avec la timbale, tandis que l'autre n'est qu'une espèce de manchon ne communiquant au dehors que par deux petits tubes très-étroits destinés à laisser écouler la vapeur d'eau en excès. On met de l'eau dans la timbale, on place l'appareil sur un fourneau, puis dans le cylindre intérieur du couvercle on dispose le thermomètre à graduer et un thermomètre étalon comparatif. La figure les montre malgré l'opacité des parois du double cylindre, afin de faire mieux saisir leur position. Les choses ainsi préparées, on fait bouillir l'eau; la vapeur se répand dans le cylindre intérieur de manière à envelopper le premier d'une couche de vapeur qui empêche tout refroidissement. Le thermomètre baigné de vapeur d'eau bouillante s'élève et s'arrête bientôt en un niveau que l'on marque avec soin et qui sera le point 100. La pression atmosphérique exerce une influence sur la température de la vapeur, et on est convenu que la température 100 est celle de la vapeur d'eau bouillante sous la pression 0^m,76. Si la pression est moindre, la température de la vapeur est inférieure à 100, elle est supérieure dans le cas contraire. On doit donc préférer opérer sous une pression normale; mais M. Biot a constaté que l'on peut, par le calcul, corriger l'erreur résultant d'une pression trop faible ou trop forte. Il suffit donc d'observer la pression pendant la détermination du point 100, et l'on corrige ensuite le résultat expérimental.

Une fois les points fixes obtenus, on divise leur intervalle en 100 parties égales que l'on nommera les *degrés du thermomètre* (fig. 97) Dans les thermomètres très-exacts ces degrés sont inscrits et comptés sur le verre même du tube; pour les autres on adapte à côté une échelle de papier ou de métal. Quant aux degrés supérieurs à 100° ou inférieurs à 0°, on les obtient simplement en reportant en dehors de l'échelle les degrés mêmes que sa division a fournis. Quelques réflexions sur la nature des degrés thermométriques doivent nécessairement trouver place ici. On voit clairement que *chaque degré thermométrique correspond à la centième partie de l'augmentation de volume subie par une masse de mercure, quand on l'élève de la température de la glace fondante à celle de la vapeur d'eau bouillante.* Il est naturel alors de conclure que tous les thermomètres sont comparables, quelle que soit la longueur de leur échelle et par conséquent celle de leurs degrés. Aussi les thermomètres bien construits marchent en général d'accord. Je ne puis cependant passer sous silence la fâcheuse influence de l'inégale dilatation des enveloppes, qui produit parfois des discordances trop grandes.

Fig. 97.

J'indiquerai aussi rapidement le phénomène du déplacement du 0° après un certain temps. Sans doute le verre dilaté tant de fois dans l'observation des températures ne revient pas exactement à son état initial. On est dans l'usage en écrivant les températures de faire précéder du signe + les températures supérieures à 0° et du signe — les températures inférieures.

J'ai donné ici la graduation du thermomètre *centigrade*. Il existe encore d'autres systèmes de graduation. Il est bon de connaître l'échelle que Réaumur avait adoptée en 1731. Ses points fixes sont déterminés de même; mais à la température de l'eau bouillante, il marquait seulement 80, et ne comptait que 80 degrés à partir du zéro. Dès lors il est évident que

$$80 \text{ degrés Réaumur} = 100 \text{ degrés centigrades.}$$

Il est évident aussi que :

$$1° \text{ Réaumur} = \frac{5}{4} \text{ d'un degré centigrade}$$

$$1° \text{ centigrade} = \frac{4}{5} \text{ d'un degré Réaumur.}$$

Pour convertir une température de l'échelle centigrade en degrés Réaumur, il suffira donc de la multiplier par $\frac{4}{5}$, et inversement on multipliera par $\frac{5}{4}$ une température de l'échelle Réaumur que l'on veut évaluer dans l'échelle centigrade.

L'Angleterre, la Hollande, les États-Unis suivent encore une autre échelle proposée en 1714 par Fahrenheit de Dantzick. Le point fixe inférieur n'est plus la glace fondante; il graduait son instrument à l'aide d'un mélange réfrigérant formé de sel ammoniac pilé et de neige, à poids égaux; la température de ce mélange lui donnait son zéro; le point fixe supérieur était encore la température de l'eau bouillante et il y marquait 212. En comparant cette échelle à la nôtre, on voit que le thermomètre de Fahrenheit marque 32° dans la glace fondante. La relation est facile à saisir :

$$180° \, (212 - 32) \text{ Fahrenheit} = 100° \text{ centigrades}$$

d'où l'on déduit que

$$1° \text{ Fahrenheit} = \frac{5}{9} \text{ d'un degré centigrade}$$

$$1° \text{ centigrade} = \frac{9}{5} \text{ d'un degré Fahrenheit,}$$

Soit donc à convertir une température de l'échelle du physicien prussien en degrés centigrades : on retranche 32 de la température donnée, et on multiplie le reste par $\frac{5}{9}$. Pour faire la conversion inverse, on multiplie le nombre de degrés centigrades par $\frac{9}{5}$ et on ajoute 32 au produit.

Le thermomètre à mercure ne peut suffire à l'observation de toutes les températures, car le mercure se solidifie à — 40° et se volatilise à + 350°. Or si la régularité de sa dilatation est une des précieuses qualités du mercure, il la perd en approchant du premier de ces deux points extrêmes, de telle sorte qu'on ne peut réellement se servir d'un thermomètre à mercure que de — 35° à + 350°. Pour l'observation des basses températures on a recours à un thermomètre où l'alcool coloré en rouge par l'orseille remplace le mercure. Ce thermomètre gradué sur un thermomètre étalon à mercure, permet de mesurer les plus basses températures. Celles qui au contraire dépassent la limite supérieure du thermomètre à mercure se mesurent soit par un *thermomètre à air* que je ne puis décrire ici, soit très-grossièrement par un pyromètre, si la température est très-élevée.

Pyromètre de Wedgwood. — Le plus connu est celui que l'on doit au potier anglais Wedgwood. Il se compose (fig. 98) d'une plaque carrée de cuivre sur laquelle sont fixées trois barres métalliques. Celle du milieu est parallèle aux bords de la plaque; mais les deux autres sont obliques, de façon que la rainure qu'elles forment va en se rétrécissant régulièrement. Ainsi *dc* était vers le point *o* à 6 lignes anglaises de la barre centrale; à l'extrémité *d*, il n'en est plus qu'à 5 lignes; puis *a* placé à 5 lignes de cette même barre médiane, n'en est plus en *b* qu'à 4 lignes. Chaque barre a d'ailleurs $\frac{1}{2}$ pied anglais de longueur.

La température se mesure par le retrait qu'éprouve l'argile sous l'in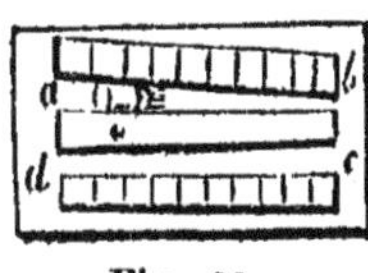fluence de la chaleur. Ce retrait est dû à la perte d'eau, et à un commencement de vitrification. On a donc de petits cylindres d'argile ayant 6 lignes anglaises de diamètre, on les soumet à la température qu'on veut mesurer, le retrait diminue le diamètre des cylindres et leur permet

Fig. 98.

d'entrer plus avant dans la rainure. Des degrés marqués le long des barres convergentes et correspondant à peu près aux degrés centigrades évaluent la température d'après le retrait. On voit sur la figure un de ces cylindres indiquant une température assez élevée.

Il existe encore bien d'autres instruments pour l'observation exacte des températures; et je citerai, entre autres, les beaux thermomètres imaginés par M. Walferdin; nous verrons bientôt un instrument délicat construit par M. Bréguet; nous apprendrons encore à connaître (ch. xii) un appareil d'une extrême sensibilité où la chaleur et l'électricité sont combinées pour la détermination des plus faibles changements de température: je veux parler du *thermo-multiplicateur*. Je me borne ici à décrire deux instruments très-sensibles où la température est mesurée par la dilatation des gaz.

Thermomètre différentiel de Leslie. — Cet instrument se compose (fig. 99) d'un tube deux fois recourbé à angle droit, et terminé à

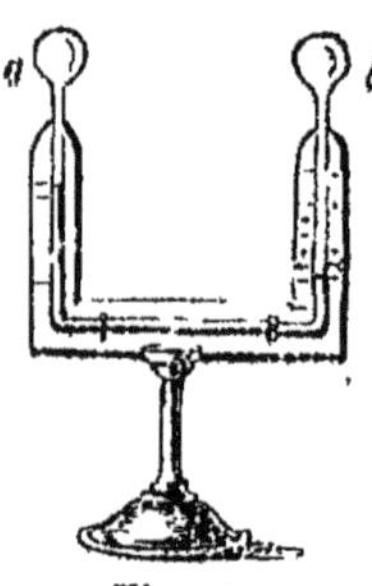

chaque extrémité par une boule. Chacune de ces boules contient de l'air et le volume de ces deux masses d'air est parfaitement égal à la même température. Une colonne de liquide coloré sépare les deux masses gazeuses et indique en même temps par ses déplacements leurs variations de volume. Une planchette sur laquelle est fixé l'instrument porte une échelle le long de chaque branche verticale du tube. Sur chaque échelle est un zéro; c'est le niveau du liquide quand, la température étant égale, l'air a le même volume

Fig. 99.

de part et d'autre. Au-dessus et au-dessous de ce zéro sont des degrés qui indiquent les températures de l'air dans chaque boule selon le niveau que le liquide occupe dans le tube correspondant. Ainsi dans la figure 99 la boule *b* est à une température plus élevée que la boule *a*, et au niveau de chacune des colonnes de liquide on lirait la température de l'air contenu dans la boule correspondante. Ce thermomètre a l'avantage d'une grande sensibilité, les gaz se dilatant très-notablement pour de faibles variations de température.

Thermoscope de Rumfort. — Cet appareil, inventé presqu'en même temps, ressemble beaucoup au précédent. On le voit figure 100; et la différence principale consiste en ce que les boules sont généralement d'une capacité plus grande, et la colonne liquide beaucoup plus courte. Aussi se meut-elle dans la portion horizontale du tube; la graduation est à peu près la même, mais elle est marquée sur la planchette transversale; enfin un petit réservoir peut

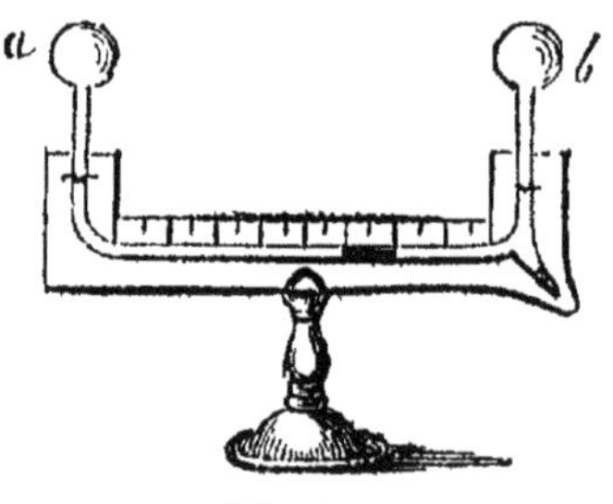

Fig. 100.

recevoir le liquide coloré de l'index et permet de régulariser les volumes en faisant repasser d'une boule à l'autre la quantité en excès.

INDICATION DES COEFFICIENTS DE DILATATION DES SOLIDES. — J'ai déjà eu lieu de distinguer dans les solides deux espèces de dilatations : la *dilatation linéaire* et la *dilatation cubique*. On nomme *coefficient de dilatation linéaire d'un corps solide, la fraction de l'unité de longueur dont s'allonge, pour une élévation de température de 1° centigrade, une barre mesurant cette unité elle-même*. On entend par *coefficient de dilatation cubique, la fraction de l'unité de volume dont augmente pour une élévation de température de 1° centigrade, l'unité de volume d'un corps solide*. Les coefficients de dilatation sont particuliers à chaque substance, mais pour chacune d'elles *le coefficient de dilatation cubique est exprimé par un nombre triple de celui de dilatation linéaire*. On s'attache donc particulièrement à ce dernier, que représente ordinairement dans les calculs la lettre n, dont la valeur numérique varie nécessairement pour chaque substance.

Soit donc une barre de fer de 5 mètres; on porte sa température de 0° à 18°, quelle sera la longueur de la barre à cette température? On sait que le coefficient de dilatation linéaire du fer est 0,0000122.

Le coefficient de dilatation étant 0,0000122, nous savons par la définition même de ce coefficient qu'une barre de fer de 1 mètre de longueur, que l'on élèverait de 0° à 1° s'allongerait de $0^m,0000122$. La barre dont il s'agit ici a 5 mètres; chaque mètre s'allongeant de la même quantité, l'allongement total pour 1°, sera égal à $0^m,0000122 \times 5$. Mais pour chaque degré l'allongement sera le même; donc la barre s'allongera 18 fois de cette quantité en s'élevant de 0° à 18°, et l'allongement sera représenté par le produit $0^m,0000122 \times 5 \times 18$. La longueur de la barre sera d'ailleurs égale à la longueur qu'elle avait à 0°, augmentée de la dilatation; ce sera donc $5^m + (0^m,0000122 \times 5 \times 18)$. Dans cette expression numérique on peut mettre 5 en facteur commun, et elle devient $5 \times (1 + 0,0000122 \times 18) = 5,0010980$. La longueur de la barre de fer à 18° sera donc $5^m,001$, en négligeant les fractions trop faibles.

Ce problème nous montre l'usage ordinaire des coefficients de dilatation : à l'aide d'une expérience une fois faite, qui a déterminé le coefficient de dilatation d'une substance, on arrive par le calcul à connaître la dilatation suivant la température, sans avoir recours à aucune expérience nouvelle. Aussi y a-t-il avantage à réduire le résultat d'un problème si général en une formule littérale que l'on puisse facilement et retenir et employer. Représentons, dans le problème précédent, chaque valeur numérique par une lettre :

l = la longueur de la barre à 0°.
l' = sa longueur à 18°.

$t =$ la température à laquelle a été portée la barre.

$n =$ le coefficient de dilatation linéaire.

On a dès lors : $l' = l + lnt$, d'où l'on tire, comme pour les nombres :

$$l' = l\,(1 + nt).$$

Cette formule qui fait connaître la longueur de la barre à la température t^o, en fournit d'autres.

Supposons qu'au lieu de l', ce soit l que l'on ne connaisse pas, et que l'on veuille déterminer, les autres quantités étant connues. Voici le petit calcul qui donnera la nouvelle formule. La quantité l' est un produit, l est un des facteurs, donc :

$$l = \frac{l'}{1 + nt}.$$

Cette seconde formule répondrait à une question de ce genre : une barre de fer a $5^m,001$ à 18°, quelle sera sa longueur à 0° ; on sait que le coefficient de dilatation du fer est $0,0000122$.

On peut encore supposer inconnue la température, et voici la formule qui la déterminerait : on a

$$l' = l\,(1 + nt)$$
$$l' = l + lnt$$
$$l' - l = lnt$$

Cette dernière expression donne pour formule définitive :

$$t = \frac{l' - l}{ln}.$$

Enfin une formule analogue permettra de déterminer le coefficient de dilatation, connaissant les deux longueurs et la température.

$$n = \frac{l' - l}{lt}.$$

Cette dernière formule nous donne une idée des opérations qu'a exigées la détermination des coefficients de dilatation linéaire des divers corps solides. Il a fallu mesurer bien exactement la longueur d'une barre à 0°, observer avec soin l'allongement $l' - l$ qu'elle prend quand on l'échauffe ; enfin constater la température t à laquelle la barre a été portée. Laplace et Lavoisier, à l'aide d'un appareil de leur invention, ont exécuté ce travail pour les principaux métaux. Par d'autres méthodes Smeaton, le major général Roy, Troughton, Wollaston, Dulong et Petit, Froment, ont ajouté de nouveaux faits à ce premier travail. Il est résulté de tant de recherches une sorte de table des coefficients de dilatation linéaire dont je citerai les principaux points.

TABLE DE COEFFICIENTS DE DILATATION LINÉAIRE
DES SOLIDES, ENTRE 0° ET 100°.

SUIVANT LAPLACE ET LAVOISIER.

Flint-glass anglais	0,000008116
Verre de Saint-Gobain	0,000008908
Acier non trempé	0,000010788
Fer doux forgé	0,000012204
Or au titre de Paris	0,000015136
Cuivre	0,000017122
Laiton	0,000018667
Argent au titre de Paris	0,000019086
Plomb	0,000028483

SUIVANT SMEATON.

Verre blanc	0,000008333
Fer	0,000012583
Bismuth	0,000013916
Étain fin	0,000022833
Zinc	0,000029416

SUIVANT LE MAJOR GÉNÉRAL ROY.

Fer fondu	0,000011100
Acier	0,000011445
Cuivre jaune de Hambourg	0,000018555

SUIVANT TROUGHTON.

Cuivre	0,000019188
Argent	0,000020826

SUIVANT FROMENT.

Platine, un mètre type	0,000007492

MM. Dulong et Petit ont déterminé le coefficient moyen entre 0° et 300° des corps suivants :

Platine	0,000008842
Verre	0,000010103
Fer	0,000011821
Cuivre	0,000017182

La *dilatation cubique* du verre a été déterminée avec soin par plusieurs physiciens.

COEFFICIENTS DE DILATATION CUBIQUE DU VERRE
ENTRE 0° ET 100°.

Dulong et Petit	0,000025830
Despretz	0,000025800
Rudberg	0,000022860
Magnus	0,000025470
Regnault	0,000021010 / 0,000026480
Pierre	0,000019030 / 0,000026650

Ces résultats très-exacts et cependant divers s'expliquent par la propriété qu'a le verre de se dilater inégalement suivant sa constitution moléculaire.

Usages des coefficients de dilatation des solides. — La connaissance de la dilatation des solides conduit à plusieurs applications importantes. Ainsi en général il faut avoir soin de ne pas ajuster au contact les pièces métalliques, telles que rails de chemins de fer, tuyaux de conduite, etc. C'est l'inégale dilatation du verre dans lequel la chaleur se distribue lentement, qui explique sa rupture lorsqu'il est soumis à un échauffement ou à un refroidissement brusque. Mais, outre ces applications vulgaires, les coefficients de dilatation des solides ont des usages directs dans un certain nombre d'instruments.

Pendules compensateurs. — La mécanique fait connaître sous le nom de *pendule*, un instrument destiné principalement à la mesure du temps (voyez ci-dessus chap. III). Mais pour que sa marche soit parfaitement régulière, il faut que sa longueur soit invariable, ou plutôt il faut que le *centre d'oscillation* du pendule soit toujours à la même distance du *point de suspension*. Il est facile de concevoir que les changements de température viennent troubler cette invariabilité; la construction des pendules compensateurs a pour but d'y remédier.

La figure 101 donne l'idée du plus répandu des pendules compensateurs, c'est le *pendule à gril*. Le centre d'oscillation est en *o;* la tige, au lieu d'être simple, se compose d'une première traverse *ab* en laiton, elle porte deux tiges *ac* et *bd* en fer que réunit inférieurement une seconde traverse de laiton *cd*. Cette seconde traverse porte deux tiges de laiton *ge*, *fh* unies en *ef* par une troisième traverse de laiton à laquelle est suspendue la tige de fer du pendule, qui passe librement dans la traverse *cd*. Il suffit de regarder la figure pour comprendre que les barres de fer en s'allongeant abaisseront le point o; mais les barres de laiton fixées à la traverse cd ne sont libres de s'allonger que du côté de ef et dès lors elles relèveront le point o. Il y aura donc *compensation* ou maintien de la longueur du pendule si les tiges de laiton lèvent le centre d'oscillation d'une quantité égale à celle dont l'abaissent les barres de fer; en d'autres termes, si la longueur des barres de fer et celle des barres de laiton sont telles que les deux systèmes s'allongent ou se contractent d'une même quantité pour une même variation de température, Cette compensation sera due à ce que le laiton est plus dilatable que le fer. Soit l la longueur de la tige du pendule et de la barre de fer ao, soit l' la longueur de la tige de laiton eg; c le coefficient de dilatation linéaire du laiton; f celui du fer. Il faut que l'allongement soit égal de part et d'autre,

Fig. 101.

c'est-à-dire $l'ct = lft$, ce qui revient à $l'c = lf$ ou encore $l' = \dfrac{lf}{c}$, ce qui donne

$$\frac{l'}{l} = \frac{f}{c}$$

. En d'autres termes, la longueur de notre pendule à tige de fer doit, dans son rapport avec la longueur de la demi-somme des tiges de laiton, être en raison inverse de leurs coefficients de dilatation linéaire. Or $\dfrac{f}{c} = \dfrac{1220t}{17667}$ ce qui donne à peu près $\dfrac{2}{3}$: la longueur du fer sera environ une fois et demie la longueur du laiton. L'instrument ne peut donc être construit aussi simplement que le montre notre figure, et pour établir cette relation, on ajuste plusieurs systèmes de cadres.

D'autres dispositions ont été proposées; leur principe est toujours le même. Mais il en est une qui repose sur une application très-importante et très-générale des coefficients de dilatation des solides.

Lames compensatrices. — On nomme ainsi un système composé de deux ou trois lames métalliques de métaux différents et inégalement dilatables qui, avec les variations de température, se courbent vers le métal le moins dilatable quand on l'échauffe, et vers le plus dilatable quand on le refroidit. A l'aide de ces lames compensatrices, M. Bréguet a construit un thermomètre d'une grande sensibilité représenté figure 102. Il se compose d'un cadran au-dessus duquel est suspendue une lame compensatrice roulée en spirale portant à son extrémité une aiguille légère destinée à se mouvoir sur le cadran. Cette lame compensatrice est formée de trois métaux superposés : argent, or et platine. L'argent est le plus dilatable, le platine l'est le moins, l'or est intermédiaire. Ils sont soudés dans l'ordre de leur dilatabilité, puis passés au laminoir; on a donc un ruban métallique que l'on enroule en hélice, l'argent a en dehors, et le platine p en dedans. D'après cette disposition, la spire s'enroule quand on échauffe l'instrument, se déroule quand on le refroi-

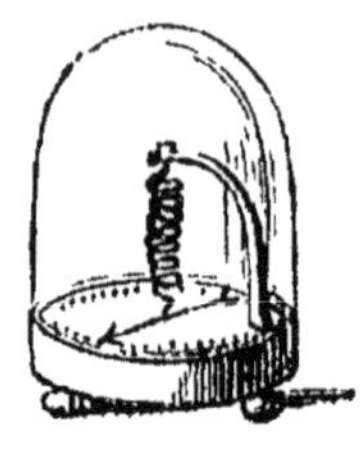

Fig. 102.

dit, et l'aiguille placée à l'extrémité se meut dans un sens ou dans l'autre le long du limbe du cadran. Avec un thermomètre à mercure très-sensible, on gradue l'instrument, et on le recouvre d'une petite cloche pour éviter les mouvements que lui imprimerait l'agitation de l'air.

On a aussi appliqué au pendule l'usage des lames compensatrices. A la tige d'un pendule et perpendiculairement à sa direction, on fixe une lame compensatrice terminée par des poids et disposée de façon que lorsque la lentille du pendule s'éloigne du point de suspension, les boules pesantes de la lame s'en rapprochent. On parvient ainsi à établir une compensation telle que le centre d'oscillation du système ne varie pas de position, quelle que soit la température.

Les lames compensatrices servent encore à régulariser le mouvement du balancier dans les chronomètres. Ces balanciers sont des roues animées d'un mouvement alternatif de va-et-vient. La régularité de ce mouvement est altérée dès que la température, en dilatant le métal, déplace le limbe de la roue par rapport à l'axe d'oscillation. Une ingénieuse combinaison de lames compensatrices et de contre-poids a mis ce mécanisme à l'abri de l'influence des variations de température. La roue a quatre rayons (fig. 103), à l'extrémité de chacun d'eux est fixé un quart de

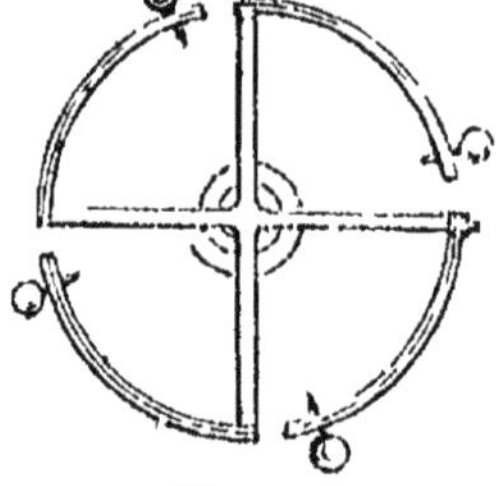

Fig. 103.

cercle, de sorte que cette roue en réalité se compose de quatre segments libres par une de leurs extrémités. Ces segments sont précisément formés d'une lame compensatrice qui porte à son extrémité libre une boule de plomb. Quand la température s'élève, la lame compensatrice se courbe vers l'axe de la roue et ramène par ses contre-poids le centre d'oscillation de la roue à une position invariable.

Je pourrais citer encore plusieurs applications des lames compensatrices, mais le principe est toujours le même, et celles que j'ai citées sont les plus importantes.

INDICATION DES COEFFICIENTS DE DILATATION DES LIQUIDES. — En étudiant la dilatation des liquides par la chaleur, on ne peut évidemment considérer que la *dilatation cubique*. Mais cette variation de volume se présente sous deux formes, parce que les liquides sont toujours contenus dans des vases sur lesquels la chaleur agit en même temps. On nomme donc *dilatation apparente* d'un liquide la dilatation que paraît subir un liquide dans une enveloppe qui se dilate, mais dont on néglige le changement de capacité. Comme les vases sont faits de matières solides, et que les solides sont moins dilatables que les liquides, la dilatation apparente est *l'excès de la dilatation véritable du liquide sur celle de son enveloppe*. Mais cette dilatation réelle du liquide en tenant compte de la dilatation de l'enveloppe, les physiciens l'étudient soigneusement, c'est la *dilatation absolue*. Nous avons vu, dans l'appareil qui nous a servi à prouver que les liquides sont dilatables par la chaleur, une démonstration de ce fait, que l'enveloppe se dilate sensiblement. Quand notre boule remplie de liquide a été soumise à une haute température, l'enveloppe, plus rapidement échauffée que le liquide, s'est momentanément dilatée seule, sa capacité a augmenté, et cet état passager s'est traduit à nos yeux par un abaissement du liquide dans le tube. Mais bientôt le liquide, échauffé à son tour, a rempli la capacité agrandie du verre, et s'est dilaté en excès; il a donc remonté rapidement.

La connaissance des coëfficients de dilatation apparente et absolue des liquides permet de calculer leurs changements de volume comme nous avons calculé pour les solides les variations de la longueur. Ainsi en appelant k le coëfficient de dilatation absolue d'un liquide, nous savons que cette quantité est *la fraction dont s'accroît l'unité de volume d'un liquide, quand on élève sa température de 1°*. Dès lors, v étant le volume à 0° d'une masse liquide, ce volume augmentera pour une température $t°$ d'une quantité vkt, exactement comme pour les solides a augmenté la longueur. Ainsi 25 centimètres cubes de 0° à 17°, se dilateront d'une quantité égale au coëfficient de dilatation multiplié par 25 d'abord, parce que chaque unité se dilate d'un volume k; puis il y aura pour chaque degré une augmentation pareille, ce qui donnera $k \times 25 \times 7$, c'est-à-dire vkt. Nous aurons donc une formule analogue à celle des solides :

$$v' = v (1 + kt).$$

D'où l'on pourra tirer successivement :

$$v = \frac{v'}{1 + kt}$$

$$t = \frac{v' - v}{vk}$$

$$k = \frac{v' - v}{vt}.$$

Dans ces formules, on peut faire encore intervenir les densités. Il est évident que lorsqu'un liquide se dilate, son volume augmente sans que son poids varie : or, nous savons depuis longtemps que d étant la densité, v le volume, et p le poids d'un corps, on a

$$p = vd.$$

Quand le volume devient v', pour que p ne change pas de valeur, il faut que la densité diminue ou augmente en raison inverse du volume, d'où le principe général : *les densités que prend une même masse pondérable sont en raison inverse des volumes qu'elle affecte.*

$$\frac{v'}{v} = \frac{d}{d'}$$

Mais la formule $v' = v\,(1 + kt)$ donne :

$$\frac{v'}{v} = 1 + kt$$

On aura donc :
$$\frac{d}{d'} = 1 + kt$$

ou enfin :
$$d' = \frac{d}{1 + kt}$$

formule qui permet de calculer la densité d'un liquide à $t°$, connaissant sa densité à 0°, et son coefficient de dilatation absolue.

Déterminer *ce coefficient de dilatation absolue* d'un liquide est, certes, une recherche bien difficile. Comment supprimer l'enveloppe ou en annuler les effets ? MM. Dulong et Petit, dans un travail justement célèbre, ont déterminé, par des méthodes ingénieuses, la dilatation absolue du mercure, et sa dilatation apparente dans le verre. Je n'ai pas ici à expliquer leurs délicates recherches ni leurs beaux appareils ; mais je donnerai seulement le principe de la détermination de chacun des deux coefficients.

Pour observer et évaluer la *dilatation absolue du mercure,*

MM. Dulong et Petit ont employé un vase communiquant comme le représente la figure 104. Cet appareil est rempli de mercure, et sa branche A étant maintenue à 0°, la branche B est soumise tour à tour à diverses températures comprises entre 0° et 300° degrés. Voici comment dans un tel appareil on peut observer la dilatation absolue, et l'influence de l'enveloppe est écartée. Le mercure de la branche B, porté, je suppose, à 100°,

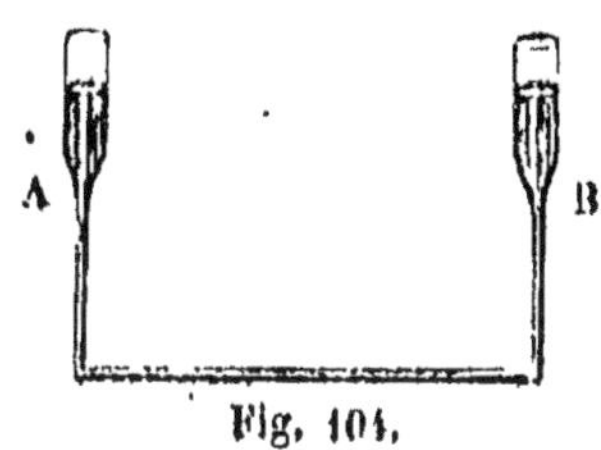

Fig. 104.

se dilate ; sa densité diminue en raison inverse de son augmentation de volume ; car le poids du mercure de l'appareil ne variant pas, nécessairement le volume n'augmente que par une diminution proportionnelle de la densité. Dès lors le vase communiquant ne renferme plus un seul et même liquide, mais bien deux liquides distincts par leur densité. Rappelons-nous donc le principe des vases communiquants à deux liquides : *les hauteurs dans chaque vase sont en raison inverse des densités.* Ayant établi bien verticalement A et B, il suffit d'observer le niveau du mercure dans chaque branche. On trouve alors en A, à 0°, une hauteur h ; en B à $t°$, une hauteur h' : du principe précédent résulte l'équation :

$$\frac{h}{h'} = \frac{d'}{d}$$

en appelant d la densité du mercure à 0°, et d' sa densité à la température t. Mais nous avons vu quelques lignes plus haut la formule

$$d' = \frac{d}{1 + kt}.$$

Notre première équation

$$\frac{h}{h'} = \frac{d'}{d}$$

donne aussi

$$hd = h'd'$$

d'où l'on a : $hd = \dfrac{h'd}{1 + kt}$, en remplaçant d' par sa valeur.

Si on divise par d les deux termes de l'équation

$$h = \frac{h'}{1 + kt}$$

d'où l'on tire successivement :

$$h (1 + kt) = h'$$
$$h + hkt = h'$$
$$hkt = h' - h$$

et enfin :
$$k = \frac{h' - h}{ht}.$$

L'observation des hauteurs suffit donc aux deux savants physiciens pour déterminer le coefficient de dilatation absolue du mercure ; et ils trouvèrent que de 0° à 100° ce coefficient est égal à $\frac{1}{5550}$ ou 0,00018018. Au-dessus de 100° la dilatation marche plus vite, de sorte que le coefficient moyen de 100° à 200° est $\frac{1}{5425}$ ou 0,00018605 ; enfin de 200° à 300° c'est $\frac{1}{5300}$ ou 0,00018867. Le mercure se dilate régulièrement de — 30 à + 100°. Mais en général la dilatation des liquides est irrégulière surtout au voisinage de leurs points d'ébullition ou de solidification.

Le *coefficient de dilatation apparente* dans le verre a été déterminé par MM. Dulong et Petit à l'aide d'un petit appareil dit *thermomètre à poids*. On le voit représenté figure 105; c'est un vase cylindrique en verre blanc, muni d'un tube capillaire recourbé sur lui-même et ouvert à son extrémité. L'instrument étant pesé avec soin, on le remplit de mercure à 0°, et on pèse de nouveau : la différence des deux pesées, fait connaître le poids P du mercure. Disposant alors une petite capsule pour recevoir le mercure qui s'écoulera par suite de la dilatation, on soumet l'appareil à une température t supérieure à 0° : soit p le poids du mercure écoulé dans la capsule; P — p est celui du mercure resté dans le thermomètre à poids. Appelons V le volume

Fig. 105.

à 0° du mercure qui remplissait le thermomètre et dont le poids est P; appelons v le volume qu'avait à 0° le mercure qui remplit l'appareil à t°; ces deux volumes sont dans le rapport des poids, puisque la température est la même, j'écris donc

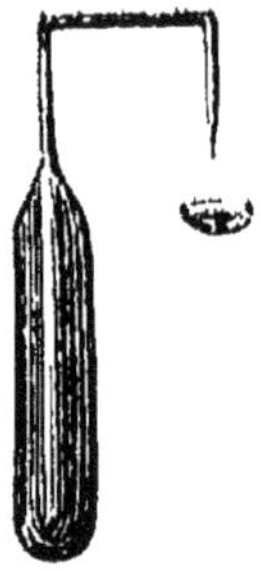

$$\frac{V}{v} = \frac{P}{P - p}.$$

Mais ce volume v à 0°, du mercure resté, est devenu V à t°; on peut

donc écrire, en appelant d le coefficient de dilatation apparente du mercure dans le verre.

$$V = v (1 + dt)$$

ou

$$\frac{V}{v} = 1 + dt.$$

Mais comme on a déjà $\dfrac{V}{v} = \dfrac{P}{P - p}$

on écrira

$$\frac{P}{P - p} = 1 + dt$$

d'où l'on peut tirer

$$d = \frac{p}{(P - p)t}.$$

M. Dulong et Petit ont trouvé pour coefficient de dilatation apparente du mercure dans le verre $\dfrac{1}{6480}$ ou $0,000154$.

Dans la formule précédente

$$d = \frac{p}{(P - p)t}$$

sachant que $d = \dfrac{1}{6480}$ on peut facilement calculer la valeur de t, c'est-à-dire la température à laquelle a été porté l'appareil. On arrivera en effet à la formule

$$t = \frac{p}{(P - p)d} = \frac{p \times 6480}{P - p}.$$

C'est alors que l'instrument devient un véritable *thermomètre à poids*, puisqu'il suffit de peser le mercure qui remplit le thermomètre à 0°, P ; puis le mercure sorti, p ; on en déduit t la température.

J'ai fait observer déjà que le *coefficient de dilatation apparente du mercure dans le verre* $\dfrac{1}{6480}$ est évidemment l'excès du coefficient de dilatation absolue du mercure $\dfrac{1}{5550}$ sur le coefficient de dilatation cubique du verre. Ce dernier est donc égal à $\dfrac{1}{5550} - \dfrac{1}{6480}$; ce qui donne $\dfrac{1}{38700}$ ou $0,00002584$. C'est ainsi que M. Dulong et Petit ont déterminé ce coefficient du verre en même temps que ceux du mercure.

On peut connaître par le thermomètre à poids le coefficient de dilatation apparente de plusieurs liquides dans le verre. Il suffit d'augmenter ces coefficients de celui de l'enveloppe pour avoir les coefficients de dilatation absolue. Mais le mercure est le liquide qui se dilate le plus régulièrement, les autres offrent de telles irrégularités que le calcul est loin de donner des résultats précis. Dans un travail précieux et rempli de difficultés, M. Pierre a déterminé les coefficients de dilatation de plusieurs liquides à 0° et à leur point d'ébullition. Voici quelques-uns des nombres qu'il a donnés.

	COEFFICIENTS DE DILATATION		
	à 0°.	au point d'ébullition.	Point d'ébullition.
Alcool méthylique..........	0,001185	0,001320	63°,0
— amylique	0,000800	0,001008	131°,8
Brôme	0,001038	0,001107	63°,0
Chloroforme............	0,001107	0,001320	63°,5
Éther sulfurique..........	0,001513	0,001647	35°,5
Sulfure de carbone........	0,001130	0,001249	47°,9

L'eau présente dans sa dilatation une irrégularité des plus remarquables: au lieu de se dilater constamment de 0° à 100°, elle se contracte d'abord de 0° à 4°, puis se dilate de 4° à 100°; et le froid produit un effet correspondant, il la contracte jusqu'à 4° et la dilate ensuite jusqu'à la solidification. Il en résulte donc qu'une masse donnée d'eau occupe à 4° le plus petit volume qu'elle soit susceptible de prendre, aussi désigne-t-on ce point sous le nom de *maximum de densité* de l'eau. Ce phénomène remarquable se constate au moyen de plusieurs appareils, parmi lesquels je citerai celui de la figure 100. C'est un cylindre métallique où l'on

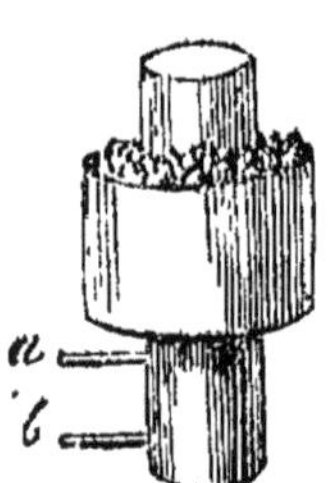

Fig. 100.

met de l'eau et dont on refroidit la partie supérieure à l'aide d'une ceinture de glace. Deux thermomètres permettent de comparer la température de l'eau voisine de la source de froid, et de celle que sa plus grande densité entraîne au fond. On constate que cette couche inférieure est constamment à + 4°. Le coefficient de dilatation moyenne de l'eau distillée de 4° à 100° est évalué à 0,0004803⅓.

Usages des coefficients de dilatation des liquides. — Il résulte clairement des faits que nous venons de voir, que le mercure seul présente assez de régularité dans sa dilatation pour que son coéfficient puisse avec utilité être employé dans les calculs.

Correction de la hauteur barométrique. — Le baromètre mesure avec précision la pression atmosphérique, mais à la condition que la densité du mercure ne varie pas ou qu'on peut la ramener à ce qu'elle serait à une température constante. On est donc convenu que toutes les observations barométriques seraient ramenées à la température de 0°, de manière à être toutes comparables entre elles. Il est clair en effet que la dilatation provenant d'une température élevée diminue la densité du mercure, augmente par conséquent la hauteur barométrique ; de telle façon qu'on ne peut nullement comparer une hauteur observée à 0° avec une hauteur observée à 37°, par exemple. On a donc calculé la correction qu'il faut faire pour ramener la hauteur à 0°, lorsqu'elle a été observée à $t°$.

Soit 0ᵐ,771 une hauteur barométrique observée à 18°, quelle sera-t-elle à 0°? — Les hauteurs étant en raison inverse des densités, si δ est la densité du mercure à 0° et δ' cette densité à 18°, on aura la relation suivante en appelant H la hauteur à 0° que nous cherchons :

$$\frac{H}{0,771} = \frac{\delta'}{\delta}$$

Mais nous savons d'ailleurs (voyez ci-dessus) que $\delta' = \dfrac{\delta}{1 + kt}$

k étant le coefficient de dilatation absolue du mercure que nous savons égal à $\dfrac{1}{5550}$: il faut donc convertir l'équation précédente en celle-ci :

$$\frac{H}{0,771} = \frac{\delta}{\delta \times (1 + kt)} = \frac{1}{1 + kt}$$

Mais comme ici $k = \dfrac{1}{5550}$ et $t = 18$, l'expression $1 + kt$ devient : $\dfrac{5550 + 18}{5550}$ et la valeur de H sera :

$$H = \frac{0,771 \times 5550}{5550 + 18} = 0^m,768.$$

La hauteur barométrique observée à 0° aurait donc été 0ᵐ,768 au lieu de 0ᵐ,771.

Il est facile de transformer ce résultat en une formule générale qui dispensera de répéter ce calcul à chaque fois. Appelons h la hauteur observée, t la température, et nous aurons :

$$H = \frac{5550\, h}{5550 + t}$$

INDICATION DES COEFFICIENTS DE DILATATION DES GAZ. — C'est à Gay-Lussac qu'il faut rapporter l'honneur des premiers travaux exécutes pour mesurer la dilatation des gaz : ils remontent à 1804. Le principe de son appareil est des plus simples. Un tube à réservoir b

Fig. 107.

(fig. 107) est plongé dans une étuve dont on peut observer la température : une certaine masse de gaz sec a été introduite dans le tube, et l'index en mercure a par son déplacement indique les variations de volume suivant la température. Il formula comme résultat de ce travail les deux lois suivantes :

1° *Tous les gaz ont le même coefficient de dilatation que l'air.*

2° *Ce coefficient conserve la même valeur, quelle que soit la pression supportée par les gaz.*

Quant au coefficient de dilatation de l'air, il le trouva égal à 0,00375, c'est-à-dire que, selon lui, un volume d'air, de 0° à 1° se dilate de $\dfrac{375}{100000}$.

Des recherches plus précises faites à l'aide de méthodes très-délicates par MM. Dulong, Rudberg, Magnus, Pouillet, Regnault, ont prouvé que ces lois n'avaient qu'une exactitude approximative. Voici de 0° à 100° les coefficients que M. Regnault a déterminés pour des pressions de 0m,50 à 1m,50 de mercure.

Air...................... 0,0036650
Hydrogène................ 0,0036678
Azote.................... 0,0036682
Acide sulfureux.......... 0,0036696
Acide chlorhydrique...... 0,0030812
Cyanogène................ 0,0030821
Acide carbonique......... 0,0036800

On voit que le nombre 0,00367 ou $\dfrac{1}{273}$ peut être considéré comme le coefficient moyen des gaz en général.

Il n'est pas non plus rigoureusement exact que ce coefficient ne varie pas quelle que soit la pression ; à une même température il augmente avec la pression, mais d'une quantité faible.

USAGES DES COEFFICIENTS DE DILATATION DES GAZ. — Les coefficients de dilatation des gaz servent principalement dans les calculs relatifs aux variations de densité, de poids ou de volume des masses gazeuses sous l'empire des diverses températures. Le tube à réservoir de Gay-Lussac avec son index peut cependant devenir un thermomètre à air, où connaissant le coefficient de dilatation on observe les variations de volume et on en déduit les températures. Mais c'est surtout dans les calculs auxquels donnent lieu un grand nombre d'expériences en physique ou en chimie, que l'on emploie fréquemment le coefficient de dilatation des gaz ; il est représenté par la lettre α et figure dans un grand nombre de formules d'un usage journalier. Je vais en donner les plus importantes, et on verra ensuite aux *problèmes* quels services elles peuvent rendre dans l'interprétation des expériences. Les principales questions que l'on peut avoir à résoudre se rapportent aux formules suivantes :

1° Connaissant v le volume à 0°, déterminer v' le volume à t°, sous une pression constante.

1re formule :
$$v' = v (1 + \alpha t).$$

Nous avons déjà vu cette formule à propos des dilatations de volume. Les autres formules s'en déduisent.

2° Connaissant v' et t, déterminer v, la pression demeurant constante.

2e formule :
$$v = \frac{v'}{1 + \alpha t}.$$

C'est la formule qui ramène à 0° le volume observé à une température t.

3° Connaissant v, v', t, déterminer α sous une pression constante.

3e formule :
$$\alpha = \frac{v' - v}{vt}.$$

4° Connaissant vv', calculer t, la pression étant constante.

4e formule :
$$t = \frac{v' - v}{v\alpha}.$$

5° Connaissant v' le volume à t°, calculer un second volume v'' à une température t', la pression est toujours constante.

Nous savons que
$$v = \frac{v'}{1 + \alpha t}$$

Or, d'après la 1re formule, on a
$$v'' = v (1 + \alpha t')$$

ou en remplaçant v par sa valeur.

5e formule :
$$v'' = \frac{v' (1 + \alpha t')}{1 + \alpha t}$$

6° Connaissant le poids p d'un volume de gaz à 0°, calculer p' le poids à $t°$ du même volume du gaz, la pression étant constante.

Les poids sont proportionnels aux densités; de sorte qu'en appelant d la densité 0° et d' la densité à $t°$, on aura

$$\frac{p}{p'} = \frac{d}{d'}.$$

Mais les densités sont en raison inverse des volumes.

$$\frac{d'}{d} = \frac{v}{v\,(1 + \alpha t)} = \frac{1}{1 + \alpha t}.$$

On a donc à cause du membre commun aux deux équations

$$\frac{p'}{p} = \frac{1}{1 + \alpha t}.$$

D'où l'on tire enfin

6° formule : $p' = \dfrac{p}{1 + \alpha t}.$

7° Connaissant p' à $t°$, ramener le poids de la masse gazeuse à ce qu'il serait sous le même volume et la même pression à 0°.

7° formule : $p = p'\,(1 + \alpha t).$

8° Connaissant p' le poids à $t°$, calculer p'' le poids à une température t' d'une masse gazeuse dont le volume et la pression demeurent constants la quantité du gaz variant seule.

8° formule : $p'' = \dfrac{p'\,(1 + \alpha t')}{1 + \alpha t'}.$

J'ai supposé dans toutes ces formules la pression invariable; ce n'est pas ce qui arrive communément : mais la correction que nécessitent ses variations se fait à part dans les problèmes. On calcule tout pour une pression constante, et en appliquant la *loi de Mariotte*, on ramène facilement tous les résultats à ce qu'ils auraient été si la pression n'eût pas varié.

DENSITÉ DES GAZ. — Les gaz étant en général très-légers par rapport à l'eau, il n'eût pas été commode de comparer leur densité à celle de ce liquide. On est donc convenu d'adopter pour unité la densité de l'air bien sec et bien pur; seulement pour que ces densités puissent au besoin être comparées à celles des autres corps,

Il faut bien connaître la densité de l'air par rapport à celle de l'eau. Cette densité a été déterminée avec soin par MM. Arago et Biot en 1805. Ils ont pris un ballon de 6 à 7 litres, y ont fait le vide et l'ont pesé. Cette tare du ballon une fois obtenue, ils le pesèrent rempli d'air sec, et une seconde fois plein d'eau distillée. En opérant à la même température et à la même pression, on a ainsi le poids d'un égal volume d'air et d'eau distillée, puis divisant le poids de l'air par celui de l'eau, on a la densité de l'air. Les deux habiles expérimentateurs trouvèrent ainsi que 1 centimètre cube d'air sec à 0° de température et 0m,76 de pression, pèse 0gr,0012905ᴴ. Un litre d'air pèsera donc 1gr,29054.

Cette première détermination une fois faite, il est facile d'imaginer par quel procédé on trouvera la densité des autres gaz par rapport à celle de l'air. On prend encore un ballon de 6 à 7 litres de capacité; on le tare vide, comme plus haut. On le pèse ensuite plein d'air sec, et une seconde fois on le pèse rempli de l'autre gaz; le dernier de ces deux poids divisé par le premier donnera pour quotient la densité cherchée. Rien de plus simple en apparence que ces opérations; rien de plus compliqué dans la pratique. J'ai dans l'une, ou dans l'autre parlé d'une température et d'une pression constante; c'est ce que l'on n'a pour ainsi dire jamais. Or, la température influe sur la capacité du ballon et sur la densité même des gaz, de telle façon qu'il faut peser toujours à la même température, ou, comme c'est impossible, corriger par le calcul et ramener à 0° les poids obtenus par l'expérience. La pression a une autre influence non moins importante; comme les pesées se font dans l'air, on n'a pas le *poids absolu* du ballon vide ou avec son contenu, mais bien le *poids apparent*. Ce poids apparent est simplement l'excès du poids absolu sur la *poussée* de l'air; mais cette poussée est égale au poids de l'air déplacé, et ce poids dépend évi-

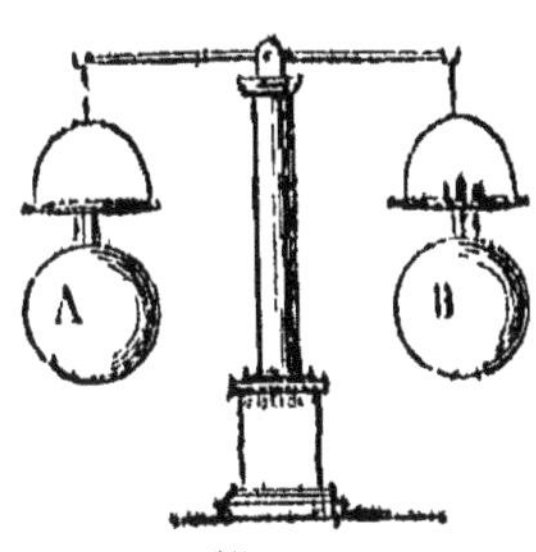

Fig. 108.

demment de la pression extérieure. Il y a donc encore là une correction à faire. De telle sorte que cette méthode, si simple en apparence, nécessite beaucoup de calculs.

Méthode de M. Regnault. — M. Regnault, par d'ingénieuses modifications introduites dans l'expérience, a pu se dispenser de faire toutes ces corrections. Il s'est procuré deux ballons (fig. 108) de même volume et de même poids, en un mot, exactement pareils. L'un d'eux est hermétiquement fermé et vide. Tous deux sont suspendus sous les plateaux de la balance hydrostatique. Le ballon vide fait équilibre à l'autre ballon qu'il est dès lors inutile de tarer; le gaz contenu dans cet autre ballon donne seul un excès de poids que l'on mesure par des poids marqués, ajoutés dans le plateau qui supporte le ballon vide. La température agira en même temps sur les deux ballons, de manière que l'on n'a pas besoin d'en tenir compte; de plus le ballon B, où l'on pèse le gaz, est plongé dans un vase en zinc entouré de glace : de sorte que la pesée se fait à 0°. Ceci dispense de toute correction sur les températures, et il suffit après l'opération de ramener à la pression $0^m,76$ le poids obtenu. Si h est la pression observée dans une pesée, h' celle d'une seconde, il suffira de multiplier le premier poids par $\dfrac{h}{0,76}$, et le second par $\dfrac{h'}{0,76}$. Telle est la méthode précise par laquelle M. Regnault a déterminé la densité des gaz, sans être astreint aux corrections nombreuses qu'entraîne l'ancien procédé.

DENSITÉ DE QUELQUES GAZ A LA TEMPÉRATURE 0° ET SOUS LA PRESSION $0^m,76$.

Hydrogène	0,0692	Air atmosphérique	1,000
Hydrogène protocarboné	0,556	Oxygène	1,105
Gaz ammoniac	0,597	Acide chlorhydrique	1,245
Oxyde de carbone	0,967	Acide carbonique	1,520
Azote	0,972	Chlore	2,44

Pour savoir la densité d'un de ces gaz par rapport à l'eau, il suffit de multiplier leur densité rapportée à l'air, par celle de l'air 0,00129054.

Certains gaz, comme le chlore, attaquent le cuivre, et l'on ne peut se servir d'un ballon avec ajutage et robinet en cuivre, comme d'ordinaire. On opère alors dans un flacon en verre bouché à l'émeri : on le remplit de gaz le mieux possible, on le pèse, on retranche du poids observé le poids du flacon, moins celui de l'air déplacé, et on a le poids du gaz. Le poids de l'air se calcule en jaugeant le vase et en multipliant son volume par la densité de l'air à la pression où on opère. Lorsqu'on a obtenu le poids du gaz, il suffit de le diviser par le poids de l'air pour connaître la densité.

RÉSUMÉ DU CHAPITRE IX.

DILATATION DES CORPS PAR LA CHALEUR.

Les corps se dilatent quand ils s'échauffent, et se contractent lorsqu'ils se refroidissent. — Expériences qui le démontrent pour les solides, les liquides et les gaz.

On nomme *température* le degré de chaleur d'un corps; elle se mesure par sa dilatation. — Principe des thermomètres.

Un *thermomètre* est un instrument destiné à mesurer les températures.

Thermomètre à mercure; sa construction. — Choix du tube. — Remplissage du thermomètre. — Graduation; 0° est la température de la glace fondante; 100° est celle de l'ébullition de l'eau sous la pression 0m,76.

Échelles centigrade, Réaumur, Fahrenheit : leur relation.

INDICATION DES COEFFICIENTS DE DILATATION DES SOLIDES, DES LIQUIDES ET DES GAZ; LEURS USAGES.

Corps solides. — Dilatation linéaire, dilatation cubique.

Le coefficient de dilatation linéaire est la quantité dont s'allonge une barre d'une substance déterminée et mesurant l'unité de longueur, pour une élévation de température de 1°.

Chaque corps a son coefficient de dilatation linéaire; il varie un peu suivant les limites de température entre lesquelles on opère.

La longueur l', à la température $t°$, d'une barre, dont la longueur à 0° est l, est donnée par la formule :

$$l' = l\,(1 + nt)$$

n est le coefficient de dilatation linéaire.

Le coefficient de dilatation cubique est la quantité dont augmente l'unité de volume d'un corps, pour une élévation de température de 1°. — Il est triple du coefficient de dilatation linéaire.

Les coefficients de dilatation des solides sont employés dans la construction des pendules compensateurs, des lames compensatrices. — Thermomètre de Bréguet, régulateur des chronomètres, etc.

Corps liquides. — Dilatation apparente. — Dilatation absolue.

La dilatation apparente est égale à l'excès de la dilatation absolue du liquide sur la dilatation de l'enveloppe.

Le coefficient de dilatation absolue du mercure entre 0° et 100° est $\dfrac{1}{5550}$; son coefficient de dilatation apparente dans le verre est $\dfrac{1}{6480}$.

Irrégularité de la dilatation des liquides en général. — Maximum de densité de l'eau à 4°.

Le volume v' à $t°$ d'une masse qui a pour volume v à $0°$, et pour coefficient de dilatation absolue k, est donné par la formule

$$v' = v (1 + kt)$$

Un des usages les plus importants des coefficients de dilatation des liquides, c'est la correction de la hauteur barométrique :

$$H = \frac{5550\ h}{5550 + t}$$

Corps gazeux. — Lois de Gay-Lussac.

1° Tous les gaz ont le même coefficient de dilatation.

2° Ce coefficient conserve la même valeur, quelle que soit la pression supportée par les gaz.

Ces lois n'ont qu'une exactitude approximative. — M. Regnault a donné pour coefficient de dilatation de l'air $\frac{1}{273}$, ou 0,00367. Ce coefficient varie faiblement, selon la nature du gaz ; il augmente un peu avec la pression.

Formule du volume d'une masse gazeuse à $t°$

$$v' = v (1 + \alpha t)$$

α est le coefficient de dilatation.

DENSITÉ DES GAZ.

Détermination de la densité de l'air par rapport à l'eau. — Un centimètre cube d'air à 0° et sous la pression de $0^m,76$ pèse $0^{gr},00129954$: un litre d'air pèse donc $1^{gr},29954$.

Détermination de la densité d'un gaz par rapport à l'air. — Peser un ballon taré, plein d'air, puis plein du gaz : corrections de la température et de la pression.

Méthode de M. Regnault avec les deux ballons égaux, dont un vide.

Précautions qu'exigent les gaz qui attaquent le cuivre.

CHAPITRE X.

FUSION, SOLIDIFICATION OU CONGÉLATION. — ÉVAPORATION. — MESURE DE LA FORCE ÉLASTIQUE DES VAPEURS. — ÉBULLITION, CONDENSATION, DISTILLA- TION.

PASSAGE DÉ L'ÉTAT SOLIDE A L'ÉTAT LIQUIDE. — La chaleur n'a pas pour seul effet de faire varier le volume des corps; elle les fait aussi changer d'état. Quand on chauffe un corps solide, on arrive ordinairement à une température où il devient liquide. On dit alors qu'il *fond*, et ce passage de l'état solide à l'état liquide s'appelle *fusion*. Quelques corps solides ont résisté jusqu'ici à nos plus hautes températures; mais le nombre en est très-petit, les autres sont *fusibles*. La fusion s'opère à une température fixe pour chaque corps; mais elle présente un phénomène calorifique très-important. Quand un corps solide est soumis à l'action d'une source de chaleur, sa température s'élève et il se dilate; mais arrivé à la température de fusion, bien que la source continue à fournir de la chaleur, le corps qui fond demeure à une température constante, et cette température se maintient obstinément, jusqu'à ce que tout le corps soit liquide. Alors, si la source de chaleur continue à agir, ce liquide résultant de la fusion prend des températures de plus en plus élevées. Ainsi la fusion des corps se fait à une température fixe, et la chaleur qu'on ajoute au corps pendant cette opération ne fait nullement varier sa température; il fond seulement plus ou moins vite. Nous verrons bientôt ce qu'il faut conclure de ce fait; constatons-le seulement.

Cette température fixe à laquelle fondent les corps se nomme leur point de fusion. Voici le point de fusion de quelques corps :

Fer doux	+ 1800°
Or au titre des monnaies	+ 1180°
Argent	+ 1000°
Zinc	+ 423°
Plomb	+ 332°
Soufre	+ 111°
Suif	+ 33°
Mercure	— 40°

On peut encore considérer comme un mode de liquéfaction la *dissolution*, c'est-à-dire la propriété qu'ont certains corps de passer à l'état liquide au contact des liquides pour lesquels ils ont une certaine affinité.

Passage inverse de l'état liquide a l'état solide. — La chaleur qui a fait fondre les corps est nécessaire pour les maintenir à l'état liquide. Le refroidissement les ramène à l'état solide par un phénomène inverse de la fusion, et qu'on nomme la *solidification* ou la *congélation* Ce refroidissement peut s'opérer lentement ou brusquement. Par un *refroidissement lent*, les liquides peuvent, s'ils sont à l'abri de toute agitation, parvenir à une température inférieure à celle où ils ont l'habitude de se congeler. Cette température à laquelle se fait le retour à l'état solide est précisément celle où s'opère la fusion du même corps. Ainsi l'eau se congèle à 0°, qui est le point de fusion de la glace : avec des précautions, on peut cependant refroidir ce liquide jusqu'à — 12° sans le solidifier ; mais alors, à la moindre agitation, la masse liquide se prend instantanément en un bloc de glace. La congélation des corps par le refroidissement lent donne lieu au phénomène désigné sous le nom de *cristallisation*, dont il est spécialement traité en chimie.

Le *refroidissement brusque* détermine la solidification avec des phénomènes différents. La cristallisation n'a plus lieu, les molécules se groupent irrégulièrement dans une sorte d'arrangement forcé qui change très-sensiblement les propriétés physiques du corps. Ainsi le verre en fusion pâteuse versé goutte à goutte dans l'eau froide s'y prend en masses allongées appelées *larmes bataviques*. Ces masses, où le verre s'est brusquement solidifié dans un arrangement moléculaire anormal demeurent intactes, tant qu'on ne leur imprime aucune secousse ; mais il suffit d'en briser la pointe pour les faire éclater, et elles se réduisent en une fine poussière. La *trempe* des métaux, qui consiste à les plonger dans l'eau froide après les avoir portés au rouge, est un phénomène analogue. On pourra étudier en chimie (*C. de Chimie*) les effets singuliers de la trempe sur le soufre et le phosphore. Cet état moléculaire qui transforme ainsi les corps a été désigné sous le nom d'*allotropie*.

La plupart des liquides diminuent de volume en se solidifiant ; il y en a cependant qui font exception à cette loi. L'eau est le plus remarquable de tous. J'ai déjà dit qu'à partir de + 4° jusqu'à 0° ce liquide se dilate en se refroidissant ; mais au moment de sa congélation, elle subit une dilatation bien autrement considérable, et avec une force d'expansion prodigieuse. La dilatation est de $\frac{1}{20}$ environ du volume de l'eau à 0° ; diverses expériences ont servi à démontrer avec quelle prodigieuse énergie elle se fait. Huyghens le premier remplit d'eau un canon de pistolet fermé par un bouchon taraudé, et le fit crever en l'exposant à la gelée. Plus tard Williams, physicien anglais, recommença la même expérience avec une bombe remplie d'eau et solidement fermée avec un tampon de bois. Ce tampon fut lancé à plusieurs mètres de distance, et un gros bourrelet de glace fit saillie hors de la bombe. On s'explique donc comment la gelée fait éclater les vases dans lesquels l'eau est exposée à son action, fend les pierres poreuses imbibées d'eau, etc. Quelques autres corps augmentent également de volume en se solidifiant. Le bismuth par exemple brise les tubes de verre dans lesquels on le solidifie.

Une circonstance importante de la solidification des corps, c'est que la température des liquides où elle s'opère demeure constante pendant toute la durée du changement d'état.

CHALEUR LATENTE. — Les deux changements d'état que nous venons d'étudier nous ont offert, quant aux conditions calorifiques, les deux faits suivants :

1° *La fusion s'opère à une température déterminée pour chaque corps, et du moment où elle a commencé, la température reste constante, jusqu'à ce qu'elle soit complétement achevée.*

2° *La solidification s'opère ordinairement à la température de fusion du corps, et dès qu'elle a commencé, la température demeure constante jusqu'à la fin du phénomène.*

Ainsi, durant chacun de ces changements d'état, la température à laquelle il a commencé ne varie plus. Si l'on réfléchit que, pendant la fusion, le corps est soumis à un échauffement continu, on sera convaincu que le corps qui fond absorbe du calorique. Ainsi du plomb amené dans un foyer à une température de 332° entre en fusion, et au milieu de ce même foyer où il a pu atteindre une température aussi élevée, il va cesser tout à coup de s'échauffer ; on ne peut supposer qu'il cesse de gagner de la chaleur, et dès que la fusion est terminée, la température reprend sa marche ascensionnelle. Il faut nécessairement admettre que le calorique communiqué à un corps pendant sa fusion est absorbé par ce corps, se combine avec ses molécules pour le rendre liquide, et devient, par suite de cette combinaison, insensible au thermomètre. Les circonstances de la solidification confirment cette théorie. Il est naturel, en effet, de penser que, si les corps *absorbent* du calorique en se liquéfiant, lorsqu'ils reviendront de l'état liquide à l'état solide, ils devront *exhaler* du calorique. Or c'est précisément cette exhalation de calorique qui explique comment la solidification a lieu à une température constante. Elle devient stationnaire à ce moment, parce que le calorique, combiné avec le liquide, rendu libre à mesure que le corps devient solide, compense l'abaissement de température résultant du réfroidissement.

On appelle *chaleur latente* ou *calorique latent*, *cette quantité de chaleur combinée avec les molécules des corps pour les maintenir à l'état liquide;* absorbée dans la fusion, elle est alors insensible au thermomètre; et exhalée dans la solidification, elle apparaît libre et capable de faire varier cet instrument.

Des expériences directes démontrent cette absorption ou cette exhalation du calorique latent.

Absorption de chaleur latente dans la fusion. — Prenant 1 kilogramme d'eau à 0°, et 1 second kilogramme d'eau à + 79°, on obtient en les mélangeant 2 kilogrammes d'eau à 39°,5. Il y a eu partage de la chaleur entre les deux masses liquides. Mélangez de même 1 kilogramme de glace à 0° avec 1 kilogramme d'eau à + 79°, et vous obtiendrez 2 kilogrammes d'eau à 0°. Dans cette seconde expérience, le résultat est bien différent. L'eau a perdu toute la chaleur qui élevait sa température de 0° à + 79°, et la glace n'a pas gagné 1° de température, elle a seulement fondu. On doit conclure de là que pour *fondre*, 1 kilogramme de glace absorbe, comme *chaleur latente*, une quantité de calorique capable d'élever de 0° à + 79° la température du même poids d'eau. La quantité de calorique absorbée dans la fusion varie selon les corps, et l'expérience précédente, exécutée avec les précautions nécessaires, devient le principe d'une méthode d'évaluation de la chaleur latente de fusion des divers corps. J'y reviendrai plus tard (ch. xi), parce que nous n'avons pas encore toutes les connaissances nécessaires pour traiter cette question.

Exhalation de chaleur latente dans la solidification. — Il n'est pas aussi facile de démontrer l'exhalation de la chaleur latente que son absorption. Dans les congélations ordinaires, le phénomène marche assez lentement pour que l'exhalation du calorique compense simplement le refroidissement et maintienne constante la température; cependant, dans des solidifications brusques, ce calorique exhalé devient sensible. Ainsi abaissez par un refroidissement lent et à l'abri de toute agitation la température de l'eau jusqu'à — 10° ou — 12°, puis déterminez par un léger ébranlement la congélation instantanée, la température remonte brusquement à 0°. Le dégagement de la chaleur latente peut seul expliquer cette élévation de température.

J'ai assimilé la *dissolution* aux phénomènes de fusion, et quelle que soit la véritable nature de ce phénomène, il s'opère dans des circonstances analogues. Ainsi quand on dissout dans l'eau un sel quelconque, il y a une absorption de chaleur latente. Toute dissolution devrait donc produire un abaissement de température; mais cette conséquence ne se vérifie pas toujours. En même temps qu'il y a changement d'état, il y a dans la plupart des dissolutions combinaison chimique et par suite dégagement de chaleur. Tantôt la chaleur provenant de la combinaison chimique est moins considérable que la chaleur latente absorbée, et il y a un abaissement de température ; tantôt elle surpasse au contraire la chaleur latente, et il y a élévation ; tantôt enfin les deux effets se compensent, et la température demeure alors constante. La *précipitation* brusque d'un corps en dissolution donne lieu, comme la solidification, à une exhalation de calorique latent. Dans un petit matras on a saturé à $+33°$ une dissolution de sulfate de soude ; puis on a fermé à la lampe à cette température. La dissolution en refroidissant est sursaturée, mais enfermée à $+33°$, elle est sous une pression faible une fois revenue à la température ordinaire, et, comme on le sait, les corps dissous en excès ne se précipitent pas très-rapidement de leurs dissolutions. Si donc on laisse ce matras fermé, la liqueur demeure parfaitement fluide, sans aucun précipité ; mais cassez la pointe, et au choc de l'air le sel en excès se solidifie à l'instant en cristaux prismatiques : une élévation très-notable de température accompagne cette solidification.

MÉLANGES RÉFRIGÉRANTS. — L'absorption du calorique dans la fusion des corps est devenue une source puissante de froid dans les mélanges réfrigérants. On nomme ainsi des mélanges de substances ayant de l'affinité les unes pour les autres, et dont une au moins, introduite à l'état solide, se liquéfie sous l'empire de cette affinité. Plus cette fusion est rapide, plus le froid produit est intense ; car il résulte uniquement de la chaleur latente qu'enlève aux corps environnants le corps qui passe à l'état liquide. Il suffira d'examiner un de ces mélanges pour bien fixer les idées. En mêlant à parties égales de la glace pilée ou de la neige avec du sel marin, on a un mélange réfrigérant capable de produire un froid de $-17°$ environ. Ici deux corps solides fondent simultanément, en vertu de la solubilité du sel dans l'eau, et tous deux absorbent de la chaleur latente. Voici quelques mélanges réfrigérants avec l'indication du froid qu'ils peuvent produire :

MÉLANGES RÉFRIGÉRANTS.

PROPORTIONS DES MÉLANGES.	FROID PRODUIT.
1 Neige ou glace pilée,.......... 1 Sel marin (chlorure de sodium.) }	$-17°$
5 Acide chlorhydrique, 8 Sulfate de soude.... }	$-17°$

MÉLANGES RÉFRIGÉRANTS (*suite.*)

PROPORTION DES MÉLANGES.	FROID PRODUIT.
12 Neige ou glace pilée. } 5 Sel marin......... }	— 30°
3 Neige ou glace pilée......... } 4 Chlorure de calcium cristallisé. }	— 28°
8 Neige ou glace pilée...... } 10 Acide sulfurique étendu.. }	— 68°

PASSAGE DE L'ÉTAT LIQUIDE A L'ÉTAT DE VAPEUR. — Les corps liquides ont la plus grande tendance à passer à l'état gazeux ; et, si ce n'est dans les températures qui avoisinent leur point de solidification, les liquides émettent sans cesse des vapeurs plus ou moins abondantes nées de leur surface libre. Ce phénomène est désigné sous le nom d'*évaporation*; il est distinct de la *vaporisation* ou *ébullition*, dont je parlerai bientôt. L'*évaporation* est le dégagement de vapeur qui se produit à la surface libre des liquides dont la température est inférieure à leur point d'ébullition. L'*ébullition* est le passage d'une masse liquide à l'état de vapeurs à une température déterminée qui est son *point d'ébullition*. L'évaporation est un phénomène très-général et qui se présente, dans beaucoup de liquides, à l'état presque insensible. Ainsi le mercure, qui semble un liquide bien fixe, émet des vapeurs constamment, et ne cesse d'en donner qu'à — 10°. Les *vapeurs* ne sont pas des corps distincts des gaz; c'est

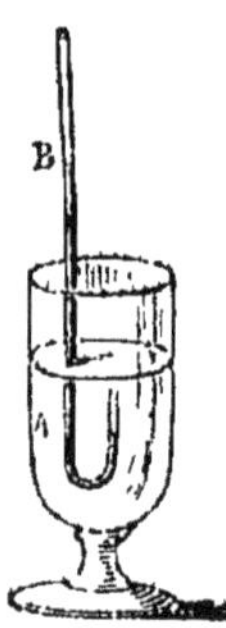

Fig. 100.

l'état gazeux des liquides qui les émettent. Seulement en présence du liquide qui les engendre, les vapeurs pouvant repasser facilement à l'état liquide ou se pourvoir de nouvelles quantités de vapeur, se conduisent d'une façon toute particulière, qui les fait étudier spécialement par les physiciens. Séparés de leur liquide, elles obéissent aux lois des gaz et en montrent toutes les propriétés. Ce sont donc des fluides élastiques, c'est-à-dire doués d'une *force élastique* ou *tension*, en vertu de laquelle ils pressent les parois des vases ou des espaces qui les contiennent. L'appareil figuré ci-contre (fig. 100) met en évidence la force élastique des vapeurs. Le vase contient un bain d'eau à 40 ou 50°. Dans la branche recourbée et fermée du tube, on a introduit du mercure, puis un peu d'éther. Dès que l'immersion a eu lieu, le mercure s'abaisse dans la branche fermée où se développe la vapeur d'éther, et la différence de niveau entre A et B mesure l'excès de la tension de la vapeur sur la pression atmosphérique. Au milieu de l'atmosphère, les vapeurs avec leur force élastique pressent donc les molécules de l'air comme elles en sont pressées, et par conséquent la pression atmosphérique doit avoir une grande influence sur leur dégagement. Quant à l'énergie de cette force élastique, elle dépend de la nature du liquide dont les vapeurs proviennent et de la température ambiante.

FORMATION DES VAPEURS DANS LE VIDE. — La pression de l'air à la surface des liquides s'oppose à leur évaporation et la rend très-lente. Il n'en est plus de même dans le vide. Là les vapeurs ne rencontrant plus de pression qui combatte leur force élastique, se dégagent instantanément et remplissent l'espace. Voici comment on dispose l'expérience. Dans une cuvette commune, contenant un bain de mercure, sont plusieurs tubes barométriques (fig. 110). L'un d'eux restera intact et fera connaître la pression atmosphérique, les autres serviront à l'étude de la formation des vapeurs. Ainsi dans le second avec une pipette, et en ayant soin d'éviter toute introduction d'air, je ferai parvenir une petite quantité d'eau. On la verra monter à travers la colonne de mercure; puis, arrivée dans la chambre barométrique, elle disparaît par une évaporation spontanée, mais la dépression de la colonne barométrique nous annonce la présence

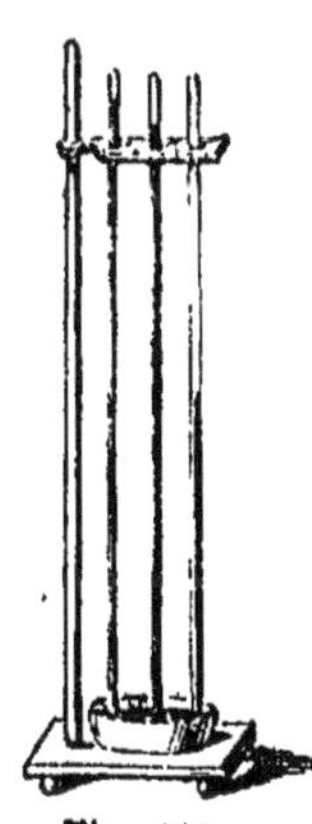

Fig. 110.

de la vapeur d'eau dans cette chambre et nous donne la mesure de sa force élastique ou tension. Il est évident, en effet, que la colonne mercurielle n'a été abaissée que sous la pression de la vapeur, et cette pression par conséquent est mesurée par l'excès de la hauteur du mercure dans le baromètre étalon, sur celle du mercure dans le tube barométrique à vapeur d'eau. Cette force élastique est égale à la pression qu'exercerait la colonne de mercure qui forme cette différence. Il suffit donc de mesurer comparativement la hauteur du mercure dans les deux tubes pour avoir évalué avec précision la force élastique de la vapeur d'eau. Dans un troisième tube, on introduira de l'éther, par exemple : l'évaporation sera instantanée et une dépression considérable de la colonne de mercure accusera une forte tension. En opérant ainsi avec divers liquides, on arrive à établir les deux principes suivants :

1° *Dans le vide, tous les liquides passent instantanément à l'état de vapeur.*

2° *A la même température, les vapeurs de différents liquides ont des forces élastiques différentes.*

Les quantités de liquides introduites dans nos tubes barométriques étaient très-petites ; elles se sont volatilisées instantanément. Qu'arriverait-il si on en introduisait des quantités plus considérables ? A un certain moment, le liquide cesserait de se volatiliser en arrivant dans la chambre barométrique et resterait en couche au-dessus de la colonne de mercure. Il est clair qu'à ce moment l'espace a pris tout ce qu'il pouvait prendre de vapeur ; on le dit alors *saturé*. La quantité de vapeur capable de saturer un même espace augmente avec la température et diminue avec elle. Mais à une même température, elle est invariable pour chaque liquide, et on peut remarquer qu'un tube barométrique saturé de vapeur, quelle qu'elle soit, n'éprouve plus aucune variation dans la hauteur de sa colonne de mercure, de telle sorte qu'évidemment quand l'espace est saturé à une certaine température, la force élastique de la vapeur est devenue constante.

MAXIMUM DE LA FORCE ÉLASTIQUE DES VAPEURS. — On nomme *maximum de force élastique*, ou *maximum de tension*, la tension constante qu'affecte une vapeur à une même température, lorsque l'espace en est saturé. Une expérience très-simple démontre l'existence de ce maximum de force élastique. On se sert pour cela de la *cuve profonde* qui nous a déjà servi à l'étude de la loi de Mariotte (voyez ch. VII, figure 71). On se rappelle que c'est un tube barométrique placé sur une cuve profonde, où l'on peut plonger le tube de la quantité que l'on voudra. Dans ce tube, on introduit une quantité d'éther suffisante pour que la saturation ait lieu et qu'il reste en excès une couche d'éther au-dessus du mercure. On mesure alors la hauteur du métal dans le tube : la différence entre cette hauteur et celle du baromètre indique la force élastique de la vapeur d'éther. Si maintenant on plonge le tube davantage, on exerce une compression sur la vapeur ; elle ne se conduira pas cependant comme un gaz, ou comme elle le ferait si l'espace n'était pas saturé ; elle ne se comprimera pas en augmentant sa force élastique proportionnellement à sa diminution de volume. La différence de niveau entre le mercure de la cuvette et celui du tube restera la même, c'est-à-dire la *tension demeurera constante*, et comme l'espace a diminué et ne peut plus contenir la même quantité de vapeur, le seul effet de la compression aura été de faire repasser à l'état liquide la quantité de vapeur en excès. En soulevant le tube barométrique, la tension reste encore invariable, et pour que l'espace agrandi reste saturé, une nouvelle quantité de liquide se volatilise. Ainsi, il est bien établi que, *dans les espaces saturés par une vapeur, si la pression que supporte la vapeur augmente, une partie de la vapeur se condense et s'ajoute* *au liquide; si la pression diminue, celui-ci émet de nouvelles quantités de vapeur, et la force élastique reste invariable.* Lorsque le liquide est complétement volatilisé, comme il ne peut plus intervenir pour modifier la quantité de la masse de vapeur, elle se conduit comme un gaz ordinaire, sauf qu'à un moment donné, quand elle sature exactement l'espace, si la compression continue, le liquide réapparaît par condensation, et le maximum de force élastique s'établit de nouveau.

La température produit sur les corps gazeux un effet de dilatation ou de compression; ses variations exerceront donc une influence facile à comprendre sur la quantité de vapeur capable de saturer les espaces; mais, en outre, le maximum de force élastique d'une même vapeur varie avec la température. Il augmente, en général, avec elle et diminue quand elle s'abaisse. Mais on ne peut saisir dans ce phénomène une loi régulière qui permette de le soumettre rigoureusement au calcul, et il est indispensable d'avoir recours à l'observation.

Mesure de la force élastique maximum de la vapeur d'eau à diverses températures, par le procédé de Dalton. — Dalton, célèbre physicien anglais, né en 1766, a mesuré la force élastique maxima de la vapeur d'eau entre 0° et 100°. Voici la composition de son appareil, que représente la figure 111. Dans une marmite de fonte est un bain de mercure où plongent deux tubes barométriques. L'un est un baromètre étalon, l'autre contient au-dessus du mercure une petite colonne d'eau : c'est dans ce tube que va se produire la vapeur, et la comparaison des deux colonnes de mercure fera connaître la force élastique de la vapeur d'eau. Maintenant, pour changer à son gré la température, Dalton a entouré les deux tubes d'un grand manchon de verre rempli d'eau. Un thermomètre suspendu à l'orifice du manchon trempe dans ce bain d'eau et en indique à tous moments la température. Enfin, le tout est placé sur un fourneau qui permet de porter l'eau du

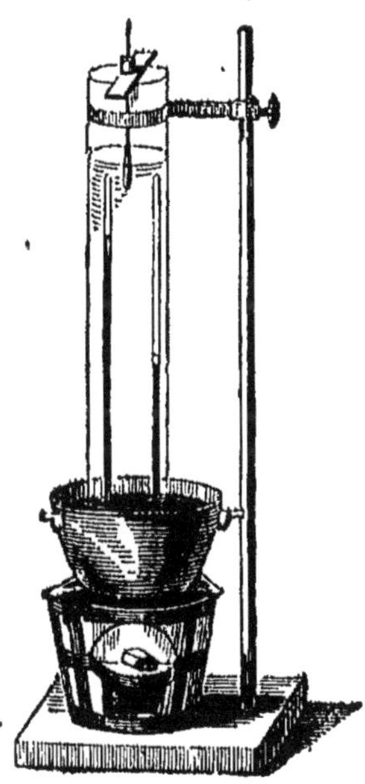

Fig. 111.

manchon à telle température que l'on veut et de constater, par l'observation des hauteurs barométriques, la tension de la vapeur d'eau à cette températ re. Dalton a ainsi construit une table des maximums de fo.ce élastique de la vapeur d'eau entre 0° et 100°.

Les maximums de tension de la vapeur d'eau à des températures inférieures à 0° peuvent se mesurer à l'aide d'un appareil représenté dans la figure 112. C'est un tube barométrique à extrémité coudée de manière à pouvoir être plongée dans un mélange réfrigérant. On introduit l'eau nécessaire pour que l'espace soit saturé ; un thermomètre indique la température du mélange où plonge la partie recourbée du tube, et la dépression du mercure mesure la tension. Cette tension est partout la même, bien qu'une partie seulement du tube soit soumise à l'action réfrigérante. D'autres expériences, dont je n'ai pas à rendre compte, ont en effet démontré que *lorsqu'un espace, dont les parties sont à d'inégales températures, reçoit de la vapeur, la force élastique est la même dans tout l'espace et égale seulement au maximum de tension correspondant à la plus basse température.*

Fig. 112.

Pour toutes les températures supérieures à 100°, MM. Arago, Dulong et Regnault, ont imaginé pour les mesurer des appareils dont je n'ai pas à donner la description. La vapeur d'eau seule a été l'objet de semblables travaux, et l'on ne sait presque rien sur les maximums de force élastique des autres vapeurs.

TABLES. — De toutes ces recherches est résultée la construction de tables destinées à faire connaître le maximum de force élastique de la vapeur d'eau à des températures régulièrement espacées et plus ou moins distantes les unes des autres. Les plus complètes vont de degrés en degrés ; une première table contient les tensions maxima de la vapeur d'eau de — 20° à + 100°. Une autre fait connaître les forces élastiques pour de plus hautes températures. M. Regnault a déduit de ses observations une table qui comprend, de degrés en degrés du thermomètre centigrade, les tensions maxima de la vapeur d'eau de — 32° à + 100°. Elle est plus exacte que celle donnée par MM. Arago et Dulong, mais cependant elle en diffère assez peu pour en être une confirmation générale.

MAXIMUMS DE FORCE ÉLASTIQUE DE LA VAPEUR D'EAU A DIVERSES TEMPÉRATURES DU THERMOMÈTRE CENTIGRADE,

D'APRÈS M. REGNAULT, ET MM. ARAGO ET DULONG

Températures.	Tensions en millimètres de mercure.	Températures.	Tensions en atmosphères.
— 30	0,36	+ 112	1,5
— 20	0,84	+ 121	2,0
— 10	1,00	+ 135	3,0
0	4,60	+ 145	4,0
+ 10	9,17	+ 153	5,0
+ 20	17,39	+ 181	10,0
+ 30	31,55	+ 215	20,0
+ 40	54,91	+ 236	30,0
+ 50	91,98	+ 252	40,0
+ 60	148,70	+ 265	50,0
+ 70	233,00	+ 311	100,0
+ 80	354,64	+ 363	200,0
+ 90	525,45	+ 397	300,0
+ 100	760,00	+ 423	400,0
		+ 517	1000,0

Ces tables incomplètes permettent toujours de déterminer approximativement les tensions intermédiaires. Essayons, par exemple, de calculer le maximum de la force élastique de la vapeur d'eau à + 27°. La table nous dit que à + 20° elle est de 17 mill., 39, et à + 30° de 31 mill., 55. Prenons la différence, 31,55 — 17,39 = 14,16. Si pour 10° de différence dans les températures entre + 20° et + 30°, la force élastique augmente de 14 mill., 16 ; cela donne en moyenne une augmentation de 1 mill., 416 par degré, dans cette limite ; de + 20° à + 27° il y a 7 degrés, par conséquent 7 fois cette augmentation ; la force élastique cherchée sera donc égale à 17,39 + 1,416 × 7 = 27 mill., 30. Le nombre exact est 26 mill., 51, d'après M. Regnault. Il suffit donc, d'après ce calcul, de chercher dans la table entre quelles températures est comprise la température intermédiaire ; faire la différence, en déduire l'augmentation pour 1 degré, et multiplier cette augmentation moyenne par le nombre de degrés en excès sur la plus basse des deux températures données par la table.

ÉBULLITION. — L'*ébullition*, comme je l'ai déjà dit, est le passage d'un liquide à l'état gazeux par formation de vapeurs non plus seulement à sa surface comme dans l'*évaporation*, mais dans toute sa masse.

La température à laquelle un liquide entre en ébullition n'est pas, comme le point de fusion, constante pour un même corps. La pression influe considérablement sur le point d'ébullition des liquides. Mais si on la suppose invariable, alors on peut formuler les deux lois suivantes :

1° *Les liquides, à pression égale, entrent en ébullition à une température à peu près fixe pour chacun d'eux, variable de l'un à l'autre.*

2° *Dès que l'ébullition a commencé, la température demeure stationnaire, quelle que soit l'intensité de la source de chaleur que l'on emploie.*

Cette seconde loi nous rappelle cette fixité de température observée déjà dans la *fusion* des corps, et elle nous indique que l'ébullition est aussi caractérisée par une absorption de *chaleur latente*.

Quant à la première, elle renferme des restrictions d'où l'on peut conclure que le point d'ébullition d'un même liquide varie sous l'empire de certaines circonstances. Nous allons apprécier la valeur de ces causes modificatrices en étudiant avec soin le phénomène de l'ébullition.

Pour faire bouillir un liquide, on chauffe ordinairement le vase qui le contient, par sa partie inférieure, comme le montre la figure 113 où

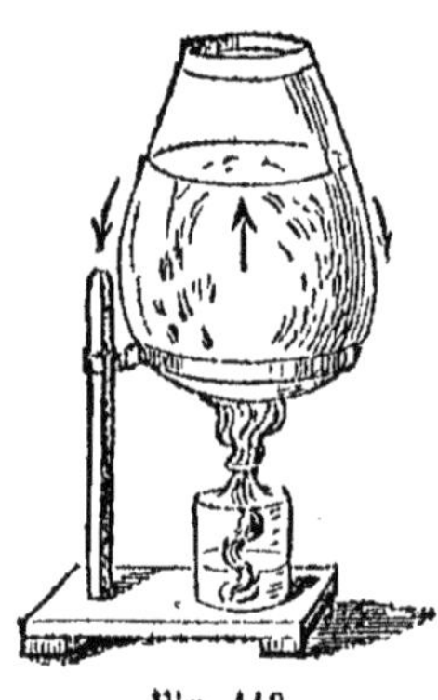

Fig. 113.

une masse d'eau dans un vase de verre est amenée à l'ébullition par la flamme d'une lampe à alcool. Voici alors ce qu'on observe : Contre le fond du vase, que la flamme échauffe, se forment de petites bulles de vapeur; ces bulles s'élèvent bientôt dans le liquide; mais, rencontrant des couches moins chaudes, elles perdent de leur force élastique et retournent à l'état liquide. En même temps, un bruissement particulier se fait entendre dans la masse liquide. Bientôt, cependant, les bulles parviennent jusqu'à la surface du liquide et y crèvent en laissant échapper la vapeur dans l'atmosphère. Alors le liquide est en ébullition. Le bruissement est produit par cette formation et cette condensation successive de vapeur qui précède l'ébullition, et se manifeste encore dans certaines parties du liquide pendant la durée du phénomène. Enfin, il faut ajouter que le liquide ainsi échauffé en un point de sa masse se conduit comme les masses fluides dont toutes les parties ne sont pas à la même température (ch. VII). L'équilibre n'y existe plus; les couches inférieures plus chaudes montent pendant que les couches plus froides descendent prendre leur place. On rend ce mouvement très-visible en répandant de la sciure de bois dans l'eau; entraînée par les courants, elle démontre très-clairement qu'au-dessus du point échauffé il existe un courant ascendant d'eau chaude, et sur les côtés un courant descendant d'eau plus froide.

Telles sont les circonstances qui accompagnent l'*ébullition* des liquides. Il est essentiel de rechercher en quoi ce phénomène diffère de l'*évaporation*. Nous savons déjà qu'un liquide en évaporation dégage de sa surface seule la vapeur que nous voyons naître de toute la masse dans l'ébullition. Ces vapeurs, nées de la surface, ont une force élastique plus ou moins faible, suivant la température, mais toujours inférieure à la pression de l'air. Dans l'ébullition, au contraire, la force élastique de la vapeur est précisément égale à la pression atmosphérique. On observe, en effet, que la vapeur d'eau bouillante, sous la pression $0^m,76$ est toujours de $+100^o$, et les tables nous apprennent qu'alors la tension maxima de cette vapeur est égale à 760 mill., elle fait équilibre à la pression atmosphérique. Ainsi, l'évaporation et l'ébullition diffèrent non-seulement par la production de la vapeur, mais encore par l'énergie de la force élastique. En étudiant l'influence des variations de la pression atmosphérique sur la température à laquelle se manifeste l'ébullition, on arrive facilement à ce principe qui définit nettement le phénomène que nous étudions.

L'ébullition des liquides se fait à la température à laquelle la force élastique de leur vapeur est égale à la pression atmosphérique; lorsque cette force élastique est plus faible, il y a simplement évaporation.

L'expérience montre, en effet, que si la pression atmosphérique augmente, les liquides bouillent à une température plus élevée, et que cette température s'abaisse quand la pression diminue.

Mettez, sous le récipient de la machine pneumatique un vase d'eau chauffée à $+30^o$ environ ; puis faites le vide. Dès que la raréfaction est suffisante, l'eau entre en ébullition, et le manomètre de la machine annonce une pression intérieure de 30 mill. environ, pression à peu près égale à la force élastique de la vapeur d'eau à $+30^o$. Sur les montagnes, la diminution de la pression atmosphérique produit un effet analogue : ainsi, à l'hospice du Saint-Gothard, qui est 2075 mètres au-dessus du niveau de l'Océan, l'eau bout à $92^o,0$, ce qui, d'après les tables de force élastique, suppose une pression atmosphérique de près de 588 mill. La hauteur barométrique observée est de 586. A Baréges, dans les Pyrénées, à 1269 mètres au-dessus du niveau de la mer, le point d'ébullition de l'eau est à $+95,6$; la hauteur barométrique, 648 mill. Les tables de tension indiquent pour la température + 95°, une tension de 633 mill. et à + 96°, 657 mill. Tous ces faits confirment le principe que j'ai d'abord établi.

En augmentant la pression on retarde l'ébullition de telle sorte que l'eau, sous 2 atmosphères, ne bout qu'à + 121°. Mais le médecin et physicien français Denis Papin a inventé un appareil qui met ce fait en lumière aussi nettement que possible. Imaginez qu'on chauffe une masse d'eau dans un vase tellement clos que la vapeur ne puisse s'en échapper ; il arrivera que sous l'influence de la chaleur le liquide échauffé sera soumis, de la part de l'air de l'appareil, et des premières quantités de vapeur formées, à une pression si énergique que l'ébullition n'aura pas lieu ; la nouvelle vapeur qui tendrait à se former ne peut atteindre une force élastique suffisante ni trouver un espace pour se dégager. Mais la source de chaleur continuant à fournir du calorique, et ce calorique n'étant pas absorbé à l'état latent puisqu'il ne peut se former de vapeur, la température de l'eau s'élève et atteint jusqu'à 300 degrés et plus, si l'on veut.

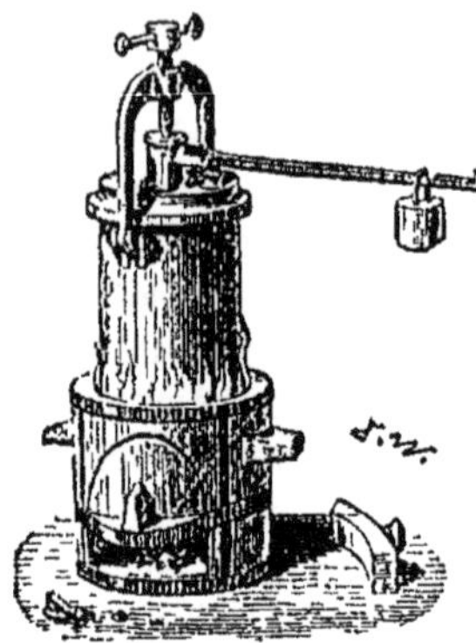

Fig. 114.

Telle est l'idée que D. Papin a réalisée dans son appareil, connu sous le nom de *digesteur* ou *marmite à Papin*. C'est un vase cylindrique en fonte (fig. 114) sur lequel s'adapte un couvercle maintenu par une vis de pression. On remplit le vase aux deux tiers d'eau, on adapte le couvercle en interposant quelques feuilles de papier pour rendre l'occlusion plus hermétique, et on ferme avec la vis de pression. L'appareil est ensuite placé dans un fourneau et porté à une température très-élevée. Comme on peut très-légitimement redouter les explosions, le couvercle porte une soupape de sûreté ; c'est un orifice bouché par une tige horizontale en fer. Cette tige, par une extrémité, est engagée dans le montant de la visse ; à l'autre extrémité elle porte un poids qui détermine la résistance qu'elle peut opposer à la sortie de la vapeur. Lorsque l'appareil est arrivé à une très-haute température, si on ouvre brusquement la soupape, un jet de vapeur s'élance jusqu'à plus de 2 mètres de hauteur ; l'eau entre en ébullition, et sa température s'abaisse jusqu'à + 100°. C'est l'absorption de la chaleur latente nécessaire à cette brusque formation de vapeur qui refroidit ainsi le liquide. Papin avait employé son digesteur pour activer la dissolution dans l'eau de certains corps, tels que la gélatine des os, etc.

Outre l'influence si énergique de la pression, on a remarqué que la température d'ébullition est modifiée par la nature des matières en dissolution dans le liquide, et la nature du vase qui le contient. Ainsi, l'eau saturée de sel marin bout à + 109°; de chlorure de calcium, à + 170°, etc. Quant au vase, M. Gay-Lussac a reconnu que l'ébullition de l'eau se fait à une plus basse température dans les métaux que dans le verre. Mais, quelle que soit la température où se fait l'ébullition de l'eau, la vapeur est toujours à + 100°, sous la pression 0m,76.

CHALEUR LATENTE. — La formation des vapeurs exige toujours l'absorption d'une certaine quantité de *chaleur latente*, et les choses se passent ici comme dans le phénomène de la fusion, c'est-à-dire qu'en retournant à l'état liquide les vapeurs exhalent ce même calorique qu'elles ont absorbé en se formant. Ces principes expliquent la production du froid qui accompagne toujours l'évaporation ou l'ébullition; l'échauffement que l'on obtient, au contraire, par la condensation des vapeurs, et la constance de la température pendant la durée de l'ébullition. Quelques expériences suffisent pour constater ces résultats. Ainsi, sous la machine pneumatique, on place un vase d'acide sulfurique et au-dessus une petite capsule métallique contenant quelquelques grammes d'eau. Dans le vide, les vapeurs se forment; mais, absorbées aussitôt par l'acide sulfurique, elles sont immédiatement remplacées. La vaporisation est alors si rapide que le liquide se congèle par le seul refroidissement qu'elle produit. Les *alcarasas* des pays chauds sont des vases poreux qui laissent suinter le liquide; celui-ci s'évapore à leur surface et absorbe assez de calorique pour rafraîchir toute la masse de liquide que contient le vase. Ils rafraîchissent d'autant mieux que l'air est plus sec et la chaleur plus grande.

Quant au dégagement de la chaleur latente lors du retour des vapeurs à l'état liquide, j'en vais parler à propos de la condensation. On trouvera aussi au n° 10 une évaluation des quantités de chaleur latente que peuvent absorber les divers corps. Je ne pourrais en traiter ici, puisque nous ne savons pas encore apprécier les quantités de chaleur.

CONDENSATION. — Le retour d'une vapeur à l'état liquide est désigné sous le nom de *condensation* ou *liquéfaction*. La plupart des gaz que nous connaissons ne doivent être considérés que comme les vapeurs de liquides dont le point d'ébullition est inférieur à la température ordinaire. Ainsi, à l'aide du froid et d'une pression considérable, M. Faraday a liquéfié un grand nombre de gaz; il en a même obtenu plusieurs à l'état solide. L'acide carbonique est le plus célèbre de tous. On trouvera, dans l'histoire des gaz en chimie, l'indication de ceux qu'on a pu liquéfier ou solidifier. On désigne souvent sous le nom de gaz *permanents* ceux qui ont résisté jusqu'ici aux plus grands froids comme aux plus fortes pressions.

Dans tous les cas, que ce soit un gaz ou une vapeur qui se liquéfie, il y a exhalation de calorique latent, et absorption de ce même calorique lorsque le corps retourne à l'état gazeux. C'est ainsi que le gaz acide sulfureux liquéfié par le refroidissement peut, en s'évaporant sous la machine pneumatique, produire un froid assez intense pour congeler le mercure. La chaleur exhalée par la vapeur d'eau en se condensant est considérable. En expliquant la distillation, nous verrons comment on peut s'en faire une idée : elle est capable de porter de 0° à + 100° plus de 5 fois son volume d'eau.

Distillation. Alambics. — *La distillation est une opération qui a pour objet de séparer un liquide volatil des mélanges où il se trouve engagé.* Elle repose sur un principe facile à saisir. Si l'on chauffe un mélange de substances liquides ou en dissolution, comme ces substances sont les unes fixes, les autres volatiles, mais à une température différente pour chacune d'elles, il arrive un moment où

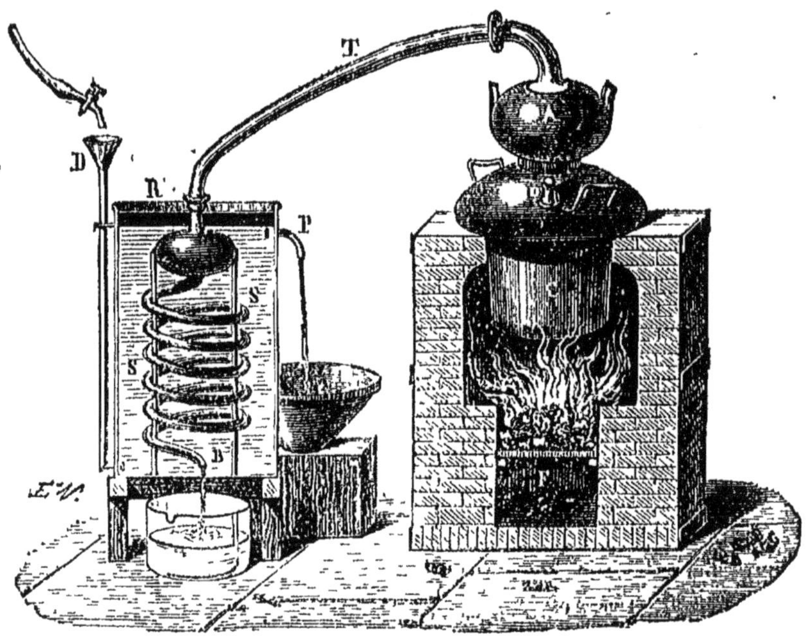

Fig 115.

le mélange atteint le point d'ébullition du plus volatil des corps mélangés. A ce moment, la température devient stationnaire, et la chaleur fournie est employée à vaporiser le liquide qui se sépare ainsi des autres corps et que l'on peut recueillir en condensant la vapeur dans un espace froid.

D'après ces principes sont construits les appareils nommés *alambics*, ou appareils distillatoires. La fig. 115 représente la disposition d'un alambic ou l'on peut distiller de l'eau ou des liqueurs. Dans la chaudière C, qu'on nomme *cucurbite*, par l'ouverture O on introduit le liquide impur qu'on veut soumettre à la distillation. Cette chaudière est soumise à l'action d'un fourneau F ; en même temps on recouvre la cucurbite d'un couvercle tubuleux AT qu'on appelle le *chapiteau*, et dont le tube T se rend dans un appareil réfrigérant. Celui-ci se compose d'un tube enroulé en hélice SS, nommé le *serpentin*, entouré d'un manchon R contenant de l'eau froide. L'eau, ou le liquide placé dans la cucurbite, s'échauffe ; elle atteint la température de l'ébullition, et sa vapeur s'engage dans le chapiteau. Le tube T la conduit dans le serpentin, où elle se condense par le refroidissement, et s'écoule par l'orifice B. La température de la cucurbite étant demeurée stationnaire dès que l'ébullition a commencé, le liquide seul a subi l'ébullition, et il est seul arrivé à l'état de vapeur dans le serpentin. On le recueille donc purifié. Mais la condensation dégage une quantité considérable de chaleur latente ; l'eau du manchon R s'échauffe, et elle atteindrait rapidement une température élevée et même son point d'ébullition, si on ne la renouvelait régulièrement pendant la distillation. Le tube latéral D reçoit donc un courant d'eau froide qui arrive à la partie inférieure du manchon ; cependant, les couches d'eau échauffées devenues moins denses occupent les parties supérieures, et un petit robinet placé au niveau de l'eau les fait écouler peu à peu.

Dans le chapitre suivant, nous saurons comment on se sert des appareils distillatoires, mais construits sur de plus petites proportions et dans des conditions particulières, pour mesurer la quantité de chaleur dégagée dans les condensations. Quant à présent, il est bon de noter seulement que ce dégagement de calorique est utilisé dans le *chauffage à la vapeur*. Les bains d'eau chaude, par exemple, sont chauffés de cette façon. Dans la masse d'eau qu'on veut échauffer, on fait passer un courant de vapeur qui, en se condensant, échauffe de 0° à 50°, par exemple, près de 11 fois son poids d'eau.

RÉSUMÉ DU CHAPITRE X.

FUSION ET SOLIDIFICATION.

La *fusion* des corps a lieu, pour chacun d'eux, à une température fixe, parce qu'elle est accompagnée d'une absorption de *chaleur latente*.

La *solidification* ou *congélation* a lieu aussi à une température fixe pour chaque corps, parce qu'elle est accompagnée d'une exhalation de *chaleur latente*.

La solidification présente des circonstances variables suivant le mode de refroidissement. S'il est lent, il y a production de *cristaux*; s'il est brusque, il en résulte un état moléculaire particulier, tel que celui des *corps trempés*.

L'eau, dans les modifications qu'elle éprouve sous l'influence de la chaleur, présente les deux phénomènes singuliers d'un *maximum de densité* à + 4°, et d'une dilatation de $\frac{1}{20}$ environ de son volume au moment de la congélation.

CHALEUR LATENTE.

On appelle *chaleur latente* la chaleur que les corps *absorbent* ou *exhalent* au moment de leurs changements d'état, *sans que leur température en éprouve aucune variation*.

Démonstration expérimentale de l'absorption de la chaleur latente dans la fusion de la glace; elle est capable d'abaisser de + 79° à 0° la température d'un poids d'eau égal à celui de la glace fondue.

Démonstration expérimentale de l'exhalation de la chaleur latente dans la congélation de l'eau.

MÉLANGES RÉFRIGÉRANTS.

Les mélanges réfrigérants sont destinés à produire le froid. Ce sont des mélanges de plusieurs substances ayant de l'affinité entre elles, dont une au moins à l'état solide, et que l'affinité des autres amène à liquéfaction. Le froid produit résulte de l'absorption de la chaleur latente par le corps qui se liquéfie.

PASSAGE A L'ÉTAT GAZEUX.

Les corps passent à l'état gazeux presque constamment, mais dans deux circonstances bien distinctes :

1° L'*évaporation.*— C'est le dégagement de vapeur qui se manifeste à la surface des liquides, et à une tension inférieure à la pression atmosphérique.

2° *L'ébullition.* — C'est le dégagement de vapeur qui s'effectue dans toute la masse d'un liquide lorsque la tension de sa vapeur est égale à la pression extérieure.

FORCE ÉLASTIQUE DES VAPEURS.

Formation des vapeurs dans le vide. — Mesure de leur tension ou force élastique par la dépression qu'elles font subir à la colonne barométrique.

Les vapeurs isolées de leur liquide générateur se conduisent comme des gaz.

En présence de ce liquide, elles *saturent* les espaces et atteignent un *maximum de force élastique* toujours le même pour une même température, mais variable quand elle change. — Démonstration de la constance du maximum de force élastique à l'aide de la cuve profonde.

Procédé de Dalton pour mesurer le maximum de force élastique de l'eau à diverses températures, entre 0° et 100°. — Construction des Tables.

ÉBULLITION.

Sous une même pression, la température d'ébullition d'un liquide est constante ; elle varie d'un liquide à un autre.

Dès que l'ébullition a commencé, la température du liquide devient stationnaire : la chaleur absorbée passe à l'état de *chaleur latente*

L'ébullition a lieu à la température où la vapeur atteint une tension maxima égale à la pression de l'atmosphère. Le point d'ébullition d'un même liquide varie donc avec la pression extérieure. — Ébullition à basse pression et à basse température sous la machine pneumatique. — Variations du point d'ébullition de l'eau suivant la hauteur des lieux. — Ébullition à hautes pressions. — Échauffement des liquides en vases clos : marmite à Papin.

Le point d'ébullition varie encore avec la nature des matières dissoutes, avec la nature du vase.

L'absorption de la chaleur latente dans la vaporisation peut se démontrer à l'aide de la congélation de l'eau sous la machine pneumatique, sous l'influence du froid produit par la formation des vapeurs.

CONDENSATION.

La *condensation* est le retour des vapeurs à l'état liquide. — Liquéfaction des gaz par le froid et la compression.

11.

Le retour à l'état liquide est toujours accompagné d'une exhalation de chaleur latente. — Chauffage à la vapeur : 1 kilogramme de vapeur d'eau en se condensant peut élever de 1° la température de 537 kilogrammes d'eau à 0°.

DISTILLATION.

Principe. — La température d'un mélange devient stationnaire quand le plus volatile des corps qui en font partie est entré en ébullition, et ce corps se sépare et peut être recueilli par la condensation de sa vapeur.

Description d'un *appareil distillatoire* ou *alambic*. — Cucurbite et chapiteau; serpentin avec son manchon.

CHAPITRE XI.

CONDUCTIBILITÉ DES CORPS POUR LA CHALEUR. — CHALEURS SPÉCIFIQUES ET CHALEURS LATENTES. — HYGROMÉTRIE.

CONDUCTIBILITÉ DES CORPS POUR LA CHALEUR. — On nomme *conductibilité des corps pour la chaleur* la propriété qu'ils ont de transmettre plus ou moins rapidement, à travers leur masse, le calorique reçu en un de leurs points. A cet égard, on a partagé les corps en deux classes : les *bons conducteurs* qui transmettent rapidement la chaleur, les métaux par exemple ; et les *mauvais conducteurs*, qui semblent résister à sa propagation et l'arrêter en quelque sorte, comme le bois, le verre, etc.

Les expériences diverses entreprises pour mesurer la conductibilité des corps pour la chaleur ont montré que les gaz et les liquides sont mauvais conducteurs. Ainsi on peut chauffer la partie supérieure d'une masse d'eau jusqu'à 85° et 90°, sans qu'un thermomètre placé au fond varie d'une manière bien notable. Si on chauffait la partie inférieure du liquide, il n'en serait plus de même à cause des courants ascendants que produit l'échauffement, et que j'ai décrits en parlant de l'ébullition. Dans ce cas, la masse liquide tout entière entre dans une agitation qui en soumet successivement les diverses parties à l'action de la source de chaleur.

Les solides sont donc en général les meilleurs conducteurs du calorique, et on s'est attaché à mesurer les différences qu'ils présentent entre eux à cet égard.

Procédé d'Ingenhouz pour les corps solides. — Vers la fin du siècle dernier, un médecin hollandais, nommé Ingenhouz, a mesuré la conductibilité des solides à l'aide d'un petit appareil fort simple. C'est une caisse rectangulaire en laiton : sur une de ses faces sont fixées des tiges des divers corps solides sur lesquels on veut expérimenter. Ces tiges pénètrent dans la caisse de manière à recevoir directement la chaleur d'un liquide qui y serait versé. Pour faire l'expérience, on fait fondre de la cire fusible à + 63° ; par

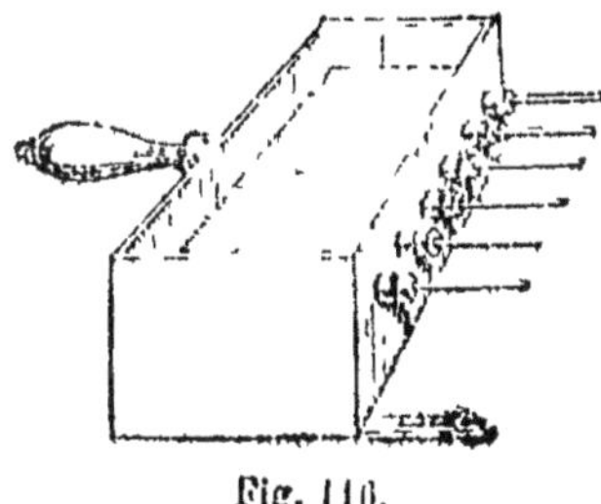

Fig. 110.

une simple immersion, on en recouvre les baguettes dans leur partie extérieure au vase. Puis on verse dans la caisse de l'eau bouillante. Les baguettes s'échauffent en raison de leur conductibilité, et à un même moment chacune d'elles a fondu la cire déposée à sa surface sur une longueur d'autant plus grande, que sa matière conduit mieux le calorique. Ainsi la baguette de fer a fondu sa couche de cire sur presque toute sa longueur, que l'on observe à peine quelques traces de fusion sur la baguette de verre. On constate de cette manière dans quel ordre de conductibilité il faut ranger les corps solides soumis à l'expérimentation. M. Despretz, à l'aide d'un appareil plus exact a pu représenter par des nombres le pouvoir conducteur de diverses substances, et dresser le tableau suivant, le pouvoir conducteur de l'or étant supposé égal à 1000.

Or	1000	Étain	303
Platine	981	Plomb	180
Argent	973	Marbre	24
Cuivre	898	Porcelaine	12
Fer	374	Terre de brique	11
Zinc	363		

Les matières organiques sont mauvaises conductrices de la chaleur; mais leur conductibilité n'est pas la même dans tous les sens : cela dépend de leur structure. Les cristaux présentent des phénomènes analogues, et la position de leurs axes exerce une remarquable influence sur la propagation du calorique. C'est à M. Delarive que sont dues nos connaissances relatives aux corps organiques; et la conductibilité des cristaux a été l'objet de beaux travaux de la part de M. de Sénarmont.

DÉTERMINATION DE LA CHALEUR SPÉCIFIQUE DES CORPS SOLIDES ET LIQUIDES PAR LA MÉTHODE DES MÉLANGES. — L'étude des *chaleurs spécifiques* rentre dans une partie importante de l'histoire de la chaleur nommée la *calorimétrie*. Jusqu'ici nous avons mesuré des températures, constaté l'absorption ou l'exhalation de la chaleur; mais nous n'avons pas cherché à en déterminer les quantités. La calorimétrie mesure les quantités de chaleur échangées entre les corps dans les divers phénomènes. On effectue cette mesure à l'aide d'une certaine quantité de calorique prise pour unité, et à laquelle on compare toutes les autres. Voici l'unité calorimétrique que les physiciens sont convenus de prendre : on la nomme *calorie*. Une *calorie* est *la quantité de chaleur capable d'élever de $0°$ à $+ 1°$ la température de 1 kilogramme d'eau pure.*

Supposons que l'on prenne ainsi 1 kilogramme de divers corps, on constatera facilement, et nous le verrons bientôt, que la quantité de chaleur nécessaire pour élever d'un même nombre de degrés leur température varie de l'un à l'autre. Ainsi le kilogramme de mercure en exige 33 fois moins que le kilogramme d'eau; le kilogramme de cuivre en absorbe 11 fois moins environ, etc. Chaque corps absorbe donc, à poids égal et pour une même élévation de température, une quantité de chaleur qui lui est propre. Voici une expérience qui démontre nettement ce fait. Mêlez ensemble 1 kilogramme d'eau à $+ 100°$ et 1 kilogramme d'eau à $0°$, vous aurez 2 kilogrammes à $+ 50°$. Le kilogramme à $100°$ a perdu 50 calories, qui, ajoutées au kilogramme d'eau froide, l'ont élevé de $0°$ à $+ 50°$. Mais si vous mélangez au kilogramme d'eau à $0°$ 1 kilogramme de mercure à $+ 100°$, vous obtiendrez 2 kilogrammes à $+ 3°$. Ici le mercure s'est refroidi de $97°$, et la quantité de chaleur qu'il a perdue n'a échauffé le même poids d'eau que de 3 degrés, c'est-à-dire qu'elle est égale à 3 calories. Une calorie qui élève de 1 degré la température d'un kilogramme d'eau, élèverait de $32°,3$ le même poids de mercure, d'où il est facile de conclure que, pour chaque degré d'élévation de température, un poids de mercure absorbe 33 fois environ moins de chaleur que le même poids d'eau, ou $\dfrac{1}{33}$ de calorie par kilogramme.

On appelle *chaleur spécifique*, ou *capacité calorifique* d'un corps, *la quantité de chaleur nécessaire pour élever de $1°$ la température de 1 kilogramme de ce corps.* Ainsi la chaleur spécifique de l'eau étant 1, celle du mercure serait, d'après notre expérience, environ 0,030. Cette définition une fois bien comprise, on déduira facilement de l'observation des températures les quantités de chaleur

perdues ou gagnées par un corps dont on connaît la chaleur spécifique. Soit en effet une masse de laiton de 3 kilogrammes qui, d'une
température de + 12°, a été amenée à + 34°; la chaleur spécifique
du laiton étant 0,09391, quelle est la quantité de chaleur gagnée par
le laiton?

Puisque la chaleur spécifique du laiton est 0,09391, quand 1 kilogramme de laiton s'échauffe de 1°, il gagne $\dfrac{9391}{100000}$ de calorie; pour
chaque degré d'échauffement, les 3 kilogrammes en gagneront 3 fois
autant, et par conséquent la quantité totale de chaleur gagnée est
égale à :

$$3 \times 0,09391 \times (34 - 12) = 6,19806$$

La masse de laiton, pour un échauffement de 22 degrés ($34 - 12$),
a donc gagné 6 calories, 198. Représentons le poids du corps par m,
la chaleur spécifique par c, la température initiale par t, et la température nouvelle par t'; il est évident que la quantité de chaleur
gagnée dans un échauffement $t' - t$ est exprimée par la formule

$$mc\,(t' - t).$$

De même que, pour un refroidissement de $t - t'$, la formule sera :

$$mc\,(t - t').$$

Ces résultats peuvent encore, dans les calculs, être employés
autrement. Il est clair, en effet, que le laiton ayant gagné 6 calories, 19806, a, d'après la définition de la *calorie*, gagné précisément ce qu'il faut de chaleur pour élever de 0° à + 1° la
température de 6^{kil},19806 d'eau. Il est donc facile de comprendre
que la valeur numérique des formules $mc\,(t' - t)$ et $mc\,(t - t')$
exprime à la fois le nombre de calories perdues ou gagnées, et
le poids d'eau que la même quantité de chaleur aurait élevé ou
abaissé de 1 degré de température. On a souvent, dans les problèmes, occasion de se servir de ces formules dans l'un ou l'autre
sens.

La détermination des chaleurs spécifiques est une question très-
importante, puisque l'on ne peut sans elle avoir, d'après les températures, une idée des quantités de chaleur. Diverses méthodes
ont été employées pour cette détermination; nous allons expliquer
celle dite *des mélanges* : elle a été appliquée par M. Regnault avec
le soin rigoureux qui caractérise les recherches de ce physicien.

L'idée première de la méthode des mélanges est fort simple, et
les corrections que la pratique oblige d'y apporter ne la compli-

quent pas beaucoup. Avec un poids connu d'eau à une certaine température, mêlez un poids également connu de l'autre substance a une température supérieure; observez la température finale : l'eau s'est réchauffée, le corps s'est refroidi, et la quantité de chaleur gagnée par l'eau est précisément celle qu'il a perdue. On sait donc ainsi quel changement de température produit sur le corps et sur l'eau une même quantité de chaleur. Cette donnée détermine la capacité calorifique cherchée. Suivons maintenant l'expérience.

On prend un vase cylindrique de laiton mince qui repose sur un socle de bois par trois bouchons de liége formant trépied. Un manchon de laiton l'enveloppe et le met à l'abri des variations accidentelles de température. Enfin on a un petit panier en fil de laiton suspendu dans le vase et où on jette le corps au moment de l'expérience. Mais comme ce récipient lui-même s'échauffe, il a été important de déterminer d'abord la chaleur spécifique du laiton. On prend donc une masse de laiton que l'on pèse; on connaît aussi le poids du vase et du panier, qui sont également en laiton; on remplit le vase d'un certain poids d'eau en rapport avec sa capacité. Soient les données suivantes :

$$\text{Poids de l'eau} \ldots\ldots\ldots\ldots\ldots\ldots\ 250^{\text{gr}} = m$$
$$\text{Poids du vase et du panier de laiton.} \ \ 60^{\text{gr}} = m'$$
$$\text{Poids du laiton en expérience} \ldots\ldots 142^{\text{gr}} = M$$

Le corps est chauffé à une température de + 100°, je suppose, constatée à l'aide d'un thermomètre : le vase est à la température ordinaire, + 14° par exemple, l'eau est à la même température

$$\text{Température initiale de l'eau et du vase,} + \ 14° = t$$
$$\text{Température du corps} \ldots\ldots\ldots\ldots\ldots + 100° = T$$

Lorsque tout est ainsi préparé, on jette rapidement le corps dans l'eau, on agite promptement, et on observe la température du mélange; ce sera par exemple :

$$\text{Température finale après le mélange}.. + 18°,44 = 0$$

Il y a ici un système de corps échauffés et un système refroidi. Supposons que *c* soit la *capacité calorifique du laiton*, que nous cherchons; l'échauffement étant égal à 4°,44 (18°,44 — 14) sera exprimé littéralement par 0 — *t*, et le refroidissement, qui est de 81°,56, sera représenté par T — 0.

Les corps échauffés étant m et m', et m ayant pour capacité calorifique 1; la quantité de chaleur (nombre de calories) absorbée par le système qui s'est réchauffé est exprimée par la formule :

$$m (\theta - t) + m'c (\theta - t)$$

D'une autre part, le système refroidi a perdu une quantité de chaleur (nombre de calories) qui peut s'écrire :

$$Mc (T - \theta)$$

Or la chaleur gagnée par le système échauffé est précisement celle qu'a perdue le corps refroidi; de sorte que l'on a l'équation fondamentale

$$m (\theta - t) + m'c (\theta - t) = Mc (T - \theta)$$

De là, il est facile de dégager la valeur de c

$$m (\theta - t) = Mc (T - \theta) - m'c (\theta - t)$$

Si l'on met c en facteur commun, on écrira :

$$m (\theta - t) = [M (T - \theta) - m' (\theta - t)] c$$

D'où l'on tire enfin

$$c = \frac{m (\theta - t)}{M (T - \theta) - m' (\theta - t)}$$

Si on effectue ici les calculs, on trouve

$$c = \frac{250 \times 4{,}44}{112 \times 81{,}56 - 60 \times 4{,}44} = 0{,}095$$

La valeur exacte de c, déterminée par les expériences les plus précises, est 0,09391. Nous avons donc réussi à déterminer la chaleur spécifique du métal qui forme notre vase et le panier; il est facile maintenant d'appliquer la même méthode à d'autres substances.

Supposons que nous ayons à déterminer la chaleur spécifique ou la capacité calorifique du fer. Au lieu de prendre, comme dans l'expérience précédente, une petite masse de laiton, prenons une masse de fer. Le calcul que je vais donner ne sera compliqué que d'un élément dont je n'ai pas tenu compte dans le calcul précédent, pour ne pas trop charger les formules; c'est le petit panier de laiton qui contient le corps mis en expérience. Prenons donc le même appareil que tout à l'heure :

Eau.. $250^{gr} = m$
Vase en laiton.................................... $60^{gr} = m'$
Chaleur spécifique du laiton..................... $0{,}094 = c'$
Panier en laiton.................................. $3^{gr} = m''$

Fer, en expérience......................... $154^{gr} = M$
Chaleur spécifique du fer............... » $= c$
Température initiale de l'eau et du vase.. $+\ 12^o = t$
Température du fer et du panier.......... $+\ 100^o = T$

Les poids une fois connus, la température de l'eau et du vase absorbée, on chauffe le fer dans son panier à $+\ 100^o$; on le porte rapidement dans l'eau, et on observe la température du mélange θ. L'expérience nous a donné $\theta = 17^o,75$.

Le système chauffé est $m + m'c'$; l'échauffement est $\theta - t$. On aura donc, pour la quantité de chaleur gagnée,

$$m\ (\theta - t) + m'c'\ (\theta - t)\ \text{ou}\ (m + m'c')\ (\theta - t).$$

D'autre part, le système refroidi est $M + m''$, et le refroidissement est $T - \theta$. La chaleur perdue est donc

$$Mc\ (T - \theta) + m''c'\ (T - \theta).$$

Comme la chaleur perdue est égale à la chaleur gagnée, on posera l'équation

$$Mc\ (T - \theta) + m''c'\ (T - \theta) = (m + m'c')\ (\theta - t).$$

On en tirera

$$Mc\ (T - \theta) = (m + m'c')\ (\theta - t) - m''c'\ (T - \theta).$$

Ce qui donne pour valeur de c

$$c = \frac{(m + m'c')\ (\theta - t) - m''c'\ (T - \theta)}{M\ (T - \theta)}.$$

Par le calcul, on trouve d'ailleurs que

$$m'c' = 60 \times 0,094 = 5,640$$
$$m''c' = 3 \times 0,94 = 0,282$$
$$\theta - t = 17^o,75 - 12^o = 5^o,75$$
$$T - \theta = 100^o - 17^o,75 = 82^o,25.$$

On a donc

$$c = \frac{(250 + 5,64) \times 5,75 - 0,282 \times 82,25}{154 \times 82^o,25} = 0,116.$$

Pour donner à cette méthode toute sa précision, M. Regnault, en opérant avec un appareil spécial, propre à éviter toute perte de temps au moment de l'immersion du corps, a tenu compte, en outre, de la chaleur absorbée par le verre et le mercure du thermomètre qui constate les températures et de la perte de chaleur du rayonnement.

Avec ces précautions il a obtenu une série de résultats dont voici les
plus importants :

TABLEAU DES CHALEURS SPÉCIFIQUES ENTRE 0° ET 100°, D'APRÈS M. REGNAULT.

Eau..............................	1,00000	Cuivre........................	0,09515
Charbon de bois calciné..........	0,24111	Laiton........................	0,09391
Verre des thermomètres..........	0,19768	Argent........................	0,05701
Fonte blanche...................	0,12983	Mercure.......................	0,03332
Fer.............................	0,11379	Or............................	0,03244
Acier doux......................	0,11650	Platine.......................	0,03243
Zinc...........................	0,09555		

La chaleur spécifique augmente avec la température, au moins pour
les métaux, c'est-à-dire qu'entre + 100° et + 200° il faut plus de calories pour élever de 10° la température des métaux qu'il n'en faut
entre 0° et + 100°.

Rien n'est plus facile que d'appliquer à la détermination des chaleurs spécifiques des corps liquides la méthode que je viens de décrire.
Au corps solide se substitue un liquide contenu dans un petit vase en
verre mince et dont le poids est connu. Il suffit de tenir compte de
cette légère enveloppe, et l'expérience se fera d'ailleurs comme pour
les corps solides.

Je dirai ici quelques mots seulement de la *détermination des chaleurs latentes.* On peut, comme nous le savons, distinguer pour un
même corps deux sortes de chaleur latente : celle qui est absorbée
dans la fusion, et qu'on peut appeler *calorique de fusion*, et celle qui
est absorbée dans la vaporisation, qu'on nommera *calorique de vaporisation.* Nous avons admis d'ailleurs que le calorique absorbé dans
chacun de ces changements d'état est égal au calorique exhalé dans la
solidification ou la condensation.

Le *calorique de fusion* peut se déterminer par la méthode des mélanges. Soit M une masse de soufre dont on veut connaître la chaleur
latente de fusion. On la fait fondre, et on note la température T. On
verse le soufre liquide dans une certaine quantité d'eau dont le poids
est m et la température t. Soit maintenant x la chaleur latente dégagée par une unité du poids du soufre, et c la chaleur spécifique
du soufre ; soit enfin θ la température finale du mélange. Le soufre
a chauffé l'eau en se refroidissant ; la quantité de chaleur gagnée
par l'eau provient à la fois de l'abaissement de température du soufre
et de sa solidification. Or, il est facile de calculer chacune de ces
quantités.

Chaleur gagnée par l'eau s'échauffant de t à θ degrés.... $m(\theta - t)$.
Chaleur perdue par le soufre en se refroidissant de T à θ.. $M c (T - \theta)$.
Chaleur latente dégagée dans la solidification du soufre.. $M x$.

Il est évident que la chaleur gagnée et la chaleur perdue sont égales; on écrira donc

$$m(\theta - t) = M c (T - \theta) + M x,$$

et par suite

$$x = \frac{m(\theta - t) - M c (T - \theta)}{M}.$$

La chaleur latente de la glace a été déterminée avec soin par la méthode des mélanges; on jette dans un poids m d'eau chaude, à une température t, un morceau M de glace à 0°, et on a θ pour température du mélange après la fusion. Il vient alors l'équation analogue à la précédente

$$m(t - \theta) = M \theta + M x$$

$$x = \frac{m(t - \theta) - M \theta}{M}.$$

MM. Laprovostaye et **Desains** ont trouvé pour valeur de x dans cette recherche, c'est-à-dire, pour chaleur latente de la fusion de la glace 79. Ainsi, 1 kilogramme de glace en fondant absorbe une quantité de chaleur qui élèverait de 1 degré la température de 79 kilogrammes d'eau à 0°.

La *chaleur latente de vaporisation* se mesure par la condensation produite dans les appareils distillatoires. Dans une cornue munie d'un thermomètre on met un certain poids d'eau que l'on fait bouillir. La vapeur, au sortir de la cornue, passe dans un serpentin de verre contenu dans un manchon également pourvu de thermomètres. Ce manchon reçoit une certaine quantité d'eau qu'échauffe la chaleur latente produite dans la condensation, et dont on connaît d'ailleurs le poids. Enfin, dans un petit vase on recueille l'eau condensée au sortir du serpentin, et son poids fait connaître celui de la vapeur ramenée à l'état liquide.

Soient M, le poids de la vapeur condensée,
       T, la température,
       x, la chaleur latente,
       m, le poids de l'eau contenu dans le manchon,
       t, sa température initiale,
       θ, sa température finale.

L'eau résultant de la condensation coule du serpentin à une température qui varie avec celle de l'eau du manchon ; cette température est t au commencement de l'expérience et 0 à la fin ; en moyenne, la température de l'eau de condensation sera donc $\frac{t + 0}{2}$. Le refroidissement est $T - \frac{t + 0}{2}$.

La chaleur perdue par la vapeur sera donc

$$M \left(T - \frac{t + 0}{2} \right) + M\,x.$$

D'une autre part, la chaleur absorbée par l'eau du manchon s'évaluera ainsi

$$m\,(0 - t).$$

Ces deux quantités sont égales

$$M\,x + M \left(T - \frac{t + 0}{2} \right) = m\,(0 - t)$$

$$x = \frac{m\,(0 - t) - M \left(T - \frac{t + 0}{2} \right)}{M}$$

On trouve ainsi que le calorique latent de la vapeur d'eau à $+ 100^0$ est exprimé par le nombre 540, ou, en d'autres termes, que 1 kilogramme d'eau à $+ 100^0$ absorbe, en passant à l'état de vapeur, une quantité de calories capable d'échauffer de 0^0 à $+ 1^0$, 540 kilogrammes d'eau. Par conséquent, avec 1 kilog. de vapeur à $+ 100^0$, on peut échauffer de 0^0 à $+ 100^0$ 5 kil. 40 d'eau, et avoir 6 kil. 40 d'eau à 100^0.

MÉLANGE DES GAZ ET DES VAPEURS. — Les gaz et les vapeurs en se mélangeant obéissent aux lois suivantes, formulées et démontrées par Gay-Lussac.

1^0 *La tension, et par conséquent la quantité de vapeur qui sature un espace donné, sont les mêmes, à égale température, que cet espace contienne un gaz ou qu'il soit vide.*

2^0 *La force élastique du mélange est égale à la somme des forces élastiques du gaz et de la vapeur mélangés, le gaz étant rapporté à son volume primitif.*

La fig. 117 représente l'appareil qui a servi à établir et démontrer ces lois. C'est un vase communiquant formé d'un tube large O et d'un second tube beaucoup plus resserré ER. La communication se fait par

une monture en fer munie d'un robinet G dirigé vers le bas et pouvant servir à vider l'appareil. L'orifice supérieur du tube O est muni
d'un robinet A, et au-dessus se visse un entonnoir B, pourvu aussi
d'un robinet A, dont la coupe est représentée à côté de la figure principale ; au lieu d'être percé de part en part comme les autres, il porte
simplement un godet dont nous verrons bientôt l'usage. Une échelle
placée entre les deux tubes permet d'observer les différences de niveau.

Voici comment se fait l'expérience : le robinet G étant fermé, l'entonnoir B enlevé et le robinet A ouvert, on remplit de mercure bien

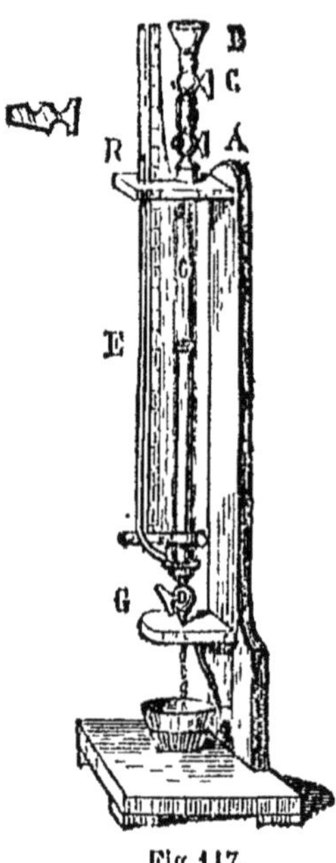

Fig 117.

sec le tube O, puis on ferme le robinet A.
On visse alors sur le tube O un petit ballon
de verre rempli d'air sec et muni aussi d'une
douille à robinet. Ouvrant alors tous les robinets, on fait écouler en G le mercure, et à
mesure qu'il s'écoule l'air sec du ballon rentre en O. Lorsque la plus grande partie du
tube contient du gaz, on ferme les robinets
et on ramène l'air introduit à la pression
atmosphérique en ajoutant du mercure en
ER jusqu'à ce que le niveau soit le même
dans les deux tubes. On enlève alors le ballon et on replace l'entonnoir BC où l'on
verse le liquide dont on veut mélanger la
vapeur avec l'air ; ce sera, par exemple, de
l'éther, de l'alcool ou même de l'eau. Ce liquide remplit le godet du robinet C, on lui
fait décrire un demi-tour dans sa monture,
et la portion du liquide qu'il renfermait se
trouve versée en O. La vapeur se mêle à
l'air, par conséquent le volume augmente.

On verse du mercure en B pour ramener le mélange au volume primitif de l'air. Mais lorsque le mercure du tube O est ainsi revenu à son
premier niveau E, le mercure de la petite branche est plus élevé ; sa
surface libre sera, par exemple, en R. Le mélange est donc soumis à la
pression de l'atmosphère, augmentée de la pression que mesure la différence du niveau DR. A quoi rapporter cette augmentation de force
élastique ? Elle est évidemment due à la vapeur qui s'est mêlée avec
l'air. Si maintenant, dans les mêmes circonstances de température, on
mesure avec un tube barométrique la tension maxima de la vapeur
employée, la dépression de la colonne barométrique sera précisément
égale à la différence du niveau ER observée dans l'appareil précédent.

De ces observations on conclut, 1° que dans le mélange la vapeur a la force élastique qu'elle aurait à la même température dans le vide, par conséquent il y en a la même quantité (1re loi); cela résulte de ce que la différence de niveau ER est égale à la dépression qui mesure la tension maxima de la vapeur dans le tube barométrique : 2° la force élastique du mélange est égale à la somme des forces élastiques du gaz et de la vapeur, lorsque le mélange est ramené au volume primitif (2° loi); il est évident en effet que la masse gazeuse contenue en O supporte la pression de l'air atmosphérique par l'orifice librement ouvert du tube ER, plus la pression de la colonne ER, et nous savons aujourd'hui qu'elle est précisément égale à la force élastique de la vapeur.

M. Regnault a vérifié par une autre méthode ces deux lois de Gay-Lussac. Il a trouvé que, sans être d'une exactitude rigoureuse, elles approchent de la vérité d'une manière très-satisfaisante.

HYGROMÈTRE A CHEVEU. — L'air qui nous entoure est à peu près constamment un mélange d'air pur et de vapeur d'eau. Mais cette vapeur n'est pas à son maximum de force élastique, car l'air n'est presque jamais saturé. Les *hygromètres* sont des instruments destinés à faire connaître quel rapport existe entre la force élastique de la vapeur d'eau contenue dans l'air et le maximum de force élastique de cette vapeur à la même température. Ce rapport est ce qu'on nomme l'*état hygrométrique :* de sa définition même on tire l'équation

$$E = \frac{f}{F}$$

dans laquelle E représente l'état hygrométrique; f la force élastique de la vapeur d'eau dans l'air à une température donnée; F le maximum de force élastique de la vapeur d'eau à cette même température.

Parmi les divers hygromètres dont se servent les physiciens, je dois faire connaître celui que l'on doit à Saussure, et qui est habituellement désigné sous le nom d'*hygromètre à cheveu.* Cet instrument a pour principe la dilatation que subissent les substances organiques sous l'influence de l'humidité et la contraction que la sécheresse leur fait éprouver.

Sur un cadre métallique est fixé un cheveu convenablement choisi et préparé. Son extrémité supérieure est saisie par une pince que fait mouvoir au besoin une visse de rappel. On peut ainsi tendre plus ou moins le cheveu. Son autre extrémité est fixée sur une poulie à deux gorges, et sur la seconde s'enroule en sens inverse du cheveu un fil de soie terminé par un petit poids. A l'axe de cette poulie est une aiguille mobile sur un arc de cercle divisé et gradué. Quand le cheveu est dans une atmosphère humide, il s'allonge et le poids fait tourner la poulie et baisser l'aiguille; sous l'influence de la sécheresse il se rac-

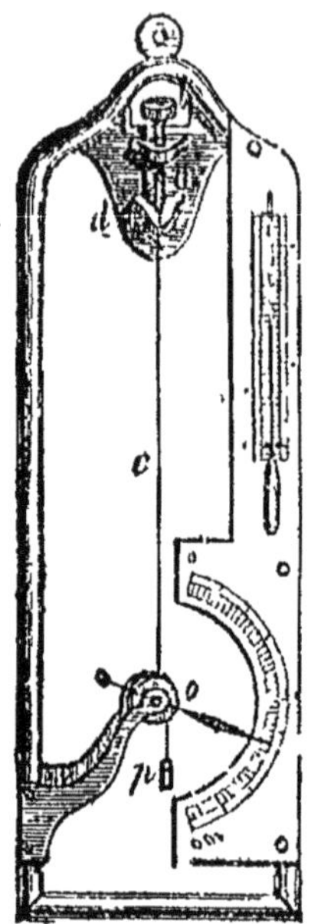

Fig. 118.

courcit, et l'aiguille s'élève: un petit thermomètre fait partie de l'hygromètre. Pour construire l'instrument on prépare une mèche de cheveux longs, coupés sur le vivant, et on les dégraisse par une dissolution au centième de sous-carbonate de soude. La graisse empêcherait l'absorption facile de la vapeur d'eau. Parmi ces cheveux préparés on choisit le plus sensible à l'humidité, on le dispose sur le cadre et on gradue l'instrument. Le point 100 doit indiquer l'humidité extrême, c'est-à-dire la saturation de l'espace où se trouve l'hygromètre; le 0 indique au contraire la sécheresse extrême. Voici comment on détermine ces deux points.

On place l'instrument sous une cloche dont les parois sont humectées, et recouvrant en même temps un petit bassin plein d'eau. L'air ainsi enfermé se sature d'humidité, le cheveu s'allonge, et enfin l'aiguille devient stationnaire sur une des divisions de l'arc de cercle. Là on marque le point 100. Cette première opération ne dure guère que quelques heures. La seconde est beaucoup plus longue. On place aussi l'hygromètre sous une cloche; mais elle a été bien séchée, et on absorbe l'humidité de l'air qu'elle contient avec des corps desséchants, chlorure de calcium, etc. Après une quinzaine de jours l'aiguille devient fixe, et on marque le point 0. L'espace situé entre les deux points fixes est ensuite divisé en 100 parties égales.

Cet instrument est loin d'être sans défaut, et on a imaginé plusieurs autres hygromètres qui, pour la plupart, lui sont supérieurs. Chacun de ces hygromètres à cheveu a sa marche particulière, de sorte qu'ils ne sont pas comparables; en outre le même cheveu s'allonge par la tension de manière à ne pas être constant avec lui-même. Enfin, les indications de l'hygromètre à cheveu ne font pas connaître directement l'état hygrométrique, car elles ne lui sont pas proportionnelles; ainsi quand l'hygromètre marque 25, l'état hygrométrique devrait être $\frac{1}{4}$. Loin de là, à la température ordinaire il est alors de 0,120, c'est-à-dire $\frac{1}{8}$ environ. Au degré 50 de l'instrument correspondra l'état hygrométrique 0,208 ; et non pas 0,500, qui correspond à 72 de l'hygromètre. Gay-Lussac a construit, pour la température de + 10°, une table des états hygrométriques correspondant à chaque degré de l'instrument. Je n'ai pas à expliquer ici la méthode tout expérimentale qu'il a employée ; mais voici ses principaux résultats :

ÉTATS HYGROMÉTRIQUES

CORRESPONDANTS AUX INDICATIONS DE L'HYGROMÈTRE A CHEVEU, à la température de + 10°.

Degrés de l'hygromètre.	États hygrométriques.
0	0,000
10	0,022
20	0,094
25	0,120
30	0,148
40	0,208
50	0,278
60	0,303
65	0,414
70	0,472
72	0,500
75	0,538
80	0,612
85	0,696
90	0,701
95	0,891
100	1,000

L'indication ordinaire de l'hygromètre dans nos contrées est de 70 à 75 : jamais il ne va à 100.

De la table des états hygrométriques il est facile de déduire le poids de vapeur d'eau contenu dans un litre d'air, par exemple, connaissant l'indication d'un hygromètre à cheveu.

Soient E, l'état hygrométrique ; F le maximum de force élastique à une température de $t°$; f la force élastique de la vapeur qui humecte l'air. J'ai déjà établi l'équation :

$$E = \frac{f}{F}$$

Cela donne évidemment :

$$f = E \times F.$$

Un litre d'air à 0° et sous la pression 0^m,76, pèse 1^{gr},3 à $t°$, le même volume pèsera $\dfrac{1^{gr},3}{1 + \alpha t}$, et sous la pression f, ce poids deviendra

$\dfrac{1,3 \times f}{(1 + \alpha t)\, 0,76}$. La densité de la vapeur d'eau est 0,622 ; il suffit de multiplier le poids du litre d'air pur à 0°, par la densité de la vapeur par rapport à l'air ; le résultat exprimera le poids d'un litre de vapeur à $t°$ et sous la pression f : il viendra donc

$$\varpi = \frac{1,3 \times 0,622 \times f}{(1 + \alpha t) \times 0,76}.$$

Or, la table de Gay-Lussac, d'après l'indication de l'hygromètre, fait connaître E ; la table des tensions de la vapeur d'eau donne la valeur de F ; on déduit donc sans peine f, et ϖ s'obtient alors avec la plus grande facilité. Ces calculs sur lesquels je ne puis insister davantage ont une réelle importance pour la résolution des problèmes.

RÉSUMÉ DU CHAPITRE XI.

CONDUCTIBILITÉ POUR LA CHALEUR.

La conductibilité des corps pour la chaleur est la facilité plus ou moins grande avec laquelle les molécules de diverses substances se transmettent le calorique. — Bons et mauvais conducteurs.

Appareil d'Ingenhouz pour les corps solides. — Expériences de M. Despretz.

Loi de conductibilité. — Pour une même substance les distances à la source croissant en progression arithmétique, les excès de température sur l'air ambiant décroissent en progression géométrique.

Faible conductibilité des fluides. — Courants qui produisent l'échauffement.

CHALEURS SPÉCIFIQUES.

On nomme *chaleur spécifique* ou *capacité calorifique*, la quantité de chaleur nécessaire pour élever de 1° de température l'unité de poids d'un corps.

On nomme *calorie* la quantité de chaleur nécessaire pour échauffer de 1 degré, 1 kilogramme d'eau distillée. — La calorie est l'unité de chaleur. — La *chaleur spécifique* de l'eau est égale à 1 calorie.

Quand un corps s'échauffe de 0° à $t°$, la quantité de chaleur gagnée est exprimée par la formule

$$\varpi = mct$$

MÉTHODE DES MÉLANGES.

Son principe est de mélanger à un poids m d'eau d'une température t^o, un certain poids M d'un corps à T^o et de constater la température finale θ.

L'eau s'est échauffée de t^o à θ.

Le corps s'est refroidi de T à θ.

L'eau a donc gagné une quantité de chaleur m $(\theta - t)$.

Le corps en a perdu une quantité Mc $(T - \theta)$.

$$m\ (\theta - t) = Mc\ (T - \theta).$$

De là on déduit la capacité calorifique c.

$$c = \frac{m\ (\theta - t)}{M\ (T - \theta)}$$

Ce qui complique cette formule fondamentale, ce sont les corrections qu'entraîne l'échauffement du vase, etc.

$$c = \frac{(m + m'c')\ (\theta - t)}{M\ (T - \theta)}$$

Chaleurs spécifiques des liquides.

MÉLANGE DES GAZ ET DES VAPEURS.

1° Le maximum de force élastique d'une vapeur, et par suite la quantité qui sature un espace, sont les mêmes à égale température, lorsque cet espace est rempli de gaz ou lorsqu'il est vide.

2° La force élastique du mélange est égale à la somme des forces élastiques du gaz et de la vapeur mélangés, le gaz étant rapporté à son volume primitif.

Appareil de Gay-Lussac.

HYGROMÈTRE A CHEVEU.

Un *hygromètre* est destiné à faire connaître l'*état hygrométrique* d'un espace; c'est-à-dire, le rapport entre la quantité de vapeur d'eau qu'il contient et celle qu'il contiendrait s'il était saturé à la même température.

Hygromètre à cheveu. — Sa construction. — Sa graduation. — Table de Gay-Lussac. — Imperfection de cet instrument.

CHAPITRE XII[1].

MACHINES A VAPEUR. — KILOGRAMMÈTRE. — CHEVAL-VAPEUR.

PRINCIPE DES MACHINES A VAPEUR. — On nomme *moteurs*, en mécanique, les agents capables de produire du mouvement et de mettre en action les organes des machines; souvent aussi on nomme *moteur* ou *machine motrice* la machine sur laquelle se développe spécialement l'action de l'agent moteur pour être transmise à divers appareils mécaniques. Les principaux agents moteurs employés dans l'industrie ont été jusqu'à la fin du xvii° siècle : les moteurs animés (l'homme et les animaux), la pesanteur, les forces moléculaires, la vitesse acquise ou force vive, etc. Les machines motrices les plus employées étaient les roues et récepteurs hydrauliques et les moulins à vent. Dans le xviii° siècle, un nouvel agent moteur fut mis en œuvre, c'est la force d'expansion de la vapeur d'eau, et l'industrie moderne s'est transformée en adaptant à ses besoins une machine motrice d'une puissance presque sans bornes, la machine à vapeur.

La connaissance des propriétés physiques de la vapeur d'eau et l'idée d'utiliser sa force expansive remontent à la fin du xvii° siècle, époque à laquelle se placent les travaux si importants de Torricelli et Otto de Guéricke sur la pression et la pesanteur de l'air. C'est à Denis Papin, ingénieur français, né à Blois en 1650, mort en 1710, que sont dus les premiers essais qui méritent d'être signalés sur l'emploi de la vapeur comme force motrice. Voici, en effet, la description d'une machine publiée par ce physicien en 1690, dans un recueil scientifique de Leipsick, qui porte le nom de *Acta eruditorum*.

Soit ABCD (fig. 110) un corps de pompe dans lequel se meut un piston P. On a placé à la partie inférieure une petite quantité d'eau, et on fait descendre le piston jusqu'au contact du liquide, l'air pouvant s'échapper par une petite ouverture pratiquée dans l'épaisseur même du piston. Si on ferme alors cette ouverture et qu'on chauffe l'eau placée au fond du corps de pompe, la vapeur formée déterminera par sa force élastique l'ascension du piston; en enlevant le feu, la vapeur se refroidira et se condensera, elle perdra son ressort, et par conséquent la pression atmosphérique fera redescendre le piston. En chauffant de nouveau, on déterminera une nouvelle ascension, et ainsi de

1. J'emprunte, à peu près en entier, ce chapitre au *Cours élémentaire de Mécanique* rédigé par M. le professeur Privat-Deschanel.

suite. On voit donc que, par l'action successive de la chaleur et du refroidissement, on pourra imprimer au piston un mouvement de va-et-vient, lequel pourra être utilisé à la production de quelque effet

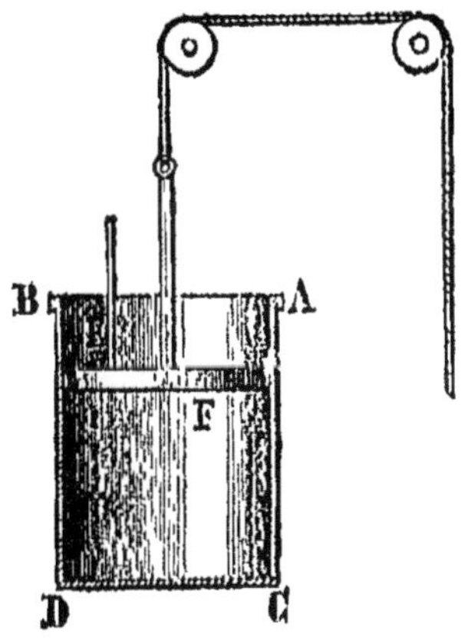

Fig. 119.

utile. Papin mentionne particulièrement l'emploi qu'on pourrait faire de la machine pour faire mouvoir des pompes d'épuisement et pour faire tourner des roues fixées à un bateau.

On peut reconnaître dans cette machine de Papin le germe des deux idées fondamentales de la machine à vapeur proprement dite :

1° Le mouvement d'un piston produit par la force élastique de la vapeur ;

2° La destruction de cette force élastique par le refroidissement.

On peut donc légitimement considérer Papin comme le premier inventeur de la machine à piston.

En 1698, le capitaine Savery fit exécuter une machine destinée à l'élévation de l'eau, dans laquelle on utilise uniquement la force de ressort de la vapeur ; cette machine est représentée dans la figure 120.

Deux chaudières communiquant ensemble produisent de la vapeur qui se rend soit dans le récipient R, soit dans le récipient R', suivant que l'on ouvre les robinets r ou r'. Ces deux récipients communiquent inférieurement avec un tube A qui va plonger dans le réservoir d'eau à élever, et supérieurement avec le tuyau d'ascension E.

Supposons que le robinet r soit ouvert, la vapeur presse l'eau contenue dans le récipient R, celle-ci passe dans le tube d'ascension en soulevant la soupape s. Lorsque le récipient R est épuisé, on ferme le

robinet *r* et on ouvre le robinet *r'*; à son tour, l'eau du récipient R'
s'élève dans le tuyau d'ascension en soulevant la soupape *s'*. Mais pendant ce temps le vase R se refroidit, on favorise même son refroidis-

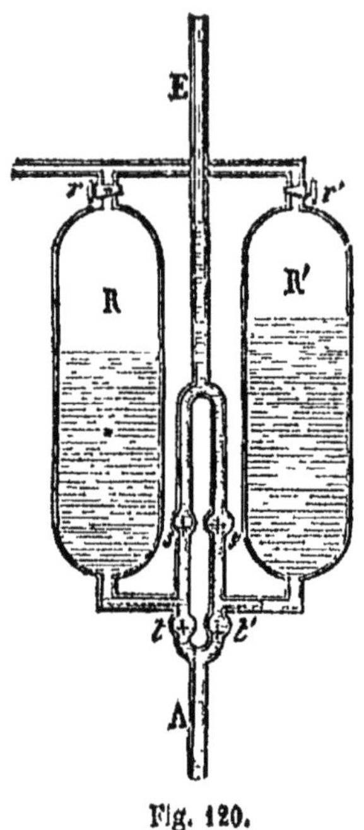

Fig. 120.

sement en versant de l'eau sur la surface
extérieure; par suite, l'eau est aspirée
dans le réservoir inférieur, s'élève en
soulevant la soupape *t* et remplit de
nouveau le premier récipient R. On procède alors à son épuisement pendant
que R' se remplit, et ainsi de suite.

Dans la même machine de Savery, au
moment où la vapeur arrive en contact
avec l'eau à élever, elle doit nécessairement se condenser, et cela successivement jusqu'à ce que la température de
l'eau soit en rapport avec la sienne propre, d'où résulte nécessairement une
déperdition énorme; aussi, pour élever
l'eau à la petite hauteur de 65 mètres,
Savery était obligé d'amener la tension
de la vapeur jusqu'à six atmosphères,
circonstance accompagnée d'inconvénients de toute nature sans parler du
danger des explosions. Cela explique
comment il se fait que la machine de
Savery n'ait jamais pu être employée à l'épuisement des eaux de mine;
on s'en est servi seulement pour élever l'eau destinée à être distribuée
dans quelques jardins de plaisance.

Si on compare la machine de Savery à celle de Papin, on voit évidemment que, sous le rapport de la conception, la première est fort
au-dessous de la seconde. En effet, Savery ne peut, et encore bien imparfaitement, comme nous venons de le dire, exécuter qu'une seule
opération, l'élévation de l'eau; au contraire, le mécanisme de Papin
constitue une source de mouvement applicable à toutes sortes d'opérations, ainsi, du reste, que l'avait prévu l'inventeur; c'est donc, à
proprement parler, la découverte d'un moteur universel qui se trouve
consignée dans l'ouvrage de Denis Papin.

Il est juste de dire pourtant, et c'est là ce qui explique que les titres
de notre compatriote à l'invention de la machine à vapeur soient res-
tés si longtemps dans l'oubli, qu'après avoir eu une idée qui pouvait
être si féconde, Papin parut y renoncer plus tard pour diriger ses travaux vers le perfectionnement de la machine de Savery. A cet égard,

ses essais furent moins heureux, la machine de Savery n'étant destinée à aucun avenir.

La première machine qui ait rendu des services à l'industrie est la machine atmosphérique, dont l'idée fondamentale paraît être due à

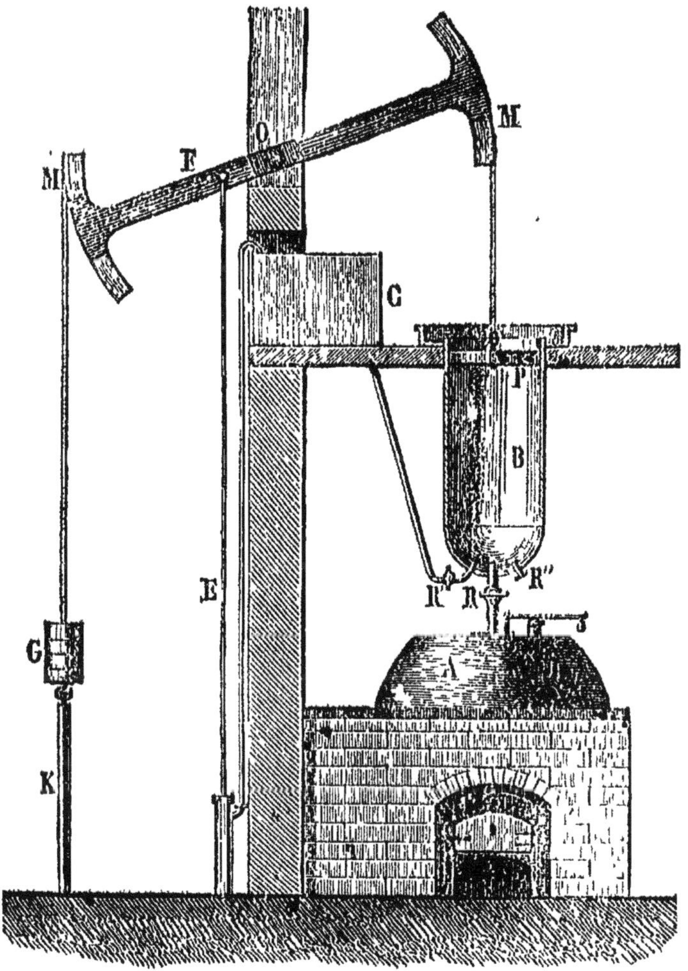

Fig. 121.

Newcomen, forgeron de Darmouth; aussi l'appelle-t-on quelquefois simplement machine de Newcomen. Celui-ci s'adjoignit d'abord Cawley, ouvrier de la même ville, et plus tard Savery, qui était en possession d'un privilége pour la condensation de la vapeur par le refroidissement, propriété utilisée dans la machine atmosphérique.

12.

Après plusieurs essais dont il est inutile de parler, ils s'arrêtèrent à la disposition représentée dans la figure 121.

La vapeur se produit dans la chaudière A, et se rend, par le robinet R, dans le corps de pompe B, où se meut le piston P. Celui-ci est fixé à une corde qui vient s'enrouler sur un arc de cercle M faisant partie d'un grand balancier F mobile autour du point O. A l'autre extrémité du balancier est fixée aussi par une corde la tige K, munie du contre-poids G, laquelle conduit par son mouvement la pompe d'épuisement de la mine.

Le robinet R étant ouvert, la vapeur soulève le piston qui n'est pressé supérieurement que par la pression atmosphérique, et qui d'ailleurs est tiré par le contre-poids G.

Lorsque le piston est en haut de sa course, on ouvre le robinet R', et de l'eau froide provenant du réservoir C pénètre dans le corps de pompe et détermine la condensation de la vapeur. On ferme alors le robinet R', le piston pressé par l'atmosphère redescend, et, en ouvrant de nouveau R, les phénomènes se reproduisent successivement de la même manière. Un robinet R'' qu'on ouvre de temps en temps donne périodiquement issue à l'eau introduite dans le corps de pompe et à celle qui provient de la condensation de la vapeur. En même temps que le balancier donne le mouvement à la tige K, il fait mouvoir aussi une autre tige E, appartenant à une pompe alimentaire, destinée à amener de l'eau dans le réservoir C.

On voit, par ce qui précède, que la manœuvre de la machine atmosphérique se réduit à ouvrir et fermer alternativement les robinets R et R'; ce travail était en général confié à des enfants. L'un d'eux, Humphry Potter, eut l'idée d'attacher au balancier, par des ficelles, la clef des robinets, de manière à faire mouvoir ceux-ci par le jeu de la machine; ce système, convenablement perfectionné, fut employé en-suite d'une manière générale dans les machines atmosphériques.

On reconnaîtra aisément, par la description qui précède, que la machine atmosphérique ne diffère de celle qui précède, que par deux per-fectionnements importants sans doute, mais qui sont évidemment accessoires, et ne modifient pas l'idée fondamentale de l'appareil :

1° La production de la vapeur dans un vase séparé;

2° La condensation par injection d'eau froide.

Toutefois, les constructeurs de la machine atmosphérique ont la gloire d'avoir fait passer dans la pratique une idée à la réalisation de laquelle Papin lui-même semble avoir renoncé.

Watt, né à Greenock (Écosse) en 1736, mort en 1819, qui devait por-ter la machine à vapeur à un si haut degré de perfection, débuta dans cette carrière par un perfectionnement important apporté à la construction de la machine de Newcomen. La condensation de la vapeur faite dans le corps de pompe avait beaucoup d'inconvénients, notamment celui de refroidir les parois du cylindre, et de donner lieu ainsi à une perte considérable de chaleur. Watt reconnut que la condensation pouvait se faire dans un vase séparé communiquant seulement par un tube avec le corps de pompe. Il donna à ce vase le nom de condenseur; une pompe mise en mouvement par le balancier de la machine enlevait périodiquement l'eau provenant de l'injection, celle qui résultait de la condensation, et enfin l'air qui s'était dégagé du sein de l'eau elle-même.

A ce premier perfectionnement qui réalisait déjà une grande économie de combustible, Watt en ajouta un second non moins important. Il consiste à remplacer la pression atmosphérique qui, dans la machine de Newcomen, fait descendre le piston par la pression de la vapeur elle-même. Voici quelle est la disposition de l'appareil. Le corps de pompe C (fig. 122) est fermé à sa partie supérieure, et c'est à travers une boîte à étoupes que passe la tige du piston; celui-ci est d'ailleurs lié au balancier de la même façon que dans la machine de Newcomen. La vapeur fournie par la chaudière arrive par la partie supérieure E d'un tuyau latéral EA qui communique, en T et en T', avec le corps de pompe et inférieurement avec le condenseur. Trois soupapes sont disposées dans ce tuyau; deux, S et S'', au delà des points correspondants à T et à T', et la troisième S' entre ces deux points.

Supposons que les deux soupapes S et S'' soient ouvertes, et que la troisième S' soit fermée; la vapeur arrivant sur la face supérieure du piston, tandis que celle qui avait été précédemment introduite au-dessous est en communication avec le condenseur, le piston P descendra. Lorsqu'il est arrivé au bas de sa course, on ferme S et S'' et on ouvre S'; alors la partie supérieure et inférieure du corps de pompe étant en communication, la pression que la vapeur exerce est la même sur chaque face du piston, de sorte que celui-ci, tiré par le contrepoids de la tige de la pompe, remonte à la partie supérieure. Si on ouvre de nouveau S et S'' et qu'on ferme S', le mouvement descendant recommencera, et ainsi de suite.

La soupape S'' s'appelle soupape d'*admission*, la soupape S soupape d'*exhaustion*, et la soupape S' soupape d'*équilibre*.

Tel est le mécanisme de la machine dite à simple effet; c'est cette machine qui remplaça successivement dans les mines d'Angleterre la machine atmosphérique en donnant lieu à une énorme économie de combustible.

Il existe encore quelques machines de ce genre, telles sont, par exemple, les machines de Cornouailles qui sont véritablement des machines à simple effet, mais dans lesquelles on a introduit de très-notables perfectionnements.

Toutefois la machine à simple effet ne se prête que difficilement aux transformations du mouvement, l'élévation du piston étant pro-

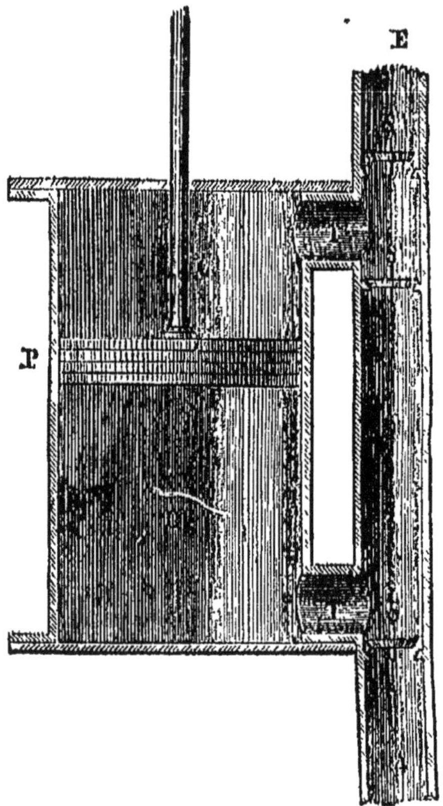

Fig. 122.

duite non pas par la vapeur, mais par le poids de la tige de la pompe. Watt ne tarda pas à perfectionner l'appareil en faisant produire à la fois le mouvement ascendant et descendant du piston par l'action de la vapeur; c'est le principe de la machine à double effet, machine qui fut portée par l'inventeur à une admirable perfection, et qui est devenue de nos jours un moteur absolument universel. On peut dire, du reste, que depuis Watt il n'a pas été introduit de perfectionnement vraiment *organique*, et que les améliorations obtenues, quoique très-importantes, ne touchent en rien aux principes essentiels de construction. Nous allons décrire la machine à double effet et à basse pression de Watt, et nous indiquerons ensuite les principales modifications qu'elle a subies.

DESCRIPTION DE LA MACHINE A BASSE PRESSION ET A DOUBLE EFFET DE WATT. — *Principe de la machine à double effet.* Soit une chaudière à vapeur A (fig. 123) communiquant, par les robinets a et b, avec la partie supérieure et inférieure du corps de pompe; deux autres robinets, c et d, établissent la communication de ce dernier avec le condenseur. Si l'on ouvre les robinets a et c, b et d étant fermés, la vapeur arrivera au-dessus du piston P, tandis que celle qui avait été

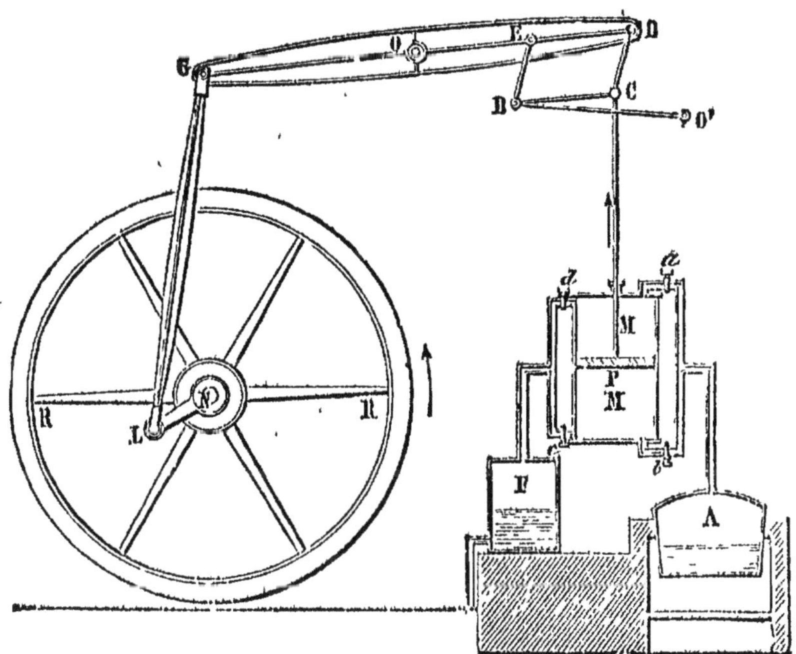

Fig. 123.

auparavant introduite au-dessous étant en communication avec le condenseur F se condensera plus ou moins complétement, en perdant sa force élastique; le piston descendra donc jusqu'à la partie inférieure du corps de pompe. On ouvre alors les deux robinets b et d, tandis que les deux autres sont fermés; la vapeur se condensant à la partie supérieure du corps de pompe et agissant au-dessous du piston déterminera le mouvement ascendant de celui-ci, après quoi on pourra le faire redescendre de nouveau et ainsi de suite.

On voit donc que par la manœuvre convenable des robinets $a, b, c, d,$ on donnera au piston un mouvement de va-et-vient qui peut être facilement transformé en un mouvement de rotation. A cet effet, la tige du piston est liée à l'une des extrémités d'un balancier DG mobile autour de l'axe O, par l'intermédiaire du parallélogramme articulé BCDEO'. L'autre extrémité du balancier est articulée à la bielle GL, qui s'articule elle-même avec la manivelle du volant RR.

On voit que, si le piston se meut de bas en haut, l'impulsion de la bielle poussera le volant dans le sens indiqué par la flèche. Quand le piston sera arrivé au haut de sa course, la manivelle et la bielle se trouveront dans la même direction, et, par suite, ne pourront avoir d'action l'un sur l'autre; c'est ce que l'on appelle un *point mort*. Mais en vertu de la vitesse acquise, le volant dépassera cette position, et alors le piston ayant commencé son mouvement descendant, la rotation se continuera dans le même sens jusqu'au deuxième point mort, situé à 180° du premier, et qui sera dépassé de la même manière.

On voit donc qu'à l'aide du mouvement alternatif du piston, on obtient un mouvement de rotation qui, se transmettant à un arbre, peut ensuite être utilisé pour effectuer des travaux d'une nature quelconque.

Distribution de la vapeur. La manœuvre des robinets a, b, c, d est

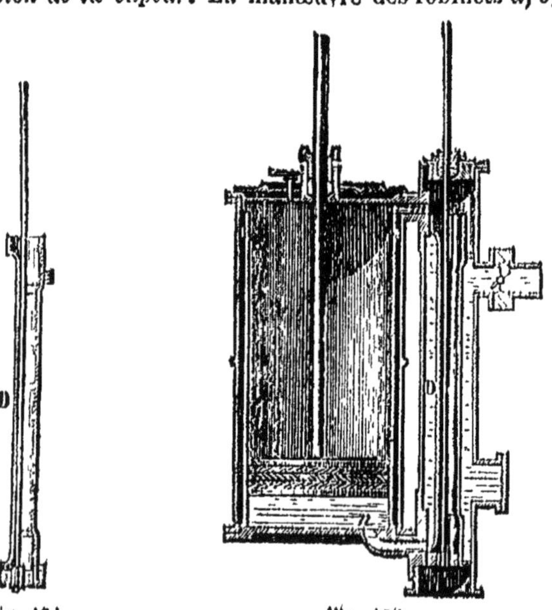

Fig. 124.　　　　　Fig. 125.

remplacée par le jeu d'une pièce qu'on appelle tiroir, et à laquelle la machine elle-même imprime le mouvement convenable. Le tiroir est formé par une sorte de tube D (fig. 124) s'élargissant à ses deux extrémités, où se trouvent des surfaces dressées capables de s'appliquer exactement sur les ouvertures d'admission de la vapeur dans le corps de pompe.

La vapeur qui vient de la chaudière se rend d'abord dans un espace qu'on appelle boîte à vapeur, et dans lequel se meut le tiroir; celui-ci passe dans des boîtes à étoupes qui, vers les deux extrémités, remplissent la totalité de la boîte à vapeur, tandis que dans la portion moyenne la vapeur circule tout autour du corps du tiroir.

Quant au condenseur, il est en communication continue avec la partie inférieure de la boîte à vapeur.

On voit, d'après cette disposition, que si le tiroir est dans la position de la figure 125, la vapeur arrive par m à la partie supérieure du piston, tandis que sa partie inférieure communique librement avec le condenseur, de sorte que le mouvement a lieu de haut en bas. Si, au

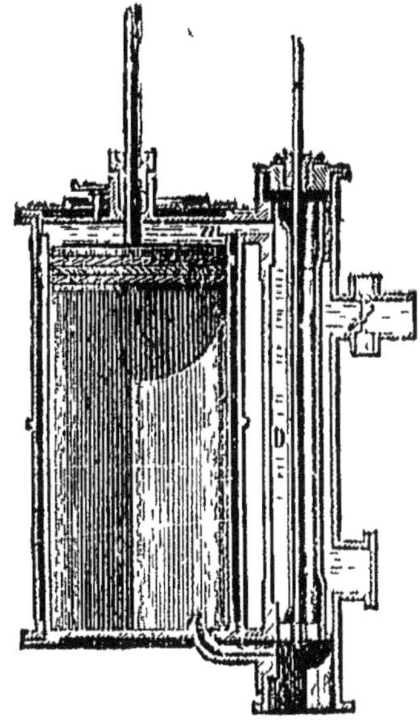

Fig. 126.

contraire, le tiroir a la position de la figure 126, la vapeur vient par n presser la partie inférieure du piston, tandis que celle qui est au-dessus est en communication avec le condenseur par l'intermédiaire du tiroir, de sorte que le mouvement a lieu en sens contraire de tout à l'heure.

La distribution de la vapeur se fera donc convenablement si l'on peut donner au tiroir un mouvement rectiligne alternatif, dont la période soit précisément la même que celle du mouvement du piston. On obtient ce résultat à l'aide d'un excentrique ou disque métallique mû par un axe de rotation qui ne passe pas par son centre, et qui imprime ainsi à une bielle B un mouvement de va-et-vient. Cet excen-

Fig. 127.

trique est fixé autour de l'arbre du volant, et l'extrémité du triangle métallique B est fixée elle-même au levier coudé *abc* (fig. 127), qui reçoit ainsi un mouvement d'oscillation au point *b*; par suite de ce mouvement, la tige *d* s'élève et s'abaisse successivement en conduisant le tiroir auquel elle est attachée.

On se sert aussi quelquefois du système représenté dans la figure 128. La vapeur arrive en *o*, et tend à s'introduire dans une sorte de boîte à vapeur où se meut une tige qui porte les deux pistons P, P. La distance de ces deux pistons est sensiblement égale à celle des deux orifices d'admission dans le corps de pompe. Il suit de là que si les pistons ont la position P, P, la vapeur arrive au-dessus du piston tandis que le dessous est en communication avec le condenseur C. Si, au contraire, les pistons avaient la position indiquée par les lignes ponctuées en P', P', la vapeur presserait la partie inférieure du piston, tandis que la partie supérieure communiquerait avec le condenseur.

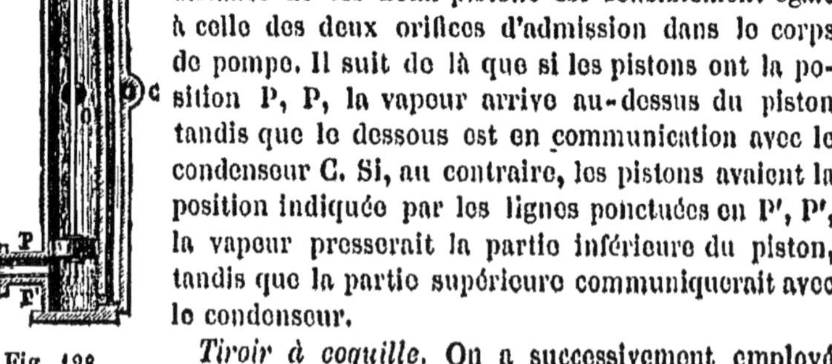

Fig. 128

Tiroir à coquille. On a successivement employé plusieurs modes de distribution; nous décrirons encore le tiroir de Murray, qui occupe moins de place que le précédent, et dont la disposition est en même temps plus simple.

Dans la boîte à vapeur (fig. 129) se meut une pièce qui a la forme d'un prisme rectangulaire creusé d'un côté, comme le montre la coupe transversale C, à bords parfaitement dressés, et dont les dimensions lui permettent de couvrir à la fois deux des trois ouvertures par lesquelles la vapeur est mise en communication avec une face ou l'autre du piston ou avec le condenseur. La tige *t*, qui porte le tiroir, reçoit son mouvement de va-et-vient d'un excentrique lié à l'arbre du volant, comme nous l'avons dit précédemment.

Dans l'une des figures, la vapeur qui est au-dessus du piston est mise en communication avec le condenseur par l'intermédiaire du

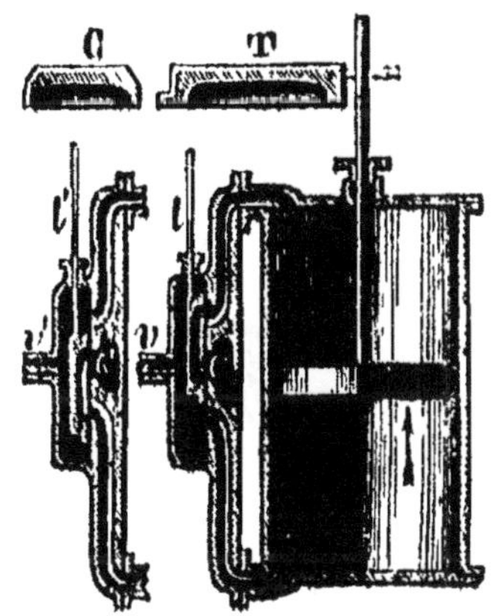

Fig. 129.

tiroir; c'est le contraire dans l'autre, par conséquent, la distribution de la vapeur est inverse.

Pompe d'épuisement du condenseur. Le condenseur est un cylindre dans lequel on fait arriver un jet continu d'eau froide dont on règle la quantité suivant les cas. Or, à mesure que la vapeur se condense, elle échauffe l'eau froide, et en même temps l'air que l'eau contient toujours en dissolution se dégage à raison de la faible pression existant dans l'appareil; il faut donc épuiser l'eau et l'air du condenseur. C'est l'objet d'une pompe mise en mouvement par le balancier. La tige de cette pompe est articulée au point du parallélogramme articulé, qui se meut aussi en ligne droite, et que nous avons fait connaître en décrivant le parallélogramme articulé. L'eau déjà chaude, extraite du condenseur, est portée dans un réservoir, d'où elle est puisée par une seconde pompe, mise aussi en mouvement par le balancier, et amenée dans la chaudière. Enfin une troisième pompe, plus puissante que les deux précédentes, élève l'eau d'une source ou d'un puits, et la fait parvenir dans une bâche, d'où elle passe dans le condenseur. Ces deux dernières pompes sont mises en mouvement par la portion du balancier située de l'autre côté de l'axe de rotation, par rapport à la pompe du condenseur.

Régulateur à force centrifuge. Dans la machine de Watt se trouve un régulateur à force centrifuge destiné à rendre uniforme le mouvement de la machine ou du moins à en modérer les accélérations ou les retards. Il se compose d'une tige AB (fig. 130) à laquelle la machine imprime un mouvement de rotation. En B sont articulées deux tiges M terminées par des masses pesantes. Deux autres tiges N, articulées sur les premières, forment avec celles-ci un losange dont la partie inférieure est fixée à un manchon C, qui embrasse l'arbre de rotation. Lorsque l'appareil sera en repos, les tiges M et N seront aussi rappro-

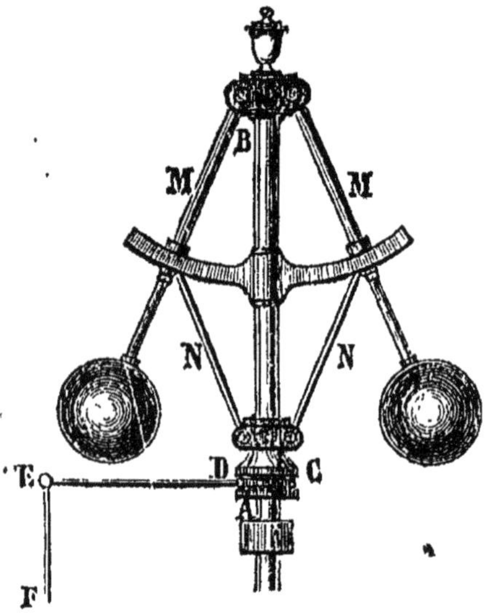

Fig. 130.

chées de la verticale que le permet leur mode d'ajustement; mais lorsque l'appareil se mettra en mouvement, en vertu de la force centrifuge les boules s'écarteront, d'autant plus que la vitesse de rotation sera plus rapide; en même temps, le collet C s'élèvera. L'axe du régulateur est mis en mouvement par une corde sans fin qui s'enroule autour de l'arbre du volant, et le collet mobile est lié à un système de leviers coudés, agissant sur une soupape analogue à la clef d'un poêle, et située dans le tube d'admission de la vapeur; lorsque la vitesse du

A
B
R
L
P
Fig. 131.

régulateur s'accélère, l'orifice d'admission diminue, et pourrait même devenir nul si les boules s'écartaient tout à fait; dans ce cas, la machine s'arrêterait.

Pistons. Dans les premières machines, on se servait de pistons analogues à ceux des pompes, c'est-à-dire munis d'une garniture d'étoupe; mais cette garniture s'usait très-vite. Aujourd'hui on fait usage de pistons entièrement métalliques. Ce sont des secteurs juxtaposés et pressés par des ressorts intérieurs, de façon à assurer constamment le contact parfait avec le cylindre. Comme la pression due aux ressorts amène un frottement considérable, quelques constructeurs, M. Farcot, entre autres, emploient des pistons à expansion facultative sans l'intermédiaire d'aucun ressort.

Description générale de la machine à basse pression de Watt. Les explications précédentes suffisent pour comprendre complétement le jeu de la machine de Watt, dont la figure 131 représente la disposition générale; la chaudière seulement n'est pas figurée.

AB est le balancier, *abcd* le parallélogramme articulé qui conduit à la fois le piston de la machine, ainsi que la tige t de la pompe d'épuisement du condenseur; r est le robinet d'injection d'eau dont on peut régler la quantité en agissant sur une manivelle. L'eau extraite du vase G, qui communique avec le condenseur, est élevée en H, où elle est puisée par la pompe t', qui la pousse jusqu'à la chaudière. La troisième pompe t'' verse l'eau dans la bâche M, d'où elle passe au condenseur.

On voit en k le modérateur à boules K qui, par le levier l et un système de leviers et de tringles, analogues à ceux qu'on emploie pour les sonnettes, agit sur une clef, placée dans le tube d'admission de la vapeur, de manière à diminuer l'orifice quand la vitesse de rotation augmente.

DÉTENTE DE LA VAPEUR. — Parmi les modifications qui ont été introduites dans la machine de Watt, il faut signaler en première ligne la détente.

Lorsque le piston a parcouru une fraction de sa course, on supprime l'introduction de la vapeur dans le corps de pompe; alors le piston est poussé par la vapeur primitivement introduite qui se détend, c'est-à-dire dont la force élastique va en diminuant. On économise évidemment, par ce moyen, une certaine quantité de vapeur; on a, en outre, l'avantage d'éviter les chocs qui se produisent à la fin de la course du piston, et qui détériorent à la longue la machine.

On fait commencer la détente à une époque variable, tantôt à la moitié, tantôt au quart ou au cinquième de la course du piston. Il est aisé de concevoir que plus tôt la détente s'opère, plus il y a économie, puisque pendant toute la période de la détente le travail se fait sans consommation de vapeur; mais, d'un autre côté, la force élastique de la vapeur diminuant à mesure qu'elle se détend, il faut qu'il reste toujours une force suffisante pour vaincre les résistances, et pour que la vitesse des divers mécanismes que la machine met en jeu n'éprouve pas de trop grandes variations.

L'idée d'employer la détente de la vapeur est due à Watt; mais elle n'a été introduite sérieusement dans la pratique que depuis sa mort.

Excentriques à détente. Pour que la détente de la vapeur puisse s'opérer, il faut nécessairement modifier le mouvement du tiroir, de façon que la condensation s'opérant toujours d'un côté du piston, la vapeur cesse d'arriver de l'autre; il doit donc y avoir des temps d'arrêt dans le mouvement. On arrive à produire ces modifications en faisant conduire le levier coudé fixé au tiroir par une courbe discontinue, analogue à la courbe en cœur employée dans diverses machines. Pour que le tiroir reste en repos à un moment déterminé, il suffit que la portion de la courbe correspondante soit un arc de cercle concentrique à l'axe de rotation.

Excentrique Clapeyron. Comme l'excentrique circulaire est d'une installation beaucoup plus facile, on a cherché à lui faire produire la

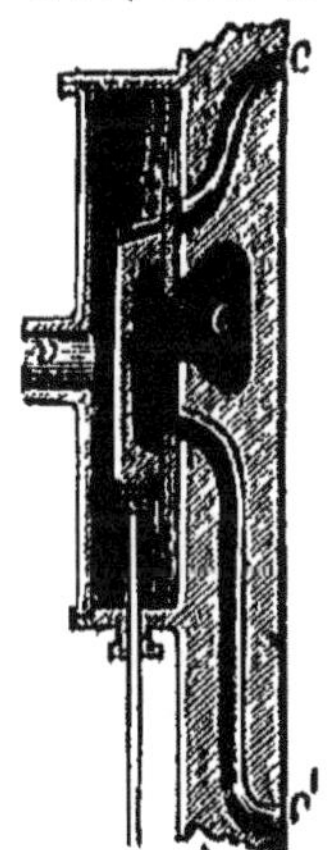

Fig. 132.

détente; M. Clapeyron y est parvenu à l'aide de la disposition représentée dans la figure 132. Les bords du tiroir sont munis de deux plaques α et β d'une largeur supérieure à celle des ouvertures d'admission de la vapeur dans le corps de pompe. Il suit de là que lorsque la plaque β, par exemple, se meut sur l'ouverture du canal *o*, celui-ci reste fermé pendant un certain temps, de sorte que la vapeur continuant de se condenser au-dessous du piston, elle n'arrive pas néanmoins au-dessus, et par conséquent, dans cette dernière partie, elle agit en vertu de la détente. La même chose aura lieu pour l'ouverture c', de sorte que l'on conçoit qu'on puisse disposer de la largeur des plaques α et β, ainsi que de l'amplitude des mouvements du tiroir, pour produire la détente au moment convenable.

Détente variable. Lorsque les résistances à vaincre éprouvent des variations un peu notables, il peut être utile de faire varier la détente de manière à obtenir une marche à pleine pression plus prolongée lorsque le travail fourni par la machine doit être plus grand, ou inversement. On arrive à ce résultat de deux manières : quelquefois on fait varier par un mécanisme particulier la course du tiroir lorsqu'on le juge convenable; d'autres fois c'est le régulateur à force centrifuge qui, au lieu d'agir sur la clef de l'ouverture de la boîte à vapeur, agit sur le tiroir pour augmenter l'action de la détente lorsque le mouvement s'accélère, c'est-à-dire quand la résistance à vaincre devient plus faible.

Machine à deux cylindres, dite de Woolf. La détente s'opère quelquefois dans un cylindre distinct du cylindre à vapeur ; cette disposi-

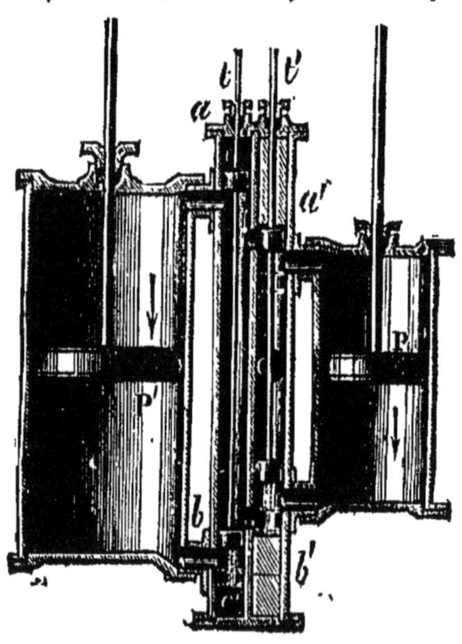

Fig. 133.

tion, connue sous le nom de machine de Woolf, est représentée dans la figure 133. La vapeur arrive librement en O, et, par suite de la position du tiroir t', analogue à celui que nous avons décrit plus haut, passe au-dessus du piston P. La vapeur qui est au-dessous se rend, par suite de la position du tiroir *t*, au-dessus de P', qui est plus large que P, et le pousse en vertu de la détente de la vapeur ; quant à la partie inférieure du piston P', elle est en communication avec o', qui est l'origine du condenseur. Les pistons descendent ensemble; lorsqu'ils sont arrivés au bas de leur course, les tiroirs prennent les positions indiquées par les lignes ponctuées; alors la vapeur arrive au-dessous du piston P, celle qui est au-dessus vient agir sous le piston P', tandis que celle qui est au-dessus de ce dernier communique avec le condenseur par l'ouverture o; les pistons montent donc ensemble, et s'accompagnent ainsi constamment dans leurs mouvements. Chacun d'eux est uni au balancier par un parallélogramme articulé, et deux excentriques font mouvoir les tiroirs *t* et *t'*.

Pendant longtemps on a cru que la détente s'opérait avec plus de profit dans les machines de Woolf; mais depuis quelques années on obtient d'aussi bons résultats avec les machines à un cylindre qui occupent moins de place, et dont l'installation est plus simple.

DIFFÉRENTS SYSTÈMES DE MACHINES FIXES. — Les machines à vapeur fixes peuvent être classées soit au point de vue de l'action de la vapeur, soit à celui de la disposition des cylindres et du mode de transmission du mouvement.

Au premier point de vue, les machines sont à basse, à moyenne ou à haute pression. Les machines à basse pression sont celles dans lesquelles la pression de la vapeur ne dépasse pas une atmosphère et quart. Lorsque la pression atteint quatre atmosphères, la machine est dite à moyenne pression ; enfin, lorsqu'elle s'élève jusqu'à six atmosphère, la machine est à haute pression.

Lorsque la machine est à moyenne ou haute pression, elle peut être avec condensation ou sans condensation ; dans ce cas, en effet, on peut faire échapper directement la vapeur dans l'air, au lieu de la faire condenser dans l'eau froide.

Enfin, la machine peut être avec ou sans détente, à un ou deux cylindres.

Au point de vue du mécanisme, les machines présentent des dispositions assez variées. Dans les machines à basse pression, on a conservé assez généralement le parallélogramme articulé et le balancier; mais dans les machines à haute ou basse pression, le mode de transmission de mouvement est, en général, plus simple. Nous nous bornerons à indiquer deux des formes les plus usitées.

1° *Machine à cylindre horizontal, dite de Taylor.* La figure 134 représente une machine d'une installation simple, et qui se répand beaucoup depuis quelques années. La tige du piston P glisse dans la glis-

Fig. 134.

sière CC, et s'articule avec la bielle L qui, par l'intermédiaire de la manivelle M, détermine le mouvement du volant R. Le cylindre à vapeur est horizontal; on a cru pendant longtemps que cette position donnait lieu à un frottement beaucoup trop intense et à une moindre régularité; mais il n'en est rien, et certains constructeurs obtiennent aujourd'hui avec ce système, bien plus propre d'ailleurs aux transformations de mouvement, une marche parfaitement régulière, et qui ne laisse rien à désirer. Dans certains cas, le corps de pompe est entouré de vapeur sur toute sa surface, ainsi que d'une seconde enveloppe remplie d'air ou d'une substance non conductrice, ce qui a pour résultat d'empêcher le refroidissement de la vapeur. Cette disposition, qui avait été employée à l'origine par Watt et abandonnée ensuite, paraît définitivement donner lieu à une économie notable de combustible.

La vapeur arrive librement en O dans une boîte où se meut le tiroir TT; dans la position actuelle, la vapeur pousse le piston dans le sens de la flèche, tandis que du côté opposé elle se rend dans le condenseur ou dans l'air par le canal F; le contraire aurait lieu dans la position inverse du tiroir. On voit, du reste, sur la figure comment l'excentrique E, par les tringles K et les leviers G et H, donne le mouvement au tiroir.

U est le régulateur à force centrifuge qui, par l'action du levier V, agit sur l'orifice d'entrée de la vapeur.

On n'a pas représenté de pompes; il peut ne pas y en avoir si la machine est à haute pression; lorsqu'il s'en trouve, on les fait mouvoir en général par un excentrique fixé à l'arbre du volant.

2° *Machine à cylindre oscillant de M. Cavé.* M. Cavé a simplifié encore la transmission du mouvement en articulant directement la tige du piston à la manivelle du volant (fig. 135). Pour que le mouvement puisse se produire dans ces conditions, le cylindre est rendu oscillant autour de deux tourillons creux, dont l'un sert d'orifice d'admission et l'autre d'orifice de sortie de la vapeur.

La boîte à vapeur est mobile avec le cylindre, et la distribution se fait par le jeu d'un tiroir qui reçoit son mouvement de l'oscillation du cylindre, comme le montre la figure.

Machines locomobiles. On désigne sous le nom de *locomobiles* des machines, en général, à cylindre horizontal qui sont portées sur roues, de manière à pouvoir être transportées dans les lieux où l'on a besoin de force motrice. Ces machines sont beaucoup employées depuis quelques années pour les travaux agricoles; elles ne diffèrent pas, du reste, essentiellement des machines fixes ordinaires.

Systèmes divers. Indépendamment des machines que nous venons

de mentionner, et qui sont toutes d'un usage plus ou moins général,
il en est d'autres qu'on peut considérer comme à l'état d'essai, bien

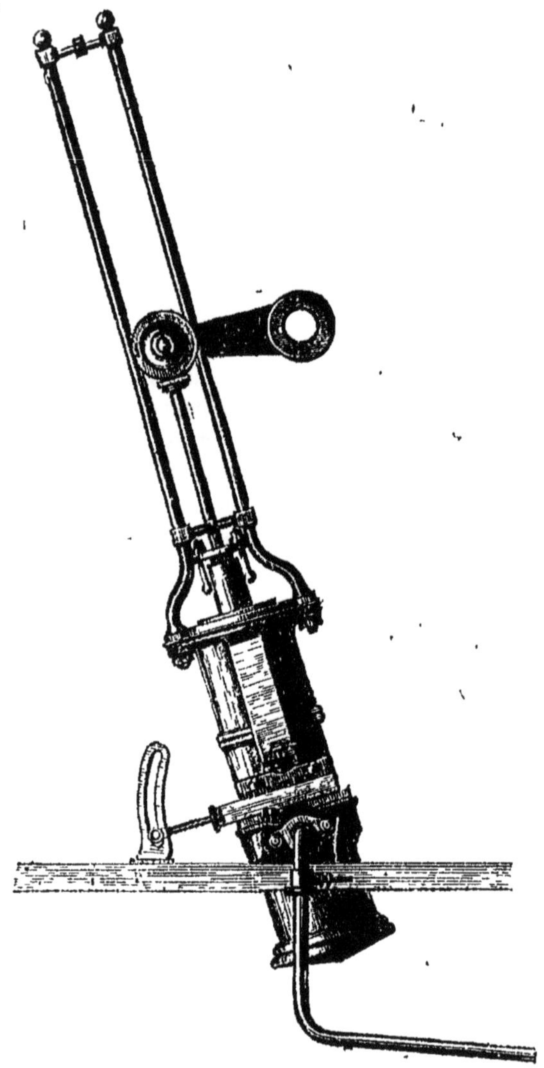

Fig. 135.

qu'avec quelques-unes d'entre elles on ait obtenu des succès partiels.
1° *Machines à rotation directe*. La transformation du mouvement
alternatif du piston en un mouvement circulaire continu est naturelle-

ment accompagnée d'une certaine perte de travail ; c'est à cause de cela qu'on a essayé d'appliquer directement la vapeur à faire mouvoir un arbre de couche. Des machines de ce genre ont été construites d'abord par M. Pecqueur, perfectionnées depuis, surtout en ce qui tient à la dépense du combustible qui, dans les modèles primitifs, était assez considérable, eu égard à la force obtenue.

2° *Machines à vapeurs combinées.* Dans ces machines, la chaleur produite par la condensation de la vapeur est utilisée pour vaporiser un liquide plus volatil, tel que l'éther ou le chloroforme. La vapeur d'éther est dirigée dans un corps de pompe où elle met en mouvement un piston dont le travail s'ajoute à celui du piston principal. La vapeur d'éther, condensée par le contact de l'eau froide, peut être vaporisée de nouveau de la même manière que précédemment, tandis que l'eau qui a servi à cette condensation est refoulée par une pompe dans la chaudière.

Les premières machines à vapeurs combinées ont été construites par M. Dutrembley, et elles ont conservé le nom de l'inventeur ; depuis, on a beaucoup amélioré leur construction, et quelques modèles ont été construits soit pour des usines, soit pour des bateaux.

3° *Machine à vapeur surchauffée et régénérée.* Dans ce système, à l'égard duquel il n'existe encore que des essais, la vapeur fournie par la chaudière se surchauffe en traversant un système de toiles métalliques dont la température est, du moins dans une des parties, d'environ 400°, et c'est dans cet état qu'elle agit sur un piston. Par suite de la dilatation, sa température s'abaisse, mais de la chaleur lui est rendue par des toiles métalliques, ce qui lui permet d'agir de nouveau en se détendant sur un autre piston. Un distributeur particulier fait alors arriver de la vapeur nouvelle sur le piston d'un troisième cylindre correspondant au premier, d'où elle vient ensuite produire le mouvement inverse du second piston ; pendant ce temps, la première vapeur se surchauffe de nouveau, et peut agir à son tour, et ainsi de suite. On voit donc que la même quantité de vapeur pourrait, pour ainsi dire, servir indéfiniment, pourvu que les toiles métalliques conservassent leur température élevée. Toutefois l'expérience a montré qu'il était profitable de perdre à chaque coup de piston une portion de la vapeur produite, environ un dixième ; cet excès de vapeur s'échappe dans la cheminée, et sert à activer le tirage.

Le principe de l'échauffement et du refroidissement par les toiles métalliques avait déjà été appliqué à l'air par le capitaine Éricson ; mais ce dernier, après des expériences qui eurent un certain retentissement, il y a peu d'années, a dû renoncer à la réalisation sérieuse de sa machine à air régénéré.

Chaudières a vapeur. — La disposition des chaudières dans lesquelles se produit la vapeur a une très-grande importance au point de vue

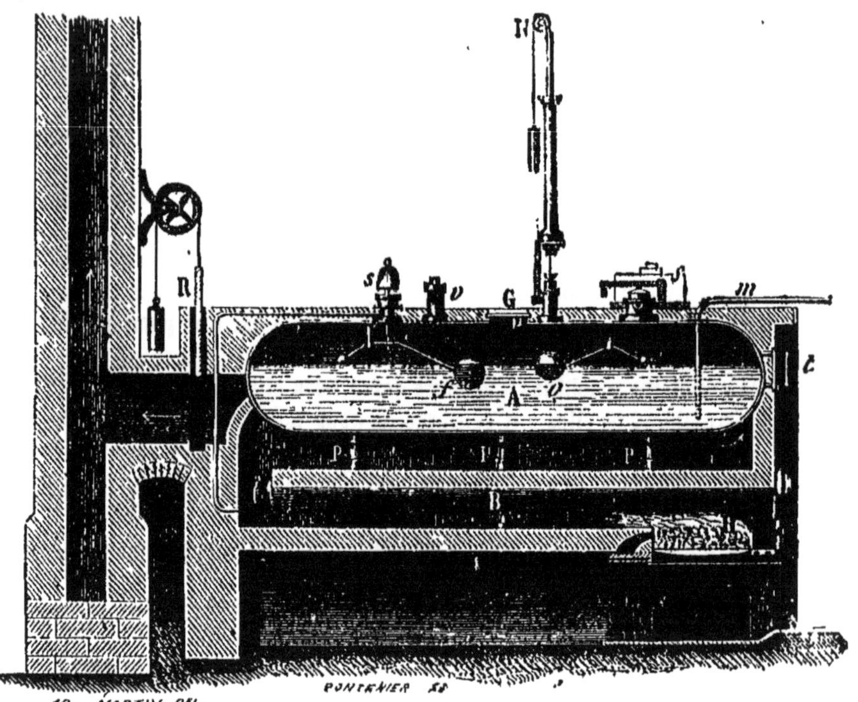

Fig. 136.

économique. La chaleur provenant de la combustion n'est point, en effet, entièrement utilisée pour la vaporisation de l'eau, une portion très-notable se dissipe par la cheminée ou par le rayonnement.

Cette perte, en elle-même, est inévitable; mais on doit chercher à la rendre aussi faible que possible. Sous un autre point de vue, la forme de la chaudière doit être telle qu'elle présente au foyer une *surface de chauffe* en rapport avec la quantité de vapeur nécessaire au service de la machine. On évalue en moyenne cette surface de chauffe à 1 mètre 70 centimètres carrés par cheval, ce qui correspond à la volatilisation d'environ 35 litres d'eau par heure. Autant que possible, ces conditions relatives à l'étendue de la surface de chauffe doivent se concilier avec la réduction du volume de l'appareil, et dans certains cas cela offre de grandes difficultés.

Les premières chaudières que l'on a employées étaient formées d'une portion de sphère terminée par un fond plat; cette disposition est défectueuse en ce qu'elle offre une surface de chauffe trop petite.

Watt employait les chaudières dites à *tombeau*, formées d'une sorte de cylindre allongé, dont le fond renfrant et concave vers le feu était en contact avec la flamme sur une surface assez grande; mais une pareille forme ne résisterait pas à la déformation dans le cas où la vapeur aurait une force élastique un peu grande.

Aujourd'hui on emploie assez ordinairement des chaudières cylindriques, terminées par deux demisphères, et munies de tubes bouilleurs (fig. 136 et 137).

Les tubes bouilleurs BB sont d'un diamètre beaucoup plus petit que la chaudière, et ont la même longueur; ils communiquent avec elle par le moyen des tuyaux P, P, P, que l'on appelle *puisards,* et qui sont, en général, au nombre de trois pour chaque bouilleur. L'intervalle compris entre les bouilleurs dans le sens de la longueur est occupé par une cloison; il en est de même de celui qui existe entre les puisards d'un même tube, dispositions qui ont pour objet de multiplier le plus possible les points de contact des produits divers de la combustion avec la chaudière. En effet, la flamme circule d'abord au-dessous des bouilleurs, d'avant en arrière, dans le sens indiqué par les flèches de la figure, puis revient par *i* entre les puisards, et enfin longe, dans l'espace *r*, les portions latérales de la chaudière pour s'échapper de là dans la cheminée.

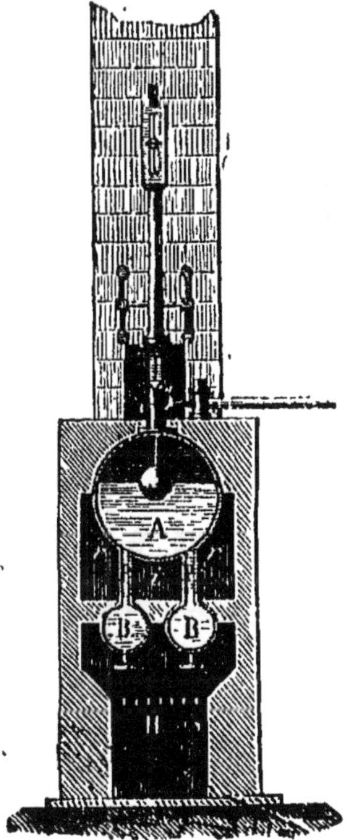

Fig. 137.

On voit dans la chaudière A le niveau de l'eau; la capacité relative de la portion occupée par la vapeur et par le liquide varie suivant les cas, mais toujours de façon que la vapeur arrive aussi *sèche* que possible dans le corps de pompe, c'est-à-dire n'entraîne pas avec elle de gouttelettes liquides. *v* est le tuyau de prise de la vapeur; *m* le tuyau d'alimentation qui pénètre jusqu'au fond de la chaudière; *f* la soupape de sûreté; *s* le flotteur d'alarme; N et *t* les indicateurs du

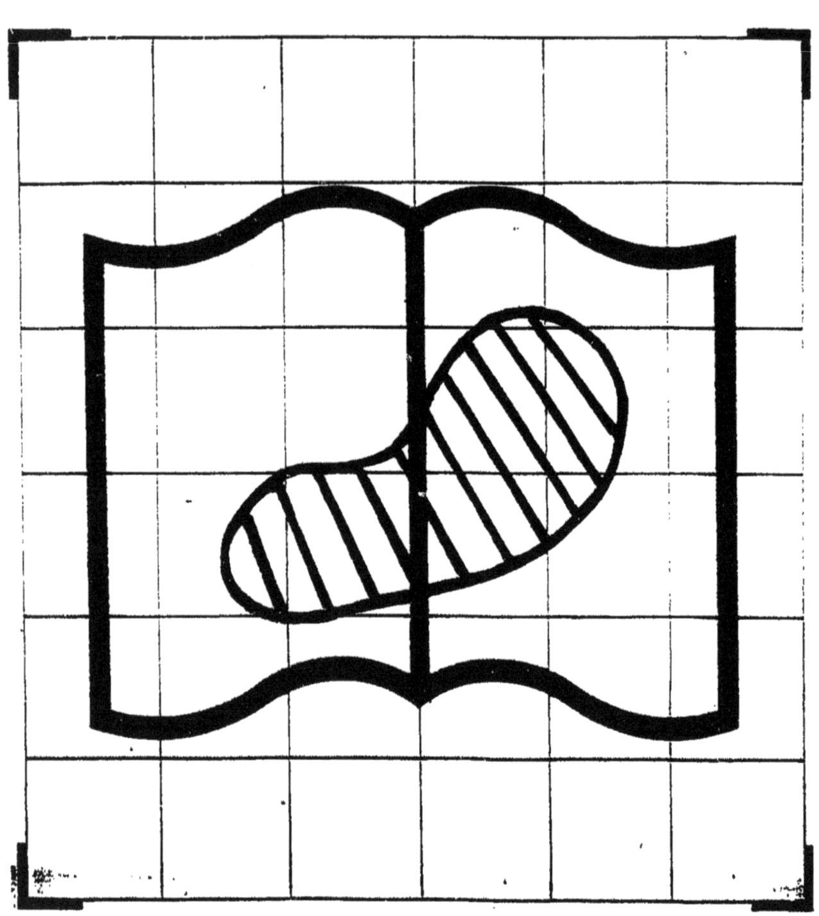

niveau; nous reviendrons tout à l'heure sur l'objet de ces dernières pièces.

Avant de pouvoir être employées dans l'industrie, les chaudières doivent être essayées et soumises à une pression environ dix fois plus forte que les pressions les plus élevées qu'elles doivent supporter dans leur service. D'ailleurs l'épaisseur qu'on leur donne est elle-même soumise à une réglementation administrative.

Dans le cas de chaudières de tôle, la plus petite épaisseur qu'on puisse leur donner est représentée par la formule

$$e = 0,0018\, n\, D + 0,003.$$

D est le diamètre intérieur, n le nombre d'atmosphères représentan la pression de la vapeur.

Parmi les divers systèmes de chaudière à bouilleurs, nous mentionnerons seulement la chaudière de Farcot, qui donne lieu à une importante économie de combustible.

La figure 138 représente une section transversale de la chaudière, du fourneau et des bouilleurs; ces derniers sont au nombre de quatre; deux C, C communiquent ensemble dans le fond du fourneau en pre-

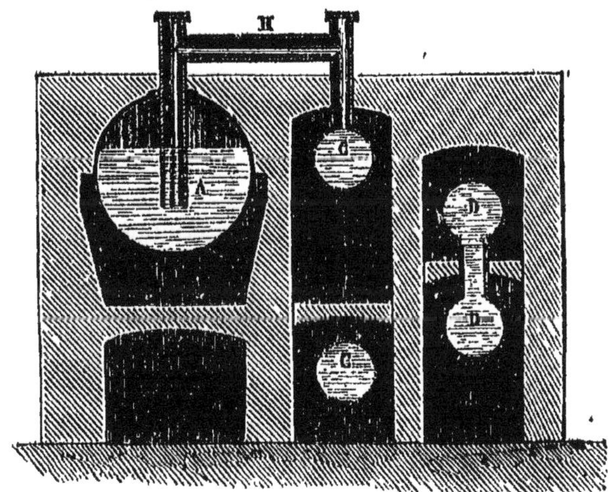

Fig. 138.

nant une position oblique d'avant en arrière; les deux autres D, D se rapprochent vers le devant du fourneau et affectent aussi une position oblique, mais dans un sens inverse des premiers.

Quand la largeur du fourneau n'est pas considérable, on place quelquefois les quatre bouilleurs au-dessus les uns des autres.

La pompe alimentaire de la chaudière pousse l'eau dans le dernier bouilleur; de là elle s'élève successivement jusqu'au premier bouilleur qui communique avec la chaudière par le tuyau H. La fumée et les gaz chauds suivent une marche inverse et baignent la surface des deux premiers bouilleurs C, C, puis des deux autres D, D. Il s'établit donc un échange méthodique de chaleur, et il n'y a de perdue que celle qui est nécessaire pour le tirage.

Chaudières à foyer intérieur. — Chaudières tubulaires. Lorsque l'on a besoin de diminuer le poids de la chaudière, tout en conservant une surface de chauffe considérable, ainsi que cela arrive dans les bateaux à vapeur, les locomobiles, on place le foyer au sein même de la chaudière, de façon qu'il soit entouré d'eau de tous côtés. Pour la navigation, on a adopté assez généralement les chaudières tubulaires, analogues à celles qu'on emploie dans les locomotives, et que nous décrirons plus loin. La flamme et les produits de la combustion passent, du foyer situé à la partie antérieure de la chaudière, dans deux larges conduits qui les mènent à la partie postérieure dans une cavité entourée d'eau de toutes parts; là ils se réfléchissent et reviennent, par une série de tubes qui traversent la chaudière de part en part, au-dessus du foyer où se trouve la cheminée par laquelle ils s'échappent.

Explosion des chaudières a vapeur; appareils de sureté. — Ainsi que nous l'avons dit, les chaudières à vapeur ne peuvent être employées dans l'industrie qu'après avoir été soumises à des essais qui ont pour résultat de leur faire supporter, à froid, une pression dix fois plus considérable que celle que doit avoir la vapeur. Ce mode d'essai n'est pas absolument efficace pour empêcher les explosions; on peut même craindre qu'il ne produise dans la constitution moléculaire du métal une altération qui diminue notablement sa résistance.

Quoi qu'il en soit, il arrive de temps à autre que les chaudières éclatent sous l'action de la vapeur, qu'elles font explosion en produisant des désastres considérables. Pour donner une idée de l'intensité des effets mécaniques produits par l'explosion des chaudières à vapeur, nous empruntons le fait suivant à la notice publiée par Arago dans *l'Annuaire du bureau des longitudes* de 1830.

« Le bateau à vapeur *le Rhône,* construit par MM. Aitkin et Steel, était destiné à faire l'office de remorqueur entre Arles et Lyon. Il portait une immense machine parfaitement bien exécutée, à Paris, dans les ateliers de la Gare, et alimentée par quatre chaudières en fer laminé de 1^m,3 de diamètre chacune. Depuis l'événement, on a reconnu que le métal, sur beaucoup de points, n'avait que 6 millimètres d'épaisseur.

« Le 4 mars 1827, pendant qu'on se préparait à l'expérience qui, ce jour-là, devait avoir toutes les autorités de la ville de Lyon pour témoins, le bateau fit explosion. Plusieurs personnes, M. Steel entre autres, périrent victimes de cet accident. Il y eut même des spectateurs tués sur le quai du Rhône par quelques pièces de la charpente du bateau.

« Le pont tout entier fut projeté à une grande distance; les tirages et les tuyaux de cheminées, pesant plus de 30 quintaux, s'élevèrent presque verticalement jusqu'à une hauteur considérable ; le dôme de l'une des chaudières alla tomber à 250 mètres du point de départ, et cependant il ne pesait pas moins de 20 quintaux. »

Appareils de sûreté. Les explosions des chaudières à vapeur peuvent provenir d'une surchauffe progressive de l'eau, par suite de la négligence du chauffeur. La vapeur atteint ainsi successivement une force élastique supérieure à celle qui correspond à la résistance des parois, et celles-ci se brisent. Cette circonstance doit se rencontrer fort rarement; car la pression est continuellement indiquée par des instruments de diverses sortes, et d'ailleurs la surchauffe eût-elle lieu, les explosions seraient, en général, prévenues par les appareils de sûreté. Nous allons indiquer les divers instruments qu'on emploie soit pour indiquer la pression de la vapeur, soit pour lui donner issue lorsque sa pression pourrait devenir trop forte.

1° *Thermomanomètre.* La pression de la vapeur d'eau étant liée à la température à laquelle elle se produit, il suffit d'observer cette dernière. On emploie pour cela un thermomètre dont l'échelle s'étend jusqu'à 200°. Afin d'empêcher le réservoir d'être déformé ou corrodé par l'eau et la vapeur, on le renferme dans un tube en fer fermé par le bas, et fixé supérieurement à une ouverture de la chaudière. L'espace que laisse le thermomètre autour de lui est rempli par de la limaille de cuivre. Sur l'échelle de l'instrument, on place à côté de la température la pression correspondante de la vapeur; de là le nom de *thermomanomètre.*

2° *Manomètres.* Les manomètres donnent directement la pression de la vapeur.

On se sert soit des manomètres à mercure, à air libre ou à air comprimé, soit du manomètre métallique de Bourdon.

3° *Soupape de sûreté.* La soupape de sûreté se compose (fig. 139) d'une pièce métallique A, ayant la forme d'un cône tronqué ou d'un simple plan fermant exactement une ouverture placée sur la tubulure B de la chaudière. A la partie supérieure se trouve une pointe sur laquelle s'appuie un levier mobile autour du point O et chargé du poids P.

Soit s la section de la soupape exprimée en décimètres carrés, si n

représente le nombre d'atmosphères de pression que la vapeur ne doit pas dépasser, $sn.$ 103^k,3 sera en kilogrammes la pression que supporterait la soupape dans le cas où la vapeur atteindrait cette limite. On

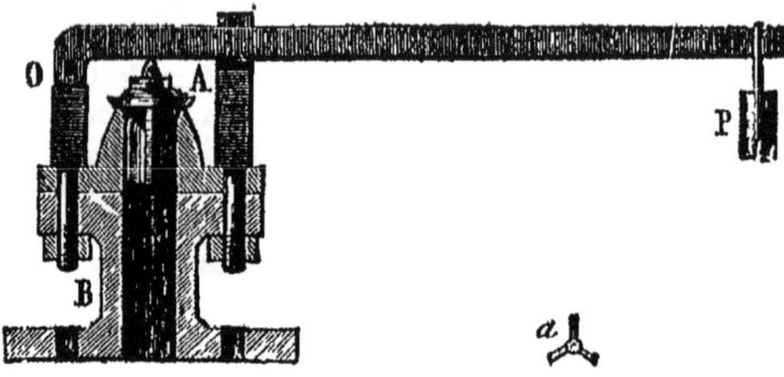

Fig. 130.

dispose du poids P pour que la pression exercée de dehors en dedans soit précisément égale à $sn.$ 103^k,3; de cette façon, si la pression intérieure devient plus grande, la soupape s'ouvrira, la vapeur produite s'échappera au dehors, et tout danger d'explosion aura disparu.

Pour déterminer le poids P, il faut connaître les deux bras du levier OA et OP. Désignons-les par l et l'; on aura, d'après la théorie du levier, pour la pression qui s'exerce en A,

$$\frac{l}{l'} = \frac{P}{\omega}, \text{ d'où } \omega = \frac{Pl'}{l}.$$

Mais ω devant être égal à $sn.$ 103^k,3, on a

$$sn.\ 103^k,3 = \frac{Pl'}{l}, \text{ d'où } P = \frac{snl \cdot 103,3}{l'} \quad (1).$$

Dans l'application de cette formule, il y a quelque incertitude relativement à la valeur de s; si, par exemple, la soupape a la forme d'un cône tronqué, on ne sait pas si l'on doit prendre la petite base du cône ou une valeur un peu plus forte. On a été conduit, d'après cela, à réduire autant que possible la surface de contact de la soupape avec son boisseau. Aussi, les ordonnances prescrivent la forme représentée sur la figure. La surface intérieure de la soupape repose sur un espace annulaire d'une petite largeur, 2 millimètres au plus. L'axe de rotation

_____

(1) Il faut tenir compte, dans l'application de cette formule, de la pression atmosphérique et du poids de la soupape elle-même.

du levier est sur la même ligne horizontale que la tête de la soupape, ce qui fait que le poids agit avec toute son efficacité.

Il faut remarquer encore que la grandeur de la soupape doit être en rapport avec la quantité de vapeur produite, c'est-à-dire avec la surface de chauffe. Les ordonnances administratives fixent à cet égard des dimensions qui sont sensiblement données par la formule suivante :

$$d = 2,6 \sqrt{\frac{S}{H - 0,412}}$$

S est la surface de chauffe exprimée en mètres carrés, H la pression limite de la vapeur en atmosphères, d le diamètre de la soupape en centimètres.

Il importe de ne pas dépasser ces dimensions, parce qu'au moment de l'ouverture de la soupape, l'eau, en vertu de la diminution subite de pression, pourrait être projetée contre les parois de la chaudière, et amener peut-être leur rupture.

Dans les machines mobiles, les soupapes, au lieu d'être pressées par un poids, le sont par un ressort dont on peut faire varier la tension à l'aide d'une clef à vis.

4° *Plaques fusibles*. On prescrivait autrefois l'emploi de plaques d'alliage qui devaient fondre à la température limite de l'eau de la chaudière. Mais ce système est très-défectueux. En effet, par suite de l'action prolongée de la chaleur, il se produit dans l'alliage une modification qui change son point de fusion. En outre, quand la fusion a lieu, la chaudière se trouve ainsi mise momentanément hors de service, et cela peut avoir de très-graves inconvénients, par exemple dans les bateaux à vapeur. Depuis quelques années, les rondelles fusibles ne sont plus employées.

Les appareils de sûreté que nous venons de décrire peuvent prévenir les explosions qui seraient dues à une surchauffe graduelle de la chaudière, mais ils sont entièrement inefficaces dans d'autres circonstances. Il peut arriver, en effet, que tout à coup, et par des causes difficiles à apprécier d'une manière complète, il se produise une quantité considérable de vapeur ; celle-ci agissant brusquement sur les parois en provoque infailliblement la rupture, et cela sans que la soupape de sûreté s'ouvre, ou même que le manomètre ait le temps d'accuser une augmentation de pression. Plusieurs causes peuvent amener la production immédiate d'une quantité considérable de vapeur. Si, par exemple, le niveau de l'eau vient à baisser dans la chaudière d'une quantité trop forte, les parois mises peuvent être exposées à l'action directe du foyer et s'échauffer ainsi beaucoup au delà de la température que l'eau elle-même doit posséder; aussi, quand cette dernière arrive dans la chaudière et se trouve en contact avec le métal porté à une température si élevée, il y a une production brusque de vapeur qui peut déterminer l'explosion.

On voit, par conséquent, qu'il est très-important de veiller à ce que le niveau de l'eau ne descende pas au-dessous d'une certaine limite qui dépend de la forme et de la capacité tant du fourneau que de la chaudière. Dans les chaudières à bouilleurs, l'eau doit s'élever d'une petite quantité au-dessus du centre du cylindre.

Pour atteindre un but aussi important, on emploie divers moyens :

1° Deux robinets sont placés, l'un dans la région que doit occuper la vapeur, l'autre dans celle qui correspond à l'eau, mais à une petite distance l'un de l'autre; si on vient à les ouvrir à un moment quelconque, de la vapeur doit s'échapper par le premier et de l'eau par le second.

2° L'*indicateur de niveau* (voir plus haut fig. 130, *t*) est un tube en cristal qui s'ajuste à ses extrémités dans deux tubulures correspondant avec la partie supérieure et la partie inférieure de la chaudière; il est clair, d'après cela, que le niveau de l'eau dans la chaudière et dans le tube devra être le même, et par conséquent sera constamment, pour ainsi dire, sous les yeux du chauffeur. Il se produit toutefois dans cet instrument, surtout dans les machines mobiles, des oscillations assez marquées qui nuisent à l'exactitude de ses indications. Quelquefois aussi le tube en cristal se brise; dans ce cas, le chauffeur supprime la communication des deux tubulures avec la chaudière, opération qu'il peut faire promptement à l'aide d'une communication de mouvement très-simple, et substitue un tube de rechange à celui qui s'est brisé.

3° Le *flotteur indicateur* N (fig. 135) se compose d'une boule creuse en métal O, flottant à la surface de l'eau. Un fil *f'* s'enroule autour de la poulie N, et supporte, à l'une de ses extrémités, un contre-poids; l'autre extrémité est attachée à une tige qui traverse une boîte à étoupes et se fixe au flotteur. Celui-ci suit naturellement tous les mouvements de l'eau; il en est de même du contre-poids, qui se meut ainsi sous les yeux du chauffeur, et lui fait connaître la position du liquide dans la chaudière.

4° *Flotteur d'alarme.* Le flotteur d'alarme est destiné à signaler de lui-même l'abaissement du niveau dans la chaudière, et à prévenir ainsi les effets de la négligence du chauffeur. Cet instrument est représenté en *f* et *s* (fig. 140) et plus en grand (fig. 140).

Il se compose d'une boule *f*, flottant à la surface de l'eau, dont le poids est équilibré en partie par la boule *a*, par l'intermédiaire d'un levier *l*, mobile autour du point *o*.

Lorsque le niveau de l'eau est assez élevé, une soupape *u*, fixée au levier, vient s'appliquer contre une ouverture par laquelle la vapeur peut s'échapper; mais si le niveau s'abaisse au-dessous d'une certaine

Fig. 140.

limite, la vapeur s'échappe, elle sort par une ouverture circulaire et vient frapper une lame taillée en biseau, d'où résulte un sifflement aigu qui peut s'entendre à une distance considérable, et qui avertit ainsi que le niveau de l'eau est trop bas dans la chaudière.

Quelquefois un tube reçoit la vapeur du sifflet et la conduit dans le foyer pour éteindre le feu.

La vaporisation subite de l'eau peut aussi être déterminée par les incrustations qui se produisent toujours sur les parois de la chaudière à raison de l'impureté de l'eau dont on se sert.

Ces incrustations conduisent mal la chaleur, les parois qu'elles recouvrent peuvent s'échauffer beaucoup, et lorsque ensuite l'eau vient à les toucher, il en résulte une vaporisation subite.

On prévient les incrustations en alimentant la chaudière avec de l'eau distillée quand cela est possible, ou bien en jetant dans l'eau de la fécule de pomme de terre ou de l'argile fine qui délaye les matières salines et les empêche de s'agréger.

Sur mer, où l'eau renferme une si forte proportion de substances salines, on a en général deux chaudières jumelles qu'on fait fonctionner et qu'on nettoie alternativement.

Nous signalerons encore, parmi les causes d'explosion, le diamètre insuffisant des *puisards* dans les chaudières à bouilleurs.

Dans ce cas, la vapeur qui se forme peut n'être pas immédiatement remplacée par de l'eau, et les bouilleurs en contact avec le feu se surchauffent.

Enfin une cause physique, dont l'influence n'a été reconnue que récemment, peut aussi jouer un grand rôle. On a constaté que lorsque l'eau est privée d'air, elle bout plus difficilement, et à une température suffisamment élevée se réduit brusquement en vapeur avec une véritable explosion.

Quelque chose d'analogue doit se produire lorsque la machine à vapeur cesse de fonctionner pendant quelque temps ; l'eau de la chaudière non renouvelée doit être privée d'air ; la vaporisation se fait lentement, et si l'on vient à activer le feu, l'explosion a nécessairement lieu.

Il convient donc d'après cela, même quand la machine est arrêtée, de faire fonctionner la pompe alimentaire, afin de mêler constamment un peu d'air à l'eau de la chaudière.

Depuis quelques années, les explosions de chaudières sont de plus en plus rares ; toutefois il s'en produit encore, et il est impossible, dans l'état actuel de la science, d'indiquer un procédé absolument efficace pour les éviter.

TRAVAIL DES MACHINES A VAPEUR. — Une force ne produit d'effet utile, au point de vue industriel, qu'autant qu'elle imprime un certain mouvement à son point d'application ; quel que soit le but, en effet, d'une machine, à l'état de repos, elle ne produit rien ; elle ne devient véritablement utile que lorsque ses diverses parties ont un mouvement qui se communique aux corps eux-mêmes sur lesquels elles sont destinées à agir. On conçoit donc que, pour apprécier l'effet industriel d'une force, il faut tenir compte non-seulement de son intensité évaluée en kilogrammes, mais encore de l'espace qu'elle fait parcourir à son point d'application. S'il s'agit, par exemple, d'élever un fardeau, on devra tenir compte et du poids du fardeau et de la hauteur à laquelle il est porté ; si, le fardeau restant le même, la hauteur devient deux, trois, quatre fois plus considérable, le travail réel est deux, trois, quatre fois plus grand. De même si, la hauteur restant constante, le poids du fardeau change dans un certain rapport, le travail change aussi dans le même rapport. On appelle *travail* d'une force le produit de son intensité par l'espace qu'elle fait parcourir à son point d'application. Si P désigne l'intensité de la force, et H l'espace parcouru par son point d'application dans un temps donné, le travail de la force pendant ce temps est représenté par PH. On désigne, en général, le travail d'une force par le symbole TF ; on a donc l'égalité

$$TF = PH.$$

L'expression travail n'est pas très-ancienne dans la mécanique ; elle a été introduite par Coriolis et Poncelet. Bien avant, on avait remarqué le rôle que joue dans les calculs relatifs aux machines le produit PH, et on lui avait donné des noms divers. Il est facile de montrer, par un exemple simple, que le terme expressif de travail est fort heureusement choisi, et qu'il donne l'idée la plus juste de ce qui, dans les travaux industriels, sert de base au salaire. Supposons qu'un homme soit employé à tirer de l'eau d'un puits, avec un seau et une poulie fixe ; en travaillant un certain nombre d'heures par jour, il gagnera un certain prix. Si, toutes choses égales d'ailleurs, on suppose la profondeur du puits deux fois plus petite, il extraira dans sa journée un volume d'eau double ; toutefois il est visible que l'effort qu'il aura déployé pour cela sera le même que précédemment, et par conséquent le salaire ne changera pas. Or, on remarquera que dans le second cas, si le poids de l'eau soulevé a été double, l'espace parcouru a été moitié moindre ; le travail tel que nous l'avons défini n'a donc pas varié. On pourrait multiplier les exemples de cette nature, et on verrait que pour la même nature d'opérations, le salaire industriel est toujours proportionnel à la quantité PH, que nous avons appelée travail.

Unités de travail ; kilogrammètre ; cheval-vapeur. — Pour évaluer le travail d'un moteur ou d'une machine, on prend pour unité le travail correspondant au poids d'un kilogramme élevé à un mètre de hauteur ; c'est ce qu'on nomme le kilogrammètre ; on désigne cette quantité par le symbole K^m. On a proposé aussi le *dyname* ou *dynamode*, c'est-à-dire le poids de 1000 k., élevé à 1 mètre ; mais cette unité est peu employée.

La notion du travail est par elle-même indépendante du temps ; mais il est bien évident toutefois que, dans la pratique, une machine sera d'autant plus avantageuse qu'elle emploiera moins de temps à effectuer un travail déterminé. On a donc dû introduire cet élément du temps dans l'unité qui sert à évaluer la force des machines, et qu'on appelle le *cheval-vapeur*. Une force de cheval-vapeur correspond à 75 K^m par seconde, c'est-à-dire à un poids de 75 kilog. élevé à un mètre de hauteur en une seconde. Il ne faut, du reste, attacher d'autre sens à cette dénomination que celui qui résulte de la définition que nous venons de donner. Ainsi une machine dite de 30 chevaux est une machine capable d'élever en 1 seconde 30 × 75 kil. = 2250 kilogrammes à 1 mètre de hauteur ou, plus généralement, un certain nombre P de kilogrammes à une hauteur H, telle que le produit

$$PH = 2250.$$

Mesure du travail d'une machine à vapeur. Le travail de l'arbre, ou axe tournant, mis en mouvement par une machine à vapeur se détermine au moyen d'un appareil nommé *frein dynamométrique de Prony.*

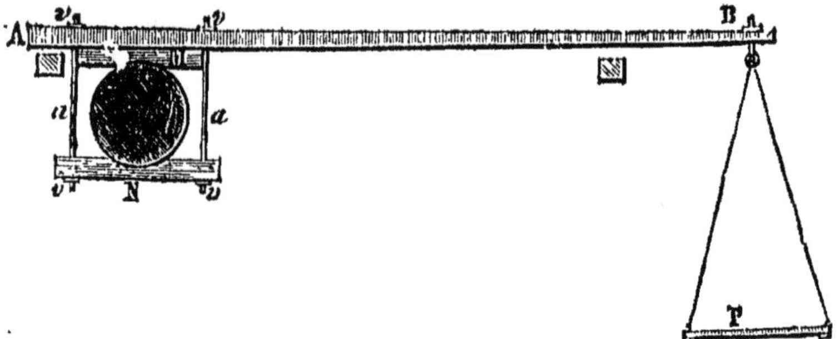

Fig. 141.

Il se compose (fig. 141) d'un levier AB, muni d'un coussinet M, que l'on applique sur l'arbre tournant dont on veut mesurer le travail. Une autre pièce N présentant une entaille cylindrique s'applique aussi sur l'arbre, et à l'aide des tiges a et des boulons v on peut serrer ce système aussi fortement qu'on le veut. A l'extrémité du levier AB se trouve un plateau destiné à recevoir des poids.

Si l'on serre le frein contre l'arbre, celui-ci tend à l'entraîner dans son mouvement, mais en ajoutant des poids dans le plateau on peut arriver à maintenir le levier AB horizontal. On dispose du reste et de l'intensité de la pression, et du poids mis dans le plateau, pour que le mouvement de l'arbre soit en présence du frein le même que celui qui a lieu lorsque la machine est appliquée à effectuer son travail habituel; dans ces circonstances la résistance due au frottement équivaut à la résistance ordinaire, et son expression sera donc celle du travail fourni par l'arbre.

Cela posé, soit f la force du frottement, r le rayon de l'arbre, le travail du frottement pendant que l'arbre fait n tours sera $2\pi rnf$. Mais à chaque instant le frottement et le poids P placé dans le plateau se font équilibre; or ces forces peuvent être considérées comme appliquées aux extrémités d'un levier dont les bras seraient r et L, L désignant la distance du point B à l'axe de rotation; on a donc

$$fr = PL$$

et par suite pour le travail fourni par l'arbre $2\pi n\mathrm{PL}$. On néglige le travail de la pesanteur sur le frein lui-même; ce travail serait véritablement nul si le centre de gravité du frein était sur la verticale qui passe par le centre de l'arbre.

Exemple. — Supposons, par exemple, que l'arbre faisant 20 tours par minute, on ait $\mathrm{P} = 150^k\ \mathrm{L} = 2^m,5$ le travail fourni en une minute sera $2\pi.20.2^m,5.150^k = 47122^k$ par minute, ce qui correspond à une force de 10 chevaux environ.

On peut dès lors comparer le travail de l'arbre mis en mouvement par la machine à celui qu'effectue le piston. Il est possible d'apprécier par cette comparaison les pertes dues aux transmissions de mouvement et à la force consommée par les pompes.

Le travail du piston peut d'ailleurs se calculer très-facilement lorsque l'on connaît la force élastique de la vapeur.

Soit s la section du piston, p la pression exercée par la vapeur sur chaque unité de surface; p' la pression de la vapeur dans le condenseur qu'on déduit de la température de l'eau de condensation, l la course du piston, le travail pendant une période ascendante ou descendante est

$$(p - p')\,s\,l.$$

Si le nombre de coups de piston est de n par minute, le travail par seconde sera

$$\frac{n\,(p - p')\,s\,l}{60}$$

et par suite, le nombre de chevaux correspondant à ce travail aura pour expression

$$\frac{n\,(p - p')\,s\,l}{60,75}$$

Remarquons que $s\,l$ est égal au volume de vapeur que fournit la chaudière à chaque coup de piston, de sorte que l'expression du travail pendant une période est

$$(p - p')\,v = v\,p\left(1 - \frac{p'}{p}\right)\ \ldots\ldots\ (a)$$

Cas de la détente. Le travail dû à la détente d'un gaz ou d'une vapeur s'obtient en supposant que la pression reste constante, et que le chemin se trouve être celui qui est parcouru à pleine pression multiplié par un certain coefficient; quant à la valeur de ce coefficient, elle dépend de la fraction du chemin total à laquelle la détente commence.

Désignons, en général, ce coefficient par A, supposons que la détente commence quand le piston a parcouru la fraction $\frac{1}{m}$ de sa course, le travail pendant la détente sera

$$\frac{(p-p')\,s\,l}{m}\,A$$

ou, d'après la valeur de $s\,l$

$$\frac{(p-p')\,v}{m}\,A = \frac{v\,p\,A}{m}\left(1-\frac{p'}{p}\right)$$

Cette formule suppose que l'action de la détente n'est contrariée par aucune force; il serait très-facile de tenir compte de la force qui s'oppose au mouvement du piston; mais nous remarquerons que le calcul permet d'obtenir, dans ce cas, une formule rigoureuse et d'une application facile. On trouve, en effet, que le travail dû à la détente seule est égal à

$$p\,v\,log.\,hyp.\,\frac{p}{p_1}$$

p_1 désignant la pression quand le piston est au bas de sa course [1]. On trouve également que le travail total, pendant une course du piston, est donné par la formule

$$v\,p\left(1+log.\,hyp.\,\frac{p}{p_1}-\frac{p'}{p_1}\right)\;\ldots\;[b]$$

L'expérience a montré que pour tenir compte approximativement du travail résistant des pompes et autres appareils accessoires, des frottements, des pertes de vapeur, etc., il suffit de multiplier la formule [b] par un coefficient de réduction qui change de valeur d'une machine à l'autre et suivant le plus ou moins bon état d'entretien.

On trouve dans les Traités de mécanique pratique, et notamment dans celui de M. Morin, la valeur de ce coefficient pour un certain nombre de circonstances.

Nous empruntons au *Traité de mécanique* de M. Morin les deux applications numériques suivantes, destinées à montrer l'usage des formules [a] et [b].

[1] Les logarithmes hyperboliques sont des logarithmes pris dans le système dont la base est le nombre incommensurable $e = 2,71828\ldots$ On trouve ces logarithmes soit dans les tables de Callet, soit dans les manuels à l'usage des ingénieurs.

Ex. I. Quelle est la force en chevaux d'une machine à vapeur à basse pression, en très-bon état d'entretien, dans les circonstances suivantes :

Pression de la vapeur dans la chaudière sur un centimètre carré. $1^k,329$
Pression dans le condenseur .... $0^k,103$
Volume engendré par le piston .... $0^{mc},458$
Nombre de coups de piston en une minute,........................ $41,8$

Si dans la formule [a] v exprime des mètres cubes, p est la pression par mètre carré, on a donc $p = 13200$, et le travail en kilogrammètres, pendant une course de piston, est représenté par

$$13200 \cdot 0,458 \, (1 - 0,0775) = 5615,091.$$

Puisqu'il y a 41,8 coups de piston par minute, le travail, pendant cet intervalle de temps, est égal à $41,8 \cdot 5615,091$, et, par suite, le travail par seconde

$$\frac{41,8 \cdot 5615,091}{60} = 3830,08.$$

Cela correspond à une force de $51^{chev.},16$, et, en tenant compte du coefficient de réduction qu'on peut prendre ici égal à 0,56, la force de la machine est de 28,5 environ.

Ex. II. Quelle est la force en chevaux d'une machine à détente et à condensation, en état ordinaire d'entretien, dans les circonstances suivantes :

Pression dans la chaudière...................... $3^{at},75$
Pression à la fin de la détente................... $0 \ ,967$
Pression dans le condenseur par cent. carré ... $0^k,108$
Volume de vapeur à la pression de la chau-
    dière introduit à chaque coup de piston...... $0^{mc},0087$
Nombre de coups de piston par minute........ 52

La formule [b] donne, dans ce cas, pour le travail pendant une course de piston

$$0,0087 \cdot 38740 \, (1 + log. \, hyp. \, 3,87 - 0,10) = 6059,40.$$

On tire de là, pour le travail par seconde

$$\frac{6059,40 \cdot 52}{60} = 5261,53$$

ce qui correspond à une force de 70 chevaux environ, et en tenant compte du coefficient de réduction qu'on peut prendre ici égal à 0,44, on trouve pour la force effective 30 chevaux.

Dans les formules [a] et [b], on pourrait exprimer le volume de la vapeur à l'aide de son poids, et si l'on connait d'ailleurs le poids du combustible nécessaire pour produire un kilogramme de vapeur, on pourrait en déduire le travail de la machine dû à la consommation d'un kilogramme de combustible. Ce mode spécial d'évaluation est très-important dans la pratique, il est très-propre à mettre en évidence les avantages ou les inconvénients d'une machine donnée au point de vue mécanique; toutefois nous ne nous arrêterons pas davantage sur ce sujet, qui appartient plus spécialement à la mécanique pratique.

Résumé des résultats d'expériences sur la comparaison des divers systèmes de machines à vapeur. 1° *Machines à basse pression.* Elles sont d'une construction plus simple, d'un rendement avantageux, d'un entretien et d'un ajustement faciles.

La pression étant faible, les conséquences des explosions sont moins graves.

D'un autre côté, elles occupent beaucoup de place, et exigent une assez grande quantité d'eau à cause de la condensation qui, par suite de la faible pression de la vapeur, est ici nécessaire.

La quantité de houille brûlée est de 5 à 6 kilog. par cheval et par heure.

L'effet utile, par kilog. de houille brûlé, est d'environ 45000 kilogrammètres.

2° *Machines à haute ou moyenne pression, à détente et à condensation.* Elles sont d'un rendement plus avantageux que les précédentes, et d'autant plus d'ailleurs qu'elles travaillent à une pression plus élevée.

Elles consomment de $1^k,5$ (machines Farcot) à 4^k de houille par cheval et par heure, et fournissent près de 100000 kilogrammètres par kilogramme de houille brûlée.

3° *Machines à haute ou moyenne pression, à détente et sans condensation.* Leur rendement est plus faible, puisqu'on perd tout le bénéfice de la condensation; mais elles exigent moins d'eau, occupent moins de place, et ont un mécanisme plus simple.

La quantité de houille consommée s'élève de 4 à 6 kilog. par cheval et par heure; le travail utile, de 60,000 kilogrammètres par kilog. de houille.

4° *Machines à haute pression sans détente ni condensation.* Ce sont les plus désavantageuses sous le rapport du rendement et de l'économie du combustible; mais ce sont aussi les plus simples, ce qui fait qu'on les emploie pour les locomotives.

La quantité de charbon brûlé s'élève de 8 à 10 kilog. par cheval et par heure; le travail utile est seulement de 20000 kilogrammètres par kilogramme de houille.

Il résulte du tableau précédent que, sous le rapport du rendement et de l'économie du combustible, les machines les plus avantageuses sont les machines à haute ou moyenne pression, à détente et à condensation.

MACHINES LOCOMOTIVES. — Du vivant même de Watt, on avait songé à se servir de la vapeur pour mettre en mouvement les voitures; plus tard, différents essais eurent lieu à ce sujet, et il existe encore au Conservatoire des arts et métiers une voiture à vapeur construite en 1778 par Cugnot. Cette voiture devait fonctionner sur les routes ordinaires; mais, comme la plupart de celles qu'on a essayé de construire depuis, elle dépensait trop de vapeur, et s'arrêtait après avoir parcouru un espace peu considérable.

L'idée de rendre usuelle la locomotion sur les voies ferrées, où il n'est besoin que d'une force de traction bien inférieure à celle qui est nécessaire dans d'autres cas, donna lieu à un grand nombre d'essais de construction de machines destinées à remorquer les wagons; mais on était toujours arrêté par la difficulté de produire une quantité suffisante de vapeur. En 1827, M. Seguin eut la première idée des chaudières tubulaires dont nous avons déjà parlé. Cette disposition augmentant beaucoup la surface de chauffe, il en résulte une vaporisation beaucoup plus intense, et le problème de fournir la quantité de vapeur nécessaire à la marche de la machine put alors être abordé avec des chances sérieuses de succès. En effet, en 1829, la compagnie du chemin de fer entre Liverpool et Manchester ouvrit un concours pour la construction d'une machine locomotive destinée à remplacer les machines fixes qu'on employait pour remorquer les wagons. L'ingénieur anglais Stephenson remporta le prix, et sa machine fut d'ailleurs construite avec un degré de perfection tel, que depuis lors on n'a eu à y apporter que des améliorations de détail.

Idée générale de la locomotive. Une locomotive se compose essentiellement d'un châssis en fer ou en bois, garni de fer, appuyé, par l'intermédiaire de forts ressorts en acier, sur les essieux de trois ou quatre paires de roues. Ce châssis supporte une chaudière sur les côtes de laquelle sont deux machines à vapeur à cylindre horizontal. Les pistons sont articulés à des bielles qui agissent soit sur des parties coudées des essieux d'une paire de roues, qu'on appelle les roues motrices, soit sur les rayons mêmes de ces roues, de façon à mettre celles-ci en mouvement. La première disposition s'emploie quand le mécanisme est intérieur au châssis, ce qui a lieu dans le plus grand nombre des anciennes machines; la seconde, lorsque le mécanisme est extérieur,

Comme on ne peut pas employer ici de volant, on obvie aux variations de vitesse en croisant les manivelles de façon que le point mort de l'une corresponde au maximum d'effet de l'autre.

La locomotive est suivie d'une sorte de wagon, appelé *tender*, contenant la provision d'eau et de charbon ; une pompe alimentaire adaptée à chaque machine et mise en mouvement par la tige du piston fait arriver continuellement l'eau du tender dans la chaudière, Enfin, un mécanisme particulier permet au mécanicien de changer la distribution de la vapeur, et, par suite, de faire marcher à volonté la machine dans un sens ou dans l'autre.

Description de la locomotive de Stephenson. La fig. 142 représente une coupe de la locomotive à six roues de Stephenson. Le corps de la chaudière a la forme d'un cylindre dont le fond plat *f*, situé du côté de l'avant, forme l'une des parois d'un espace situé à la base de la cheminée, et qu'on appelle la *boîte à fumée*. En arrière se trouve un autre espace A, ayant la forme de la boîte à fumée, mais toutefois un peu plus grand ; c'est la *boîte à feu*, ou le foyer. La chaudière et, par suite, l'eau enveloppent le foyer de toutes parts, excepté dans la partie correspondante à la porte M. Le combustible, qui est ordinairement le coke, est placé directement sur la grille F, et les escarbilles tombent sur la voie. Des tubes de bronze *a*, *a'*, *a''*, solidement rivés aux parois de la chaudière, établissent la communication entre la boîte à feu et la boîte à fumée, et c'est en les parcourant dans toute leur longueur que les divers produits de la combustion peuvent s'échapper. Ces tubes sont très-nombreux, il y en a jusqu'à 150 ou 180 ; on a donc ainsi une surface de chauffe extrêmement considérable, ce qui, comme nous l'avons dit au commencement, est absolument indispensable.

L'eau s'élève dans la chaudière de manière à couvrir tous les tubes, ainsi que la paroi supérieure de la boîte à feu. Un indicateur du niveau est placé sous les yeux du chauffeur; il y a, en outre, deux robinets qui correspondent l'un à l'eau, l'autre à la vapeur ; suivant les besoins de l'alimentation, on fait varier l'ouverture d'un robinet placé dans le tube qui va puiser l'eau au tender.

La prise de vapeur se fait par le tube K à la partie supérieure du dôme G ; de cette façon, on n'a pas à craindre que, par suite du mouvement de l'appareil, il s'introduise avec la vapeur des gouttelettes d'eau, circonstance toujours fâcheuse.

La vapeur se rend dans deux boîtes de distribution par le tube *m*, qui traverse la chaudière dans toute sa longueur, et à l'origine duquel est une ouverture qu'on peut ouvrir de quantités variables à l'aide de la clef L. Un cadran, gradué à l'extérieur, montre le degré d'ouverture· ce mécanisme porte le nom de régulateur.

14.

Fig. 142.

Dans la boîte de distribution se meut le tiroir à coquille *t*, et la vapeur, par les deux ouvertures *n* et *n'*, se rend successivement au-dessus et au-dessous du piston; par l'orifice d'échappement *o*, la vapeur se rend dans le tube J, d'où elle s'échappe périodiquement dans la cheminée. Cette circonstance est très-importante; elle active singulièrement le tirage, et permet de diminuer beaucoup la hauteur de la cheminée.

On voit en *h* le tuyau de la pompe alimentaire; *s* est une soupape de sûreté dont la charge s'obtient par la tension d'un ressort, *s'* est le sifflet destiné à signaler au loin la présence de la machine.

Marche à contre-vapeur. Il est important que le mécanicien puisse faire mouvoir la locomotive dans un sens ou dans l'autre, ou l'arrêter rapidement à l'aide d'une manœuvre simple et facile à exécuter. Divers moyens ont été proposés dans ce but; nous nous bornerons à indiquer les suivants, tous les deux dus à Stephenson.

1° *Excentriques inverses.* Sur l'essieu de la roue motrice sont deux excentriques qui, par l'intermédiaire d'une bielle et d'un levier coudé, peuvent agir sur la tige qui mène le tiroir. Ces deux excentriques sont opposés, c'est-à-dire que le plus grand rayon de l'un correspond au plus petit de l'autre, et réciproquement; l'un correspond à la marche en avant, l'autre à la marche en arrière. Supposons que le piston étant au milieu de sa course, on change l'excentrique qui le mène; alors la vapeur arrivant du côté opposé donnera lieu à un mouvement inverse. Si la locomotive était déjà en mouvement, en vertu de la vitesse acquise, celui-ci continuera; mais il sera, de plus en plus, ralenti par l'action de la vapeur; c'est ce que l'on appelle la marche à contre-vapeur. Les extrémités des bielles des deux excentriques sont formées de deux fourches dont l'écartement des branches, à la partie supérieure, est égal à l'amplitude du mouvement du tiroir, et qui doivent saisir le bouton du levier coudé dont le mouvement règle celui du tiroir. De cette façon, en quelque position que soit celui-ci, l'embrayage pourra se produire. Une manette à la disposition du mécanicien lui permet d'amener l'embrayage de l'une des fourches et le désembrayage de l'autre à l'aide d'un système d'articulations très-ingénieux, mais trop compliqué pour être décrit ici.

2° *Coulisse à détente variable.* La coulisse de Stephenson a un double but : le premier est de déterminer le mouvement du tiroir à volonté pour la marche en avant ou pour la marche en arrière; le second est de faire varier dans certaines limites la détente. Deux excentriques inversés E et E' (fig. 143) ont leurs bielles articulées en G et G' aux deux extrémités d'une coulisse courbe. Dans cette coulisse est engagée une pièce *m*, qui peut y occuper diverses positions, et à laquelle s'ar-

ticule l'extrémité de la tige du tiroir. Cette même coulisse est suspendue à un système DFGHKM, qui permet de l'élever ou de l'abaisser à
l'aide d'une manette à la disposition du mécanicien. Lorsque la coulisse est complétement abaissée, l'extrémité C de la bielle, menée par
l'excentrique E, est très-près de l'extrémité *m* de la tige du tiroir,

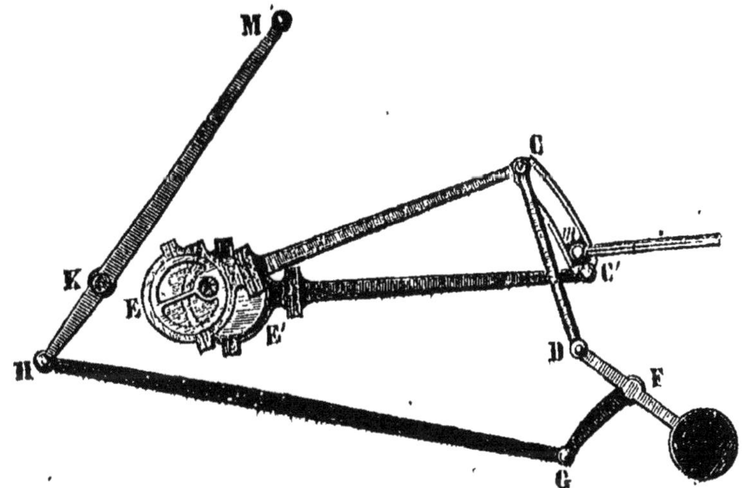

Fig. 143.

celui-ci, qui, d'ailleurs, ne peut se mouvoir qu'en ligne droite, obéit
donc exclusivement à l'excentrique E ; c'est le contraire quand la coulisse est complétement élevée. Dans le premier cas, la locomotive marche dans un sens ; dans le second cas, elle marche dans le sens opposé.
Si la coulisse est dans une position intermédiaire, le tiroir est mené à
la fois par les deux excentriques ; mais la course du tiroir étant modifiée, le moment où commence la détente se trouve changé. Supposons
que la marche en avant corresponde à l'excentrique E', dans la position de la figure c'est cette marche qui a lieu.

Locomotives à grande vitesse. Lorsqu'on veut obtenir une grande
vitesse pour le service des convois de voyageurs, on est conduit à donner aux roues motrices un grand diamètre ; mais l'essieu des roues
motrices étant placé au-dessous du corps cylindrique de la chaudière,
cela amenait à élever beaucoup celle-ci, circonstance fâcheuse au
point de vue de la stabilité. L'ingénieur Crampton, pour lever cette
difficulté, a eu l'idée, qui a pleinement réussi, de placer les roues motrices en arrière de la chaudière. La figure 144 représente une machine
de ce genre. On voit qu'indépendamment de la circonstance que nous

Fig. 144.

venons de mentionner, tout le mécanisme est en dehors du châssis; cela en rend l'inspection et le graissage beaucoup plus facile (¹).

Consommation et effet utile. La vapeur est produite, en général, dans les locomotives à la pression de 5 atmosphères; ces machines consomment de 7 à 8 kilogr. de coke et de 50 à 60 litres d'eau par kilomètre sur une route de niveau.

Quant à la puissance de la machine, elle doit être proportionnelle à la fois et à la vitesse et à la charge qu'elle doit traîner.

Pour remorquer 100 tonnes sur une voie de niveau, avec une vitesse de 10 lieues à l'heure, il faut une machine d'environ 60 chevaux. Le poids de cette dernière étant de 12 à 15 tonnes.

RÉSUMÉ DU CHAPITRE XII.

Précis historique de l'invention des machines à vapeur. — Machine de Papin. — Machine de Savery. — Machine atmosphérique. — Manœuvre des robinets. — Premiers travaux de Watt. — Condenseur. — Machine à simple effet

Principe de la machine à double effet. — Parallélogramme articulé, bielle et balancier.

Distribution de la vapeur. — Tiroir en D. — Tiroir à piston. — Moyen de conduire le tiroir. — Tiroir à coquille.

Pompe d'épuisement du condenseur. — Moyen de la conduire par le balancier. — Pompe d'alimentation de la chaudière. — Pompe alimentaire. — Modérateur à force centrifuge. — Pistons.

Description générale de la machine à basse pression et à simple effet de Watt.

Principe de la détente. — Excentrique pour produire la détente. —

(¹) R, roues motrices.
AA, corps cylindrique de la chaudière.
L, réservoir de la prise de vapeur.
S, soupape de sûreté.
S', sifflet.
M, cylindre.
T, tige du piston.
K, bielle.
F, F', excentriques inverses pour la variation de la détente.
B, B', bielles.
CC', coulisse.
m, bouton auquel s'adapte la tige du tiroir.
DKG, articulations d'où dépend la position de la coulisse.
N, manette pour mettre cette articulation en mouvement.
U, chasse-pierre.
JJ, tube de la pompe alimentaire.

CHAPITRE XIII.

NOTIONS SOMMAIRES DE MÉTÉOROLOGIE. — CHALEUR RAYONNANTE.

PLUIE. NEIGE. — La vapeur d'eau contenue dans l'atmosphère se condense dès qu'en un point quelconque l'air atteint son point de saturation. Elle passe alors à l'état de gouttelettes vésiculeuses qui constituent un état particulier, *l'état vésiculaire*. C'est ainsi que sont formés les brouillards et les nuages. On est peu d'accord sur la cause qui soutient les nuages, mais en tous cas la *pluie* n'est pas autre chose que la chute sur la terre de ces gouttelettes toutes formées. C'est ordinairement un refroidissement de l'atmosphère qui détermine cette chute; et selon la température des couches d'air qu'elle traverse, la pluie augmente ou diminue en chemin. Ainsi en traversant des couches échauffées, une portion de l'eau retourne à l'état de vapeur; au contraire, de nouvelles quantités d'eau se condenseront si la pluie traverse des couches refroidies. Pour mesurer combien il tombe de pluie en un lieu dans un temps donné, on se sert d'un instrument que l'on nomme *udomètre* ou *pluviomètre*. C'est un cylindre de métal recouvert d'un couvercle en entonnoir. L'eau pluviale pénètre ainsi dans le vase où elle s'accumule et reste à l'abri de l'évaporation; un tube de verre latéral, communiquant avec le vase, permet de constater la hauteur de l'eau dans l'intérieur. L'épaisseur de la couche de pluie qui tombe en un temps donné varie beaucoup selon les pays. Elle décroît de l'équateur aux pôles, et dans un même lieu elle varie avec les saisons. A Paris c'est le printemps qui donne la plus grande hauteur de pluie.

Épaisseur de la couche d'eau qui tombe à Paris
pendant chaque saison.

Été	0m,161
Automne	0m,122
Hiver	0m,107
Printemps	0m,174

Hauteur annuelle de la pluie dans quelques pays.

Paris	0m,564
Bordeaux	0m,650
Madère	0m,707
La Havane	2m,320
Saint-Domingue	2m,730

La *neige* est de l'eau congelée dans sa condensation. Elle se compose de cristaux de glace groupés en étoiles hexagonales, mais variées à l'infini. C'est la congélation de la vapeur à l'état vésiculaire qui produit ce curieux phénomène.

La neige ne tombe pas toujours, elle se forme dans les hautes montagnes au contact de leurs sommets glacés; dans nos vallées et nos plaines elle tombe en légers flocons, mais d'autant plus fréquemment que l'on est plus rapproché des pôles. Dans ces régions même la neige couvre toujours le sol, tandis qu'à l'équateur elle ne se voit plus que sur les pics les plus élevés. C'est là ce qui constitue les neiges perpétuelles, dont la limite est d'autant plus élevée au-dessus du niveau des mers que l'on s'approche davantage de l'équateur.

Tout le monde connaît la couleur blanche de la neige, et il suffit de recueillir ses flocons sur une planche noire pour en observer facilement les formes à la loupe. On a parlé de neige rouge; mais cette coloration n'est due qu'à un petit végétal de la famille des champignons (*uredo nivalis*) qui se trouve parfois répandu à profusion dans les cristaux dont se compose la neige.

Distribution de la température a la surface du globe. — La chaleur est distribuée sur notre globe d'une façon assez irrégulière, par suite de la multiplicité des causes qui y interviennent. Divers instruments sont destinés à observer les températures qui permettent d'en saisir la loi. La principale donnée qu'exigent les observations météorologiques, c'est l'indication de la plus haute et de la plus basse température de la journée. Avec les thermomètres ordinaires il faudrait une observation continue, qui est impossible; on a donc imaginé des thermomètres capables de donner d'eux-mêmes les maxima et les minima de température, et on les nomme *thermomètres à maxima* et *thermomètres à minima*.

Rutherford en a construit un des plus simples.

Son thermomètre à maxima est à mercure : la tige, recourbée presque au sortir du réservoir est horizontale. Le mercure en se dilatant chasse devant lui un index, petit cylindre en fer qu'il ne mouille pas; il le laisse, en se retirant, au point le plus élevé qu'il ait pu atteindre pendant le jour, et cet index indique le maxima par son extrémité tournée du côté du réservoir.

Son thermomètre à minima, comme le précédent, a une direction horizontale. Un petit cylindre en émail, qui plonge dans une colonne d'alcool, ne se déplace que lorsqu'en s'abaissant celle-ci l'entraîne dans la position la plus basse qu'elle ait occupée. Il suffit donc de constater à quel degré correspond l'extrémité de l'index opposée au réservoir; c'est le minima.

On doit à M. Walferdin d'ingénieux instruments admirablement appropriés aux observations météorologiques; mais leur description ne saurait rentrer dans les limites de notre programme.

Outre l'observation des maxima et des minima, la météorologie emploie encore des moyennes. La *température moyenne d'un jour* s'obtient en faisant d'heure en heure 24 observations thermométriques pendant le jour : on en fait la somme, on la divise par 24, le quotient est la moyenne cherchée. On obtient une *moyenne mensuelle* en divisant par 30 la somme de 30 observations thermométriques quotidiennes. Enfin la somme de 12 observations mensuelles divisée par 12 donne une *moyenne annuelle*.

TEMPÉRATURES MOYENNES DE L'ANNÉE EN DIVERS PAYS DE L'HÉMISPHÈRE SEPTENTRIONAL.

Pays.	Latitudes.	Températures.
Abyssinie	15°	+ 31°,0
Sénégal (Saint-Louis)	16°	+ 24°,6
Jamaïque	18°	+ 26°,1
Mexico	19°	+ 16°,6
Le Caire	30°	+ 22°,4
Constantine	36°	+ 17°,2
Pékin	40°	+ 12°,7
Naples	41°	+ 16°,7
Constantinople	41°	+ 13°,7
Boston	42°	+ 9°,3
Marseille	43°	+ 14°,1
Genève	46°	+ 9°,7
Mont Saint-Gothard	46°	— 1°,0
Paris	49°	+ 10°,8
Strasbourg	49°	+ 9°,8
Bruxelles	51°	+ 10°,2
Londres	52°	+ 10°,4
Moscou	55°	+ 3°,6
Stockholm	59°	+ 5°,6
Saint-Pétersbourg	60°	+ 3°,5
Mer du Groenland	70°	— 7°,7
Ile Mellville	76°	— 18°,7

INFLUENCE DE LA LATITUDE. — Le tableau précédent met en lumière un fait important: en général la température moyenne des diverses contrées diminue à mesure que la *latitude* augmente. C'est là un résultat très-naturel de la position de chaque latitude par rapport au soleil. Mais ce même tableau prouve nettement que cette cause générale ne détermine pas seule la distribution de la température. Remarquons en effet aux mêmes latitudes des différences de température moyenne qui peuvent aller jusqu'à 10°; or entre la plus haute et la plus basse moyenne du tableau, il n'y a pas 50°; de telle sorte qu'une différence de 10° est réellement énorme. Il y a donc d'autres causes qui agissent non moins énergiquement que la latitude, et voici celles dont on peut facilement apprécier l'influence.

INFLUENCE DE L'ALTITUDE, DU VOISINAGE DES MERS. — Plus on s'élève dans l'atmosphère, plus l'air est froid; aussi les températures moyennes diminuent-elles avec l'*altitude* des lieux. Ainsi la Jamaïque et Mexico sont à peu près à la même latitude. L'une est une île peu élevée au-dessus du niveau de la mer; l'autre est située dans la cordillère de Mexico à 2000 mètres environ d'altitude. Genève et le Saint-Gothard offrent un fait du même genre. Cette influence de l'altitude sur la température a d'ailleurs été constatée directement dans les ascensions exécutées par quelques savants sur de hautes montagnes. Sur le Mont-Blanc, Saussure a trouvé que le thermomètre s'abaissait de 1 degré par 144 mètres d'élévation; M. de Humboldt n'a pas trouvé la même relation sur le Chimborazo, l'abaissement de 1 degré correspondait à 218 mètres de hauteur. C'est en tout cas un refroidissement considérable qui doit faire regarder l'influence de l'altitude comme incomparablement plus active que celle des latitudes. On évalue à peu près l'abaissement de température causé par l'altitude à 1 degré par 187 mètres dans la zone torride, et à 1 degré par 150 mètres dans la zone tempérée. Ainsi dans les pays chauds la décroissance marche plus vite, ce qui semblerait indiquer qu'à une certaine hauteur dans l'atmosphère la température est bien plus uniforme qu'au niveau du sol. Les hautes montagnes, en quelque pays qu'on les observe, portent sur leurs pics les plus élevés des neiges que les rayons solaires ne fondent jamais. La hauteur où elles commencent dans chaque contrée s'appelle *limite des neiges perpétuelles :* la température qu'on y observe est variable, souvent bien inférieure à 0° et quelquefois un peu supérieure. La hauteur de cette limite augmente en général à mesure que la latitude diminue; mais il faut aussi tenir compte de la masse des montagnes, de la forme des terres, et surtout de la température des mois les plus chauds de l'année.

Le *voisinage des mers* élève la température des pays qu'elles baignent et lui donne en général plus d'uniformité. C'est ainsi que malgré une différence de 8 degrés de la latitude, Londres et Paris ont à peu près la même température moyenne : Naples sur le bord de la Méditerranée est plus chaude que Pékin au milieu des terres; etc. Les îles doivent aux mers qui les entourent leur climat doux et uniforme, tandis que dans le cœur des terres aux mêmes latitudes s'observent des hivers bien plus froids et des étés beaucoup plus chauds. Il faut encore compter parmi les causes modificatrices de la température la direction des vents habituels. Cette direction est déterminée par la configuration du pays et ses reliefs; on peut juger par là combien sont multipliées les causes qui produisent les *climats*.

La plus haute température observée sur notre globe le fut à Esné, en Égypte : elle était de $+ 47°,4$. A fort-Reliance en Amérique, on a constaté une température de $- 56°,7$, c'est le plus grand froid observé.

Lignes isothermes. — On doit à M. Humboldt l'idée de courbes météorologiques précieuses pour étudier la distribution de la chaleur à la surface du globe. Il a nommé *lignes isothermes* les lignes qui, sur la mappemonde, joignent tous les lieux ayant la même température. Un simple coup d'œil été sur ces courbes démontre combien l'influence de la latitude est insuffisante pour expliquer la distribution de la chaleur. Ainsi, au lieu d'être parallèles à l'équateur, les lignes isothermes ont des contours sinueux assez irréguliers, suivant l'élévation des lieux, leur configuration et la disposition des mers.

Distribution annuelle de la température. — Dans chaque pays, la température de l'atmosphère varie plus ou moins pendant le cours d'une année; ces variations ont habituellement lieu de telle façon qu'à six mois environ de distance, on observe un maximum et un minimum de température représentant en quelque sorte les points extrêmes d'une saison chaude et d'une saison froide. Mais loin qu'entre ces extrêmes, la température s'élève ou s'abaisse avec régularité, le plus souvent les variations de température qui conduisent du maximum au minimum et inversement sont fort capricieuses. Il est donc indispensable, pour déterminer la distribution annuelle de la température, de recueillir des observations journalières pendant un nombre d'années aussi considérable que possible. Ces observations pourront ensuite être combinées sous forme de moyennes de température des jours, des mois et des saisons ou fournir les *maxima* et *minima* d'une période d'une année.

Pour donner une idée des résultats que l'on peut obtenir ainsi, je citerai quelques nombres. Des observations poursuivies à Paris pendant seize ans, Bouvard a tiré les faits suivants :

Variations diurnes de la température sous le climat de Paris.

Moyenne de la température des 24 heures du jour............... $10°,07$
Minimum moyen de cette température (4 heures du matin)..... $7°,13$
Maximum moyen de cette température (2 heures de l'après-midi). $14°,47$

Températures mensuelles à Paris (moyennes).

	Maximum.	Minimum.	Moyenne.
Janvier.............	4°,0	— 0°,1	+ 2°,0
Février.............	6 ,8	1 ,2	4 ,0
Mars...............	10 ,5	3 ,5	7 ,0
Avril..............	15 ,2	6 ,1	10 ,7
Mai...............	18 ,6	9 ,4	14 ,0
Juin...............	21 ,8	12 ,1	17 ,0
Juillet............	23 ,4	13 ,9	18 ,7
Août..............	23 ,0	13 ,7	18 ,2
Septembre........	20 ,1	11 ,4	15 ,8
Octobre...........	15 ,2	7 ,8	11 ,5
Novembre... ...	9 ,4	4 ,5	7 ,0
Décembre........	5 ,8	2 ,0	3 ,9

De toutes ces données, on peut conclure qu'à Paris la moyenne annuelle de température est de 10°, 8.

Ces nombres permettent de saisir la loi de distribution annuelle de la température sous le climat parisien, et cette loi paraît applicable à tout l'hémisphère nord. La température s'accroît du mois de janvier au mois de juillet; cet accroissement est rapide de mars à mai, il se ralentit vers le solstice de juin, et se prolonge jusqu'au mois suivant; puis le décroissement commence, il devient rapide en septembre, octobre et novembre et se ralentit quelque peu vers le solstice d'hiver. Le maximum de température a lieu le 20 juillet, le minimum se fixe au 15 janvier. Tous ces faits peuvent s'expliquer par les variations de durée relative du jour et de la nuit à ces diverses époques.

D'après ces résultats on a établi, pour le climat parisien, ce qu'on nomme les *saisons météorologiques*. Le 15 janvier (minimum de la température durant l'année) est le milieu de l'*hiver météorologique*, qui comprend décembre, janvier et février; le 20 juillet (maximum de température annuelle) indique pour l'*été météorologique* les mois de juin, juillet et août; le printemps comprend mars, avril, mai; l'automne, septembre, octobre, novembre.

CLIMATS EXTRÊMES OU CONTINENTAUX; CLIMATS MARITIMES. — « Le mot *climat*, dit Alex. de Humboldt, embrasse dans son acception la plus générale toutes les modifications de l'atmosphère dont nos organes sont affectés d'une manière sensible, telles que la température, l'humidité, les variations de la pression barométrique, la tranquillité de l'air ou les effets de vents irréguliers, la pureté de l'atmosphère ou ses mélanges avec des émanations gazeuses plus ou moins insalubres, enfin le degré de transparence habituelle, cette sérénité du ciel, si importante non-seulement au point de vue du rayonnement calorifique du sol, du développement des végétaux et de la maturation des fruits, mais aussi par l'ensemble des sensations morales que l'homme éprouve dans les zones diverses. »

Ainsi défini, le *climat* est une donnée météorologique trop compliquée pour être le résultat d'une seule ou même d'un petit nombre de causes, ni pour que les éléments qui la composent aient tous une égale importance. Dans le cours de ce traité, j'ai indiqué la part qu'il fallait assigner à l'influence de la latitude, de l'altitude, du voisinage des mers, en tenant principalement compte de la température parmi les éléments d'un climat. A ce point de vue aussi on a tiré les plus précieuses indications de l'étude des *lignes isothermes* imaginées par de Humboldt; on a pu arriver par ce moyen à quelques idées générales :

1° A des latitudes égales, l'*hémisphère boréal* possède des températures moyennes plus élevées que l'*hémisphère austral*. Nulle ou peu saillante vers l'équateur, cette différence devient sensible à partir du 20° parallèle ou degré de latitude et augmente à mesure que l'on s'approche davantage de chacun des pôles.

2° A la même latitude et sous un même hémisphère, la chaleur annuelle, dans l'intérieur des terres, est de moins en moins élevée à mesure que l'on se dirige de l'ouest à l'est; vers les côtes c'est précisément l'inverse. Cette tendance est encore plus remarquable si l'on considère les températures extrêmes; à la même latitude, l'Amérique a des étés plus chauds et des hivers plus froids que l'Europe et l'Asie, et une différence dans le même sens s'observe entre cette dernière contrée et la première.

3° Si l'on nomme *pôle de froid* le lieu de chaque hémisphère qui offre la plus basse moyenne de température annuelle, on a constaté que ces pôles de froid ne coïncident pas avec les pôles géographiques. L'hémisphère boréal en possède un qui est placé au nord de l'Amérique, vers 78° à 80° latitude et 170° longitude ouest, c'est-à-dire au nord du détroit de Behring qui sépare l'Amérique de l'Asie; peut-être faut-il en admettre un autre, au nord de la Sibérie, entre la longitude de la Nouvelle-Zemble et celle du golfe Taïmoura, par 70° latitude et 70° à 110° longitude est.

4° La température moyenne annuelle du *pôle boréal géographique* paraît être environ de — 16°. Celle du pôle austral ne saurait encore être évaluée avec vraisemblance, faute d'observations suffisantes.

5° La température moyenne annuelle, sous l'*équateur*, est de 27°,5 à la surface des mers; dans l'intérieur du continent africain elle paraît être notablement plus élevée.

Il résulte de ces propositions générales que l'on peut admettre à la surface du globe trois zones climatériques établies sur l'ensemble des conditions atmosphériques et sans tenir compte des variations locales qui s'observent dans chaque zone, sans cependant troubler trop sensiblement leur climatologie générale. L'équateur est, en effet, le centre d'une *zone de climats chauds;* chaque pôle est de son côté le centre d'une *zone de climats froids.* Enfin, entre ces deux extrêmes, il existe une zone intermédiaire qui sera, dans chaque hémisphère, la *zone des climats tempérés.*

La zone des climats froids de l'hémisphère boréal est la seule que l'on connaisse avec quelque certitude, grâce aux récents voyages effectués vers le pôle nord. D'après les calculs de M. Forster, voici quelle serait dans cette zone la distribution de la température. Le point le plus froid de cet hémisphère (lat., 80°, — long. ouest, 170°) aurait pour température moyenne — 23°; le pôle n'a que — 16°. Entre 64° et 75° de latitude, on trouve pour les températures moyennes de chaque saison : hiver, — 30°; printemps, — 16°; été, + 2°,20; automne, — 12°. Enfin, cette zone est bornée au 55° degré de latitude boréale; elle comprend donc en Europe : l'Islande, l'Écosse presque tout entière, le Danemark, la Suède, la Norvége, la Finlande, la Livonie et l'Esthonie, toute la Russie située au nord de Moscou; en Asie : toute la Sibérie; en Amérique : la Nouvelle-Bretagne, l'Amérique russe, le Groenland.

La zone des climats chauds s'étend de chaque côté de l'équateur jusqu'à 30° ou 35° de latitude boréale ou de latitude australe. Elle embrasse ainsi l'Afrique et ses îles; en Asie : la Syrie, la Palestine, l'Arabie, la Perse méridionale, l'Afghanistan et le Béloutchistan, l'Hindoustan, l'Indo-Chine avec l'archipel malais, les deux tiers méridionaux de la Chine; une grande partie des îles de l'Océanie; enfin en Amérique : la Californie, le Mexique, les États du Sud de l'Union américaine, les Antilles, Guatemala, la Colombie, les Guyanes, le Pérou, le Brésil, la Bolivie, l'Uruguay et le Paraguay, et le nord de la Plata. Sous l'équateur lui-même, la température moyenne annuelle s'élève, à l'ombre, jusqu'à 27° et 29°,6; celle de l'hiver est de 25°, 26°, 27°,6; celle de l'été, 28°, 29°, 30° et jusqu'à 32°,5.

Les deux zones tempérées se trouvent circonscrites par celles qui viennent d'être délimitées, et celle de l'hémisphère boréal est de beaucoup la plus importante, puisque entre 35° et 55° de latitude elle comprend une partie considérable de l'Europe, de l'Asie et de l'Amérique septentrionale; tandis que la zone tempérée australe ne contient guère, en fait de terres, que la Tasmanie et une très-petite portion de l'Australie, la Nouvelle-Zélande et l'extrémité méridionale de l'Amérique du Sud.

Dans chacune de ces zones climatologiques dont le climat général à des hauteurs voisines du niveau de la mer est surtout déterminé par l'influence de la latitude, *l'altitude*, le *voisinage* ou *l'éloignement des mers*, la *configuration des terres* et la *forme de leurs reliefs* modifient l'état général de l'atmosphère et produisent des climats spéciaux à telles ou telles localités. Je l'ai déjà dit, dans le texte du présent livre, la série des climats que la latitude tend à produire lorsque d'un point donné du globe on s'avance vers le pôle le plus voisin, tend à se reproduire lorsque du niveau des plaines ou des vallées basses d'une contrée on s'élève vers le sommet des montagnes. On a calculé, d'après de nombreuses observations, que, *sous l'équateur*, l'abaissement de 1° dans la température correspond à une ascension de 210 mètres; *dans la zone tempérée*, à une ascension de 174^m en hiver et de 244^m en été.

Quant aux autres influences, on en constate les effets lorsqu'on vient à comparer dans une même contrée les températures moyennes de l'hiver et de l'été de diverses localités différemment situées. M. le professeur Ch. Martens, pour faire saisir ces faits climatologiques, a rapproché fort heureusement les données suivantes concernant l'Europe :

1° LOCALITÉS MARITIMES.

Températures moyennes de divers lieux du littoral de l'Angleterre.

	En été.	En hiver.	Différence.
Iles Féroé	11°,60	3°,90	6°,70
Ile Unst (une des Shetland).	11 ,92	4 ,05	7 ,87
Ile de Man	15 ,08	5 ,59	9 ,49
Penzance (Cornouailles)	15 ,83	7 ,04	8 ,79
Edimbourg	14 ,07	3 ,47	10 ,60
Aberdeen (Écosse)	14 ,57	3 ,39	11 ,18
Lancaster (Angleterre)	15 ,32	3 ,58	11 ,74
Londres	16 ,75	3 ,22	13 ,53

2° LOCALITÉS CONTINENTALES VOISINES DE LA MER.

Températures moyennes.

	En été.	En hiver.	Différence.
Saint-Malo (France)	18°,00	5°,67	13°,23
Dunkerque (id.)	17 ,68	3 ,56	14 ,12
Paris (id.)	18 ,01	3 ,59	14 ,42
La Rochelle (id.)	19 ,22	4 ,78	14 ,44
La Haye (Hollande)	18 ,03	3 ,46	15 ,17
Maestricht (id.)	18 ,12	2 ,84	15 ,28
Amsterdam (id.)	18 ,70	2 ,07	16 ,12
Bruxelles (Belgique)	19 ,01	2 ,56	16 ,45

3° Localités continentales éloignées de la mer.

Températures moyennes.

	En été.		En hiver.		Différence.
Tubingue (Wurtemberg).	+ 17°,01	......	— 0°,02	.....	17°,03
Munich (Bavière)........	+ 17 ,96	.....	+ 0 ,12	.....	17 ,84
Augsburg (ld.)..........	+ 16 ,80	.....	— 1 ,08	.....	17 ,88
Berlin (Prusse).........	+ 17 ,18	.....	— 1 ,01	.....	18 ,19
Dresde (Saxe)..........	+ 17 ,21	.....	— 1 ,20	.....	18 ,41
Vienne (Autriche).......	+ 20 ,36	.....	+ 0 ,18	.....	20 ,18
Prague (Bohème)	+ 19 ,93	.....	— 0 ,44	.....	20 ,37
Pétersbourg (Russie).....	+ 15 ,96	.....	— 8 ,70	.....	23 ,66
Moscou (ld.)............	+ 17 ,55	.....	— 10 ,22	.....	27 ,77
Kasan (ld.)	+ 17 ,35	.....	— 13 ,66	.....	31 ,11

Ces faits et beaucoup d'autres du même genre ont amené les météorologistes à une double conclusion qui peut être considérée comme formant deux lois climatologiques :

1° Tous les pays qui avoisinent les grandes masses d'eau (mers, grands lacs, grands fleuves) jouissent d'un climat plus uniforme pendant la durée de l'année; l'été, moins chaud que dans les contrées continentales de la même latitude, y est suivi d'un hiver moins rigoureux. Les îles offrent en général des climats d'une égalité remarquable qui ont valu à plusieurs d'entre elles une véritable célébrité.

2° Les pays situés loin des grandes masses d'eau, au milieu des terres, se distinguent au contraire par des variations brusques et fréquentes, par des saisons opposées jusqu'à l'excès, en un mot par des climats excessifs ou extrèmes.

Cette distinction, que l'on a lieu d'observer dans toutes les zones de climats généraux, a déjà été indiquée par Buffon, puis confirmée par Al. de Humboldt. D'après ces deux savants, on a pris l'habitude de nommer *climats maritimes* ceux des lieux voisins des grandes masses d'eau, et que caractérise l'uniformité des conditions météorologiques. Les autres, vu la multiplicité, l'étendue des vicissitudes qu'on y observe, ont reçu le nom de *climats extrèmes* ou *continentaux*.

CLIMATS DES ÎLES, DES PLAINES ET DES MONTAGNES A DIVERSES HAUTEURS. — Il est facile de tirer des faits et des lois mentionnés ci-dessus les conclusions suivantes :

Les *îles* ont un climat remarquable par la clémence des hivers et la température modérée des étés; le ciel y est peu variable; de longs jours d'une chaleur plus douce que celle des continents sous les mêmes latitudes se succèdent en une sorte de printemps ou d'été perpétuel. L'hiver n'y apporte le plus souvent ni glace ni frimas; des pluies régulières marquent habituellement la mauvaise saison, dont la durée est chaque année d'une fixité souvent très-remarquable.

Dans les *plaines* peu élevées au-dessus du niveau de la mer, s'observent de préférence les conditions générales de la zone climatologique dont la contrée fait partie. Mais en outre, le climat des plaines peut être *maritime* ou *continental*, suivant que celles-ci sont éloignées ou rapprochées des mers.

Quant aux *pays de montagnes*, on a vu précédemment comment la hauteur des diverses régions de ces contrées fait varier leur climat et reproduit peu à peu ceux des contrées qui s'approchent du pôle.

VENTS RÉGULIERS ET IRRÉGULIERS. — Les *vents* sont des courants de l'atmosphère qui se produisent en tous sens et avec une vitesse variable. Leur vitesse moyenne est de 5 à 6 mètres par seconde dans nos pays. Dans les plus forts ouragans elle ne dépasse pas 50 mètres.

On peut classer ainsi les vitesses des vents :

Petite brise.............	2ᵐ à 4ᵐ par seconde.	
Jolie brise..............	7ᵐ	—
Bonne brise.............	11	—
Bon frais........	16	—
Grand frais.............	22	—
Coup de vent...........	29	—
Tempête...............	37	—
Ouragan...............	46	—

On distingue les vents *réguliers* et les vents *irréguliers*. Les premiers soufflent toute l'année à peu près dans la même direction. On les observe dans les contrées équatoriales, à la surface des mers; dans l'hémisphère boréal ils soufflent du nord-est au sud-ouest, et du sud-est au nord-ouest dans l'hémisphère austral. Ce sont des courants atmosphériques dirigés des pôles vers l'équateur et de l'est à l'ouest; mais ils ne règnent que dans une zone de 30 degrés de latitude de chaque côté de l'équateur. C'est ce qu'on nomme fréquemment les *vents alizés*. Sans pouvoir expliquer d'une façon précise le mécanisme de leur production, on leur assigne pour cause le mouvement diurne de la terre, et l'échauffement que produit le soleil dans les divers points que frappent ses rayons. Dirigés en effet de l'est à l'ouest, ils peuvent résulter d'une part de la rotation terrestre qui se fait d'occident en orient, et se relier aux courants analogues que présentent les mers. D'une autre part, à mesure que le soleil échauffe une nouvelle colonne de l'atmosphère, la dilatation produit un excès de pression qui détermine un écoulement d'air dans le sens même de la marche apparente de cet astre.

D'autres vents réguliers affectent une forme périodique, et ne soufflent qu'à certaines heures de la journée ou à certaines époques de l'année, mais avec une direction constante. Dans la mer Arabique, au golfe du Bengale, dans les mers de la Chine on connaît un vent nommé *mousson*, qui, en hiver, souffle six mois durant, de la terre vers les mers; et les six mois d'été il affecte la direction précisément inverse. L'Asie, l'Afrique et l'Italie même reçoivent du midi un vent brûlant qui entraîne les sables, obscurcit l'air, dessèche tout, jusqu'à la peau de l'homme : c'est le *simoun* des Arabes, le *sirocco* des Italiens, le *chamsin* de l'Egypte. On nomme *brise*, un vent commun sur les rivages de la mer; il souffle vers la terre pendant le jour et vers la mer pendant la nuit. On en trouve la cause dans l'inégale influence du soleil sur ces deux éléments. La mer, plus difficile à échauffer, se refroidit aussi moins vite.

Les vents irréguliers sont déterminés par des causes dont la loi nous échappe, bien que chaque pays ait ses vents habituels. En France le vent de sud-ouest domine surtout dans la partie septentrionale. Selon les surfaces qu'ils ont parcourues, ces vents, de direction diverse, exercent une influence heureuse ou fâcheuse sur le temps. Ainsi le vent d'ouest et surtout celui de sud-ouest n'arrivent en France qu'après avoir traversé l'Atlantique dans une grande longueur ; ils apportent en général des nuages et des pluies. Le vent de beau temps est au contraire celui du nord-est qui vient du continent.

CHALEUR RAYONNANTE. — On nomme *chaleur rayonnante, celle que les corps se transmettent à distance à travers le vide ou les milieux interposés*, l'atmosphère par exemple. Supposez un boulet rougi au feu, suspendu au milieu d'un appartement; à distance il échauffera les objets environnants; mais cette chaleur ne sera pas simplement conduite par l'air ambiant, car sa température n'augmentera pas sensiblement, et de faibles courants viendront seulement l'agiter. La chaleur a traversé l'air, comme la lumière les corps diaphanes. Quelle que soit leur température, tous les corps émettent ainsi du calorique qui rayonne vers les objets environnants, passant à travers les uns, s'arrêtant à la surface des autres pour y subir une déviation qu'on nomme *réflexion du calorique*.

On appelle *pouvoir émissif* ou *rayonnant la faculté qu'ont les corps d'émettre en un même temps à température égale et d'une même surface, une plus ou moins grande quantité de chaleur.*

Les corps sur lesquels tombent les rayons calorifiques peuvent, comme je l'ai dit, se distinguer en corps perméables à la chaleur et corps imperméables à ce fluide. Il faut ajouter que les rayons de chaleur, même en rencontrant les corps imperméables pour eux, se partagent en deux faisceaux : les uns sont *absorbés* par le corps, c'est-à-dire pénètrent en lui ; les autres sont *réfléchis*, c'est-à-dire renvoyés par sa surface vers les corps environnants.

Le *pouvoir réflecteur* est *la faculté que possèdent les corps de réfléchir, toutes choses égales d'ailleurs, plus ou moins de calorique*.

Le *pouvoir absorbant* est *la faculté que possèdent ces mêmes corps d'absorber une plus ou moins grande portion de la chaleur qui tombe sur eux*.

D'après ces définitions même, *le pouvoir absorbant d'un corps est complémentaire de son pouvoir réflecteur*.

Quant à la perméabilité des corps pour la chaleur, on nomme *diathermanes* les substances qui laissent passer les rayons calorifiques, *athermanes* celles qui les arrêtent.

Les corps froids projettent du froid dans les espaces qui les contiennent, comme les corps chauds projettent de la chaleur. Ainsi un morceau de glace refroidit à distance les corps qui l'environnent. Il ne faudrait pas en conclure qu'il existe des rayons frigorifiques ; la réflexion du froid n'est qu'apparente, et tout en la démontrant expérimentalement, j'expliquerai comment elle résulte très-simplement de la réflexion de la chaleur. Tous les faits relatifs au rayonnement se relient entre eux facilement à l'aide d'une hypothèse ingénieuse et simple due à M. Prévost de Genève et admise aujourd'hui dans la science sous le nom de *principe d'équilibre mobile de température*.

Équilibre mobile de température. — Tous les corps, quelle que soit leur température, émettent constamment du calorique dans toutes les directions. La quantité de chaleur émise est d'ailleurs subordonnée à la température, de telle sorte que les corps chauds rayonnant plus que les corps froids, leur envoient plus de chaleur qu'ils n'en reçoivent, et par conséquent les premiers se refroidissent, pendant que les seconds s'échauffent. On conçoit dès lors que tous les corps tendent vers une égalité de température qui réduit le rayonnement à un échange entre eux de quantités égales de chaleur. C'est là ce qu'on désigne par les mots *équilibre mobile de température*.

Lois du rayonnement. — 1° Le rayonnement du calorique se fait en ligne droite dans un milieu homogène. En changeant de milieu la chaleur est généralement déviée de sa route, ou *réfractée*.

2° Il a lieu dans le vide comme dans l'air.

3° Il se fait dans toutes les directions.

Ces trois premières lois se démontrent facilement. Sur la ligne droite qui joindrait entre eux un corps chaud et un thermomètre qu'il échauffe, placez un écran : l'ascension de la colonne thermométrique cesse aussitôt. Donc le rayonnement se fait en ligne droite. Pour rendre manifeste la seconde loi, on prend un ballon vide contenant un thermomètre, on l'expose au rayonnement d'une source : il est influencé de la même façon qu'un thermomètre placé à la même distance dans l'air. Enfin il suffit de disposer autour d'une source des thermomètres dans telles directions que l'on voudra pour s'assurer de l'exactitude de la troisième loi.

Si on appelle *intensité de la chaleur rayonnante* la quantité de chaleur reçue sur l'unité de surface : voici quelles causes la modifient :

4° L'intensité de la chaleur rayonnante est proportionnelle à *la température de la source*.

5° Elle est en raison inverse du carré de la distance.

6° Elle est d'autant moindre que la chaleur émerge plus obliquement de la surface qui rayonne.

Pour déterminer ces trois nouvelles lois on s'est servi du thermomètre différentiel de Leslie (voyez ch. ix) qui, nous le savons, jouit d'une grande sensibilité, puisque les changements de température y sont indiqués par la dilatation ou la contraction d'une masse gazeuse. Pour la loi n° 4, on expose donc une des boules du thermomètre à l'action de sources de température variable. C'est, par exemple, un cube de métal rempli d'eau à + 40°, + 20°, etc. Les températures observées décroissent proportionnellement à celles de cette source de chaleur. Pour la cinquième on place l'instrument à diverses distances d'une source constante, et la comparaison de ces distances avec les indications thermométriques qui y correspondent donne la confirmation de la loi. Enfin la sixième peut être étudiée à l'aide d'un cube métallique rempli d'eau à + 100° : un tuyau de carton noirci dirige un faisceau de rayons sur une des boules du thermomètre. En changeant la direction de la surface rayonnante du cube par rapport à l'axe du tuyau, on peut constater l'influence de la direction du calorique par rapport à la surface qui l'émet.

Toutes les fois qu'un corps se refroidit dans un espace vide, c'est par le rayonnement qu'il perd sa chaleur : inversement, lorsqu'un corps s'échauffe ce sont les autres corps qui rayonnent vers lui plus de chaleur qu'il ne leur en peut rendre. Aussi ces corps se refroidissent, et voilà précisément ce qui explique le rayonnement apparent du froid : c'est une conséquence du principe de l'équilibre mobile de température. On peut enfin conclure de tout ceci que les phénomènes d'échauffement et de refroidissement sont réciproques les uns des autres et tendent simultanément vers cet équilibre mobile : car toutes les fois qu'un corps s'échauffe, d'autres se refroidissent à son profit jusqu'à ce qu'il y ait entre eux échange pur et simple par le rayonnement. Dans l'air il faut tenir compte de sa conductibilité et de la chaleur qu'il transmet au contact.

Lois de Newton sur le refroidissement : La vitesse d'échauffement ou de refroidissement, c'est-à-dire la quantité de chaleur gagnée ou perdue, augmente avec la différence des températures. Newton avait ajouté que cette quantité était *proportionnelle* à la différence. Dulong et Petit ont montré que cela était inexact dès que la différence dépassait 15 à 20 degrés : la quantité de chaleur gagnée ou perdue est alors plus grande que ne le voudrait la loi ainsi formulée. Un grand nombre de physiciens se sont occupés de ce sujet difficile. Leurs savantes recherches sortent des limites de notre programme.

Réflexion de la chaleur. — Le calorique qui rayonne de tous les corps rencontre d'autres corps imperméables pour lui : j'ai déjà dit qu'alors une portion des rayons de chaleur est *absorbée*, l'autre *réfléchie.* Parmi les rayons réfléchis, la plupart le sont *régulièrement,* quelques autres d'une manière *diffuse.* Tous ces phénomèens se représenteront dans l'étude de la réflexion des rayons lumineux (ch. XVII). Les lois suivant lesquelles se fait la réflexion régulière du calorique sont exactement celles qui régissent la réflexion des rayons lumineux et que nous aurons lieu d'expliquer en détail.

1° Le rayon réfléchi est contenu dans le plan perpendiculaire à la surface réfléchissante, qui contient aussi le rayon incident.

2° L'angle de réflexion est égal à l'angle d'incidence [1].

L'identité de la marche des rayons calorifiques avec celle des rayons lumineux se démontre par l'expérience des miroirs conjugués (fig. 145). On place l'un devant l'autre à 4 mètres environ de distance deux miroirs concaves sphériques. Chacun de ces miroirs a son *foyer,* c'est-à-dire un point A ou B, où il fait converger par réflexion tous les rayons lumineux qui lui arrivent parallèlement à la droite (axe principal) menée par le centre de la sphère du miroir (centre de courbure), et le milieu de sa surface (centre de figure). Cette convergence est indiquée par les lignes qui représentent la direction des rayons lumineux, et la figure 146 fait comprendre en quoi consiste le phénomène. On y voit en FL la coupe du miroir ; A, B, D, E sont des rayons qui tombent parallèlement à l'axe principal CI sur lequel se trouvent le centre de courbure N et le centre de figure I. La réflexion a lieu en G, H, J, K, et d'après ses lois les rayons se réunissent

---

1. On nomme *angle de réflexion,* l'angle formé par le rayon réfléchi et une perpendiculaire à la surface réfléchissante, élevée au point où le rayon incident vient la toucher. *L'angle d'incidence* est celui que forme ce dernier rayon avec la même perpendiculaire.

tous en M qui est le foyer principal du miroir. Si on place un objet
lumineux en M, les rayons suivront alors une marche inverse et parfaitement réciproque, de telle sorte que la réflexion les rendra tous

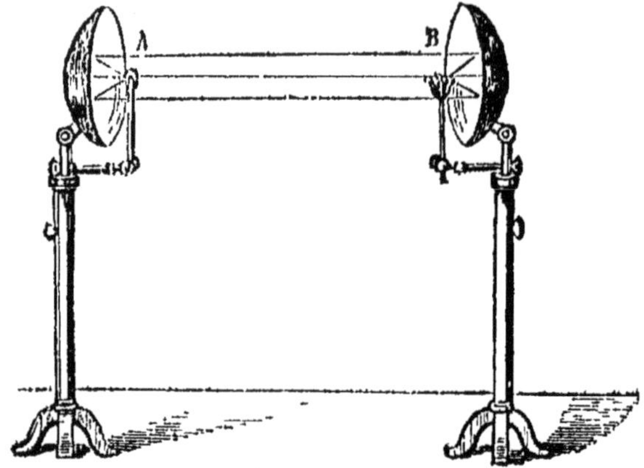

Fig. 145.

parallèles à l'axe principal CI. Dans notre expérience des miroirs conjugués, on place en B, l'un des foyers, une source de chaleur : par
exemple une grille contenant des charbons incandescents. A l'autre
foyer A on place un corps inflammable, de l'amadou, de la poudre-
coton. Les rayons partis du foyer B sont renvoyés parallèles vers l'autre

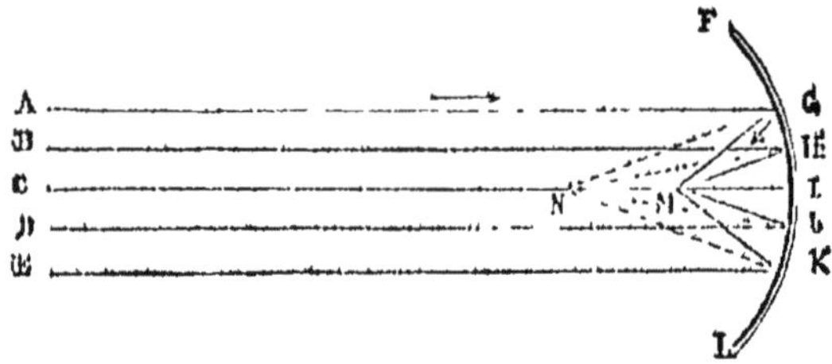

Fig 146.

miroir et celui-ci les fait converger au foyer A où se trouve réunie
presque toute la chaleur de la source; aussi l'amadou ne tarde-t-il pas
à s'enflammer. On constate en outre de cela que, placés hors du foyer,
les mêmes corps ne reçoivent plus une quantité de chaleur capable de
les faire brûler. La chaleur réfléchie a donc les mêmes foyers que la
lumière et en suit précisément les lois.

Si dans l'expérience précédente on substitue au charbon une
masse de glace et à l'amadou un thermomètre, on constate bientôt ce
qu'on appelle la *réflexion apparente du froid*; c'est-à-dire que le

thermomètre subit un abaissement très-considérable. Le principe de l'équilibre mobile de température explique ce fait d'une manière satisfaisante. Le thermomètre plus chaud que la glace rayonne vers elle de la chaleur en échange de laquelle il ne reçoit rien, de telle sorte qu'il doit se refroidir.

J'ai défini ce qu'on entend par *pouvoir réflecteur, pouvoir absorbant, pouvoir émissif*. Je donnerai une idée de la manière dont on peut les mesurer.

Pouvoir réflecteur. — Devant un miroir on place un cube métallique rempli d'eau à 100 degrés; la chaleur qui en provient est réfléchie sur le miroir et renvoyée vers un foyer. Sur le trajet de ces rayons réfléchis une première fois, on dispose des plaques de diverses substances qui les réfléchissent une seconde fois vers la boule d'un thermoscope. On constate facilement les différences de températures qu'indique l'instrument suivant la nature de la plaque; ces différences sont uniquement dues au pouvoir réflecteur de chacune des substances employées, car on a soin de maintenir toutes les autres conditions de l'expérience parfaitement identiques.

Pouvoir absorbant, pouvoir émissif. — Devant un miroir on dispose la même source de chaleur que dans les expériences précédentes, puis plaçant la boule du thermoscope au foyer même du miroir, on la recouvre successivement d'une couche des diverses substances qu'on étudie, et les différences de température dénoncent la différence des pouvoirs absorbants. Pour chaque substance, d'ailleurs, le pouvoir absorbant est complémentaire du pouvoir réflecteur, et doit, à une température constante, être représenté par le même nombre que le *pouvoir émissif*. Il est clair en effet que dans l'équilibre de température un corps réfléchit ce qu'il n'absorbe pas, et réciproquement; et que, d'autre part, il émet autant qu'il absorbe, puisque sa température ne varie pas. Voici les résultats des diverses recherches que je viens d'indiquer.

Substances.	Pouvoirs émissifs ou absorbants.	Pouvoirs réflecteurs.
Noir de fumée	100	0
Papier à écrire	98	2
Verre ordinaire	90	10
Gomme laque	72	28
Fer poli	23	77
Métal des miroirs, frais poli	14	86
Laiton fondu, poli gras	11	89
Laiton fondu, poli vif	7	93
Cuivre rouge verni	14	86
Cuivre battu	7	93
Or plaqué	5	95
Argent fondu, bleu poli	3	97

Ce tableau met en lumière l'influence de l'état des surfaces sur le rayonnement de la chaleur : on peut donner ainsi à une même substance des pouvoirs assez différents comme le prouvent les nombres relatifs au laiton et au cuivre rouge.

Toutes les expériences précédentes sont dues à Leslie, qui entra un des premiers dans cette voie, parcourue depuis par Melloni, La Provostaye et Desains. Mais on doit au premier de ces physiciens un appareil d'une merveilleuse sensibilité à l'aide duquel il a repris les expériences de Leslie, et inauguré lui-même de nouvelles recherches sur la perméabilité des corps pour la chaleur.

Appareil de Melloni. — La fig. 147 représente l'appareil disposé pour l'étude de la réflexion de la chaleur. La source est la flamme

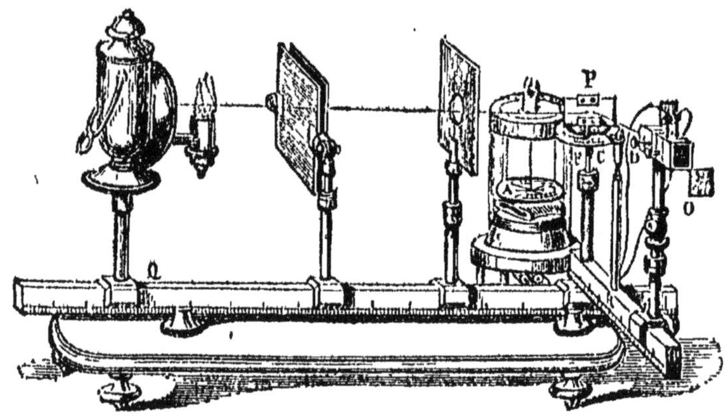

Fig. 147.

d'une lampe de Locatelli (Q) : devant sont placés deux écrans. L'un, à double plaque peut s'incliner et sert à laisser passer ou à arrêter les rayons calorifiques. L'autre, percé d'un orifice placé vis-à-vis de la lampe, empêche de passer la chaleur diffuse, et sépare le pinceau de rayons. Sur un support C dont la hauteur peut varier, on dispose la plaque réfléchissante P. La lampe et les deux écrans sont fixés sur une verge métallique divisée en centimètres pour faire apprécier les distances. Le support est muni d'une autre règle qui pivote autour de son pied, et il se fixe lui-même sur la première. Cette seconde règle porte une tige R, terminée par un repère qui se pose sur le limbe de la tablette du support, et sert à mesurer, sur les divisions de ce limbe, l'angle que forment les deux règles : enfin elle porte aussi l'appareil DO destiné à recevoir les rayons réfléchis. C'est une pile thermo-électrique dont la description ne rentre pas dans notre programme : sachons seulement que la moindre différence de température entre sa face D et la face de son extrémité O, détermine un courant électrique dont l'intensité croît avec la différence de température. Un *multiplicateur* AF (voy. ch. XVIII), mesure l'intensité du courant et fait de cette petite pile un véritable thermomètre différentiel d'une sensibilité exquise. Le rayon incident tombe sur la plaque réfléchissante parallèlement à la première règle métallique, et on place la seconde dans la position où se produit le plus grand échauffement, accusé par l'intensité du courant transmis au multiplicateur. Le repère indique la position du rayon réfléchi par rapport au rayon incident. On peut ainsi vérifier les lois de la réflexion. Mais en changeant la plaque P et en lui substituant des plaques de diverses autres substances, on peut aussi mesurer les pouvoirs réflecteurs.

Le même appareil entre les mains de M. Melloni a servi à l'étude des substances *diathermanes*. Il n'emploie alors qu'une seule règle (fig. 148). Un support reçoit la plaque B que traverse le rayon calorifique;

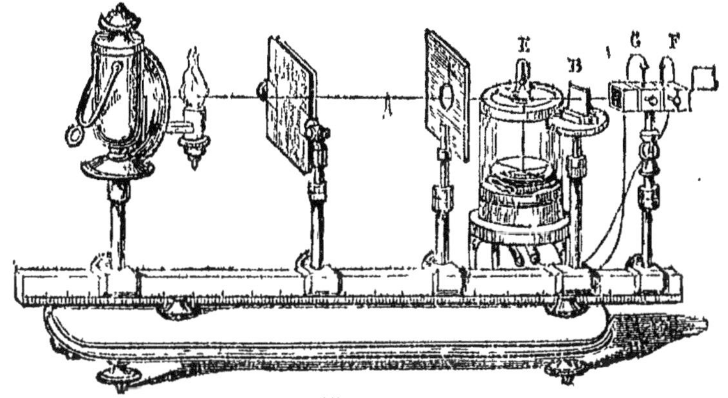

Fig. 148.

la pile GF est placée à la suite et reçoit la chaleur que la plaque a laissé passer. Les écrans L et K sont d'ailleurs disposés de même; en E est le multiplicateur que des fils conducteurs fixés en F font communiquer avec la pile. Il suffit de changer soit la source, soit la plaque, pour faire une étude très-exacte du *pouvoir diathermane* des diverses substances. Melloni a pu déterminer ainsi que ce pouvoir est modifié : 1° par la nature des plaques diathermanes, 2° par leur poli, 3° par leur épaisseur, 4° quand on en emploie plusieurs, par leur nombre, 5° par la nature des plaques déjà traversées, 6° par la nature de la source de chaleur.

Chaque substance a, toutes choses égales d'ailleurs, son pouvoir diathermane qui lui est propre. Avec la lampe de Locatelli, voici les résultats obtenus :

Sur 100 rayons émis, et pour une épaisseur de 3 millimètres,
L'huile de colza en laisse passer.   30
L'alcool.   15
L'eau distillée.   11
Le sel gemme.   02
Le cristal de roche.   57
Le verre de Saint-Gobain   62
Le sulfate de cuivre.   0

Plus la plaque est épaisse, moins elle laisse passer de rayons. Quant aux autres causes modificatrices, leur étude fort compliquée ne me paraît pas devoir trouver place ici. Je m'abstiendrai par conséquent de mentionner les ingénieuses hypothèses par lesquelles M. Melloni a voulu expliquer ces faits, en établissant d'intimes analogies entre la chaleur et la lumière.

Rosée. — La *rosée* est un dépôt spontané de gouttelettes d'eau qui s'observe le matin et quelquefois aussi le soir à la surface des corps exposés à ciel ouvert. Elle apparaît surtout quand le ciel est découvert, que le vent souffle à peine et que l'air est humide. C'est en effet à l'état hygrométrique de l'air et au rayonnement nocturne que l'on doit attribuer ce curieux phénomène. Le docteur Wells a savamment développé la théorie de la rosée dans un mémoire couronné en 1810 par la Société royale de Londres.

Pendant les nuits calmes et sereines tous les objets placés à la surface de notre globe rayonnent de la chaleur vers les espaces célestes : ils se refroidissent par ce rayonnement, mais d'une manière irrégulière, en raison de leur inégale conductibilité, des différences de pouvoir émissif, de la direction de leurs surfaces en présence du ciel, etc. L'air est à peu près de tous ces corps celui qui perd le moins de chaleur, de telle sorte que bientôt il se trouve en présence d'objets dont la température est de quelques degrés inférieure à la sienne. S'il est humide, cet abaissement de température suffit pour que les couches d'air au contact de ces corps refroidis atteignent leur point de saturation et le dépassent un peu. Aussitôt commence à la surface de ces corps une condensation de l'humidité atmosphérique sous forme de gouttelettes ; c'est la rosée. Plus les corps sont froids, plus ils se couvriront de rosée ; plus ils se réchaufferont facilement, plus elle sera prompte à disparaître. Aussi les corps mauvais conducteurs, comme les plantes, la laine, se montreront tout couverts de ces gouttelettes, quand les métaux n'en montreront pas. Les nuages, quand le ciel est couvert, arrêtent le rayonnement, les corps ne se refroidissent presque pas et il n'y a pas de rosée. Cela est si vrai qu'il suffit de mettre sous un abri une portion de terrain pour empêcher que la rosée ne s'y dépose. Les vents ne permettent pas aux couches d'air de séjourner assez au contact des corps pour s'y refroidir; au contraire ceux-ci s'échauffent et reviennent à la température de l'air qui passe sans cesse à leur surface, et le phénomène ne se produit pas davantage.

Le *givre* ou *gelée blanche* est de la rosée congelée; les corps les plus refroidis étant au-dessous de 0°, la condensation se fait sous la forme de glace.

RÉSUMÉ DU CHAPITRE XIII.

PLUIE. — NEIGE.

Les *nuages* sont des amas de *vapeurs vésiculaires*. — La *pluie* est la chute à la surface du sol, de ces vapeurs condensées. — Observation des quantités annuelles de pluie à l'aide de l'udomètre.

La *neige* est de l'eau congelée dont la formation n'est pas encore bien expliquée. — Elle est formée de petits cristaux de glace groupés en étoiles hexagonales variées à l'infini.

DISTRIBUTION DE LA TEMPÉRATURE A LA SURFACE DU GLOBE.

Instruments d'observation. — Thermomètres à maxima et à minima.

Observations. — Moyennes annuelle, mensuelle, diurne.

La température diminue en général à mesure que la *latitude* des pays est plus élevée.

Elle diminue rapidement en un même lieu à mesure que l'*altitude* augmente. — Limite des neiges perpétuelles.

Elle acquiert de la douceur et de l'uniformité par le *voisinage des mers*. — Climat des îles.

On nomme *lignes isothermes* des lignes qui passent par tous les points d'un hémisphère, où la température moyenne de l'année est la même. — Elles sont sinueuses et ne sont nullement parallèles aux degrés de latitude.

Les variations de température de notre atmosphère paraissent limitées entre — 50° et + 54°.

VENTS RÉGULIERS ET IRRÉGULIERS.

Les *vents* ou courants atmosphériques ont pour cause l'inégale température des divers points de l'atmosphère, et les condensations et dilatations qui en résultent.

Vents alisés. — Ils paraissent avoir pour cause le mouvement diurne. — Vents réguliers périodiques : *moussons, simoun, sirocco, chamsin, brise.*

Vents irréguliers; leur influence sur l'état du ciel dans chaque pays.

CHALEUR RAYONNANTE.

La chaleur rayonnante est celle que les corps se transmettent à distance, à travers le vide ou les milieux interposés.

Pouvoir émissif. — Pouvoir absorbant. — Pouvoir réflecteur. — Corps diathermanes et athermanes.

Principe de l'équilibre mobile de température. — Tous les corps en raison de leur température échangent en tous sens de la chaleur, et tendent ainsi vers un équilibre.

Lois du rayonnement. — 1° Il se fait en ligne droite dans un milieu homogène.

2° Il a lieu dans le vide comme dans l'air.

3° Il se fait dans toutes les directions.

4° L'intensité de la chaleur rayonnante est proportionnelle à la température de la source.

5° Elle est en raison inverse du carré de la distance.

6° Elle est d'autant moindre que la chaleur émerge plus obliquement de la surface rayonnante.

Loi de Newton sur le refroidissement. — La vitesse d'échauffement ou de refroidissement augmente proportionnellement à la différence des températures. (Cela n'est exact que pour une différence de 15 à 20 degrés au plus.)

Réflexion de la chaleur. — La chaleur se réfléchit suivant les mêmes lois que la lumière. — Expérience des miroirs conjugués. — Réflexion apparente du froid.

Mesure des pouvoirs réflecteur, absorbant et émissif. — Le pouvoir émissif et le pouvoir absorbant sont égaux à la même température. — Le pouvoir réflecteur est complémentaire du pouvoir absorbant. — Appareil de Melloni.

Corps diathermanes. — Observations de Melloni.

ROSÉE.

La *rosée* est due à l'état hygrométrique de l'air et au rayonnement nocturne. — Théorie de Wells.

Elle ne se produit pas quand le ciel est couvert, l'air agité, ou trop sec. — Elle se dépose inégalement sur les divers corps.

Le *givre* est la rosée congelée.

CHAPITRE XIV.

ÉLECTRICITÉ ET MAGNÉTISME. — PHÉNOMÈNES FONDAMENTAUX DE L'ÉLECTRICITÉ. — ÉLECTRICITÉ PAR INFLUENCE.

ÉLECTRICITÉ. — L'*électricité* est un fluide hypothétique par lequel on explique les phénomènes dits *électriques* et dont nous allons nous occuper. Ce fluide est impondérable comme la chaleur, et dans beaucoup de cas il affecte avec elle des relations intimes. On prend ces hypothèses comme des moyens nécessaires pour se guider dans l'étude des phénomènes calorifiques et électriques : leur valeur absolue ne doit nullement être examinée ici.

DÉVELOPPEMENT DE L'ÉLECTRICITÉ PAR LE FROTTEMENT. — CORPS CONDUCTEURS ; CORPS NON CONDUCTEURS. — Les premiers phénomènes électriques que l'on ait observés sont des faits de développement d'électricité par le frottement. Dès l'époque de Thalès de Milet, on savait que l'ambre jaune frotté avec de la laine acquiert pour quelque temps une propriété qu'il ne possédait pas auparavant : il attire les corps légers placés à faible distance, tels que la sciure de bois, les brins de paille, les parcelles de papier, etc. Beaucoup d'autres corps par le frottement contractent cette même propriété attractive ; la résine, la cire d'Espagne, le verre, le soufre, la soie, sont ceux chez lesquels elle se manifeste le plus facilement. Ce curieux état de certains corps frottés reçut de celui même où on le constata le nom d'*état électrique* (ἤλεκτρον, ambre) ; les faits furent nommés *phénomènes électriques*, et la cause fut appelée l'*électricité*. Aujourd'hui le nombre et la nature de ces phénomènes a élevé l'électricité au rang des forces physiques les plus puissantes et les plus merveilleuses ; et son étude constitue presque une science à part aussi féconde qu'aucune autre. Nous ne pouvons cependant donner aucune raison des phénomènes primordiaux de cette belle science, et le développement même de l'électricité par le frottement est complétement inexpliqué.

Ce développement s'observe dans tout frottement des corps les uns contre les autres, quel que soit d'ailleurs leur état. Ainsi le mercure en coulant le long du verre, un courant d'air dirigé sur de la résine, etc., dégagent de l'électricité. On reconnaît sa présence à la puissance attractive que j'ai déjà signalée et aussi dans l'obscurité aux étincelles qu'elle produit. Si en effet on approche d'un corps électrisé un autre corps, un peu avant le contact, il y aura entre les deux points les plus voisins, apparition d'une étincelle bleuâtre, dont l'éclat, le volume, seront d'autant plus considérables que la quantité d'électricité sera plus grande. Si même l'état électrique est très-tendu, cette étincelle est accompagnée d'un claquement particulier, très-sonore lorsque la charge d'électricité est très-forte.

Tous les corps ne sont pas susceptibles de donner lieu à un dégagement apparent d'électricité; ainsi les métaux, dans les circonstances ordinaires, ne manifestent aucun phénomène électrique : nous verrons bientôt à quoi tient cette différence. Mais avant d'aller plus loin il faut connaître l'instrument si simple qui sert à constater la présence de l'électricité.

Pendule électrique. — Il se compose (fig. 140) d'un pied pourvu d'une tige de verre et terminé par une tige métallique recourbée. A l'extrémité de cette tige on suspend, avec un fil de soie, une petite balle de moelle de sureau. C'est là le corps léger qui sert à déceler la présence de l'électricité. Lorsqu'en effet on approche du pendule un corps électrisé A, la balle de sureau B est attirée, tandis que dans le cas contraire elle demeure immobile.

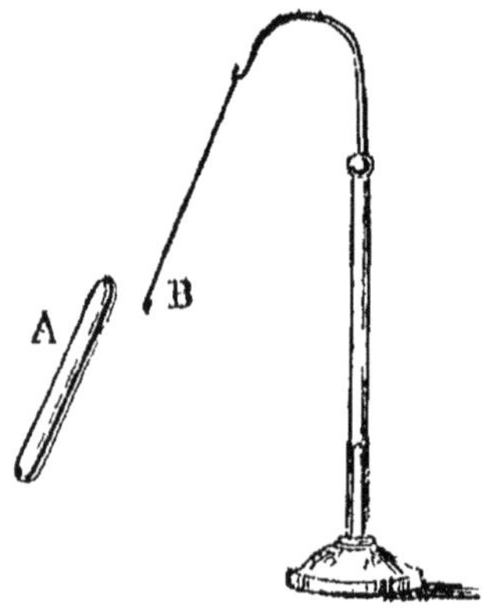

Fig. 140.

L'électricité ne se répand pas avec une égale facilité sur tous les corps, et on les distingue à cet égard en deux grandes catégories. On nomme *corps conducteurs de l'électricité* ceux qui transmettent instantanément, en tous les points de leur surface, l'électricité développée en un de ces points. Grâce à cette propriété ils communiquent aussi instantanément leur électricité aux corps qui les touchent, et quand ils posent sur le sol ou sur des corps conducteurs comme eux et en communication avec la terre, ils restituent immédiatement à celle-ci l'électricité qu'ils possédaient. On désigne au contraire sous le nom de *corps non conducteurs* ceux qui ne laissent que très-difficilement passer l'électricité d'une de leurs molécules à une autre, de telle façon qu'électrisé en un de leurs points ils n'offrent partout ailleurs aucune trace de fluide. Ils conservent donc l'électricité et ne la communiquent au contact qu'avec une certaine lenteur, et quand un de ces corps est interposé entre un conducteur et la terre, celui-ci ne peut plus communiquer son fluide au sol et on dit alors qu'il est *isolé*, ce qui fait souvent dénommer corps *isolants* ceux qui ne conduisent pas l'électricité et ne lui permettent pas de retourner à la terre. Ainsi le petit pendule électrique que j'ai décrit tout à l'heure est monté sur une tige de verre et porte un fil de soie, justement pour isoler la balle de sureau, car le verre et la soie sont des corps non conducteurs; la résine, la gomme laque, le soufre, l'huile, les gaz secs, ne conduisent pas non plus. On range au contraire parmi les corps conducteurs les métaux, la plombagine, le coke, etc. Le pouvoir conducteur de toutes ces substances est d'ailleurs bien loin d'être le même; pas plus qu'il n'y a parité entre les pouvoirs isolants des corps non conducteurs. Le fait est que pour être plus exact il faudrait dire que les corps matériels forment une sorte de série continue depuis celui qui ne conduit pas l'électricité jusqu'à celui qui la conduit le mieux. Aussi emploie-t-on fréquemment les expressions de *bons* ou *mauvais conducteurs*.

Connaissant la conductibilité électrique il nous est facile de remarquer que les corps susceptibles de s'électriser par le frottement sont précisément ceux qui ne conduisent pas le fluide électrique. Les métaux en effet, dans les circonstances ordinaires, ne donnent aucun signe d'électricité, quelque frottement qu'on leur fasse subir. Tout cela tient à la conductibilité : lorsque l'on frotte un corps, il y a toujours développement d'électricité, mais le soufre, la cire d'Espagne, le verre, la conservent là où le frottement l'a développée; les métaux au contraire la laissent immédiatement s'écouler dans le sol. Ce qui rend cette explication incontestable, c'est que pour recueillir l'électricité développée par le frottement à la surface des métaux, il suffit de prendre un corps métallique *isolé*, par exemple un cylindre de laiton monté sur manche de verre.

Je dois faire ici une remarque générale : l'eau, l'humidité conduisent l'électricité; de telle sorte que pour faire avec facilité les expériences électriques il est nécessaire d'opérer dans un air sec et avec des appareils soigneusement séchés. Dans l'air humide l'électricité s'écoule, et de plus les corps non conducteurs se recouvrent d'une couche d'eau qui leur ôte leur propriété isolante.

Attractions et répulsions électriques. — L'électricité ne donne pas seulement lieu à des phénomènes d'attraction. Si l'on électrise un bâton de verre et qu'on le présente à la balle du pendule électrique, elle est vivement attirée, vient toucher le verre; mais bientôt elle s'en détache, et dès lors, au lieu d'éprouver une nouvelle attraction, elle est repoussée par le verre électrisé. Mais dans ce même moment un bâton de cire d'Espagne pareillement électrisé l'attirera avec énergie. Si au contraire on commence l'expérience avec le bâton de cette cire, la balle après l'avoir touché est repoussée par lui et attirée par le verre. Ainsi dans son état naturel le pendule est également attiré par l'électricité développée sur la cire d'Espagne ou sur le verre; mais après le contact, il est repoussé par le corps avec lequel il a communiqué, et attiré par l'autre.

On a donc été conduit, dès 1734, à admettre que l'électricité produite par le verre frotté avec la laine, diffère de celle que produit dans les mêmes circonstances la cire à cacheter ou la résine. Dufay à cette époque les distingua le premier et leur donna les noms d'*électricité vitrée* et *électricité résineuse*. Symner proposa bientôt l'hypothèse des deux fluides électriques : il supposa que tous les corps renferment un *fluide électrique neutre* ou *naturel* résultant de la combinaison d'un *fluide vitré*, et d'un *fluide résineux*. Chacun de ces fluides se repousse lui-même et attire l'autre. Cette hypothèse se prête à l'explication des faits, elle fournit les éléments d'un langage facile et clair; on l'a donc adoptée comme une interprétation commode des phénomènes, et sans la regarder pour cela comme l'expression de la vérité. Franklin, dont le nom est à jamais lié à l'histoire de l'électricité, n'admettait qu'un seul fluide repoussant ses propres molécules et attirant celles des corps matériels : suivant lui tous les corps à leur état naturel renferment une certaine quantité de fluide électrique qui ne se manifeste pas. Mais si cette quantité augmente, le corps dominé par cet excès d'électricité attirera tous les corps qui n'en posséderont pas un excès comme lui et repoussera ceux-ci : il sera alors électrisé *positivement*. Si la quantité de fluide diminue, il sera électrisé *négativement*. Comme au fond de ces hypothèses, ce qu'il y a d'important c'est la constatation des faits, on a dans l'usage adopté comme synonymes les termes de l'une ou l'autre théorie, et en somme l'*électricité vitrée*, ou *positive*, ou le *fluide positif* est l'espèce d'électricité développée par le frottement du verre avec la laine. La résine ou la cire d'Espagne frottée de même développe une espèce d'électricité qui est l'*électricité résineuse*, *négative* ou le *fluide négatif*. Le premier de ces deux fluides se représente souvent par le signe +, et le signe — désigne le second. De ces hypothèses découle un principe sur lequel vont reposer toutes les théories que nous donnerons des phénomènes électriques : il formule l'action réciproque des deux électricités l'une sur l'autre, et s'énonce ainsi :

Les fluides électriques de même nom se repoussent, ceux de nom contraire s'attirent.

Dès lors il est facile de donner une explication des phénomènes électriques déjà décrits. Parlons d'abord des attractions et des répulsions constatées à l'aide du pendule. Le bâton de verre électrisé repousse la balle de sureau qui a été en contact avec lui. Cette balle en communiquant avec le verre s'est chargée d'électricité vitrée, et comme elle est isolée elle conserve le fluide positif et est repoussée par le verre chargé d'électricité de même nom. Au contraire elle est attirée par la cire d'Espagne frottée qui porte du fluide de nom contraire. Il est aussi simple d'expliquer le développement de l'électricité par le frottement. On constate en effet par l'expérience que les deux corps frottés s'électrisent tous deux, l'un *positivement*, l'autre *négativement*. Il est naturel d'admettre que le frottement décompose le fluide neutre des deux corps, tout le fluide positif s'accumule sur l'un d'eux, le fluide négatif sur l'autre. La nature du fluide que développe un corps dépend d'ailleurs de l'état de sa surface, de la température, du sens où s'exerce la friction, et du corps avec lequel on l'exerce. Ainsi, par exemple, la soie s'électrise négativement quand on la frotte avec une peau de chat, et positivement lorsqu'on emploie la gomme laque. Avec la laine, le verre poli prend le fluide positif, et le verre dépoli le fluide négatif. Frotté avec une peau de chat, le verre poli prend aussi l'électricité résineuse.

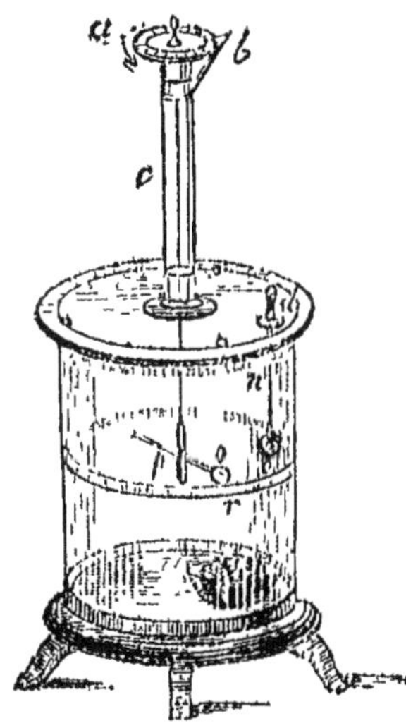

Fig. 150.

Il est utile pour la suite de nos études que je fasse connaître maintenant la balance de torsion destinée à constater avec précision la présence de l'électricité sur les corps.

Balance de torsion. — On doit au physicien Coulomb un instrument très-délicat représenté dans la figure 150, et qui permet de mesurer les quantités d'électricité à l'aide des attractions et des répulsions qu'elles peuvent produire. C'est une cage de verre fermée supérieurement par une glace mobile que je vais décrire spécialement. Elle porte à son centre un tube de verre *o* terminé en haut par un disque micrométrique *a*. Au centre est une tige à laquelle se fixe un fil d'argent : on le voit descendre dans le tube *o* et pendre au milieu de la cage de verre, où il porte à son extrémité *p* une baguette de gomme laque terminée par un disque de clinquant *o* qui se trouve isolé. En *d* est une ouverture par laquelle on introduit dans l'appareil la tige *c d* formée d'une baguette de verre isolante que termine une boule métallique *c*.

Voici l'usage de cet instrument : quand on veut déterminer si un corps possède de l'électricité et en quelle proportion, on retire la boule *e* de la balance et on la met en contact avec le corps. Elle s'électrise comme lui, car elle est métallique et par conséquent conduit bien le fluide ; mais son manche de verre empêche en même temps que ce fluide ne s'écoule, de sorte que l'on peut, en ayant soin de ne lui faire éprouver aucun contact, la replacer tout électrisée dans la balance. Aussitôt le disque *o* est attiré, vient au contact, s'électrise et est repoussé : par cette répulsion le fil d'argent se tord, puisque son extrémité supérieure est fixe ; cette torsion qui combat la répulsion électrique sert à mesurer son intensité. Aussi l'appareil micrométrique placé en *ab* a pour but de déterminer de quelle quantité s'est tordu le fil. Pour cela le disque porte sur son bord des divisions et un point de repère *b* ; d'autre part, tout le pourtour de la cage porte aussi en *r* des divisions propres à mesurer le déplacement de la baguette et du disque de clinquant. Avant le commencement de l'expérience on met le repère *b* sur le 0 des divisions micrométriques, et alors la baguette de gomme laque occupe la même position ; puis on observe après l'expérience quelle direction a prise la baguette de gomme laque. On la constate au moyen des divisions tracées sur le pourtour de la cage. On peut ainsi, par l'angle qu'a décrit la baguette sur le disque dont nous venons de parler, mesurer l'énergie de la force due à l'électricité.

En étudiant avec cet instrument les attractions et les répulsions électriques, Coulomb est parvenu à démontrer deux lois que j'énoncerai seulement.

Entre deux corps électrisés ,

1º *Les répulsions et les attractions sont en raison inverse du carré de la distance ;*

2º *Elles sont en raison directe des quantités d'électricité que possèdent les deux corps.*

Ainsi d'après la première loi un même corps électrisé attirera ou repoussera quatre fois, neuf fois plus un corps, lorsqu'il sera deux fois, trois fois plus rapproché. D'après la seconde, un corps électrisé possédera 2, 3 fois plus d'électricité quand il exercera une attraction deux ou trois fois plus grande.

L'ÉLECTRICITÉ SE PORTE A LA SURFACE DES CORPS ET S'ACCUMULE VERS LES POINTES. — Coulomb, a fait connaître encore le mode de distribution de l'électricité sur les corps conducteurs. Comme ce fluide ne se meut que très-difficilement sur les corps non conducteurs elle ne s'y distribue pas selon ses tendances naturelles, et c'est à l'aide de masses métalliques, par exemple, que l'on peut étudier cette partie de son histoire. Les résultats des expériences faites à ce sujet peuvent se formuler ainsi :

1° L'électricité se porte à la surface des corps.

2° Elle y acquiert une *tension* qui dépend de la quantité accumulée, de la conductibilité du milieu, et de la forme du corps.

3° Elle s'accumule vers les parties de forme saillante, où se développe une tension d'autant plus considérable que la saillie est plus aiguë.

5° Les *pointes* ont le pouvoir de faire écouler constamment et sans secousse le fluide électrique qu'elles possèdent.

La première proposition se démontre ordinairement à l'aide de deux expériences dont une seule peut être est suffisamment rigoureuse. La première est représentée dans la fig. 151 : on emploie une sphère

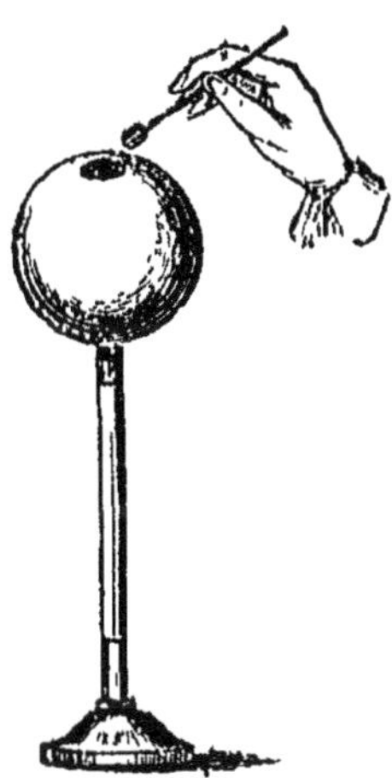

Fig. 151.

creuse de laiton isolée sur une tige de verre. A la partie supérieure est un orifice qui permet de pénétrer dans l'intérieur de la sphère. L'autre instrument est un petit bâton de gomme laque terminé par un disque de clinquant; on le désigne habituellement sous le nom de plan d'épreuve. Voici comment Coulomb faisait l'expérience. Il mettait la sphère métallique en contact, par sa surface extérieure, avec une source d'électricité; elle s'électrisait : alors il la touchait extérieurement d'abord avec le plan d'épreuve. Après ce contact le plan introduit dans la balance de torsion agissait sur l'aiguille : mais quand il répétait la même expérience après avoir touché l'intérieur de la sphère, il n'observait aucun signe d'électrisation. Il pensait donc que la surface extérieure possédait seule de l'électricité libre. Nous savons cependant aujourd'hui, par une expérimentation plus précise, que les deux faces de la sphère creuse sont également électrisées, et que par conséquent l'expérience de Coulomb est insuffisante. La suivante peut satisfaire davantage. On a une boule de laiton portée sur manche de verre : deux calottes hémisphériques également en laiton s'adaptent exactement sur elle, de manière à recouvrir sa surface. Chacun de ces hémisphères est d'ailleurs muni d'un manche isolant. On applique les deux calottes sur la boule et on les maintient en place à l'aide des manches; on fait communiquer avec une source électrique; puis retirant adroitement les deux hémisphères creux, on constate que la boule qu'ils recouvraient ne possède aucune trace d'électricité, tandis que les deux calottes métalliques en donnent au pendule électrique ou à la balance de torsion des signes évidents.

L'hypothèse que nous avons admise relativement aux fluides électriques peut expliquer cette distribution de l'électricité. Elle résulterait tout naturellement de la répulsion qu'exerce un même fluide sur lui-même : il se repousserait ainsi à travers la masse du corps jusqu'à sa surface : si le milieu est bon conducteur le fluide s'y écoulera ; sinon, il formera, pour ainsi dire, à la superficie du corps une couche plus ou moins épaisse ; la faible conductibilité de l'air la maintiendra seule, tandis que la répulsion réciproque du fluide pour lui-même le poussera hors du conducteur sur lequel il est accumulé. On nomme *tension électrique* la quantité d'électricité libre qui fait effort pour s'échapper de la surface d'un corps.

Avec la balance de Coulomb et un plan d'épreuve, on constate facilement sur divers corps électrisés et dans diverses circonstances le second principe que j'ai énoncé. Ainsi plus un conducteur isolé éprouve longtemps l'influence d'une source, plus la tension doit se développer à sa surface. Mais dans l'air humide ce développement est très-faible, parce que le milieu conduit trop bien et laisse écouler la plus grande partie du fluide. Dans le vide l'électricité s'écoule très-promptement. Enfin on reconnaît encore, dans les mêmes expériences, que la tension est uniforme sur toute la surface

Fig. 152.

d'un conducteur sphérique, mais qu'il n'en est plus de même quand le corps présente des saillies. Ainsi électrisez un conducteur ovoïde, comme celui de la fig. 152, touchez avec le plan d'épreuve le point *b* et le point *a*, et après chaque contact observez avec la balance de torsion l'énergie de la tension électrique : vous trouverez qu'elle est bien plus considérable en *a* qu'en *b*, et qu'en général elle augmente d'autant plus que l'on approche plus de la pointe. Il faut en conclure que le fluide s'accumule sur les parties saillantes, et même on constate que cette accumulation est d'autant plus considérable que la saillie est plus aiguë. Ce dernier principe conduit naturellement au *pouvoir des pointes*. A l'extrémité d'une pointe la tension devient si énergique, que l'électricité s'écoule malgré la résistance de l'air ;

16.

ainsi mettez en contact avec une source un conducteur isolé, mais muni d'une ou de plusieurs pointes, il ne conservera aucune trace d'électricité, et tout le temps qu'il en recevra, le fluide s'écoulera par les pointes, et on éprouvera à leur extrémité la sensation d'un souffle léger qui, dans l'obscurité, sera accompagné d'une aigrette lumineuse fixée sur la pointe. Ce pouvoir des pointes mérite de fixer l'attention des élèves, car il joue un grand rôle dans les expériences, dans la construction des appareils, et dans les applications qu'on a faites des propriétés électriques.

ÉLECTRICITÉ PAR INFLUENCE. — *Au contact* les corps se communiquent de proche en proche, en raison de leur conductibilité, l'électricité que possède l'un d'eux; *à distance* un corps électrisé réagit encore sur ceux qui l'environnent, mais d'une façon toute différente. La figure 153 représente l'expérience par laquelle on démontre cette

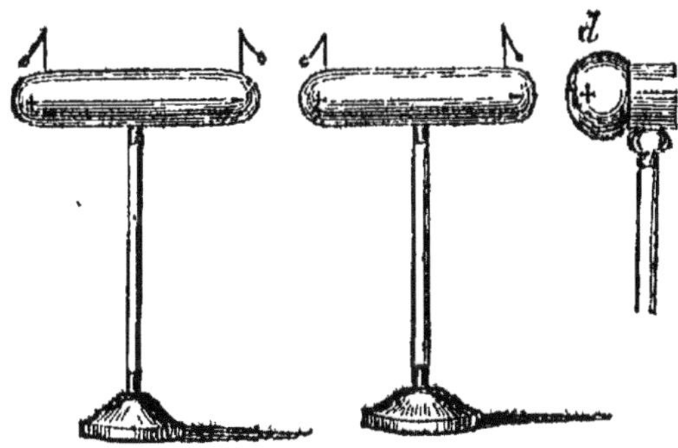

Fig. 153.

action à distance, que l'on désigne sous le nom d'*électricité par influence*. En *d* est un conducteur chargé d'électricité positive, par exemple. Auprès de lui on place un autre conducteur non électrisé : deux petits pendules à balle de sureau ont été fixés aux extrémités pour constater leur état électrique. Dès que le conducteur se trouve en présence du corps électrisé, les deux pendules, tranquilles auparavant, divergent énergiquement. Chacun d'eux est donc électrisé; prenez maintenant un bâton de cire frotté et vous constaterez qu'il repousse le petit pendule placé sur l'extrémité voisine du corps *d*, et attire l'autre. Enfin la partie médiane du cylindre conducteur est à l'état naturel. De ces faits il résulte que sous l'influence du corps électrisé, le conducteur se trouve chargé d'électricité à chacune de ses extrémités; et que cette électricité est négative en présence du corps électrisé positivement, et positive à l'extrémité opposée. Maintenant ce conducteur électrisé par influence agira à son tour sur un second conducteur, exactement comme l'a fait sur lui le corps *d*. Enfin il suffit d'éloigner des corps influencés le corps qui les influence, pour qu'aussitôt tous les phénomènes cessent de se manifester; tout rentre dans l'état naturel.

Voici comment on explique ces faits. Lorsqu'un corps électrisé est mis en présence d'un conducteur à l'état naturel, il décompose le fluide neutre de celui-ci, attire dans la partie du corps influencé la plus voisine de lui, l'électricité de nom contraire à la sienne, et repousse à l'opposé l'électricité de même nom. Tant que dure l'influence le conducteur devient capable d'exercer les mêmes actions. En résumé donc on nomme *électricité par influence* les phénomènes électriques que produisent à distance les corps chargés d'un fluide libre. Ces phénomènes consistent dans l'accumulation, à l'extrémité la plus voisine du corps influent, d'électricité de nom contraire, et à l'extrémité la plus éloignée, d'électricité de même nom.

Avant de décrire les instruments ou appareils construits d'après la connaissance des principes précédents, il est bon de faire comprendre quel jour ils peuvent jeter sur le mode de communication de l'électricité à distance, et sur l'attraction qu'exercent les corps électrisés.

Au contact, nous le savons, les corps conducteurs se transmettent l'électricité d'une façon insensible; mais si d'un corps chargé de ce fluide on approche un corps à l'état naturel, voici ce qui a lieu. Celui-ci s'électrise par l'influence du premier; mais il possède les deux fluides. Le fluide de même nom que celui du corps influent s'accumule vers lui, le fluide de nom contraire au point opposé. Comme l'influence est la conséquence rigoureuse des attractions et des répulsions électriques, elle en suit les lois; par conséquent, son énergie s'accroît en raison inverse du carré de la distance. A mesure que le second corps devient plus proche du premier, la tension électrique augmente : à un moment donné cette tension triomphe de la résistance de l'air comme mauvais conducteur; les deux fluides s'élancent l'un vers l'autre, et on voit alors une brillante lame de feu jaillir d'un conducteur à l'autre. C'est là ce qu'on appelle l'*étincelle électrique :* sa nature est encore mal connue, mais c'est la première notion que l'on ait eue de la lumière électrique, dont nous aurons à parler plus tard.

Quant aux *attractions* et aux *répulsions électriques*, elles résultent de cette même électrisation par influence. Voyons l'expérience du pendule à balle de sureau et du bâton de cire à cacheter. La partie de la balle qui regarde le bâton de cire électrisé, est chargée par influence de fluide positif; elle est donc attirée; mais dès qu'il y a eu contact, la recombinaison du fluide positif de la balle avec une portion du fluide neutre de cette cire ne laisse plus sur le pendule que l'électricité néga-

tive, et dès lors la répulsion se manifeste. Ces théories sont d'une sim
plicité telle qu'il n'y a pas lieu, ce me semble, d'y insister davantage

Électrisation par influence. — L'état électrique résultant de l'influence n'est que momentané dans les conditions expérimentales qui précèdent; mais il est possible, dans le corps influencé, de mettre en liberté un des fluides dégagés dans la décomposition de l'électricité naturelle.

Si on touche un conducteur pendant qu'il est soumis à l'influence, après qu'elle a cessé, il reste chargé d'électricité de nom contraire à celle du corps influent.

Soit un conducteur isolé soumis à l'influence d'un corps électrisé positivement : l'extrémité voisine de ce corps sera chargée de fluide négatif, tandis qu'à l'autre extrémité sera repoussé le fluide positif. Toucher le conducteur, c'est-à-dire le mettre en communication avec le sol, c'est fournir au fluide repoussé un chemin pour s'écouler dans le *réservoir commun :* il est donc retiré ainsi du conducteur, qui gardera seulement son fluide négatif attiré par le corps influent. Quand on éloigne celui-ci, le conducteur ne peut reprendre de fluide positif qui se recombine avec son électricité négative, et celle-ci reste libre à la surface du conducteur. Ce principe fournit donc un moyen précieux de développer de l'électricité; il est mis en usage dans les appareils les plus vulgaires, qui ont guidé les premiers expérimentateurs dans leurs recherches.

Électroscope. — On nomme *électroscope* un instrument destiné à constater la présence de l'électricité même en petite quantité, et le plus souvent sa nature.

Électroscope à cadran. — Le plus simple et par cela même le moins complet des électroscopes est celui que représente la figure 154. C'est une tige d'ébène que l'on visse sur un des conducteurs de la machine électrique; elle porte un cadran d'ivoire, au centre duquel est fixée une petite baguette également en baleine et munie d'une balle de sureau à son extrémité libre. Ce petit instrument, dû à Henley, n'est employé que pour mesurer la tension électrique des machines. Quand on les charge, l'électricité positive qu'elles dégagent se répand sur tout le système, la répulsion du fluide écarte la balle de

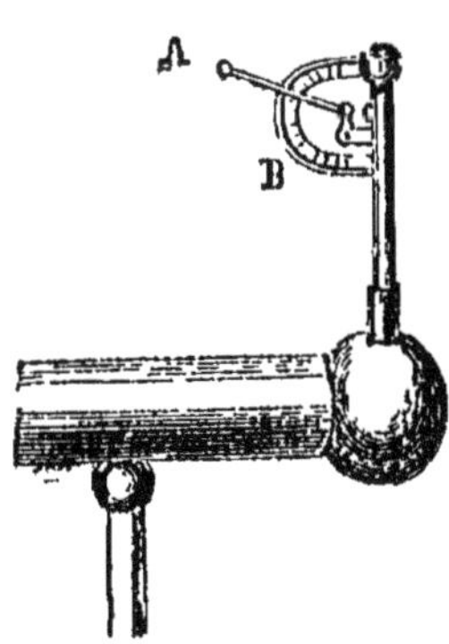

Fig. 154.

sureau, et l'angle que décrit la baguette sur le cadran est proportionnel à la tension.

Électroscopes à feuilles d'or, à pailles, à balles de sureau. — Les véritables électroscopes sont construits d'après les principes de l'électricité par influence: ils se composent (fig. 155) d'une cloche de verre fixée sur un socle métallique; à la partie supérieure est un goulot dans lequel s'engage un conducteur métallique AB. Ce goulot, mastiqué à la gomme laque, est recouvert d'une couche de vernis qui s'étend même sur toute la partie supérieure de la cloche, de manière à isoler bien exactement le conducteur placé dans le goulot. Enfin, à l'extrémité A sont suspendues deux feuilles d'or battu. C'est là ce qu'on nomme l'*électroscope* ou *électromètre à feuilles d'or de Bennet*; c'est le plus délicat. Dans d'autres, à la place des lames d'or sont suspendues deux petites pailles, ou encore deux balles de sureau: on les désigne sous le nom d'*électroscopes à pailles, à balles de sureau.* Mais, de quelque manière que soit constituée cette partie mobile du conducteur isolé, l'appareil fonctionne toujours de même. Si l'on approche de l'électroscope un bâton de cire d'Espagne électrisé, le conducteur AB s'électrise par influence, le fluide positif s'accumule en B, le négatif en A, et les deux lames d'or électrisées de la même manière se repoussent et divergent notablement. L'instrument a même une telle sensibilité, qu'il faut le manier très-discrètement et avec de faibles tensions, ou, si le corps est très-électrisé, il faut le tenir à une distance assez grande. Cette première expérience dénonce l'état électrique du corps C, mais ne fait pas connaître la nature de l'électricité qu'il possède; il faut alors charger d'avance l'électroscope,

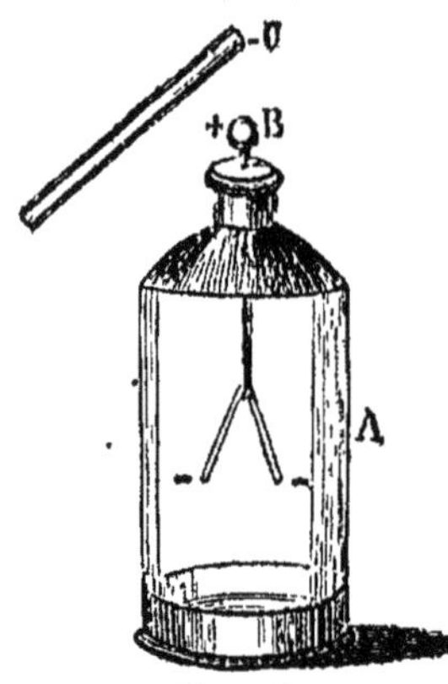

Fig. 155.

et voici pour cela comment on opère: on prend un corps donnant une électricité connue, on l'électrise et on l'approche de l'instrument. La figure 155 représente ainsi un bâton de cire d'Espagne C en présence de l'électroscope; j'ai expliqué tout à l'heure comment par influence l'extrémité B se chargeait de fluide positif et l'extrémité A de fluide négatif. Mais à cet instant touchez le bouton B, le conducteur mis en communication avec le sol y laissera écouler le fluide négatif qui est repoussé; aussi à l'instant même la divergence des lames d'or cesse complétement. Puis, lorsqu'on éloigne le corps influent C, l'électroscope reste chargé d'électricité vitrée ou positive; ce fluide, que l'influence du bâton de cire d'Espagne maintenait en B, se répand uniformément sur le conducteur, et les feuilles d'or divergent de nouveau. Alors l'instrument est chargé, et il peut faire connaître la nature de l'électricité des corps. Si en effet on approche un corps électrisé négativement, ce corps agira comme le faisait tout à l'heure le bâton C; l'électricité positive qui charge l'appareil, attirée en B, quittera les feuilles d'or, et on les verra se rapprocher. Si on approche, au contraire, un corps électrisé positivement, il repoussera en A le fluide qui charge l'instrument, la tension augmentera dans les lames d'or, et elles divergeront davantage.

En résumé donc, l'emploi de l'électroscope comprend deux temps :

1º *Charger l'électroscope.* — On approche un corps possédant une électricité connue, les feuilles d'or divergent; on touche le bouton, les feuilles se rapprochent complétement; on éloigne le corps électrisé, les feuilles d'or divergent de nouveau et restent divergentes. L'électroscope est chargé d'électricité contraire à celle du corps qui a servi à le charger.

2º *Éprouver les corps.* — On approche de l'électroscope le corps dont on recherche l'état électrique : si la divergence des feuilles d'or diminue, il est électrisé contrairement à l'électroscope; si elle augmente, il est électrisé dans le même sens que l'instrument.

MACHINE ÉLECTRIQUE. — On emploie surtout comme sources d'électricité deux appareils connus sous les noms d'*électrophore* et de *machine électrique.*

Électrophore.—Inventé par Volta, cet instrument (fig. 156) se compose d'un gâteau de résine contenu dans un plateau de bois, et d'un disque de bois recouvert d'une feuille d'étain et muni d'un manche isolant. Son emploi est fort simple : après avoir séché l'appareil, on bat fortement la résine avec une peau de chat; elle s'électrise négativement.

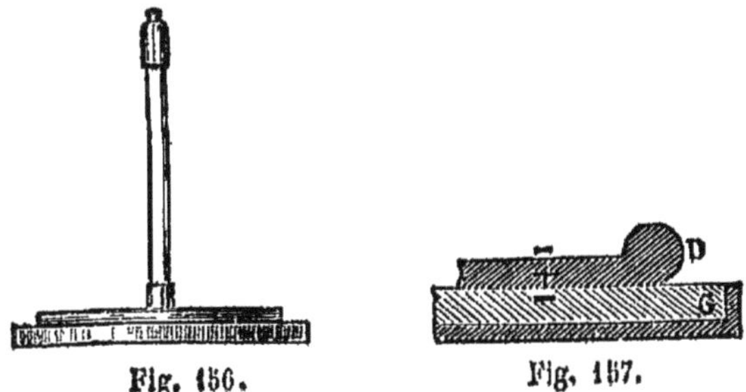

Fig. 156.   Fig. 157.

On pose alors sur le gâteau le disque isolé : la résine conduit trop mal l'électricité pour communiquer la sienne à la feuille d'étain, et elle n'agit que par influence. Il y a donc décomposition du fluide neutre du disque, sa face inférieure se charge de fluide positif attiré par l'électricité du gâteau, et sa face supérieure de fluide négatif; la figure 157 montre dans la coupe verticale d'une portion de l'électrophore la distribution des fluides sur le disque D et dans le gâteau G. Si l'on touche alors le disque avec le doigt, l'électricité négative s'écoule dans le sol, et le disque reste chargé d'électricité positive. Pour s'en convaincre, on n'a qu'à soulever le disque par son manche isolant, et lui présenter ensuite un corps mousse : une vive étincelle annonce la recomposition de l'électricité du disque avec le fluide négatif du corps. D'ailleurs, une fois électrisé, le gâteau de résine peut exercer son influence autant de fois que l'on veut, de sorte que l'on peut obtenir un grand nombre de charges successives sans battre de nouveau la résine. On a constaté en effet que dans un air sec celle-ci peut rester électrisée pendant deux ou trois mois.

En résumé donc, pour obtenir de l'électricité avec un électrophore, il faut sécher l'appareil, battre la résine avec la peau de chat, puis on pose le disque sur le gâteau, on touche sa face supérieure, et il est chargé. Il suffit de le relever par le manche de verre et d'approcher son bord du corps qu'on veut soumettre à l'action de l'électricité, l'étincelle jaillit. Chaque nouvelle charge s'obtiendra en replaçant le disque sur le gâteau, le touchant avec le doigt, et le relevant ensuite par son manche isolant.

Machine électrique. — La machine électrique est destinée à fournir de grandes quantités d'électricité que l'électrophore ne saurait produire. Le premier appareil de ce genre fut construit par Otto de Guéricke, au génie duquel nous devons déjà la machine pneumatique. C'était une boule de soufre tournant avec un axe, et sur laquelle la main de l'opérateur s'appuyait pour frotter. Hawkesbée substitua au soufre un cylindre de verre; Winkler remplaça la main par un frottoir en soie rembourré en crin; Boze y ajouta les conducteurs métalliques isolés, et Ramsden abandonna le cylindre de verre pour un plateau circulaire tournant entre quatre coussins, opposés deux à deux. C'est ainsi que la machine électrique prit la forme que nous allons décrire et que l'on peut voir dans la figure 158.

La machine électrique actuelle se compose du plateau et des conducteurs. Le plateau est un disque de verre épais, parfaitement plan, dont le diamètre varie de $0^m,50$ à 2^m. Son centre est traversé par un axe de laiton auquel le disque est solidement fixé, de manière à ce que tout le système tourne ensemble. Une manivelle à tige de verre, et vernie à la gomme laque, sert à mettre le plateau en mouvement. Celui-ci est placé entre deux montants de bois qui soutiennent l'axe lui-même, et les deux paires de coussins placées l'une au-dessus, l'autre au-dessous de lui. Chacun de ces coussins est formé d'une plaque de cuivre appuyée contre le montant, et d'un morceau de cuir rembourré de crin. Un filet métallique, incrusté dans le support et se continuant jusqu'au sol par une chaîne que l'on voit indiquée sur notre figure, sert à mettre l'armure métallique des coussins en rapport avec le réservoir commun.

Il nous reste maintenant à décrire les conducteurs. Ce sont des cylindres métalliques d'une surface plus ou moins étendue, isolés par des supports en verre recouverts d'un vernis à la gomme laque. Ils

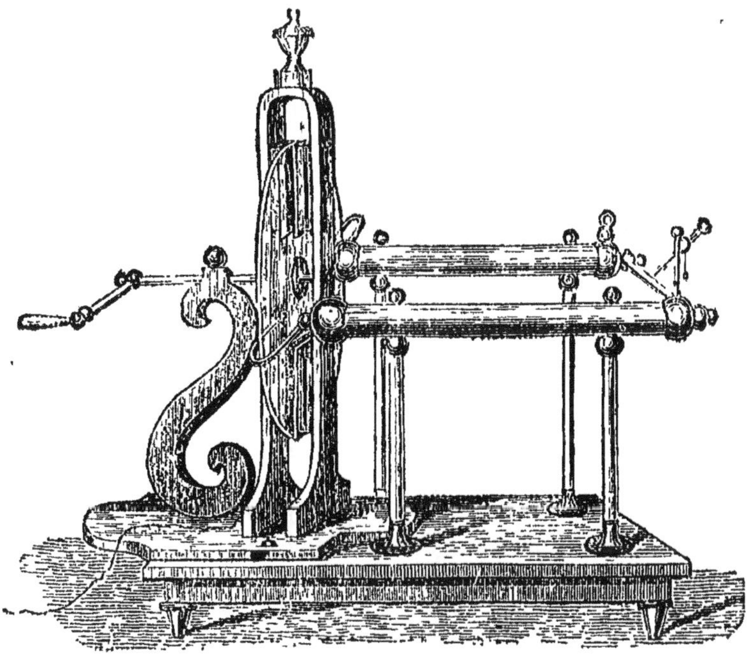

Fig. 168.

sont terminés de tous côtés par des corps mousses, parce que les pointes laissent écouler l'électricité. L'extrémité des conducteurs voisine du plateau porte un prolongement contourné en *u*, et entourant le bord du plateau de manière que celui-ci tourne entre les deux branches de cet appendice. C'est là une pièce importante ; il y en a une de chaque côté, et on les nomme les *peignes* ou les *mâchoires*, parce que, dans la partie qui regarde le plateau, elles sont armées de 4 à 5 petites pointes acérées comme des dents, tournées vers la surface du verre, et dont nous verrons bientôt le rôle dans le dégagement de l'électricité. Telle est la description de la machine. En résumé, le plateau frotte entre des coussins maintenus en communication avec le sol, et en présence de conducteurs isolés que les pointes des machoires peuvent mettre en communication seulement avec le disque de verre.

Pour se servir de la machine électrique, on la dessèche en plaçant entre les conducteurs un fourneau bien allumé. On essuie aussi le plateau et les supports de verre avec un morceau de laine bien séché; enfin on déplace les coussins, on les sèche à part sur un bon feu, puis on les enduit d'*or mussif* (bisulfure d'étain). Cela fait, on les remet en place, et, pour charger la machine, il suffit de tourner le plateau en laissant les conducteurs bien isolés. Ils se chargent alors d'une électricité dont le petit électroscope placé sur l'un d'eux fait connaître la tension; pendant tout le temps que l'on tourne, on voit des étincelles jaillir des pointes des *mâchoires* vers le plateau. Quand l'électroscope atteint une divergence qui demeure constante, la tension de la machine est à son maximum. Alors, si on approche un corps mousse des conducteurs, une petite étincelle jaillit; si le corps reste en présence et que le plateau continue de tourner, les étincelles se succèdent rapidement. Nous savons qu'elles signalent la recombinaison du fluide libre de la machine avec l'électricité de nom contraire que renferme le corps.

La théorie de la machine électrique mérite l'attention des élèves, elle a, comme nous verrons, des analogies très-grandes avec celle de l'électrophore. Le frottement du verre contre les coussins développe l'électricité, et, d'après ce que nous avons déjà dit de ce développement, on sait que le verre s'électrise *positivement* et les coussins *négativement*. Les coussins sont en communication avec le sol, et par conséquent leur fluide négatif s'y écoule; le plateau reste donc seul chargé d'électricité positive. Celle-ci agit par influence sur les conducteurs; leur fluide naturel se décompose, le positif, repoussé par celui du plateau, s'accumule à l'extrémité opposée; le négatif, au contraire, se porte sur les mâchoires, et jaillit par les pointes sur le plateau de verre, dont il neutralise l'électricité positive. Mais le verre continue à frotter sur les coussins, la quantité de fluide neutre ainsi reformée se décompose de nouveau, et ainsi de suite. En définitive, les conducteurs restent chargés de fluide positif. Ainsi le plateau électrisé positivement soutire le fluide négatif des conducteu s et forme à tout instant un nouveau fluide neutre à décomposer; et, d'autre part, le fluide accumulé sur les conducteurs n'est que le positif provenant du neutre qu'ils contenaient. On comprendra dès lors que la puissance de la machine dépend d'abord des dimensions du plateau, qui déterminent l'étendue de la surface frottée; elle dépend aussi, pour un même plateau, de la perfection des coussins et de l'étendue des conducteurs. Quelquefois on ajoute des conducteurs surnuméraires, qui consistent en des cylindres métalliques fixés au plancher par des fils de soie, et mis en communication avec la machine. Bien que naturellement la machine que j'ai décrite donne de l'électricité vitrée, on peut lui faire donner de l'électricité résineuse. Pour cela, on isole sur des supports en verre bien sec les pieds de la machine, et on fait, à l'aide d'une chaîne, communiquer les conducteurs avec le sol, pendant qu'on enlève celle qui tient aux coussins. Alors ceux-ci, isolés, conservent leur fluide négatif, les conducteurs perdent leur positif, et les montants ne tardent pas à posséder une forte charge d'électricité résineuse. Il est facile de saisir les analogies intimes de l'électrophore et de la machine électrique. Le gâteau de résine joue le rôle du plateau et la peau de chat celui du coussin; enfin le disque à manche de verre répond aux conducteurs, et le contact du doigt supplée au jeu des pointes.

Nairne, en Angleterre, a construit, pour l'application de l'électricité à la médecine, une machine qui permet de recueillir en même temps les deux fluides; Van-Marum en a imaginé une autre qui donne à volonté tantôt l'une, tantôt l'autre électricité; enfin, on doit à M. Armstrong, physicien anglais, une machine dite *hydro-électrique*, et basée sur un principe tout nouveau. C'est une sorte de machine à vapeur, isolée et fournissant un jet en présence de pointes métalliques : celles-ci soutirent à la vapeur de l'électricité positive, et la chaudière reste électrisée négativement. Le dégagement de l'électricité paraît dû à ce que les globules provenant d'un commencement de condensation, frottent contre les parois du bec de sortie. M. Faraday a beaucoup étudié cette curieuse machine, qui n'a pas encore quatorze ans d'existence. Il ne m'appartient ni d'en donner ici plus ample description, ni de faire connaître ses propriétés singulières; j'ajouterai seulement que c'est un appareil d'une grande puissance, comparativement aux machines ordinaires.

Expériences d'électricité. — On fait avec la machine électrique un grand nombre d'expériences dont j'esquisserai rapidement les plus vulgaires.

J'ai dit que les conducteurs chargés d'électricité positive donnent, lorsqu'on en approche un corps mousse, une vive étincelle. On peut tirer ces étincelles du corps même d'un homme : il suffit de le mettre en communication avec les conducteurs et de l'isoler comme eux. Pour cela, on place une personne sur un tabouret à pieds de verre, dit *tabouret électrique;* on lui fait poser une main sur les conducteurs, et on tourne le plateau. La personne se charge alors avec la machine, un souffle léger lui semble glisser sur son corps, ses cheveux se soulèvent; enfin, si l'on approche la jointure du doigt d'une partie quelconque de son corps, on en tire des étincelles accompagnées d'une commotion plus ou moins forte, ressentie en même temps par les deux personnes.

Il est bon de dire ici que l'étincelle électrique peut, suivant la tension, donner lieu à des commotions fort innocentes ou fort redoutables. Les faibles tensions fournissent des étincelles dont la commotion est une piqûre dans le point par lequel s'est établie la communication. Avec une tension plus forte, la commotion se fait sentir jusqu'au coude, puis jusqu'aux épaules, enfin à la poitrine et au creux de l'estomac. Alors il est prudent de s'arrêter.

Sans machine, on peut électriser une personne placée sur le tabouret électrique, en la frappant avec une peau de chat; si même la personne qui frappe est isolée aussi, elles s'électrisent toutes deux, mais différemment.

On connaît sous le nom de *carillon électrique* un petit appareil que montre la figure 159. On le suspend aux conducteurs, et dès qu'on tourne le plateau, les petites boules commencent à osciller d'un timbre à l'autre, de manière à les faire résonner tous trois. Voici comment cela s'explique. Les trois timbres et les deux balles métalliques sont attachés à une traverse métallique qui s'électrise avec les conducteurs. Les timbres D et O sont suspendus par des chaînes métalliques, et par conséquent s'électrisent avec la traverse; le timbre B et les deux boules métalliques sont au contraire isolés de la machine par des fils de soie, et enfin ce même timbre B communique avec le sol par une chaîne métallique. Quand on tourne le plateau, les timbres D et O s'électrisent positivement, tandis que par influence le timbre B, qui communique avec la terre, ne tarde pas à s'électriser négativement. Le mouvement des boules se comprend dès lors facilement. Les timbres D et O les attirent d'abord jusqu'au contact; mais ce contact les électrise positivement, elles sont repoussées vers le timbre central qui est négatif. En touchant de celui-ci, elles s'électrisent encore, et sont repoussées vers les timbres D et O, et ainsi se continue leur mouvement oscillatoire.

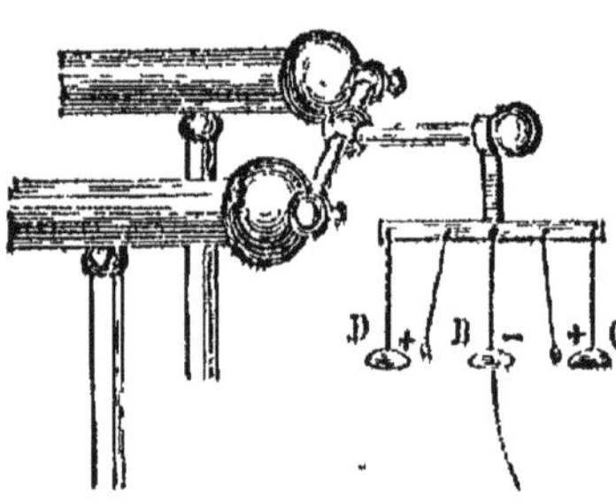

Fig. 159.

La figure 160 représente une autre expérience connue sous le nom de *grêle électrique*, parce que Volta s'en est servi pour donner une théorie de l'accroissement des grêlons dans l'atmosphère. Une cloche en verre repose sur un socle de cuivre et porte dans son goulot une tige métallique, terminée inférieurement par une boule ou un plateau, et supérieurement par un anneau que l'on met en communication

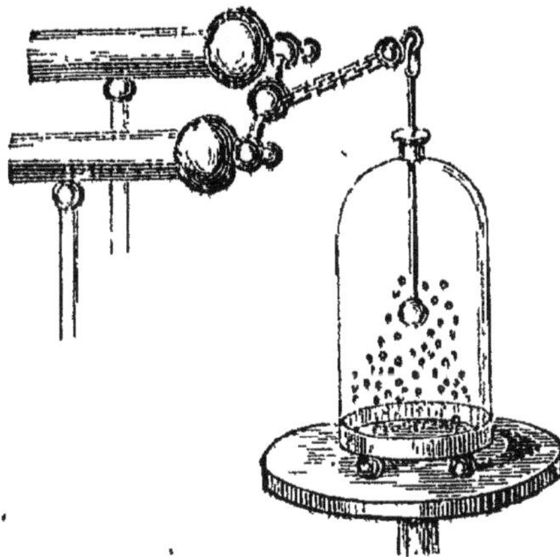

Fig. 160.

avec les conducteurs de la machine. Enfin sous la cloche sont placées des balles de sureau. Aussitôt que la machine électrique entre en activité, ces balles de sureau, attirées par l'électricité positive de la tige métallique, s'élancent vers elle ; après le contact, elles sont repoussées, et tombent sur le socle de cuivre, où elles reprennent leur état naturel. L'attraction électrique les soulève de nouveau, et ainsi de suite. Volta pensait que dans l'atmosphère deux nuages contrairement électrisés, et placés l'un au-dessus de l'autre, se renvoyaient ainsi les grêlons, qui, condensant à chaque contact une nouvelle couche d'eau, pouvaient acquérir un volume considérable. On remplace quelquefois la boule de la tige par un plateau, et les balles de sureau par de petits personnages de la même matière ; on a ainsi une autre forme de l'expérience connue sous le nom de *danse des pantins.*

Si l'on dispose sur la machine l'appareil représenté figure 161, et nommé *tourniquet électrique*, on observe un phénomène curieux. Le tourniquet est simplement une tige métallique sur laquelle repose une chape hérissée de six rayons coudés dans le même sens. Dès que la machine se charge, la chape commence

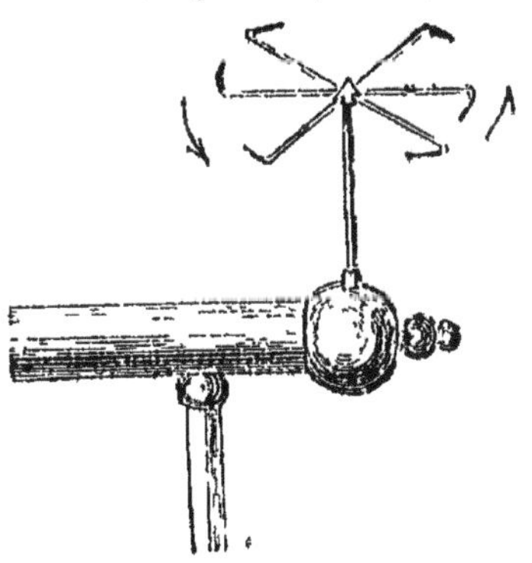

Fig. 161.

à tourner avec ses rayons, et la rotation s'exécute en sens opposé de la direction des pointes. C'est qu'en vertu du *pouvoir des pointes*, l'électricité de la machine s'écoule par elle dans l'air ; celui-ci se trouve donc électrisé comme les rayons du tourniquet et les repousse. On se rend compte ainsi de la rotation du petit appareil et du sens qu'elle affecte. Ce qui confirme cette explication, c'est que dans le vide le tourniquet électrique demeure immobile.

Du reste, dans l'écoulement par les pointes, l'air est assez repoussé lui-même pour former un courant très-sensible. Ainsi, on place une pointe sur les conducteurs, ils ne peuvent plus conserver d'électricité; mais tant qu'on les charge, le courant d'air partant de la pointe est assez fort pour éteindre une bougie. Si, au contraire, on place la bougie sur les conducteurs, et que de sa flamme on approche une pointe, le courant d'air repousse la bougie vers la machine. C'est qu'alors l'*influence* de la machine électrise l'expérimentateur, et le fluide négatif qu'elle attire s'écoule par la pointe.

J'exposerai dans le chapitre suivant d'autres expériences plus généralement destinées à faire connaître les effets que peut produire l'électricité.

RÉSUMÉ DU CHAPITRE XV.

ÉLECTRICITÉ; ATTRACTIONS ET RÉPULSIONS.

L'*électricité* est un fluide impondérable dont on admet l'existence pour expliquer les phénomènes électriques.

Développement de l'électricité sur l'ambre, le verre, la résine, etc., frottés avec une peau de chat ou avec de la laine. — Attraction exercée sur les corps légers. — Pendule électrique.

On nomme *conducteurs* les corps qui laissent l'électricité se transmettre facilement dans leur masse. — D'autres qui, ne la transmettent que difficilement à travers leurs molécules, sont des corps mauvais conducteurs ou non conducteurs.

Attractions et répulsions électriques. — L'électricité dégagée par le verre frotté avec la laine, est d'une espèce distincte de celle qui se développe sur la résine.

Hypothèse des deux fluides électriques. — Il existe dans tous les corps un *fluide neutre* ou *naturel*, résultat de la combinaison du fluide *vitré* ou *positif* avec le fluide *résineux* ou *négatif*.

Les phénomènes électriques se manifestent quand la décomposition du fluide neutre a mis en liberté une certaine quantité de fluide résineux ou vitré.

A l'état libre, les fluides de nom contraire s'attirent et les fluides de même nom se repoussent.

Quand on frotte deux corps, l'un s'électrise négativement, l'autre positivement.

Balance de torsion. — Lois des *attractions* et des *répulsions électriques* :

1º Elles sont en raison *inverse* du carré de la distance.

2º Elles sont en raison *directe* des quantités d'électricité.

DISTRIBUTION DE L'ÉLECTRICITÉ DANS LES CORPS.

L'électricité se porte à la surface des corps. — Expériences de la sphère creuse et de la sphère enveloppée.

La *tension* dépend de la quantité d'électricité, de la conductibilité du milieu ambiant et de la forme du corps.

L'électricité s'accumule vers les parties saillantes.

Elle s'écoule par les pointes. — *Pouvoir des pointes.*

ÉLECTRICITÉ PAR INFLUENCE.

Un corps électrisé décompose à distance le fluide neutre d'un autre corps, attire vers lui le fluide de nom contraire au sien, et repousse à l'opposé celui de même nom. — On dit dans ce cas que le second corps est *électrisé par influence.*

Rôle de l'électricité par influence dans la communication de l'électricité à distance. — Étincelle électrique. — Théorie des attractions et des répulsions.

Un corps électrisé par influence, mis un moment en communication avec le sol, reste chargé de fluide contraire à celui du corps influent.

Électroscope à cadran ou de Henley. — Électroscopes à feuilles d'or, à pailles, à balles de sureau. — Manière de les charger et d'en obtenir des indications.

Électrophore. — Son usage.

Machine électrique. — Disque; coussins. — Conducteurs; peignes ou mâchoires. — Théorie de la machine électrique : le plateau, électrisé positivement par le frottement, électrise par influence les conducteurs, qui lui restituent par les pointes des mâchoires, leur fluide négatif, et restent chargés d'électricité vitrée.

Expériences d'électricité. — Tabouret électrique. — Carillon. — Grêle. — Tourniquet.

CHAPITRE XV.

ÉLECTRICITÉ DISSIMULÉE. — *L'électricité dissimulée* consiste dans la neutralisation qu'exercent l'un sur l'autre, en vertu de leur attraction même, les deux fluides de nom contraire mis en présence, mais séparés par une lame non conductrice.

Le premier appareil qui nous fera bien comprendre cette définition, et cette nouvelle manière d'être du fluide électrique, est le *condensateur d'OEpinus* (fig. 162).

Il se compose de deux disques métalliques B et C montés sur des pieds de verre ; entre ces deux disques est une lame de verre A, mince et débordant de toutes parts les plaques métalliques. Une rainure creusée dans la planchette qui porte le condensateur reçoit les pieds de verre des deux conducteurs et permet de les éloigner ou de les rapprocher à volonté de la lame isolante. Enfin, sur chaque conducteur est un petit pendule destiné à faire connaître son état électrique. Supposons maintenant qu'à l'aide d'une chaîne on fasse communiquer le conducteur B avec une source d'électricité vitrée et le conducteur C avec le sol. Voici ce qu'on observe ; L'électricité qui se dégage de la machine ne se manifeste que par la divergence du pendule fixé au conducteur qui la reçoit ; après un certain dégagement, si on *isole* l'appareil ainsi chargé, et que l'on vienne à toucher avec le doigt la lame métallique B qui communiquait avec la machine, on tire une petite étincelle, et aussitôt le pendule retombe ; mais au même moment le pendule de l'autre conducteur C diverge fortement. En touchant à son tour le conducteur C, on obtient une nouvelle étincelle, le pendule de ce conducteur retombe et celui du conducteur opposé diverge à son tour. Par des contacts successifs, les mêmes effets se reproduiront en s'affaiblissant peu à peu jusqu'à ce que tout signe d'électrisation disparaisse. Mais si au lieu de toucher tour à tour les deux lames, on les touche en même temps toutes les deux au moyen d'un corps bon conducteur, alors une vive étincelle jaillit avec un fort claquement, et toute divergence des pendules cesse aussitôt. Parfois, cependant, l'appareil peut encore donner une, deux ou trois étincelles ; mais il accuse toujours, par les effets qu'il produit, une accumulation d'électricité notablement plus considérable que celle de la source. Voilà pourquoi l'on admet qu'il y a dans cet instrument *con-densation* ou *dissimulation d'électricité*.

On se rend compte du phénomène par la théorie suivante. Le plateau mis en communication avec la machine se charge d'électricité positive; son pendule diverge aussitôt. En même temps, ce plateau B agit sur l'autre plateau C et attire le fluide négatif, tandis que le positif est repoussé dans le sol. Ainsi, le conducteur C est électrisé né-

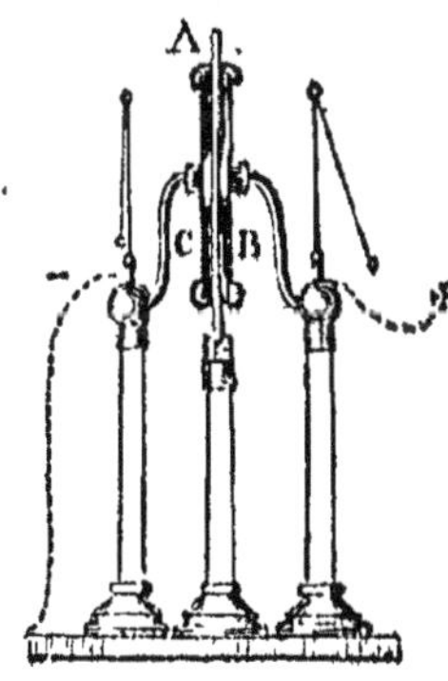

Fig. 162.

gativement. Par suite de la distance à laquelle se trouve le corps influencé, la quantité d'électricité qui s'y dégage est plus petite que celle du conducteur B; mais elle réagit à son tour sur ce plateau B, et attire vers la lame isolante une certaine quantité d'électricité positive; cette quantité, maintenue par l'attraction, cesse d'être libre : elle est ce qu'on appelle *neutralisée,* de telle sorte que le conducteur B ne possède plus d'électricité libre, que l'excès de sa première charge sur la quantité neutralisée, et sa tension est infé-rieure à celle de la machine. Celle-ci fournit alors une nouvelle quantité de fluide positif au conducteur B; elle détermine par influence un nouveau dégagement de fluide négatif sur l'autre conducteur. Ce fluide négatif intervient pour neutraliser encore une portion du fluide positif libre du plateau B, qui en conséquence reçoit de la machine une nouvelle charge, et l'action se continuant, on voit qu'une quantité considérable d'électricité se condensera, ainsi dissimulée par l'attraction, sur les deux faces de la lame de verre. Il est important de remarquer aussi que le conducteur B possède toujours un excès d'électricité qui échappe à la dissimulation. J'ai fait voir que la quantité de fluide négatif développée sur le plateau C est plus petite que celle de fluide positif que possède le plateau B, et on en trouve la raison dans ce principe, que les attractions électriques sont en raison inverse du carré des distances. Pour que la charge dégagée sur le conducteur C fût égale à celle du premier, il faudrait donc que l'épaisseur de la lame de verre qui les sépare fût nulle. La même raison fait aussi que chaque quantité de fluide négatif neutralise une quantité moindre de fluide positif, et qu'en résumé il reste toujours sur le conducteur B un excès d'électricité libre qui explique la divergence du pendule.

Maintenant, le condensateur ainsi chargé est isolé; puis si on vient à toucher le plateau B, toute son électricité libre s'écoule dans le sol, et il ne conserve que la quantité d'électricité dissimulée. Mais comme le plateau C neutralise une quantité de fluide positif plus faible que celle qu'il possède de fluide négatif, ce plateau à son tour aura un excès d'électricité libre. Voilà pourquoi le premier pendule est retombé au moment du contact, et le second a divergé. Les mêmes effets se reproduisent aux autres contacts alternatifs; ils s'expliquent de même. C'est ce qu'on appelle la *décharge lente*.

La *décharge instantanée*, dans laquelle on met en communication directe les deux lames conductrices du condensateur, s'explique facilement d'après les théories précédentes. Les deux fluides contraires ne se dissimulent réciproquement qu'en vertu de leur attraction; du moment donc où un circuit conducteur s'établit entre les deux plateaux, la recomposition se fait instantanément. Souvent, cependant, la décharge est incomplète et s'opère en deux ou trois fois : cela provient de ce que les quantités d'électricité soumises à la dissimulation s'attirent au point d'abandonner presque complétement les plateaux pour s'accumuler sur les deux faces de la lame isolante. La difficulté qu'éprouve l'électricité à se mouvoir sur les corps non conducteurs ne permet pas toujours que la totalité des fluides repasse assez rapidement sur les conducteurs et de là sur le circuit.

Telle est en résumé, et sans y introduire de calculs, la théorie de l'électricité dissimulée. Ajoutons que chaque condensateur a une limite de condensation au-dessus de laquelle il n'admet plus de fluide venant de la source. Le calcul prouverait que la quantité d'électricité qui peut s'accumuler dans chacune des lames de l'appareil est proportionnelle à la *tension de la source* et à la *surface de ces lames*. Mais l'importance du rôle attribué à l'*épaisseur de la lame isolante* peut faire prévoir que c'est là une des conditions fondamentales. Le condensateur que je viens de décrire permet d'éloigner les plateaux et d'augmenter ainsi l'épaisseur de la lame isolante, car les couches d'air s'ajoutent au verre, comme non conductrices; on reconnaît alors que plus cette lame isolante s'épaissit, plus l'électricité libre augmente sur les conducteurs. C'est la divergence des pendules qui accuse ces faits. Si l'on se souvient d'ailleurs que la théorie nous a conduits à admettre que la dissimulation serait complète si la lame isolante pouvait avoir une épaisseur nulle, on arrive à formuler ce principe : *La dissimulation est d'autant plus grande dans un condensateur, que la lame isolante est plus mince.* Il y a cependant une limite : pressée par les deux fluides contraires que l'attraction appelle à se combiner, cette lame doit avoir l'épaisseur nécessaire pour leur résister. Si en effet la lame est trop mince, ou si la source a une tension telle que le condensateur prenne une charge trop forte, *la lame isolante est trouée* par la recombinaison des deux fluides qui se fait au travers.

17.

Le condensateur d'OEpinus reçoit souvent une disposition plus simple que celle décrite précédemment. C'est une lame de verre portant sur chacune de ses faces une feuille d'étain. Le verre déborde de toutes parts, et un vernis à la gomme laque enduit toute la portion de sa surface que ne recouvrent pas les feuilles métalliques. Un petit pendule électrique est fixé de chaque côté. La décharge lente s'effectue simplement avec la main ; mais pour la décharge instantanée, il serait souvent pénible ou même dangereux d'établir le circuit conducteur avec notre corps : aussi se sert-on d'instruments qu'on nomme *excitateurs*. Le plus simple est formé de deux arcs métalliques réunis par une charnière et terminés chacun par une boule ; on peut avec cet *excitateur simple* établir le circuit sans res-

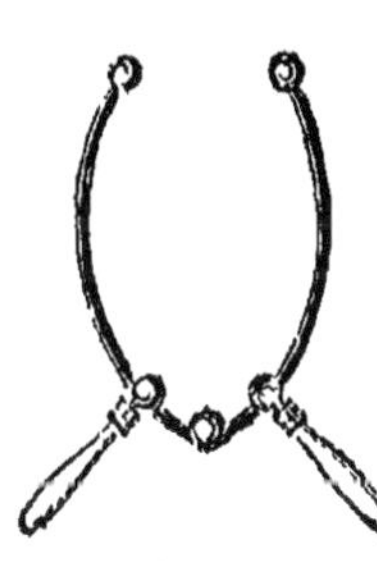

Fig. 103.

sentir de secousse, parce que le fluide électrique choisit de préférence les meilleurs conducteurs. Mais pour les fortes charges il vaut encore mieux employer l'*excitateur à manches de verre* (fig. 103). C'est l'excitateur simple, muni de manches isolants qui permettent de laisser l'expérimentateur complétement en dehors du circuit conducteur. Pour décharger un condensateur il suffit d'appliquer une des boules de l'excitateur sur une des lames conductrices, et d'amener ensuite l'autre boule au contact de la seconde lame.

Ce condensateur à feuilles d'étain peut être entouré d'un cadre de bois avec lequel communique, par un prolongement, une des feuilles métalliques. C'est alors ce qu'on appelle le *carreau fulminant*. On n'a plus besoin de chaîne pour faire communiquer l'appareil avec le sol : on saisit le cadre de façon à placer un doigt sur le prolongement de la feuille d'étain, et on fait toucher l'autre feuille aux conducteurs de la machine.

D'autres condensateurs ont été construits d'après ce principe que plus la lame isolante est mince, plus la condensation est grande. L'un d'eux a pour lame isolante un morceau d'étoffe de soie, et doit à cette disposition le nom de *condensateur à taffetas*. C'est un disque de bois recouvert de taffetas et sur lequel se pose un disque métallique à manche isolant. On met en rapport avec une source le plateau métallique, tandis que le disque de bois communique avec le sol. Quand l'appareil est chargé, on soulève le disque, et l'électricité qui s'y est condensée devient libre et peut être éprouvée par l'électroscope. On rend sensible avec cet appareil le fluide d'une source à très-faible tension ; mais ce condensateur ne peut résister à de fortes charges. Je ne saurais entrer dans plus de détails sur divers appareils de condensation dont les principes sont tous exposés ici; nous avons à nous occuper seulement de la bouteille de Leyde et des batteries, et enfin de l'électromètre condensateur.

BOUTEILLE DE LEYDE. — Le Hollandais Musschenbroeck dut au hasard la découverte de ce précieux appareil et les premières idées que l'on ait eues sur l'électricité dissimulée. En 1746, il se livrait, dans la ville de Leyde, à des essais d'électrisation sur diverses substances. Il voulut électriser l'eau, et en ayant rempli une bouteille, il la ferma avec un bouchon traversé d'une tige métallique; puis, tenant la bouteille d'une main, il présenta cette tige à la machine. Bientôt il approcha l'autre main de la tige, et à cet instant il reçut dans les bras et la poitrine une commotion violente. Il est facile de se rendre compte qu'à son insu il avait construit un véritable condensateur. L'eau représentait le plateau en rapport avec la source; la main jouait le rôle du plateau communiquant avec le sol; le verre de la bouteille formait la lame isolante. Il y avait donc condensation d'électricité dissimulée, et en approchant la seconde main de la tige métallique, Musschenbroeck avait opéré la décharge instantanée de l'appareil. Il conserva un si redoutable souvenir de cet accident, qu'il ne voulut jamais recommencer l'expérience. Mais elle fut répétée de tous côtés, et d'utiles perfectionnements vinrent donner à ce nouveau genre de condensateur toutes les qualités qui le recommandent aux physiciens. On reconnut en Angleterre que les commotions étaient plus intenses lorsqu'on opérait avec une bouteille recouverte à l'extérieur d'une feuille d'étain. L'abbé Nollet substitua bientôt à l'eau qu'elle contenait des feuilles métalliques chiffonnées, et dès lors on construisit la *bouteille de Leyde* telle que nous l'employons encore aujourd'hui. Elle garda le nom de la ville où avaient été découvertes ses curieuses propriétés.

La *bouteille de Leyde* est composée d'un bocal de verre (fig. 104) revêtu extérieurement d'une feuille d'étain qui recouvre le fond

même et s'arrête à une grande distance du goulot. L'intérieur est rempli de feuilles d'or ou de cuivre entassées et chiffonnées. Enfin, le col de la bouteille est fermé par un bouchon de liége où s'engage à frottement une tige de laiton plongeant dans les feuilles de métal, recourbée en col de cygne au-dessus du bouchon et terminée par une petite boule également en laiton. Le bouchon, tout le col et la partie de la bouteille que ne revêt pas

Fig. 104.

la feuille d'étain sont couvertes d'un vernis isolant à la gomme laque. On désigne sous le nom d'*armature extérieure* la feuille d'étain; et les feuilles d'or ou de cuivre entassées dans sa capacité forment l'ar-

mature intérieure. Cet appareil n'est réellement qu'un condensateur dont la lame de verre affecte la forme d'une bouteille. Il se charge très-simplement : il suffit de mettre une des armatures en communication avec la machine et l'autre avec le sol. Ainsi, prenez la bouteille d'une main et posez la boule qui termine la tige sur un des conducteurs; ou bien saisissez au contraire la bouteille par sa tige métallique et touchez les conducteurs avec l'armature extérieure; ou bien encore accrochez la bouteille par sa tige à la machine électrique, et avec une chaîne attachée en dessous mettez l'armature extérieure en rapport avec le sol.

La théorie de l'accumulation du fluide électrique dans la bouteille est celle que j'ai donnée pour le condensateur. Supposons l'armature intérieure communiquant avec la source, cette armature reçoit une certaine quantité d'électricité positive; par influence, l'armature extérieure qui communique avec le sol s'électrise négativement. Ce fluide négatif neutralise une portion de la charge qu'a reçue l'armature intérieure, qui, ne possédant plus qu'une tension inférieure à celle de la source, lui soustrait une nouvelle quantité de fluide positif Celui-ci intervient pour appeler par son influence, sur l'armature extérieure, une nouvelle quantité de fluide négatif qui neutralise encore en partie l'électricité de l'armature intérieure; la tension s'y affaiblit, la source fournit de nouveau, et ainsi de suite, jusqu'à la limite qu'imposent à la condensation les dimensions de la bouteille et la tension de la source.

Comme le condensateur, la bouteille de Leyde se *décharge lentement* ou *instantanément*. La décharge instantanée se fait avec l'excitateur; on place la bouteille chargée sur un corps isolant, ou même on continue de la tenir d'une seule main; puis, plaçant sur l'armature extérieure une des boules de l'excitateur, on approche l'autre boule de la tige métallique; une forte étincelle annonce la recomposition des deux électricités. Souvent, après avoir donné cette première étincelle, la bouteille est incomplétement déchargée et peut en donner encore deux ou trois autres de moins en moins intenses. Cela tient à ce que les fluides qui se neutralisent sont fixés sur les deux faces du verre et non dans les armatures. Ils se déplacent donc et passent au moment de la décharge sur le métal des armatures et sur l'excitateur. La mauvaise conductibilité du verre rend leur passage un peu lent et retient une partie de l'électricité qui devrait se recomposer dans le contact.

Pour démontrer que *dans la bouteille de Leyde les fluides dissimulés sont sur le verre et non pas sur les armatures*, on se sert d'une bouteille à armatures mobiles. Elle se compose d'un gobelet en fer-blanc dans lequel entre exactement un gobelet en verre plus haut que lui. Enfin, ce double gobelet reçoit une armature intérieure formée d'un tronc de cône creux en fer-blanc et muni d'une tige en laiton analogue à celle des bouteilles ordinaires. On place ces trois pièces l'une dans l'autre ; le gobelet de fer-blanc forme armature extérieure, et on a une bouteille de Leyde que l'on charge comme à l'ordinaire. On la place ensuite sur un isoloir, et, en ayant soin de ne pas faire communiquer les deux armatures, on démonte la bouteille, et on pose séparément ses trois pièces. On constate alors que les armatures ne donnent chacune qu'une très-faible étincelle. Après les avoir ainsi ramenées à l'état naturel, on remonte la bouteille, et on prouve qu'elle avait conservé son électricité dissimulée, par la forte décharge qu'elle peut encore fournir.

Comme les condensateurs, la bouteille peut se décharger d'elle-même lorsqu'une quantité trop grande d'électricité y a été accumulée. Le verre est percé et l'appareil mis hors de service. Cette décharge spontanée se fait aussi quelquefois entre l'armature extérieure et le bouton ; elle n'a pas alors les mêmes conséquences fâcheuses.

Pour décharger lentement une bouteille de Leyde, on l'isole, et on touche alternativement avec la main ou avec un conducteur chacune des armatures. A chaque contact jaillit une faible étincelle. On a dans les cabinets de physique un petit appareil destiné à démontrer la décharge lente. Sur un socle en bois est une bouteille de Leyde dont la tige, au lieu d'avoir la forme ordinaire, est droite et se termine par un petit timbre. Sur ce même socle s'élève, à quelque distance de la bouteille, une tige métallique munie d'un timbre à la même hauteur que celui de la bouteille et se prolongeant en un crochet auquel est attachée, par un fil isolant, une petite balle de laiton qui, dans l'état de repos, vient pendre entre les deux timbres. La tige et son timbre communiquent par une bande de métal avec l'armature extérieure. On charge la bouteille et on la pose sur le socle. L'excès d'électricité contenu dans l'armature intérieure attire la balle de laiton ; elle vient heurter le timbre de la bouteille. L'armature intérieure lui cède alors une portion de son électricité libre et la repousse aussitôt vers la tige en communication avec l'armature extérieure ; elle va heurter le second timbre. Ce second choc ramène la petite balle à l'état naturel : la bouteille l'attire de nouveau, et ainsi s'établit un mouvement oscillatoire qui décharge lentement l'appareil et peut durer jusqu'à plusieurs heures.

Un appareil assez analogue sert à mesurer la charge des bouteilles de Leyde. On a un socle en bois pouvant recevoir l'instrument chargé ;

sur ce socle s'élève à une certaine distance une tige métallique portant une autre tige horizontale que termine une boule. La seconde tige glisse dans la première, de façon qu'on peut rapprocher plus ou moins son extrémité du bouton intérieur de la bouteille. Enfin, une bande métallique fait communiquer ce système conducteur avec l'armature extérieure. C'est alors la distance à laquelle jaillit l'étincelle entre le bouton intérieur et celui de la tige horizontale qui sert à mesurer la charge de l'appareil.

Expériences d'électricité, avec la bouteille de Leyde.—Une des plus simples et des plus curieuses expériences que l'on fasse avec la bouteille de Leyde est celle des *figures de Lichtenberg*. On a une bouteille chargée et placée sur un isoloir ; un gâteau de résine bien sec, et un soufflet contenant un mélange parfaitement pulvérisé de *soufre* et de *minium*. On prend la bouteille par l'armature extérieure, et avec le bouton on trace sur le gâteau certaines lignes ; puis on remet la bouteille sur l'isoloir ; on la reprend par le bouton, et avec la panse on trace d'autres lignes sur le gâteau. On y projette ensuite le mélange pulvérulent ; toutes les lignes tracées avec l'électricité vitrée se couvrent de soufre et apparaissent en jaune, tandis que celles de l'électricité résineuse se couvrent de minium et se montrent d'un beau rouge. Ce phénomène est une conséquence de la loi des attractions : le soufre est électro-négatif et le minium électro-positif. La disposition des poussières est d'ailleurs différente ; les lignes jaunes sont hérissées, tandis que les figures rouges ont des contours parfaitement arrondis.

Un certain nombre d'expériences, que l'on peut faire avec la machine seule, se font plus commodément à l'aide d'une bouteille de Leyde, et l'on peut ainsi rendre sensibles les diverses propriétés du fluide électrique. Ces propriétés se manifestent par des effets physiologiques, mécaniques, calorifiques, lumineux et chimiques.

Les *effets physiologiques* du fluide électrique sont les commotions qu'il produit sur les êtres vivants. Ces commotions ne doivent être produites qu'avec prudence, surtout par la bouteille de Leyde qui les provoque avec une énergie particulière. Il est à remarquer que la longueur du trajet que parcourent les fluides pour se combiner n'atténue pas l'intensité du choc. Ainsi, on peut avec une bouteille de Leyde donner une commotion à une chaîne d'un grand nombre de personnes, la première touchant l'armature extérieure ou un conducteur qui y est fixé, et la dernière saisissant le bouton de l'armature intérieure. On a électrisé ainsi jusqu'à quinze cents hommes, et tous ressentirent en même temps une secousse violente dans les bras et dans la poitrine. Un homme ne peut sans danger recevoir la décharge d'une bouteille de plus d'un litre. Au delà commencent à se manifester des accidents graves de commotions nerveuses et d'inflammation des tissus. Nous verrons bientôt des appareils du même genre assez puissants pour donner la mort.

Les *effets mécaniques* sont des ébranlements avec déchirement et rupture dans les corps mauvais conducteurs que traverse le fluide électrique. Divers appareils servent à démontrer ces effets. Le *perce-carte* est un socle de bois muni d'une pointe métallique et soutenant sur deux baguettes de verre une traverse en métal, d'où descend une seconde pointe vis-à-vis de la première. Entre les deux on place une carte; une chaîne fait communiquer la pointe inférieure avec la panse de la bouteille; on touche avec le bouton la base de la pointe supérieure, les deux fluides passent d'une pointe à l'autre en traversant la carte. Celle-ci est percée et les barbes qui bordent la déchirure, sont des deux côtés dirigés en dehors de la carte, comme si la commotion avait eu son point de départ dans l'intérieur. Le *perce-verre* est un appareil du même genre dans lequel avec une forte bouteille, on perce une lame de verre en faisant recomposer les deux fluides à travers son épaisseur.

Les *effets calorifiques* de l'électricité ne sont pas encore très-intenses dans la décharge des bouteilles de Leyde. Cependant si l'on prend une bouteille chargée et qu'on fasse communiquer avec son armature extérieure une chaîne portant à son extrémité libre un peu de coton saupoudré de résine; il suffit d'approcher cette extrémité du bouton de l'armature intérieure, pour que l'étincelle enflamme le coton. Dans un vase communiquant avec la panse d'une bouteille et contenant de l'éther, on peut aussi provoquer l'inflammation de ce liquide en approchant de sa surface le bouton d'une bouteille chargée. L'étincelle se dégage à travers l'éther, et la température s'élève assez pour qu'il prenne feu. Une bougie tout récemment éteinte peut se rallumer quand on fait passer dans sa mèche l'étincelle électrique.

Les plus belles expériences sont sans contredit celles qui démontrent les *effets lumineux* de l'électricité. Elles se font, soit avec la machine seule, soit avec le secours de la bouteille de Leyde.

J'ai déjà dit que la machine ne peut se charger lorsqu'on dispose des pointes sur ses conducteurs. Mais, dans l'obscurité, ces pointes manifestent l'écoulement du fluide électrique par un beau phénomène. De chacune d'elles s'élève une *aigrette lumineuse* accompagnée d'un bruissement particulier. L'approche d'un corps conducteur allonge le jet lumineux, mais ne provoque aucune étincelle. Des conducteurs d'une très-forte machine on tire des aigrettes qui n'ont pas moins de 70 centimètres de longueur.

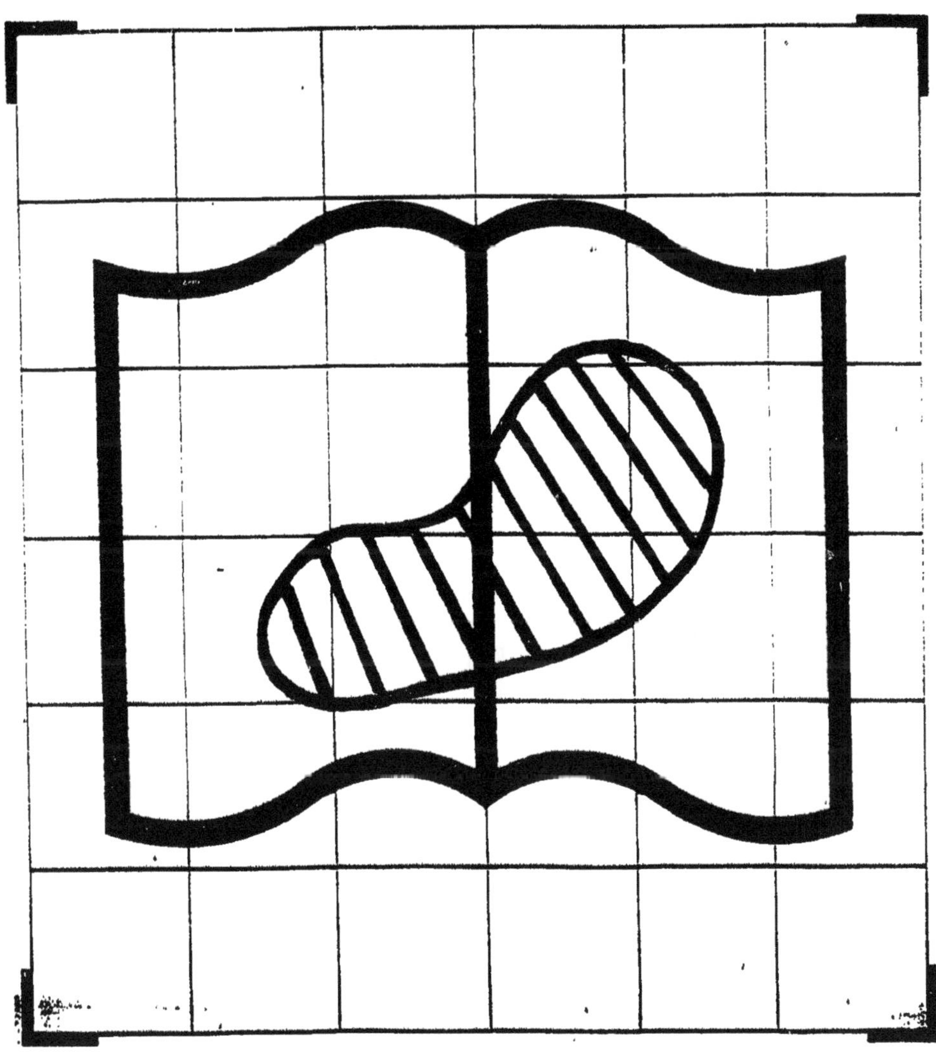

La lumière électrique sous la forme d'étincelle présente d'importantes variations dans sa couleur suivant la nature des substances conductrices entre lesquelles elle jaillit, et selon le milieu où elle se produit. On constate, par exemple, que l'*étincelle électrique* est

Jaune.	entre deux baguettes de charbon.
Verte	entre deux boules de cuivre argentées et dans la vapeur de mercure.
Cramoisie.	entre deux boules de bois ou d'ivoire.
Blanche	dans l'atmosphère et dans l'acide carbonique.
Rougeâtre.	dans l'air raréfié et dans l'hydrogène.
Violacée.	dans le vide.

Toutes les fois que jaillit une étincelle électrique, elle entraîne, d'un conducteur à l'autre, des particules matérielles très-subtiles, mais dont la présence peut faire comprendre ces modifications de couleur. Quant aux effets de la pression sur l'étincelle, l'appareil de la figure 105 sert à les étudier. On le connaît sous le nom d'*œuf électrique*. C'est un globe de verre allongé et monté sur un pied en laiton. Ce pied peut s'adapter à la platine de la machine pneumatique, et porte un robinet qui permet de garder le vide dans le globe de verre. Enfin, se prolonge à l'intérieur en une tige métallique A terminée par une boule. La monture supérieure porte une tige semblable H, qui glisse à frottement de manière à pouvoir s'éloigner ou se rapprocher de la première. On fait le vide dans l'œuf électrique, puis par un conducteur O on établit la communication entre la tige H et la machine. L'étincelle jaillit de temps en temps entre les deux tiges et se montre sous la forme d'un ovale violacé. On peut laisser peu à peu rentrer l'air, et à mesure que sa densité augmente, l'ovale diminue et prend un éclat plus

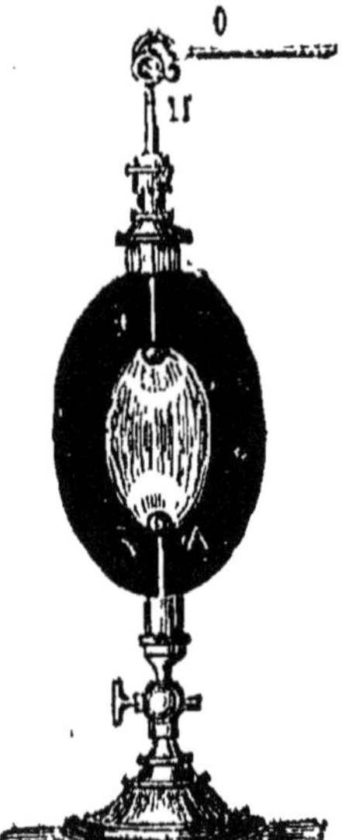

Fig. 105.

intense et plus blanc. Enfin à la pression extérieure, l'étincelle ordinaire remplace le globe violacé qui se produisait dans le vide.

On multiplie facilement les étincelles d'une même décharge en disposant sur le trajet que doit parcourir l'électricité des conducteurs métalliques fréquemment interrompus. C'est ainsi que l'on fait les belles expériences des tubes et des globes étincelants, du carreau magique, etc. Les *tubes* et les *globes étincelants* sont des appareils en verre munis aux deux extrémités d'une monture métallique. D'une de ces montures à l'autre, on colle sur le verre, et suivant des lignes régulières, des losanges de clinquant ou de feuille d'étain. Ces petits conducteurs sont placés à la suite de manière à laisser entre eux un léger intervalle. L'électricité, en suivant leur ligne à tout instant interrompue, donne une étincelle à chaque solution de continuité, et comme sa vitesse est instantanée, ces deux ou trois cents étincelles jaillissent au même instant. Il suffit pour cela, dans l'obscurité, de faire communiquer la machine avec une des montures, et de la mettre en activité.

Le *carreau magique* ou tableau électrique, est une lame de verre

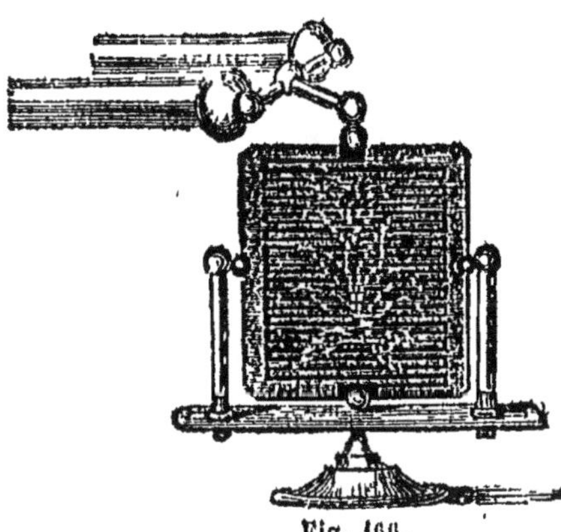

Fig. 100.

soutenue par des supports isolants. Au milieu de son bord supérieur est une boule métallique (fig. 100), que l'on met en rapport avec la machine; une pareille boule se voit en bas du tableau et communique avec le sol. Entre ces deux boules s'étend un petit ruban d'étain dont la ligne noire continue, que l'on voit sur la figure, indique la disposition : enfin, on a tracé sur ce tableau un dessin en déchirant avec une pointe de canif le ruban métallique, partout où passent les contours. Quand on place ce carreau sur le trajet du fluide électrique ; là encore une étincelle jaillit à chaque solution de continuité ; dans l'obscurité le dessin se trouve tracé par ces points étincelants et reparaît à chaque décharge.

On peut faire de magnifiques expériences de palais enchantés, avec ces conducteurs interrompus, placés le long des murs et des ornements d'une pièce obscure. Avec des fils de soie portant des petites billes métalliques, maintenues à distance, on fait étinceler tout le temps que tourne la machine, des guirlandes, des dessins de tous genres, des portiques, des colonnes, etc.

L'histoire de l'étincelle électrique est d'ailleurs une des parties les plus intéressantes de l'électricité. Jusqu'ici nous savons bien peu de chose sur sa nature et ses propriétés. Mais on doit à M. Masson un travail tout récent et extrêmement complet sur cette matière. Il ouvrira sans doute la voie à d'importantes découvertes sur la lumière électrique, que l'auteur a choisie comme un des sujets favoris de ses études.

Les *effets chimiques* de l'électricité se manifestent mieux dans des expériences que nous connaîtrons plus tard; mais déjà la bouteille de Leyde peut donner lieu à d'importants phénomènes. Ce sont des combinaisons et des décompositions opérées en dehors des circonstances ordinaires. L'étincelle électrique peut déterminer la combinaison de deux gaz mélangés suivant les proportions qu'ils affectent dans leurs composés. On verra dans la *Chimie*, la description de l'*eudiomètre* dont la construction et les indications scientifiques reposent sur cette propriété. Priestley a découvert qu'une longue série d'étincelles en traversant une certaine masse d'air atmosphérique, lui faisaient peu à peu perdre de son volume et lui communiquaient une réaction acide. Cavendish, rendit cette expérience plus claire en démontrant qu'en présence de l'eau ou d'une base, l'air produisait de l'acide azotique par la combinaison de son oxygène avec son azote. Le mélange d'hydrogène et d'oxygène détonne sous l'influence de l'étincelle électrique et produit de l'eau. On connaît dans les laboratoires un petit appareil qui manifeste cette action, on le nomme *pistolet de*

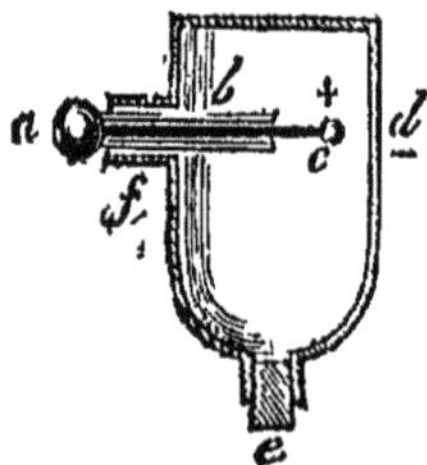

Fig. 107.

Volta. C'est un vase en fer-blanc, dont la figure 107 représente la coupe verticale. Il est muni d'un goulot que l'on ferme avec un bouchon de liége *e*. Sur le côté est une tubulure *f*, dans laquelle plonge une tige conductrice *ac* isolée par un tube de verre *b*. L'appareil ferme hermétiquement. On le remplit d'un mélange de 2 d'hydrogène pour 1 d'oxygène, on enfonce le bouchon *e*. Puis on prend le vase avec la main et on présente à une source électrique le bouton *a*. La paroi du vase est en communication avec le sol. Sous l'influence de l'électricité reçue par la tige isolée *ac*, cette paroi s'électrise en sens contraire, les deux fluides se recomposent en traversant le mélange gazeux. Là combinaison chimique s'opère avec détonation, et le bouchon *e* est projeté violemment.

Charge par cascade. — Après s'être servi des bouteilles de Leyde isolément, nous allons voir comment on peut les associer entre elles. On suspend une bouteille par son crochet aux conducteurs de la machine; à l'armature extérieure de celle-ci, on fixe par un anneau disposé à cet effet le crochet d'une seconde bouteille, et ainsi de suite en faisant communiquer la dernière avec le sol. Lorsqu'on fait marcher la machine, l'armature intérieure de la première bouteille se charge de fluide positif; l'extérieure se charge au contraire de fluide négatif et dégage son fluide positif dans l'armature de la seconde, et ains des autres jusqu'à la dernière dont le fluide positif provenant de l'armature extérieure s'écoule dans le sol. En résumé, toutes les bouteilles se trouvent chargées comme si elles avaient toutes communiqué avec la machine; c'est-à-dire positivement à l'intérieur, et à l'extérieur négativement. On peut ensuite les décharger successivement comme si chacune était seule, ou simultanément en établissant un circuit conducteur de l'extérieur de la dernière au crochet de la première. Dans les deux cas l'étincelle a la force d'une seule charge. On appelle *charge par cascade* cette transmission de la charge électrique d'une bouteille à l'autre.

BATTERIES ÉLECTRIQUES. — Les *batteries électriques* résultent d'une association bien plus importante des bouteilles de Leyde. Au delà de certaines dimensions, on modifie un peu la construction des bouteilles : quand leur capacité atteint 8 à 9 litres on prend un bocal dont le goulot soit assez large pour qu'on puisse coller dans le vase, une feuille d'étain comme celle qui revêt l'extérieur. Les deux armatures sont alors semblables, et placées à moindre distance : la dissimulation y gagne et l'appareil acquiert plus de puissance. On fixe dans le bouchon une tige droite et courte, qu'une chaîne fait communiquer avec la feuille d'étain intérieure. Cette espèce de bouteille de Leyde porte le nom de *jarre électrique*. Les batteries sont des jarres réunies dans une caisse en bois (fig. 108), et dont les armatures intérieures communi-

Fig. 108.

quent entre elles, comme de leur côté les armatures extérieures. Cette double communication s'établit facilement: un conducteur métallique (fig. 108), réunit toutes les tiges des armatures intérieures, et les armatures extérieures reposent sur une feuille d'étain doublant le fond de la caisse. Cette feuille se prolonge au dehors, tantôt en dessous de la caisse, tantôt jusqu'à deux poignées métalliques qu'elle porte sur deux côtés opposés. Pour charger la batterie, on la place sur des supports non isolants, une table de bois par exemple, et on met les armatures intérieures en rapport avec une ou deux machines. Sur les jarres est un électroscope à cadran qui fait juger de la charge que renferme la batterie. La divergence est lente à se produire, parce que l'électricité dissimulée n'agit pas, mais seulement l'excès de fluide libre. Ces puissants appareils peuvent accumuler une quantité considérable de fluide électrique, aussi ne doit-on les décharger qu'avec toutes les précautions convenables. On se sert pour cela de l'excitateur à manche de verre, dont une boule est sur les armatures extérieures, tandis que l'autre s'approche des boutons intérieurs. Pour soumettre divers objets aux puissantes actions des batteries, on a recours à un petit appareil connu sous le nom d'*excitateur universel* (fig. 109). C'est un petit support en bois A, de chaque côté duquel s'avance une tige métallique *ab*, *cd*, montée sur

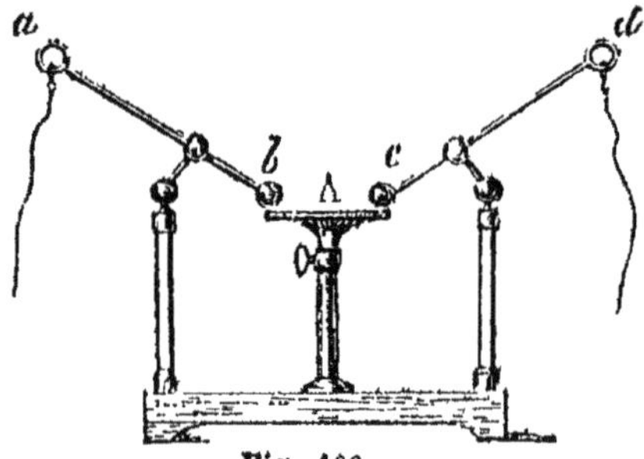

Fig. 109.

verre, et qu'on peut, à l'aide d'une chaîne, faire communiquer avec les armatures de la batterie, de manière à ce que l'étincelle jaillisse entre les petites boules *b* et *c*. On peut ainsi soumettre un petit animal, un morceau de bois, des fils de diverse nature à l'énergique influence des batteries électriques. Ces appareils se composent ordinairement de 4, 6 ou 8 jarres. Plus la surface de condensation est grande, plus la batterie a de puissance, mais plus il faut de temps pour la charger.

Effets des batteries. — Les effets des batteries sont ceux de la bouteille de Leyde, portés à un bien plus haut degré d'énergie. Un homme robuste reçoit à peine sans danger la décharge d'une batterie de 3 ou 4 décimètres carrés, chargée avec une machine de moyenne force. Avec une batterie de 63 décimètres, Priestley a foudroyé des rats, et le même effet se produisait sur les chats avec une surface à peine six fois plus grande.

Les fils métalliques fondent avec une facilité qui annonce un dégagement considérable de chaleur. Un fil de fer de plusieurs centimètres rougit par une décharge ordinaire, et jaillit en globules fondus si elle est forte. Une feuille d'étain taillée en bande étroite se volatilise, et forme en s'oxydant de longs filaments blancs qui voltigent dans l'atmosphère. Les fils de soie dorés y perdent leur or par volatilisation, sans qu'une telle chaleur ait le temps d'attaquer la soie. C'est cette instantanéité d'action qui a donné l'idée d'obtenir par les batteries des *empreintes électriques*. Dans une petite presse, on place un morceau d'étoffe de laine ou de soie, par dessus un carton à découpure, muni de deux lames d'étain, et enfin on recouvre le tout d'une feuille d'or qui touche à ces deux lames d'étain. La presse étant serrée, on fait communiquer chacune des feuilles d'étain avec une armature de la batterie; l'étincelle passe par la feuille d'or, la volatilise et dépose le métal sur l'étoffe à travers les jours de la découpure. Un grand nombre d'autres expériences ont été exécutées avec les batteries; leur récit m'entraînerait trop loin.

Électromètre condensateur. — L'électromètre condensateur imaginé par Volta, est destiné à rendre sensibles les très-petites quantités d'électricité que peuvent posséder les corps. Avec une source dont la tension est très-petite, cet instrument, par l'effet de la condensation, accumule assez d'électricité pour donner des effets bien évidents. Ce n'est pas en réalité un instrument nouveau, mais bien

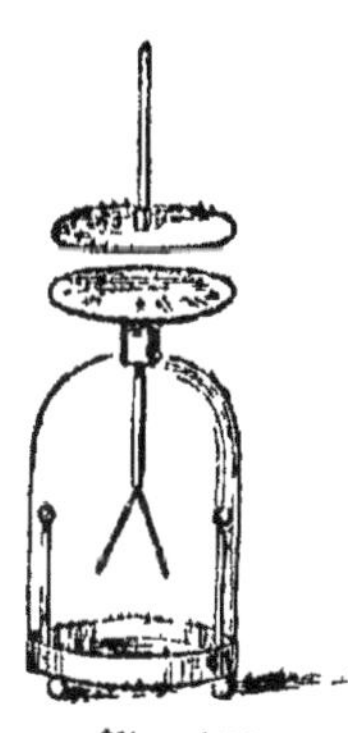

Fig. 170.

l'électroscope à feuilles d'or ingénieusement modifié. La figure 170 peut faire comprendre en quoi consiste la modification. Le bouton qui surmontait l'électroscope est remplacé par un disque métallique. Sur ce disque s'en applique un autre exactement semblable, muni d'un manche de verre. Voilà les deux plateaux d'un condensateur : la lame isolante est tantôt une rondelle de taffetas gommé placée entre les deux disques, tantôt un vernis à la gomme laque appliqué sur le disque inférieur. Supposons donc un corps très-faiblement électrisé; on place les deux disques l'un sur l'autre, séparés par la lame isolante. On met le corps au contact du disque supérieur, tandis qu'avec le doigt légèrement mouillé on touche l'inférieur. Le fluide du corps passe sur le disque supérieur, le second s'électrise par influence et neutralise une partie de la charge du premier; ainsi se fait la condensation; les deux fluides sont maintenus en présence, les feuilles d'or ne montrent aucune divergence. L'électromètre chargé, on éloigne le corps; l'expérimentateur retire son doigt : les feuilles d'or n'accusent encore rien, car les électricités sont dissimulées. Mais, si l'on soulève ensuite par son manche isolant le plateau supérieur, aussitôt la dissimulation cesse, l'électricité se répand dans le conducteur de l'appareil, et les feuilles d'or divergent. Ainsi cet instrument a condensé l'électricité de la source de manière à la rendre sensible. Ce premier temps de l'expérience sert à constater que le corps possédait de l'électricité. Rien de plus facile que d'en spécifier la nature. Approchons de l'électromètre un bâton de verre électrisé : si les feuilles d'or divergent davantage, l'instrument sera chargé de fluide positif ; si la divergence diminue, leur fluide sera négatif. Or, ici le corps ayant été mis en contact avec le disque supérieur, l'électromètre doit être chargé du fluide de nom contraire. On peut aussi faire la première opération en touchant le disque supérieur avec le doigt, tandis que le corps est mis en contact avec l'autre disque, et dans ce cas l'électromètre se charge du fluide que possède le corps avec lequel on expérimente. Cette manière d'opérer est même préférable quand ce corps est très-peu électrisé, car c'est toujours le plateau mis en contact avec la source qui se charge le mieux, et l'instrument gagne par conséquent en sensibilité. L'électromètre condensateur est un appareil bien précieux pour l'étude des phénomènes électriques à très-faible tension ; on lui doit de nombreuses découvertes sur les causes de l'électricité atmosphérique, sur les phénomènes électriques qui accompagnent les fonctions des corps vivants, et les réactions chimiques.

ÉLECTRICITÉ ATMOSPHÉRIQUE. — Les premiers expérimentateurs qui virent l'étincelle électrique, la comparèrent à la foudre : cette idée fut accueillie par tous les physiciens comme une analogie séduisante. Franklin, par des expériences audacieuses et grandioses, eut la gloire de convertir ces conjectures en faits scientifiques. Ce grand homme, qui venait d'inventer les batteries électriques, publia, en 1749, un mémoire où il décrivit une série d'expériences à faire, pour obtenir des nuages l'électricité qu'ils devaient contenir. C'est d'après ces indications qu'en 1752 un physicien français, nommé Dalibard, dressa dans un jardin, à Marly, une barre de fer de 60 toises de hauteur et qu'il eut soin d'isoler. Le 10 mai, sous l'influence d'un nuage orageux, la barre de fer donna des signes évidents d'électricité ; on put charger par elle plusieurs bouteilles de Leyde. Mais, en même temps, Franklin songeait à réaliser ses expériences : il s'était arrêté à l'idée d'un cerf-volant muni d'une pointe métallique, et en juin 1752, sans avoir rien appris des faits observés par Dalibard, il profita d'un orage pour lancer son appareil, dans un champ voisin de Philadelphie. Il attacha une clef à la corde, et par un fil de soie il fixa la clef à un arbre. Il fut quelque temps sans rien obtenir ; mais une petite pluie vint mouiller la corde et la rendre conductrice. Aussitôt, en présentant la main à la clef, il obtint une étincelle, et crut avoir soutiré l'électricité du nuage. Franklin ne connaissait pas une théorie du pouvoir des pointes, qu'il avait d'ailleurs observé souvent. Nos idées sur l'électricité par influence doivent nous amener au contraire à penser que le nuage orageux décomposait le fluide neutre du cerf-volant et de la corde, accumulant vers la pointe du fluide contraire au sien, et repoussant l'autre vers la clef. Quelle que soit d'ailleurs l'explication qu'il faille donner du fait, il n'en reste pas moins incontestable que Franklin démontrait ainsi l'état électrique du nuage, et c'était là le but de son expérience. Un an après, et sans rien connaître encore de ces faits, un magistrat français, De Romas, imaginait et exécutait la même expérience, mais avec bien plus de succès, parce qu'il avait mis dans la corde un fil métallique. En 1757, répétant ces dangereuses expériences, il obtint des étincelles de 3 mètres et plus de longueur sur 2 ou 3 centimètres de large. Telles furent les premières recherches sur l'électricité atmosphérique. Bien des faits ont été constatés depuis ; j'indiquerai les principaux en m'occupant successivement de l'électricité habituelle de l'atmosphère et de l'électricité dans les orages.

L'atmosphère possède des quantités considérables d'électricité dont l'origine a exercé les recherches de Saussure, Volta et, plus récemment, de M. Becquerel et surtout de M. Pouillet. De ces travaux sont résultés les faits suivants :

L'électricité atmosphérique a pour sources principales la vie des animaux et des plantes, et l'évaporation de l'eau à la surface des continents ou des mers. L'oxygène et l'acide carbonique exhalés par les uns ou les autres des corps vivants, la vapeur d'eau qui, de tous côtés, se dégage dans l'atmosphère, y apportent de l'électricité libre, tantôt vitrée, tantôt résineuse. Aussi l'atmosphère est-elle habituellement dans un état électrique dont la nature et le degré de tension varient à l'infini suivant les régions. Dans les temps purs et découverts, l'électricité atmosphérique est ordinairement positive. Elle augmente d'intensité avec la hauteur des lieux et leur isolement. Cette électricité n'est d'ailleurs sensible qu'à environ 1 mètre et demi au-dessus du sol ; aussi pour la constater se sert-on d'un électromètre à feuilles d'or que surmonte un conducteur, de 6 décimètres, terminé par une boule ou une pointe. Cette modification est due à de Saussure ; l'appareil se place encore à 2 ou 3 mètres au-dessus du sol. On observe la divergence des pailles, et on constate, comme dans l'électromètre de Volta, la nature de l'électricité.

L'électricité habituelle de l'atmosphère est plus forte en hiver qu'en été. Elle a son maximum d'intensité chaque jour au lever et au coucher du soleil ; son minimum s'observe vers deux heures de l'après-midi et au milieu de la nuit. Elle est nulle dans les endroits habités. Par un ciel couvert, elle est de nature très-variable et peut dans le même jour se montrer tour à tour positive ou négative. Quant au sol, dans les temps calmes, il est toujours électrisé négativement.

Les recherches de M. Pouillet nous ont appris que toute vapeur possède de l'électricité en quantité plus ou moins grande; nous ne serons pas étonnés que ces vapeurs, condensées en nuages, manifestent des tensions électriques beaucoup plus considérables. Les nuages sont donc électrisés, et la nature du fluide qu'ils possèdent n'a rien de constant. Peut-être les nuages positifs proviennent-ils directement de l'évaporation, puisque ce phénomène produit d'habitude des vapeurs électrisées dans ce sens. Les nuages négatifs peuvent être attribués à des brouillards électrisés au contact du sol, ou qui, séparés de lui par des couches d'air humide, auraient pris l'état négatif sous l'influence des nuages positifs. Là s'arrêtent d'ailleurs nos idées sur la formation des nuages orageux. Les attractions et les répulsions que leurs états électriques déterminent se manifestent dans les orages; la recomposition de leurs fluides donne lieu aux phénomènes magnifiques et redoutables du tonnerre, dont nous allons nous occuper pour comprendre ensuite la belle découverte qui a immortalisé le nom de Franklin.

TONNERRE. — On désigne sous le nom de Tonnerre ce phénomène qui comprend l'éclair, le bruit du tonnerre et, dans certains cas, la chute de la foudre.

Éclair. — L'éclair est la lumière de l'immense étincelle électrique qui jaillit dans les orages. Blanche dans les régions inférieures de l'air, elle prend dans les couches supérieures, moins denses, une teinte plus ou moins violacée. La longueur de cette étincelle est parfois de 25 ou 30 kilomètres; elle trace une ligne en zigzag que tout le monde a pu observer au sein des nuages orageux. Comme les éclairs résultent soit de la lumière directe de l'étincelle, soit de ses reflets, on distingue: 1° les éclairs en zigzag; 2° les éclairs qui brillent en une immense lueur sur l'horizon; 3° les *éclairs de chaleur*, qui sillonnent un ciel sans nuages, et sont peut-être le reflet d'orages lointains placés au-dessous de notre horizon; 4° enfin, les éclairs qui affectent la forme de *globes de feu*. Nous ne savons rien sur la nature de ces derniers; mais on a eu de nombreuses occasions de les observer. La rapidité des éclairs est justement célèbre, car on a constaté que ceux des trois premières espèces n'ont pas 1 millième de seconde de durée. Les derniers, au contraire, descendent lentement des nuages et viennent rebondir à la surface de la terre, ou éclatent dans l'air avec un fracas effroyable.

Bruit du tonnerre. — Le bruit du tonnerre est l'analogue du claquement qui accompagne les étincelles de nos machines et de nos
batteries. Il se produit en même temps que l'éclair; mais comme le
son a une vitesse seulement de 340 mètres environ par seconde, tandis
que la lumière, dans le même temps, en parcourt 308 millions, le bruit
nous arrive toujours après l'éclair, et le retard est d'autant plus considérable que le tonnerre s'est manifesté plus loin de nous. Ce bruit a
pour cause l'ébranlement de l'air que traverse l'étincelle; il est sec et
fracassant lorsqu'il éclate près de nous; mais à mesure qu'il s'en
éloigne, il se convertit en roulements prolongés d'intensité variable.
On ne connaît aucune explication satisfaisante des roulements du
tonnerre.

Foudre. — Le nom de foudre a été donné à l'étincelle électrique
qui jaillit entre un nuage et le sol. Le nuage électrise par influence
un des points du sol favorablement placé; le fluide de nom contraire s'y accumule, et quand la tension devient trop forte, l'étincelle
éclate entre les deux : on dit alors que le tonnerre est *tombé*. Cette
locution est fausse, car le plus souvent les deux fluides s'élancent l'un
vers l'autre, et l'étincelle monte et descend à la fois. Les objets élevés
et bons conducteurs, comme les arbres, les clochers, les dômes à couverture métallique, sont les plus exposés à recevoir la foudre. Les
effets de ce terrible météore sont, quant à leur nature, identiques à
ceux de nos batteries; les hommes, les animaux sont tués ou mutilés;
les matières combustibles s'enflamment, les corps les plus réfractaires
sont fondus, etc. Elle aimante aussi les barres de fer qu'elle traverse,
et renverse fréquemment les pôles de l'aiguille aimantée. On a souvent observé que la foudre répand une odeur phosphorescente, qui
est attribuée à un corps particulier que l'électricité produit en traversant l'air et qui est connu sous le nom d'*ozone*.

Un phénomène des plus singuliers accompagne quelquefois la chute
de la foudre, c'est ce qu'on a appelé le *choc en retour*. Tandis que la
foudre éclate au loin, on a vu se manifester une commotion violente
capable de tuer des hommes ou des animaux. Ceci est attribué à l'influence du nuage orageux. Les hommes ou les animaux frappés par
le choc en retour s'étaient sans doute électrisés contrairement au
nuage, et quand celui-ci s'est déchargé l'influence cesse; ils sont revenus brusquement à l'état naturel, et ce retour a provoqué la secousse.
Une expérience assez curieuse confirme cette explication. Placez une
grenouille près des conducteurs d'une forte machine, elle éprouve
une commotion chaque fois que l'on tire une étincelle. C'est là un
véritable *choc en retour* résultant de la décharge des conducteurs.

PARATONNERRE. — Le *paratonnerre*, inventé en 1755 par Franklin, n'est qu'une magnifique application du pouvoir des pointes. Il se compose d'une *tige de fer* bien acérée placée verticalement sur l'édifice que l'on veut préserver, et d'un *bon conducteur* qui, du pied de la tige, descend jusqu'au sol. Cet instrument, convenablement construit, préserve des effets de la foudre les objets qui le portent; mais la théorie qu'en donnait l'inventeur n'est pas celle que nous pouvons adopter aujourd'hui. Franklin avait pensé que le paratonnerre *soutirait* l'électricité des nuages orageux. Nous enseignons aujourd'hui tout au contraire que le nuage orageux électrise par influence les objets placés sur le sol, et entre autres la tige du paratonnerre. Supposons un nuage électrisé positivement, cette tige se chargera de fluide négatif, tandis que le positif sera repoussé dans le sol. Mais la pointe du paratonnerre ne peut conserver ce fluide négatif qui s'écoulera vers le nuage et neutralisera le fluide contraire que celui-ci possède. En résumé donc, les paratonnerres ont pour effet de recomposer, aux dépens du sol, le fluide neutre des nuages à forte tension, et au lieu de soutirer l'électricité atmosphérique, ils font écouler vers l'atmosphère l'électricité terrestre.

L'expérience nous a enseigné à quelles conditions doivent satisfaire les bons paratonnerres; et, sur la demande du gouvernement, Gay-Lussac a rédigé une instruction très-précise pour les construire. L'appareil doit satisfaire à trois conditions :

1° *La pointe de la tige sera bien aiguë.* Si elle était émoussée, l'écoulement ne se ferait plus; la tige acquerrait une énorme tension et la foudre jaillirait sur elle. Cependant, si le conducteur est en bon état, cela n'aurait le plus souvent d'autre inconvénient que de fondre l'extrémité de la tige.

2° *Le conducteur communiquera parfaitement avec le sol sans qu'il y ait aucune solution de continuité depuis la pointe de la tige jusqu'au bas du conducteur.* Cette condition est de la plus haute importance. Là où le conducteur serait interrompu, le fluide électrique s'accumulerait au lieu d'aller dans le sol, et à tout moment il pourrait jaillir latéralement pour foudroyer ou enflammer les corps voisins. Peu de temps après l'invention des paratonnerres, Richmann, de l'Académie de Pétersbourg, eut l'imprudence d'interrompre un conducteur pour étudier les effets de l'électricité atmosphérique. Quoique placé à une certaine distance, il fut tué par une étincelle partie de la solution de continuité et qui le frappa au front.

3° *Toutes les parties de l'appareil doivent avoir des dimensions convenables.* Voici celles qu'a recommandées Gay-Lussac : La tige, de forme conique, a 9 mètres de long et se compose de trois pièces. D'abord, une barre de fer de 8^m,60 ; au-dessus une barre de laiton de

0^m,60 ; enfin, la pointe est formée d'une aiguille de platine de 0^m,05. La base de la tige a 5 centimètres de diamètre.

L'électricité que répand autour de lui un paratonnerre lui donne une sphère d'activité neutralisante dans laquelle il préserve les objets voisins. En général, un paratonnerre protége tous les objets placés autour de lui, dans un cercle d'un rayon double de la longueur de sa tige.

RÉSUMÉ DU CHAPITRE XIV.

ÉLECTRICITÉ DISSIMULÉE.

Principe. — Quand un corps électrisé par une source est en présence d'un conducteur en rapport avec le sol, et dont une lame isolante le sépare, ce conducteur s'électrise par influence ; réagissant ensuite sur le corps électrisé, il neutralise une partie de sa charge de manière à produire de chaque côté de la lame isolante une accumulation de fluides contraires *dissimulés* par leur neutralisation réciproque.

Condensateur d'OEpinus. — Excitateur simple ; excitateur à manches de verre.

Condensateur à taffetas.

Bouteille de Leyde. — C'est un condensateur en forme de bouteille. — Les électricités dissimulées sont accumulées sur les deux faces du verre.

Expériences propres à démontrer les propriétés de l'électricité :

1° Effets physiologiques. — Électrisation collective. Commotions.

2° Effets mécaniques. — Perce-carte, perce-verre.

3° Effets calorifiques. — Inflammation de l'éther ; du coton.

4° Effets lumineux. — Aigrettes électriques.

— — — Étincelle électrique. — Tubes étincelants, etc.

5° Effets chimiques. — Pistolet de Volta.

Charge par cascade, de plusieurs bouteilles de Leyde.

Batteries électriques. — Excitateur universel.

Effets des batteries. — Commotions sur les animaux ; fusion des métaux, etc. — Empreintes électriques.

ÉLECTRICITÉ ATMOSPHÉRIQUE.

Premières expériences de Franklin. — Expériences de Dalibard et de De Romas.

Électricité habituelle de l'atmosphère : elle a pour causes la végétation et l'évaporation.

Dans les temps calmes, l'air est électrisé positivement. — Le sol l'est toujours négativement. — Dans les temps couverts, l'électricité atmosphérique est variable. — Électricité des nuages.

TONNERRE.

1° Éclair. — Sa nature. — Il a quatre manières d'être.
2° Bruit du tonnerre. — Il suit l'éclair.
3° Foudre. — Ses effets.
Choc en retour.

PARATONNERRE.

Le paratonnerre électrisé par l'influence des nuages neutralise leur électricité par l'écoulement de fluide, dont sa pointe devient le siége.

Conditions d'un bon paratonnerre. — Acuité de la pointe; continuité du conducteur; dimensions de l'appareil. — Sphère de préservation.

CHAPITRE XVI.

PHÉNOMÈNES FONDAMENTAUX DU MAGNÉTISME. — AIGUILLE AIMANTÉE.
— BOUSSOLES.

MAGNÉTISME. ATTRACTION QUI S'EXERCE ENTRE L'AIMANT ET LE FER. — Le *magnétisme* est l'histoire des propriétés des *aimants*. On appelle *aimants* des substances qui exercent une attraction sur le fer, pur ou aciéré, et quelques autres métaux moins vulgaires, tels que le nickel, le cobalt et le chrome. On distingue les *aimants naturels* et les *aimants artificiels*

Aimants naturels. — On les désigne souvent sous le nom de *pierres d'aimant*; ils ont tous la même nature. L'aimant naturel est un composé de protoxyde et de sesquioxyde de fer ($FeO + Fe^2O^3$); les minéralogistes l'appellent *oxyde magnétique*. C'est un corps abondant au sein de la terre; il fournit à la Suède et à la Norvége un fer supérieur à tous les autres. Mais ce serait une erreur de croire que l'oxyde magnétique a toujours les propriétés magnétiques. C'est parmi ces minerais que l'on rencontre les pierres d'aimant; mais elles n'en constituent même pas la majeure partie. Les propriétés attractives des aimants naturels étaient connues des anciens, qui désignaient ces pierres sous le nom de μάγνης, d'où nous avons tiré *magnétisme* et ses dérivés.

Aimants artificiels.— Nous savons, au moyen des aimants naturels ou autrement, communiquer les propriétés magnétiques à des barreaux ou à des aiguilles d'acier trempé, que l'on nomme habituellement des aimants artificiels. Plus tard, nous connaîtrons ces procédés ; ils sont assez nombreux et développent dans les aimants artificiels une puissance bien plus grande que celle des aimants naturels. C'est surtout à l'aide des aiguilles et des barreaux aimantés que l'on étudie les phénomènes magnétiques.

Diverses expériences peuvent mettre en évidence *l'attraction qui s'exerce entre l'aimant et le fer.* Une des plus simples consiste à plonger dans la limaille de fer un aimant naturel ou artificiel. On le retire couvert d'une espèce de chevelure formée par les parcelles de fer adhérentes à la surface de l'aimant ou attachées les unes aux autres. Nous verrons bientôt que cette attraction ne s'exerce pas également sur toute la surface de l'aimant, et que dans les portions où se fixe la limaille elle affecte un arrangement régulier (*voy.* fig. 171). Quand on approche d'un aimant puissant un morceau de fer, à une certaine distance, il est entraîné avec une énergie toujours croissante, et va se fixer à sa surface, même dans un sens opposé à la direction de la pesanteur. Si l'aimant est mobile et le morceau de fer fixé, c'est l'aimant qui est attiré, de sorte que, comme toutes les attractions, *l'attraction magnétique* est *réciproque.* On peut encore disposer ainsi une autre expérience : sur une feuille de papier ou une petite planche mince on répand de la limaille de fer; puis en dessous on promène un aimant suffisamment énergique, et l'on voit la limaille obéir à l'attraction; ce qui prouve que la *force magnétique s'exerce à distance et à travers les corps.* Il suffit, du reste, de promener un barreau aimanté à diverses distances d'une couche de limaille de fer pour se convaincre que *l'attraction décroît rapidement à mesure que la distance augmente.* Cette énergie d'attraction *diminue quand la température s'élève,* et reparaît à mesure que le barreau se refroidit. Cependant, on *détruit définitivement le pouvoir d'un aimant en le chauffant jusqu'au rouge.*

Pôles des aimants. — Lorsqu'on étudie la force magnétique sur un barreau ou une aiguille aimantée, le premier fait que l'on constate, c'est qu'elle se manifeste aux extrémités du barreau et décroît à mesure que l'on se rapproche de son milieu, où elle est nulle. Pour s'en convaincre, il suffit de rouler un barreau dans la limaille de fer; on l'en retire revêtu à chaque extrémité de houppes très-longues, que l'on voit diminuer à mesure qu'on se rapproche de la ligne médiane. Au milieu du barreau l'adhérence est nulle. La figure 171 représente l'expérience, et on peut y remarquer encore la

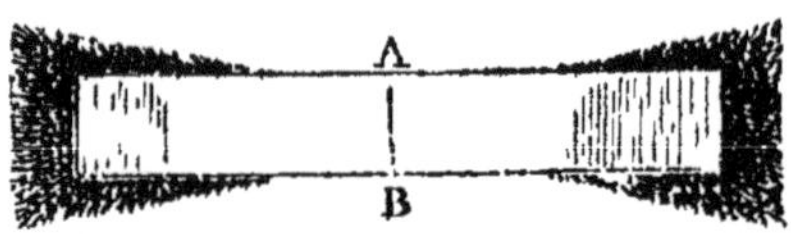

Fig. 171.

direction qu'affectent les parcelles de fer. Elles forment des aigrettes divergentes à partir de la surface de l'aimant, et l'inclinaison des filaments de limaille offre une régularité remarquable. Un dernier fait, qui mérite de fixer l'attention, c'est que ces filaments sont formés de parcelles de limaille, devenues adhérentes entre elles parce que la première est soumise à l'action de l'aimant. Nous constaterons bientôt, en effet, qu'un morceau de fer sous l'influence d'un aimant acquiert lui-même les propriétés magnétiques. L'expérience précédente démontrant l'existence d'un maximum de force magnétique à chaque extrémité du barreau, on appelle *pôles d'un aimant* ces centres d'énergie magnétique, tandis que la ligne *A B*, suivant laquelle aucune action ne se manifeste, se nomme *ligne neutre*. Les aimants naturels ont leurs pôles comme les barreaux; mais ceux-ci présentent quelquefois plus de deux pôles dans leur longueur. On observe alors certains points où la force magnétique est polarisée aussi bien qu'aux extrémités, et qui semblent formés par deux pôles juxtaposés. Ces points intermédiaires, situés entre les pôles extrêmes, se nomment *points conséquents;* le barreau semble alors formé de plusieurs barreaux joints bout à bout. Mais, qu'il y ait ou non des points conséquents, *un aimant possède toujours une ligne neutre et au moins deux pôles*

L'un et l'autre pôle possèdent la faculté d'attirer le fer; mais ils n'agissent pas tous deux de la même manière sur un pôle d'un autre aimant. Supposons un petit barreau aimanté suspendu à un fil par la ligne neutre, en un mot, une sorte de pendule magnétique analogue au pendule électrique, si ce n'est que le barreau aimanté remplace la balle de sureau. Si les deux pôles d'un autre aimant sont successivement présentés au même pôle du barreau mobile, ce pôle est attiré par l'un et repoussé par l'autre. Or, comme les aimants convenablement disposés prennent, par rapport à l'axe de la terre, une direction constante, celui de leur pôle qui se porte vers le nord a reçu le nom de *pôle austral* ou *pôle nord*, tandis que l'autre se nomme *pôle boréal* ou *pôle sud*. Plus tard nous connaîtrons en détail les motifs de ces dénominations ; mais ce qui nous importe maintenant, c'est que dans l'expérience le pôle austral du barreau mobile est repoussé par le pôle austral de l'autre aimant et attiré par le boréal et réciproquement, de telle manière qu'on peut admettre comme démontré le principe suivant :

Quand un aimant agit sur un autre aimant, les pôles de même nom se repoussent et les pôles de nom contraire s'attirent.

Ces actions des pôles donnent lieu à une sorte de *neutralisation* que l'on constate dans une expérience fort simple. On a deux barreaux aimantés de même force ; on suspend au pôle boréal, par exemple, de l'un d'eux un morceau de fer, une clef ; puis on fait glisser le second barreau sur le premier ; mais les pôles placés en sens contraire. Au moment où le pôle austral de ce second aimant arrive au-dessus du pôle boréal du premier, la clef tombe ; toute action magnétique a cessé. Mais séparez les deux barreaux, leur force magnétique reparaît à l'instant.

Ces phénomènes, analogues sous certains rapports aux effets des forces électriques, ont donné lieu à une hypothèse du même genre sur la nature du magnétisme. On admet que les corps susceptibles de s'aimanter renferment deux fluides qui, par l'aimantation, s'accumulent chacun à un des pôles. On les nomme, d'après le nom du pôle où ils se concentrent, *fluide austral* et *fluide boréal*. Évidemment, toute la théorie reposera sur la répulsion de chacun de ces fluides pour lui-même et son attraction pour le fluide contraire. Avant l'aimantation, on imagine chaque molécule portant autour d'elle ces deux fluides combinés et dans un état de neutralisation réciproque. La force qui aimante sépare ces fluides sans les enlever à chaque molécule, mais leur impose un arrangement tel que tous les fluides de même nom sont situés d'un même côté par rapport à la forme du barreau ; en un mot, les fluides sont *orientés*. C'est de la sorte que s'expliquent l'aimantation, la production des pôles et de la ligne neutre. Cette théorie hypothétique du magnétisme est d'ailleurs un procédé commode pour l'exposition des phénomènes ; mais il ne faut pas y voir davantage. Tout nous porte aujourd'hui à rattacher les phénomènes magnétiques à l'électricité, et nous verrons plus tard quelles ingénieuses recherches ont permis d'établir ce rapport.

Une expérience fort curieuse est ordinairement invoquée pour démontrer que dans un aimant les deux fluides sont orientés et non transportés chacun à un pôle : on la nomme l'*expérience des aimants brisés*.

On prend une aiguille à tricoter, et, par un des procédés que j'indiquerai bientôt, on l'aimante. Elle possède alors un pôle à chaque extrémité ; après l'avoir constaté, on la brise par le milieu. On trouve que chaque moitié est un aimant complet. Chacun de ces fragments peut encore être brisé, et chaque morceau d'acier possède toujours ses deux pôles. C'est ainsi qu'on a été conduit à admettre que les deux fluides existaient dans les molécules même et s'orientaient simplement par l'*aimantation*.

Nous avons maintenant une idée exacte des aimants ; leur propriété caractéristique est d'attirer le fer et quelques métaux que j'ai nommés. Mais leur pouvoir n'est pas borné là ; leur action, quoique infiniment moins énergique, s'étend à tous les corps. De forts aimants font osciller de petits barreaux mobiles de diverses substances ; les uns sont attirés, les autres repoussés. On nomme les premiers *corps magnétiques* et les seconds *corps diamagnétiques*. Le bismuth, le plomb, le soufre, la cire, l'eau, sont diamagnétiques, c'est-à-dire que les barreaux de ces substances sont repoussés par le barreau aimanté. Il est de la plus haute importance de distinguer expérimentalement les substances magnétiques, des aimants. Un corps magnétique manifeste une attraction pour les deux pôles d'un barreau, tandis que l'aimant présenté dans la même position successivement à chacun de ces pôles, attire l'un et repousse l'autre. C'est donc l'existence des pôles qui caractérise un aimant.

Comme les actions électriques, *les attractions et les répulsions magnétiques sont en raison inverse du carré des distances.* Coulomb a découvert cette loi au moyen de sa balance de torsion modifiée pour l'étude du magnétisme. Les méthodes qui permettent de constater cette loi exigent des notions sur le magnétisme terrestre, que nous ne possédons pas encore.

Procédés d'aimantation. — On peut aimanter par l'influence des aimants ou par celle des courants électriques. Enfin, certaines actions fort curieuses produisent l'aimantation sans être mises en usage dans les procédés habituels. Ainsi, sous l'influence qu'exerce la terre elle-même, à la manière d'un aimant, les morceaux de fer soumis à la percussion s'aimantent d'une manière durable. Ce fait a une importance réelle à cause du grand nombre d'instruments de fer que nous employons et dont la plupart deviennent des aimants, précisément à cause de leurs usages. L'action de la terre, que nous étudierons bientôt, lorsqu'elle est convenablement mise en œuvre, aimante également les substances magnétiques, et les aimants naturels lui doivent sans doute leurs propriétés. L'oxydation, la torsion, la pression, développent aussi dans le fer les propriétés magnétiques. Il y a donc de nombreuses causes d'aimantation ; mais celles qui forment la base des procédés usités sont l'action des aimants et celle de l'électricité. Plus tard, nous étudierons l'aimantation par les courants électriques (ch. xix) et les magnifiques inventions auxquelles cette précieuse propriété a conduit les physiciens. Il ne peut être question en ce moment que des procédés d'aimantation par les aimants ; tous reposent sur le phénomène de l'aimantation par influence.

Aimantation par influence — 1° Le fer doux au contact d'un aimant devient lui-même un aimant complet, capable même d'aimanter à son contact d'autres morceaux de fer doux. Dès que le contact cesse, toutes ses propriétés disparaissent.

Pour démontrer ce principe, il suffit de prendre un fort barreau et de suspendre à un de ses pôles un petit cylindre de fer doux. Ce premier cylindre en attirera et en portera lui-même un troisième, et ainsi de suite, jusqu'à ce que le poids des cylindres excède l'énergie de l'aimant. Chacun d'eux ne se détache qu'après une certaine résistance des cylindres en rapport médiat ou immédiat avec le barreau aimanté. Mais si l'on détache d'abord le premier, il cesse d'être aimant dès qu'il n'est plus en contact avec le barreau ; son influence sur les autres disparaît aussitôt, et au même instant tous les cylindres se séparent. Il est donc constant que par son contact avec un aimant, le fer doux s'aimante momentanément. Les pôles se produisent donc facilement et se détruisent de même ; ou, en d'autres termes, le fluide neutre qui environne chaque molécule se décompose et se recompose très-facilement.

On appelle *force coërcitive* la force plus ou moins énergique que l'on suppose empêcher le mouvement des fluides magnétiques, c'est-à-dire les maintenir composés quand ils sont unis, ou décomposés quand ils sont séparés. Un corps qui, comme le fer doux, s'aimante par influence et perd ses propriétés magnétiques dès que l'influence a cessé, a évidemment une force coërcitive à peu près nulle. Le nickel et d'autres substances magnétiques offrent les mêmes phénomènes avec une force coërcitive en général très-faible. C'est l'aimantation par influence qui explique la formation des houppes de limaille de fer aux pôles des aimants.

2° L'acier trempé, au contact d'un aimant devient peu à peu un aimant lui-même, et conserve ses propriétés magnétiques après que le contact a cessé.

Ce second principe de l'aimantation pourrait se résumer en disant que l'*acier trempé possède une très-grande force coërcitive*. L'acier ordinaire prend assez rapidement les propriétés magnétiques et les conserve après le contact ; l'acier trempé, surtout en masse un peu considérable, ne subit que lentement l'influence de l'aimant, mais il conserve son pouvoir et devient un aimant durable: La force coërcitive augmente avec la trempe. Cette propriété de l'acier trempé est la condition essentielle des procédés d'aimantation par les aimants. Dans tous, en effet, on détermine l'aimantation de barreaux en acier trempé, par des frictions exercées avec des barreaux déjà aimantés. Les procédés que j'ai à faire connaître ne diffèrent donc que par la manière dont s'exécutent ces frictions. Quant à la puissance magnétique que l'on peut développer, elle a une limite qui dépend de la trempe du barreau et de la force des aimants que l'on emploie. Quand cette limite est atteinte, on dit que le barreau est aimanté à *saturation*. On connaît trois méthodes d'aimantation :

1° *Méthode de la simple touche*. — Placer sur un plan le barreau à aimanter; le frotter d'un bout à l'autre avec un des pôles d'un fort aimant, en ayant soin d'exercer la friction toujours dans le même sens.

Le contact successif d'un pôle avec les diverses parties du barreau décompose le fluide neutre, et attire vers l'extrémité du barreau touchée la dernière, le fluide de nom contraire à celui du pôle avec lequel on frotte. Ainsi, en opérant de droite à gauche avec le pôle *austral* de l'aimant, on obtiendra le pôle boréal du nouvel aimant à l'extrémité gauche du barreau, et l'austral à droite. On recommande d'exercer les frictions toujours dans le même sens, parce que les frictions exercées en sens contraire se neutralisent l'une l'autre, et le résultat est nul; La méthode de la simple touche est la plus anciennement connue; elle a peu de puissance et donne souvent lieu à des points conséquents.

2° *Méthode de la touche séparée*. — Placer le barreau sur un plan; poser au milieu les deux pôles contraires de deux aimants de même force et faire glisser ces aimants en les maintenant verticaux chacun vers une des extrémités du barreau d'acier : puis, les replaçant tous deux au milieu, recommencer la même opération autant de fois que cela est nécessaire. Il est bon d'exercer ces frictions sur les deux faces du barreau.

Ce procédé, inventé par Knight, en Angleterre, vers 1745, a le mérite de donner une aimantation très-régulière. Duhamel en a augmenté la puissance en plaçant les bouts du barreau d'acier sur les pôles de nom contraire de deux aimants. On a soin alors de frotter chaque extrémité avec le pôle de même nom que celui sur lequel il repose. La décomposition du fluide neutre s'opère alors sous la double influence des quatre aimants agissant deux à deux sur chaque extrémité.

3° *Méthode de la double touche*. — Placer les extrémités du barreau

sur les pôles de nom contraire de deux aimants; poser obliquement
sur le milieu du barreau deux autres aimants par leurs pôles contraires,
dans le même sens que ceux des aimants qui portent le barreau; les
maintenir à un intervalle fixe par un taquet en bois serré entre les
deux aimants : les choses ainsi préparées, exercer avec les deux aimants des frictions alternatives du milieu du barreau vers chacune de
ses extrémités.

Ce procédé, qui opère la décomposition du fluide magnétique d'une
manière analogue au précédent, a été imaginé par Mitchell. OEpinus y
introduisit le perfectionnement que Duhamel avait apporté dans la
méthode de la touche séparée. On obtient ainsi des barreaux aimantés
d'une grande puissance; mais souvent aussi se produisent des points
conséquents.

Dans l'aimantation, il y a influence des aimants et non transmission
de leur fluide aux barreaux. Ce qui le prouve, c'est que les aimants,
dans ces diverses opérations, ne perdent absolument rien de leur
puissance.

En réunissant parallèlement par leurs pôles de même nom plusieurs
barreaux aimantés, on forme ce qu'on appelle des *faisceaux magnétiques*. Pour rendre leur usage plus facile, on leur donne souvent la
forme d'un fer à cheval. L'action répulsive des pôles les uns sur les
autres rend la puissance totale des faisceaux inférieure à la somme
des forces de chaque barreau. On a constaté cependant qu'on augmen-
tait cette force totale en donnant aux lames latérales 1 ou 2 centimètres de moins que celle du milieu. Pour conserver leur force, les
aimants doivent être mis en contact avec des pièces de fer doux qui
s'aimantent par influence, et il y a dès
ors réaction réciproque des deux aimants l'un sur l'autre. On donne à ces
morceaux de fer le nom d'*armures*. Elles
sont surtout indispensables pour développer le pouvoir magnétique des aimants naturels.

AIGUILLE AIMANTÉE. — L'aiguille
aimantée est un losange d'acier très-
allongé, jouissant des propriétés magnétiques, et disposé de manière à se
mouvoir le plus facilement possible.
Quelquefois, on destine l'aiguille à se
mouvoir dans un plan vertical; mais le

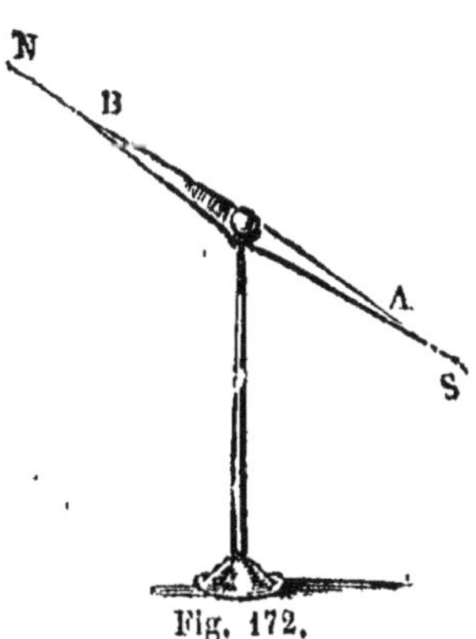

Fig. 172.

plus ordinairement elle oscille horizontalement sur un pivot vertical.
Ce pivot est une pointe d'acier élevée de 4 à 5 centimètres; au centre du

losange d'acier AB (fig. 172) est une chape en agate qui reçoit la pointe métallique. Ainsi disposée l'aiguille peut osciller en toute liberté. En résumé l'aiguille aimantée est un aimant parfaitement mobile.

Voici maintenant les observations que l'on peut faire avec cet appareil. L'*aiguille aimantée* abandonnée à elle-même, loin de l'action de tout autre aimant, *s'arrête dans une direction constante, qui est à très-peu près celle du sud au nord.* On peut d'ailleurs imprimer à l'aiguille tel mouvement que l'on veut; après une série d'oscillations, elle revient toujours à cette même direction. Comme on a soin de noircir une des moitiés de l'aiguille, il est facile de constater que c'est toujours la même extrémité qui regarde le nord. J'ai déjà dit qu'on nomme *austral* celui des pôles qui se fixe au nord; *boréal* celui qui se tourne vers le sud. D'après ces observations on admet que chacun des pôles de la terre attire vers lui un des pôles de l'aiguille. Une expérience très-simple sert à démontrer que cette attraction se convertit en une *force directrice.* On dispose sur un petit disque de liége une aiguille aimantée que l'on place sur un vase plein d'eau. Là elle peut se mouvoir librement en tous sens : on la voit tourner sur elle-même pour prendre sa direction constante, mais elle n'est attirée vers aucun point : elle obéit donc à une force simplement *directrice.*

Pour expliquer ces faits on considère la terre comme un vaste aimant agissant sur les corps aimantés d'après les lois que nous connaissons : c'est-à-dire que le *pôle austral* de l'aiguille est dirigé vers le nord, parce qu'au pôle nord de la terre est accumulé du *fluide boréal,* de même qu'au pôle sud, le *fluide austral.* Dans cette hypothèse l'action de la terre sur l'aiguille aimantée sera celle d'un système de deux forces égales, parallèles, et de directions contraires, appliquées aux deux extrémités de l'aiguille : c'est ce qu'en mécanique on appellerait un *couple.* Voici comment il faut se représenter ce couple magnétique terrestre : le *pôle austral* de l'aiguille est attiré par le *pôle nord* de la terre et repoussé par le *pôle sud.* L'extrémité A de l'aiguille est donc soumise à l'action de deux forces agissant dans le même sens et précisément dans la même direction : les mêmes forces agissent en sens contraire sur l'extrémité B, qui est attirée par le *pôle sud* de la terre et repoussée par son *pôle nord.* Ces deux forces sont évidemment égales, et elles constituent bien ce système que l'on nomme un couple : le résultat de leur action ne peut pas être de mouvoir l'aiguille vers tel ou tel point du globe, puisque les deux forces du couple se font équilibre; mais cet équilibre n'existera réellement que lorsque les deux forces seront dirigées suivant l'axe magnétique de l'aiguille : voilà ce qui explique sa direction constante. On doit comprendre maintenant les dénominations de pôles de l'aiguille. Celui qui se dirige vers le nord renferme du fluide de nom contraire à celui du pôle terrestre nord ; c'est bien un *pôle austral ;* et ainsi de l'autre. Le plan vertical qui passe par les deux pôles de l'aiguille aimantée, dans sa position normale, est un *méridien magnétique,* et l'intersection de ce plan avec la surface terrestre est la *méridienne magnétique* du lieu où l'on observe.

DÉFINIR LA DÉCLINAISON ET L'INCLINAISON. — L'axe magnétique de l'aiguille aimantée est, d'après ce que j'ai dit, parallèle à la méridienne magnétique, et la direction de cette aiguille donne toujours celle du méridien magnétique. Ce sont là des idées qu'il faut avoir toujours présentes à l'esprit. En observant l'aiguille aimantée on constate facilement que son axe ne coïncide ordinairement pas avec la direction du méridien astronomique du lieu : ce qui signifie que ce méridien fait un angle avec le méridien magnétique, ou encore que l'axe magnétique de la terre ne coïncide pas avec son axe de rotation, de telle façon que les pôles magnétiques sont différents des pôles géographiques.

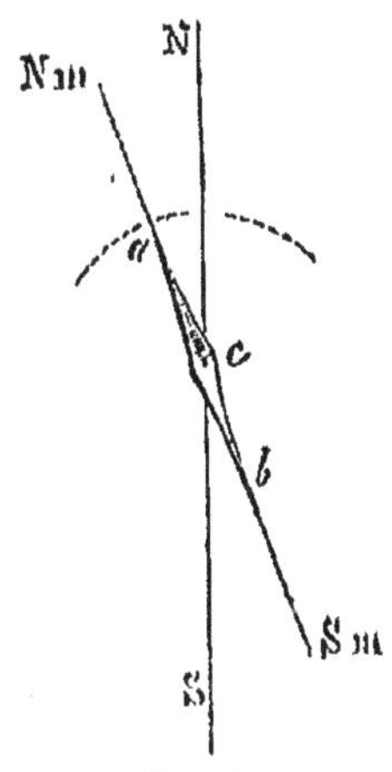

Fig. 173.

On appelle *Déclinaison de l'aiguille aimantée, l'angle que forme le méridien magnétique d'un lieu avec son méridien astronomique.*

La déclinaison se mesure par l'angle *a c* N que forme la direction de l'axe magnétique N*m* S*m,* de l'aiguille avec la direction de la méridienne du lieu NS. Quand le pôle austral de l'aiguille est à l'est du méridien, la *déclinaison* est dite *orientale ;* elle est *occidentale* (fig. 173) dans le cas contraire. Voici le résumé des observations les plus importantes relatives à la déclinaison.

1° *La déclinaison de l'aiguille aimantée dans un même lieu, varie avec le temps.* Le tableau suivant pourra faire apprécier ces variations :

DÉCLINAISONS OBSERVÉES A PARIS.

Dates.	Déclinaisons.
1580	11°,30' déclinaison orientale.
1618	8°
1663	0°
1678	1°,30' déclinaison occidentale.
1700	8°,10'
1780	10°,55'

DÉCLINAISONS OBSERVÉES A PARIS (*suite*).

Dates.	Déclinaisons
1785	22⁰
1813	22⁰,28′
1814	22⁰,34′
1825	22⁰,22′
1830	22⁰,12′
1850	20⁰,30′

Ces observations tendent à faire penser que la déclinaison obéit à un mouvement oscillatoire de l'axe magnétique terrestre. En 1580, pour Paris, le pôle magnétique nord était à l'est du pôle nord ; en 1663 ces deux pôles coïncidaient, puis le pôle magnétique s'est porté à l'ouest jusqu'en 1814, et depuis cette époque il revient de nouveau vers le pôle astronomique. Ces variations lentes portent le nom de *variations séculaires.*

2⁰ *La déclinaison dans un même lieu varie légèrement avec les heures du jour.* A Paris elle marche un peu vers l'ouest depuis le matin jusque vers 1 heure, puis retourne un peu à l'est jusqu'à 10 heures du soir. Ces *variations diurnes* ne dépassent guère dans nos climats une quinzaine de minutes. Cassini, en 1784, a observé aussi des *variations annuelles ;* mais elles n'ont jusqu'ici rien offert d'assez constant, ou ont été trop peu étudiées pour être bien connues.

3⁰ *La déclinaison à une même époque, varie suivant les lieux où on l'observe.* Occidentale en Europe et en Afrique, la déclinaison est orientale en Asie et en Amérique. Il y a des lieux où elle est nulle, et les lignes qui contiennent ces points où l'aiguille aimantée coïncide avec la méridienne, se nomment *lignes sans déclinaison.* Elles sont sinueuses et irrégulières ; il en existe au moins deux d'un pôle à l'autre.

4⁰ Les aurores boréales, les orages et la foudre, les phénomènes volcaniques produisent sur la déclinaison des *perturbations* considérables. Elles servent dans les régions septentrionales à présager l'apparition d'une aurore boréale. Les orages exercent quelquefois une plus funeste influence sur l'aiguille elle-même : son état magnétique change et ses pôles sont brusquement renversés.

On appelle *inclinaison de l'aiguille aimantée, l'angle que fait avec l'horizon une aiguille placée verticalement dans le plan du méridien magnétique, et libre de s'y mouvoir autour de son centre de gravité.*

Il ne s'agit donc plus ici d'observer la direction d'une aiguille horizontalement placée sur un pivot et oscillant dans un plan horizontal.

L'aiguille d'inclinaison est dressée verticalement, suspendue par son centre de gravité *c* (fig. 174) pour être en équilibre en toutes positions et n'obéir qu'à l'action magnétique de la terre. Puis on a soin de la

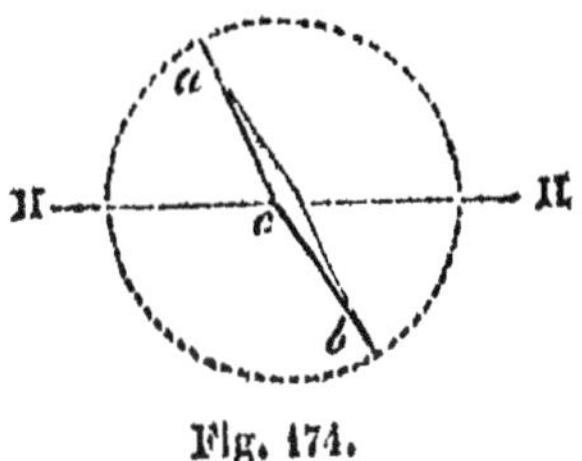

Fig. 174.

placer dans le plan du méridien magnétique : alors, suivant le lieu de l'observation, elle prend une position déterminée, dans ce plan vertical. Cette position est constante pour un même lieu : elle est telle qu'une moitié de l'aiguille *ac* s'élève au-dessus de l'horizon H H, l'autre plonge en dessous. La moitié *ac* fait avec cet horizon deux angles dont le plus petit *a c* H est précisément l'*inclinaison*. Si l'aiguille prend la position H H elle devient horizontale, l'inclinaison est nulle; au contraire, lorsque l'aiguille devient verticale; l'inclinaison est un angle droit. Dans l'hémisphère boréal, c'est le pôle boréal de l'aiguille qui émerge sur l'horizon; c'est le contraire dans l'hémisphère opposé.

1o *L'inclinaison de l'aiguille aimantée augmente en général à mesure qu'on se rapproche des pôles terrestres, diminue quand on marche vers l'équateur.* Il existe près de chacun des pôles de la terre des lieux où l'inclinaison est de 90o : ces lieux sont les *pôles magnétiques.* Le pôle magnétique nord est situé au nord de l'Amérique septentrionale par 100o,40′ de longitude ouest et 70o,10′ de latitude nord : l'autre se trouve au sud de l'Australie par 186o de longitude est, et 75o de latitude sud. Vers l'équateur terrestre se rencontre une série de points où l'inclinaison est nulle : la courbe qui joint les *points sans inclinaison* se nomme l'*équateur magnétique.* Elle est régulière dans une partie de son étendue et appartient à un grand cercle incliné de 13o environ sur l'équateur géographique ; mais elle présente dans la mer du Sud des sinuosités que rien ne peut expliquer jusqu'ici.

2o *Dans un même lieu l'inclinaison varie avec le temps.* Elle diminue à Paris d'environ 3′ par an. En 1671 elle était de 75o, en 1780 de 71o,48′; en 1811 de 67o,0′ et en 1851 de 66o,35′.

BOUSSOLE. — On donne le nom de *boussole* en général à tout appareil formé d'une aiguille aimantée indiquant soit la déclinaison, soit l'inclinaison. Mais le plus commun et le plus important de ces appareils est la *boussole marine* ou *compas de variation.* La figure 175 en représente l'aspect extérieur; la suivante en fait saisir certains détails.

La boussole est destinée à orienter les marins sur la mer au moyen de la déclinaison de l'aiguille aimantée. A l'arrière des navires, sur le pont et en face du timonnier est placée la boussole. Elle est supportée par une grande boîte rectangulaire B que protége une plus grande boîte nommée l'*habitacle*. L'appareil lui-même montre son cadran sur

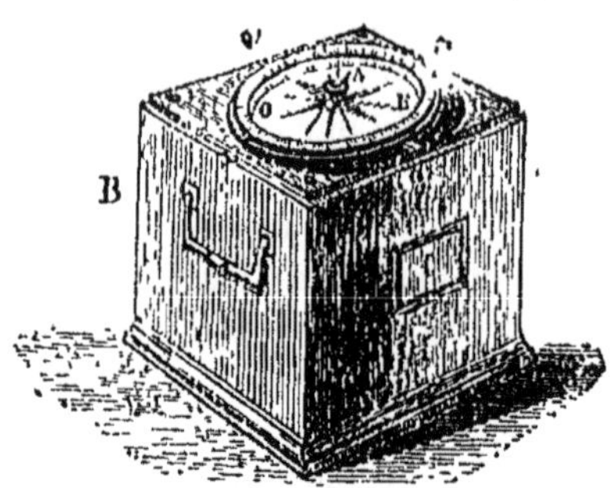

la face supérieure de la boîte B. Ce cadran est une feuille de talc portant la rose des vents, c'est-à-dire les points cardinaux et leurs intermédiaires; ce qu'on nomme les *rhumbs*. A la face inférieure de ce talc est fixée l'aiguille aimantée, le pôle austral tourné vers le point *nord*. Le centre du cadran coïncide avec la chape qui repose sur le

Fig. 175.

pivot de l'aiguille, de manière que la feuille de talc se déplace avec elle. Cet appareil est reçu dans une boîte cylindrique *ee* (fig. 176) dont on peut voir ici une coupe et une projection, et dont les bords entourent le cadran. Sur ces bords est marqué le passage d'une ligne joignant la poupe à la proue, on la nomme la *ligne de foi*. Le cadran *ff*, entraîné par l'aiguille, se meut devant la ligne de foi; et, lui présentant successivement les divers points cardinaux, apprend au marin quelle direction suit le navire. Pour que le timonnier le maintienne dans sa route, il suffit donc qu'à chaque ordre du capitaine, il gouverne de manière à placer le point indiqué de la rose des vents précisément sur la ligne de foi. Quant à celui qui commande, instruit du point qu'il occupe par les indications du *compas* et les observations astronomiques, il reconnaît sur une carte marine la direction qu'il doit suivre et commande d'après cela de prendre tel ou tel rhumb de vent.

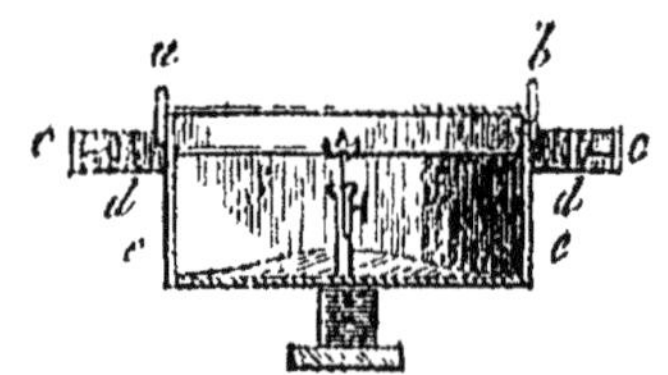

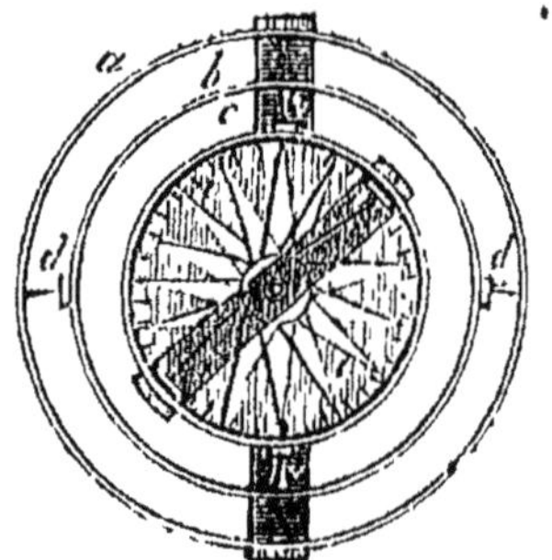

Fig. 176.

Une condition essentielle pour que les indications de l'aiguille soient fidèles, c'est qu'elle reste toujours bien horizontale: cela paraît difficile à obtenir, sur un navire où le double mouvement de roulis et de tangage détruisent toute fixité de position. C'est pour rendre la boussole indépendante des mouvements du vaisseau qu'a été imaginé un mode de suspension fort ingénieux, connu sous le nom de *suspension de*

Cardan et adopté depuis dans plusieurs autres appareils. Cette suspension consiste en deux anneaux métalliques concentriques. Le premier, l'intérieur, supporte la boussole au moyen de l'axe *r œ* (fig. 175) *c* (fig. 176), mais le second reçoit à son tour un second axe *d*, perpendiculaire à l'axe *c*, et sur lequel repose l'autre anneau. Pour achever de faire comprendre aux élèves ces dispositions, je donne une explication détaillée des deux figures (1).

Le *compas de variation*, en permettant de déterminer la position du pôle nord, en quelque point du globe que l'on soit, est un des principaux appareils employés par les marins, non-seulement pour se diriger, mais encore pour déterminer la configuration des côtes qu'ils visitent et en général pour toutes leurs observations géographiques. Ils sont seulement obligés de corriger toujours par le calcul les indications de la boussole, à cause des variations nombreuses que subit la déclinaison selon les régions où on l'observe. Une autre action importante à noter, mais dont il est beaucoup plus difficile de s'affranchir, c'est celle des pièces de fer qui avoisinent la boussole. Tout l'appareil est bien entendu construit en cuivre, le fer que l'on peut se dispenser d'employer dans son voisinage est remplacé de même : mais il y a dans le navire d'énormes pièces de fer absolument nécessaires, et leur action sur la boussole n'est que trop réelle. De nombreuses recherches ont été exécutées, pour écarter cette cause d'erreur ; je ne puis en développer ici le résultat.

La *boussole* est un de ces instruments dont la découverte a changé la face du monde. Les marins de l'antiquité et du moyen âge n'avaient pour se diriger que l'observation des astres et la configuration des côtes. Les sinistres étaient fréquents, les erreurs inévitables ; et quant à traverser des océans pour aborder un nouveau monde, l'esprit de

1. Figure 175 : Un compas de variation vu extérieurement.

B boîte qui soutient la boussole.

C ouverture munie d'une glace dépolie et en face de laquelle on met une lampe pour éclairer pendant la nuit l'intérieur de la boîte B. Le fond de la boussole est également en verre dépoli, de sorte que la lumière arrive en dessous, et la transparence du talc rend tout le cadran lumineux.

i : axe placé sur la glace qui recouvre la boussole et destiné à recevoir une *alidade* pour les observations destinées au relèvement des côtes.

rœ : axe sur lequel se meut la boussole.

aœ : axe sur lequel se meut l'anneau intérieur qui supporte l'axe *rœ*.

Figure 176 : Coupe et projection.

ab : bords qui portent la ligne de foi (1re figure).

ab : les deux cercles de Cardan (2e figure).

cd : axes de suspension.

ff : coupe du cadran de talc.

ii : projection du cadran.

l'homme ne pouvait même soupçonner que cela fût possible. Mais les peuples de l'Occident commencent au XIIe siècle à connaître les merveilleuses propriétés de l'aiguille aimantée; son usage se répand lentement, et au XIVe siècle seulement il est devenu général. Le XVe siècle sera dès lors celui des grandes entreprises maritimes; les Portugais avec Vasco de Gama, doublent le cap de Bonne-Espérance et découvrent peu à peu l'Asie orientale et ses beaux archipels; les Espagnols avec Christophe Colomb, traversent pour la première fois l'Atlantique, et vont aborder ce nouveau monde aujourd'hui peuplé et civilisé par l'ancien. A qui reporter la gloire de ces belles conquêtes? qui a découvert la boussole? Après bien des recherches, bien des conjectures, nous sommes forcés de reconnaître que le nom de ce grand bienfaiteur du monde est absolument inconnu et sans doute à jamais perdu pour l'histoire.

La boussole marine, la première boussole que l'homme ait connue, indique donc la déclinaison : son usage ne s'est pas borné à la navigation, et tout instrument composé d'un cadran *horizontal* sur lequel se meut une aiguille aimantée pivotant sur le centre, est une *boussole de déclinaison*. Les savants en ont adapté une à l'observation exacte de la déclinaison elle-même; une autre plus simple sert aux géomètres dans le levé des plans, on la nomme *boussole d'arpenteur*. On appelle *boussole d'inclinaison* un autre instrument composé d'un cercle gradué *vertical*, sur lequel oscille une aiguille aimantée suspendue par son centre de gravité. Ces oscillations ont nécessairement lieu dans un plan vertical; on place le cercle dans le plan même du méridien magnétique; l'aiguille fait alors avec l'horizon un angle qui est précisément l'*inclinaison* que l'on veut observer. Je ne décrirai pas plus en détail cet appareil tout scientifique.

RÉSUMÉ DU CHAPITRE XVI.

MAGNÉTISME.

Les *aimants* ont pour propriété caractéristique d'attirer le fer, le nickel, le cobalt, le chrome. — Aimants naturels : ce sont des morceaux d'oxyde magnétique de fer ($Fe\,O + Fe^2O^3$). — Aimants artificiels.

Expériences qui démontrent l'attraction de l'aimant pour le fer, et réciproquement. — La force magnétique s'exerce à distance et à travers les corps. — L'attraction décroît à mesure que la distance augmente. — Elle diminue quand la température augmente. — Un aimant chauffé au rouge perd définitivement ses propriétés.

Tout aimant a au moins deux pôles, l'un *austral*, l'autre *boréal*; et une ligne neutre. — Points conséquents.

Les pôles de même nom se repoussent, ceux de nom contraire s'attirent. — Théorie de l'aimantation. Expérience des aimants brisés.

Les attractions et les répulsions magnétiques sont en raison inverse du carré des distances.

PROCÉDÉS D'AIMANTATION.

Aimantation par influence. — Au contact d'un aimant, le fer doux s'aimante momentanément; l'acier trempé, d'une manière durable.

Méthode de la simple touche.

Méthode de la touche séparée.

Méthode de la double touche.

Faisceaux magnétiques. — Armures.

AIGUILLE AIMANTÉE, DÉCLINAISON ET INCLINAISON

C'est un aimant disposé pour jouir d'une très-grande mobilité.

L'aiguille aimantée prend une direction constante peu différente de celle de la méridienne. — Son pôle austral est toujours tourné vers le nord.

L'action de la terre sur l'aiguille est simplement directrice. — Elle agit comme un aimant.

Le *méridien magnétique* est le plan qui contient l'aiguille, dans sa direction normale.

La *déclinaison* de l'aiguille aimantée est l'angle que forme le méridien magnétique du lieu, avec son méridien astronomique. — Elle est orientale ou occidentale.

La déclinaison dans un même lieu éprouve des variations séculaires, annuelles et diurnes. Elle varie suivant les lieux : lignes sans déclinaison. — Influence des aurores boréales et des orages.

L'*inclinaison* de l'aiguille aimantée est l'angle que forme avec l'horizon une aiguille placée dans le plan du méridien magnétique, et libre de s'y mouvoir autour de son centre de gravité.

L'inclinaison varie suivant les lieux : elle augmente de l'équateur vers les pôles. — Équateur magnétique; pôles magnétiques. — Elle varie encore avec le temps.

BOUSSOLE.

La boussole marine ou compas de variation est une boussole de déclinaison employée pour diriger les navires.

Sa construction. — Suspension de Cardan.

Boussole d'arpenteur.

Boussole d'inclinaison.

CHAPITRE XVII.

GALVANISME. — PILE VOLTAÏQUE. — GALVANOPLASTIE, ARGENTURE
ET DORURE ÉLECTRIQUES.

GALVANISME. EXPÉRIENCES DE GALVANI ET DE VOLTA. — On désigne sous le nom de *galvanisme* une nouvelle série de phénomènes où l'électricité ne se conçoit plus en repos à la surface des corps, mais bien dans un mouvement continu le long des conducteurs. L'exposé des expériences fera comprendre ce que l'on entend par *électricité en mouvement;* mais il est bon de savoir dès à présent que les propriétés électriques que nous avons étudiées jusqu'ici sont dites des phénomènes d'*électricité statique;* tandis que nous entrons maintenant dans l'histoire de l'*électricité dynamique*, dont le galvanisme a été la pierre fondamentale.

Il n'y a pas encore un siècle que ces curieuses propriétés étaient absolument inconnues des physiciens. Un fait accidentel, habilement étudié par deux hommes supérieurs, nous révéla cette science féconde. Livré depuis plusieurs années à des recherches sur l'influence que l'électricité statique, la seule alors connue, pouvait exercer sur l'irritabilité nerveuse; *Galvani*, médecin bolonais, observa, en 1780, un singulier phénomène. Il avait préparé plusieurs grenouilles auxquelles il coupait la partie postérieure du corps, afin d'expérimenter sur la moelle épinière et les nerfs lombaires. Il fixa de petits crochets de cuivre entre ces nerfs et la colonne vertébrale, et suspendit ces membres mutilés à un balcon de fer. Il fut frappé d'étonnement de voir ces débris d'animaux agités de convulsions violentes. En étudiant les conditions du phénomène, il s'assura que cesconvulsions se manifestaient chaque fois que le vent ou toute autre cause mettait les muscles des membres en contact avec la barre de fer qui portait les crochets de cuivre; il institua en un mot une expérience devenue tout à fait vulgaire, qui est le premier mot de l'histoire du galvanisme, et que représente la figure 177. Voici comme on la fait. On prend une grenouille vivante; avec des ciseaux on la coupe un peu au-dessous des bras; puis on enlève la peau de la partie inférieure: enfin, on retranche les parois de l'abdomen et les viscères : on découvre à la face antérieure du fragment de colonne vertébrale les nerfs lombaires formant de chaque côté de gros filets blancs. On se sert alors d'un arc métallique formé d'une branche de zinc Z, et d'une autre de cuivre C. La branche zinc introduite sous les nerfs soutient la grenouille, et avec la branche cuivre on touche les muscles de la jambe. A chaque contact, les membres flasques et inertes, se relèvent par une contraction brusque. Cette résurrection de l'énergie musculaire peut être provoquée autant de fois que l'on veut pendant les premiers temps : au bout d'une demi-heure environ, les convulsions sont très-affaiblies, et bientôt elles disparaissent complétement, sans que rien puisse les rappeler. Galvani s'empressa d'annoncer au monde savant ce fait d'un ordre tout nouveau, et en même temps il attribua les contractions de la grenouille à un fluide (on l'appela *fluide galvanique*) qui résidait dans les nerfs de l'animal. Il passe

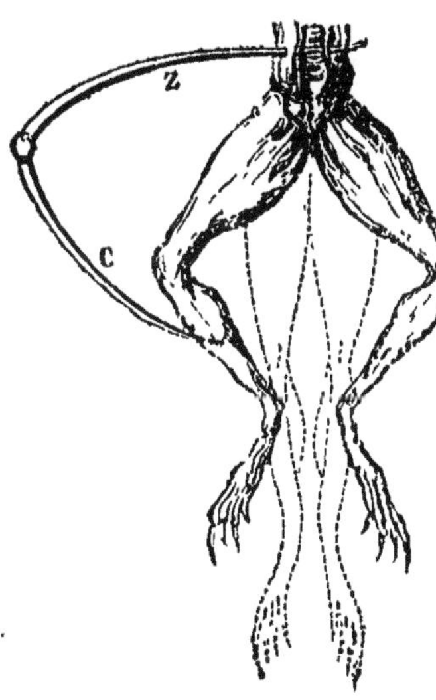

Fig. 177.

à travers l'arc métallique, et au contact il se communique aux muscles et produit une décharge comparable à celle d'un appareil électrique, et qui provoque aussi la contraction. Dans cette opinion, les animaux étaient considérés comme des *condensateurs de fluide galvanique;* les nerfs représentaient l'armature intérieure, et les muscles l'extérieure.

Cette théorie, sur la valeur de laquelle il est impossible de se prononcer encore aujourd'hui, avait le défaut d'introduire dans la science un nouveau fluide essentiellement organique, difficile, par conséquent, à étudier et à définir; elle rattachait trop peu les nouveaux faits aux faits déjà connus et aux explications qu'on en donnait. Aussi, pendant que tous les savants de l'Europe répétaient en les variant de mille manières les expériences de Galvani, et se laissaient volontiers entraîner dans la voie de mystérieuses théories qu'il avait ouverte, *Volta*, célèbre professeur de Pavie, se posa en adversaire des idées du physicien de Bologne. Expérimentateur infatigable, auteur de découvertes importantes en électricité, il reprit toutes les expériences de Galvani et de ses disciples, et en fit sortir de puissantes objections contre le fluide galvanique et la théorie nouvelle. C'est dans l'arc métallique, et non dans l'animal, que Volta chercha la cause du phénomène. Galvani et ses élèves avaient absolument négligé une condition importante de toutes ces expériences : c'est que les contractions deviennent peu sensibles lorsque l'arc est formé d'un seul métal; tandis qu'avec deux métaux on les obtient beaucoup plus fortes. De cette simple remarque, le génie de Volta fit sortir une série d'ingénieuses théories et d'expériences heureuses. Il nia le fluide galvanique, et attribua tout au fluide électrique. Dans l'expérience de la grenouille, le contact des deux métaux qui forment l'arc, développe de l'électricité; les fluides de nom contraire accumulés aux deux extrémités de cet arc se recombinent à travers l'animal, et ainsi s'explique la convulsion dont sont agités les membres presque vivants encore de l'animal. Dès lors s'engagea une discussion justement célèbre, vraiment digne de la science moderne et de ses méthodes expérimentales. Interrogeant sans cesse la nature, pour défendre des idées, encore très-contestables aujourd'hui après plus de quatre-vingts ans, les deux rivaux dotèrent l'humanité de brillantes découvertes, et dont la fécondité n'est pas encore épuisée.

A la théorie du développement de l'électricité par le contact, Galvani répondit en démontrant qu'un seul métal suffit pour déterminer les contractions. Parmi ses nombreuses expériences, voici la plus saillante : Une grenouille préparée est jetée sur un bain de mercure d'une pureté parfaite; elle y éprouve des contractions très-sensibles. Volta ne vit dans ces faits qu'une confirmation de ces idées : il y a toujours contact de deux substances hétérogènes, ne fût-ce que le métal touchant les muscles; ce contact suffit pour produire de l'électricité. D'ailleurs, si un arc d'un seul métal aussi pur que possible provoque les contractions, on augmente considérablement son pouvoir en frottant une de ses extrémités avec un autre métal. Ces parcelles hétérogènes activent notablement, par leur contact, le dégagement du fluide électrique. Enfin, lorsque Galvani montra que les nerfs lombaires repliés sur les cuisses déterminaient les contractions sans aucun métal interposé, Volta répondit que les nerfs et les muscles ont assez d'hétérogénéité pour que leur contact produise encore de l'électricité.

Ainsi Volta retrouvait partout le contact de deux corps différents, et reprenant une à une les expériences de son adversaire, il en donnait, conformément à son principe, une explication qui rendait à l'électricité le rôle attribué au nouveau fluide.

Toute la théorie de Volta reposait cependant sur une idée encore imparfaitement démontrée : le contact de deux corps hétérogènes dégage de l'électricité. Les physiciens réclamaient une preuve expérimentale : Volta crut la trouver dans une série d'expériences faites au moyen de l'électromètre condensateur que j'ai déjà décrit (ch. xv). La figure 178 représente celle des expériences de Volta qui est la plus connue et la plus simple. Après s'être assuré que l'électromètre se charge bien, et l'avoir ramené à l'état naturel; on touche avec le doigt mouillé un plateau du condensateur; en même temps, on touche l'autre plateau avec un morceau de zinc tenu aussi entre les doigts mouillés Après quelques secondes de contact, on éloigne le doigt et le zinc, puis on soulève par son manche isolant le disque supérieur, et les lames d'or divergent sensiblement. Il y a donc production d'électricité et Volta l'attribuait au contact des métaux. Il admettait qu'il y avait dans ce contact du zinc et du cuivre, une *force électro-motrice* qui, décomposant le fluide naturel dès deux métaux, développait de l'électricité résineuse sur le cuivre et de l'électricité vitrée sur le zinc. Il posa donc définitivement le principe suivant:

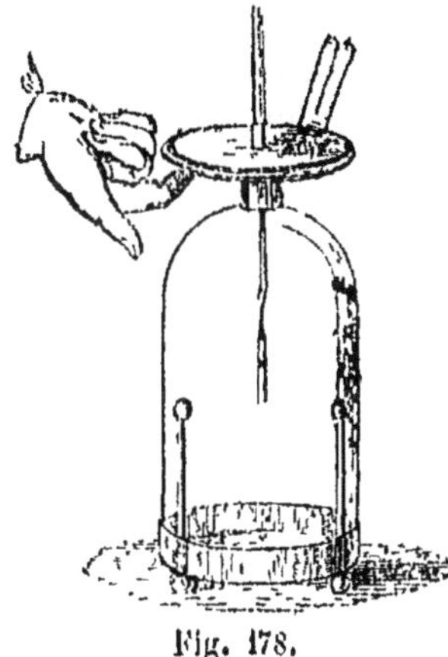

Fig. 178.

Le contact de deux corps hétérogènes développe une force *électro-motrice*, qui décompose leur électricité naturelle, et maintient sur les corps en contact les fluides contraires séparés.

Les expériences de Volta, répétées de tous côtés, furent loin de donner des résultats constants, et on trouva qu'en général le dégagement d'électricité s'observe quand il y a dans l'expérience au moins un métal facilement oxydable, soit la plaque mise en contact avec le condensateur, soit le plateau que touche le doigt mouillé. Je ne pousserai pas plus loin l'histoire de cette discussion célèbre, il nous importe seulement d'en connaître les résultats. Ce fut d'abord la démonstration de l'électricité galvanique ou électricité animale. En combattant la théorie du contact, Galvani fit une expérience à laquelle son adversaire ne pouvait rien répondre. Sur un disque de verre, il posa une cuisse de grenouille munie de son nerf lombaire, puis à côté de la première une seconde préparée de même. L'expérience ainsi disposée, il mit le nerf de l'une sur celui de l'autre, et fit toucher les deux cuisses par leur chair musculaire : une forte contraction se manifesta. Il n'y avait en là aucun contact de substances hétérogènes, le nerf était mis en contact avec le nerf, le muscle avec le muscle, et cependant la convulsion avait été énergique. Galvani maintint donc l'existence du fluide galvanique, de l'électricité animale. Des travaux récents de M. Matteucci, et plus tard de M. Dubois-Reymond, sont venus confirmer les idées du professeur de Bologne, en nous faisant connaître l'histoire électro-physiologique de ce qu'ils ont appelé le *courant propre* de la grenouille.

Quant à la théorie du contact, elle a subi de graves échecs et n'est sans doute pas destinée à rester dans la science; mais Volta lui a assuré l'immortalité du souvenir, par l'invention de la *pile voltaïque*, à laquelle le célèbre expérimentateur fut conduit par sa théorie. Perfectionnée et variée de bien des manières, la *pile voltaïque* nous donne des effets merveilleux sans que nous connaissions bien encore l'explication des phénomènes qu'elle présente. Plusieurs théories en ont été données, aucune n'a su acquérir un degré suffisant de précision, pour n'être pas contestée. Voilà pourquoi nous n'avons à faire connaître ici que les dispositions diverses de la *pile voltaïque* et les effets qu'elle est capable de produire.

DISPOSITION DE LA PILE VOLTAÏQUE. — La figure 170 représente la pile inventée par Volta, en 1800, et connue plus spécialement sous le nom de *pile à colonne*. Voici sa disposition :

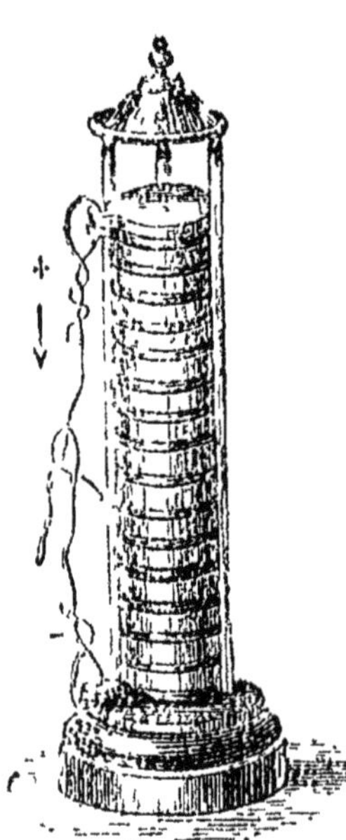

Fig. 170.

Sur un disque de bois s'élèvent trois tiges de verre supportant une sorte de petit dôme également en bois. C'est entre ces tiges isolantes que se dispose la pile. Elle est formée d'une série de disques métalliques superposés dans l'ordre suivant : *Un disque de cuivre en dessous, un disque de zinc, puis une rondelle de drap mouillé avec de l'eau acidulée;* ensuite la même série se répète toujours dans le même ordre et autant de fois que l'on veut. Ordinairement les deux disques de cuivre et de zinc sont soudés ensemble et constituent ce qu'on nomme une *paire*, un *couple* ou un *élément*. Or, l'appareil ainsi monté a tous ses éléments disposés de telle façon, qu'à une des extrémités se trouve une rondelle de cuivre, à l'autre une rondelle de zinc, car on néglige sur le dernier couple de placer le drap mouillé : on comprend donc ce que nous appellerons l'*extrémité cuivre* et l'*extrémité zinc*. Voici maintenant les phénomènes que l'on peut observer :

La pile voltaïque étant isolée sur une plaque de verre;

1° Si l'extrémité cuivre est mise en communication avec le sol, l'extrémité zinc fournit au condensateur une forte charge d'électricité positive ou vitrée.

2° Si l'extrémité zinc communique avec le sol, l'extrémité cuivre électrise négativement le condensateur.

3° La portion centrale de la pile ne donne aucun signe d'électricité.

4° L'effet est continu et peut se prolonger pendant plusieurs heures pourvu que le drap ne se dessèche pas.

5° La *tension* à chaque extrémité est d'autant plus grande que les éléments sont plus nombreux.

6° A tension égale, la *quantité* d'électricité que peut dégager la pile pendant le temps qu'elle conserve son action, augmente avec la surface des couples. Elle varie aussi avec la nature du liquide interposé entre les éléments.

La pile voltaïque reposant sur le sol sans être isolée, on n'observe plus de tension électrique qu'à l'extrémité supérieure : si cette extrémité est le cuivre, le fluide recueilli est négatif; il est positif dans le cas contraire. L'extrémité qui repose sur le sol est à l'état naturel. En général, dans la *pile voltaïque* et dans les appareils diversement modifiés qui portent aussi le nom de *piles*, la tension n'a jamais l'énergie que l'on lui trouve dans les machines électriques : elle est particulièrement très-faible dans la pile à colonne.

Chaque extrémité de la pile voltaïque a reçu, à cause du fluide qu'on y recueille, un nom qu'il est essentiel de connaître dès à présent. *Le pôle négatif est celui où s'accumule l'électricité résineuse. Le pôle positif est celui où s'accumule l'électricité vitrée.* Si à chacun des pôles d'une pile on attache un fil métallique, enveloppé de soie pour qu'il reste isolé lorsqu'on le touche, les deux extrémités deviennent les véritables pôles, et en les faisant communiquer, il y a recomposition de leurs fluides : mais comme la production d'électricité dans la pile est continue, la recomposition le devient aussi et il s'établit alors une sorte de *courant* de fluides électriques naissant de la pile, et se recombinant par les fils conducteurs. On entend donc par *courant, la recomposition continue des fluides électriques d'une pile dont les pôles communiquent ensemble.* Les fils métalliques par lesquels on établit cette communication portent le nom d'*électrodes* ou *rhéophores.* Enfin pour donner une direction au courant électrique on est convenu que dans les rhéophores, l'*électricité va du pôle positif au pôle négatif;* inversement dans la pile elle ira du pôle négatif au positif, mais cela n'a plus la même importance. Quand les deux pôles de la pile communiquent n'importe par quels conducteurs, le courant est établi; on dit alors que *le circuit est fermé :* il est *ouvert,* quand cette communication est interrompue. Pour que la pile donne un courant elle n'a pas besoin d'être isolée; les fluides suivent les meilleurs conducteurs et les réophores métalliques forment mieux le circuit que les supports sur lesquels repose ordinairement l'appareil.

Notre figure 179 représente le circuit fermé, et les signes indiquent la distribution de l'électricité. Dans la pile à colonne le pôle *cuivre* est *négatif*, et le pôle *zinc*, *positif*.

DIVERSES MODIFICATIONS DE CET APPAREIL. — La pile à colonne a une tension très-faible; on ne peut lui donner un grand nombre d'éléments, parce que leur poids amène la prompte dessiccation des rondelles inférieures, et l'appareil cesse de fonctionner. Enfin elle est fort longue à monter et perd rapidement son énergie. Tous les physiciens s'efforcèrent donc de modifier cet appareil, et en étudiant les principales piles employées jusqu'ici, on comprendra sans peine comment on obviait aux défauts de celles qui les avaient précédées.

Pile à auges. — La pile à auges est une pile voltaïque horizontale et où le liquide lui-même remplace les rondelles humides. C'est une caisse (fig. 180) rectangulaire en bois : les couples sont des cloisons

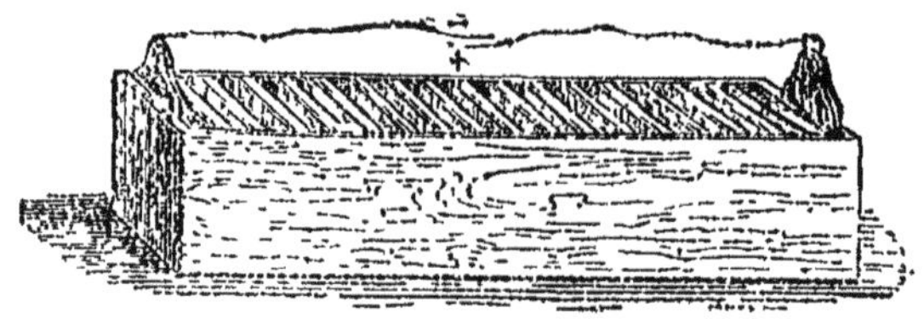

Fig. 180.

métalliques formées d'une plaque de zinc soudée à une plaque de cuivre, et qui divisent la boîte en une série de petites auges étroites et oblongues. Dans chacune de ces auges on verse de l'eau acidulée avec 1/100 d'acide sulfurique ou azotique : la pile est alors en activité. A chaque pôle est une saillie de la dernière lame métallique; on y attache les électrodes et l'appareil fonctionne comme le précédent, mais avec plus de durée et d'énergie. La pile à auges a ses pôles exactement placés comme ceux de la pile à colonne. Sa disposition fut imaginée par Cruikshank.

Batteries voltaïques. — La construction de la pile à auges permit de réunir plusieurs piles pour constituer des batteries voltaïques capables de produire des effets considérables. Toutes les piles construites depuis peuvent également constituer des batteries; mais cette réunion se fait de deux manières. Supposons deux piles de 50 couples, semblables en tous points; chaque élément a 1 décimètre carré. On peut faire communiquer le pôle négatif de la première avec celui de

ın seconde, et de même les deux pôles positifs ensemble. Dans cette
première disposition on a une batterie dont la tension est égale à celle
d'une seule des deux piles : mais la surface des éléments est doublée.
On obtient donc en réalité une batterie de 50 *éléments*, la surface
de chacun d'eux est de 2 décimètres carrés. D'après les propriétés
que j'ai fait connaître en parlant de la pile à colonne, en doublant la
surface on augmente la quantité d'électricité que peut fournir l'appareil. L'autre manière de former les batteries voltaïques consiste
à les réunir par les pôles de nom contraire : le positif avec le négatif
et inversement. Alors dans l'exemple que j'avais choisi, on aurait une
batterie de 100 *éléments*, ayant chacun 1 décimètre carré de surface.
La tension augmente à peu près proportionnellement au nombre des
couples que l'on a ainsi ajoutés.

Pile de Wollaston. — D'une construction plus compliquée que la
précédente, la *pile de Wollaston* a une
bien plus grande énergie, et fit, la première, connaître les effets puissants de
l'électricité dynamique. La figure 181
représente une coupe verticale de deux
éléments de cette pile dont la figure 182
montre l'ensemble. Le couple se compose d'une plaque de zinc $z z$ (fig. 181)
et d'une lame de cuivre c'; soudée par

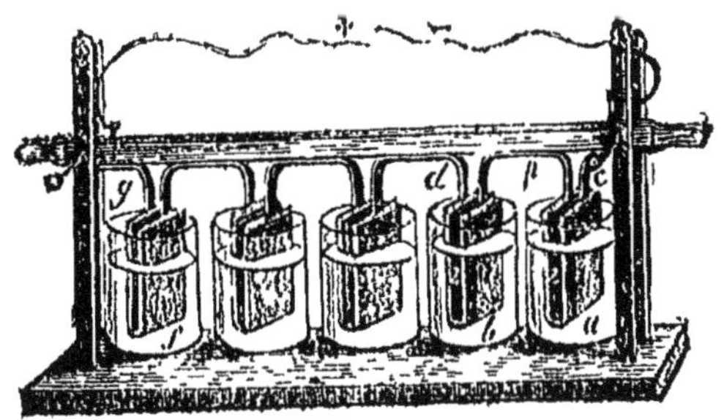

Fig. 181.

une extrémité au zinc, ensuite elle s'applique contre une traverse de
bois qui porte tous les couples, et redescend se contourner en rigole
profonde autour de l'élément suivant $z' z' c''$ qu'elle ne touche en aucun point. La lame de cuivre d (fig. 182), en entourant le zinc Z du
couple suivant, forme une masse carrée saillante, que l'on plonge dans

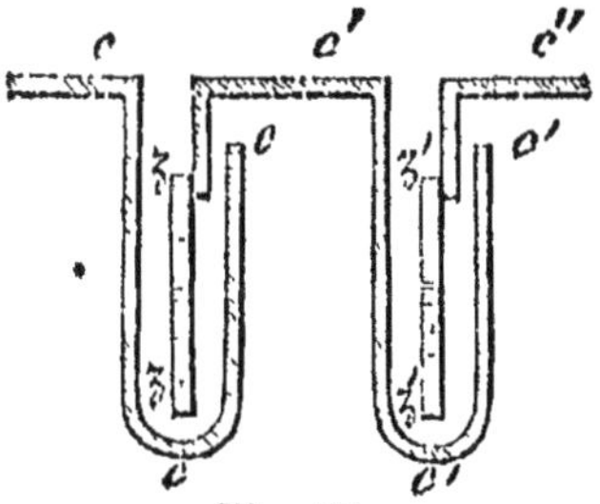

Fig. 182.

un bocal de verre b rempli d'eau acidulée avec 1/16 d'acide sulfurique
et 1/20 d'acide azotique. La lame p va former avec le zinc suivant un

autre système qui plonge dans le bocal *a*. On voit donc clairement que les couples sont pour ainsi dire à cheval sur deux bocaux consécutifs, car un même vase *b* reçoit le cuivre d'un couple et le zinc du suivant. Toutes ces pièces métalliques sont fixées à une traverse de bois supportée par des montants en bois. Ceux-ci sont construits de manière à ce que la traverse soutenue à telle hauteur qu'on veut, puisse être rapidement élevée ou abaissée. Les couples peuvent donc être mis en activité quand on le veut, puis retirés du liquide de façon à suspendre le jeu de la pile quand elle fonctionnerait inutilement.

Il est essentiel de se rendre compte de la disposition des pôles dans la pile de Wollaston. Chaque couple accumule du fluide négatif sur le cuivre, du fluide positif sur le zinc. Mais il y a un premier cuivre *g* qui ne forme pas couple, puisqu'il n'est soudé à aucune plaque de zinc : le cuivre *o*, au contraire, placé à l'extrémité opposée, fait partie d'un couple : il en résulte que le cuivre *o* est réellement le *pôle négatif*; mais le cuivre *g* reçoit simplement l'électricité du zinc plongé dans le même vase *f*, il fait donc l'office d'électrode, et devient le *pôle positif* de la pile. Ainsi les deux pôles sont formés par une lame de cuivre; celle qui est soudée à un zinc est le négatif.

La pile de Wollaston rendit de grands services par l'énergie de ses effets; on s'attacha donc à la perfectionner de toute manière, pour l'adapter à toutes les expériences dont elle devint l'instrument. Je citerai seulement, comme modifications de ce bel appareil, la *pile à hélice* de M. Pouillet, la pile de M. James Young, destinée à opérer avec de grandes surfaces sous un très-petit volume; enfin la pile de M. Munch, de Strasbourg, qui est encore assez employée dans les expériences pour que je la fasse connaître complétement.

Pile de Munch. — Comme celle de M. Young, cette pile a l'avantage d'occuper fort peu de place, d'être légère et d'agir avec énergie et d'une manière assez durable; son entretien seul exige un peu trop

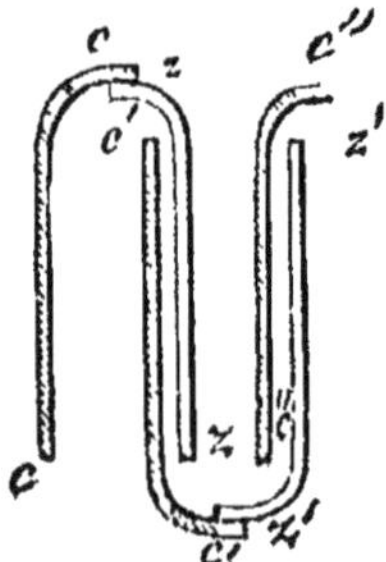

Fig. 183.

de soins. Les éléments y sont couchés, par rapport à ceux de la pile de Wollaston, et ils plongent tous dans une même auge rectangulaire en bois mastiqué ou en terre. Le même liquide les baigne donc tous. La figure 183 est une coupe horizontale de deux couples de la pile de Munch; *cc* est une lame de cuivre, *zz* est la lame de zinc, et les mêmes parties sont indiquées d'une manière analogue dans le couple suivant. La figure 184 fait voir cette pile dans son ensemble et au moment où on va la plonger dans le liquide acidulé pour la mettre en activité. Les éléments sont reliés entre eux par de simples traverses de bois,

Pile de Smée. — On doit à M. Smée une pile d'une disposition assez différente, et que j'indiquerai seulement parce qu'elle a servi de transition vers un autre système de piles électriques, presque exclusive-

Fig. 184.

ment employées aujourd'hui. L'élément imaginé par M. Smée a la disposition suivante : il est formé d'une lame de *platine platiné* ayant 10 à 13 centimètres de largeur sur 15 à 20 de hauteur. De chaque côté de cette lame sont placées deux autres lames de *zinc amalgamé*, ayant chacune la hauteur de la lame de platine sur 4 à 5 centimètres de largeur. Ces trois pièces métalliques sont fixées, par leur bord supérieur, à une petite traverse de bois. L'élément est reçu dans un vase rectangulaire très-comprimé, aplati dans une de ses dimensions transversales et sur le bord duquel repose la traverse. On le remplit d'eau acidulée avec $\frac{1}{8}$ d'acide sulfurique. Un des électrodes communique avec le *zinc* et représente le *pôle négatif*, l'autre, en rapport avec le *platine*, est le *pôle positif*. Il est essentiel de remarquer que dans cette nouvelle pile, où le zinc n'est plus associé au cuivre, mais bien au platine, il a changé de signe et reçoit le fluide négatif qui, dans les piles que j'ai décrites jusqu'ici, se portait sur le cuivre. Pour construire une pile avec ces éléments, on les place en série à côté l'un de l'autre, et on fait communiquer le pôle + du premier avec le pôle — du second, et ainsi de suite.

On doit observer, en examinant la disposition adoptée par M. Smée, que les métaux qui forment le couple ne se touchent plus comme dans la pile voltaïque primitive. Je n'ai rien à dire de la théorie des piles, mais il est clair que l'idée du contact adoptée par Volta suffit mal à l'interprétation des phénomènes; aussi a-t-on recours aux réactions chimiques qui se passent entre l'eau et l'acide sulfurique en présence des métaux oxydables comme le zinc. Enfin il est essentiel que les élèves sachent quelle est l'influence du *platine platiné* et du *zinc amalgamé*. Le *platine platiné* est du platine forgé sur lequel on a fixé un dépôt de platine noir (platine précipité d'une dissolution). Dans cet état, le platine est meilleur conducteur et augmente beaucoup l'énergie du courant. Le *zinc amalgamé* est simplement du zinc frotté avec du mercure de manière à se recouvrir d'une couche d'amalgame. Il acquiert alors une propriété précieuse; il cesse d'être attaquable directement par les acides, et ne se prête à cette réaction que lorsqu'on établit une communication métallique entre le zinc et le platine. La pile ne marchera donc que lorsque le circuit sera fermé; mais alors on constate une énergie plus grande que si le zinc n'était pas amalgamé.

MM. Sturgeon et Wheastone ont successivement apporté des modifications à la pile de M. Smée. Il est superflu de les décrire ici.

Piles à deux liquides. — Tous ces appareils, depuis la pile à colonne jusqu'aux derniers que j'ai fait connaître, ont un caractère commun. Il n'entre dans leur constitution qu'*un seul liquide*. Ce fut un immense perfectionnement, que l'introduction des deux liquides dans la construction des piles voltaïques. Toutes les *piles à un seul liquide* ont le défaut de donner des courants dont l'intensité décroît avec une assez

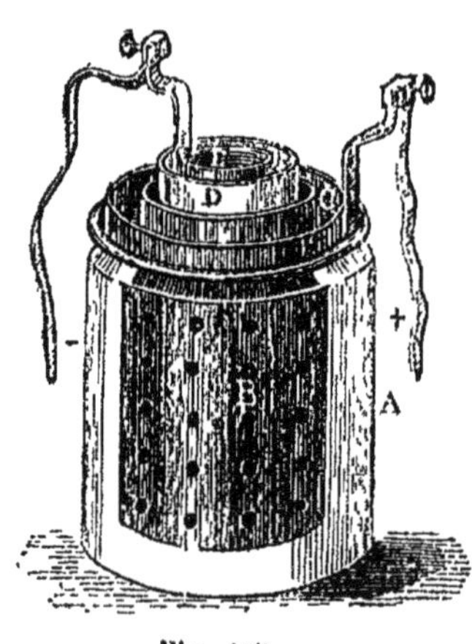

Fig. 185.

grande rapidité. Les *piles à deux liquides* ont, au contraire, l'avantage que leurs courants conservent pendant très-longtemps une intensité à peu près uniforme; aussi les désigne-t-on souvent sous le nom de *piles à courant constant*.

Pile de Daniell. — L'anglais Daniell imagina une des premières piles à deux liquides. J'en vais décrire un élément, que représente la figure 185. Il y a un vase pour chaque liquide, et dans ce vase plonge un corps métallique destiné à l'accumulation de l'électricité. Cet élément se compose donc d'un premier vase A rempli d'une dissolution saturée de *sulfate de cuivre*. Dans cette dissolution plonge un cylindre B de *cuivre rouge*, ouvert en haut et en bas, et percé latéralement de trous destinés à permettre la libre circulation du liquide. En dedans du cylindre B est un vase D en terre de pipe dégourdie, et par conséquent poreuse. Ce vase, long et cylindrique, contient l'*eau acidulée* avec de l'*acide sulfurique*, ou une *dissolution de sel marin*. Enfin, dans le vase D plonge un cylindre creux E de zinc amalgamé, ouvert aux deux extrémités. A un prolongement du cylindre de *zinc* E se fixe l'électrode, qui est *négatif;* de même le cylindre de *cuivre* B porte l'électrode *positif.* Pour assurer la constance du courant, il est nécessaire que la dissolution de sulfate de cuivre reste toujours saturée. Aussi le cylindre B est-il surmonté d'une petite galerie métallique C à fond grillagé, dans laquelle on place des cristaux de sulfate qui se dissolvent lentement à mesure que le liquide du vase A s'appauvrit.

L'élément de Daniell, monté comme je l'ai expliqué, entre en activité dès que l'on fait communiquer le cuivre et le zinc par un arc conducteur. Pour former la pile, on unit les éléments par les pôles de nom contraire si on veut augmenter la tension, ou par les pôles de même nom si l'on veut augmenter la quantité d'électricité sans changer la tension.

Cette pile a été modifiée de bien des manières, sans qu'il soit nécessaire de connaître toutes ces variétés. C'est le second vase D qui a éprouvé le plus de changements. D'abord formé d'une vessie, on l'a successivement construit en cuir tanné, en toile à voile, en bois, en plâtre, enfin en terres cuites de divers genres.

La pile de Daniell a une grande puissance et montre une constance remarquable dans ses effets : elle peut fonctionner cinq à six jours et même davantage sans altération sensible dans son énergie. C'est une modification de cette pile, imaginée par M. Bréguet, qui est employée en général dans la télégraphie électrique.

Au milieu des nombreuses dispositions de piles de tous genres que je pourrais encore décrire, je choisirai seulement celle de Grove et celle de Bunsen, qui n'en est qu'une heureuse modification. Ces deux piles, assez voisines de la pile de Daniell, sont, comme elle, à deux liquides.

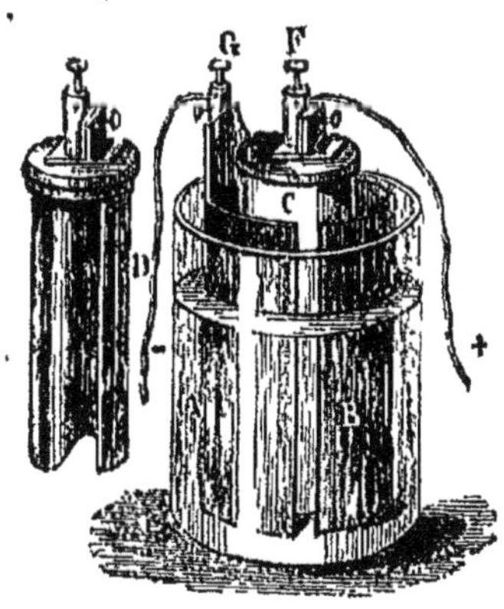

Fig. 180.

Pile de Grove. — La figure 180 représente un élément de Grove tout monté, avec une de ses parties isolée pour la mieux faire comprendre. A, est un vase de verre rempli d'*eau acidulée à l'acide sulfurique*; B, est un cylindre de *zinc amalgamé* fendu dans toute sa longueur et ouvert aux deux bouts; C, est un vase poreux en terre de pipe dégourdie; il contient de l'*acide azotique ordinaire*; enfin E est un couvercle auquel est fixée une lame de *platine platiné* contournée sur elle-même, comme le montre la figure D. Cette lame plonge dans l'acide azotique. Au zinc et au platine sont attachés les électrodes: le pôle *zinc* est *négatif*. M. Grove a donné à cet élément un très-petit volume, en prenant pour vase de verre un petit verre à boire, et pour vase poreux un fourneau de pipe dont le tube a été cassé et bouché.

Pile de Bunsen. — La pile de Grove était coûteuse, à cause de l'emploi du platine platiné. Ce fut donc par une heureuse modification que Bunsen substitua au platine un cylindre de charbon. La figure 187

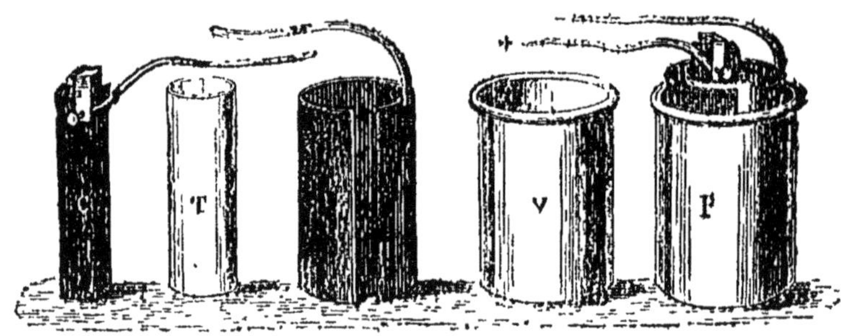

Fig. 187.

montre un élément de la *pile de Bunsen* ou *pile à charbon* monté et démonté. Le vase V, qui peut être en faïence ou en verre, contient de l'*eau acidulée* avec $\frac{1}{12}$ environ d'*acide sulfurique*; on y introduit le cylindre de *zinc amalgamé* Z. Un second vase T, en terre de pipe dégourdie, prend place à l'intérieur du cylindre Z; il recevra de l'*acide azotique ordinaire*. Enfin C est un parallélipipède de charbon, que l'on plonge dans le vase T. On fixe les électrodes au charbon et au zinc, et on a l'élément tout monté P; le zinc est encore le pôle négatif. Dans les piles de Bunsen d'un petit modèle primitivement construites, le zinc était dans le vase poreux, et c'est le charbon qui formait le cylindre reçu dans le vase extérieur. Les liquides étaient également inverses, l'eau acidulée devant toujours baigner le zinc et l'acide azotique le charbon.

La pile de Bunsen est la plus employée aujourd'hui. Elle est capable de produire les plus grands effets : quoique elle ait le défaut de perdre rapidement son énergie. Elle répand aussi des vapeurs acides qui peuvent devenir un peu incommodes. On assemble les éléments comme dans les piles précédentes : et, comme les précédentes, la pile à charbon n'entre en activité que quand son zinc communique par un conducteur métallique avec le charbon de son couple, lorsque, en un mot, le circuit est fermé.

Je ne parlerai pas ici des piles sèches de Zamboni, des piles à gaz de M. Grove, ni enfin de la pile ou chaîne galvanique de M. Pulvermacher. Ces appareils, intéressants à un point de vue scientifique ou pratique, ne rentrent pas dans les usages ordinaires des physiciens.

Effets des piles voltaïques. — Les appareils variés que nous venons d'étudier produisent tous, en raison de leur énergie, les mêmes effets à des degrés divers. C'est que tous produisent de l'électricité dynamique, et que le même agent présente partout les mêmes caractères. Ces effets des piles électriques se divisent en cinq catégories :

1° — **Effets physiologiques.** — Les expériences de Galvani nous ont fait connaître l'action du courant voltaïque sur des animaux récemment tués; ce sont des *contractions musculaires*, des *commotions nerveuses*. Quand on interpose dans le circuit un animal vivant, le courant produit en lui les mêmes phénomènes. On peut s'en assurer en prenant avec les mains les deux électrodes d'une pile suffisamment énergique : au moment où tenant l'un des électrodes on saisit l'autre, on éprouve une commotion comparable à celle de la bouteille de Leyde, mais cette commotion se reproduit à des intervalles très-courts tant que le courant traverse notre corps. Je ne puis, du reste, qu'indiquer ici d'une manière générale les effets physiologiques de l'électricité voltaïque. Étudiés en détail, ces effets présentent de curieuses modifications qui regardent plutôt la physiologie que la physique. Ainsi de scrupuleux observateurs ont constaté que le courant qui traverse un organe dans le sens des ramifications nerveuses détermine une contraction musculaire au moment où on ferme le circuit, et une sensation lorsqu'on le rouvre. C'est l'inverse quand le courant marche en sens contraire. Je ne puis d'ailleurs m'arrêter ici sur ces phénomènes.

2° — **Effets mécaniques.** — Les effets mécaniques de la pile voltaïque se présentent concurremment avec les autres, et ne peuvent guère être démontrés isolément. Ils consistent surtout dans des phénomènes de transport de particules matérielles : on les constate dans les expériences propres à faire connaître les effets chimiques ou les effets lumineux de l'électricité dynamique.

3° — **Effets calorifiques.** — Les effets calorifiques des piles rappellent tout à fait ceux des batteries. De même que l'étincelle électrique à forte tension, le courant voltaïque élève énormément la température des corps qu'il traverse. Pour s'en convaincre, il suffit de placer entre les deux électrodes d'une pile énergique des fils de divers métaux, zinc, étain, fer, argent, or. Ils passent rapidement à l'état d'incandescence, se fondent ou même se volatilisent. Les métaux qui conduisent le moins bien, atteignent les plus hautes températures. Quant à l'influence de la pile, on a constaté que l'énergie des effets calorifiques dépend plus de la quantité d'électricité que de la tension, c'est-à-dire de la surface des couples que de leur nombre. Avec une pile puissante, les métaux les plus réfractaires sont fondus, jusqu'à l'iridium et au platine, qui résistent à nos plus ardents feux de forge. Le charbon lui-même a pu être ramolli et presque fondu avec une pile gigantesque. Ces tentatives, dues à M. Despretz, ont été faites avec une pile de Bunsen de 600 couples.

4° — **Effets lumineux.** — Si l'on prend une pile d'une certaine énergie, il suffit de rapprocher à faible distance les deux électrodes pour obtenir entre eux de vives étincelles. Leur succession peut être très-rapide et donner même une lumière continue. Il suffit d'une pile à charbon de dix éléments pour obtenir de belles aigrettes lumineuses. Mais pour transformer la pile électrique en une source de lumière sans égale parmi celles dont nous disposons, il suffit de produire les effets lumineux par l'incandescence des conducteurs que suit le courant. Davy le premier, en 1801, fit voir une magnifique expérience répétée partout depuis. Il avait à sa disposition une batterie voltaïque de piles à auges formant un total de 2000 couples, dont les plaques mesuraient près de 5 décimètres carrés. Employant ce globe déjà représenté figure 165 (chap. xv), et connu sous le nom d'œuf électrique, il fit communiquer chaque électrode avec une des montures de l'appareil. Le vide était fait dans le globe, et chaque tige métallique portait une pointe de charbon. En amenant ces pointes au contact, on fermait le circuit, et aussitôt le charbon commençait à devenir incandescent. Il projetait une vive lumière, et l'on pouvait, quand l'incandescence était complète, écarter les deux cônes de charbon de quelques millimètres sans que le courant cessât de passer. Alors l'intervalle devenu lumineux jetait un éclat que le soleil seul peut effacer. On a beaucoup étudié cette source si puissante de lumière, et l'expérience de Davy a reçu d'importants perfectionnements, surtout destinés à donner à la lumière la durée qui lui manque. Davy employait du charbon de bois qui dans l'air brûlait dès qu'il était incandescent; il lui avait donc fallu opérer dans le vide. On

s'est servi depuis de charbon de coke taillé en baguettes coniques :
il brûle très-lentement à l'air, de sorte qu'on n'a plus besoin du vide.
On fait donc l'expérience aujourd'hui avec l'appareil fort simple
de la figure 188. Deux montures métalliques sont isolées par une

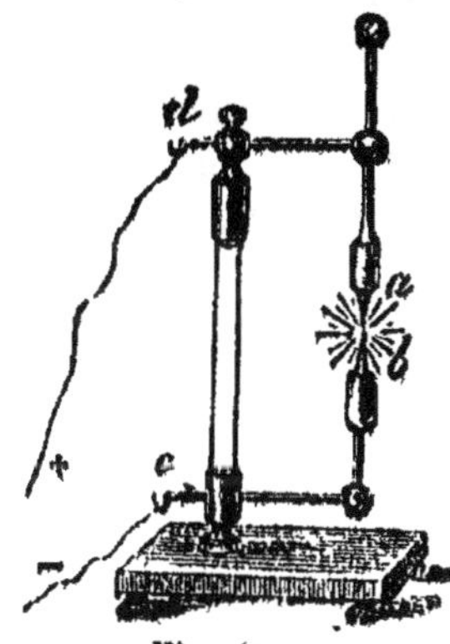

Fig. 188.

tige de verre : toutes deux portent une tige
horizontale dans laquelle se fixe une ba‑
guette métallique verticale dont l'extrémité
a ou b reçoit un cône de charbon de coke.
La baguette supérieure, mobile dans le sens
vertical, permet d'approcher convenable‑
ment les charbons. En d et en c, on attache
les électrodes d'une pile, et l'on ne tarde
pas à voir luire entre a et b une magni‑
fique lumière, d'un éclat que l'œil ne peut
supporter. Malheureusement, cette source
lumineuse ne fonctionne pas longtemps avec
cette perfection. Les deux pointes de char‑

bon s'usent rapidement, et voici pourquoi : le charbon négatif, au
commencement de l'expérience, est devenu lumineux le premier;
mais bientôt, lumineux à son tour, le charbon positif jette le plus vif
éclat. En même temps, il se fait un transport de particules de char‑
bon du pôle + vers le pôle —, de sorte que le charbon négatif b n'é‑
mousse que faiblement sa pointe sans perdre sa forme conique, tandis
que le charbon positif a se creuse et prend peu à peu l'aspect d'une sorte
de chapeau de champignon. Il se forme donc ainsi un intervalle entre
les deux charbons, et au bout de peu de temps le courant se trouve
interrompu; les effets lumineux cessent complétement. Pour obte‑
nir l'éclairage par l'électricité, on a construit des appareils nommés
régulateurs de la lumière électrique, et qui, par le jeu même du cou‑
rant, rapprochent les deux charbons à mesure qu'ils s'usent. On ob‑
tient ainsi une lumière d'une merveilleuse intensité et d'une fixité
parfaite. Le prix de cet éclairage n'est d'ailleurs pas très-élevé eu
égard à l'intensité de lumière que l'on obtient.

Je dois noter en terminant un caractère important de la lumière
électrique ; ses aigrettes lumineuses sont attirables par un aimant.
Il suffit d'en obtenir entre deux électrodes métalliques dans un tube
de verre; un aimant placé à l'extérieur du tube attire la lumière
d'une façon très-évidente.

5° — EFFETS CHIMIQUES. — Les effets chimiques des piles voltaïques
se manifestent en général avec intensité : ils consistent principale‑
ment en décompositions rapides de corps énergiquement combinés.
Ils sont d'autant plus puissants que la tension de la pile est plus

grande. C'est donc le nombre des éléments qui décide surtout de l'énergie chimique d'un appareil voltaïque.

Décomposition de l'eau. — Dès l'origine de la pile de Volta, en 1800, Carlisle et Nicholson, en Angleterre, découvrirent qu'elle avait le pouvoir de décomposer l'eau. Voici comment on dispose aujourd'hui l'expérience. La figure 189 représente un verre dont le fond

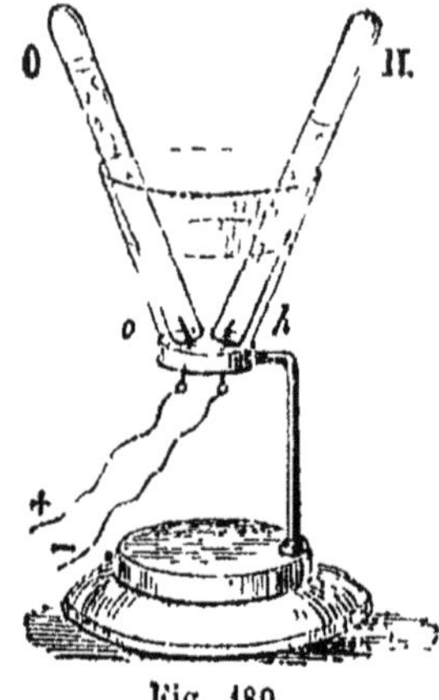

Fig. 189.

est traversé par deux tiges de platine *o h* pouvant recevoir les electrodes d'une pile et en devenir les deux pôles. Cet appareil porte le nom de *voltamètre.* On met dans ce verre de l'eau distillée légèrement acidulée pour augmenter sa conductibilité : on place ensuite sur chaque pôle les éprouvettes O et H préalablement remplies d'eau; enfin on attache aux tiges de platine les deux électrodes d'une pile à charbon de 4 à 5 éléments. Le courant s'établit alors au moyen de l'eau qui baigne les pôles *o* et *h :* mais en la traversant, il la décompose. On ne tarde pas à voir se fixer à cha-

que pôle de petites bulles de gaz qui s'élèvent bientôt dans les éprouvettes. Après quelques instants leur sommet est rempli de quantités inégales de gaz. Au pôle positif O est un gaz moitié moins volumineux que celui du pôle négatif.

En essayant chimiquement ces deux gaz on reconnaît en O de l'*oxygène,* et de l'*hydrogène* en H. On verra dans le cours de chimie comment cette expérience est devenue la base d'une méthode d'analyse de l'eau. Le voltamètre a servi entre les mains de M. Faraday à la mesure de l'intensité des courants ; car *la quantité pondérable des éléments séparés est proportionnelle à la quantité d'électricité qui passe dans le courant.* En procédant avec soin dans l'expérience que je viens de décrire, M. Faraday a donc pu mesurer le volume des gaz dégagés, en déduire leur poids et conclure l'intensité relative de plusieurs courants.

Décomposition des composés binaires. — On découvrit bientôt que l'eau n'était pas le seul corps dont les éléments pussent être séparés sous l'influence du courant voltaïque. Davy, en 1807, avec cette batterie de 2000 éléments qu'avait fait construire la Société royale de Londres, décomposa le premier la potasse et la soude que l'on regardait comme des corps simples. La baryte, la strontiane, la chaux, le furent bientôt après. En général, sous l'influence de la pile, les composés binaires acides, basiques ou indifférents, se séparent en leurs éléments chimiques. L'un d'eux se rend au pôle positif, l'autre au pôle négatif, et cela d'une manière constante pour un même composé. Celui des deux éléments qui va au pôle négatif reçoit le nom de *corps électro-positif*, en vertu de ce principe fondamental de l'attraction des fluides de nom contraire. L'élément qui va au pôle positif est le corps *électro-négatif*. Toutes les fois qu'on décompose une combinaison oxygénée, l'oxygène se rend au pôle positif, il est donc le plus électro-négatif des corps simples. L'hydrogène est au contraire presque toujours électro-positif. Les autres éléments sont tantôt électro-positifs, tantôt électro-négatifs suivant les corps auxquels il sont associés. Ainsi le chlore est électro-négatif avec l'hydrogène et électro-positif presque partout ailleurs.

Décomposition des sels. — Les sels ternaires en dissolution se décomposent diversement par l'action de la pile. Le cas le plus simple est celui où l'acide et la base se séparent sans être eux-mêmes décomposés : l'acide se rend toujours au pôle positif, et la base au pôle négatif. Si l'un des deux est facilement décomposable, il subit aussi l'influence du courant voltaïque : le phénomène est alors plus compliqué dans ses résultats. Les sels dont l'acide est assez peu stable pour se décomposer par l'action de la pile, donnent au pôle—la base et l'élément électro-positif de l'acide; tandis que l'oxygène seul se recueille au pôle +. Si, au contraire, la base est facilement décomposable : au pôle+ se retrouvent l'acide et l'oxygène de la base; au pôle — le métal réduit. Ce dernier fait est d'une haute importance, il est devenu la base d'une grande et belle industrie : la *galvanoplastie*. Enfin, dans certains sels se trouvent combinés un acide et une base aussi peu stables l'un que l'autre : l'un et l'autre sont décomposés par la pile dont le pôle + reçoit tout leur oxygène tandis que les deux autres corps se réunissent à l'autre pôle.

La figure 190 montre l'expérience par laquelle on met en évidence la décomposition des sels. Le tube en U contient une dissolution de sulfate de soude ou de potasse : on plonge dans la branche *a* l'électrode positif d'une pile voltaïque, et l'électrode négatif dans l'autre branche *b*. En *a* et en *b* on a mêlé à la dissolution un peu de sirop de violette destiné à déceler par sa couleur la présence de l'acide ou de la base en liberté. Faisant fonctionner la pile, on voit bientôt *rougir* le liquide de la branche positive *a* et *ver-*

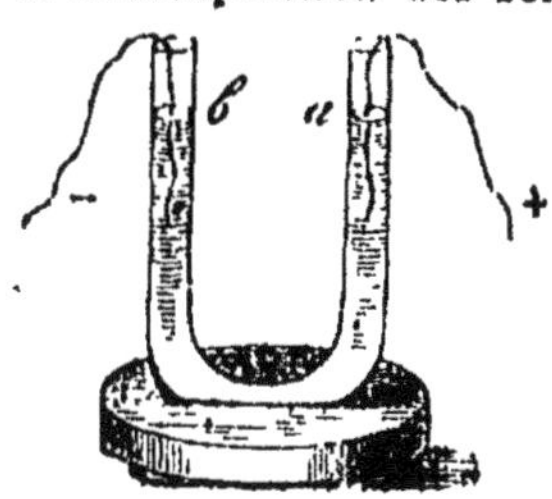

Fig. 190.

dir celui de la branche négative : comme les acides font tourner au rouge, et les bases au vert, la couleur bleue de ce réactif, la décomposition du sel, la présence de l'acide au pôle positif et de la base au pôle négatif se trouvent ainsi démontrées à la fois.

Les décompositions chimiques provoquées par les piles électriques sont accompagnées de phénomènes de transport que Davy a beaucoup étudiés. Je citerai une seule de ses expériences pour en donner quelque idée.

On place, à côté l'un de l'autre, trois verres à pied. Le premier contient une dissolution de sulfate de soude, le second du sirop de violette et le troisième de l'eau pure. Avec des mèches d'amiante humectées, à cheval d'un verre à l'autre, on fait communiquer le sulfate de soude avec le sirop de violettes, et celui-ci avec l'eau. Enfin dans le premier verre on introduit l'électrode négatif d'une pile et dans le dernier l'électrode positif. Le courant marche donc à travers l'eau, le sirop de violette et enfin le sulfate. Après plusieurs heures on peut s'assurer que le premier verre ne contient plus que de l'acide sulfurique, tandis que le dernier renferme une dissolution de soude et non plus de l'eau pure. Il y a donc eu transport de la soude au pôle positif. Mais ce qui est fort singulier, c'est que le sirop de violette que la soude semble avoir dû traverser n'a subi aucun changement de couleur. En intervertissant la position des pôles, on obtient le transport de l'acide, sans que le sirop de violette offre la moindre coloration rouge.

GALVANOPLASTIE. — La *galvanoplastie* est l'art d'appliquer les métaux sur des surfaces, en les précipitant de leurs combinaisons par le courant voltaïque. L'invention en est due à MM. Spencer et Jacobi qui, l'un en Angleterre, l'autre en Russie, en firent les premiers essais dans les années 1837 et 1838.

Le principe de cet art nouveau est énoncé dans la décomposition des sels par la pile. On a vu en effet que *les sels dont la base est facilement réductible donnent au pôle négatif un dépôt du métal réduit.* Si donc on veut obtenir sur un corps une couche métallique, il faudra choisir un sel capable de se décomposer de cette manière, et dans une dissolution de ce sel disposer le corps à l'électrode négatif, de façon à ce que le métal s'y dépose, à mesure que le courant agit sur le sel.

Un pareil procédé est d'une généralité extrême, il se prête à l'application de presque tous les métaux, dorure, argenture, platinage, bronzage, etc. Il suffit de choisir un sel du métal qu'on veut obtenir. Les procédés galvanoplastiques ont encore l'avantage d'être rapides, simples, et d'un prix modique. Mais on n'a pas seulement obtenu de la galvanoplastie l'application de couches métalliques sur des surfaces; en donnant à ces couches une épaisseur suffisante et en les empêchant d'adhérer à la surface où elles viennent se déposer, on a des reproductions en saillie de moules préparés à cet effet ; et des dissolutions traversées par le courant voltaïque, on voit sortir des médailles, des statuettes d'une rare perfection.

Je vais pour faire comprendre ces beaux procédés expliquer le *cuivrage* d'une médaille de plâtre, par exemple. Il s'agit de lui donner l'aspect d'une médaille de cuivre. *On prend une dissolution de sulfate de cuivre, on y plonge l'électrode positif a'une pile : à l'électrode négatif on fixe la médaille de plâtre et on le plonge également dans le bain de sulfate.* Dès lors le courant s'établit et le dépôt de cuivre se manifeste peu à peu sur la médaille qui forme le pôle négatif. *Quand l'opération a duré assez de temps pour que la couche de cuivre ait l'épaisseur voulue, on retire la pièce qu'il suffit de laver et d'essuyer.* On réussirait mal cependant si à ces manœuvres essentielles on n'ajoutait les précautions suivantes :

1° *Métalliser les surfaces de l'électrode négatif.*—Le corps que l'on veut cuivrer n'est pas toujours bon conducteur; le plâtre est précisément dans ce cas. Le dépôt ne s'y ferait qu'avec irrégularité, si on ne rendait la surface bonne conductrice en la couvrant d'une couche de plombagine ou de poussière métallique. Cet enduit s'applique à sec avec un pinceau plus ou moins dur. On appelle cela *métalliser* la surface.

2° *Enrichir la liqueur par l'électrode positif soluble.*—La liqueur cuivreuse s'appauvrit à mesure que la décomposition marche ; or, le dépôt n'est pas homogène quand toutes les conditions où il se fait ne restent pas identiques. Une heureuse invention, connue sous le nom d'*électrode soluble*, satisfait à cette condition. On forme l'électrode positif de lames de cuivre qui, recevant l'oxygène abandonné par le cuivre du sulfate, s'oxydent et régénèrent le sel à mesure qu'il se décompose.

3° *Égaliser le dépôt par les électrodes multiples.* — L'expérience nous a enseigné que, pour assurer l'uniformité du dépôt métallique, il faut suspendre la pièce au pôle négatif par plusieurs fils conducteurs, et en même temps disposer au pôle positif plusieurs lames de cuivre convenablement placées vis-à-vis de certains points de la pièce. On a d'ailleurs remarqué que la forme même de l'objet exerce une influence sur l'uniformité de la couche déposée : ainsi les parties saillantes en prennent plus que les autres, et on éprouve une certaine difficulté à l'obtenir dans les creux.

A ces précautions, qui sont de véritables procédés, on joindra encore certaines conditions pratiques. Ainsi il est très-important de donner au courant une intensité convenable, et pour cela de déterminer avec tact le nombre d'éléments qu'il faut employer. Si le courant est trop faible, la couche métallique est trop malléable et n'a pas de solidité; s'il est trop fort, elle devient cassante, rugueuse, et manque de cohésion. Le choix du nombre des éléments doit être en rapport avec la température et la richesse de la dissolution saline. Si la pièce était d'une substance poreuse capable de s'imprégner de la dissolution, on lui ferait subir une préparation pour la rendre imperméable; elle varierait suivant la substance.

Pour modeler par le courant galvanique une médaille, une statuette ou tout autre objet, il suffit de compléter par de légères additions le procédé que je viens d'indiquer. Sur la pièce à modeler on fait d'abord un moulage qui donne le *creux*; ensuite, dans ce moule on fait déposer la couche qui reproduit le relief. Un seul point diffère : dans le premier procédé, le dépôt métallique est adhérent; ici, il faut qu'il demeure parfaitement libre de la surface sur laquelle il se fait, et cependant cette surface doit être préparée de manière à rester bonne conductrice. On la revêt de rès-légères couches de cire ou d'un corps gras. On s'est trouvé bien de la passer un instant dans la fumée d'un corps résineux en combustion. Ces préparations constituent ce qu'on appelle *voiler* la pièce.

Toutes ces opérations se font en grand dans de vastes ateliers, et la disposition des bains est des plus simples. De grandes cuves rectangulaires, en bois mastiqué, contiennent la dissolution saline : sur les bords de chacune d'elles reposent trois tringles. Celle du milieu communique avec le pôle positif de la pile, et porte les lames métalliques qui plongent dans le bain pour y former les *électrodes solubles :* les deux latérales communiquent avec le pôle négatif de la pile ; on y suspend les objets sur lesquels on opère.

La galvanoplastie peut se pratiquer en petit dans des appareils qui forment eux-mêmes le couple voltaïque. La figure 101 représente

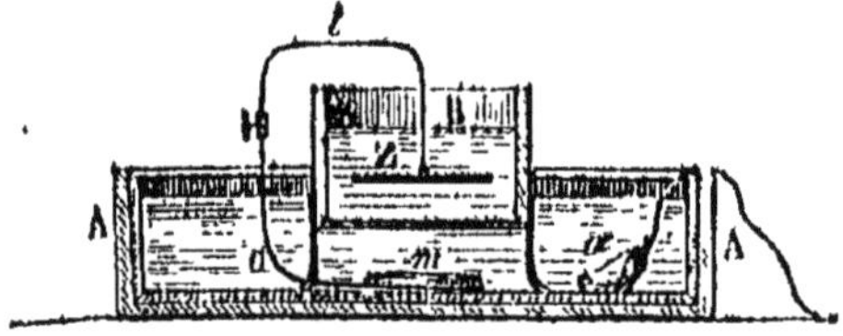

Fig. 101.

une coupe d'un appareil de ce genre. La caisse rectangulaire AA en bois mastiqué contient une dissolution de sulfate de cuivre que le sachet *a*, rempli de cristaux de sulfate, maintient à saturation. Le vase B est un cylindre monté sur trépied et fermé en bas par une toile ou une membrane. Dans ce vase rempli d'eau acidulée est une pla-que Z de zinc amalgamé. Dans l'autre vase AA est placé le moule m, que baigne le sulfate de cuivre. Enfin, ces deux pièces Z et m communiquent par un fil de cuivre o avec le fil pareil i, qui soutient la lame de zinc : une vis de pression les maintient et ferme le circuit. Cet appareil est au fond très-analogue un couple de Daniell ; dès que le circuit est fermé, le dépôt de cuivre se fait en m, comme dans la pile de Daniell, on l'observe sur le cylindre de cuivre rouge.

On a essayé d'appliquer encore la galvanoplastie à la reproduction des planches de cuivre ou d'acier gravées, des clichés typographiques, etc. Le dépôt de cuivre est d'ailleurs presque seul employé. On peut réussir avec plusieurs autres métaux, mais ils offrent en général plus de difficulté : il en est même qui, comme le fer, n'ont pu donner jusqu'à présent des dépôts convenables. L'or et l'argent se prêtent seuls avec autant de facilité que le cuivre aux procédés galvanoplastiques; et leur emploi constitue une branche particulière d'industrie dont nous allons nous occuper quelques moments.

DORURE, ARGENTURE. — Les procédés de dorure et ceux d'argenture se ressemblent à tel point qu'il suffit d'exposer les premiers. L'industrie connaît aujourd'hui trois procédés de dorure; deux d'entre eux sont purement chimiques, j'en donnerai une idée succincte; le troisième, analogue aux procédés galvanoplastiques, consiste entièrement dans l'emploi du courant voltaïque.

Dorure au mercure ou par la voie sèche. — La pièce que l'on veut dorer est d'abord bien décapée. On passe dessus une brosse de fils de laiton trempée dans l'*azotate de mercure*. Avec l'extrémité de cette

même brosse, on applique un peu d'un amalgame contenant $\frac{1}{3}$ de

mercure et $\frac{2}{3}$ d'or. On recouvre ainsi peu à peu toute la surface : on

lave et, après avoir séché, on *chauffe :* à mesure que la température s'élève la dorure apparaît, et quand elle est complète on lui donne l'éclat par le *brunissage*.

La théorie du procédé est simple : l'azotate de mercure produit, par la première action de la chaleur, une légère amalgamation de la surface métallique. Cet amalgame se combine aussitôt avec celui d'or dont la pièce est recouverte. La chaleur volatilise bientôt le mercure, et la combinaison des trois métaux se réduit à un *alliage de cuivre et d'or* qui constitue la dorure elle-même. Ce procédé est le plus ancien, il est coûteux; mais surtout les vapeurs mercurielles qu'il produit le rendent funeste pour les ouvriers. L'argenture au mercure se faisait de même avec un amalgame d'argent. On a presque partout renoncé à la dorure par la voie sèche ; les bronzes seuls sont encore traités de cette manière.

Dorure au trempé. — **M. Elkington** nous a rapporté d'Angleterre un procédé déjà bien supérieur à l'ancien. Beaucoup plus économique, il n'offre aucun danger pour la santé des ouvriers. Voici les principales opérations de la dorure au trempé. On dispose trois bains et un réservoir d'eau pure. Le premier bain est un mélange d'*acide sulfurique*, *azotique* et *chlorhydrique*; le second est une dissolution d'*azotate de mercure*; le troisième, le plus important, est le *bain d'or*. Pour le préparer, on fait un mélange dans les proportions suivantes.

Eau..............................	435 grammes.	Eau régale.
Acide azotique (densité 1,45)......	435	
Acide chlorhydrique (densité 1,15).	435	
Or...............................	155	
	1460 grammes.	

On clarifie en la chauffant cette *dissolution d'or dans l'eau régale*, on décante et on verse la liqueur dans un vase de fer doré intérieurement : enfin, on ajoute 18 litres d'eau et 9 kilogrammes de *carbonate de potasse*, et on fait bouillir deux heures en restituant l'eau qui s'évapore. Dans l'eau régale, l'or est passé à l'état de *sesquichlorure*, que, par l'ébullition, la potasse du carbonate dépouille d'un tiers de son chlore; le bain d'or bouillant contient en définitive du *sesquichlorure d'or* passant à l'état de *protochlorure*.

On décape avec soin les pièces que l'on veut dorer, on les attache par paquets, et on les plonge successivement et avec rapidité dans le premier bain (acide sulfurique azotique et chlorhydrique), dans l'eau pure; dans le second bain (azotate de mercure), encore dans l'eau pure, et enfin dans le bain d'or bouillant. On les y laisse une demi-minute environ, puis on les lave et on les dessèche dans de la sciure de bois chaude. Le sesquichlorure d'or, déjà attaqué par la potasse, est réduit entièrement par le métal des pièces immergées : tout son chlore lui est enlevé, et l'or se dépose sur les pièces pendant qu'il se forme un chlorate de potasse et un bichlorure de cuivre ou du métal que l'on dore.

On fait subir une dernière opération, la *mise en couleur*, qui consiste à plonger les objets dorés dans une dissolution bouillante :

Sulfate de zinc..... ......   11,12 (1 partie).
Sulfate de fer............   22,22 (2 parties).
Azotate de potasse........   66,66 (6 parties).
                             ——————
                              100,00

On dessèche à un feu vif et on lave : cette opération tient lieu du *brunissage*. Le procédé au trempé donne un dépôt de 2 grammes d'or environ par kilogramme de bijoux : il présente une économie de 60 pour 100.

Dorure galvanique. — La dorure et l'argenture galvaniques sont de beaucoup supérieures aux autres procédés. C'est la méthode que j'ai décrite pour l'application galvanique du *cuivre*, modifiée pour appliquer l'*or* ou l'*argent*. Les nombreux expérimentateurs qui.s'en sont occupés ont opéré de bien des manières; c'est encore à M. Elkington que l'on est redevable du meilleur procédé de dorure galvanique. C'est celui que je vais décrire ici.

On emploie des cuves rectangulaires disposées à peu près comme celles où s'opère la galvanoplastie. La figure 102 en montre une CC'

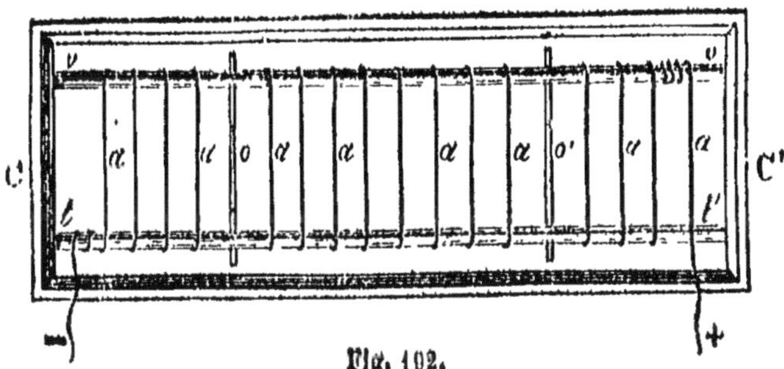

Fig. 102.

vue en dessus. Deux tiges métalliques tt' et vv' traversent la cuve dans sa longueur, un peu au-dessous du niveau supérieur du liquide. La tige vv' communique avec le pôle +, tt' avec le pôle — de la pile. La cuve est partagée en 3 compartiments par 2 cloisons incomplètes en or, o et o', maintenues en communication avec la tige vv' et jouant le rôle d'*électrode soluble* pour régénérer le bain d'or. Des tringles en laiton doré a,a,a reposent sur vv' et tt' et sont plongées par conséquent à quelques millimètres de profondeur dans le bain d'or. On a soin d'isoler par des supports en verre ou en gutta-percha l'extrémité de ces tringles qui porte sur la tige vv', électrode positif. A ces tringles sont suspendus, par des fils de laiton doré, les objets sur les-

quels on veut déposer la couche. Les cuves sont maintenues à + 15°
ou + 20° de température, et les pièces séjournent plus ou moins
longtemps, suivant l'épaisseur que l'on veut obtenir dans le dépôt
Le bain d'or qui remplit ces cuves se prépare ainsi qu'il suit : On fait
la dissolution [1] :

>   Eau distillée. . . . .   1000 grammes.
>   Prussiate jaune de potasse. . .   100
>   Sesquichlorure d'or.   10

Après avoir filtré la liqueur, on y ajoute, portions par portions, une
dissolution de *potasse* jusqu'à ce que le bain devienne faiblement
alcalin. Dès que le courant est établi, le sel d'or se décompose et
donne au pôle négatif un dépôt du métal; en même temps les lames
d'or qui sont au pôle positif se recombinent avec les corps transportés
à ce pôle et reproduisent le sel à mesure que le courant le décompose.
Ce procédé doit sa grande supériorité à l'emploi d'un bain alcalin.
Tous les autres opèrent avec des bains acides qui nécessitent des précautions beaucoup trop délicates.

Pour donner une idée des procédés à bains acides que l'on emploie
dans les expériences faites en petit, il suffit de jeter les yeux sur la
figure 103. On y voit l'esquisse d'un appareil
de dorure galvanique formant lui-même le
couple voltaïque. Un vase en verre VV contient de l'eau acidulée; un cylindre ZZ en
zinc amalgamé, fendu dans sa longueur
comme ceux de la pile à charbon, est plongé
dans ce bain acide, et reçoit un autre vase
OO en porcelaine dégourdie, qui est rempli
de la dissolution aurifère. Un fil de cuivre *m*,
soudé au cylindre de zinc, vient plonger dans

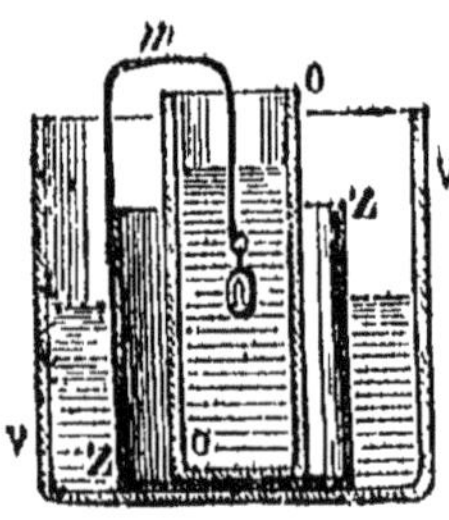

Fig. 103.

la dissolution du sel d'or et y supporte l'objet que l'on veut dorer.
Le zinc ZZ est le pôle positif ; la pièce que l'on dore forme le pôle négatif où se fait le dépôt métallique ; car cet appareil est une véritable
pile électrique.

Tout ce que j'ai dit de la dorure s'applique à l'argenture, sauf que

1. Voici une autre formule pour le bain d'or, mais elle est sans doute moins
commode :

>   Eau distillée   1000 grammes.
>   Cyanure de potassium   100   ...
>   Cyanure d'or.   10   ...

dans la composition des bains, sans rien changer aux proportions, on substituera les sels d'argent aux sels d'or, et que l'électrode soluble sera une feuille d'argent.

Tels sont les principes sur lesquels repose la galvanoplastie , et en général l'art de travailler les métaux à l'aide du fluide électrique. Les ouvrages spéciaux renferment seuls les indications multipliées que peuvent désirer ceux qui veulent mettre en pratique ces curieux procédés.

RÉSUMÉ DU CHAPITRE XVII.

GALVANISME.

Expériences de Galvani. — Un arc métallique composé de deux métaux, en établissant une communication entre les nerfs lombaires et les muscles d'une grenouille préparée, provoque des contractions. — Électricité animale ; fluide galvanique.

Expériences de Volta. — Deux corps hétérogènes développent, à leur point de contact, des électricités de nom contraire dont chacune s'accumule sur l'un d'eux. — Démonstration expérimentale avec l'électromètre condensateur.

PILE VOLTAÏQUE ET SES MODIFICATIONS.

1° Invention de la *pile à colonne* en 1800. — Dégagement d'électricité de nom contraire vers les extrémités de la pile. — Pôle positif (zinc); pôle négatif (cuivre).

Idée du *courant*. — Électrodes ou rhéophores.

La tension augmente avec le nombre des éléments.

La quantité d'électricité dégagée augmente avec la surface de ces éléments.

2° Pile à auges. — Batteries voltaïques ;

3° Pile de Wollaston et pile de Münch ;

4° Pile de Sméé ;

Piles à deux liquides, — de Daniell, — de Grove, — de Bunsen.

EFFETS DES PILES VOLTAÏQUES.

1° *Effets physiologiques.* — Commotions, contractions musculaires, sensations ;

2° *Mécaniques.* — Transport de particules matérielles dans le passage des courants ;

3° *Calorifiques.* — Fusion des métaux même les plus réfractaires ; ramollissement du charbon ;

4° *Lumineux.* — Étincelles entre les pôles d'une pile. — Incandescence des corps placés dans le circuit : expérience de Davy ou des cônes de charbon. — Éclairage électrique.

La lumière électrique est attirable par l'aimant.

5° *Chimiques.* — Décomposition de l'eau ; voltamètre. — Décomposition des composés binaires, oxydes, acides, etc. — Décomposition des sels. — Corps électro-positifs, électro-négatifs.

Phénomènes de transport. — Expériences de Davy.

GALVANOPLASTIE, DORURE ET ARGENTURE.

Principe. — Les sels dont la base est facilement réductible donnent au pôle négatif un dépôt du métal réduit. — Application de ce principe à la galvanoplastie en général.

Procédés généraux de la galvanoplastie. — Dissolution saline ; l'objet y forme l'électrode négatif. — Métallisation de la surface. — Électrode positif soluble. — Électrodes multiples.

Dorure et argenture. — Dorure au mercure. — Dorure au trempé, procédé Elkington. — Dorure galvanique, procédé Elkington à bain alcalin. — Procédés à bains acides.

Les procédés d'argenture sont absolument semblables à ceux de dorure.

CHAPITRE XVIII.

ÉLECTRO-MAGNÉTISME. — GALVANOMÈTRE. — INFLUENCE RÉCIPROQUE DES AIMANTS ET DES COURANTS. — ASSIMILATION DES AIMANTS A DES SYSTÈMES DE COURANTS.

ÉLECTRO-MAGNÉTISME. — On désigne par ce nom l'histoire des actions réciproques qu'exercent entre eux les courants électriques et les aimants.

EXPÉRIENCE D'OERSTEDT. — Cette belle branche de l'étude de l'électricité date de 1819, et c'est au Suédois OErstedt que revient l'honneur d'avoir révélé aux savants le premier fait d'électro-magnétisme. L'expérience même qui constitue sa découverte est restée dans la science. Voici comment on l'exécute. Au-dessus d'une aiguille aimantée *ab*, et, *dans la direction du méridien magnétique*, on place horizontalement un fil métallique *pn*. L'aiguille et le fil affectent une direction parallèle ; mais, *si on fait passer dans le fil pn un courant électrique, l'aiguille aimantée est constamment déviée de sa direction normale, et tend à devenir perpendiculaire au courant.* En plaçant

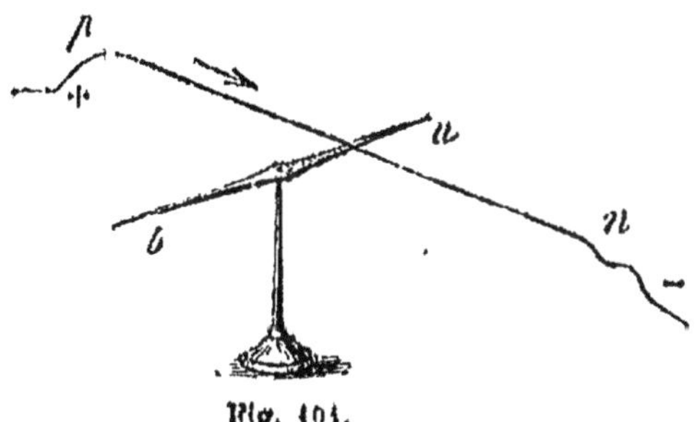

Fig. 104.

le conducteur au-dessus ou au-dessous de l'aiguille, en dirigeant le courant dans un sens ou dans l'autre, on constate encore que *la déviation se produit toujours dans le même sens pour une même position du courant.* Voici les principes que l'on a pu déduire des expériences inaugurées par OErstedt. (Il est essentiel de se rappeler que, par convention faite, le courant se dirige du pôle + vers le pôle —)

1° Un courant fixe exerce à distance une influence directrice sur un aimant mobile ;

2° Le courant étant dans le plan du méridien magnétique, l'angle de déviation de l'aiguille est d'autant plus voisin d'un angle droit, que le courant est plus intense ;

3° Si le courant est *au-dessus* de l'aiguille et se dirige *du Sud au Nord*, le pôle *austral* de l'aiguille est dévié *vers l'Ouest* ;

4° Si le courant est *au-dessus*, mais dirigé *du Nord au Sud*, le pôle austral est dévié *vers l'Est* (fig. 104) ;

5° Si le courant est *au-dessous* de l'aiguille et marche du Sud au Nord, le pôle austral est dévié *vers l'Est* ;

6° Si le courant est au-dessous, mais dirigé du Nord au Sud, le pôle austral est dévié *vers l'Ouest*.

Ampère a donné un moyen ingénieux de retrouver sans peine le sens de la déviation qu'éprouve l'aiguille aimantée, connaissant la direction du courant. Imaginez un petit personnage couché le long du fil conducteur et tourné de façon que le courant lui entre par les pieds, lui sorte par la tête, et que sa figure regarde l'aimant : *le pôle austral de l'aiguille est toujours dévié vers la gauche de ce personnage.* On en peut faire l'épreuve sur la figure 194, qui représente une des expériences d'OErstedt. Les pieds du personnage seront vers l'extrémité *p*, la tête vers l'extrémité *n*, enfin la face regardera vers le bas du dessin. On voit que le pôle austral est en effet dévié vers la gauche du petit personnage ainsi placé. On a donc pris l'habitude de résumer ainsi l'action directrice du courant sur l'aiguille aimantée : *le pôle austral est constamment dévié vers la gauche du courant.*

CONSTRUCTION ET USAGES DU GALVANOMÈTRE. — On appelle *multiplicateur, galvanomètre* ou *rhéomètre* un instrument qui décèle l'existence des courants électriques, détermine leur direction et mesure leur intensité. Imaginé par l'allemand Schweigger en 1821, le multiplicateur était une application toute naturelle de la découverte d'OErstedt. Son principe est fort simple : la déviation de l'aiguille aimantée annonce l'*existence* d'un courant ; le sens de cette déviation fait connaître la *direction* ; l'angle de déviation sert à mesurer l'*intensité*. Mais, ce qui constitue véritablement l'invention de Schweigger, c'est la *multiplication* du courant, et voici en quoi elle consiste : Sup-

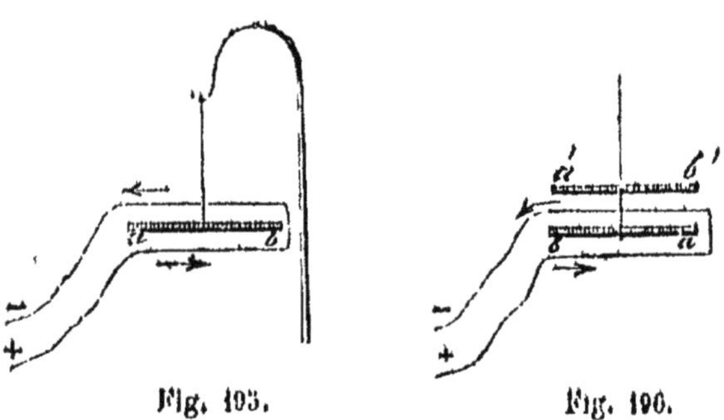

Fig. 195.Fig. 196.

posons (fig. 195) une aiguille aimantée suspendue à un fil de soie sans torsion ; autour de cette aiguille *ab*, disposons, dans le plan du méridien magnétique, un circuit conducteur, et faisons-le traverser par un courant. Il suffit de se rappeler les principes énoncés dans le paragraphe précédent, ou de s'orienter, à l'aide du petit personnage hypothétique d'Ampère, pour voir que toutes les parties du circuit qui entourent l'aiguille ont leur gauche située du même côté, en sorte que chacune d'elles déviera l'aiguille dans le même sens, et avec une énergie quatre fois plus grande que si le courant n'agissait que par une seule portion de son circuit. Schweigger eut donc l'heureuse idée d'enrouler plusieurs fois autour de l'aiguille un conducteur, de façon à *multiplier* le courant dans son action directrice sur l'aiguille aimantée. Plus il y aura de tours, et plus le courant agira, bien que cependant on ne puisse multiplier les tours indéfiniment sans que l'affaiblissement du courant devienne sensible; car son intensité diminue, quand la longueur du circuit augmente. Mais on peut enrouler un grand nombre de tours sans atteindre cette limite, puisqu'on a des multiplicateurs qui ne comptent pas moins de 8000 tours et parfois même davantage. On pourra donc, avec un appareil multiplicateur de ce genre, constater et mesurer des courants même très-faibles.

Une autre disposition, imaginée par Nobili, augmente encore la sensibilité de l'instrument construit d'après ces principes. L'action de la terre sur l'aiguille tend à la ramener sans cesse dans le méridien magnétique et nécessite une certaine intensité dans le courant pour produire une déviation appréciable. Pour que l'on puisse étudier de très-faibles courants, il faut donc, tout en laissant subsister l'action directrice de la terre, la diminuer autant que possible. On obtient ce résultat par l'emploi de ce qu'on appelle un *système de deux aiguilles astatiques*. Le nom général d'aiguilles aimantées *astatiques* désigne celles qui sont soustraites à l'action du couple terrestre. Ainsi on rend astatique une aiguille que l'on suspend dans un plan vertical par un axe horizontal situé dans le plan du méridien magnétique. Le couple terrestre agit alors suivant l'axe même et ne peut donner à l'aiguille aucune direction. On nomme *système astatique* la réunion de deux aiguilles de même force disposées parallèlement, les pôles de nom contraire en regard l'un de l'autre, comme le montre la figure 107. Bien entendu que c'est un fil métallique inflexible qui unit les deux aiguilles, sans cela l'action de la terre les dévierait plus ou moins de leur parallélisme. Si leur force est exactement égale, le pôle A est attiré vers le nord, mais le pôle B', qui lui correspond, est repoussé avec la même énergie; il y a donc compensation, et l'effet produit est nul; il en sera de même à l'extrémité BA', de

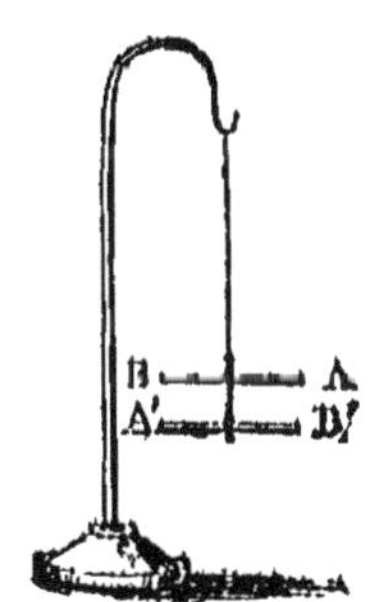

Fig. 107.

sorte que l'action directrice de la terre sera équilibrée par elle-même; le système sera vraiment astatique. Dans les multiplicateurs, on emploie un système de ce genre, mais en laissant à l'une des aiguilles un peu plus de puissance qu'à l'autre; la compensation est incomplète, et il subsiste une très-faible action directrice de la part du globe terrestre. On a donc ainsi placé dans l'appareil un système aimanté très-facile à influencer; mais, en même temps, il suffit d'examiner la figure 100 pour se convaincre que le circuit entourant l'aiguille inférieure *ab* produira sur *a'b'*, par sa portion intermédiaire aux deux aiguilles, une action de même sens que celle de l'aiguille *ab*. Dans cette portion supérieure du circuit plaçons le personnage d'Ampère; le courant lui entre par les pieds, sort par la tête, et il regarde l'aiguille, sur laquelle agit le courant. Nous trouverons ainsi que la gauche, par rapport à l'aiguille *a'b'*, est située du même côté que par rapport à l'aiguille inférieure. Il est donc bien clair que les actions du courant sur les deux aiguilles s'ajoutent l'une à l'autre. En résumé, le système astatique a l'avantage de *diminuer autant que l'on veut l'action magnétique de la terre et d'augmenter l'action du courant.*

La description d'un *multiplicateur* est maintenant bien facile à donner. On peut voir l'instrument dans la figure 108. Sa partie essentielle est un cadre ou une sorte de bobine aplatie B en cuivre ou en bois, sur laquelle s'enroule un fil de cuivre enveloppé de soie pour isoler les tours entre eux. Une des aiguilles aimantées A est placée dans l'intérieur de cette bobine, dont la face supérieure est traversée par le fil qui l'unit à l'autre aiguille *ac*; enfin, ce système astatique est suspendu par un fil de soie, sans torsion, à l'extrémité d'un support métallique qui monte vers le haut de l'instrument. Sur la bobine, et en-dessous de l'aiguille *ac*, est disposé un cadran dont les divisions mesurent l'angle de déviation. Recouvert d'un cylindre de verre, l'instrument repose sur un socle de cuivre muni de vis calantes C. Au centre est une autre vis J qui tient au cadre et sert à le ramener dans le plan du méridien magnétique. Enfin les boutons L et I sont les deux extrémités du fil enroulé sur le cadre et reçoivent les conducteurs par lesquels se transmet le courant qu'on veut étudier. Selon la nature des courants qu'ils sont destinés à mesurer, les galvanomètres auront un fil très-fin faisant un grand nombre de tours, ou un fil d'un plus fort diamètre beaucoup moins long.

Usages du multiplicateur. — Pour se servir de cet appareil délicat, il a fallu savoir dans quel rapport sont les grandeurs des angles de déviation avec les intensités des courants. On a constaté que, *jusqu'à 20°, les angles de déviation croissent proportionnellement à l'intensité du courant.* Ainsi, un courant qui produit une déviation de 12° a une intensité double de celui qui n'a donné que 6°. Pour les déviations supérieures à 20°, les déviations croissent moins vite que les intensités, aussi construit-on expérimentalement, pour chaque galvanomètre, une table de graduation.

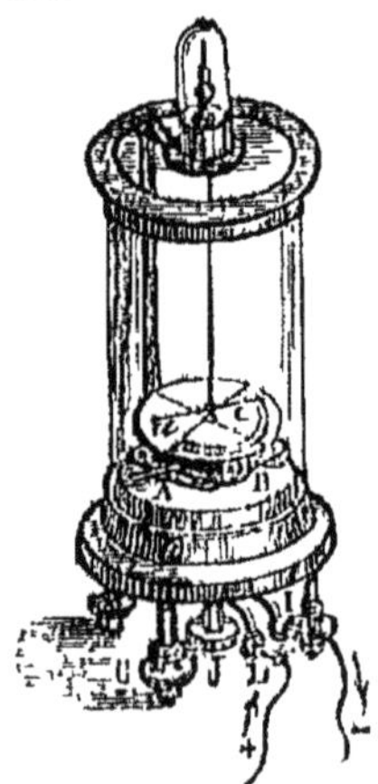

Fig. 108.

Les usages de cet instrument sont très-nombreux. Nous l'avons vu servir dans les expériences de Melloni (ch. 13) à mesurer les courants produits par les différences de température. On s'en sert partout où il faut *constater l'existence des courants, leur direction ou leur intensité;* et comme les galvanomètres peuvent atteindre une sensibilité extrême, ils se prêtent aux recherches les plus délicates. Pour se servir du multiplicateur; avec la vis J on amène le cadre dans la direction du méridien magnétique, il n'y a pour cela qu'à placer le zéro du cadran sous le pôle austral de l'aiguille *a o*, car c'est elle qui conserve un excès de force magnétique et obéit au couple terrestre. Les aiguilles et les fils du circuit sont alors parallèles. Au moyen des vis calantes C on rend le cadran bien horizontal afin que le point de suspension des aiguilles corresponde bien à son centre; enfin on attache aux boutons L et I les conducteurs qui transmettent le courant. On n'a plus alors qu'à observer l'aiguille : si elle est déviée le courant existe, le sens de la déviation fait connaître la direction qu'il affecte; et enfin l'angle indiqué par les divisions du cadran mesure l'intensité.

Lois de l'intensité des courants électriques. — Le galvanomètre a permis de démontrer les lois de l'intensité des courants. M. Pouillet les a étudiées scrupuleusement au moyen de sa *boussole des sinus.* On peut les formuler ainsi :

1º *L'intensité d'un courant est égale dans tous les points de son circuit.*

2º *Elle est en raison inverse de la longueur du fil conducteur.*

3º *Elle est en raison directe du carré du diamètre du fil.*

4º *Elle est en raison directe de la conductibilité du métal qui le constitue.*

Il résulte de ces lois que plus un conducteur est long et fin, plus il *résiste* au passage du courant. On conçoit donc pourquoi dans les multiplicateurs on emploie, selon l'usage auquel on les destine, des fils très-fins à tours multipliés ou des fils plus gros et moins longs. Les premiers compensent par le nombre des tours ce qui se perd par la longueur du circuit.

Les seconds font la compensation inverse. Aussi quand on adapte un multiplicateur à un circuit déjà long par lui-même, il faut qu'il ait un grand nombre de tours; mais il vaut mieux que son fil soit court et plus gros lorsque le circuit auquel on joint l'instrument a très-peu de longueur.

EXPÉRIENCES QUI CONSTATENT L'ACTION DES COURANTS SUR LES AIMANTS. — Les belles expériences qu'il faut décrire ici sont principalement dues au génie inventif d'Ampère. Il les exécutait au moyen d'un appareil très-compliqué connu sous le nom de *table d'Ampère,* et qui permettait de les réaliser toutes successivement. On préfère aujourd'hui de petits appareils que je vais décrire chacun à son tour et dont la disposition présente toute la simplicité désirable.

L'expérience d'OErstedt nous a fait déjà connaître une des actions que les courants électriques peuvent exercer sur les aimants. J'en rappelle seulement la formule générale.

1° *Un courant électrique fixe, placé près d'un aimant mobile, tend à donner à cet aimant une direction perpendiculaire à la sienne.*

2° *Le pôle austral de l'aimant est dévié vers la gauche du courant.*

Une autre expérience démontre que cette action est réciproque; ou d'autres termes :

3° *Un aimant fixe placé près d'un courant mobile tend à le rendre perpendiculaire à lui-même.*

4° *Le courant se place de manière à ce que le pôle austral de l'aimant soit à sa gauche.*

On voit dans la figure 100 le petit appareil avec lequel s'exécute l'expérience. Il faut y remarquer d'abord comment on obtient les courants mobiles. Sur le socle de l'appareil sont deux vis auxquelles se fixent les conducteurs venant de la source. Deux plaques de laiton établissent ensuite la communication de chaque électrode avec deux tiges également en laiton dont les branches horizontales se terminent par des petits godets en fer. Ces godets reçoivent un peu de mercure. Tout ceci est

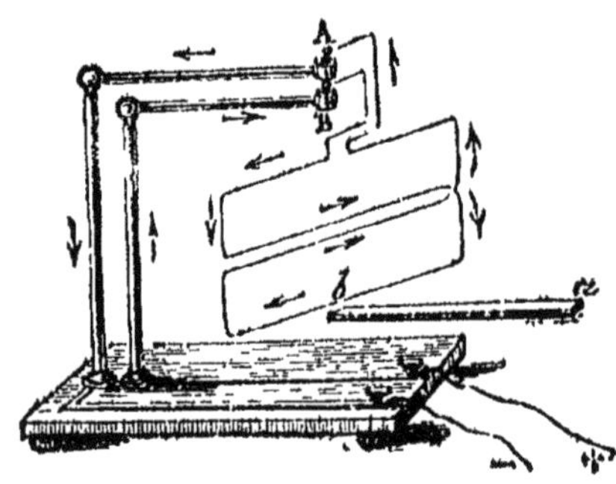

Fig 100.

la partie fixe du courant. Le circuit est ensuite fermé par une partie mobile à laquelle on peut donner telle disposition que l'on veut, mais qui consiste en un fil de laiton verni à la gomme laque pour être toujours isolé et muni à chaque extrémité, en A et B par exemple, d'une boule de laiton sur laquelle se fixe une pointe d'acier. Cette pointe finement aiguisée plonge dans le mercure et repose sur le fond du godet : elle assure une mobilité extrême au courant; car on a soin de placer ces deux pivots, comme les deux godets, sur une même verticale de manière que le circuit puisse tourner autour dans tous les sens. Le mercure assure la transmission du courant, de la partie fixe à la partie mobile. L'expérience se fait donc avec l'appareil de la figure 199 : on établit le courant et on s'assure de sa direction, qu'indiquent les flèches dans la figure. Il suffit alors d'approcher un barreau aimanté d'une des portions du circuit, tout le conducteur mobile pivote sur les pointes d'acier de manière à placer toujours le pôle austral du barreau à la gauche du courant qui traverse la portion de circuit la plus voisine de l'aimant. La figure 199 montre cette expérience faite sur la portion inférieure du conducteur mobile.

La terre agit sur les courants mobiles comme agirait un aimant. C'est-à-dire qu'un conducteur mobile traversé par un courant est dirigé par l'influence magnétique de la terre; il se fixe dans un plan perpendiculaire au méridien magnétique, et de manière que dans la portion la plus voisine du sol, le courant a le pôle magnétique nord à sa gauche. L'expérience qui constate cette *action directrice* du globe sur les courants mobiles se fait à l'aide du circuit mobile représenté dans la figure 200 : A et B sont les godets du conducteur fixe. On fait passer le courant, et aussitôt le conducteur mobile se meut et oscille autour d'un plan perpendiculaire au méridien magnétique. De plus, dans le demi-cercle inférieur, le courant est toujours dirigé de façon qu'un observateur couché le long du fil, la face tournée vers la terre, et le courant marchant des pieds vers la tête, aurait le pôle nord à sa gauche. Si on change le sens du courant, le conducteur mobile décrit un demi-tour revient se placer dans

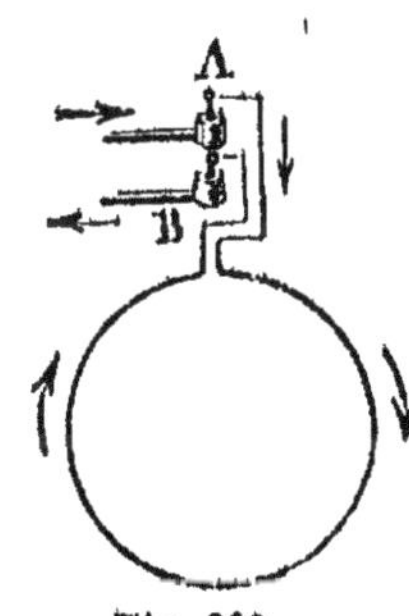

Fig. 200.

son plan perpendiculaire au méridien magnétique, et le pôle nord de la terre est encore à la gauche du courant.

M. Faraday, en combinant entre elles les actions des diverses parties d'un courant fixe sur un aimant mobile, a imprimé à cet aimant un mouvement rotatoire; c'est ce qu'on appelle la *rotation des aimants par l'influence des courants.* On a obtenu réciproquement la *rotation des courants par l'influence des aimants.* Je n'expliquerai cependant pas ces phénomènes un peu trop difficiles.

Expériences qui constatent l'action des courants sur les courants. — Ces expériences fort analogues aux précédentes se font avec des appareils où la portion fixe du courant est disposée de manière à manifester son influence sur la portion mobile.

L'action des courants sur les courants peut se résumer dans six propositions :

Courants parallèles. — 1° *Deux courants rectilignes parallèles s'attirent lorsqu'ils ont la même direction.*

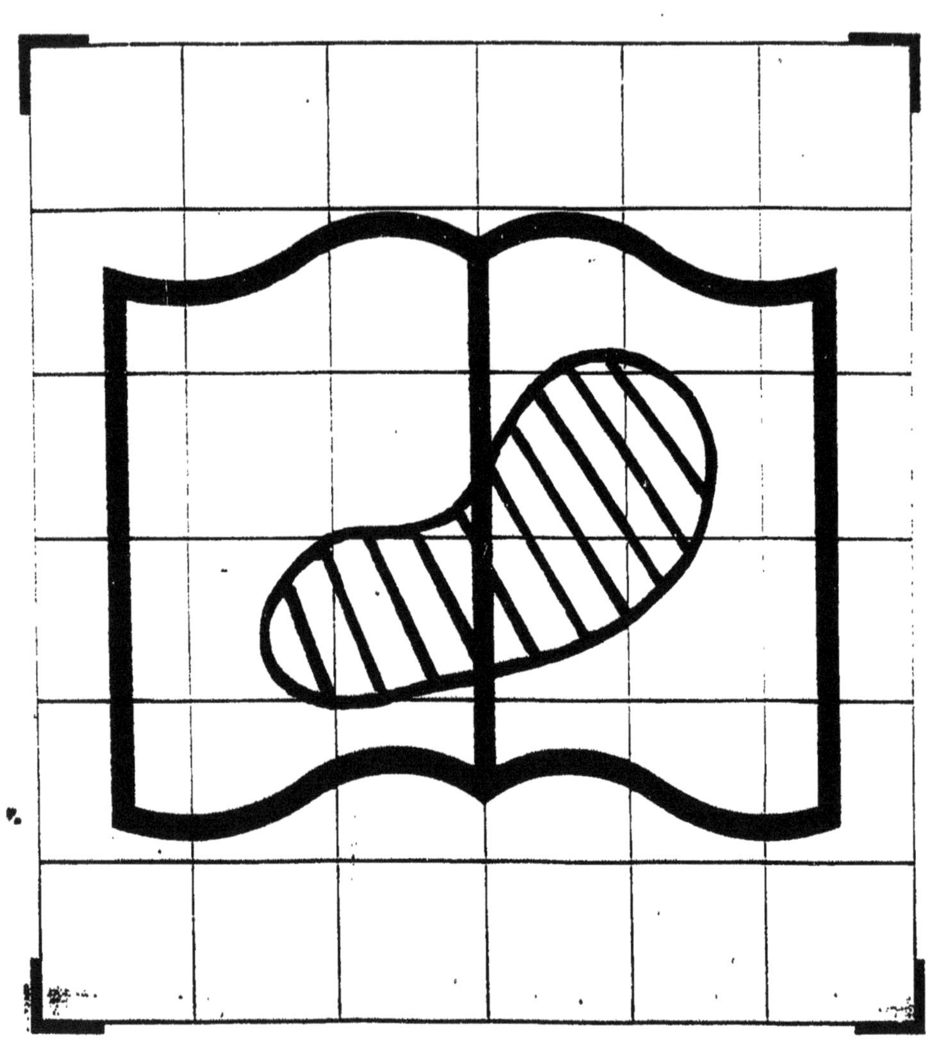

2° *Deux courants parallèles se repoussent quand ils sont dirigés en sens contraire l'un de l'autre.*

L'appareil, représenté figure 201, sert à démontrer ces deux propositions. En E se fixe l'électrode positif de la pile; en D l'électrode négatif. Le courant monte le long de la colonne de cuivre placée près du point E, un conducteur le transmet en o d'où il passe à travers la planchette de bois dans le godet B. Un autre godet situé en A continuera le courant, qui, suivant un ruban métallique, montera par la seconde colonne de cuivre et rejoindra en D l'électrode négatif de la pile. Tel est le circuit fixe de l'appareil : le courant sera *ascendant* suivant les deux colonnes, et il suffira de le fermer avec deux conducteurs mobiles inversement disposés. L'un se voit dans la figure 202, et

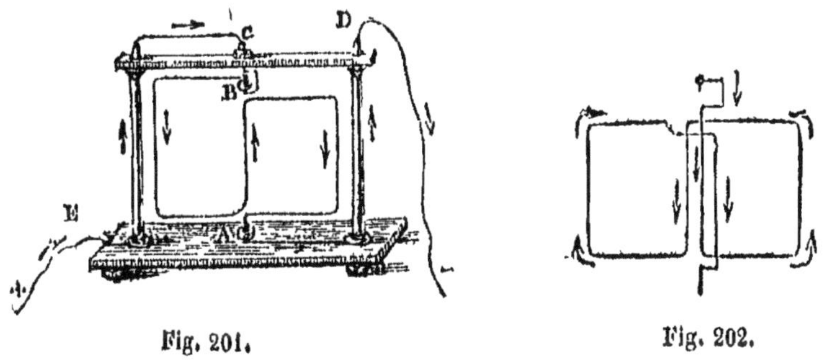

Fig. 201.

Fig. 202.

la direction qu'y prendra le courant a été indiquée par les flèches. La pointe supérieure sera placée dans le godet B, et la pointe inférieure en A. Tout le conducteur pourra pivoter autour de la verticale BA; ses parties latérales sont par leur verticalité parallèles aux colonnes du circuit fixe, le courant monte dans les unes comme dans les autres : tout le temps que passera le courant on constatera une *attraction* très-sensible exercée par les colonnes sur les portions latérales du conducteur mobile. Ainsi se trouve démontré le premier principe.

Si l'on substitue au circuit de la figure 202 celui qui est représenté en place dans la figure 201 : il est facile de voir que le courant affectera dans les parties latérales du conducteur mobile, une direction opposée à celle qu'il suit dans les colonnes. Tant qu'il circulera, une répulsion évidente se manifestera entre les colonnes et le conducteur mobile. C'est ce qu'annonçait la seconde de nos propositions.

La forme des conducteurs mobiles offre une symétrie qu'il est important de remarquer. Elle a pour objet de soustraire ces circuits à 'action directrice de la terre : on peut constater, en effet, que dans chacun d'eux la portion horizontale et inférieure est partagée en deux moitiés que le courant traverse en sens inverse. Dès lors l'influence terrestre agit en sens contraire sur chacune de ces moitiés et le conducteur est en équilibre. C'est là ce qu'on nomme des *courants astatiques.*

Courants croisés. — 3° *Deux courants rectilignes dont les directions forment un angle entre elles, s'attirent lorsque tous deux marchent vers le sommet de cet angle, ou lorsque tous deux s'en éloignent.*

4° *Deux courants rectilignes croisés se repoussent lorsque l'un d'eux marche vers le sommet de l'angle tandis que l'autre s'en éloigne.*

Ces principes se démontrent à l'aide d'un appareil semblable à celui de la figure 199. On y adapte un conducteur mobile que l'on place dans une direction croisée avec une portion horizontale du conducteur fixe.

Fig. 203.

La figure 203 fait comprendre ce qu'on entend par des courants qui marchent tous deux vers le sommet de l'angle que forment leurs directions : c'est ce qui a lieu en AOC; en BOD, au contraire, les courants s'éloignent tous deux du sommet. Dans ce cas, de chaque côté du point O, les courants s'attireront, et le courant mobile tournera autour de ce point O pour devenir parallèle à l'autre. Pour avoir des courants, l'un dirigé vers le sommet, l'autre s'en éloignant, il suffirait de renverser la direction du courant AB, CD conservant la sienne. Alors il y aura répulsion : autour du point O tournera le courant mobile pour se placer perpendiculairement au courant fixe.

Action directrice d'un courant fixe indéfini sur un courant mobile fini. *Le courant indéfini amène le courant fini dans une position telle que dans sa portion la plus voisine il lui devient parallèle, et marche dans le même sens que lui.*

Pour vérifier par l'expérience cette cinquième proposition, on a un courant fixe AB (fig. 204), sur le socle d'un des appareils décrits précédemment; puis on ajoute un circuit mobile circulaire ou carré. Il suffit d'établir le courant pour constater l'action directrice qu'exerce le courant AB sur le conducteur mobile, et pour s'assurer en outre que

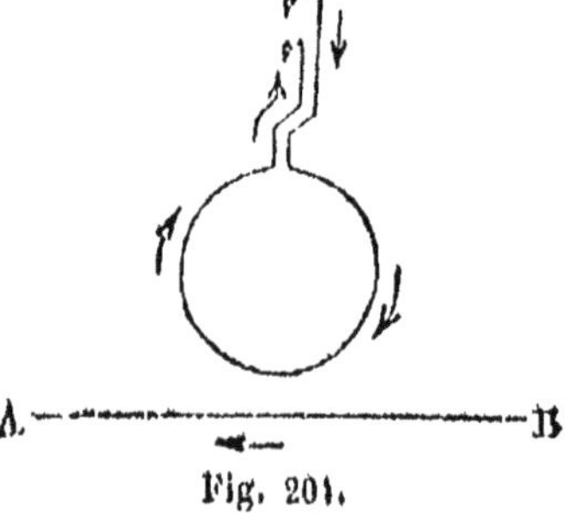

Fig. 204.

le courant fini se place toujours de manière à suivre dans sa partie la plus rapprochée de AB la direction du courant indéfini.

Courants sinueux. — 6° *L'action d'un courant sinueux équivaut à celle d'un courant rectiligne de longueur égale en projection.*

La figure 205 fait saisir la disposition de l'expérience qui démontre ce dernier principe. A un de nos courants fixes on adapte un circuit astatique AB; puis dans le voisinage d'un des conducteurs latéraux de

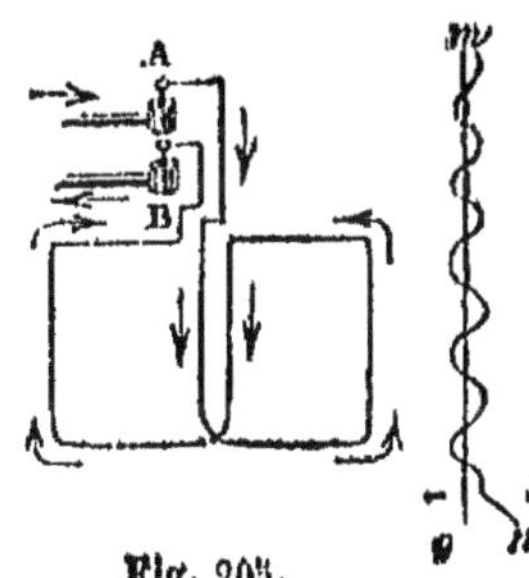

Fig. 205.

ce circuit mobile on place un autre conducteur *mno* formé d'un fil sinueux revenant sur lui-même en un fil rectiligne qui est précisément la projection de sa portion sinueuse. Dans ce conducteur *mno*, on fait passer un courant qui va, par exemple, de *n* en *m* et revient ensuite de *m* en *o*. Le courant *nm*, parallèle au courant mobile et de même sens que lui, exerce une attraction; également parallèle, mais de sens contraire, le courant *mo* agira par répulsion. Ces deux effets se retranchant l'un de l'autre, si l'action du courant *mo* est égale à celle du courant sinueux *nm*, le courant mobile restera en équilibre. En établissant les courants dans l'expérience de la figure 205, on constate facilement que le conducteur mobile n'éprouve ni attraction, ni répulsion; il est en équilibre. On en conclut que le courant rectiligne *mo* a une action égale à celle du courant sinueux *nm*.

Les attractions et les répulsions qu'exercent entre eux les courants ont été combinées de manière à obtenir la *rotation des courants par l'influence des courants*. Plusieurs appareils y ont été employés; je ne les décrirai pas ici, mais j'ai voulu seulement indiquer le phénomène.

Solénoïdes. — On nomme *solénoïde* un système de courants circulaires égaux et parallèles. Pour les construire on prend un fil de cuivre recouvert de soie, on l'enroule en hélice régulière (fig. 206) et enfin on ramène à l'intérieur de cette hélice une portion rectiligne du fil. On doit dans ce conducteur distinguer trois ordres de courants : 1° le courant rectiligne au-

Fig. 206.

quel équivaut le courant sinueux que forme l'hélice (proposition 6); 2° le courant rectiligne dirigé en sens inverse suivant l'axe du solénoïde; ces deux courants parallèles et de sens contraires agiraient en opposition l'un de l'autre (propositions 1 et 2), ils s'annulent réciproquement; il reste donc : 3° les courants circulaires parallèles et égaux qui seuls peuvent manifester leur action. Voilà comment se trouve justifiée la définition donnée plus haut. Le conducteur que je viens de décrire se désigne ordinairement par le nom de *solénoïde à la main.*

Ce qui rend intéressantes les propriétés des solénoïdes, c'est l'influence qu'exercent sur eux les courants et les aimants, et même l'action qu'ils ont les uns sur les autres. Prenons un solénoïde rendu mobile par une disposition semblable à celle des circuits (fig. 207). Il n'y a encore à considérer que les courants circulaires ; car il suffit de suivre la marche indiquée par les flèches pour s'assurer que le courant sinueux du solénoïde est contraire en direction au courant rectiligne qui marche suivant l'axe. Ayant donc disposé ce solénoïde mobile sur un appareil à courant fixe, on expérimente avec des courants ou avec des aimants ; voici ce que l'on constate .

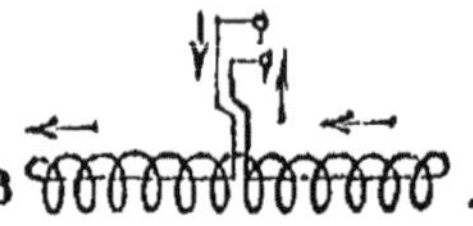

Fig. 207.

1° *Un courant horizontal amène le solénoïde dans une direction perpendiculaire à la sienne.* Cela provient de ce que chacun des courants circulaires tend à se placer parallèlement au courant fixe, et de façon que, dans la partie la plus voisine, le courant circulaire marche dans le sens du courant fixe. Il en résulte que l'axe du solénoïde devient perpendiculaire au courant horizontal.

2° *Un courant vertical attire les parties voisines du solénoïde, si les courants circulaires y marchent dans la même direction; il les repousse dans le cas contraire.* Ceci est en tout conforme aux principes que nous avons vu démontrer.

3° *Les aimants agissent sur les solénoïdes comme ils le feraient sur d'autres aimants.* Ceci s'explique par l'action des aimants sur les courants. Présentez à une des extrémités d'un solénoïde le pôle austral d'un aimant, les courants circulaires tendront à se mettre en croix avec l'aimant et de manière à ce que le pôle austral soit à leur gauche. Il y aura donc déviation du solénoïde, et, en raison de la direction du courant, une des extrémités se rapprochera de ce pôle austral, l'autre s'en éloignera. Voilà une propriété qui rappelle en tout les attractions et les répulsions magnétiques.

4° *La terre exerce sur les solénoïdes l'action directrice qu'elle exerce sur les aimants.* C'est la conséquence de la proposition qui précède. Il suffit, pour vérifier cette curieuse propriété, de placer un solénoïde mobile hors du méridien magnétique et d'y faire passer ensuite un courant énergique. On le voit dévier, osciller et s'arrêter dans la direction de l'aiguille aimantée. On admet donc, dans les solénoïdes comme dans les aimants, un *pôle austral* et un *pôle boréal*,

5º *Les solénoïdes agissent les uns sur les autres avec toutes les propriétés des aimants.* Cette propriété se déduit facilement des principes relatifs à l'action des courants sur les courants, et on la démontre à l'aide d'un solénoïde mobile et d'un solénoïde à la main, que l'on fait traverser par un courant.

ASSIMILATION DES AIMANTS AUX SOLÉNOÏDES. — Le puissant génie d'Ampère, à qui nous devons toutes ces belles découvertes, en a tiré une théorie qui, à l'aide de quelques hypothèses assez plausibles, ramène les propriétés magnétiques aux phénomènes électro-dynamiques que nous venons de résumer dans ce numéro. Sans pouvoir développer cette théorie si savante, j'en dois faire connaître le principe. Ampère l'a trouvé dans l'étude des solénoïdes. Voici comment il peut s'énoncer :

Les aimants, dans l'hypothèse d'Ampère, sont de véritables solénoïdes. Chaque molécule d'un aimant est entourée d'un courant spécial sans cesse en activité et constituant un circuit fermé qu'on peut s'imaginer circulaire. Supposons donc le barreau AB (fig. 208) formé par

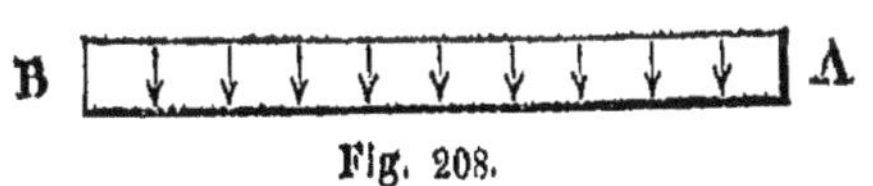

Fig. 208.

une seule file de molécules. Les courants affecteront autour de ces molécules les directions que représentent les petites flèches, et le barreau est rigoureusement analogue à un solénoïde. Un barreau résultera, en réalité, d'un grand nombre de files semblables jointes parallèlement, et cela donnera, dans l'ensemble, la même constitution. La terre elle-même devra son action magnétique à des courants qui s'y manifestent avec une direction constante de l'est à l'ouest, perpendiculairement au méridien magnétique. Je ne puis aller plus loin dans cette assimilation hardie de faits profondément différents en apparence ; mais elle a l'avantage de confondre, dans nos idées scientifiques, les causes du magnétisme avec celles de l'électricité. M. Pouillet, dans ses *Éléments de physique* a exposé, sous une forme accessible à tous, les savantes idées d'Ampère ; c'est dans ce livre que les esprits curieux pourront suivre ces ingénieux développements.

RÉSUMÉ DU CHAPITRE XVIII.

ÉLECTRO-MAGNÉTISME.

Expérience d'Œrstedt en 1819.— Un courant fixe dévie l'aiguille aimantée, la met en croix avec sa direction, le pôle austral à la gauche du courant. — Personnage d'Ampère.

MULTIPLICATEUR.

Il a pour principe l'influence qu'exerce un courant sur l'aiguille aimantée.

Principe de la multiplication du courant. — Système astatique.

Le multiplicateur sert à constater l'existence des courants, déterminer leur direction et mesurer leur intensité. — Il permet de constater les lois de l'intensité des courants.

L'intensité du courant est :

Égale dans tous les points du circuit;

En raison inverse de la longueur du fil;

En raison directe du carré de son diamètre;

En raison directe de la conductibilité du métal.

ACTION DES COURANTS SUR LES AIMANTS.

Un courant fixe tend à mettre l'aiguille en croix avec lui, le pôle austral à sa gauche (expérience d'OErstedt).

Réciproquement, un aimant fixe tend à mettre le courant en croix avec lui et à le placer de façon que son pôle austral soit à la gauche du courant.

La terre exerce sur les courants une action directrice; elle les dirige de l'est à l'ouest dans leur partie voisine du sol.

Rotation des aimants par les courants, et réciproquement.

ACTION DES COURANTS SUR LES COURANTS.

Courants parallèles. — Ils s'attirent quand ils sont de même sens, se repoussent quand ils sont de sens contraire.

Courants croisés. — Ils s'attirent quand tous deux vont dans le même sens par rapport au sommet de leur angle de croisement; dans le cas contraire, ils se repoussent.

Action directrice. — Un courant indéfini dirige un courant fini parallèlement à lui-même et dans le même sens.

Courants sinueux. — Un courant sinueux équivaut à un courant rectiligne ayant pour longueur sa projection.

Rotation des courants par les courants.

SOLÉNOÏDES.

Il y a, dans un solénoïde, deux courants rectilignes dont les actions se compensent, et un système de courants circulaires égaux et parallèles. — Solénoïde à la main, solénoïde mobile.

Les solénoïdes ont *toutes les propriétés des aimants.*

Assimilation des aimants aux solénoïdes. — Hypothèse d'Ampère. — La terre elle-même peut être conçue comme un immense solénoïde. — Le magnétisme se confond ainsi avec l'électricité.

CHAPITRE XIX.

AIMANTATION PAR LES COURANTS. — TÉLÉGRAPHIE ÉLECTRIQUE. — INDUCTION.

AIMANTATION PAR LES COURANTS. — De la théorie d'Ampère découlait une conséquence bien importante. Si les aimants sont des solénoïdes, le phénomène de l'aimantation ne consiste qu'en une *orientation* des courants moléculaires du fer doux ou de l'acier. D'après tout ce que nous avons vu précédemment *cette orientation peut être déterminée par l'action d'un courant électrique.* Arago eut la gloire de découvrir expérimentalement cette belle propriété.

Découverte d'Arago. — Il constata que si l'on plonge dans la limaille de fer les fils conducteurs d'une pile en activité, la limaille adhère en abondance au conducteur et s'y tient fortement attachée tant que le courant passe. Mais dès qu'on vient à l'interrompre, la limaille se détache spontanément et perd toute adhérence. Évidemment le passage du courant développe dans les parcelles de fer les propriétés magnétiques, comme le ferait un aimant; d'ailleurs la limaille d'acier présente le même phénomène, tandis que tout autre métal non magnétique n'éprouve aucune action de la part du courant. On peut faire cette expérience avec de petites aiguilles d'acier; on les voit adhérer au conducteur, se placer en croix avec le courant, puis tomber dès que le courant a cessé : mais elles restent aimantées parce que l'acier ne perd pas comme le fer doux son état magnétique.

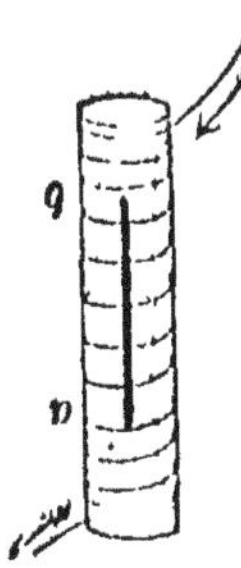
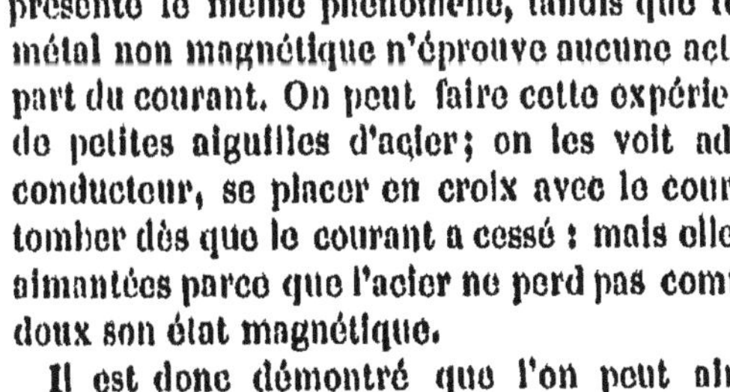

Fig. 200.

Il est donc démontré que l'on peut aimanter à l'aide des courants; Ampère a imaginé une disposition qui augmente considérablement l'influence du courant. On place dans un tube de verre un barreau d'acier non aimanté, et autour de ce tube on enroule en hélice régulière (fig. 200) un fil de cuivre enveloppé de soie. Dès qu'un courant a traversé le fil, ne fût-ce qu'un instant, le barreau est fortement aimanté. Il suffit même d'y faire passer la décharge d'une bouteille de Leyde en faisant communiquer chaque extrémité du fil avec une armature.

Ces faits peuvent s'expliquer dans la théorie d'Ampère : un courant qui passe dans le voisinage d'un barreau d'acier perpendiculairement à sa longueur tend à orienter les courants moléculaires du barreau de manière à le convertir en un solénoïde et développer en lui toutes les propriétés magnétiques. Mais cette orientation est sans doute incomplète, car dans une expérience ainsi exécutée on n'obtient qu'une faible aimantation. L'hélice d'Ampère multiplie cette action du courant parce que chaque cercle de l'hélice agit sur le barreau, et cette simultanéité de plusieurs influences explique le développement intense du pouvoir magnétique. Un courant placé en croix avec un barreau doit, d'après les principes que nous connaissons, l'aimanter en produisant le pôle austral toujours à la gauche du courant ; et c'est ce qu'on observe en effet. De même l'hélice détermine la position des pôles par la direction du courant. On distingue deux genres d'hélices : en les supposant toutes deux dans la même position, l'une s'enroule *de gauche à droite*, c'est l'*hélice dextrorsum*; l'autre s'enroule au contraire *de droite à gauche*, c'est l'*hélice sinistrorsum*. La figure 209 représente une hélice dextrorsum. La position des pôles est facile à trouver dans chaque disposition :

L'hélice dextrorsum donne le pôle austral vers l'extrémité par laquelle sort le courant.

L'hélice sinistrorsum donne le pôle austral vers l'extrémité par laquelle entre le courant.

Le tube sur lequel s'enroule l'hélice peut être en verre ou en bois ; mais il pourrait intercepter l'action du courant s'il était en cuivre, en fer, en étain, en argent, d'une certaine épaisseur. Ces mêmes métaux employés en feuilles minces augmenteraient au contraire l'aimantation. Du reste on peut supprimer le tube et placer simplement le barreau au centre des tours du fil roulé en hélice. Si dans la longueur de l'hélice on change le sens de l'enroulement, au niveau de ce renversement il se produit dans le barreau un *point conséquent*, et on peut ainsi en produire autant que l'on veut.

Électro-aimants. — Soumis à l'action des courants en hélice, l'*acier* acquiert un état magnétique durable et très-énergique. Mais les propriétés du *fer doux* ont acquis dans la pratique une bien plus grande importance. Le fer doux sous l'influence des courants hélicoïdes prend une puissance magnétique considérable, qu'il perd aussitôt que le courant s'interrompt. La figure 210 peut faire comprendre ce qu'est essentiellement un *électro-aimant*. Prenez une bobine de bois sur

laquelle s'enroulera un fil de cuivre isolé par une enveloppe de soie .
ce fil aura deux chefs *a* et *b* que l'on pourra introduire dans le circuit
d'un courant de manière à ce qu'il traverse toute la longueur du fil
de la bobine. Dans cette bobine sera placé un

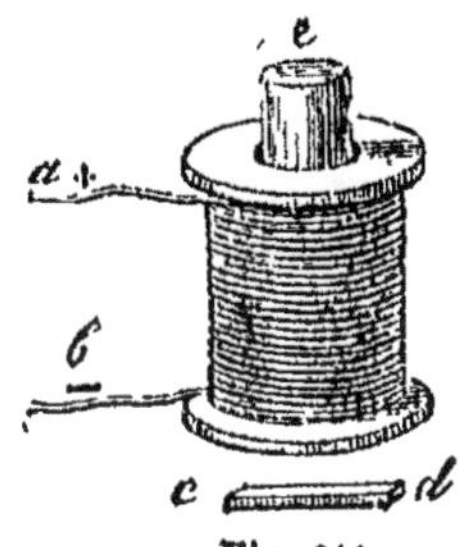

Fig. 210.

barreau *e* de fer doux. Dès que le courant
passera le barreau deviendra un aimant énergique, et dans la disposition que présente la
figure, son pôle austral se produira à l'extrémité supérieure ; le pôle boréal en bas. Placez
devant ce barreau *e* une autre pièce de fer
doux *cd*, elle sera fortement attirée, et on
pourra suspendre après elle des poids considérables sans détruire l'adhérence. Mais rom-
pez le courant, aussitôt tout le pouvoir magnétique du barreau a
disparu. Les physiciens ont trouvé dans les électro-aimants des moteurs précieux, et il est important de s'en faire une idée précise, car
les plus beaux appareils qu'ait inventés la science moderne reposent
sur leurs propriétés.

Chaque fois qu'on établit le courant, l'électro-aimant attire la pièce
de fer doux ; il l'abandonne à elle-même chaque fois que l'on interrompt le courant. Supposez un ressort qui ramène le fer doux *cd* dans
sa position à distance du barreau *e* ; fermez alors et ouvrez le courant, à votre volonté la pièce *cd* touchera le barreau *e* ou s'en éloignera. Vous pourrez donc ainsi imprimer à cette pièce *cd* un mouvement de va-et-vient, qu'à l'aide de leviers, de dispositions mécaniques
vous utiliserez comme vous le désirerez. Ce mouvement pourra d'ailleurs être très-rapide, pourvu que votre courant soit établi et interrompu avec promptitude. Enfin il vous est possible de produire ce
mouvement à très-grande distance, car les fils qui amènent le courant
à la bobine peuvent avoir la longueur qu'il vous plaira de leur donner.
Nous verrons bientôt que ce principe de mou-
vement est le point de départ de toute la télégraphie électrique.

M. Pouillet a fait construire en 1831 des électro-aimants capables de porter plus de mille kilogrammes. Il leur a donné la forme d'un fer à cheval (fig. 211) : chaque extrémité de ce barreau
de fer doux est placée dans une bobine en bois.
Le fil conducteur s'enroule sur la première,

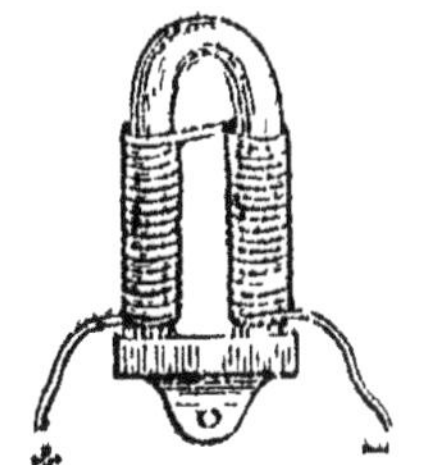

Fig. 211.

puis de là se continue sur la seconde ; dans les deux bobines il
affecte la même direction, de manière que toutes deux agissent dans
le même sens sur le fer doux. Sur notre figure, par exemple,

le fil a un enroulement sinistrorsum, le pôle austral sera donc à
l'extrémité près de laquelle le courant entre dans les bobines. Dans
les appareils télégraphiques et dans ceux, en général, où on emploie
des électro-aimants d'un pouvoir moins considérable, on leur donne
une forme un peu différente. Ils sont faits de deux cylindres disposés
comme celui de la figure 210, chacun dans une bobine : une traverse
en fer doux les réunit d'un côté (voyez fig. 212, E). L'action du courant s'exerce comme dans les précédents, car le fil s'enroule de même.
Quant le fer doux de l'électro-aimant est bien pur, il acquiert et perd
sa puissance avec une rapidité remarquable. M. Froment a constaté
qu'un électro-aimant pouvait ainsi imprimer à un morceau de fer
doux jusqu'à plusieurs centaines de vibrations en une seconde. Cela
suppose qu'il subit autant d'aimantations temporaires. Le nombre de
ces vibrations diminue beaucoup si le fer doux est le plus légèrement
acléré.

TÉLÉGRAPHES. — Inventée par un nommé Chappe dans les dernières années du XVIII° siècle, la télégraphie consista d'abord dans
la transmission de signaux à l'aide de tours placées de distance en
distance sur des points culminants et bien en vue. Il y a quinze ans
à peine nous étions encore à ce premier pas d'une belle invention,
la transmission rapide de la pensée à travers l'espace. Aujour-
d'hui nous avons obtenu sa *transmission*, on peut dire *instantanée ;*
et ce sera sans contredit une des plus glorieuses découvertes de
notre époque si riche par ses conquêtes scientifiques. Il serait injuste
d'attacher un seul nom à cette belle œuvre du génie de l'homme : il
vaut mieux suivre pas à pas la science moderne marchant vers cette
découverte. En 1789 et dans les années suivantes, *Galvani* et *Volta*
nous révélaient l'électricité dynamique, et vers 1800 leur discussion
célèbre inspirait au génie de Volta l'invention de la pile électrique.
Vingt ans plus tard (1819), *OErstedt* découvrait l'action des courants
sur les aimants : quelques années après *Arago* et *Ampère* en dédui-
saient l'aimantation produite par le passage des courants. Dès lors on
possédait les éléments de la télégraphie électrique, dont l'idée s'était
déjà présentée à plus d'un physicien.

Dès 1811 *Sœmmering* avait imaginé d'appliquer à un système de
télégraphie la décomposition de l'eau par la pile. En 1820, OErstedt
venait de faire sa célèbre expérience, Ampère conçut un appareil télégraphique formé d'autant d'aiguilles aimantées qu'il y a de lettres.
Chaque aiguille devait être influencée par un fil passant au-dessus.
Cette idée fut réalisée en 1837 par M. *Steinheil* à Munich, et par
M. *Wheatstone* à Londres. Enfin en 1840 M. *Wheatstone* construisit
le premier appareil télégraphique à électro-aimant : dès lors la télé-

graphie électrique passa du domaine de la science dans celui de la pratique sociale, et en moins de 10 ans les principales nations civilisées établirent entre leurs villes des communications instantanées par des conducteurs de courants électriques. Bien des systèmes ont été imaginés, mais tous ont pour principe l'emploi d'un électro-aimant. De telle sorte que toute la télégraphie électrique actuelle repose sur un seul principe qu'il faut d'abord faire comprendre.

Principe fondamental de la télégraphie électrique. — Un courant tour à tour ouvert ou fermé peut à l'aide d'un électro-aimant faire mouvoir avec rapidité un levier de fer doux placé à une distance aussi grande qu'il est nécessaire.

Supposons un opérateur placé à Paris avec une pile suffisamment énergique dont les conducteurs se rendent à Marseille, et y vont aboutir à un électro-aimant E (212). En face de cet électro-aimant imaginons un levier de fer doux DF maintenu par un ressort A. Quand le courant sera fermé, il traversera les bobines, le fer doux s'aimantera et attirera presque au contact la branche du levier qui lui correspond. Mais sitôt que le courant sera rompu, l'attraction cessera et le ressort A agissant sur l'autre bras du levier, le ramènera dans sa position première.

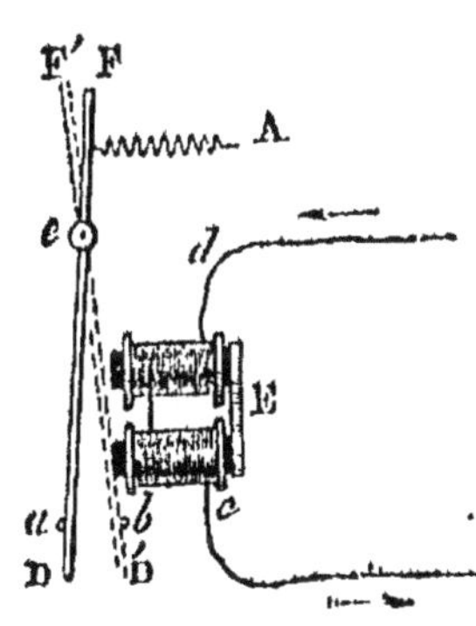

Fig. 212.

Voilà le principe théorique de la *transmission des signes*. Son application est soumise à certaines conditions pratiques qu'il est essentiel de connaître pour comprendre les dispositions qu'elles motivent.

1° — Il faut que le levier marche avec *précision* et *rapidité*. Pour cela l'aimantation doit se détruire instantanément, et nous savons que le pouvoir magnétique développé par le courant disparaît avec lui lorsque le fer doux est bien pur. En second lieu le levier devra être assez léger pour se mouvoir facilement. D'une autre part, la tension du ressort A devra être réglée d'après l'énergie de l'électro-aimant de manière à ramener promptement le levier, sans gêner l'effet de l'attraction magnétique dès qu'elle existe. Enfin, pour que le levier ne soit pas retenu contre le fer doux et obéisse au ressort sans résistance, on le place entre deux points d'arrêt *a* et *b*, dont l'un *b* empêche que dans l'attraction il ne vienne toucher l'électro-aimant, et l'arrête à une très-faible distance. Le second *a* modère le jeu du ressort qui ferait reculer le levier d'une manière irrégulière.

2° — Les fils conducteurs *cd* ont une longueur énorme : nous les supposons allant de Paris à Marseille. Il faut s'attacher aux lois de l'intensité des courants pour combiner la grosseur et la longueur du fil de manière à conserver au courant l'énergie qui lui est nécessaire. D'après ces lois, un courant qui parcourt un circuit de 100 kilomètres a une intensité 100 fois moindre que celle qu'il aurait eue dans un circuit de 1 kilomètre. Mais, d'autre part, l'intensité est en raison directe du carré du diamètre du fil : en prenant un fil d'un diamètre 10 fois plus fort on centuplera donc l'intensité du courant, et la perte provenant de la distance sera compensée par la grosseur du fil. En général donc on choisira des conducteurs de grosseur variable suivant les distances que l'on veut parcourir. Bien entendu que nous supposons la source du courant de même force dans tous les cas : car il s'agit ici seulement des effets dus au diamètre du conducteur et à la longueur de son parcours. Quant à la *vitesse de l'électricité*, elle est assez grande pour devoir être considérée comme *instantanée* par rapport aux distances que peut offrir notre globe.

3° — Le principe général que j'ai exposé tout à l'heure suppose que chaque électro-aimant est introduit dans un circuit conducteur formé de deux fils; l'un *d* amène le courant, l'autre *c* le ramène au point de départ. En un mot, entre Paris et Marseille on compte environ 800 kilomètres : le fil conducteur d'un télégraphe électrique établi de l'une de ces deux villes à l'autre, aurait donc 1600 kilomètres de développement, 800 pour transmettre le courant jusqu'à Marseille, et 800 pour revenir à Paris fermer le circuit. Cette nécessité a l'inconvénient de doubler la longueur du fil de communication, de compliquer, durant leur trajet, la disposition des conducteurs télégraphiques. L'expérience a révélé un fait qui a permis d'éluder heureusement cette difficulté. Elle nous a appris que le fil de retour est inutile : pour fermer le courant il suffit de faire communiquer avec le sol, à Marseille le fil *c* qui ramène le courant, et à Paris le pôle négatif. Alors la terre remplit l'office de fil de retour, et ainsi interposée entre le conducteur et l'électrode négatif, elle établit le courant comme le ferait un fil métallique. Je ne prétends pas dire que réellement le courant revienne à travers le sol de Marseille à Paris; nous n'en savons rien, et cela paraît peu probable. Quelle que soit l'explication, le fait nous est acquis maintenant, et il est bien précieux à connaître : *la terre ferme le circuit et tient lieu de fil de retour.* On supprime donc le fil *c*, et on se contente de le faire aboutir dans la terre humide après avoir adapté à son extrémité une plaque métallique que l'on enfouit avec lui. L'électrode négatif de la pile, au point de départ, est aussi mis en communication avec la terre à l'aide des mêmes dispositions. Le fil qui amène le courant est désigné sous le nom de *fil de ligne*; celui qui communique avec le sol porte le nom de *fil de terre*.

Appareils télégraphiques. — J'ai fait comprendre, je l'espère, la théorie générale des télégraphes. La constitution de ces appareils peut aussi se résumer en quelques principes généraux fort utiles à connaître avant d'étudier aucun système spécial.

Communication simple. — Considérons d'abord le cas le plus simple : une personne placée à Paris veut faire parvenir une nouvelle à une autre personne placée à Lille. Ce n'est qu'une *communication simple*, car je n'examinerai pas encore comment la seconde personne pourra répondre à la première. Je veux faire connaître les appareils que nécessite cette communication dans un seul sens.

L'opérateur de Paris devra d'abord avoir une *pile voltaïque* pour produire le courant par lequel il agira. Les piles de Bunsen, celles de Daniell modifiées par M. Bréguet, sont adoptées généralement dans les services de télégraphie électrique. Le nombre des éléments dépend de l'intensité que nécessite la distance à parcourir : il est ordinairement compris entre 10 et 30 couples.

Le courant que fournit la pile ne produit de mouvement au point d'arrivée qu'autant qu'il peut être fermé ou rompu à volonté, et avec toute la promptitude désirable. C'est donc un appareil important et délicat dans un système de télégraphe électrique, que celui qui permet d'effectuer avec la rapidité de la parole la rupture et la fermeture du courant au point de départ. La disposition de cet appareil offre de grandes différences; mais on lui donne quel qu'il soit le nom de *Manipulateur*.

Pour établir le courant chaque fois que le manipulateur ferme le circuit, il faut des *conducteurs* joignant le point de départ au point d'arrivée, par exemple, Paris à Lille. Ces conducteurs sont des fils de fer galvanisés : le prix modique et la grande ténacité du fer l'ont fait préférer au cuivre pour la fabrication des fils télégraphiques. Avec la distance qui sépare le long des trajets les stations intermédiaires, il suffit de donner au fil environ 4 millimètres de diamètre. Nous savons déjà que les fils nécessaires se réduisent à un *fil de ligne* qui a la longueur du parcours d'une station à l'autre et deux *fils de terre*, l'un allant de la pile et du manipulateur, au sol de la première station; l'autre unissant au sol de la seconde, l'appareil nommé *récepteur* placé au point d'arrivée, et qui reçoit le fil de ligne. Ainsi est complété le circuit conducteur. La disposition des *fils de terre* a déjà été indiquée. Mais le *fil de ligne* est plus difficile à placer, et deux systèmes sont suivis pour son établissement. En Allemagne on a adopté les *circuits souterrains* : un enduit de gutta percha d'une épaisseur presque égale au diamètre du fil, l'isole complétement de la terre dans laquelle il est enfoui. En France on a préféré les *circuits aériens*. Le fil de ligne est soutenu le long d'un chemin de fer par des poteaux de sapin. Un godet de porcelaine renversé soutient le fil à l'aide d'un crochet placé dans sa concavité, et protége ce point d'appui de toute humidité. La hauteur à laquelle on le place dépend de l'accessibilité du lieu. Dans les endroits où personne ne peut parvenir, le fil télégraphique est à 1 mètre, 1 mètre et demi du sol; dans les lieux ordinaires, il est maintenu à 2 ou 3 mètres; mais quand le fil traverse une route ou la voie ferrée elle-même, c'est à 7 mètres de hauteur. Ces poteaux se succèdent le long du chemin de fer à la distance de 20 à 30 mètres; puis de 500 mètres en 500 mètres se trouvent des poteaux plus forts munis d'espèce de treuils isolés qui servent à tendre le fil, c'est ce qu'on appelle des *poteaux de traction*. Le nombre de fils de ligne qu'exige un télégraphe dépend du système suivant lequel il est disposé. Il faut un fil de ligne pour agir sur chaque électro-aimant.

Il existe une troisième espèce de circuits; ce sont les conducteurs destinés à traverser les mers, et qu'on nomme *circuits sous-marins*. Un circuit de ce genre unit à travers la Manche, Douvres à Calais; un autre est établi entre l'Angleterre et l'Irlande, de Holyhead à Dublin. Un troisième à travers la Méditerranée réunit maintenant la France à l'Algérie. Je ne puis donner de détails sur les intéressantes opérations qu'a exigées la pose des deux circuits sous-marins. Leur constitution est très-analogue. Celui de Douvres à Calais est un câble formé au centre de 4 fils de cuivre isolés à la gutta percha, et enveloppés de 10 gros fils de fer galvanisés. Ceux-ci sont contournés en hélice très-allongée, ils ne servent pas à conduire le courant et sont uniquement protecteurs. Ce câble a 30 kilomètres environ de longueur, et pèse 180,000 kilogrammes.

Au point d'arrivée d'une ligne télégraphique se trouvent le moteur et son levier, que représente sous une forme élémentaire la figure 212. Ce levier mis en mouvement, doit former les divers signes qui servent à traduire les pensées de l'opérateur placé au point de départ : ainsi l'électro-aimant va se trouver introduit dans un mécanisme destiné à former les signes. Cet appareil se nomme le *Récepteur*. On ne doit pas oublier qu'il reçoit le courant du *fil de ligne*, et ferme le circuit par son *fil de terre* comme le faisait la pile voltaïque au point de départ. Le *récepteur* peut avoir les dispositions les plus variées, et sa construction est toujours en rapport avec celle du manipulateur. Les divers systèmes télégraphiques se distinguent entre eux par les dispositions adoptées pour le manipulateur et le récepteur. On peut reconnaître ainsi trois genres de télégraphes électriques : 1° les *télégraphes à cadran*, où le récepteur porte sur un cadran les lettres de l'alphabet, et une aiguille centrale se meut sur cet alphabet circulaire en s'arrêtant sur chacune des lettres qui composent le mot. Il existe un grand nombre de télégraphes à cadran; outre le télégraphe à cadran ordinaire, les principaux sont ceux de M. Bréguet, de M. Froment, à Paris, et celui de M. Siemens, à Berlin ; 2° les *télégraphes à signaux conventionnels*; on en connaît deux systèmes, le télégraphe français de MM. Foy et Bréguet, et le télégraphe anglais. Tous deux sont caractérisés par ce fait que leur récepteur forme par la position de l'aiguille, et sans cadran, des signaux d'une signification convenue; 3° les *télégraphes écrivants* : dans ceux-ci le récepteur est une machine capable de tracer des caractères qui donnent la dépêche écrite sur une bande de papier à l'aide d'un alphabet spécial formé de la combinaison des lignes, ou des points que peut tracer le levier mu par l'électro-aimant. On doit citer parmi les télégraphes écrivants celui de M. Morse, fort en usage aux États-Unis, celui de M. Dujardin, celui de M. Bain, et enfin celui de MM. Pouillet et Froment.

Dans tous les systèmes télégraphiques il faut que celui qui parle puisse, quand il prend la parole, attirer l'attention de celui qu'il interpelle à grande distance : il y a pour cela un appareil tantôt uni au récepteur, tantôt distinct. C'est, en général, un timbre qui sonne pour appeler l'attention; aussi donne-t-on à cette partie de l'appareil télégraphique le nom *d'alarme* ou de *sonnerie*.

En résumé donc, *pour une communication simple*, un télégraphe électrique se composera de :

> 1° Une *pile voltaïque* . . ⎫
> 2° Un *manipulateur*. . . ⎬ au point de départ.
>
> 3° Les conducteurs du courant. .
>
> 4° Le *récepteur*. . . . . ⎫
> 5° L'*alarme* ou *sonnerie*. ⎭ au point d'arrivée.

Correspondance. — Si nous disposons les appareils de façon à ce que la personne placée à Lille puisse, non-seulement recevoir la dépêche de celle de Paris, mais encore lui répondre; cette correspondance va exiger les dispositions suivantes :

Pour communiquer de Paris à Lille.	*Pour communiquer de Lille à Paris.*
Pile voltaïque. . .⎫ Manipulateur. . .⎭ à Paris.	Pile voltaïque. . .⎫ Manipulateur. . .⎭ à Lille.
Conducteurs.	Conducteurs.
Récepteur. . . . .⎫ Sonnerie. . . . . .⎭ à Lille.	Récepteur. . . . .⎫ Sonnerie. . . . . .⎭ à Paris.

Il est facile de constater d'après ce tableau quel sera le matériel d'une station télégraphique. Chacune devra posséder sa *pile voltaïque*, son *manipulateur*, son *récepteur* et sa *sonnerie*.

Quant aux conducteurs, il semblerait qu'il en faut deux pour une *correspondance*; mais à l'aide de *commutateurs* disposés sur le trajet du circuit on peut faire communiquer le même fil, tantôt avec le manipulateur, tantôt avec le récepteur, tantôt avec la sonnerie. Ces commutateurs sont ordinairement des espèces de ressorts métalliques montés sur pivot recevant le fil par une extrémité, tandis que l'autre peut se placer sur l'origine de petits conducteurs appartenant à l'un des appareils qu'on veut introduire dans le circuit. On peut d'ailleurs leur donner toutes sortes de dispositions.

Pour achever cette esquisse de la télégraphie électrique je ferai comprendre chaque genre de systèmes télégraphiques en donnant une idée du système le plus digne d'attention.

1° *Télégraphe à cadran ordinaire.* — Ce télégraphe est un appareil classique destiné à la démonstration, il a été construit par M. Froment, auquel on doit (1851) un autre télégraphe à cadran et à clavier d'une grande perfection. Celui que je vais décrire est représenté dans les figures 213 et 214. La première montre le manipulateur, la seconde le récepteur.

Le *manipulateur* est, comme on sait, destiné à interrompre ou établir le courant; on emploie volontiers les mots *ouvrir* ou *fermer* le circuit. Voici comment il produit cet effet. La pile, que représente dans notre figure l'élément J, a son pôle positif fixé au bouton métallique T. De ce bouton une lame de laiton appliquée sur le socle du manipulateur conduit le courant dans la tige B. Une tige semblable A est placée de l'autre côté, et par une lame métallique communique avec le bouton L, d'où part le *fil de ligne* allant au récepteur. L'électrode négatif de la pile est fixé au bouton O; de là une lame de cuivre communique avec le *fil de terre* R. C'est donc entre les deux tiges A et B que se produisent les intermittences du courant. On les provoque au moyen de la roue dentée I. La tige B porte à son extrémité une saillie courbe assez étendue pour qu'étant placée vis-à-vis de l'intervalle de deux dents elle les touche toutes deux. Il est donc clair que cette tige B sera toujours en contact avec la roue, soit qu'une dent, soit qu'un intervalle passe devant son extrémité. Mais c'est tout le contraire pour la tige A : la saillie qui la termine est assez entaillée pour toucher la dent qui passe devant elle, et rester isolée quand se présente un intervalle. Chaque fois qu'une dent touchera la tige A, la communication s'établira entre la pile et le fil de ligne, de T en B, de B en I, et enfin de

Fig. 213.

I en A et jusqu'en L : le courant passera. Mais quand un intervalle se présentera devant l'extrémité de la tige A il y aura solution de continuité, et le courant ne passera plus. A l'axe de la roue I on a donc fixé une aiguille indicatrice que l'on tourne à la main au moyen d'un bouton saillant P. La pointe de l'aiguille se meut sur un cadran portant 26 marques, les 25 lettres de l'alphabet et le signe -|- qui s'appelle le *final*. La roue I est liée à l'aiguille de façon à se mouvoir avec elle; son limbe porte 13 dents et 13 intervalles. Il est donc clair que dans une révolution complète de la roue le circuit est fermé 13 fois et ouvert 13 fois. Or, il suffit de jeter les yeux sur notre figure du principe de la télégraphie électrique (fig. 212), pour se convaincre que chaque fois qu'on *ferme* le circuit le levier du récepteur s'avance attiré par l'électro-aimant; chaque fois au contraire qu'on *ouvre* le circuit le levier du récepteur recule, ramené par son ressort. Avec 13 fermetures et 13 ruptures nous aurons donc 26 mouvements du levier à la station d'arrivée : nous allons voir que chacun de ces mouvements reproduit au récepteur celui de l'aiguille du manipulateur.

Jetons les yeux sur le récepteur (fig. 214). Derrière son cadran est le levier avec l'électro-aimant. La figure 160 représente leur disposition dans une vue postérieure de l'appareil. Le *fil de ligne* amène le courant au bouton F (fig. 214); une bande métallique le transmet aux bobines de l'électro-aimant L (fig. 215), qui dans la figure 214 est caché derrière le socle V du cadran. Le levier se voit (fig. 215) en ED. Son point fixe est en P; quand la plaque E qu'il

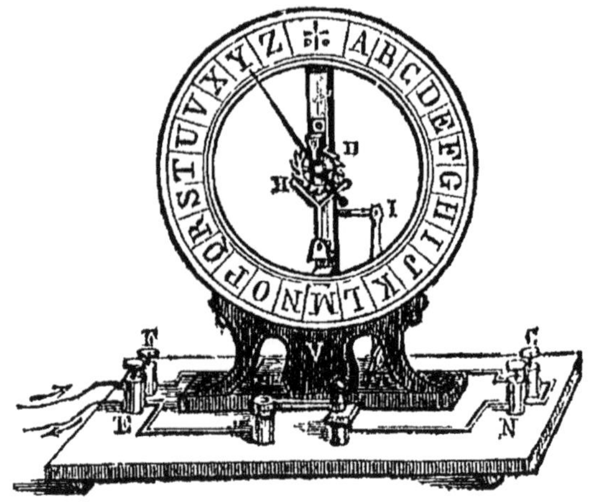

Fig 214.

présente à l'électro-aimant, est attirée, l'extrémité D pousse la tige *c*, qui fait mouvoir à son tour la tige verticale *i* autour d'un axe fixe horizontal (indiqué seulement par un point dans la figure) qui traverse son extrémité inférieure. Quand l'attraction cesse, le ressort l' ramène le levier, la traverse *c* est tirée par la branche D, et la tige *i*, qui précédemment s'était portée vers la droite, revient vers la gauche. Enfin, l'axe fixe qui maintient l'extrémité inférieure de cette tige porte dans le plan du cadran une seconde tige ou *fourchette* B, dont les deux branches engrènent alternativement dans les dents d'une roue A, qui fait tourner avec elle l'aiguille du récepteur. La figure 214 montre à travers le cadran une partie de ce mécanisme. On doit comprendre maintenant que chaque fermeture du circuit mettant en activité l'électro-aimant, fera marcher la fourchette H (fig. 214) vers la droite; mais chaque fermeture la portera, au contraire, vers la gauche. Dans ce mouvement de *va-et-vient*, chacune des branches engrène une fois dans la roue D; les dents de cette roue sont taillées de façon que la branche qui engrène glissant sur une arête courbe de la dent, fait tourner la roue jusqu'à ce que l'ancre de la fourchette vienne heurter la dent suivante. Il suffira donc de 19 dents à la roue pour que la fourchette lui fasse prendre 20 positions successives. Pour que les indications données sur le cadran du manipulateur se reproduisent sur celui du récepteur, on n'aura qu'à partir sur les deux d'un même signe, le *final* par exemple. L'aiguille du manipulateur, en passant du *final* à la lettre A, ferme le circuit, la fourchette du récepteur se meut, la roue D (fig. 214) tourne d'une demi-longueur de dent et l'aiguille se place aussi sur A. Marchant de A à B, l'aiguille du manipulateur ouvre le circuit; la fourchette se meut en sens inverse, la roue D entraîne l'aiguille du récepteur sur la lettre E, et ainsi de suite.

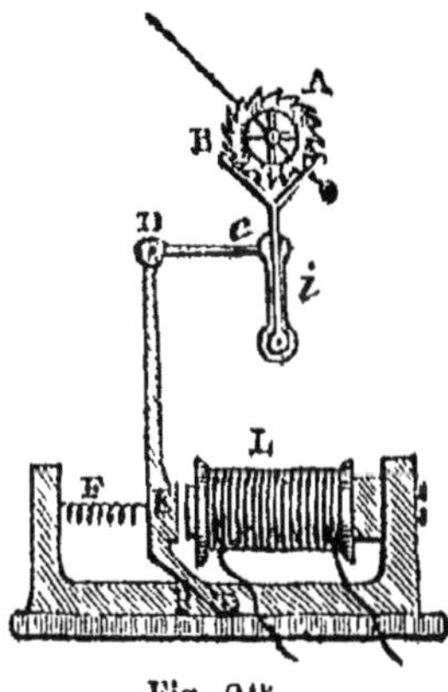

Fig. 215.

Le *fil de terre* du récepteur est fixé en E (fig. 214). Un circuit formé par une lame de laiton le fait communiquer avec le fil de ligne qui arrive en F.

Pour faire bien comprendre le jeu de ce télégraphe, écrivons le mot PARIS. Dans les moments de repos, les employés font communiquer le fil de ligne avec la *sonnerie*. L'opérateur de Paris qui veut parler fera exécuter un tour complet à l'aiguille de son manipulateur. Pendant ce tour de l'aiguille, le courant sera 13 fois transmis par le fil de ligne; et, au moyen d'un électro-aimant, il fera résonner à Lille le timbre de la sonnerie. Ce signal donné; par le jeu d'un *commutateur*, il ôtera momentanément son manipulateur et sa pile du circuit, pour y introduire sa sonnerie et y recevoir la répétition de son signal d'appel. Cela veut dire : « Je suis prêt. » Aussitôt notre opérateur réintroduit dans le circuit son manipulateur et en exclut sa sonnerie; alors il commence à parler. Partant du signe +, il fait tourner l'aiguille du manipulateur bien régulièrement dans le sens des lettres de l'alphabet, de l'A vers le Z, et s'arrête $\frac{1}{4}$ de seconde environ devant la lettre P. Dans ce trajet du signe *final* à P, le circuit a été fermé 8 fois et ouvert 9 fois : la fourchette H (fig. 214) du récepteur a donc exécuté 17 mouvements et fait tourner la roue D de 8 dents $\frac{1}{2}$; l'aiguille du récepteur se sera donc déplacée de 17 signes, et comme elle partait aussi du signe +, elle est sur la lettre P en même temps que celle du manipulateur. Ainsi la lettre P, signalée à Paris, l'est au même instant à Lille. Après cette courte station de $\frac{1}{4}$ de seconde, l'opérateur de Paris continue à faire tourner régulièrement, et toujours dans le même sens, son aiguille de P en A. Arrivé sur l'A, il s'arrête encore $\frac{1}{4}$ de seconde; l'aiguille du récepteur à Lille tourne avec celle du manipulateur de Paris, et s'arrête $\frac{1}{4}$ de seconde sur la lettre A. Le correspondant a donc déjà lu PA. On continue ainsi pour la syllabe RIS, et, pour indiquer la fin du mot, le correspondant de Paris revient au signe +; puis, en opérant toujours de même, il recommence un autre mot, et ainsi de suite. Il est important de ne jamais tourner en sens opposé l'aiguille du manipulateur; car les ruptures et les fermetures du circuit se produiraient commé si on marchait en sens direct, et pendant que l'aiguille du manipulateur reculerait, celle du récepteur avancerait; il n'y aurait plus correspondance dans les indications des deux cadrans. Supposons, en effet, que dans le mot PARIS, après la lettre A, on ait fait reculer l'aiguille du manipulateur de A en R, en passant devant Z, Y; il y aura eu un déplacement de 10 signes, et comme le récepteur aura continué à marcher en sens direct, il dira J pendant que le manipulateur écrira R. Le correspondant de Lille ne comprend plus; aussitôt il ôte son récepteur du circuit et y met sa sonnerie. Le correspondant de Paris ne recevant pas de réponse quand sa dépêche est finie, fait un signal d'appel à celui de Lille, qui se hâte de lui dire qu'il y a eu erreur. Ces erreurs, qui entraînent des pertes de temps, sont, du reste, fort rares par suite de l'extrême habitude que contractent les employés. La correspondance marche très-vite, et se lit sur le récepteur comme on le ferait sur un livre. Quand elle est terminée, les deux aiguilles sont ramenées au signe *final*, où le courant ne passe pas. C'est la position de repos. Puis les récepteurs et manipulateurs sont retirés du circuit, et la sonnerie seule y reste dans l'attente d'un nouveau signal.

J'ai longuement expliqué le mécanisme et l'usage du télégraphe à cadran ordinaire, parce qu'il suffit de le bien comprendre pour se mettre facilement au courant du mécanisme de tous les autres. Cet appareil est d'ailleurs sujet à des dérangements beaucoup trop fréquents, et ils tiennent à deux causes principales :

1° Les branches de la fourchette donnent une forte secousse à la roue dentée du récepteur, et quelquefois, à cause de la vitesse de l'impulsion, elle marche d'une dent entière au lieu d'une demie.

2° La main n'a rien qui règle son mouvement sur le manipulateur, et marche avec une certaine hésitation qui, au moindre recul, met les aiguilles en désaccord.

Télégraphe à cadran de M. Bréguet. — Je donnerai une idée succincte des perfectionnements qui caractérisent le télégraphe à cadran construit par M. Bréguet. C'est celui qui est employé par les administrations de chemins de fer.

M. Bréguet a remédié avec un succès complet aux deux causes de

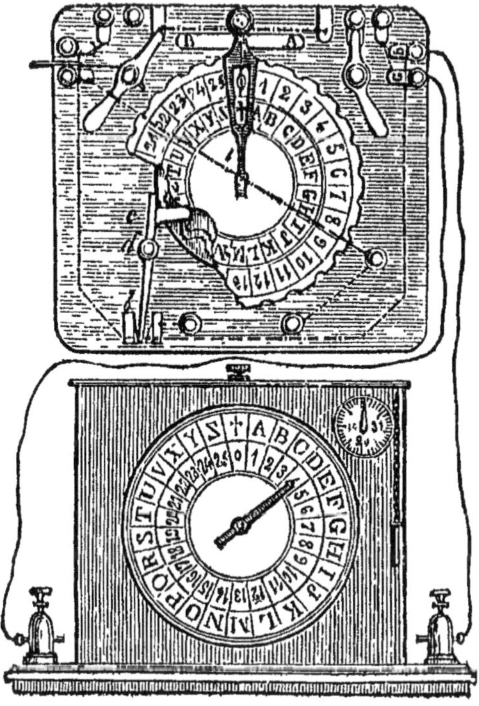

Fig. 216.

dérangements que je viens de signaler dans l'appareil précédemment décrit. Son télégraphe à cadran marche avec une précision incomparable et une rapidité extrême.

Le manipulateur et le récepteur sont représentés réunis dans la figure 216. Il est facile de voir en quoi ils diffèrent de ceux du télégraphe à cadran ordinaire. Le *manipulateur* que l'on voit en haut de la figure est un *cadran horizontal*, et non plus vertical comme précédemment. L'aiguille est remplacée par une manette *i* articulée sur un pivot au centre du cadran. Celui-ci porte sur son pourtour, vis-à-vis de chaque signe, une encoche dans laquelle entre une saillle de la face inférieure de la manette. Ainsi se trouve réglé le mouvement de la main. On soulève la manette de façon à dégager la saillie de l'encoche où elle reposait, et on tourne jusqu'à la lettre voulue sur laquelle on abaisse la manette en l'arrêtant à l'encoche correspondante. Cette disposition remédie à la seconde cause d'erreurs signalée dans l'appareil précédent.

Une modification importante a été introduite dans le mécanisme qui établit ou interrompt le courant. La roue dentée du télégraphe à cadran ordinaire est remplacée par une roue concentrique au cadran et située sous lui. Cette roue de cuivre tourne avec la manette. La figure 216 la montre sous la partie du cadran que l'on a supposée détruite; elle est creusée d'une rainure sinueuse qui longe tout son pourtour à 2 centimètres environ de distance : une portion de cette rainure est indiquée. Elle présente 13 saillies qui remplacent les 13

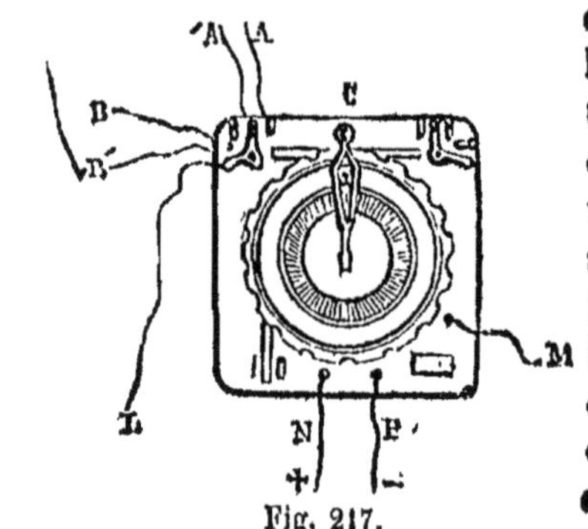
Fig. 217.

dents, et elle reçoit un court bras de levier c qui , à l'aide d'une tige verticale munie d'un petit galet, roule dans la rainure, et suit tous les mouvements que lui impriment les sinuosités de la roue à mesure qu'elle tourne. Ce court bras de levier est uni à une tige qui pivote sur le point fixe d, et l'autre extrémité va osciller entre deux arrêts métalliques. Chacun de ces arrêts porte en dedans un ressort que figure un trait de notre dessin ; de façon qu'en appuyant contre l'un ou l'autre, la tige se trouve en contact assuré avec la pièce métallique qui forme cet arrêt. C'est entre ces deux pièces que se produisent les ruptures et les fermetures du circuit. Des lames de laiton placées sous le socle du manipulateur et que représentent sur notre figure des lignes interrompues par des points , établissent les communications nécessaires à la transmission du courant dans diverses directions. Ces communications sont tellement combinées que la tige *cd ferme* le circuit en touchant l'arrêt *b*, et l'*ouvre* en heurtant l'autre.

Ce manipulateur a aussi l'avantage de simplifier extrêmement le travail des *commutateurs*. Ceux-ci sont deux petits leviers coudés que l'on voit aux deux angles supérieurs de notre dessin (fig. 216.) Ils tournent sur un pivot, et vont appuyer leur extrémité sur tel ou tel point de la surface du socle. La fig. 217 est destinée à montrer la disposition des fils. Au voisinage de chaque commutateur sont incrustées dans le bois du socle des touches métalliques où se fixent les fils, et sur lesquelles pose le commutateur pour diriger le courant. Le fil N est en relation avec le pôle *positif* de la *pile*, le fil P avec le pôle *négatif*; ce dernier fil P communique par un ruban de cuivre fixé sous le socle, avec le bouton auquel est attaché le conducteur M qui est le *fil de terre*. Le fil L est attaché au commutateur, c'est le *fil de ligne*, il emmène ou amène tour à tour le courant. Les deux fils BB′ sont en rapport avec le *récepteur* de la station : quand on met le commutateur en relation avec ces deux fils, le courant arrivant par le *fil de ligne* L n'entre plus dans le manipulateur; les fils BB′ le conduisent immédiatement au récepteur. Une bande de cuivre fait communiquer le fil de retour B′ avec M, le *fil de terre*. Cette manœuvre permet donc de recevoir les communications de l'autre station. Dans les temps de repos, on met au contraire le commutateur en rapport avec les fils AA′ qui vont à la sonnerie; le courant alors n'entre pas dans le manipulateur, il passe du fil L en A, et, ramené par le conducteur, A′, il va par-dessous le socle rejoindre le *fil de terre*

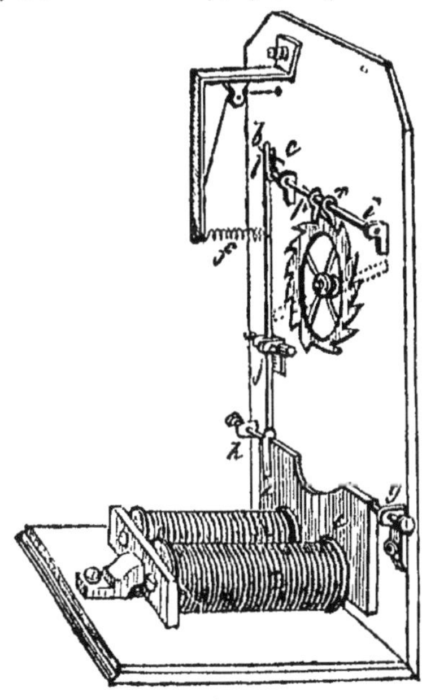

Fig 218.

M. Je ne puis insister davantage sur cette habile combinaison de fils; mais il en résulte que :

1° Un seul *fil de ligne* suffit à la fois pour le manipulateur, le récepteur et la sonnerie d'une station;

2° Un seul fil de terre suffit aussi pour ces trois appareils.

Ce fil de ligne L va d'ailleurs à l'autre station se fixer au récepteur en passant, comme ici, par le socle du manipulateur, etc.

Le *récepteur* du télégraphe à cadran de Bréguet se voit au-dessous du manipulateur dans la fig. 216. C'est extérieurement une boîte cubique en acajou : une des faces est percée pour laisser voir le cadran. Mais en enlevant cette caisse protectrice on aperçoit le mécanisme qui meut l'aiguille sous l'empire du manipulateur placé à l'origine du circuit. Ce mécanisme a quelque analogie avec celui du récepteur que nous connaissons déjà; on le voit en grande partie dans la fig. 218. L'électro-aimant est en AB : le levier qu'il met en mouvement est la tige *bj* avec la palette *ii* qui la termine. Cette palette sous l'influence alternative de l'électro-aimant ou du ressort, pivote sur les deux points fixes *h* et *g*. La branche *bj* du levier porte à son extrémité *b* une petite broche *c*, engagée dans un prolongement coudé de la tige horizontale *ll*, et qui entraîne cette tige dans le mouvement de va-et-vient que l'électro-aimant et le ressort impriment au levier. Ainsi se produit en *ll* une légère rotation dans un sens ou dans l'autre. Mais la tige *ll* porte une ancre *pr* à deux branches, formant entre elles un angle d'environ 25 degrés. A chaque rotation de la tige, l'une des branches de l'ancre vient arrêter une dent de la roue placée au-dessous, et qui meut l'aiguille. Cette roue est disposée exactement comme dans le récepteur du télégraphe à cadran ordinaire; l'ancre *pr* peut rencontrer 13 dents, et avec ses deux branches arrêter la roue dans 26 positions. Ainsi disposé, le levier jouit d'une mobilité extrême, et c'est un grand avantage; mais ce qui fait la supériorité de ce système de récepteur, c'est l'introduction d'un mouvement d'horlogerie qui lui donne une précision incomparable. Ce mouvement d'horlogerie, qui a été supprimé dans notre fig. 225, imprime à la roue dentée et à l'aiguille qui y est liée une marche régulière, de telle sorte que si l'appareil électro-magnétique n'existait pas, l'aiguille tournerait d'un mouvement uniforme sur le cadran. L'électro-aimant avec son levier agit donc, non plus comme *moteur* de l'aiguille, mais comme *interrupteur* du mouvement qu'elle possède: il ne fait plus tourner l'aiguille, il l'arrête 26 fois dans un tour entier. Cette heureuse innovation écarte complétement la première cause de désaccords que présentait le télégraphe à cadran ordinaire.

Deux bouts placés aux angles du socle (fig. 216) reçoivent les conducteurs. Au-dessus de la boîte se voit un autre bouton qu'il suffit de presser pour faire marcher l'aiguille et l'amener au signe + sans l'intervention du courant. On remédie ainsi aux désaccords qui se seraient produits dans des circonstances exceptionnelles. Enfin, le petit cadran, placé à l'angle gauche de la caisse, sert à régler la résistance du ressort *f* (fig. 218).

Télégraphe à signaux conventionnels de MM. Foy et Bréguet. — Ce système est né sous l'empire des habitudes créées par le télégraphe aérien de Chappe. M. Foy, directeur des télégraphes, désira, pour la commodité du service, que les anciens signes fussent conservés dans la télégraphie électrique. M. Bréguet, par d'heureuses modifications de son télégraphe à cadran, réalisa complétement ce vœu, et le système de MM. Foy et Bréguet est celui qu'employa d'abord le gouvernement français.

Le récepteur R (fig. 219) porte sur un fond blanc deux aiguilles mues par deux mouvements d'horlogerie et pourvues de deux électro-aimants distincts; une barre fixe les réunit et complète la figure du signe télégraphique formé par la position variable des deux aiguilles.

Le manipulateur A ou B (fig. 219) est de nouveau vertical; il est notablement simplifié par suite du petit nombre des signes. Mais il faut pour les former faire marcher les deux aiguilles; le manipulateur sera donc double comme le récepteur.

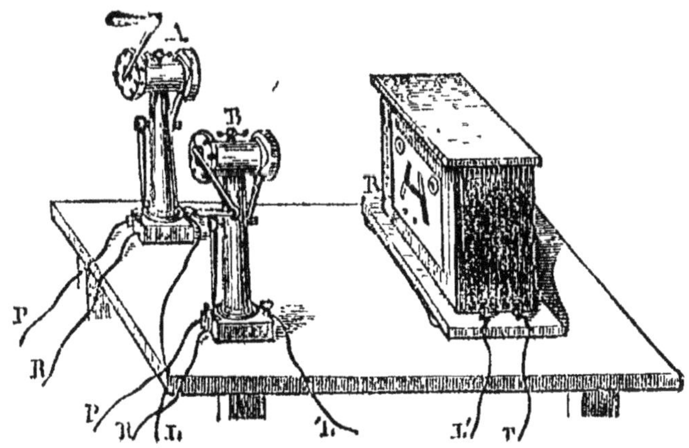

Fig. 219.

Cette duplicité du récepteur exige inévitablement deux courants distincts, par conséquent deux systèmes de *fils de ligne* et de *fils de terre*.

La figure 104 représente le matériel d'une station du télégraphe à signaux, sauf la pile et la sonnerie : R est le récepteur, les deux manipulateurs sont en AB. Les fils LL sont les fils de ligne; RR, les fils de terre; PP vent au pôle positif de la pile.

Télégraphe écrivant de M. Morse. — Les *télégraphes écrivants* ont un récepteur très-différent de ceux des systèmes qui précèdent. A l'extrémité du levier que meut l'électro-aimant est disposé un stylet. Il trace des signes d'un sens convenu sur un ruban de papier qu'un mécanisme spécial fait passer sous sa pointe avec une vitesse uniforme. Dans le système de M. Morse, la bande de papier se déroule d'un cylindre en bois pour passer entre deux autres cylindres tournant en sens inverse, et qui attirent ainsi le papier. Le premier de ces deux cylindres est en gutta-percha, et c'est au moment où le papier y passe que le stylet vient le frapper et tracer un enfoncement dû à l'élasticité de la gutta-percha placée en dessous. Le stylet trace ainsi tantôt un trait fort court, tantôt une ligne; c'est en combinant ces deux signes que l'on représente les lettres. Ainsi A s'écrit - —; B — - - -, etc.

Le mérite des télégraphes écrivants est de permettre de constater après la transmission d'une dépêche une erreur commise dans la reproduction des signes. Dans les autres systèmes, cette vérification est impossible, puisqu'il ne reste aucune trace des signes transmis. Celui de M. Morse n'est pas sans doute le plus parfait : M. Froment a récemment construit, d'après les inspirations de M. Pouillet, un télégraphe écrivant très-rapide et d'une grande sûreté.

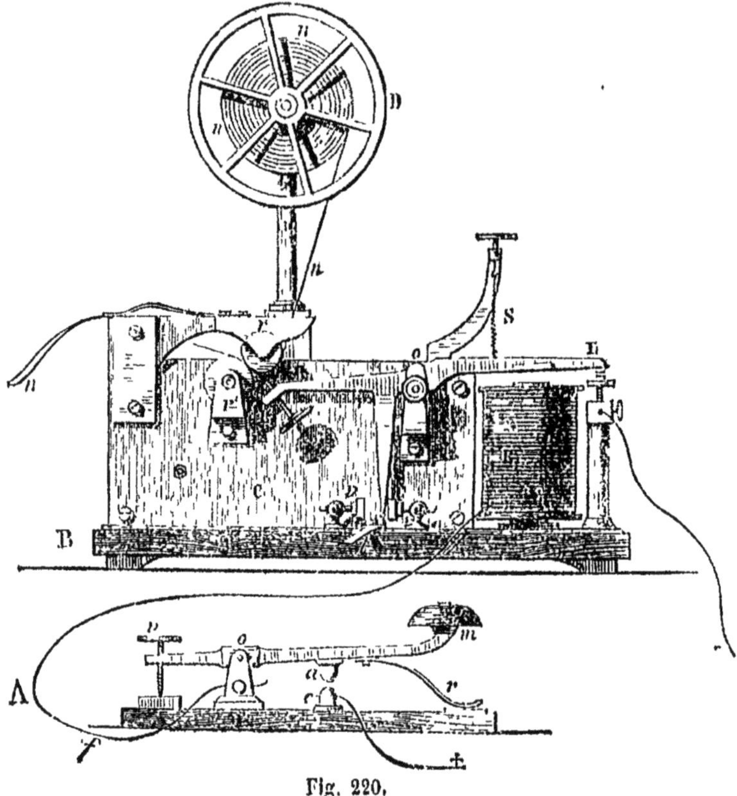

Fig. 220.

L'extrême simplicité du système télégraphique connu sous le nom de M. Morse a néanmoins engagé les principaux États de l'Europe, sauf l'Angleterre et l'Espagne, à l'adopter avec certains perfectionnements. La France elle-même a renoncé maintenant au système de télégraphes à signaux conventionnels de MM. Foy et Bréguet, et elle emploie sur ses lignes l'appareil représenté dans la figure 220, et qui a été construit par MM. Mouilleron et Anthoine.

Le manipulateur A (figure 220) consiste simplement en un levier métallique *om* oscillant autour de l'axe horizontal *o* qui communique avec le fil de ligne *f*. Ce levier porte en dessous un bouton métallique *a* ou *marteau* qui peut toucher *l'enclume c* communiquant avec un des pôles de la pile; en *r* est un ressort qui maintient habituellement le marteau *a* éloigné de l'enclume, et par conséquent le circuit interrompu; une vis *v* règle d'ailleurs le jeu de ce ressort et empêche qu'il n'écarte trop le marteau de l'enclume. Enfin pour opérer avec ce manipulateur si simple, on n'a qu'à saisir la manette *m*, que l'on abaisse pour former le circuit du courant et que l'on laisse se relever pour l'interrompre. Ce petit appareil a reçu le nom de *clef* ou *levier-clef*.

Le récepteur B (figure 220) est un peu plus compliqué. Un levier LL' oscille autour du pivot horizontal *o*, de telle manière que, si l'électro-aimant E reçoit le courant, la pointe L' se relève vers le rouleau *r*; mais dès que l'électro-aimant cesse d'agir, le ressort S ramène LL' dans sa position de repos où L' est éloigné de *r*. Une branche verticale du levier LL' vient battre entre les deux vis dormantes *vv* qui limitent l'étendue de son oscillation. Sur la roue D est enroulée une bande de papier *n*, qui est attirée par les deux cylindres tournants *r* et *r'*, dont le dernier tourne sur lui-même par l'action du mouvement d'horlogerie placé dans la caisse C. L'extrémité L' porte un *style* ou pointe mousse qui, en pressant sur la bande de papier lorsqu'elle passe sur le cylindre *r*, y trace en creux les traits et les points dont se compose la dépêche.

Le bruit que fait le levier en rencontrant l'électro-aimant suffit pour avertir l'employé, et remplace la sonnerie; enfin, comme le mouvement d'horlogerie ne doit marcher que pendant la transmission des signaux, une tige *t* permet de l'arrêter ou de le remettre en marche selon les besoins.

Effets de l'électricité atmosphérique. — L'électricité ordinaire de l'atmosphère développe quelquefois dans les fils des courants capables de troubler le jeu des appareils télégraphiques. Mais les orages surtout exercent sur eux une redoutable influence : l'électricité suit les conducteurs, désorganise les appareils par la chaleur intense qu'elle y développe; les employés mêmes courent des dangers. M. Bréguet a disposé sur nos lignes télégraphiques un ingénieux instrument qui prévient les accidents de ce genre en interrompant les communications par le pouvoir même du redoutable courant qui parcourt les conducteurs, et en le dirigeant vers le sol, où il se perd sans danger.

INDUCTION. EXPÉRIENCES FONDAMENTALES. — On nomme *induction* le pouvoir que possèdent les courants voltaïques ou les aimants de développer des courants dans des circuits conducteurs fermés et placés dans leur voisinage. Les courants ainsi développés ont été nommés *courants induits*. La découverte de cette belle propriété est un des principaux titres scientifiques de M. Faraday. La connaissance des phénomènes d'induction a ouvert aux investigations des savants une voie nouvelle où les découvertes n'ont pas tardé à se multiplier, et qui, cependant, laisse aujourd'hui espérer encore bien plus qu'elle n'a donné. C'est en 1832 que M. Faraday publia ses premiers travaux à ce sujet dans les *Annales de chimie et de physique*. Voici les principales expériences qui peuvent mettre en évidence les phénomènes dont il est ici question.

Développement des courants induits par l'action des courants. — Pour produire les courants d'induction on peut disposer l'expérience ainsi qu'il suit : on prend un premier fil métallique recouvert de soie, et on l'enroule sur lui-même en une spirale plane ayant la forme générale d'un disque; les deux extrémités de ce fil sont ensuite mises en rapport avec les pôles ou électrodes d'une pile voltaïque, de sorte que ce premier circuit peut être, quand on veut, ouvert ou fermé, selon qu'on joint ou disjoint l'un des électrodes avec une des extrémités du fil enroulé. Il est bien clair que ce fil, dès qu'on aura fermé le circuit, sera parcouru par un courant, et que ce courant cessera dès que le circuit sera rouvert. A côté de ce premier circuit, on en dispose un second, également formé d'un fil conducteur enroulé sur lui-même en spirale plane; mais les deux extrémités de ce second circuit sont fixées à celles du fil d'un galvanomètre.

Les choses ainsi établies, si l'on ferme le premier circuit de façon que le courant de la pile s'y établisse, on voit l'aiguille du galvanomètre déviée au même moment, et l'on en doit conclure qu'au moment où s'est développé le courant dans le premier circuit, il s'est développé un autre courant dans le second circuit. Si maintenant on vient à ouvrir le premier circuit de façon à y interrompre le courant de la pile, l'aiguille du galvanomètre est encore déviée au moment de la rupture, mais en sens inverse de sa première déviation. Cette rupture a donc été, comme la fermeture du premier circuit, accompagnée de la production d'un courant dans le second circuit; seulement, ce nouveau courant est de direction contraire à celle du courant développé lors de la fermeture. Si l'on compare, en outre, le sens de ces courants avec celui des courants provenant de la pile, dont l'établissement ou la rupture a provoqué leur développement, on s'aperçoit : 1° qu'au moment de la fermeture du circuit attenant à la pile, il s'est produit dans le second circuit un courant de *sens inverse* par rapport à celui de la pile; 2° qu'au moment de la fermeture le courant produit dans le second circuit est de *sens direct*, ou de même sens, par rapport au courant de la pile voltaïque.

Il faut ajouter que le galvanomètre ne révèle l'existence d'aucun courant dans le second circuit, pendant que le premier demeure fermé ou demeure ouvert.

On peut observer encore les phénomènes d'induction de cette manière : sur une bobine de bois (figure 221) on enroule simultanément

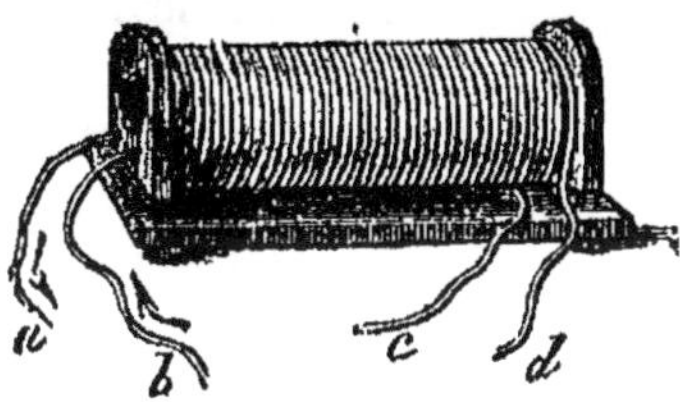
Fig. 221.

deux fils métalliques enveloppés de soie : l'un, plus gros, a ses extrémités en *ab*; l'autre, plus fin, les a en *cd*. La soie isole les deux fils ; ce sont donc simplement des circuits voisins, mais sans communication. Les deux bouts *cd* sont mis en communication avec un multiplicateur ; puis on met le fil *a* au pôle positif d'une pile ; quant au fil *b*, on le dispose de façon à pouvoir, quand on veut, le faire communiquer avec le pôle négatif de la pile, ou l'en isoler. L'expérience ainsi préparée, on établit et on interrompt tour à tour le courant voltaïque dans le fil *ab*, et on observe avec attention le multiplicateur en rapport avec le circuit voisin *cd*. Voici ce que l'on constate :

Quand un circuit fermé est dans le voisinage d'un courant susceptible d'être tour à tour établi ou interrompu,

1° Tant que le courant passe ou tant qu'il ne passe pas, le circuit fermé n'a aucune action sur le multiplicateur, il n'est donc traversé par aucun courant induit;

2° Quand on ferme le courant inducteur, le multiplicateur annonce par sa déviation que le circuit est parcouru par un courant induit instantané et inverse, c'est-à-dire de direction contraire à celle du courant inducteur;

3° Quand on interrompt le courant inducteur, le multiplicateur dévié en sens opposé annonce que le circuit est parcouru par un courant induit instantané, mais direct; c'est-à-dire de même sens que le courant inducteur.

On observe les mêmes phénomènes si, au lieu de rompre et de fermer tour à tour le courant, on l'éloigne ou on l'approche ; lorsque le courant inducteur, en se rapprochant, *commence à agir*, le *courant induit inverse* se manifeste. Mais si l'on éloigne de nouveau le courant inducteur au moment où son action *cesse*, on observe le *courant induit direct.*

Développement des courants induits par l'action des aimants. — On fait l'expérience avec une bobine de bois dont la cavité intérieure est assez grande pour qu'on y puisse introduire un aimant. Sur cette bobine est enroulé un seul fil conducteur couvert de soie, et long de 100 à 200 mètres : les deux extrémités de ce fil sont mises en rapport avec un multiplicateur ou galvanomètre. Voilà le circuit fermé avec l'appareil qui accusera le passage des courants. Les choses ainsi préparées, on introduit dans la bobine un des pôles d'un aimant, et on l'en retire tour à tour. On observe au galvanomètre les indications suivantes :

1° *Quand l'aimant est dans la bobine, il n'existe aucun courant dans le circuit;*

2° *Au moment où on introduit l'aimant dans la bobine, le circuit est traversé par un courant induit instantané, et de sens inverse par rapport aux courants du barreau considéré comme un solénoïde,*

3° *Au moment où on retire le barreau avec rapidité, le circuit est traversé par un courant induit de sens direct par rapport à ceux de l'aimant.*

Quelques expériences encore imparfaites ont montré que l'influence magnétique terrestre peut aussi donner lieu à des courants induits.

De tous ces faits, si l'on considère les aimants comme des solénoïdes, il résulte une proposition générale que l'on peut énoncer ainsi :

Un circuit conducteur fermé soumis à l'action d'un courant quelconque est traversé par un courant inverse *quand l'action commence, par un courant* direct *quand elle finit :* mais aucun courant ne le parcourt pendant que dure *cette action.*

APPAREIL DE PIXII OU DE CLARKE. — Pour étudier les courants d'induction il fallait, bien qu'il fussent instantanés, trouver le moyen de les rendre en quelque sorte continus. On y arrive en les contraignant à se succéder assez rapidement pour ne pas laisser d'interruption sensible. C'est là précisément le but des appareils de Pixii et de Clarke. Les principes qui ont présidé à leur construction sont les suivants :

1° L'aimantation du fer doux d'un électro-aimant, sous l'influence d'un aimant, fait naître dans les bobines, au moment où elle *commence,* un *courant inverse;* au moment où elle *finit,* un *courant direct.*

C'est là une conséquence, ou plutôt un cas particulier des propositions énoncées plus haut. Supposons un électro-aimant en fer à cheval, dont les bobines ont leur fil enroulé dans un sens tel que si on y dirigeait un courant, les deux extrémités du fer doux deviendraient des pôles contraires. On réunit les deux bouts du fil pour avoir un circuit fermé, et on place auprès une simple aiguille aimantée pour déceler les courants qui naîtront dans le circuit. Alors si des extrémités du fer doux on approche très-vivement un aimant, un courant énergique fait au même instant dévier l'aiguille : il est *inverse*. Au moment où l'on éloignera l'aimant avec la même rapidité, l'aiguille accusera au contraire un courant *direct*. Ce phénomène peut s'expliquer en deux mots : l'approche rapide du barreau transforme en un aimant le fer doux placé dans les bobines, et ces bobines sont influencées exactement comme si on y introduisait un aimant permanent. Quand l'aimant s'éloigne le retour du fer doux à son état naturel agit sur le fil, comme on le ferait en retirant de la bobine l'aimant qu'on y aurait introduit. Ces nouveaux faits rentrent donc dans le principe général de l'induction.

2° Lorsqu'un électro-aimant tourne en présence des pôles d'un aimant, le fil des bobines est traversé par un *courant induit*, mais ce *courant change de sens à chaque demi-révolution.*

Ce second principe s'explique par le premier que nous venons d'établir. Faire tourner l'électro-aimant devant l'aimant ou inversement, c'est toujours *éloigner* ou *rapprocher* l'aimant avec une périodicité très-régulière. Chaque extrémité du fer doux prend un pôle magnétique pendant la première demi-révolution, et le pôle contraire pendant la seconde ; en un mot, le fer doux subit son aimantation, et la perd régulièrement deux fois par tour. Toutes les fois que *commence* l'aimantation, il apparaît un courant ; toutes les fois qu'elle finit, il se manifeste un courant de direction opposée : voilà pourquoi le courant change de sens dans une même bobine à chaque demi-révolution.

Ce dernier principe fournit le moyen d'obtenir des *courants d'induction continus.* Il suffit de produire une rotation assez rapide pour que les courants induits se succèdent sans intervalle. Quant à la direction du courant, on peut la rendre constante, soit en ne recueillant que celui qui parcourt successivement chaque bobine dans une même moitié du trajet de sa révolution, soit en recueillant les courants produits dans les deux moitiés à la condition d'en rectifier le sens à l'aide d'un commutateur d'une disposition convenable.

L'appareil construit à Paris par Pixii fils réalisa le premier ces données théoriques. Un aimant en fer à cheval placé verticalement sur une traverse de bois tournait au moyen d'un mécanisme moteur, sous les extrémités d'un électro-aimant suspendu à une autre traverse. Un commutateur transformait le courant induit en un courant continu de direction constante. Cet appareil peu portatif et d'un maniement peu commode a été remplacé par celui de M. Clarke, constructeur à Londres. Son mérite est de posséder un grand pouvoir, quoique très-peu volumineux.

L'appareil de Clarke, représenté dans la figure 222, se compose essentiellement d'un puissant faisceau aimanté B recourbé en fer à cheval, et d'un électro-aimant CC' qui tourne devant lui. Ainsi la disposition est inverse de celle qu'avait adoptée Pixii ; l'aimant est fixe, c'est l'électro-aimant qui tourne. On peut employer un aimant d'une très-grande puissance sans avoir à s'occuper de son poids, puisque c'est une pièce immobile. Il est appliqué verticalement contre une planchette de bois. Dans cette même planchette et entre les branches du faisceau passe un axe D qui va soutenir l'électro-aimant ; c'est sur lui que se fera la rotation. Les bobines sont couvertes d'un fil de cuivre très-fin, enveloppé de soie. Chacune d'elles a son fil séparé, qui y fait plus de 1,000 tours ; puis une extrémité de ce fil va se fixer à une tige de cuivre placée au centre de l'axe, qui lui-même est en ivoire ; l'autre extrémité aboutit à une virole de cuivre disposée à la

Fig. 222.

surface de l'axe. Cette virole est isolée de la tige par l'ivoire. Bien entendu que les fils sont enroulés en sens contraire sur les bobines, afin que leurs extrémités qui se réunissent possèdent un courant induit de même direction. Outre la virole, on voit à a surface de l'axe une série de lamelles métalliques sur laquelle viennent appuyer les branches e, l, l' ; ces dispositions remplissent le rôle d'un commutateur lorsqu'il en est besoin. M. Clarke a même imaginé un grand nombre d'ajutages que l'on dispose à l'extrémité de l'axe D, ou sur le petit socle O pour gouverner le courant selon les conditions des diverses expériences. Enfin, pour faire tourner l'électro-aimant on saisit la manette de la roue extérieure A ; sur son pourtour est engagée une chaîne sans fin ; elle passe sur la tête de l'axe qui fait saillie dans le bas de la planchette, et elle lui communique son mouvement de rotation.

Je n'entrerai pas dans les détails que nécessiterait la disposition des diverses pièces à l'aide desquelles on recueille le courant, et qu'on adapte tour à tour à l'extrémité de l'axe D et sur le socle O placé au-dessous. Je me contente d'avoir fait comprendre la production des courants induits avec cette continuité qui les rend propres aux expériences. Aussi peut-on avec l'appareil de Clarke *obtenir des courants d'induction tous les effets des courants voltaïques.* Les commotions transmises aux êtres animés sont d'une grande énergie, et il suffit pour les éprouver de saisir les manettes JJ pendant que l'appareil est animé d'un vif mouvement de rotation. On reproduit les décompositions chimiques exécutées par la pile, on fond des fils métalliques, on enflamme des corps combustibles, on tire de belles étincelles; en un mot, toutes les expériences faites avec la pile voltaïque se répètent avec l'appareil de Clarke. Pour les effets calorifiques et lumineux, on emploie une autre bobine que celle que j'ai décrite : le fil en est plus gros, et n'a guère que 25 mètres de longueur au lieu de 500. On la substitue facilement à la première quand les expériences l'exigent.

RÉSUMÉ DU CHAPITRE XIX.

AIMANTATION PAR LES COURANTS.

Découverte d'Arago. — Le fer doux s'aimante momentanément sous l'influence des courants.

Aimantation de l'acier dans les hélices traversées par un courant. — Hélices *dextrorsum, sinistrorsum* : position relative des pôles de l'aimant.

Aimantation du fer doux dans les bobines quand un courant les traverse. — Électro-aimants.

TÉLÉGRAPHES.

Principe de la télégraphie électrique.— Un courant peut faire agir un électro-aimant placé à une distance quelconque.—Disposition théorique d'un appareil de télégraphie électrique.

L'électro-aimant doit marcher avec rapidité.

La grosseur du fil conducteur doit compenser ce que la longueur du circuit ôte d'intensité au courant.

Le fil de retour est inutile, la terre ferme le circuit. — Fil de ligne et fil de terre.

Appareils nécessaires pour une communication simple — pour une correspondance. — Matériel d'une station télégraphique.

Les divers systèmes diffèrent surtout par la disposition du manipulateur et du récepteur.

1° Télégraphes à cadran.

2° Télégraphes à signaux conventionnels.

3° Télégraphes écrivants.

Description du télégraphe à cadran ordinaire — de celui de M. Bréguet.

Télégraphe à signaux conventionnels de MM. Foy et Bréguet.
Télégraphe écrivant de M. Morse.

INDUCTION.

Un circuit conducteur fermé, soumis à l'action d'un *courant quel-conque*, est traversé par un courant *direct* quand l'action *commence*; par un courant *inverse* quand elle *finit*; pendant la *durée* de l'action, il ne se manifeste *aucun* courant. — Courant *inducteur*; courant *induit*.

APPAREIL DE PIXII OU DE CLARKE.

L'appareil de Pixii et celui de Clarke ont pour but de fournir des courants d'induction continus.

Ils reposent sur ces deux principes :

1° Un électro-aimant soumis à l'influence d'un aimant, développe dans ses bobines des courants induits aux moments où commence et où finit l'aimantation.

2° Si l'un des deux tourne rapidement en présence de l'autre, le courant induit est continu, mais il change de sens à chaque demi-révolution.

Idée de l'appareil de Pixii.

Description sommaire de l'appareil de Clarke.

On reproduit avec les courants d'induction tous les effets des courants voltaïques.

CHAPITRE XX.

ACOUSTIQUE.

PRODUCTION ET TRANSMISSION DU SON. — TONALITÉ.

Acoustique. — L'*acoustique* étudie la nature physique du son et les conditions de ses diverses manières d'être.

Production du son. — Le *son* est une sensation excitée en nous par les vibrations des corps. On a pris l'habitude de ne plus s'occuper de la sensation qui est étrangère aux études du physicien, et on définit parfois plus brièvement le son, comme un état vibratoire de la

matière. Cette définition ne suffit pas, car, dans les expériences d'a-
coustique, l'oreille de l'observateur est le dernier juge de tous les
résultats. Le son ne peut donc se concevoir sans celui qui le perçoit.
Quelquefois on a distingué sous le nom de *bruits* les sons trop fugitifs
dont notre oreille ne peut saisir la valeur musicale. Cette distinction
n'a aucune importance, et elle est tout à fait relative à la délicatesse
de l'ouïe et à l'expérience musicale des observateurs.

La *cause du son* est donc un *état vibratoire des corps*. Ces vibrations se produisent sous l'influence du choc ou du frottement : écartées
momentanément de leur position d'équilibre, les molécules matérielles y reviennent par une série d'oscillations qui constituent cet état
vibratoire. La plus simple expérience constate l'existence de ces vibrations. Sur une plaque métallique qui résonne jetez une poussière
légère ; elle y est agitée de violents soubresauts. Sur une corde tendue
qui résonne, placez un petit morceau de papier, les mêmes mouvements accuseront le même état vibratoire. Ces vibrations deviennent
parfaitement visibles par les ondulations du liquide, lorsque, avec un
archet, on tire un son du bord d'un verre rempli d'eau.

LE SON NE SE PRODUIT PAS DANS LE VIDE. — Pour qu'il se produise un son, il ne suffit pas qu'un corps soit en vibration ; il faut
encore qu'il existe entre ce corps et notre oreille des molécules matérielles qui, vibrant de proche en proche, transmettent jusqu'à nous
l'impression de ce mouvement. On constate, en effet, que *le son ne se
produit pas dans le vide*. Voici comment on peut disposer l'expérience. Sur la platine de la machine pneumatique, on place un petit
coussin de ouate capable d'amortir le son qui se communiquerait par
le contact du corps vibrant avec la machine ; puis on place sur ce coussin une sonnerie à timbre mue par un mouvement d'horloge. Après
l'avoir mise en mouvement, on la couvre de la cloche du récipient et
on fait le vide. On voit parfaitement le marteau qui continue de
frapper le timbre ; mais à mesure que la raréfaction de l'air augmente, le son s'affaiblit ; et quand la pression n'est plus que de quelques millimètres, on n'entend plus aucun son. Mais si on fait rentrer
l'air, le son renaît peu à peu ; et il reprend toute son intensité quand
l'air est complétement revenu sous le récipient.

Ainsi les sons qui nous parviennent, dans les circonstances ordinaires, nous sont transmis par l'air ambiant qui, mis en vibration au
contact des corps sonores, communique ce mouvement à ses diverses
couches jusqu'à celles qui environnent notre oreille. Tous les gaz
transmettent ainsi les sons ; les liquides les propagent mieux encore,
et tout le monde sait que les corps solides communiquent à notre
oreille avec une extrême fidélité les moindres vibrations qui ont agité

quelques-uns de leurs points. Ainsi, en appliquant l'oreille à l'extrémité d'une longue poutre, on entend nettement un grattement léger
produit à l'autre bout, et que l'on ne percevait point sans l'intermédiaire du corps solide. Bien souvent on applique l'oreille sur la
terre pour saisir des bruits lointains que l'air ne nous transmet pas.

VITESSE DE TRANSMISSION DANS L'AIR. — La transmission du son
dans l'air est un phénomène vulgaire et fort propre d'ailleurs à
faire comprendre la transmission du son par les corps matériels en
général; elle a été étudiée avec soin et doit être comprise avec toute
la netteté possible.

Imaginons une colonne d'air (fig. 223) contenue dans un tube horizontal. L'air de cette colonne est parfaitement homogène. La paroi P
est le corps vibrant qui produit le son. Cette paroi peut être assimilée
à un piston qui exécuterait dans le tube un mouvement de *va-et-*

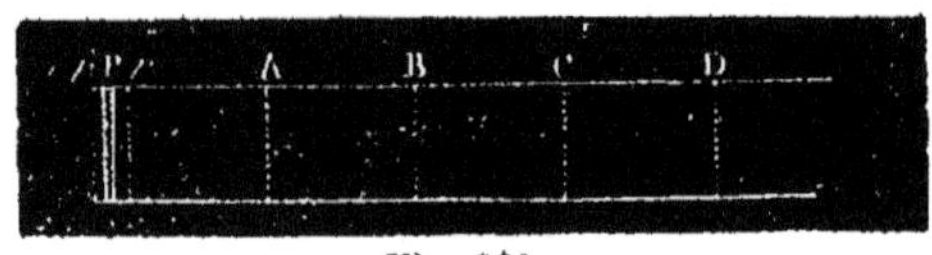

Fig. 223.

vient. Ce piston s'avance donc de P en *p*, refoulant devant lui la
colonne d'air. Si cette colonne n'était pas compressible, elle serait
chassée d'un seul bloc dans le tuyau et saillirait à son autre extrémité.
Mais, au contraire, par suite de la compressibilité de l'air, le choc
imprimé en *p* ne se transmettra que lentement le long du tube, les
parties éloignées resteront d'abord immobiles, et le mouvement du
piston aura seulement produit une *compression*, une *condensation*
dans la couche d'air qui lui était contiguë. Cette première couche
comprimée va se détendre en vertu de son élasticité; et, en cherchant
à revenir à son état initial, elle comprimera une seconde couche, qui
en comprimera une troisième..... En résumé, ce mouvement de condensation va marcher ainsi avec le temps tout le long de la colonne,
en y produisant une *ondulation* ou *onde.* Les molécules heurtées par
le piston communiqueront ainsi leur mouvement aux suivantes et
rentreront dans le repos; de sorte qu'au bout de 1 seconde, par exemple, le mouvement de compression sera parvenu en A. L'*onde* s'éten-
dra donc de *p* en A : tout le reste de la colonne d'air est au repos : à
partir de *p* commence le mouvement, il finit à la tranche A, il est
donc évident qu'entre ces deux points il y a une première moitié
de l'onde où la *condensation* va croissant, et qu'elle décroît dans
l'autre moitié, de telle sorte qu'il y a au milieu de la longueur de

l'onde un maximum de condensation. Après une deuxième seconde que se sera-t-il passé? Tout mouvement se sera éteint dans la longueur PA; mais il aura avancé d'une longueur égale, et on trouvera en AB une *onde condensée* exactement semblable à l'onde PA. Après 3 secondes, l'onde condensée serait en BC, et tout le reste serait en repos.

Tel est l'effet de la première partie du mouvement de *va-et-vient* qui constitue *une vibration*. Dans la seconde partie de ce mouvement le piston P recule en *p'* : ceci se passe dans la deuxième seconde, par exemple. Nous savons déjà qu'après une seconde le repos était rétabli en P. La couche contiguë au piston, revenue à son état d'immobilité, va se *dilater* ou se *raréfier* par le nouveau mouvement du piston. Ce mouvement de dilatation se communiquera exactement comme celui de condensation, de sorte qu'après la deuxième seconde, non-seulement nous aurons de A en B une onde condensée; mais encore de P en A nous aurons une onde raréfiée. Puis le piston continuant son mouvement après la troisième seconde, nous aurons dans notre colonne d'air une onde PA condensée, une onde AB raréfiée, et une onde BC condensée. On nomme *ondulation* complète ou *onde sonore* l'ensemble des deux ondes condensées et raréfiées qui forme une vibration. Plus le mouvement de la paroi P est rapide, plus l'ondulation sera courte. Pour comprendre maintenant la diffusion du son à travers l'atmosphère, il suffit d'imaginer dans toutes les directions autour du corps vibrant des colonnes analogues à celle que nous venons d'étudier. Le corps vibrant est entouré en effet d'ondes condensées et raréfiées de forme sphérique qui se succèdent autour de lui, et se propagent peu à peu jusqu'à ce que le mouvement initial s'éteigne par la résistance de l'air; c'est là qu'est limitée la transmission du son.

La vitesse avec laquelle se transmet le son dans l'air a été déterminée par de nombreuses expériences. Les plus importantes sont celles qu'a exécutées, en 1822, le Bureau des Longitudes entre Villejuif et Montlhéry. Dans chacune de ces stations se trouvaient trois observateurs avec une pièce de canon et des chronomètres soigneusement réglés. On tira 12 coups à chaque station à 10 minutes de distance, mais le canon de Montlhéry commençait 5 minutes avant celui de Villejuif, de sorte qu'il y avait un coup tiré de 5 en 5 minutes. Les observateurs de chaque station voyaient la lumière au moment où partait le coup de la station opposée, puis quelque temps après arrivait le bruit de l'explosion. Comme sur une si faible distance la vitesse de la lumière est infiniment grande, le temps qui s'écoulait entre la vue du feu et l'arrivée du son était exactement le temps employé par ce dernier à parcourir l'espace qui sépare Villejuif de

Montlhéry. On trouva en moyenne que ce temps était de 54'',84 de Montlhéry à Villejuif, et de 54'',43 dans le sens inverse. On put donc admettre que le son parcourait cette distance en un temps moyen de 54'',6. La distance des deux canons mesurée avec soin se trouva être de 9549,6 toises. En divisant ce nombre par le temps observé 54'',6, on trouve une vitesse de 174,9 toises ou 340,88 mètres par seconde. La température pendant l'expérience était de + 16° centigrades; le baromètre marquait 0^m,756, et l'hygromètre 78°. Par le calcul on en déduit à la température 0° une vitesse de 332 mètres. Elle décroît en effet avec la température, mais la pression n'a sur elle aucune influence. Cette vitesse est la même pour tous les sons, et la meilleure preuve qu'on en puisse donner, c'est que lorsqu'on entend de loin une symphonie l'harmonie n'a subi aucune altération en traversant l'espace, c'est-à-dire qu'ils nous arrivent dans l'ordre même où ils ont été produits, et tous par conséquent avec la même vitesse.

La vitesse du son varie dans les divers gaz; elle est beaucoup plus grande dans les liquides. On l'évalue dans l'eau à 1435 mètres par seconde. Dans les solides le son se propage plus vite encore; il se transmet dans le bois de 10 à 16 fois plus vite que dans l'air.

INTENSITÉ DU SON. — Le son se présente à nous avec trois qualités bien distinctes : l'*intensité*, la *hauteur* ou *tonalité*, et le *timbre*.

L'*intensité* du son dépend de l'amplitude des vibrations, c'est-à-dire de l'énergie avec laquelle les molécules vibrantes exécutent leur mouvement de va-et-vient. Elle ne dépend nullement du nombre des vibrations que fait par seconde le corps sonore. Voici, du reste, les lois de l'intensité du son :

1° *L'intensité du son est en raison inverse du carré de la distance qui sépare le corps sonore de notre oreille;*

2° *Elle augmente avec l'amplitude des vibrations;*

3° *Elle dépend de la densité de l'air ambiant;*

4° *Elle est modifiée par l'agitation de l'air et la direction du vent;*

5° *Elle augmente par le voisinage d'un corps sonore capable d'entrer aussi en vibration.*

Cette dernière proposition fera comprendre le rôle des caisses sonores dans les instruments à cordes. Elles donnent au son l'intensité qui lui manque. Les tubes ou tuyaux ont une influence remarquable sur l'intensité du son. La première loi, celle de la distance, n'est plus applicable aux sons transmis dans des tuyaux; l'intensité du son, malgré la distance, y subit à peine une légère altération. M. Biot a observé que si l'on se place à l'extrémité d'un tuyau long de 951 mètres, on peut converser presque à voix basse avec un interlocuteur placé à l'autre bout. Sur cette remarquable propriété est fondé l'emploi des tubes parlants en caoutchouc qui servent à transmettre les ordres dans les maisons. Le porte-voix doit une partie de sa puissance à la conductibilité des tuyaux.

HAUTEUR DU SON. — La *hauteur* du son ou sa *tonalité* est une modification particulière de la sensation sonore qui nous fait juger le son *grave* ou *aigu*, ou, comme on dit vulgairement, *bas* ou *élevé*. Les physiciens nomment *ton* le degré de hauteur d'un son : ce n'est pas le sens que donnent à ce mot les musiciens. Deux sons exactement de la même hauteur sont dits *à l'unisson*. Les conditions de la tonalité du son peuvent se résumer ainsi :

La hauteur du son est déterminée par le nombre des vibrations sonores dans un temps donné.

Deux sons à l'unisson sont produits par un même nombre de vibrations.

De deux ou plusieurs sons différents de hauteur, le plus grave provient du plus petit nombre de vibrations, et le plus aigu du plus grand nombre.

J'ai, dans la théorie de la transmission du son, établi une liaison entre la longueur des ondes sonores et le nombre des vibrations exécutées en une seconde. Comme les ondes se succèdent d'autant plus rapidement qu'il y a plus de vibrations, et que cependant la vitesse du son ne varie pas pour cela, il est clair que plus il y a de vibrations par seconde, plus l'onde sonore doit être courte. Ainsi, supposons un corps qui exécute 680 vibrations par seconde, il produira dans l'air 680 ondes sonores dans le même temps, et comme le son se transmet à raison de 340 mètres par seconde, les 680 ondes sonores occupent au bout de 1 seconde précisément 340 mètres; chaque onde mesure donc $0^m,5$. En général, on obtient la longueur de l'onde sonore en divisant la vitesse du son dans le milieu où il se transmet, par le nombre des vibrations.

Le rapport qui existe entre la tonalité et le nombre des vibrations, a permis aux physiciens de chercher dans ce nombre même la mesure exacte de la hauteur des sons. Aussi attache-t-on une grande importance aux instruments qui permettent de compter le nombre de vibrations qui correspond à un son donné. La *sirène* est le plus connu.

SIRÈNE. — L'invention de la *sirène* est due à M. Cagniard-Latour, et il lui donna ce nom parce que dans l'origine il la destinait à rendre des sons dans l'eau par l'action d'un courant. Il conçut ensuite la possibilité d'employer cet instrument à la détermination du nombre des vibrations. La figure 224 représente la sirène, c'est un petit instrument qui n'a guère que 15 à 16 centimètres de hauteur. Il est tout en cuivre, et pour le décrire il est bon d'y considérer deux parties : la caisse et le compteur. La caisse forme la partie inférieure de

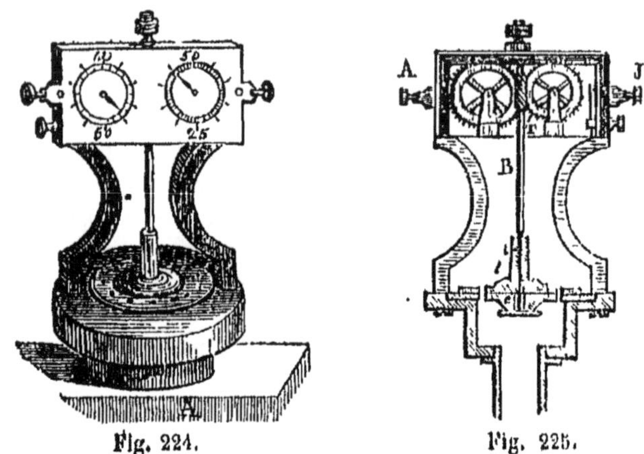

Fig. 224.   Fig. 225.

l'instrument et produit les sons : le compteur se voit en haut avec deux cadrans indicateurs.

Étudions d'abord la disposition de la caisse et le mécanisme de la production des sons. La caisse est un cylindre court (8 à 10 centimètres de hauteur), et d'un assez grand diamètre (3 centimètres) portant un tuyau à sa base inférieure, et percé à sa base supérieure c (fig. 225) de trous équidistants circulairement disposés. Ces trous sont forés obliquement de dedans en dehors. Toute cette base supérieure est recouverte par un disque i fixé à son centre sur une tige pivotante B, et pouvant par conséquent tourner avec toute la rapidité désirable. Ce disque est percé de trous correspondants à ceux de la caisse, mais obliques de dehors en dedans. Lorsqu'un trou du disque tournant vient se placer sur un trou de la caisse, ils forment donc ensemble un petit canal coudé. La disposition de ces ouvertures joue un rôle important dans la production des sons. Cet appareil ainsi construit, et dont la figure 225 montre la coupe [1], rendra des sons de la manière suivante. On le place sur la *soufflerie* représentée dans la figure 226. Par un tuyau latéral qu'on voit entre les pieds, à gauche, le soufflet chasse de l'air dans un tambour en bois qui forme la partie supérieure de la soufflerie. Des trous percés dans la face supérieure de ce tambour, et que l'on peut ouvrir chacun à l'aide d'un petit res-

---

1. C'est par une erreur de la figure 225 que les trous du disque et ceux de la base supérieure de la caisse sont représentés verticaux.

sort, laissent échapper un courant d'air. Il suffit donc de placer dans un de ces trous le tuyau inférieur ou *porte-vent* de la sirène. Aussitôt qu'on presse le ressort correspondant, un courant d'air entre dans la caisse de la sirène : l'air se précipite vers la base supérieure de cette caisse cylindrique, et s'engage dans les trous obliques dont elle est percée. Ces trous produisent par leur obliquité des courants dirigés de dedans en dehors, qui, rencontrant les trous obliques en sens in-

Fig. 226.

verse du disque mobile, impriment un choc à leurs parois, et font tourner ce disque sur son pivot central. Dans ce mouvement de rotation les ouvertures du disque tournent au-dessus des ouvertures immobiles de la caisse : nous allons voir comment de là résultent des vibrations dans l'air expulsé de la caisse. Considérons un seul des trous du plateau tournant : supposons que la caisse en possède 15, espacés de 1 centimètre. Chaque fois que le plateau aura tourné de 1 centimètre ce trou correspondra à un nouvel orifice de la caisse placé au-dessous, et en résumé dans un tour complet la caisse aura été 15 fois ouverte et 15 fois fermée. Toutes les fois que deux trous correspondront un peu d'air s'échappera de la caisse, et il s'y produira une expansion; à chaque fermeture, au contraire, l'air confiné dans la caisse y subira une condensation. Ces alternatives régulières de dilatations et de condensations constitueront de véritables vibrations qui deviendront la cause d'un son. On comptera ici 15 vibrations doubles, ou 30 vibrations simples pour chaque tour. En tenant compte des 15 trous que possède le plateau tournant, on comprend que chaque trou se conduira comme l'a fait le premier : il y aura donc 15 mouvements d'expansion, et 15 mouvements de condensation : seulement, à chaque rencontre des trous, la quantité d'air expulsée sera plus considérable, l'expansion sera aussi plus grande; ce qui augmentera l'amplitude des vibrations. D'après les lois énoncées plus haut, les trous multiples du plateau n'augmenteront donc pas le nombre des vibrations, mais seulement leur intensité. Ce qui rendra plus nombreuses les vibrations c'est la rapidité avec laquelle le disque tournera, et cela dépend de la pression qu'exercera l'air sur les orifices.

Le compteur sert à faire connaître le nombre de tours exécutés en un temps donné. L'axe B (fig. 225) sur lequel tourne le disque porte au niveau du compteur une vis sans fin T qui fait tourner une roue de 100 dents placée du côté J. Il passe une dent à chaque tour du plateau ; en outre, un taquet fixé à l'axe de cette première roue en fait tourner une seconde placée du côté A du compteur. Celle-ci avance de une dent à chaque tour complet de la première. Les vis latérales AJ servent à désengrener, quand on veut, la vis sans fin et la roue de 100 dents. Une aiguille fixée à l'axe de chaque roue marque sur un cadran extérieur (fig. 224) la marche des deux roues dentées. Pour compter le nombre de tours que fait le plateau, on fait rendre à la sirène un son déterminé et bien identique pendant 2 minutes, par exemple. On a eu soin d'observer les cadrans avant l'expérience : on constate le déplacement des aiguilles quand elle est finie. Le nombre de divisions dont l'aiguille a marché sur le grand cadran indique combien de tours a exécutés la petite roue ; chaque tour vaut 100 dents, chaque dent un tour du plateau. On sait donc déjà combien le plateau a exécuté de centaines de tours. Le nombre observé sur le petit cadran donne le nombre de tours en sus des centaines. On sait donc exactement le nombre de tours qu'a exécutés le plateau ; d'après le nombre de trous, chaque tour donne 15 vibrations, on n'a plus qu'à multiplier le nombre total observé sur les cadrans par le nombre des trous de la sirène, et le produit est le nombre de vibrations correspondant au son donné, pour 2 minutes. En le divisant par 120 on obtient le nombre de vibrations doubles par seconde. Il suffit de le doubler pour avoir le nombre des vibrations simples, que l'on emploie d'habitude.

Pour compter le nombre de vibrations qui donne tel son musical, on place la sirène sur la soufflerie (fig. 226), puis faisant écouler l'air plus ou moins vite à l'aide de la tige du soufflet qu'on presse ou qu'on retient, on met la sirène à l'unisson d'un tuyau placé aussi sur la soufflerie, et donnant le son que l'on veut étudier; puis on observe, comme je l'ai indiqué, le nombre des vibrations de la sirène.

Nous n'avons rien à dire du *timbre* des sons. Les idées que nous possédons à ce sujet sont loin d'avoir la précision qu'exige un enseignement élémentaire.

« Dans les instruments de musique, le timbre est dû le plus souvent à des sons faibles qui accompagnent celui que l'on cherche à produire seul. Tantôt ces sons concomitants proviennent des parties vibrantes elles-mêmes qui font ainsi entendre plusieurs sons à la fois; d'autres fois le corps vibrant transmet ses vibrations aux autres parties de l'instrument. C'est ainsi que le timbre d'un violon, d'une basse, dépend, d'une manière surprenante, de la matière avec laquelle est construite la caisse, de sa forme et des ouvertures qui y sont pratiquées. Le timbre des instruments à vent dépend aussi des vibrations des parois, vibrations qui accompagnent celles de la colonne d'air. C'est pourquoi le timbre d'une flûte dépend de la matière avec laquelle on l'a fabriquée; il en est de même des instruments en cuivre, des tuyaux d'orgue. (Daguin, *Traité élém. de Physique théor. et expér.*) » Certaines variations de vitesse dans les parties du corps vibrant exercent aussi une influence qui ne peut être expliquée ici.

Vibrations longitudinales des verges.—On nomme *vibrations longitudinales*, des vibrations excitées de telle façon que les molécules du corps vibrant oscillent dans le sens de sa longueur. Les verges solides de bois, de métal, de verre, etc., se prêtent à la production et à l'étude des vibrations longitudinales. Pour les faire naître, on frotte sans effort, dans le sens de leur longueur, les verges de bois ou de métal, avec un morceau de vieux drap enduit de colophane; s'il s'agit de verges en verre, on les frotte, dans le sens de leur longueur, avec les doigts humides ou avec un morceau de drap mouillé d'eau légèrement aiguisée d'acide chlorhydrique. Pour exercer ces frictions, il faut nécessairement que la verge soit fixée par quelqu'un de ses points, et elle ne vibre pas de la même manière lorsqu'elle est fixée par son milieu, par une de ses extrémités ou par tout autre point. Les meilleures dimensions à donner aux verges sont une longueur de 2 à 3 mètres et une section de 3 ou 4 centimètres. Si l'on avait à faire vibrer des barres de plus grandes dimensions, on y réussirait en leur communiquant le mouvement vibratoire excité dans un corps plus maniable que l'on aurait mis en contact direct avec la barre. Ainsi l'on peut fixer avec du mastic, au bout de la grande barre, une petite tige prolongeant la barre, et que l'on fait vibrer par des frictions; on peut encore fixer une des extrémités de la grande barre à une plaque ou à un vase circulaire que l'on ébranle avec un archet. On produit encore des vibrations longitudinales dans une verge en la fixant par son milieu et en frappant sur une des bases avec un marteau, de façon à ce que le coup soit dirigé dans le sens même de la longueur de la verge.

Lois des vibrations longitudinales des verges solides. — En faisant vibrer ainsi des verges solides et en étudiant la tonalité des sons généralement très-aigus qu'elles produisent, on a pu formuler les lois suivantes :

1re loi. — *Les nombres de vibrations longitudinales que donnent en une seconde des verges solides de même substance sont en raison inverse de leurs longueurs.*

2º loi. — Toutes les fois qu'on a opéré avec de véritables verges, c'est-à-dire lorsque la longueur est beaucoup plus grande que les deux autres dimensions, *la forme et la grandeur de la section de la verge sont sans influence sur le son produit, et par conséquent sur le nombre des vibrations.*

3e loi. — A longueur égale, et toutes choses égales d'ailleurs, *les sons que donnent des verges de diverses substances changent selon la matière,* parce qu'ils dépendent de la densité et de la rigidité.

Une même verge solide peut, selon la position du point ou des points que l'on fixe, donner plusieurs sons différents. Le plus grave des sons que peut produire une même verge se nomme le *son fondamental,* et l'on appelle *sons harmoniques* les divers sons plus aigus que l'on peut tirer de la même verge en y excitant des vibrations longitudinales. Les sons harmoniques correspondent à des nombres de vibrations qui sont toujours au nombre de vibrations du son fondamental dans le rapport simple d'un des premiers nombres entiers à l'unité; de telle sorte que la série de tous les sons harmoniques successivement plus aigus d'une même verge, si l'on représente par 1 le son fondamental, est représentée par les nombres 2, 3, 4, 5, 6, etc. Cette verge ne donnera aucun son placé, par le nombre de ses vibrations, en dehors de cette série; mais elle ne donnera pas toujours tous les harmoniques que la série comporte.

4e loi. — *Une verge libre à ses deux extrémités* et fixée par un ou plusieurs points intermédiaires *donne la série complète de ses sons harmoniques* à partir du son fondamental (1, 2, 3, 4, 5, 6, etc.).

5º loi. — *Une verge fixée par une de ses extrémités ne donne plus, de ses sons harmoniques, que ceux dont les nombres de vibrations rapportés au son fondamental sont représentés par les nombres impairs* (1, 3, 5, 7, etc.).

Il importe de remarquer ici que ces deux dernières lois se retrouvent dans l'énoncé des lois concernant les tuyaux sonores (4e et 5e lois), et que cette analogie permet d'assimiler les verges libres par leurs extrémités aux tuyaux ouverts et les verges fixées par un de leurs bouts aux tuyaux fermés à une extrémité.

Pour faire produire à une même verge ses sons harmoniques, on peut conduire l'expérience de diverses manières. En fixant la verge par son milieu seulement, et en frottant une de ses moitiés, on obtiendra le son fondamental; lorsqu'on la fixe par un point situé au quart de sa longueur, on en tire le son harmonique représenté dans la série par le nombre 2; si on la fixe au sixième de la longueur, elle donne le son 3, etc. Au lieu de changer ainsi les points fixes, on produit encore les divers sons harmoniques en frottant plus ou moins vite et en pressant plus ou moins la verge avec les doigts qui exercent les frictions.

Enfin, un dernier trait vient compléter l'analogie des verges solides avec les tuyaux sonores.

6e loi. — *Le son fondamental d'une verge solide fixée par un bout est d'une octave au-dessous du son fondamental que donne cette verge fixée par son milieu et libre à ses deux bouts.*

On peut donc conclure que les tuyaux sonores fonctionnent comme des verges de matières gazeuses agitées de vibrations longitudinales.

Ventres et nœuds. — En parlant du mode de vibration des cordes sonores, j'ai fait connaître ce que l'on nomme les *ventres* et les *nœuds.* Ceux-ci sont caractérisés par leur immobilité, tandis que les molécules voisines du nœud oscillent autour de leur position d'équilibre et exécutent un mouvement de va-et-vient plus ou moins étendu; celles qui exécutent ce mouvement dans sa plus grande amplitude correspondent à un *ventre de vibration.* Toutes les fois que, pendant la durée de l'état vibratoire, on vient à toucher un ventre, on arrête le son; l'on peut, au contraire, toucher un nœud sans l'altérer ni l'interrompre.

L'expérience a montré que les verges, agitées de vibrations longitudinales, présentent des nœuds et des ventres très-régulièrement disposés. On peut les étudier en saupoudrant de sable des verges que l'on fait vibrer dans une position horizontale; le sable, en glissant le long de la surface du corps vibrant, se rassemble sur certains points qui sont les nœuds, et dont les séries linéaires forment ce que l'on nomme les *lignes nodales.*

Si l'on fait vibrer longitudinalement une verge de deux mètres, par exemple, fixée par un bout, le mouvement vibratoire qui s'établit consiste en ce que la tige s'allonge et se raccourcit alternativement. On met ces vibrations en évidence, si l'on place l'extrémité de la verge contre un corps mobile comme un petit pendule en moelle de sureau ou contre un corps dur et sonore; dans le premier cas le pendule reçoit des impulsions violentes et répétées; dans le second on entend une série de chocs précipités et très-énergiques. Dans ces conditions il existe un ventre de vibration à l'extrémité libre et la verge ne montre aucun nœud.

Si on fixe la verge par son milieu, elle vibre comme deux verges moitié moins longues et fixées chacune par le bout contigu au point fixe; à chaque extrémité de la barre totale s'observe un ventre de vibration. Cette barre représente donc, dans son état vibratoire, deux barres de même substance et de longueur moitié moindre; le son qu'elle produit doit donc (voir la 1re loi) résulter d'un nombre deux fois plus grand de vibrations et former l'octave supérieure du son donné dans l'expérience précédente (voir 6me loi).

Lorsqu'on pince au tiers de sa longueur la barre fixée par un bout, elle donne le son résultant de 3 fois plus de vibrations dans un même temps que dans la première expérience, ou ce qu'on peut nommer le son harmonique 3; on reconnaît que cette barre est divisée par le point fixe placé alors au tiers de sa longueur et par un nœud situé au second tiers, en trois barres égales vibrant à l'unisson. Ces exemples peuvent donner une idée de la façon dont les nœuds se forment suivant la position des points que l'on fixe, et subdivisent la barre totale en parties plus ou moins nombreuses dont chacune est comparable à une barre fixée par une extrémité.

Outre ces nœuds principaux que je viens de signaler, Savart a découvert dans les verges vibrant longitudinalement l'existence de nœuds secondaires qui, examinés sur toutes les faces de la barre, y décrivent des lignes nodales s'enroulant en spirales très-allongées autour de la verge vibrante. Je me borne ici à mentionner ce fait sans entrer dans aucun des développements assez délicats auxquels son étude a donné lieu.

Les cordes sonores sont susceptibles de vibrer aussi longitudinalement et présentent alors des phénomènes analogues à ceux des verges solides.

M. Marloye a construit avec des verges solides un instrument jusqu'ici demeuré sans usage. Cet instrument se compose d'un socle plein en bois, sur la face supérieure duquel sont implantées vingt tiges verticales; elles sont en sapin, de forme cylindrique, les unes sont colorées, les autres blanches; enfin, leurs longueurs sont graduées de façon que les verges blanches donnent la série des sons de la gamme diatonique *ut ré mi fa sol la si*, et les verges colorées intercalées entre les premières donnent les demi-tons, comme les touches noires du clavier du piano. L'aspect de cet instrument a quelque analogie avec une harpe, sauf que l'extrémité supérieure des verges est libre; pour en jouer, on trempe le pouce et l'index dans de la résine en poudre et on frotte, entre ces deux doigts, les verges dans le sens de leur longueur. Les sons obtenus sont doux et rappellent ceux de la flûte de Pan; on en varie facilement l'intensité de façon que l'on peut espérer des effets musicaux bien marqués.

PLAQUES. — Les plaques homogènes de verre ou particulièrement de laiton sont susceptibles de produire des sons très-variés et se prêtent singulièrement à l'étude de leur mode de vibration. Si on les fixe horizontalement par leur milieu sur un support en bois, on pourra ébranler leur bord avec un archet et en tirer des sons; en même temps du sable répandu sur leur surface permettra de reconnaître la place des lignes nodales où il s'accumulera et la disposition des ventres d'où il sera repoussé par des soubresauts répétés.

La même plaque, fixée de la manière que j'ai dite, peut, suivant que l'on attaque avec l'archet tel ou tel point de ses bords, suivant que l'on presse plus ou moins, donner une très-grande quantité de sons montant du grave à l'aigu par des nuances plus ou moins rapprochées. On reconnaît en même temps que, pour chacun des sons qu'elle rend, la plaque se partage en parties vibrantes ou ventres, et en lignes de repos ou lignes nodales, d'une disposition très-variable et parfois très-compliquée. Ainsi, que l'on prenne une lame carrée, qu'on la pince par son milieu, on verra, en passant l'archet près d'un angle, que le sable répandu sur la surface se rassemble en deux lignes nodales de manière à diviser la plaque en 4 carrés égaux; il se produira en même temps un son intense qui est le plus grave que la plaque puisse faire entendre. Si on passe l'archet au milieu d'un des côtés, les lignes nodales traceront les deux diagonales du carré et le son produit sera la quinte du précédent (*ut-sol*, par exemple). En attaquant d'une autre manière cette même plaque, elle donnera des sons plus aigus et des figures de plus en plus compliquées et toujours régulières. Savart a pu tirer d'une même plaque plusieurs centaines de sons et recueillir les figures différentes correspondant à chacun d'eux. Ces expériences, commencées par Chladni, ont été répétées et variées à l'infini avec des plaques de différentes formes.

Savart a montré qu'on peut obtenir sur une même plaque plusieurs figures de lignes nodales correspondant à un seul et même son.

Les membranes bien tendues (papier ou baudruche) rendent des sons comme les plaques et offrent dans leurs lignes nodales des phénomènes analogues.

RÉSUMÉ DU CHAPITRE XX.

PRODUCTION ET TRANSMISSION DU SON.

Le *son* est la sensation qu'excitent en nous les vibrations des corps.

Le son ne se produit pas dans le vide. — Expérience du timbre placé sous le récipient de la machine pneumatique.

Il se transmet par le moyen des corps interposés entre notre oreille et le corps sonore.

Transmission du son dans l'air. — Constitution des ondes sonores; onde condensée, onde raréfiée. — La vitesse du son dans l'air est de 340 mètres à + 10°, et de 332 mètres à 0°. Expérience du Bureau des Longitudes.

La vitesse du son diminue avec la température. — Elle est indépendante de la pression. — Elle est la même pour tous les sons dans un même milieu.

QUALITÉS DU SON.

1° Intensité. — Elle est due à l'amplitude des vibrations.

L'intensité du son est en raison inverse du carré de la distance; elle augmente avec l'amplitude des vibrations. Elle dépend de la densité du milieu et de son état de repos ou d'agitation. Elle augmente au voisinage des corps sonores. — Caisses des instruments à cordes.

Dans les tuyaux le son se transmet avec presque toute son intensité à des distances considérables. — Tuyaux parlants.

2° Hauteur du son. — Elle dépend du nombre des vibrations dans un temps donné. — Les sons aigus résultent des plus nombreuses vibrations; les sons à l'unisson en ont le même nombre.

La longueur de l'onde sonore est le quotient de la vitesse du son par le nombre des vibrations.

La *sirène* peut servir à compter les vibrations qui produisent un son donné. — Description de la sirène : caisse sonore ; compteur. Usage de cet instrument pour la détermination du nombre des vibrations.

3° Timbre du son.

VIBRATIONS LONGITUDINALES.

Les lois constatées dans l'étude des vibrations longitudinales des verges solides permettent de les assimiler aux tuyaux sonores.

PLAQUES.

Expériences de Savart et de Chladni.

CHAPITRE XXI.

CORDES SONORES. — NOTIONS SUR LA GAMME ET LES INTERVALLES
MUSICAUX. — TUYAUX SONORES.

VIBRATIONS DES CORDES. — Les cordes sont des fils résistants auxquels on donne de l'élasticité par la tension. Elles sont faites tantôt
avec des métaux étirés, tantôt avec des matières organiques. Elles
peuvent offrir des *vibrations transversales* et des *vibrations longitudinales.* Les premières seules doivent nous occuper. On les produit
en frottant les cordes avec un corps placé perpendiculairement à leur
direction. C'est ainsi qu'agit l'archet d'un violon. Les vibrations longitudinales se produisent en frottant la corde dans le sens de sa longueur avec un morceau d'étoffe saupoudré de colophane.

Pour étudier les vibrations transversales des cordes on se sert d'un
instrument représenté dans la figure 227, et que l'on nomme *sono-*

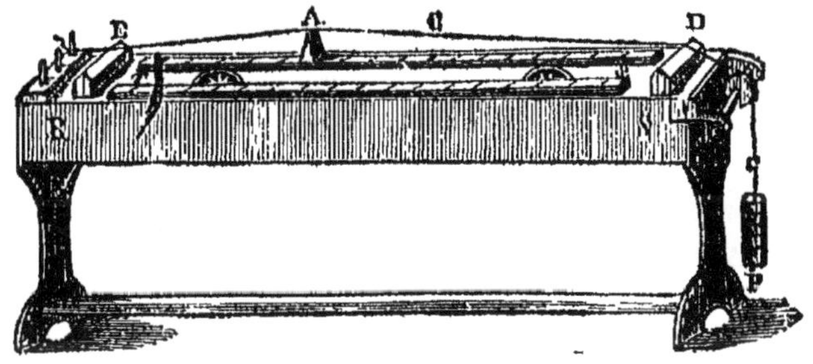

Fig. 227.

mètre ou *monocorde.* Nous le figurons sous la forme que lui donnait
Savart, un des physiciens qui ont le plus contribué aux progrès de l'a-
coustique. C'est une caisse en bois destinée à donner de l'intensité aux
sons. On peut y disposer deux ou trois cordes dont la partie vibrante
est limitée par les deux chevalets fixes ER et DS, et peut être subdivi-
sée comme on veut par le chevalet mobile A. Quant à la tension de la
corde C on l'obtient à l'aide de poids placés en P à l'extrémité libre
de la corde : on la fait varier en ajoutant ou retranchant quelqu'un
de ces poids. Avec cet instrument on peut appliquer et vérifier partiellement les lois des vibrations des cordes que le calcul a déterminées. Ces lois longtemps discutées entre les deux Bernouilli, d'A-
lembert et Euler furent définitivement fixées par Lagrange. On les
énonce ainsi :

1º—*La tension étant constante, les nombres de vibrations d'une corde dans des temps égaux sont en raison inverse de la longueur*,

2º—*La longueur étant constante, les nombres de vibrations d'une corde sont en raison directe des racines carrées des poids qui la tendent.*

3º — *A tension et à longueur égales, les nombres de vibrations des cordes de même substance sont en raison inverse de leurs diamètres.*

4º — *A tension et à longueur égales, les nombres de vibrations des cordes de même diamètre, mais de substances différentes, sont en raison inverse des racines carrées des densités des substances.*

Tout le jeu musical des instruments à cordes est basé sur ces lois que l'habitude fait observer aux musiciens sans qu'ils les connaissent. La justesse des sons pour un violoniste dépend de la longueur qu'il assigne avec son doigt à la portion vibrante de la corde, en même temps que de la tension qu'il lui a fait subir pour donner le son fondamental à pleine longueur.

Le sonomètre sert à déduire de la loi des longueurs (1ʳᵉ loi) une représentation numérique des divers sons. C'est là un résultat important et que je vais développer un peu plus bas. Il peut servir encore à vérifier la seconde loi, en disposant à l'extrémité P des poids connus et en observant les notes que donne la corde sous ces diverses

Fig. 223.

tensions. Enfin, il peut démontrer un fait curieux : c'est le mode de vibrations que présentent les cordes ébranlées transversalement. Elles se partagent en parties égales qui vibrent à part, de manière que l'on peut représenter les positions diverses d'une corde en vibration comme le montre la figure. La ligne ponctuée représente un mouvement vibratoire, et la ligne interrompue le mouvement en sens contraire. On voit alors qu'il y a un certain nombre de points qui restent aussi immobiles que les extrémités même de la corde. Ce sont les points C, D : on les nomme des *nœuds*. De C en D ou de D en B est une partie vibrante qu'on nomme une *concamération*, et sa partie la plus saillante s'appelle un *ventre*. Les corps vibrants, quelle que soit leur forme, présentent tous des phénomènes analogues. L'existence des nœuds se démontre très-facilement à l'aide du monocorde. Une corde C (fig. 227) étant convenablement tendue on place le chevalet mobile au quart ou au tiers de la longueur. On crée ainsi un nœud qui se reproduira aux autres quarts, à l'autre tiers de la corde, et on le constate en plaçant là où doivent apparaître les autres nœuds de petits morceaux de papier à cheval sur la corde. On fait vibrer la corde, ces papiers restent immobiles; mais si on les met au niveau d'un ventre, ils sont violemment projetés loin de la corde en vibration.

GAMME ET INTERVALLES MUSICAUX. — La *gamme* est une série de 7 sons progressivement plus aigus, et s'élevant d'une manière régulière et déterminée. Après la 7ᵉ note on peut recommencer sur la 8ᵉ une nouvelle gamme, et cette succession de plusieurs gammes constitue une *échelle musicale*. Chacun des sons de la gamme s'appelle en musique une *note*, et se désigne par un nom spécial. Voici les noms bien connus d'ailleurs des 7 notes de la gamme, en marchant du son le plus grave vers le plus aigu :

ut ré mi fa sol la si.

La différence de tonalité ou de hauteur que perçoit notre oreille entre deux notes qu'elle entend se nomme un *intervalle musical :* cette différence est le rapport des nombres de vibrations des deux sons. On peut donc dire aussi : l'*intervalle musical* est le rapport d'un son à un autre. Selon les notes de la gamme entre lesquelles on les considère les intervalles ont reçu divers noms. Entre deux notes consécutives dans l'échelle musicale, l'intervalle se nomme une *seconde*. C'est une *tierce* que l'intervalle qui sépare une note de la deuxième subséquente : ainsi de *ut* à *mi*. On nommera une *quarte* un intervalle comme celui de *ut* à *fa*. Il y aura une *quinte* de *ut* à *sol* ; une *sixte* de *ut* à *la*; une *septième* de *ut* à *si* ; enfin, une *octave* du premier *ut* à celui qui, venant après le *si*, recommencerait la gamme suivante.

Le sonomètre va nous permettre d'exprimer chaque son de la gamme, chaque intervalle par une quantité numérique. Supposons tendue sur cet instrument une corde dont la partie vibrante ait 1 mètre de long : et admettons, par exemple, que cette corde donne un *ut*. Pour lui faire donner les autres notes de la gamme, il faut raccourcir la partie vibrante à l'aide du chevalet mobile. Car d'après la première loi des vibrations des cordes, plus la note est aiguë, plus la corde doit être courte. Or, voici ce que montre le sonomètre : la corde de 1 mètre donnant l'*ut*, elle donnera le *ré* quand on l'aura réduite à un peu moins de 89 centimètres, et, en général, les longueurs des cordes donnant les 7 notes seront les suivantes :

Notes	ut	ré	mi	fa	sol	la	si
Longueurs des cordes.	1ᵐ,00	0ᵐ,888	0ᵐ,80	0ᵐ,75	0ᵐ,666	0ᵐ,60	0ᵐ,533

En prenant pour unité la longueur de la corde qui donne l'*ut*, on trouve les rapports suivants qui sont les mêmes pour toutes les gammes, c'est-à-dire quel que soit l'*ut* de l'échelle musicale que l'on prenne pour point de départ.

Notes.............................	ut	ré	mi	fa	sol	la	si
Longueurs relatives des cordes,.....	1	$\frac{8}{9}$	$\frac{4}{5}$	$\frac{3}{4}$	$\frac{2}{3}$	$\frac{3}{5}$	$\frac{8}{15}$

Mais nous savons que, toutes choses égales d'ailleurs, les nombres de vibrations sont en raison inverse de la longueur des cordes. Si donc le nombre des vibrations de l'*ut* est pris pour unité, les autres nombres seront exprimés par les fractions suivantes :

Notes....................	ut	ré	mi	fa	sol	la	si
Nombres relatifs de vibrations.	1	$\frac{9}{8}$	$\frac{5}{4}$	$\frac{4}{3}$	$\frac{3}{2}$	$\frac{5}{3}$	$\frac{15}{8}$
Intervalles..................		$\frac{9}{8}$	$\frac{10}{9}$	$\frac{10}{15}$	$\frac{9}{8}$	$\frac{10}{9}$	$\frac{9}{8}$

Pour compléter cette représentation numérique des sons, le sonomètre nous apprend encore que le huitième son, la note répétée à l'octave au-dessus, s'obtient en prenant la moitié de la longueur de la corde, et qu'en général on obtient toujours l'octave d'un son avec une corde moitié moins longue. On en conclut : 1° l'octave d'une note quelconque a un nombre de vibrations double de celui qui donne la note ; 2° dans toutes les gammes les nombres de vibrations des diverses notes sont entre eux dans le même rapport. L'échelle des sons musicaux se composera donc de sons reproduisant périodiquement cette série de rapports entre leurs nombres de vibrations. Cette échelle peut comprendre jusqu'à 9 gammes de sons perceptibles. On a pris l'habitude de marquer par un exposant ajouté au nom de la note la gamme à laquelle elle appartient. Mais le point essentiel était de partir d'un son déterminé : on a choisi l'*ut* correspondant au son le plus grave de la basse. Cet *ut* compte à la sirène 128 vibrations simples. Il est facile de calculer les autres nombres d'après les rapports indiqués.

Notes de la gamme ut_1	ut_1	$ré_1$	mi_1	fa_1	sol_1	la_1	si_1	ut_2
Nombres absolus de vibrations simples.	128	144	160	170	192	214	240	256

Les gammes plus élevées sont ut_3, ut_4, ut_5 ; les gammes plus graves sont ut_{-1}, ut_{-2}, et ut_{-3}. Il est facile avec les données précédentes de résoudre une question telle que celle-ci : *Quel est le nombre absolu de vibrations simples qui correspond au fa₄?* L'ut₁ compte 128 vibrations simples, qui, multipliées par $\frac{4}{3}$, donnent les nombres correspondant au fa₁ : ce nombre doit être doublé pour obtenir fa_2, multiplié par 4 pour fa_3, et enfin par 8 pour déterminer fa_4. En résumé, fa_4 est produit par 1365 $\left(128 \times \frac{4}{3} \times 8\right)$ vibrations simples à la seconde. Soit encore demandé le nombre absolu de vibrations qui produit $ré_{-2}$? On multipliera 128 par $\frac{9}{8}$, ce qui donne $ré_1$, puis on divisera ce nombre par 4, et on trouvera pour $ré_{-2}$ 36 vibrations simples à la seconde.

La limite des sons perceptibles était fixée autrefois à 32 vibrations simples par seconde pour le plus grave, et 18000 pour le plus aigu. Savart a montré qu'en donnant plus d'intensité aux vibrations dont le nombre était inférieur ou supérieur à ces limites, on les rendait encore perceptibles. Il a pu faire entendre le son très-grave de 14 vibrations, et le son extrêmement aigu de 48000 vibrations simples.

La voix humaine comprend en général depuis le *sol₂* jusqu'au *sol₄* pour les voix d'homme, et du *ré₃* à l'*ut₆* pour les voix de femme.

Le tableau des nombres relatifs de vibrations de la gamme est accompagné de fractions qui expriment les *intervalles* successifs. Ces fractions sont les rapports des sons entre eux : ainsi l'intervalle de *mi* à *fa* est de $\frac{16}{15}$; cela veut dire que le nombre 170 qui correspond à *fa₁* est au nombre 160 *mi₁* dans le rapport de 16 à 15. En jetant un coup d'œil sur ces fractions on voit qu'il n'existe que trois intervalles entre des notes successives : $\frac{9}{8}$, $\frac{10}{9}$ et $\frac{16}{15}$. L'intervalle $\frac{9}{8}$, pour produire la seconde note, augmente la première de $\frac{1}{8}$ du nombre de ses vibrations, on le nomme *ton majeur*. L'intervalle $\frac{10}{9}$ ne donne qu'une augmentation de $\frac{1}{9}$, c'est un *ton mineur*. Enfin, l'intervalle $\frac{16}{15}$ donne seulement $\frac{1}{15}$ d'augmentation, c'est un peu plus de la moitié du ton majeur : aussi l'appelle-t-on *demi-ton majeur*. Le très-petit intervalle qui constitue l'excès du ton majeur sur le ton mineur est un *comma;* il est égal à $\frac{81}{80}$; ou bien encore le nombre de vibrations du ton mineur est les $\frac{80}{81}$ de celui du ton majeur. On diminue les intervalles naturels des sons de l'échelle musicale par la convention des *dièzes* et des *bémols*. Le *dièze* ♯ indique une augmentation du nombre de vibrations de la note dans le rapport de 24 à 25 ; *sol*, compte 192 vibrations, *sol*, *dièze* est égal à 200 $\left(192 \times \frac{25}{24}\right)$. Le *bémol* ♭ diminue au contraire le nombre des vibrations dans le rapport de 25 à 24 : *la*, =214 ; *la*, *bémol* = 205. J'ai choisi cet exemple pour montrer en même temps que *sol dièze* et *la bémol* ne donnent pas le même son. Je n'ai parlé dans tout ceci que des intervalles de seconde; on en déduit sans peine ceux de tierce, quarte, etc., qui séparent les différents sons.

La gamme dont nous venons d'étudier la disposition est la *gamme diatonique*. En procédant par demi-tons, on a dans l'intervalle d'une octave une succession de 13 sons qu'on nomme *gamme chromatique*.

ACCORD PARFAIT. — Notre organisation reçoit de l'audition simultanée de plusieurs sons une impression agréable ou désagréable. On nomme *accord* une combinaison de sons simultanés qui flattent l'oreille. Les sons qui ne peuvent coexister sans blesser nos sens forment une *discordance* ou *dissonance*. Les sons capables de former un accord offrent toujours un rapport simple entre les nombres de leurs vibrations. Le plus parfait des accords est l'*unisson;* puis l'octave, la quinte (*ut* et *sol*), la tierce (*ut* et *mi*), la quarte (*ut* et *fa*), et enfin la sixte (*ut* et *la*). La seconde (*ut* et *ré*), et la septième (*ut* et *si*) sont des dissonances. On nomme accord parfait une combinaison de trois sons dont le premier et le second sont distants d'une *tierce majeure*, le second et le troisième d'une *tierce mineure*, et l'intervalle du premier au troisième est une *quinte*. Les nombres de vibrations sont alors dans les rapports de 4, 5, 6. Ainsi *ut*, *mi*, *sol* forment un accord parfait; $1, \frac{5}{4}, \frac{3}{2}$ ou encore $\frac{4}{4}, \frac{5}{4}, \frac{6}{4}$. On a encore un accord parfait avec les notes *sol*, *si*, *ré* — *ré*, *fa dièze*, *la*, etc.

TUYAUX SONORES. — Les vibrations des corps solides ne sont pas seules capables de produire des sons. La sirène a démontré que les liquides en vibration deviennent sonores, et les instruments à vent tels que l'orgue, la flûte, etc., sont tous basés sur les propriétés d'autres appareils sonores où le son résulte des vibrations de l'air. On donne à ces appareils le nom général de *tuyaux sonores*. Ce sont des prismes rectangulaires ou des cylindres de longueur variable, dans lesquels un mécanisme particulier fait vibrer un courant d'air qui s'écoule. Je m'attacherai à éclaircir les deux principaux points de leur histoire : la production du son et le mode de vibration de la colonne d'air.

Production du son. — On distingue deux sortes de tuyaux sonores : 1° les tuyaux à bouche ; 2° les tuyaux à anche.

1° Tuyaux à bouche. — Le mécanisme producteur du son est situé à l'entrée du tuyau : la figure 229 montre une coupe verticale d'une

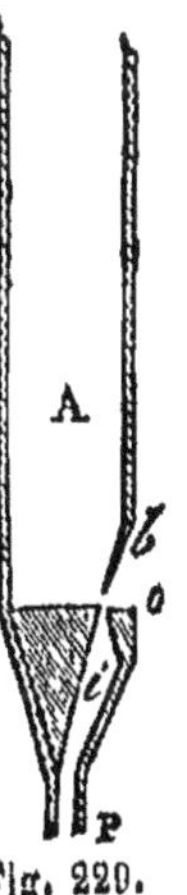
Fig. 229.

des dispositions que l'on peut adopter : A est la cavité du tuyau ; P est le *pied* par où entre le courant d'air. Une pièce fixée aux parois du tuyau obstrue sa cavité et la réduit à un petit canal *i* faisant suite à l'orifice du pied, et qu'on nomme la *lumière*. Enfin, *ob* est la *bouche* dont la lèvre supérieure *b* est taillée en biseau et présente son tranchant vis-à-vis de l'orifice supérieur de la *lumière*. Le courant d'air vient heurter ce biseau *b*, de façon qu'au lieu de sortir régulièrement par la bouche *ob*, il s'échappe par intermittence. Ce mouvement oscillatoire se transmet à la colonne d'air du tuyau, et y produit des vibrations qui le font résonner. La pureté du son dépend de la disposition de la bouche et de la lumière. Pour faire sonner le tuyau, il suffit de souffler par le pied avec la bouche ou à l'aide d'une soufflerie. Le sifflet, le flageolet, sont des tuyaux à bouche. Dans la flûte, la bouche est formée par la disposition que le musicien donne à ses lèvres, combinée avec les bords de l'orifice par lequel il souffle.

2° Tuyaux à anche. — L'anche est un tout autre mécanisme de sonorité. Dans l'intérieur du tuyau, on dispose une pièce qui bouche sa capacité, mais en laissant pour le passage du courant d'air une fente sur laquelle pose une languette métallique fixée par un seul de ses bords. Les figures 230 et 232 montrent deux dispositions peu diffé-

Fig. 230.

Fig. 231.

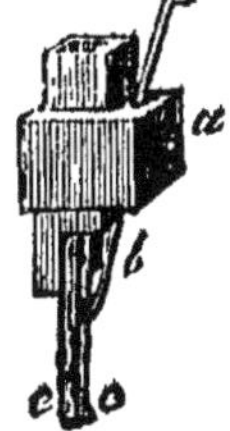
Fig. 232.

rentes : une anche se compose toujours de quatre parties. C'est d'abord un tube de bois, court, rectangulaire, ouvert à sa partie supérieure, fermé par le bas. Sur une des faces de la caisse *cc* (fig. 230), qui forme la partie intérieure de ce tube, est une plaque de cuivre *d* percée d'une fente longitudinale : cette plaque se nomme la *rigole*. La fente de la rigole est à peu près fermée par une *languette* métallique *o*, rasant les bords de la rigole sans frottement. Fixée seulement par sa partie supérieure, la languette est pressée de ce même côté par un crochet de fil de fer nommé la *rasette*. La figure 231 montre la rigole et la languette vues de face. On peut abaisser la rasette plus ou moins sur la languette, de manière à faire varier la longueur de la partie vibrante. On détermine ainsi la hauteur du son qui sera produit. Les anciennes anches, ou *anches nasillardes*, ont simplement pour *rigole e* une lame de cuivre contournée en demi-cylindre, et sur laquelle bat la languette *o*. En *a* est la pièce qui s'adapte au tuyau; en *b* se voit la rasette. Leur son est nasillard; ce qui leur a valu le nom qu'on leur donne souvent.

Pour faire résonner un tuyau avec une anche, on prend un tuyau à pied, sans bouche; on adapte l'anche à l'autre extrémité et on souffle par le pied. L'air rencontre dans le tuyau l'obstacle que forme l'anche; il presse la languette, l'enfonce dans la rigole, puis, pénétrant dans le petit tuyau, s'échappe par son orifice. Mais l'élasticité de la languette la ramène bientôt au niveau des bords de la rigole, l'écoulement de l'air est arrêté, une nouvelle pression repousse la languette, et l'air s'échappe ainsi avec des intermittences qui font naître dans la colonne d'air les vibrations sonores. Les tuyaux d'orgue sont généralement des tuyaux à anches, bien que certains d'entre eux soient à bouche. Le hautbois, le basson, la clarinette, sont pareillement des instruments à anches : la trompette des enfants résonne par le jeu d'une anche nasillarde très-grossière.

Lois de la vibration de l'air dans les tuyaux. — Daniel Bernouilli a formulé les lois des vibrations de l'air dans les tuyaux. Il a été conduit à considérer la colonne d'air comme une verge solide, vibrant longitudinalement. Ces lois déduites à l'aide du calcul ne sont pas toujours exactement confirmées par l'expérience. J'indiquerai seulement les principales causes qui modifient la production du son.

1º *Dans des tuyaux différents, avec une vitesse constante dans le courant d'air, la hauteur du son dépend de l'ouverture de la bouche et des dimensions du tuyau.*

2º *La matière qui constitue les parois des tuyaux n'a aucune influence sur la hauteur du son; elle ne change que le timbre.*

3º *Dans un même tuyau, la hauteur du son varie suivant la vitesse d'écoulement de l'air.*

La conséquence de cette dernière proposition est que le même tuyau peut donner plusieurs sons : mais ils sont déterminés, suivant que le tuyau est *ouvert* ou *fermé* à l'extrémité opposée à l'embouchure. On nomme *son fondamental* du tuyau le plus grave des sons qu'il peut rendre : les autres sont les *harmoniques* du premier.

4° Dans un tuyau ouvert, le nombre des vibrations du son fondamental étant représenté par 1, la série des sons plus élevés qu'il donne sera représentée par les nombres : 1, 2, 3, 4, 5... Ainsi ut_1, ut_2, sol_2 ut_3, mi_3, *etc. Jamais il ne donne les sons intermédiaires.*

5° Dans un tuyau fermé, le son fondamental étant 1, la série des autres sons qu'il peut donner est représentée par les nombres impairs : 3, 5, 7.....; comme ut_1, sol_2, mi_3, *etc. Il est également incapable de produire des sons non compris dans cette série*

6° Toutes choses égales d'ailleurs, le son fondamental d'un tuyau fermé est d'une octave au-dessous de celui du même tuyau ouvert.

RÉSUMÉ DU CHAPITRE XXI.

VIBRATIONS DES CORDES.

Vibrations longitudinales et transversales des cordes. — Sonomètre ou monocorde.

Le nombre des vibrations d'une corde est en raison inverse de la longueur.

Il est en raison directe de la tension.

Il est en raison inverse du diamètre de la corde, et de la racine carrée de la densité de sa substance.

Nœuds; concamérations et ventres dans les cordes en vibration.

GAMME ET INTERVALLES MUSICAUX.

L'étude des cordes vibrantes à l'aide du sonomètre permet d'adopter une représentation numérique du son.

La gamme est une succession de 7 sons à intervalles déterminés.

L'intervalle musical est le rapport de deux sons.

Représentation numérique de la gamme avec l'octave :

$$1, \ \frac{9}{8}, \ \frac{5}{4}, \ \frac{4}{3}, \ \frac{3}{2}, \ \frac{5}{3}, \ \frac{15}{8}, \ 2.$$

Désignation des diverses gammes. — Calcul du nombre absolu des vibrations.

Il y a en musique 7 intervalles. — La gamme contient 7 intervalles de *seconde*, ainsi disposés : 2 *tons majeurs* $\left(\dfrac{9}{18}\right)$, 2 *tons mineurs* $\dfrac{10}{9}$ et 2 *demi-tons majeurs* $\left(\dfrac{16}{15}\right)$.

L'intervalle d'un ton mineur à un ton majeur est un *comma* $\left(\dfrac{81}{80}\right)$.

Le *dièze* élève le son dans le rapport $\dfrac{25}{24}$. Le *bémol* le baisse dans le rapport $\dfrac{24}{25}$.

L'*accord parfait* est la coexistence de trois sons dont les nombres de vibrations sont entre eux comme les nombres 4, 5, 6.

TUYAUX SONORES.

Production du son. — Tuyaux à bouche. Tuyaux à anches.
Lois de la vibration de l'air dans les tuyaux :

> Dans des tuyaux différents, le son dépend des dimensions du tuyau et de l'ouverture de la bouche. — La matière des parois n'influe que sur le timbre.
>
> Dans un même tuyau, le son dépend de la vitesse du courant d'air.
>
> Dans un tuyau ouvert, le son fondamental et ses harmoniques sont représentés par la série 1, 2, 3, 4, 5, etc.
>
> Dans un tuyau fermé, cette série devient 1, 3, 5, 7, etc.
>
> Le son fondamental d'un tuyau fermé est d'une octave au-dessous de celui du même tuyau ouvert.

CHAPITRE XXII.

OPTIQUE.

PROPAGATION DE LA LUMIÈRE. — INTENSITÉ. — LOIS DE LA RÉFLEXION. — MIROIRS.

OPTIQUE. — L'*optique* est la partie de la physique qui étudie les propriétés de la *lumière*. Ce mot *lumière* est compris de tout le monde : il désigne pour les physiciens un fluide hypothétique, impondérable, comme le *calorique* et l'*électricité*, et qu'on admet comme cause première des phénomènes lumineux.

Propagation de la lumière dans un milieu homogène. — La nature du fluide lumineux étant absolument inconnue, on a hasardé des conjectures sur son mode de propagation. Deux théories sont restées en présence. Celle de l'*émission*, soutenue par Newton, enseigne que les corps lumineux émettent en tous sens des molécules très-ténues, d'un fluide impondérable doué d'une vitesse énorme. Elles pénètrent dans l'œil, et y forment les impressions lumineuses qui occasionnent les sensations visuelles. Longtemps victorieuse, parce que, avec une extrême simplicité, elle suffisait à l'explication de tous les faits, la théorie de l'*émission* a dû s'effacer devant celle des *ondulations*, du moment où elle n'a pu rendre compte des phénomènes nouvellement découverts. La théorie des *ondulations*, qui doit sa perfection savante aux travaux de Fresnel, considère les corps lumineux comme agités de vibrations infiniment rapides. Ces vibrations se transmettent à un fluide très-subtil que l'on suppose remplir tout l'espace, et qu'on nomme *éther*. La propagation de la lumière se fait donc par des ondes sphériques, comme celle du son. Sans insister davantage sur cette théorie soutenue d'abord par Grimaldi, Descartes, Huygens, je dirai seulement qu'elle est acceptée aujourd'hui par la généralité des physiciens.

Quoi qu'il en soit de la vérité de nos théories, les faits surtout sont importants à connaître : revenons à leur étude. *Dans un milieu homogène, la lumière se propage en ligne droite.* On nomme *milieu* un espace rempli par la matière, ou vide dans lequel se passe un phénomène physique. La lumière se propage dans le vide, puisqu'elle nous vient des astres : d'ailleurs l'expérience de Davy nous a montré (ch. xvii) la lumière électrique étincelant dans le vide. Pour s'assurer que dans les milieux homogènes elle marche en ligne droite, il suffit de placer sur le trajet direct de la lumière un corps qui l'arrête : la partie placée en ligne droite avec ce corps et la source lumineuse cesseront d'être éclairées. Dans une pièce obscure, un rayon solaire pénétrant par une petite ouverture apparaît comme une traînée brillante parfaitement rectiligne. La ligne droite qui représente la direction de la lumière se nomme un *rayon lumineux*. Les rayons lumineux sont *parallèles* entre eux, ou bien ils suivent des directions réciproquement angulaires : ils sont *divergents* quand ils s'écartent les uns des autres, et *convergents* quand ils marchent tous vers le même point.

Dans les milieux, la lumière rencontre des corps hétérogènes : les uns se laissent traverser plus ou moins complétement par elle, on les nomme *corps diaphanes* ou transparents. S'ils n'en laissent passer qu'une faible quantité, on les appelle *translucides*. Mais d'autres

arrêtent complétement la lumière et demeurent imperméables pour
elle : ce sont les *corps opaques*.

On a vu dans la Cosmographie par quel moyen a pu être mesurée la
vitesse de la lumière. D'autres procédés récemment imaginés ont
confirmé les résultats anciennement connus. La lumière parcourt
l'espace avec une vitesse d'environ 30800 myriamètres ou 77000 lieues
par seconde. M. Foucault, avec un ingénieux appareil de son invention, a constaté que cette vitesse est moindre dans l'eau que dans
l'air.

OMBRE. PÉNOMBRE. — Quand un corps opaque est interposé entre
une source de lumière et un autre corps, il y produit une *ombre*;
c'est-à-dire que la portion du second corps qu'auraient dû frapper les
rayons arrêtés par le corps opaque reste obscure. Cette ombre se termine différemment, selon que la source ne possède qu'un point lumineux ou en possède plusieurs. Soit un seul point lumineux L (fig. 233),
et le corps opaque F placé entre lui et l'écran PM. Le corps F inter-

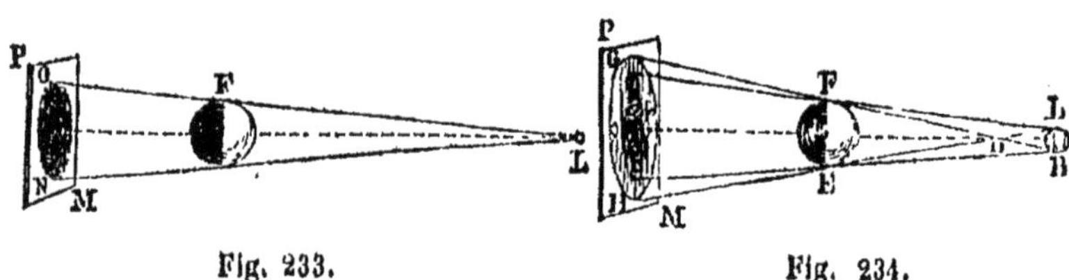

Fig. 233.   Fig. 234.

ceptera un cône de rayons, et la base de ce cône prolongé jusque sur
l'écran sera complétement obscure : le reste sera lumineux. Le passage de l'ombre à la lumière sera brusque et sans teintes grises. Mais
si nous supposons la source LB (fig. 234) formée de plusieurs points,
on apercevra autour de l'*ombre* une bande grise que l'on nomme la
pénombre. Pour expliquer cette teinte semi-obscure, il suffit de considérer deux des points de la source, par exemple B et L. Du point B
divergent des rayons dont un cône BFE est intercepté par le corps
opaque. En prolongeant ce cône, sa base se projettera sur l'écran en
UG : là sera l'ombre par rapport au point lumineux B. Mais de même
il jaillira du point L un faisceau conique de rayons divergents que le
corps EF arrêtera, et l'ombre projetée sera en IH. Ces deux disques
d'ombre ne coïncident pas sur l'écran : leur portion commune IU restera complétement obscure; mais la partie IG, privée des rayons du point
B, sera éclairée par le point L, et inversement la partie UH sera éclairée par le point B. Dans ce cas où la source est formée de plusieurs
points lumineux, chaque point projette l'ombre du corps opaque dans

24.

une direction particulière : ces ombres voisines ont une partie commune absolument privée de lumière, qui constitue l'*ombre*. Mais les bords ne perdent que les rayons provenant de certains points et sont encore éclairés par les autres; c'est ainsi que se forme la *pénombre*

MESURE DES INTENSITÉS RELATIVES DE DEUX LUMIÈRES. — L'intensité de la lumière est soumise aux deux lois suivantes :

1° *L'intensité de la lumière reçue sur une surface, sous un angle constant, est en raison inverse du carré de la distance qui sépare la surface de la source.*

2° *L'intensité de la lumière reçue sous un angle variable, est proportionnelle au sinus de l'angle que font les rayons lumineux avec la surface.*

Ces lois, que l'on démontre par le raisonnement et que l'on confirme par l'expérience, sont la base de procédés qui servent à mesurer les intensités lumineuses.

On mesure les intensités relatives de deux lumières à l'aide des *photomètres*. Le plus répandu est celui de Rumford, que représente la figure 235. Sur le bord d'un socle en bois est dressé un écran de verre

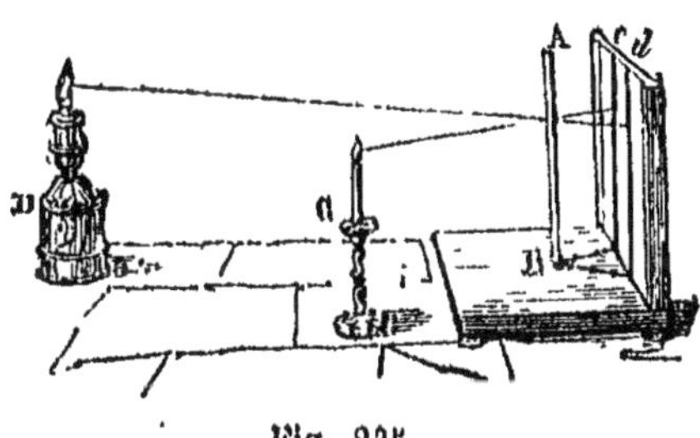

Fig. 235.

dépoli. Une tige opaque verticale, AB, est fixée en avant de cet écran. On place les deux lumières de façon que, sous le même angle par rapport à la surface, la tige AB projette sur l'écran deux ombres c et d parfaitement distinctes. L'une, c, est due à la bougie C, par exemple; l'autre, à la lampe D. Ces deux ombres sont d'abord inégalement obscures; mais en avançant vers l'écran la plus faible lumière, en reculant la plus brillante, on finit par amener les deux ombres à une teinte obscure parfaitement identique. A ce moment on mesure la distance des deux lumières à l'écran, et, en vertu de la première des lois que je viens d'énoncer, les intensités relatives des deux sources de lumière sont en raison directe du carré des distances. C'est-à-dire que s'il a fallu placer la bougie C 4 fois plus près de l'écran que la lampe D, l'intensité lumineuse de la lampe est 16 fois celle de la bougie. Supposons, en effet, les deux lumières à 1 mètre de l'écran, et appelons l l'intensité de la lampe sur l'écran à cette distance, l' celle de la bougie : nommons L l'intensité de la lampe dans l'expérience du photomètre, et L' celle de la bougie dans la même expérience. Si on nomme encore d la distance qui sépare la lampe de l'écran, et d' celle à laquelle se trouve la bougie : la première loi de l'intensité lumineuse nous donne :

$$\frac{l}{L} = \frac{d^2}{1}, \text{ d'où } L = \frac{l}{d^2}$$

De même on trouverait que : $L' = \frac{l'}{d'^2}$

Et comme dans l'expérience photométrique $L = L'$, on obtient :

$$\frac{l}{d^2} = \frac{l'}{d'^2}$$

Ce qui s'énonce : les intensités des deux sources sont en raison directe du carré de leurs distances à l'écran.

RÉFLEXION. — Les corps opaques arrêtent la lumière, et quand leur surface est polie, ils la renvoient dans le milieu à travers lequel elle leur arrive. On nomme *réflexion* cette déviation qu'éprouvent les rayons lumineux sur les surfaces polies des corps opaques.

LOIS DE LA RÉFLEXION. — La réflexion des rayons lumineux se fait suivant deux lois fort simples (voir la réflexion du calorique, ch. XIII). Pour comprendre leur énoncé, il faut connaître quelques définitions. La *normale* est la perpendiculaire à la surface, élevée au point où le rayon lumineux vient la toucher. Ce point s'appelle le *point d'incidence*. Le *rayon incident* est celui qui se dirige vers la surface pour la rencontrer; le nom de *rayon réfléchi* se comprend sans définition. On appelle *angle d'incidence* l'angle que forme le rayon incident avec la normale; *angle de réflexion*, celui que forme cette même normale avec le rayon réfléchi.

Lois de la réflexion des rayons lumineux. — 1° *Le rayon réfléchi est dans le plan de la normale et du rayon incident.*

2° *L'angle de réflexion est égal à l'angle d'incidence.*

La figure 230 représente l'appareil construit pour vérifier ces lois. C'est un cercle divisé, vertical : J est un petit miroir dont la surface est exactement perpendiculaire au plan du cercle. Le miroir mobile N reçoit un rayon lumineux qu'il dirige vers l'écran percé I. Ce rayon vient tomber sur le miroir au pied de la ligne aJ, qui passe par le 0° du cercle, et représente en même temps la direction de la *normale*. L'écran percé peut glisser sur le limbe du cercle divisé : un autre écran B, en verre dépoli, glisse également le long du limbe. On reçoit donc en B un faisceau de lumière solaire; on incline ce miroir de façon à diriger le rayon à travers l'écran I sur le point J. Puis on dispose sur le limbe divisé l'écran B de façon qu'il reflète l'image de l'ouverture I. Alors le rayon réfléchi arrive sur le verre dépoli, et la

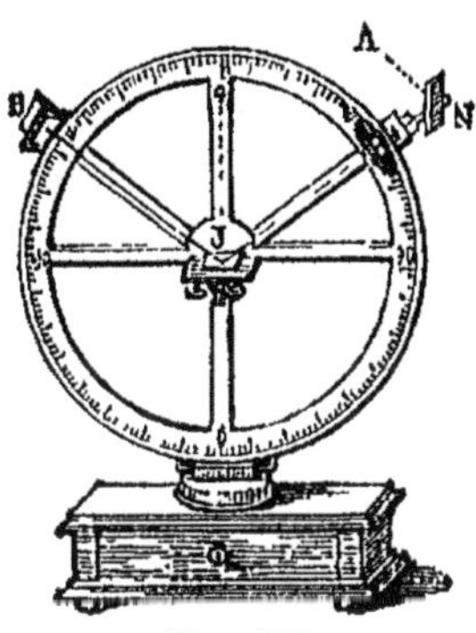

Fig. 236

position de nos deux écrans vérifie les lois énoncées. Il est facile de voir que le rayon réfléchi JN, le rayon incident JB et la normale sont dans un même plan perpendiculaire à la surface réfléchissante; car c'est un plan parallèle à celui du cercle divisé. En second lieu, il suffit de lire les degrés marqués sur le limbe, de chaque côté de la normale, pour constater que l'angle NJ*a* est égal à l'angle *a*JB.

Si l'angle d'incidence était nul, l'angle de réflexion le serait aussi : en effet, on constate qu'un rayon incident perpendiculaire à la surface réfléchissante se réfléchit suivant sa propre direction. Alors la normale, les rayons incidents et réfléchis coïncident suivant une seule droite.

Il faut ajouter que la totalité des rayons d'un faisceau incident n'est pas réfléchie suivant ces lois. A côté de cette *réflexion régulière* il se fait une *réflexion irrégulière* qui disperse un certain nombre de rayons lumineux. Sur les surfaces polies la plupart des rayons incidents sont régulièrement réfléchis; plus le poli est parfait, moins il y a de réflexion irrégulière.

EFFETS DES MIROIRS PLANS. — On nomme *miroirs plans* les surfaces réfléchissantes planes. Les plus favorables aux effets de la réflexion sont celles des métaux soigneusement polis. Pour comprendre les effets des miroirs quels qu'ils soient, il faut considérer successivement la réflexion des rayons provenant d'un seul point lumineux, et la réflexion des rayons partis de plusieurs points, ou la formation des images.

1° — *Reproduction d'un seul point lumineux.* — Un point lumineux placé devant un miroir, s'y reproduit sur le prolongement d'une perpendiculaire à la surface, abaissée du point lumineux. L'image du point paraît aussi éloignée derrière le miroir, que lui-même l'est en avant.

Soit un point lumineux L (fig. 237) placé devant le miroir dont la coupe est NR. Considérons le rayon LE; d'après les lois précédentes, il prendra, après avoir été réfléchi, la direction E*a* : l'angle d'incidence BEL étant égal à l'angle de réflexion BE*a*. L'œil qui reçoit ce rayon E*a* le supposera rectiligne, et jugera qu'il vient suivant la ligne *l*E*a*. Si maintenant j'abaisse LR perpendiculaire à la surface du miroir, et

que jo prolonge cette ligne jusqu'à sa rencontre avec *l*E, on aura
*l*R = LR et *l*E = LE, car les triangles ELR, ER*l* sont égaux comme
triangles rectangles ayant un côté commun ER, et en E un angle

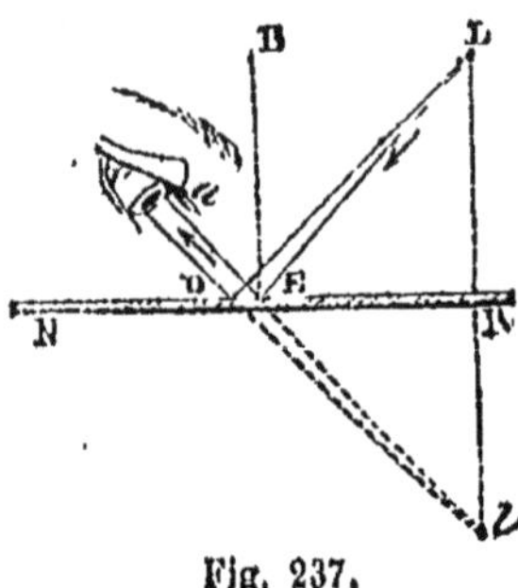

aigu égal de part et d'autre. Un autre
rayon LD se réfléchira de la même manière, et semblera parvenir à l'observateur suivant la direction *l*D ; et par les
mêmes raisonnements on trouvera qu'il
passera au point *l*, car j'ai démontré pour
le rayon quelconque LE, que la perpendiculaire LD prolongée coupera le prolongement du rayon réfléchi à une distance derrière le miroir, égale à celle
ou se trouve en avant le point L : en un

Fig. 237.

mot, on aura toujours LR = *l*R. Dès lors les directions des rayons
réfléchis se rencontreront toutes en *l*, et l'observateur devra croire
que les rayons partent de ce point, comme en réalité ils partent du
point L. Ainsi se trouve démontrée la proposition dans ces deux
parties.

Formation d'une image. — Un objet placé devant un miroir y
forme une image aussi grande et symétrique par rapport à lui.

Soit (fig. 238) un miroir AB, et un objet *nm* placé devant lui.
D'après la proposition précédente, si on
abaisse la perpendiculaire *n*B et qu'on la
prolonge en B*n'* d'une quantité égale à
elle-même, l'image du point *n* sera en *n'*.
De même le point *m* se reproduira en *m'*,
et ainsi des points intermédiaires, de
telle sorte que l'on aura une image *n'm'*
égale à *nm* et symétrique à l'objet. Les
rayons *not* et *nrt* ont été figurés pour montrer les rapports de cette construction
(fig. 238) avec la précédente (fig. 237).

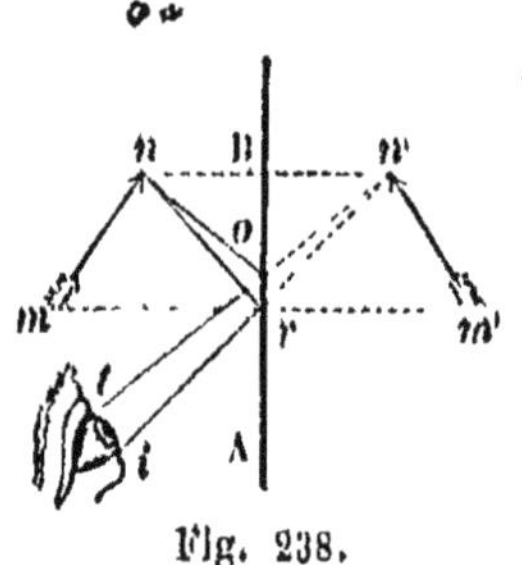

Fig. 238.

Les glaces de nos appartements ne sont pas des miroirs aussi simples que les surfaces métalliques polies. Elles ont deux surfaces réfléchissantes : celle de la glace et celle du *tain* (amalgame d'étain) appliqué contre sa face postérieure. Aussi une faible portion des rayons
incidents se réfléchit sur le verre, tandis que tous les autres, traversant la glace, opèrent leur réflexion à la surface du tain. Il en
résulte deux images, une très-pâle plus rapprochée de l'observateur,
l'autre colorée plus éloignée derrière le miroir. Ces deux images se
superposent et peuvent à peine être distinguées quand on dirige ses

regards perpendiculairement au miroir, mais on les voit avec netteté en regardant la glace obliquement.

Un objet placé entre deux miroirs plans parallèles y forme une série indéfinie d'images s'éloignant à perte de vue.

Les rayons réfléchis sur le premier miroir y représentent une image pour l'œil qui les reçoit; d'autres qui ont passé à côté de l'observateur vont se réfléchir du premier sur le second. Là se produit une seconde image. Une troisième réflexion forme plus loin dans le premier miroir une nouvelle image, et ainsi de suite. Réciproquement les rayons réfléchis d'abord sur le second miroir passent aussi d'une surface à l'autre; et cette double série de réflexions explique le phénomène que j'ai annoncé.

Un objet placé entre deux miroirs plans inclinés à angle produit des images d'autant plus nombreuses que les miroirs sont plus inclinés.

La figure 230 fera comprendre comment les deux miroirs placés perpendiculairement l'un à l'autre donnent trois images d'un même objet I situé entre leurs faces réfléchissantes. On se rendra compte du phénomène en suivant, d'après les données précédemment exposées, la marche des rayons IAL, IJL et IBDL. Inclinés à 60° les deux miroirs donnent 5 images; 7 à 45°, etc.

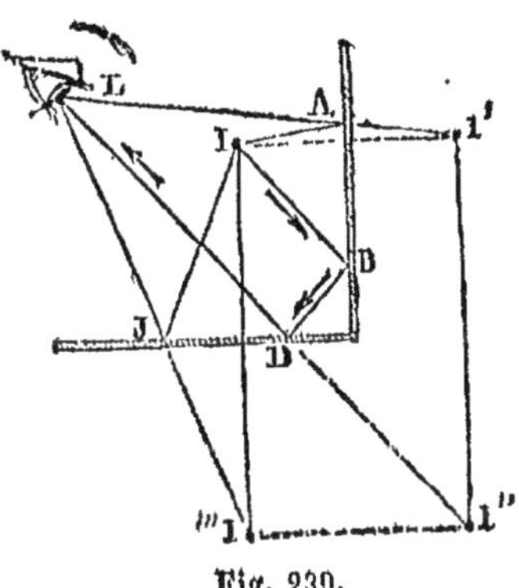

Fig. 230.

Les propriétés des miroirs inclinés sont utilisées dans le *kaléidoscope*. C'est un tube de carton fermé à un bout par un verre dépoli, et percé à l'autre d'un petit orifice où on applique l'œil. Contre l'obturateur en verre dépoli sont deux petits miroirs inclinés à 45° qui répètent 7 fois les images de menus objets déposés entre leurs faces. On obtient ainsi des figures à 7 parties toujours régulièrement groupées.

EFFETS DES MIROIRS SPHÉRIQUES CONCAVES ET CONVEXES. — Les miroirs sphériques sont des surfaces polies qui font partie d'une sphère. Si le poli réfléchissant est sur la concavité, c'est un *miroir concave*; c'est un *miroir convexe* dans le cas contraire. On appelle *centre de courbure* du miroir le centre de la sphère dont il fait partie. On désigne sous le nom de *centre de figure* le point de la surface du miroir situé à égale distance du pourtour. La ligne droite menée par le centre de courbure et le centre de figure du miroir se nomme *l'axe principal*. On appelle encore *section principale* une section du miroir faite par un plan qui contient cet axe. On entend par *axes secondaires* les droites menées par le centre de courbure sans passer par le centre de figure. Enfin, on appelle *foyer* tout point où se rencontrent les rayons réfléchis ou leurs prolongements. Le foyer est *virtuel* quand il est seulement l'intersection des rayons prolongés. Les miroirs courbes forment deux espèces d'images, les unes *réelles* et les autres simplement *virtuelles*. Les *images réelles* sont les images formées par les rayons réfléchis eux-mêmes : les *images virtuelles* sont celles qui résultent du prolongement des rayons réfléchis. Les miroirs plans ne peuvent donner, on le voit, que des images virtuelles.

Miroirs sphériques concaves. — 1° Les rayons qui viennent frapper le miroir parallèlement à l'axe principal se rencontrent tous, après leur réflexion, en un point situé sur l'axe au milieu du rayon de courbure : on le nomme le *foyer principal.*

Soit AE (fig. 240) une section principale d'un miroir sphérique concave ; D, le centre de figure ; O, le centre de courbure : DOK sera nécessairement l'axe principal. Si nous étudions la marche du rayon

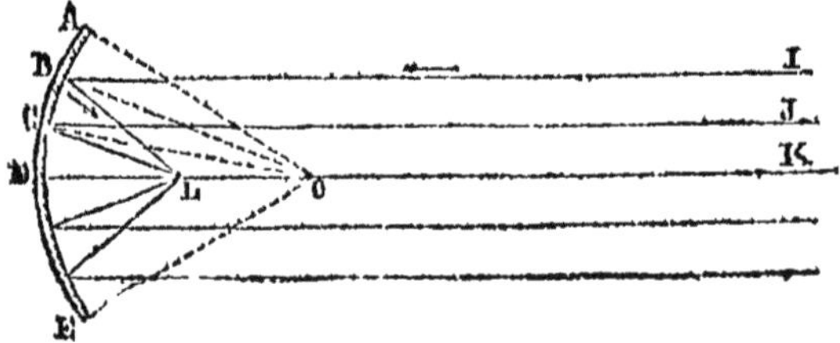

Fig. 240.

IB : nous voyons que OB étant la normale, si on fait angle IBO = angle OBL, le rayon réfléchi coupera l'axe principal en L. Prouvons maintenant que L est sensiblement le milieu de OD, le rayon de courbure : le triangle OBL est *isocèle*, car l'angle IBO égale l'angle BOL comme *alternes-internes* formés par des parallèles : nous savons que angle OBL = angle IBO : on a donc angle OBL = angle BOL, d'où l'on conclut que le triangle est isocèle, comme je l'énonçais. Ainsi, OL = LB : et comme B et D sont à très-petite distance l'un de l'autre, la différence entre LB et LD est insensible pour nous ; nous écrirons donc OL = LD, ou, en d'autres termes, le point L est le milieu du rayon de courbure. Cette démonstration n'a rien de particulier au rayon IB ; elle s'appliquerait de même aux rayons JC, etc., parallèles à l'axe : le point L est donc bien le *foyer* des rayons d'incidence parallèles à l'axe principal, il est en même temps le milieu du rayon de courbure. C'est le *foyer principal*. On appelle la distance DL du foyer principal au miroir, *distance focale principale*.

La marche des rayons lumineux étant réciproque, quand une source lumineuse sera au foyer principal d'un miroir sphérique concave les rayons seront réfléchis parallèlement à l'axe. C'est un moyen d'obtenir, avec une source placée à une distance finie, des rayons parallèles entre eux. Il n'y a naturellement pour nous de rayons parallèles à eux-mêmes que ceux venus d'une source placée, comme les astres, à une distance infiniment grande par rapport aux dimensions du miroir.

2° Les rayons divergents émanés d'un point situé sur l'axe principal, à une distance finie du miroir, forment un *foyer conjugué*, c'est-à-dire lié dans sa position avec celle du point lumineux. — Un point plus éloigné du miroir que le centre de courbure, a son foyer entre ce centre de courbure et le foyer principal. — Un point placé entre le foyer principal et la surface du miroir a un foyer virtuel placé derrière le miroir sur le prolongement de l'axe principal.

Considérons (fig. 241) un point lumineux O placé sur l'axe principal, au delà du centre de courbure G : I est le foyer principal. Le

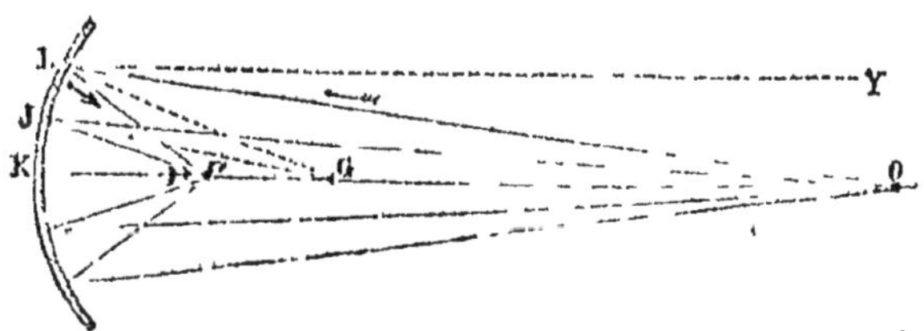

Fig. 241.

rayon YI parallèle à l'axe ira en se réfléchissant passer au point I; mais le rayon OL, venu du point O, forme avec la normale GL un angle d'incidence plus petit; l'angle de réflexion sera plus petit, et le rayon réfléchi viendra rencontrer l'axe en un point *a* situé entre I et G. Il en serait de même du rayon OJ; de telle sorte qu'il y aura en *a* un foyer conjugué au point O. Il est facile, en considérant les variations de grandeur des angles d'incidence, de conclure que plus O sera voisin de G, plus le foyer *a* se rapprochera de ce même point G.

Si le point lumineux O se plaçait en G au centre de courbure, les rayons incidents suivraient alors leurs normales elles-mêmes, et les rayons réfléchis se confondraient avec ces deux premières droites. Le foyer serait en *a* au point lumineux même.

Si le point lumineux O se place entre le centre de courbure G et le foyer principal I, la réciprocité de la marche des rayons lumineux nous entraîne à conclure que le foyer ira au delà du centre G occuper les positions où était tout à l'heure le point O. Placé en I au foyer principal, le point lumineux donnerait des rayons parallèles à l'axe principal après leur réflexion ; nous l'avons établi il y a quelques lignes. Reste à examiner enfin le cas où le point O ira se placer entre le foyer principal I et la surface du miroir. La figure 242 montre la construction qu'il faut exécuter alors d'après les lois de la réflexion de la lumière : cette construction explique parfaitement les phénomènes. Le point lumineux P est entre le miroir a et le foyer principal F : le rayon PO a

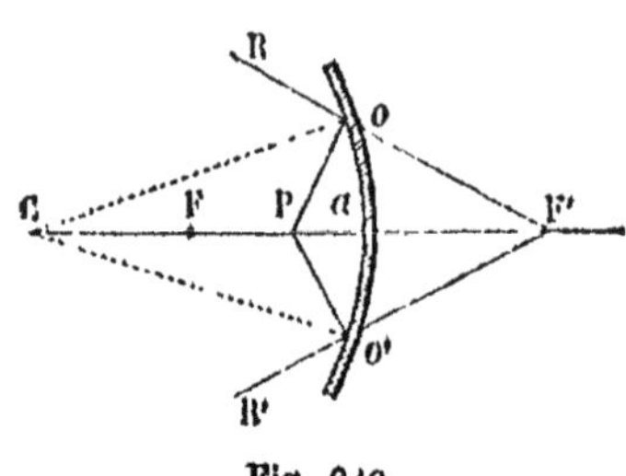

Fig. 242.

un angle d'incidence POC plus grand que l'angle FOC, qui donnerait un rayon réfléchi parallèle à l'axe Ca. Le rayon réfléchi RO sera donc divergent par rapport à l'axe ; il en sera de même du rayon PO'R', et le foyer de ces rayons divergents sera l'intersection de leurs prolongements avec le prolongement de l'axe principal. Ce sera un foyer virtuel F' situé derrière le miroir.

Formation des images dans les miroirs concaves. — 1º Un objet placé devant le miroir concave, à une distance finie et au delà du centre de courbure, donne, entre le foyer principal et le centre de courbure, une image réelle, renversée et plus petite.

Soit AB (fig. 243) l'objet placé devant le miroir concave MN. Le point de cet objet qui se trouve sur l'axe principal aura son foyer, d'après ce qui précède, sur ce même axe principal, entre le centre de courbure C et le foyer principal. Si maintenant nous menons l'axe secondaire BCI, tout ce qui se passe sur l'axe principal se reproduira sur celui-ci, et il sera facile de trouver que le point B aura son foyer en b également entre le centre C et le foyer principal des rayons qui arriveraient sur le miroir parallèlement à

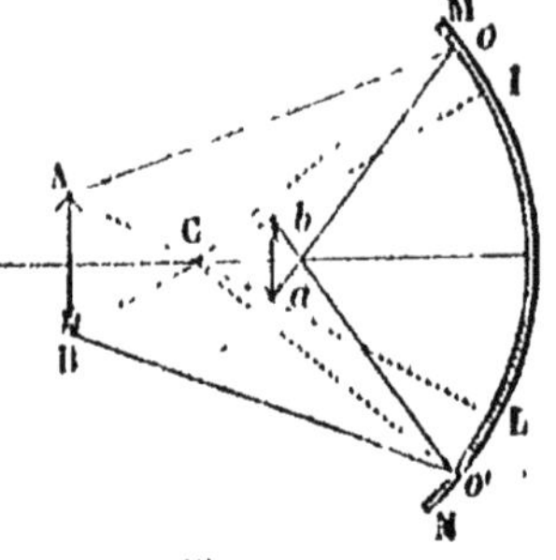

Fig. 243.

notre axe secondaire BCI. En effet, le rayon BO' a pour normale CO' ; en faisant l'angle d'incidence égal à l'angle de réflexion, on a un rayon réfléchi O'b qui coupe l'axe BCI en b. Tout autre rayon, par une marche analogue, viendrait en ce même point, qui est bien le foyer du point B. De même, sur l'axe secondaire ACL, on aura en *a* le foyer de l'extrémité A. Les points intermédiaires viendront de la même façon former leur foyer entre *a* et *b*; et l'objet produira, entre le centre C et le foyer principal du miroir une image *ab* réelle, renversée et plus petite. On peut la recueillir sur un petit écran en verre dépoli ou un papier huilé.

Comme la marche de la lumière est réciproque, un objet *ab*, placé entre le foyer principal et le centre de courbure, donne au delà de ce centre une image réelle, renversée et plus grande.

2° Un objet placé entre le miroir et le foyer principal donne une image virtuelle, droite et plus grande.

Nous savons, en effet, qu'un point lumineux placé entre le miroir et le foyer principal a un foyer virtuel derrière le miroir. L'ensemble de ces foyers sera une *image virtuelle* de l'objet. De plus, comme les axes secondaires qui contiendront ces foyers partent tous en divergeant du centre de courbure, les foyers représentant chacun des points de l'objet seront plus éloignés entre eux que ne le sont ces points eux-mêmes : l'image sera donc plus grande; enfin, elle sera droite, parce que ces axes ne s'entrecroisent pas dans leur trajet.

Miroirs sphériques convexes. — Les miroirs sphériques convexes ne donnent que des foyers virtuels.

Les rayons II, II', J (fig. 244), parallèles à l'axe principal AK, auront un foyer principal L au milieu du rayon de courbure AI : mais ce

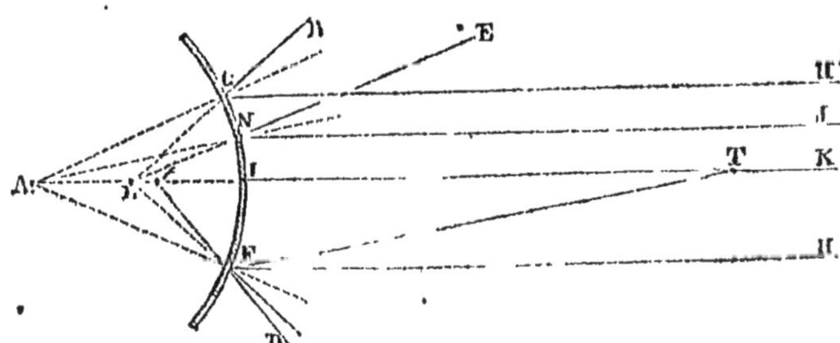

Fig. 244.

foyer sera virtuel, comme le fait voir la figure. A chaque point d'incidence C, N, F; élevons les normales, faisons les angles de réflexion égaux aux angles d'incidence. Nous aurons, en prolongeant nos droites, un triangle ACL *isocèle*, qui nous donnera AL = LC, d'où nous conclurons que LC est sensiblement égal à LI, et enfin AI = LI; c'est ce que j'avais énoncé.

Si maintenant nous considérons un rayon TF oblique à l'axe et venu du point T, d'après les lois de la réflexion, il prendra la direction FD, et, prolongé, il donnera un foyer virtuel en *t*. Il en serait de même de tout autre.

Formation des images dans les miroirs sphériques convexes. — Les miroirs sphériques convexes ne donnent que des images virtuelles, droites et plus petites.

La figure 245 montre par quelles constructions s'explique cette propriété. Elle se déduit de la précédente. L'objet AL sera représenté

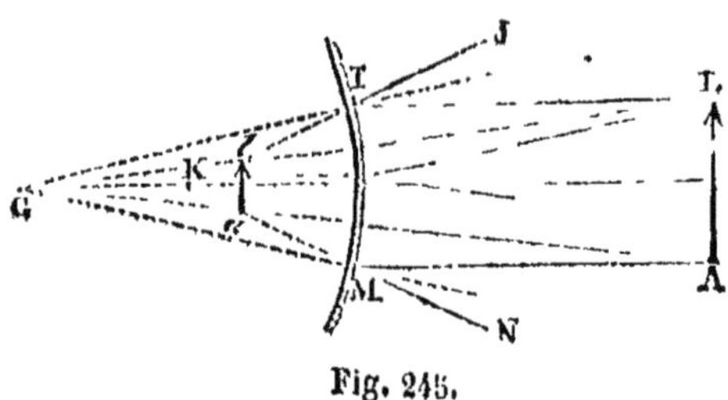

Fig. 245.

en *al*, et, pour le comprendre, il suffit de mener les axes secondaires GL et GA ; le rayon LI se réfléchit en IJ et a son foyer virtuel en *l* ; le rayon AM a le sien en *a :* et les axes secondaires ne s'entrecroisant pas et convergeant vers le point G l'image sera droite et rapetissée.

RÉSUMÉ DU CHAPITRE XXII.

OPTIQUE. PROPAGATION DE LA LUMIÈRE.

Dans un milieu homogène, la lumière se propage en ligne droite. — Rayons lumineux, parallèles, divergents, convergents. — Corps transparents, translucides, opaques.

La vitesse de la lumière est de 30800 myriamètres ou 77000 lieues par seconde.

OMBRE. PÉNOMBRE.

Un corps opaque placé devant un seul point lumineux produit une ombre nette; devant une source lumineuse composée de plusieurs points, il produit une pénombre autour de l'ombre.

INTENSITÉ DE LA LUMIÈRE.

1° L'intensité de la lumière est en raison inverse de la distance.

2º Elle est proportionnelle au sinus de l'angle sous lequel tombent les rayons sur la surface.

Photomètre de Rumford.

RÉFLEXION. MIROIRS.

Lois. — 1º Le rayon réfléchi est dans le plan de la normale et du rayon incident.

2º L'angle de réflexion est égal à l'angle d'incidence.

Démonstration expérimentale de ces lois.

Effets des miroirs plans. — Reproduction d'un point lumineux : il est représenté dans le prolongement d'une normale au miroir et à égale distance derrière. — Formation d'une image : elle est symétrique à l'objet, égale et aussi éloignée derrière le miroir. — Miroirs plans parallèles; inclinés entre eux.

Effets des miroirs sphériques concaves. — Foyer principal. — Un point lumineux situé sur l'axe principal a un foyer réel lorsqu'il est au delà du foyer principal; son foyer est virtuel lorsqu'il est entre le foyer principal et le miroir. — Formation des images; l'objet étant au delà du foyer, l'image est réelle et renversée; quand il est entre le miroir et le foyer, l'image est virtuelle, droite et toujours amplifiée.

Effets des miroirs sphériques convexes. — Dans ces miroirs, tous les foyers sont virtuels. — Formation des images; elles sont droites et plus petites.

CHAPITRE XXIII.

LOIS DE LA RÉFRACTION. — SES EFFETS. — LENTILLES. — PRISME.
— DÉCOMPOSITION DE LA LUMIÈRE.

RÉFRACTION. — Quand les rayons lumineux rencontrent sur leur trajet des corps transparents ils y pénètrent, et on dit alors qu'ils *changent de milieu.* Ce changement de milieu, lorsque les rayons sont obliques à la surface, est accompagné d'une déviation qui se nomme la *réfraction.* Le plus souvent cette déviation est la même pour tous les rayons d'un même faisceau, quelques substances ont la propriété d'imprimer deux genres de déviation à un même faisceau, de manière à le partager en deux faisceaux réfractés : cela constitue le phénomène de la *double réfraction* dont nous n'avons pas à nous occuper davantage. L'angle formé par la normale et le rayon réfracté se nomme l'*angle de réfraction*. Un milieu où pénètre le rayon est plus *réfringent* que celui d'où il sort, quand le rayon réfracté est rapproché de la normale. Les milieux les plus *réfringents* sont ceux où la lumière se propage le moins vite.

LOIS DE LA RÉFRACTION. — La réfraction simple obéit à deux lois que Descartes nous a formulées ainsi :

1° *Le rayon réfracté, la normale et le rayon incident sont dans un même plan perpendiculaire à la surface de séparation des deux milieux;*

2° *Le sinus de l'angle d'incidence est au sinus de l'angle de réfraction dans un rapport constant pour deux mêmes milieux; variable lorsqu'on change les milieux.*

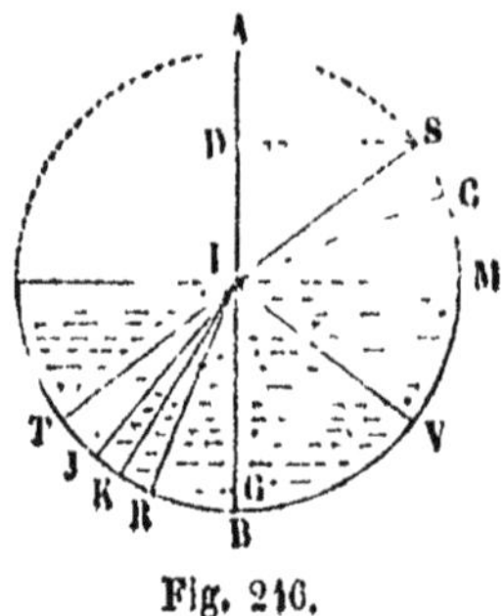

Fig. 240.

Ces deux lois présentent avec les lois de la réflexion une certaine correspondance qu'il n'est pas inutile de constater. La première se comprend sans peine; la seconde exige quelques explications. Soit M. (fig. 240) la surface de séparation de deux milieux, celui qui est teinté étant supposé le plus réfringent. La ligne AB sera la normale au point d'incidence I des rayons lumineux. Le rayon SI prendra, je suppose, par suite de la réfraction une direction IR. Les sinus SD et RG seront entre eux dans un certain rapport : ainsi les milieux étant l'air et l'eau, on aurait $\frac{SD}{RG} = \frac{4}{3}$. Tout rayon CI passant comme SI de l'air dans l'eau, présentera le rapport $\frac{4}{3}$ entre le sinus de l'angle d'incidence CIA et celui de l'angle de réfraction KIB. Comme la marche de la lumière est réciproque, il est clair que si la lumière passait de l'eau dans l'air, le rayon incident serait RI, le rayon réfracté SI, et le rapport des sinus serait renversé, $\frac{RG}{SD} = \frac{3}{4}$.

Ce rapport des sinus est ce qu'on nomme l'indice de réfraction de la substance : ainsi l'eau a pour indice de réfraction $\frac{4}{3}$ ou 1,33. Si le rayon incident affectait la direction AI *perpendiculaire* à la surface de séparation, l'angle d'incidence étant nul, l'angle de réfraction le serait aussi, et *le rayon pénétrerait dans le second milieu sans déviation*, suivant la perpendiculaire IG. Il en résulte que les rayons lumineux qui traversent pour changer de milieu une surface à section circulaire en suivant la direction d'un rayon, passent d'un milieu à l'autre sans déviation. Quand la lumière pénètre dans un milieu moins réfringent, l'angle de réfraction est toujours plus grand que l'angle d'incidence : il y aura donc toujours une obliquité du rayon incident qui donnera un angle de réfraction égal à 90° ; c'est-à-dire que dans ce cas le rayon réfracté sera parallèle à la surface de séparation, et que si l'obliquité du rayon incident, par rapport à la surface, devient plus considérable, le rayon réfracté devra ne pas sortir du milieu. Il est alors simplement réfléchi dans son premier milieu contre la surface de séparation. Ainsi le rayon TI (fig. 246) qui a une obliquité telle que l'angle de réfraction serait plus grand que AIM, est réfléchi contre la surface MI et prend la direction IV. C'est là ce qu'on appelle le phénomène de la *réflexion totale*. On appelle *angle limite* l'angle d'incidence auquel correspond, dans le milieu moins réfringent, un angle de réfraction de 90°. La valeur de cet angle pour deux milieux donnés dépend du rapport constant qu'affectent les sinus de leurs angles d'incidence et de réfraction, c'est-à-dire de l'*indice de réfraction*. De l'eau dans l'air, l'indice de réfraction est $\frac{3}{4}$, la valeur de l'angle limite est de 48°,35′; du verre dans l'air, l'angle limite mesure 41°,48′

Les lois de la réfraction et leurs conséquences ci-dessus exposées se vérifient au moyen d'un appareil (fig. 247,), très-semblable à celui qui nous a servi pour la réflexion. Les deux écrans I et K sont disposés de même : seulement le miroir central est remplacé par un petit vase O hémicylindrique que l'on remplit d'eau ou de tout autre liquide. Les règles graduées E, J, se meuvent avec les écrans et mesurent les sinus. On dirige, à l'aide du miroir N, un rayon A dans le trou de l'écran I; ce rayon traverse le liquide du vase O en passant par le centre du cercle divisé; il est réfracté, mais il ressort sans déviation parce qu'il suit la marche d'un des rayons de courbure de la surface hémicylindrique, et on recueille ce rayon en K. La position des deux écrans donne la valeur des sinus : la normale est la ligne *ab* qui joint les deux 0° de la graduation. En plaçant l'écran I dans la partie inférieure du limbe pour faire arriver le rayon ANO par la surface hémicylindrique et sous un angle plus petit que 48°,35,

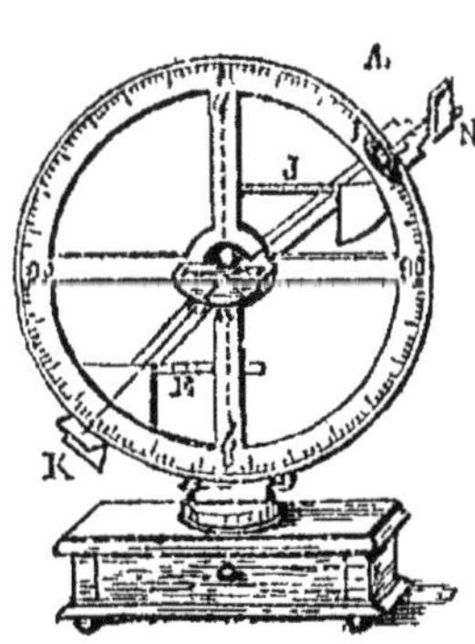

Fig. 247.

on constatera, le vase étant plein d'eau, le phénomène de la réflexion totale.

EXPLICATION DES PHÉNOMÈNES PRINCIPAUX PRODUITS PAR LA RÉ-FRACTION. — La réfraction de la lumière donne lieu à un certain nombre d'illusions qu'il est utile d'expliquer.

Bâton brisé. — Lorsqu'on plonge un objet dans l'eau, par exemple un bâton, il semble en général être brisé au point d'immersion, et raccourci dans la partie plongée. C'est là un effet de la réfraction des rayons lumineux. Soit un bâton AB (fig. 248) plongé dans l'eau en C : considérons les rayons B*i* et B*m* obliques à la surface de l'eau : l'air étant moins réfringent, ces rayons seront écartés de la normale et prendront les directions *io* et *mn*. L'œil qui les recevra les prolongera en ligne droite, et comme ces prolongements iront se couper en D, l'observateur les supposera partis de ce point, et il y verra l'extrémité B du bâton. Ce déplacement portera sur tous les autres points de la portion CB, et dès lors le bâton semblera brisé et raccourci.

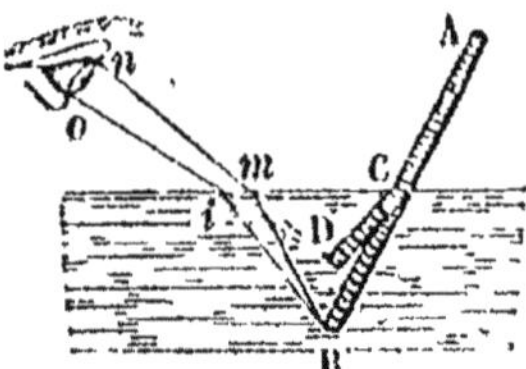

Fig. 248.

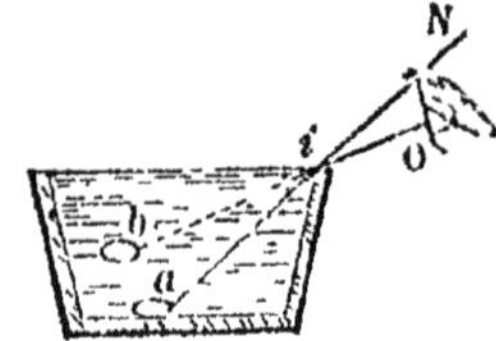

Fig. 249.

Déformation du fond des vases. — Les vases contenant un liquide transparent montrent un effet analogue de la réfraction. Leur fond paraît relevé, et l'observateur dont le regard est dirigé obliquement vers leur capacité, en aperçoit une plus grande partie que lorsqu'ils sont vides. On rend cet effet sensible par plusieurs expériences parmi lesquelles je citerai la suivante. Au fond d'un vase à parois opaques on dépose une pièce de monnaie *a* de façon à ce qu'elle soit cachée par le bord extrême du vase. On le remplit d'eau et la pièce devient immédiatement visible, bien que l'observateur ait conservé exactement la même position : tout le fond semble s'être relevé, et il montre une plus grande partie de sa surface. La figure 249 fait saisir l'explication de ce phénomène vulgaire. Il suffit de suivre un rayon *ai*; avant que le vase fût plein d'eau, ce rayon avait une direction rectiligne *i*N, mais maintenant dévié par la réfraction il s'infléchit en *i*O, et pénètre dans l'œil au-dessus duquel il passait d'abord. Les autres rayons se conduisent de même et semblent partir du point *b* où l'observateur va voir la pièce de monnaie et le fond sur lequel elle repose.

Mirage. — On appelle *mirage* l'apparence d'une ou de plusieurs images d'un même objet reproduites sans cause visible. Les plaines de la Basse-Égypte présentent très-fréquemment cette illusion. Au lever du soleil l'air est pur et limpide, on distingue un vaste horizon coupé çà et là par de petites collines que couronnent les villages : la plaine est une immense nappe de sable que recouvre le Nil lors de ses inondations. Mais au milieu du jour, si le vent n'agite pas les couches d'air, tout est changé. Les collines apparaissent comme des îles dont un lac immense baigne le pied, et reproduit dans ses eaux l'image renversée : le ciel même est reflété ; l'illusion

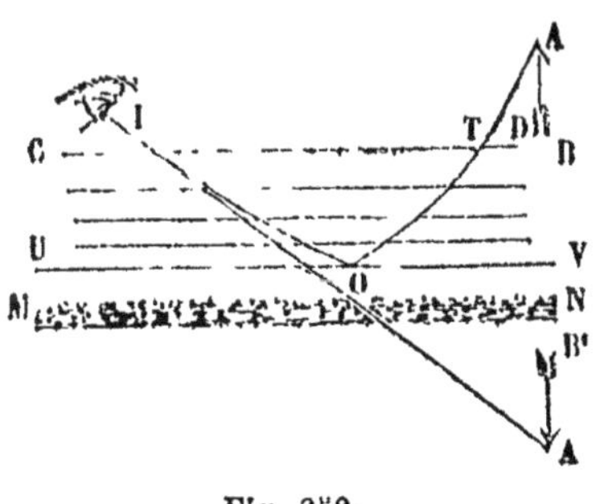

Fig. 250.

est complète. Tel est le *mirage* qui, pendant l'expédition d'Égypte, fit le supplice de nos soldats épuisés de chaleur. Monge, l'un des savants qui accompagnaient l'armée française, en donna bientôt l'explication. La figure 250 est destinée à faire comprendre le principe de sa théorie. Dans le mirage il y a évidemment réflexion des rayons lumineux sur quelque surface invisible qui fonctionne comme un miroir, et produit l'effet de la surface des eaux. Supposons un objet AB, il sera vu directement par un observateur placé en I : il suffit pour cela des rayons lumineux dirigés suivant IA. Mais ce même point A rayonne vers le sol MN de la lumière qui en temps ordinaire va se réfléchir à sa surface. Il n'en est plus de même quand le soleil, à travers une atmosphère que rien n'agite, a rendu le sable brûlant. Les diverses couches de l'air, qui ont ordinairement une densité croissante à mesure qu'elles sont plus rapprochées du sol, se modifient sous l'empire de la chaleur. La température des couches inférieures s'élève rapidement, et leur densité diminue à proportion. Alors l'atmosphère présente jusqu'en CD, par exemple, sa densité croissante ; mais au-dessous la densité décroît de nouveau jusqu'au contact du sol qui a chauffé les couches à son contact.

Comme l'air est d'autant plus réfringent qu'il est plus dense, le rayon AT, après avoir traversé la couche CD, pénètre dans un milieu d'une réfringence plus faible, il est donc écarté de la normale, et à mesure qu'il avance les nouvelles couches l'en écartent davantage : le rayon va donc suivre une ligne courbe qui devient de plus en plus oblique. Il peut donc se présenter une couche UV sur laquelle l'obliquité du rayon incident dépasse l'angle limite, il y a dès lors *réflexion totale* en O, par exemple : le rayon remonte à travers les couches déjà traversées et arrive enfin à l'observateur placé en I, avec une direction telle qu'il verra en A' le point A d'où ce rayon lumineux est parti. La surface de séparation UV est devenue un véritable miroir pour tous ces rayons d'une obliquité trop grande, et l'image A'B' sera reproduite comme elle l'eût été dans une glace ou dans une pièce d'eau.

Des phénomènes analogues ont été observés sous bien des latitudes ; et quelle que fût la cause de l'inégale densité de certaines couches d'air, le principe est toujours le même. Les images ne sont pas toujours inférieures et renversées ; il y en a souvent de latérales dans des directions très-variées. Le phénomène, si célèbre à Naples, de la *Fata Morgana* est un véritable mirage.

Déplacement des astres. — La lumière qui nous vient des astres ne nous arrive généralement pas en ligne droite : en traversant l'atmosphère elle est réfractée, et sa direction devient une ligne courbe descendant vers le sol. En arrivant à l'œil ils nous apportent donc l'image d'un objet brillant, mais en prolongeant leur direction au moment de leur arrivée les observateurs voient ce point lumineux déplacé dans le ciel, et relevé par rapport à l'horizon. Cet effet est d'autant plus intense que les rayons nous arrivent plus obliquement : aussi voyons-nous encore le disque du soleil quand cet astre est déjà sous l'horizon, et le matin nous l'apercevons avant son lever réel. On a soin dans les observations astronomiques de tenir compte des réfractions ou d'éloigner cette cause d'erreur.

EFFETS DES LENTILLES CONCAVES ET CONVEXES. — On appelle *lentilles* des milieux transparents compris entre deux surfaces dont une au moins est courbe. La figure 251 représente, en section verticales, les 6 formes de lentilles que l'on peut employer ; leurs surfaces courbes appartiennent à des sphères.

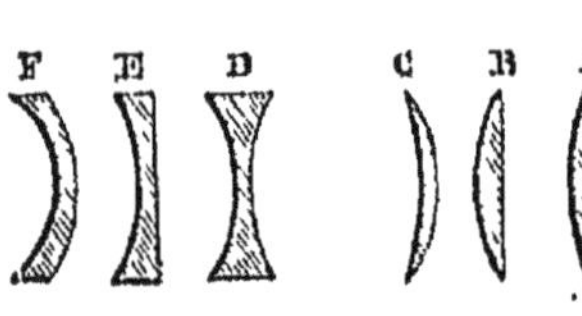

Fig. 251.

On appelle *lentilles bi - convexes* celles qui sont terminées par deux surfaces convexes A ; *lentilles plans-convexes*, celles qui possèdent une face convexe et une face plane B : *lentilles concaves-convexes convergentes*, celles qui portent une face convexe et l'autre concave, mais d'une plus faible courbure C. Nous verrons bientôt que ces trois premières formes de lentilles rendent convergents les rayons qui les traversent : ce sont les *lentilles convergentes*. Les trois autres formes sont au contraire des *lentilles divergentes*. La première D est terminée par deux faces concaves, elle est dite *bi-concave*. La lentille E, qui présente une face concave et une face plane, se nomme *plan-concave*. Enfin, on nomme *concave-convexe divergente* la lentille F qui a une face convexe et une face concave, mais la courbure de cette seconde face est plus grande que celle de la première. Nous allons indiquer les effets des lentilles en prenant comme type, parmi les convergentes, la lentille bi-convexe, et la lentille bi-concave dans le second groupe.

Dans l'étude des lentilles on nomme *centres de courbure* les centres des sphères auxquelles appartiennent leurs surfaces courbes. Les normales à la surface courbe sont des rayons de la sphère, ou *rayons de courbure*. On nomme *axe principal* d'une lentille biconcave ou biconvexe (fig. 252), la ligne qui contient deux centres de courbure. On nomme *centre optique* d'une lentille un point J de l'axe principal qui jouit de la propriété, que tout rayon LC passant par ce point *émerge suivant une direction L'C' parallèle à son incidence*. On nomme *axe secondaire* toute ligne menée par le centre optique sans passer par aucun des centres de cour-

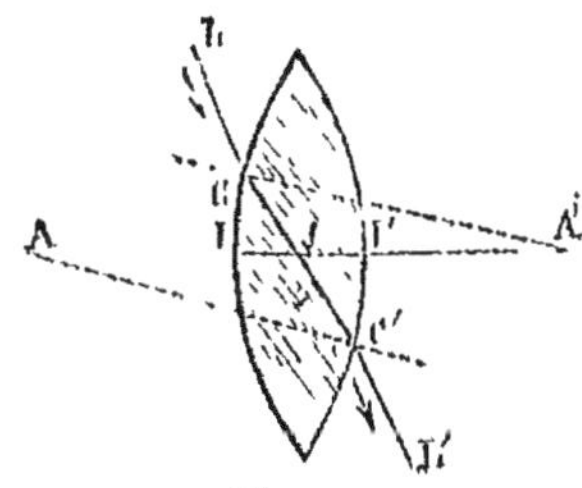

bure. Pour déterminer le centre optique d'une lentille biconvexe dont les deux faces ont la même courbure, il suffit de prendre le milieu de la distance AA' qui sépare les centres de courbure. Menons les normales CA', C'A : d'après la définition, l'angle de réfraction A'CJ est égal à l'angle d'incidence AC'J, puis-

Fig. 252.

que LC et L'C' sont parallèles; donc CA' et C'A sont parallèles. Dès lors les triangles CJA' et C'AJ sont égaux, et l'on a AJ = A'J; ce qu'il fallait prouver. Si les deux faces n'ont pas le même rayon de courbure, les deux triangles CJA' et C'JA sont semblables et le point J divise AA' en parties proportionnelles aux rayons de courbure. On pourra donc encore le déterminer : il s'agira de diviser la distance des centres, proportionnellement aux deux rayons.

Lentilles convergentes. — Les lentilles convergentes réunissent en un foyer principal derrière la lentille les rayons incidents venus parallèlement à l'axe principal.

Le rayon SI (fig. 253), parallèle à l'axe AF, pénètre en I dans un milieu plus réfringent; il est donc rapproché de la normale à la surface sphérique LB. Mais en sortant de la lentille, il est écarté de la normale à la surface LO, et sa direction va couper l'axe en un point F. Tous les autres rayons SI', RU, infléchis de même, iront passer au point F, qui sera le *foyer principal* : la distance OF se nomme *distance focale principale*. Les rayons incidents pouvant arriver sur chaque face de la lentille, celle-ci possède un foyer de chaque côté.

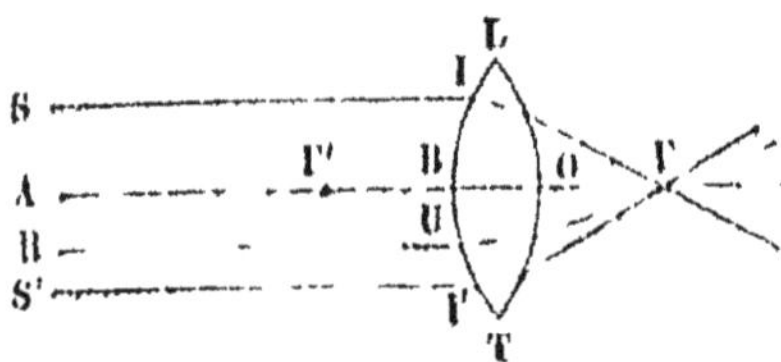

Fig. 253.

La marche de la lumière étant réciproque, si on place une lumière au foyer principal F, les rayons qui auront traversé la lentille émergeront parallèlement à l'axe.

Pour déterminer expérimentalement le foyer principal d'une lentille bi-convexe, on expose la lentille aux rayons du soleil, en la plaçant de manière à ce que l'axe principal soit parallèle à leur direction : on reçoit ensuite le faisceau émergent sur un écran en verre dépoli ou en papier. Lorsque l'image est circonscrite et bien lumineuse, l'écran est au foyer principal de la lentille.

2° Un point lumineux P (fig. 254), situé devant une lentille *mn*, plus loin que le foyer principal F′, donne lieu à un foyer conjugué *x*, placé derrière la lentille au delà du foyer principal F.

L'angle d'incidence en *m* étant plus grand que celui d'un rayon parallèle à l'axe P*x*, l'angle de réfraction sera aussi plus grand. Le rayon arrivera donc moins oblique sur la seconde face et sortira de la lentille sous un angle de réfraction plus petit; le foyer *x* sera donc au delà du point F. Mais ce foyer conjugué se produira, car, pour que les rayons fussent parallèles, il faudrait que le point P fût au foyer F′.

3° Un point lumineux P (fig. 255), placé devant une lentille entre

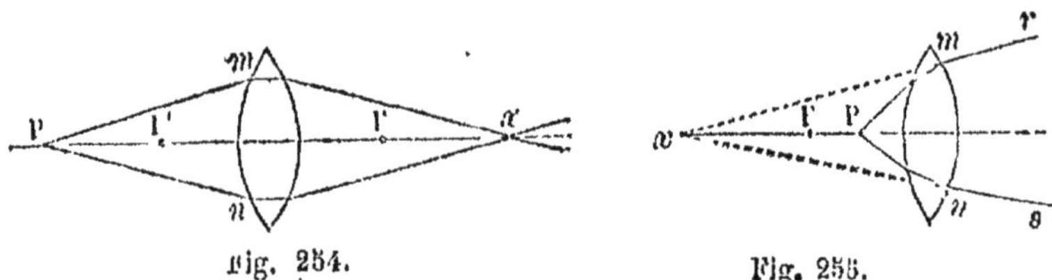

Fig. 254.   Fig. 255.

le foyer principal F et la lentille, donne un foyer virtuel *x*, situé, comme le point, en avant de la lentille et au delà du foyer principal.

Les rayons incidents (fig. 255) sont plus obliques à la surface de la lentille que ne le seraient ceux partis du foyer F. Ces derniers rayons seraient parallèles, à l'émergence; les rayons P*m*, P*n*, seront nécessairement divergents, et leurs prolongements se couperont en *x*, où sera le *foyer virtuel* : l'observateur qui recevrait les rayons *rs* verrait en *x*, à travers la lentille, le point réellement placé en P.

Formation des images dans les lentilles biconvexes. — 1° Un objet AB (fig. 256) placé devant une lentille biconvexe, au delà du foyer principal F, donne derrière elle une image A'B' réelle, renversée. Cette image est amplifiée, si l'objet AB est entre le foyer et le double de la distance focale principale : elle est égale à l'objet, si celui-ci est précisément à cette double distance ; enfin, elle est rapetissée, si l'objet est au delà.

Considérons deux rayons lumineux, A*m* et A*n*, partis du point A. Le centre optique étant en O, tout se passera autour de l'axe secondaire AO, comme cela aurait lieu autour d'un axe principal, et les deux rayons convergeront en A' où sera le foyer réel conjugué au point A. Cela résulte du deuxième principe relatif aux effets des lentilles convergentes. Le point B formera de même son foyer en B',

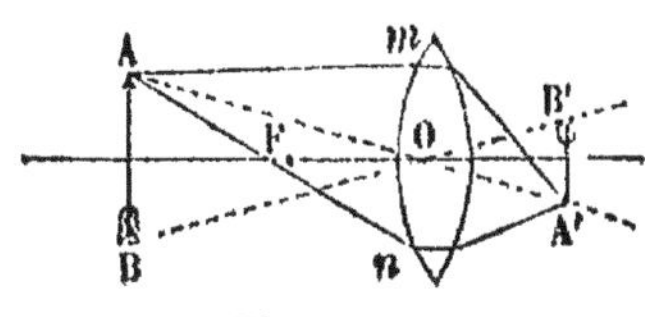

Fig. 256.

sur l'axe secondaire BO : les autres points se reproduiront ainsi entre A' et B', et l'on aura ainsi l'image réelle et renversée. Quant aux dimensions, le calcul ou les constructions géométriques, conformes aux données numériques, ont amené à établir la proposition formulée ci-dessus. L'expérience vient confirmer tous ces principes, si on recueille l'image réelle sur un écran en verre dépoli, en donnant à l'objet les diverses positions qu'indique l'énoncé.

2° Quand un objet AB (fig. 257) est placé entre le foyer principal et la lentille, l'image est virtuelle, droite, amplifiée et placée devant la lentille au delà du foyer principal.

Ce théorème d'optique résulte du troisième principe relatif aux effets des lentilles biconvexes. Il suffit, en effet, de considérer les rayons A*m* et A*n* et l'axe secondaire AR ; ces rayons sortiront de la lentille L en suivant les directions *p* et *q*, et leur foyer virtuel sera en A'. De même B aura son foyer virtuel en B' : l'image A'B' sera virtuelle, droite et amplifiée. On ne pourra la recueillir sur un écran, mais un

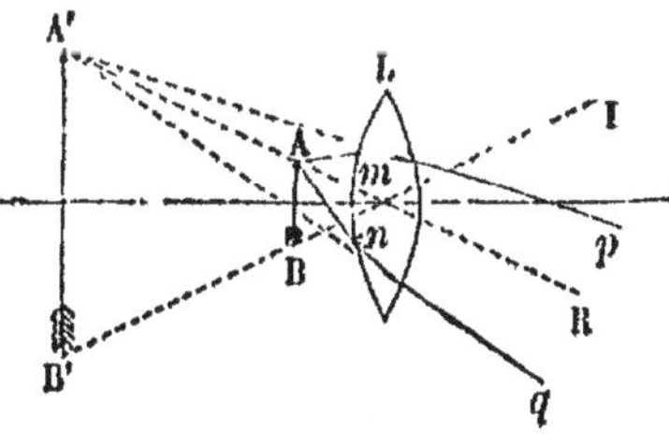

Fig. 257.

observateur placé du côté de la lentille opposé à AB recevra les rayons *p*, *q* et les autres ; il verra l'image A'B', et la lentille sera devenue pour lui un *verre grossissant*. Du principe qui nous occupe découle donc l'emploi des lentilles biconvexes comme instruments d'amplification. Le grossissement augmente avec la convexité des

faces de la lentille, et à mesure que l'objet est plus rapproché du
foyer. Le calcul apprend que le grossissement d'une lentille est exprimé par le rapport géométrique de sa *distance focale* à l'excès de
cette distance focale sur la distance qui sépare l'objet de la lentille : si
la distance focale est f, p la distance de l'objet à la lentille, g le grossissement, on écrira : $g = \dfrac{f}{f - p}$.

Lentilles divergentes. — Les lentilles divergentes donnent toujours
des foyers virtuels.

Les figures 258 et 259 montrent comment les lois de la réfraction
conduisent à ce principe. Le rayon incident G'J (fig. 258), parallèle à
l'axe principal DD', pénètre dans la lentille en se rapprochant de la

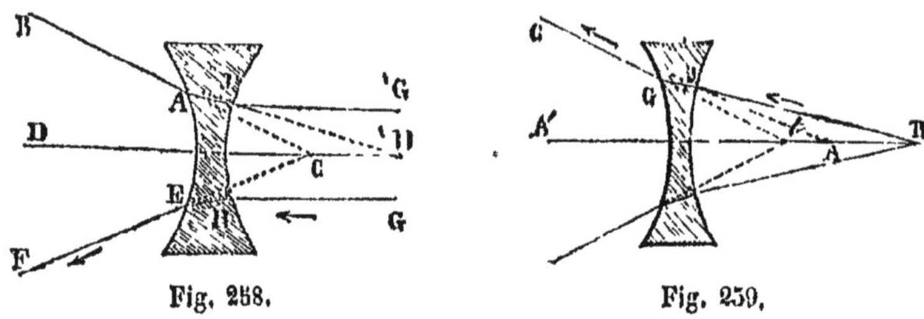

Fig. 258.   Fig. 259.

normale D'J. En A, il s'écarte de l'autre normale, et prend une direction AB qui l'éloigne de l'axe DD'. Les autres rayons marchent
de la même manière, et le foyer principal est en C; il est virtuel et
du même côté de la lentille que les rayons incidents.

Il en sera encore de même quand les rayons lumineux arriveront
divergents par rapport à l'axe principal, c'est-à-dire d'un point B situé
sur cet axe (fig. 259). Déjà divergents à l'incidence, les rayons tels
que BJ le seront encore plus en sortant de la lentille, et leur foyer
sera virtuel et placé quelque part en t sur l'axe, entre la lentille et
le foyer principal.

Formation des images dans les lentilles biconcaves. — Les lentilles divergentes donnent des images droites, rapetissées, mais toujours virtuelles.

Il est facile de déduire cette proposition du principe précédent.

L'objet AD (fig. 260) émettant les rayons AB, AI, etc., le foyer du
point A se formera en a sur l'axe secondaire AJ : celui du point D
sera en d sur l'axe secondaire DJ, et on aura ainsi en ad une image
virtuelle, droite et amoindrie. Dans tout autre cas, le même résultat
se reproduirait.

ACTION DES PRISMES. — On nomme *prisme* en optique un milieu transparent limité par deux plans qui forment un angle dièdre (fig. 261). Les prismes destinés aux expériences de physique sont ordinairement des morceaux de verre bien homogène, taillés en prismes triangulaires droits. On nomme *arête* l'intersection des deux faces de l'angle dièdre, et cet angle lui-même est l'angle réfringent. On appelle *section principale* une section perpendiculaire à l'arête : une section

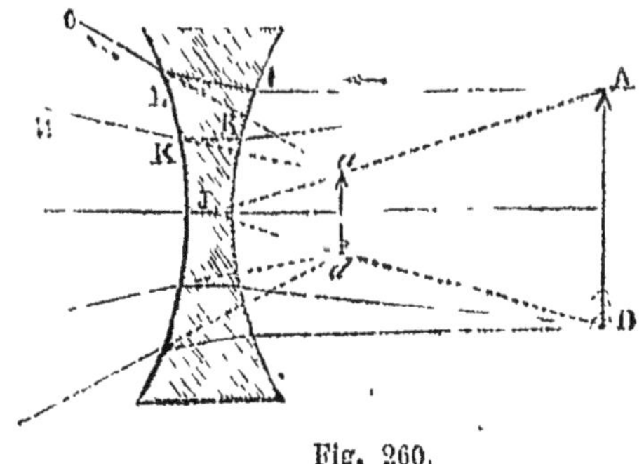

Fig. 260.   Fig. 261.

principale de l'arête est représentée par un point qu'on nomme le *sommet du prisme* : les parties opposées au sommet ou à l'arête sont désignées sous le nom de *base du prisme*. Ainsi, dans la figure 206, A est le sommet, BC est la base.

Les prismes exercent une double action sur les rayons lumineux : 1° ils les dévient; 2° ils les décomposent.

Déviation de la lumière dans les prismes. — 1° Les rayons lumineux qui traversent un prisme sont infléchis vers sa base ; de telle sorte que les objets vus à travers un prisme sont déplacés vers son sommet.

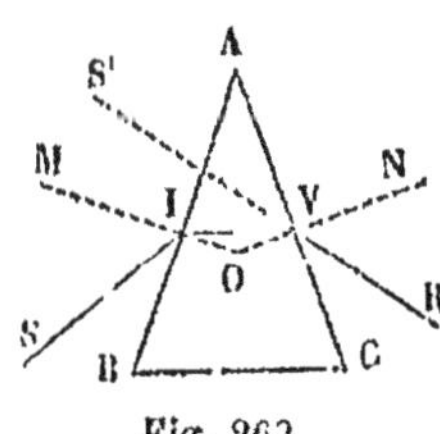

Fig. 262.

Une simple construction géométrique (fig. 262) fondée sur les lois de la réfraction, va mettre en évidence cette proposition. Le rayon incident **SI**, en pénétrant dans le prisme dont **ABC** est une section principale, est rapproché de la normale **MO**, et suit la direction **IV**.

Arrivé sur la face **AC**, il rentre dans l'atmosphère en éprouvant une nouvelle déviation qui l'éloigne de la normale **NO** et lui imprime une direction **VR**. Il suffit de comparer la première direction **SI** avec la seconde **VR** pour se convaincre que l'effet constant de ces deux réfractions est d'infléchir le rayon lumineux vers la base du prisme. Un observateur qui recevrait le rayon émergent **VR** apercevrait l'apparence du point **S** en **S'** : c'est ainsi que la déviation des rayons vers la base du prisme relève vers son sommet les images des objets que l'on voit à travers sa masse.

2° Parmi les rayons qui tombent sur une des faces de l'angle réfringent du prisme, il y en a qui peuvent rencontrer l'autre face sous un angle tel, qu'ils sont réfléchis dans l'intérieur du prisme et n'émergent pas par cette face.

On comprendra sans peine que tout rayon entré par la face AB, qui arrivera sur la face AC en formant avec la normale un angle plus grand que l'*angle limite*, subira la *réflexion totale* et ne sortira pas du prisme. Le nombre des rayons qui n'émergeront pas de la seconde face du prisme dépend du rapport qui existe entre l'*angle réfringent* du prisme et l'*angle limite* de sa substance, et en second lieu il dépend de l'inclinaison des rayons à l'incidence. On peut résumer ainsi les conditions de l'émergence des rayons hors d'un prisme :

Si l'angle réfringent est double de l'angle limite, quelle que soit la direction des rayons lumineux, il n'en émerge pas un seul.

Si ces deux angles sont égaux, tous les rayons qui seront tombés entre la direction de la normale et la base du prisme émergeront.

Si l'angle réfringent est plus petit que l'angle limite, il émergera de la seconde face, non-seulement les rayons tombés entre la normale et la base du prisme, mais aussi un certain nombre des rayons tombés entre cette normale et le sommet.

3° Les rayons émergents ont subi leur *déviation minima* quand l'angle d'émergence est égal à l'angle d'incidence.

On appelle *angle de déviation* l'angle formé par les prolongements du rayon incident SI (fig. 262) et du rayon émergent RV. En prolongeant ces deux rayons dans la section principale ABC, on obtiendra cet angle, qui atteint évidemment sa plus grande ouverture quand la déviation est à son minimum. Toutes ces propositions se démontrent surtout par le calcul : je me borne donc à les énoncer.

DÉCOMPOSITION DE LA LUMIÈRE. — Si dans une chambre obscure, par un orifice percé dans la paroi, on reçoit un faisceau de rayons solaires, il ira former sur un écran AB une image très-petite du soleil; ce sera un petit cercle lumineux en A, que l'on voit en I sur l'écran, dont AB est la coupe, et que l'on a supposé développé en MN. Mais si, sur le trajet du faisceau F, on place un prisme, l'image I disparaît, et l'on voit apparaître en SP une image oblongue formée de sept

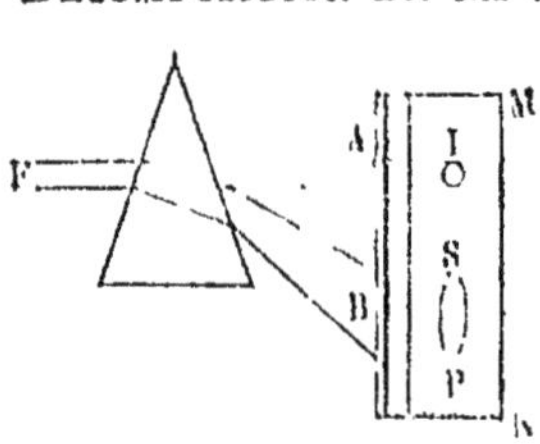

Fig. 263.

bandes brillamment colorées et placées, à partir de S, à l'extrémité la plus voisine de l'ancienne image, dans l'ordre suivant : *rouge, orangé, jaune, vert, bleu, indigo, violet.* On les énonce souvent dans l'ordre inverse, parce que ces sept mots forment alors un vers alexandrin que

Fig. 204.

la mémoire retient plus facilement : *violet, indigo, bleu, vert, jaune, orangé, rouge.* L'image SP oblongue et colorée, que donne le prisme, se nomme le *spectre solaire* (fig. 204), et les sept bandes sont les *sept couleurs* du spectre. Enfin, cette expérience célèbre est connue sous le nom de *décomposition de la lumière.* Le faisceau F, avant d'être décomposé, est formé de *lumière blanche,* et l'on désigne souvent sous le nom d'*image blanche* l'image naturelle I, qui se produit avant l'inter-position du prisme.

C'est au génie expérimentateur de Newton que sont dues nos connaissances sur la composition de la lumière blanche, et là tout est son œuvre, les expériences comme la théorie. Pour expli-quer la décomposition de la lumière, il admit trois principes que l'on peut formuler ainsi :

1º *La lumière blanche du soleil est composée de rayons colorés se rapportant à sept couleurs principales, dites couleurs élémentaires du spectre solaire.*

2º *Les rayons diversement colorés sont inégalement réfrangibles.*

3º *Les couleurs élémentaires sont simples, c'est-à-dire indécom-sables.*

Le prisme exerce sur la lumière une action facile à expliquer à l'aide de ces principes. Le faisceau de lumière blanche est dévié ; mais l'angle de déviation devient inégal pour les rayons de couleur différente, de telle sorte que chaque faisceau de même couleur forme son image séparément. Le spectre tout entier résulte de la juxtapo-sition de ces images diversement nuancées, qui, empiétant les unes sur les autres, se fondent de façon à ne laisser entre elles aucune délimitation bien nette. La figure 265 montre comment il faut concevoir cette constitution du spectre solaire : *v* est l'i-mage des rayons *violets* sur laquelle vient dé-border l'image *i* des rayons *indigos,* et ainsi des autres. Dans cette théorie, la couleur la moins réfrangible doit subir la moindre dévia-tion et se montrer toujours à l'extrémité du

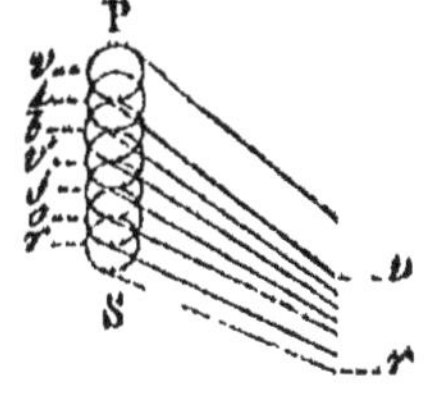

Fig. 265.

spectre la plus rapprochée du point qu'occupait l'image blanche avant l'interposition du prisme : c'est précisément ce qu'on observe à l'égard de la couleur *rouge* du spectre. Les rayons *rouges* sont donc les moins réfrangibles, tandis que les rayons *violets* subissent la déviation la plus forte.

Newton appuya sur un grand nombre d'expériences chacune des données de cette théorie. Le premier principe trouvait sa démonstration dans l'expérience même de la décomposition; le second trouve une première confirmation dans la forme allongée du spectre, comparée à la forme arrondie de l'image blanche, et dans la constitution qu'il paraît offrir. On peut s'assurer directement de l'inégale réfrangibilité des rayons. Ainsi, regardez à travers un prisme un carton noir portant une bande mince moitié *rouge* et moitié *violette*, vous verrez disjointes et inégalement relevées ces deux parties de la bande colorée; la rouge subit une plus faible déviation que l'autre. On doit encore à Newton *l'expérience des prismes croisés*. Ayant reçu le faisceau sur un prisme dont les arêtes sont placées horizontalement, vous obtiendrez un spectre vertical; mais sur le trajet du faisceau décomposé, si l'on dispose un second prisme dont les arêtes soient au contraire verticales, le spectre sera dévié du côté vers lequel est tournée la base du second prisme. Dans ce déplacement, si les faisceaux de diverses couleurs étaient également réfrangibles, le second spectre serait encore vertical comme le premier. Loin de là, il est très-manifestement oblique, et la bande rouge reste la plus rapprochée du premier spectre. Tout cela est conforme au principe énoncé. Les rayons de diverses couleurs sont diversement réfrangibles, et les rouges ont la plus faible réfrangibilité.

Rien de plus simple que de vérifier le troisième principe. Sur le trajet du faisceau coloré émergeant d'un prisme, placez un écran percé d'un petit trou, de manière qu'une seule couleur puisse y passer et que les autres soient interceptées. Derrière l'écran, disposez un second prisme pour recevoir ces rayons d'une même couleur; ils sont déviés, mais sans aucun changement de couleur, sans aucune trace de décomposition. Chacune des couleurs élémentaires doit donc être regardée comme simple.

RECOMPOSITION DE LA LUMIÈRE. — La théorie proposée par Newton reçut une éclatante confirmation des expériences célèbres où il *recomposa* la lumière *décomposée* par un prisme, c'est-à-dire qu'il obtint une image blanche en réunissant au même point les rayons colorés que le prisme avait séparés. Cette recomposition fut opérée de bien des manières.

1° *Par les prismes inverses.* — Sur le trajet du faisceau décomposé qui émerge d'un premier prisme, on place un second prisme de même angle (fig. 200), mais ayant sa base et son sommet tournés en sens inverse. L'action du second devient inverse de celle du premier, et les rayons réunis de nouveau forment un faisceau de lumière blanche parallèle au faisceau F qu'avait reçu le premier prisme : il

Fig. 206.

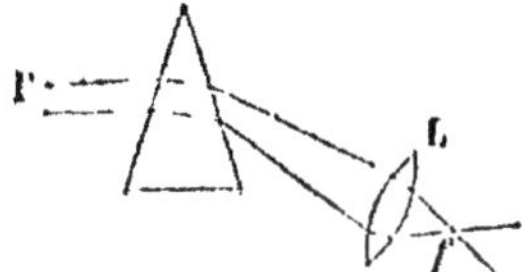

Fig. 207.

n'y a plus de spectre *sp*, mais en *i* une image parfaitement blanche, résultant de la recomposition de la lumière.

2º *Par une lentille convergente.* — Une lentille biconvexe L (fig. 207), placée sur le chemin du faisceau coloré, perpendiculairement à sa direction, réunira les rayons à son foyer *f* et les recomposera en une image presque entièrement blanche, que l'on pourra recevoir sur un écran de verre dépoli. La légère coloration des bords tient à ce que les rayons de diverses couleurs étant inégalement réfrangibles, ne forment pas leur foyer exactement au même point.

3º *Par un miroir concave.* — Le spectre dirigé sur un miroir concave MR (fig. 208) donnera aussi à son foyer *f* une image blanche par la réunion des rayons colorés qu'avait séparés le prisme. En *sp* sera un premier spectre; en *f*, on recevrait l'image blanche sur un écran translucide; en *s'p'*, les rayons séparés de nouveau produiraient un second spectre, mais renversé par rapport au premier.

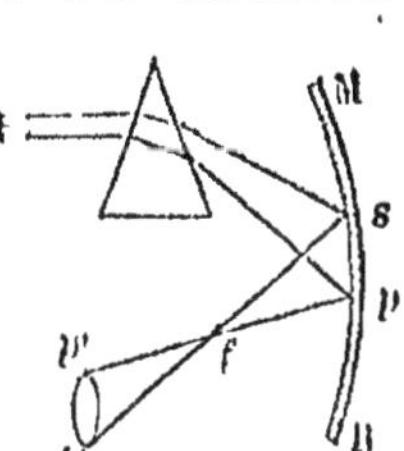

Fig. 208.

Une expérience plus simple vint se joindre à toutes celles-ci : Newton composa de la lumière blanche avec des couleurs artificielles. Sur un disque de carton noir mobile autour d'un axe fixe, il colla des bandes rayonnantes des sept couleurs du spectre, et en reproduisant plusieurs fois la série. Si l'on imprime à ce disque un vif mouvement de rotation, la durée de l'impression lumineuse sur notre œil est assez grande pour nous faire percevoir simultanément les diverses couleurs du disque, et la sensation qui en résulte est celle d'une bande circulaire toute blanche.

La théorie de Newton, ainsi démontrée, fut acceptée sans peine, et nous donna une idée plus nette de la production des couleurs. J'ai dit autre part que les objets réfléchissent en tous sens de la lumière, et ces rayons reçus par nos yeux nous font apercevoir les corps qui nous entourent. Mais il est clair maintenant que leur coloration tient à la propriété qu'ils ont de réfléchir vers nous tels ou tels des rayons colorés dont se compose la lumière blanche. Ainsi les objets verts absorbent presque tous les rayons élémentaires de la lumière blanche, à l'exception des rayons verts qu'ils nous renvoient, et ainsi des autres couleurs.

La lumière solaire n'est pas d'ailleurs seule colorée, toutes les autres lumières présentent des phénomènes analogues : toutes donnent un spectre, mais avec des différences parfaitement caractéristiques.

RÉSUMÉ DU CHAPITRE XXIII.

RÉFRACTION.

La réfraction est la déviation que subissent les rayons lumineux en passant d'un milieu dans un autre. — Angle de réfraction. — Réfringence des milieux.

Lois de la réfraction. — 1º Le rayon réfracté est dans le plan de la normale et du rayon incident.

2º Il y a pour deux mêmes milieux un rapport constant entre le sinus de l'angle d'incidence et celui de l'angle de réfraction. — Indice de réfraction.

Démonstration expérimentale de ces lois.

Principaux phénomènes produits par la réfraction. — Bâton brisé. — Déformation du fond des vases. — Mirage. — Déplacement des astres.

EFFETS DES LENTILLES.

Lentilles convergentes. — Divergentes.

Lentilles biconvexes. — Foyer principal.

1º Il y a un *foyer réel* quand le point lumineux est au delà du foyer principal.

2º Il y a un *foyer virtuel* quand le point est entre le foyer principal et la lentille.

Formation des images dans les lentilles biconvexes.

1º L'image d'un objet placé au delà du foyer principal est *réelle, renversée et de grandeur variable.*

2º L'image d'un objet placé entre le foyer et la lentille est *virtuelle, droite et amplifiée.* — Verres grossissants.

Les lentilles biconcaves donnent toujours des foyers *virtuels.* — Les images sont *virtuelles, doites et rapetissées.*

EFFETS DES PRISMES.

1º Déviation. — Les rayons lumineux sont infléchis vers la base du prisme. — Conditions d'émergence. — Déviation minima. — Angle de déviation.

2º Décomposition de la lumière. — Expériences de Newton. — Spectre solaire.

Les couleurs différentes du spectre sont simples et inégalement réfrangibles.

Recomposition de la lumière. — 1º Par les prismes inverses. — 2º Par la lentille biconvexe. — 3º Par le miroir concave. — Disque coloré de Newton.

CHAPITRE XXIV.

INSTRUMENTS D'OPTIQUE LES PLUS SIMPLES. — VISION.

DESCRIPTION DES INSTRUMENTS D'OPTIQUE LES PLUS SIMPLES. — Les instruments d'optique ont en général pour but de nous donner les images des objets modifiées dans leurs dimensions. Les uns amplifient les petits objets placés près de nous; ce sont les véritables *instruments grossissants,* la loupe, le microscope. Les autres nous donnent des objets éloignés, une image plus grande que nous ne devrions l'avoir par suite de la distance : ils servent à *rapprocher* ces objets, comme les lunettes de divers modèles, les télescopes. Il en est enfin qui, comme la chambre noire, nous donnent une image amoindrie d'un ensemble d'objets placés autour de nous. Ces instruments doivent leurs propriétés à l'emploi des lentilles convergentes ou divergentes combiné avec celui des miroirs et des prismes. Chaque fois que leur action sur la lumière ne se présentera pas à l'esprit des élèves avec toute la clarté désirable, c'est aux effets des lentilles, des prismes et des miroirs qu'ils devront se reporter.

CHAMBRE NOIRE. — On nomme *chambre noire* ou *chambre obscure* un appareil formé d'un espace obscur où la lumière ne peut pénétrer que par une ouverture étroite. Le faisceau de lumière qui entre dans la chambre noire, est réfléchi par les objets placés au dehors dans le champ de l'ouverture. Il va frapper la paroi de la chambre opposée à l'orifice, et il suffit d'y placer un écran blanc ou de verre dépoli pour y recevoir une image réelle des objets avec leurs couleurs naturelles. Les rayons qui sont entrés suivant une direction perpendiculaire au plan de l'ouverture vont frapper l'écran en face d'elle; mais les rayons obliques se croisent dans l'orifice en le franchissant. Ainsi, venus du haut d'un arbre ils pénètrent dans l'appareil obliquement de haut en bas, et vont former leur image dans la partie inférieure de l'écran, tandis que ceux qui se sont réfléchis sur le sol traversent l'ouverture dans une direction opposée, et arrivent dans la partie supérieure de l'écran. Voilà pourquoi l'image qu'on obtient est renversée. Enfin, comme les objets sont toujours plus éloignés de l'orifice que le fond de la chambre, l'image sera plus petite que les objets eux-mêmes. Ainsi, dans une chambre hermétiquement fermée à l'exception d'un petit orifice, vous recevrez sur un écran une image en miniature d'un paysage placé devant cet orifice. Pour employer la chambre noire comme instrument d'optique, on lui a donné de petites dimensions et des formes variées : mais en même temps on a introduit dans l'orifice une lentille convergente qui va former son image sur l'écran placé à une distance convenable.

Dans le daguerréotype la chambre noire a une forme très-simple; c'est une caisse cubique portant sur une de ses faces un tube muni d'une lentille, c'est l'*objectif* qui reçoit les rayons venus des objets : la paroi opposée de la boîte est un écran en verre dépoli auquel on peut substituer à volonté la plaque daguerrienne. Une coulisse permet d'éloigner cet écran de l'objectif de manière à choisir la distance qui donne l'image la plus nette.

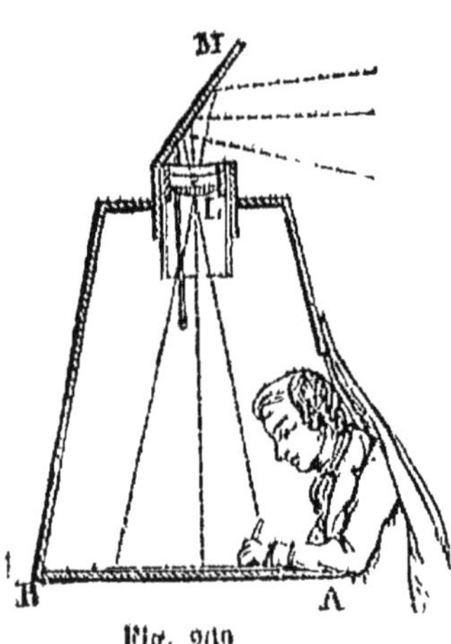

Fig. 200.

L'usage le plus spécial de la chambre noire est la reproduction rapide et exacte d'un ensemble d'objets. La figure 200 montre par une coupe la forme qu'on lui donne alors le plus habituellement. C'est une boîte close dans laquelle peut s'introduire partiellement un dessinateur qui ferme au moyen d'un rideau noir tout accès à la lumière. Le plancher supérieur de cette boîte est percé d'une ouverture disposée pour recevoir les rayons lumineux qu'y amène par réflexion un miroir M dont l'inclinaison peut varier à volonté. Dans cette ouverture tubulaire est une lentille convergente. Le foyer va se former sur le fond **AB** qui est un écran de verre dépoli. On y dispose une feuille de papier végétal, et le dessin est un véritable décalque de l'image. Il faut évidemment que l'écran soit placé à la distance focale de la lentille. On a d'ailleurs beaucoup varié la disposition de cet appareil; celui-ci suffit pour en donner une idée. Souvent on remplace le miroir et la lentille par un prisme (fig. 270) placé dans un étui de laiton ouvert latéralement. Ce prisme a une face convexe, une concave et la troisième plane. Les deux faces courbes sont combinées de façon que leurs deux réfractions produisent l'effet de la lentille; quant à la face plane elle forme avec celle qui reçoit les rayons un angle réfringent assez grand pour que les rayons venus de ab y subissent une réflexion totale, et se dirigent vers $a'b'$ où ils donnent l'image.

LOUPE. — La *loupe* ou *microscope simple* est le moins compliqué de tous les instruments d'optique. Il est destiné à amplifier l'image des petits objets. C'est une lentille convergente que l'on place devant l'œil pour apercevoir l'image virtuelle d'un objet situé de l'autre côté de la lentille L (fig. 271), entre elle et son foyer principal F. En parlant des effets des lentilles convergentes, j'ai expliqué leur emploi comme verres grossissants. La *loupe* donne donc une image virtuelle droite et amplifiée. J'ai déjà dit que le grossissement dépend de la

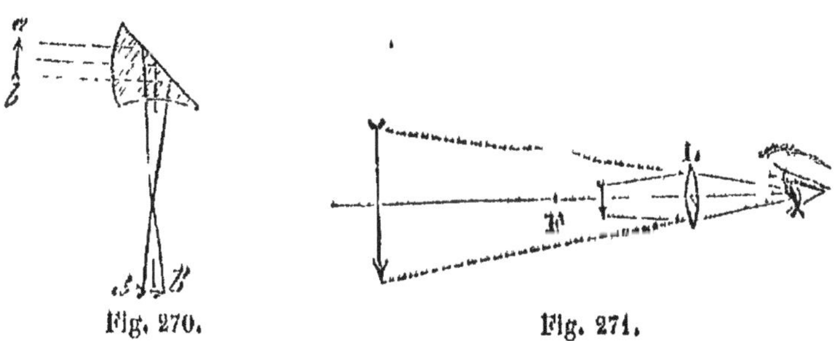

Fig. 270.   Fig. 271.

convexité de la lentille, et de la position de l'objet par rapport au foyer (*voir*, ch. xxiii, *lentilles convergentes*). La lentille est entourée d'une garniture en corne ou en cuivre; on peut aussi lui ajouter un support qui permette de s'en servir sans la soutenir avec la main. Le microscope simple de Raspail est un appareil de ce genre. On ne peut, avec un tel instrument, obtenir un grossissement net au delà de 110 à 120 fois en diamètre, de 10,000 à 15,000 fois en surface.

MICROSCOPE COMPOSÉ — Le microscope composé est, comme l'in-

dique son nom, un perfectionnement de l'instrument que nous venons
d'étudier. Il parvient à faire voir les petits objets sous des grossissements bien plus considérables, et qui peuvent aller jusqu'à 700 et 800
fois en diamètre sans que la netteté des contours soit altérée. La

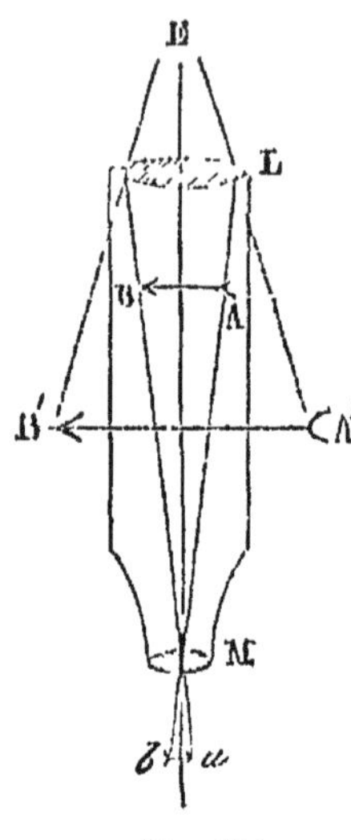

Fig. 272.

figure 272 montre la disposition des lentilles
dans le microscope composé. Un objet *a b* est
placé au delà et très-près du foyer de la lentille *objectif* M : nous connaissons assez les
effets des lentilles pour savoir qu'il formera
quelque part en AB une image réelle, renversée. Comme *a b* est très-près du foyer, l'image
AB sera même notablement amplifiée. La seconde lentille L ou l'*oculaire*, est à une distance de l'objectif M assez grande pour que
l'image tombe toujours entre l'oculaire et son
foyer. Les rayons qui ont formé l'image AB
en poursuivant leur route traversent l'*oculaire*
L. Leurs directions deviennent convergentes,
et l'œil placé en E verra une image virtuelle
A'B' de l'image AB. Cette seconde image sera
droite et amplifiée par rapport à la première.
Ainsi l'objectif et l'oculaire auront amplifié
chacun l'image de l'objet *a b*, et on s'explique la puissance de l'instrument. Son action peut se résumer en quelques mots. On regarde avec
une loupe L l'image déjà amplifiée que produit l'objectif M. Il est
clair en effet que l'oculaire fonctionne comme une loupe, tandis que
l'objectif produit l'image qu'on observe avec un verre grossissant.
Dans les microscopes composés l'oculaire n'est plus formé d'un seul
verre, mais d'un système de deux lentilles convergentes. L'objectif
est aussi le plus souvent composé de deux à trois lentilles convergentes, très-petites et d'une courbure très-forte.

La construction des microscopes est un art très-délicat : plusieurs
constructeurs y ont acquis une juste renommée. On doit citer à Paris
Ch. Chevalier, Georges Oberhauser, Nachet. La figure 273 représente une coupe du microscope construit en Italie par Amici, et perfectionné par Ch. Chevalier. Les deux verres A et I composent l'objectif : le second, nommé *oculaire de Campani*, rassemble les rayons,
et ajoute à la netteté de l'image en même temps qu'il la rapetisse un
peu et élargit le champ de l'instrument. Le prisme rectangle L dirige
par réflexion totale les rayons venus de l'objectif O vers l'oculaire A.
Cet objectif est formé de deux ou trois lentilles mesurant 8 à 9 millimètres de distance focale : les effets de ces lentilles s'ajoutent de ma-

nière à produire de plus forts grossissements. Dans le tube qui est noirci intérieurement, sont disposés des écrans J, a, l, qui arrêtent les rayons trop obliques. L'objet que l'on observe est placé sur une platine percée en c : s'il est opaque on le verra *par réflexion*, et la

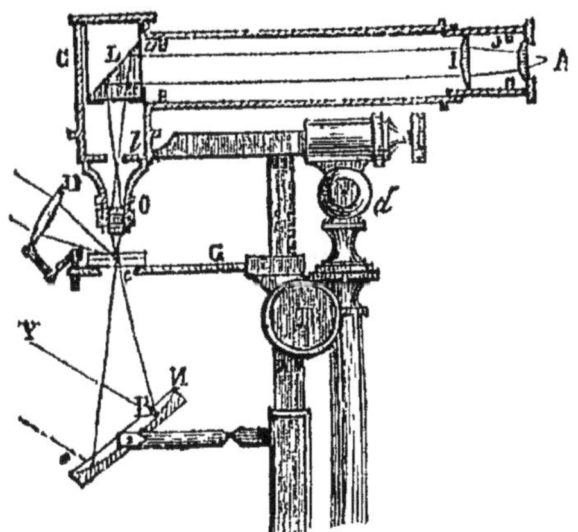

Fig. 273.

lentille convergente D servira à l'éclairer : s'il est transparent, il sera vu *par réfraction*, et le miroir concave N concentrera sur lui la lumière. Une vis D fait varier la position relative de l'objet en élevant ou abaissant la platine G sur laquelle il repose. Le microscope a conquis par ses nombreux services une célébrité assez grande pour qu'il soit inutile de rappeler les découvertes dont il a été l'instrument.

LUNETTE DE GALILÉE. — Les *lunettes* sont des instruments d'amplification destinés à rapprocher les objets lointains en augmentant

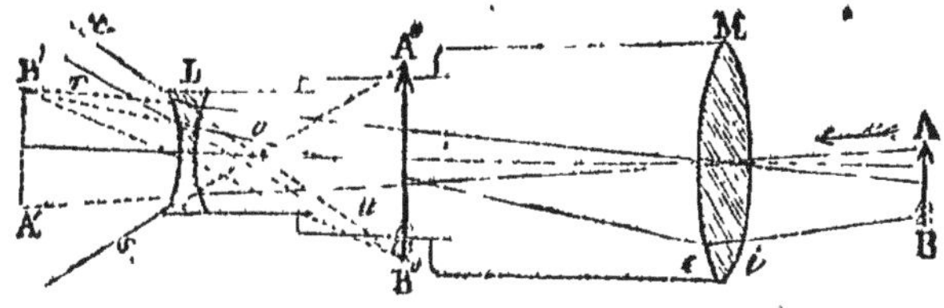

Fig. 274.

leurs images. La plus ancienne et la plus simple est la *lunette de Galilée* ou *lunette de spectacle*. Elle a pour objectif une lentille convergente M (fig. 274), et pour objectif oculaire une lentille divergente L. Supposons un objet AB placé devant la lunette au delà du foyer de son objectif : si cette lentille agissait seule sur la marche des rayons lumineux, elle produirait en B'A' une image réelle, renversée ; mais, avant que sur les axes secondaires, tels que Bo ou Au, les rayons aient formé leurs foyers réels, ils rencontrent la lentille divergente L. Leur direction change, ils s'écartent chacun de l'axe secondaire B'B'' par exemple, et donnent, conformément aux propriétés des lentilles divergentes, une image virtuelle. En prolongeant l'axe secondaire x, il est rencontré en B'' par le rayon r prolongé : en B'' sera donc l'image du point B : de même le point A aura son image en A''. En résumé donc l'objectif M envoie converger vers l'oculaire L des rayons qui divergent après avoir traversé l'oculaire, et donnent une image virtuelle, droite et amplifiée. L'objet étant assez éloigné, l'image est amplifiée seulement par rapport aux dimensions que la distance avait réduites. Cette amplification de l'image nous donne l'apparence d'un rapprochement de l'objet. Les *jumelles* sont simplement un couple de lunettes de Galilée.

La lunette de Galilée servit, entre les mains de son auteur, aux premières découvertes astronomiques que nous aient données les instruments d'optique. Il vit avec elles les montagnes de la lune, les taches du soleil, les satellites de Jupiter.

LUNETTE ASTRONOMIQUE. — La lunette astronomique, destinée à l'observation des astres, se compose (fig. 275) de deux lentilles convergentes. C'est un instrument très-analogue au microscope, sauf qu'ici l'objectif est beaucoup plus grand que l'oculaire ; dans le microscope, c'est l'inverse, mais la marche des rayons lumineux est la même.

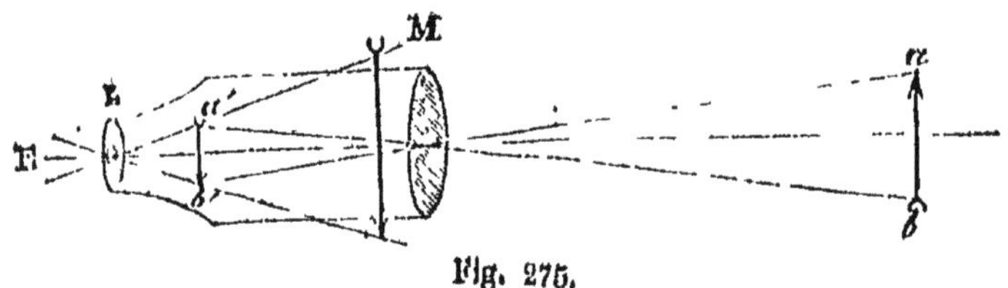

Fig. 275.

L'objectif M produit en $a'b'$, à son foyer principal, mais entre la lentille L et le foyer de celle-ci, une image réelle et renversée de l'objet ab. Cette image est vue à travers l'oculaire, qui en reproduit une seconde de même sens que la première, mais beaucoup plus grande. Ici, contrairement à ce que j'ai indiqué à propos du microscope, l'objet étant toujours extrêmement éloigné, sinon à une distance infinie ; l'image $a'b'$ est très-petite, et c'est l'oculaire seul qui donne le grossissement.

Il ne dépasse pas 1000 à 1200 fois la grandeur apparente de l'objet. La figure 276 montre une lunette astronomique sur son pied. Au-dessus est disposée une petite lunette destinée à chercher l'astre vers lequel on veut diriger l'instrument; c'est ce qu'on nomme le *cher-cheur*. Une fois la direction trouvée, on y applique l'œil et on achève de lui donner la position la plus convenable.

La *lunette terrestre* ou *longue vue* est une lunette construite comme la lunette astronomique : mais entre l'oculaire et l'objectif elle contient de plus deux lentilles convergentes qui redressent les

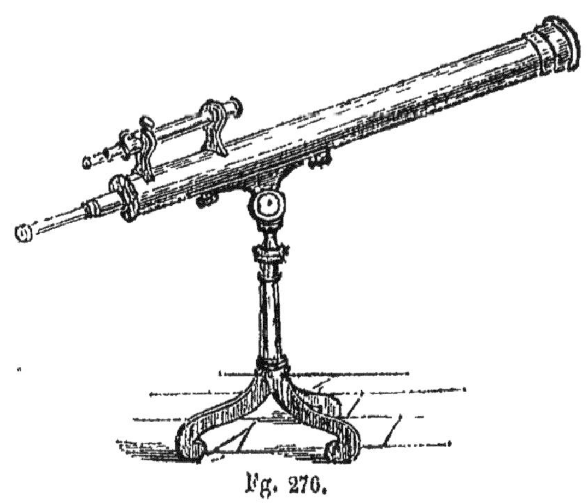

Fig. 276.

images. La lunette astronomique les donne renversées, cela n'a aucun inconvénient; il n'en est plus de même pour la longue-vue : voilà pourquoi ces deux nouvelles lentilles convergentes y ont été ajoutées.

TÉLESCOPE DE NEWTON. — Les *télescopes* sont encore destinés à observer les astres; mais on donne maintenant ce nom à des instruments où les effets de la réfraction sont combinés avec ceux de la réflexion. Le télescope de Newton va nous montrer un exemple de l'application de ces principes. L'instrument est disposé pour former par réflexion une image bien nette de l'astre; on l'amène ensuite sous une lentille convergente qui amplifie cette image.

Le *télescope de Newton* (fig. 277) se compose d'un grand tube métallique tournant vers le ciel son extrémité ouverte, tandis que l'autre est bouchée et porte un miroir concave L. Les rayons lumineux arrivent parallèlement à l'axe AL du télescope et sont réfléchis vers le foyer du miroir concave; mais avant d'y arriver ils rencontrent un miroir plan de forme elliptique, incliné à 45° sur l'axe du télescope, et qui

renvoie les rayons perpendiculairement à leur direction générale,
former leur image réelle et renversée en *ab*, dans un petit tube latéral *l*. Ce tube est muni d'une lentille convergente placée de façon que
l'image *ab* se forme entre cet oculaire et son foyer principal. Ainsi
placée, l'image *ab*, vue à travers la lentille, donnera, comme nous
l'avons dans le microscope et la lunette astronomique, une image
virtuelle *a'b'*, de même sens que *ab*, mais amplifiée. Cette image est

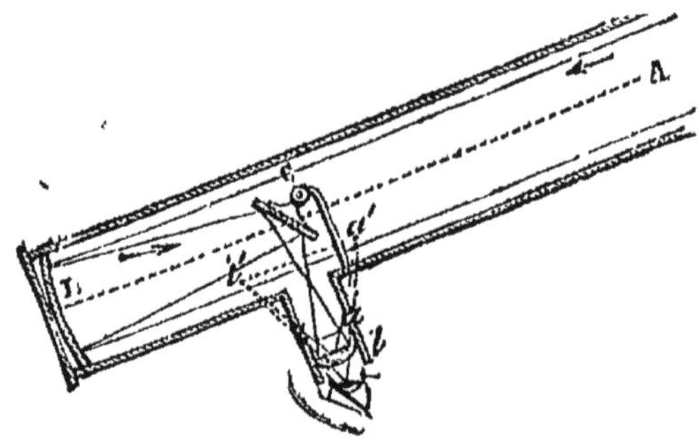

Fig. 277.

renversée, puisque la première l'était déjà. Telle est la disposition du
télescope de Newton. C'est un instrument volumineux et assez difficile
à manier : on le place sur un pied à roulette, un mécanisme à engre-
nage permet de lui donner l'obliquité que l'on veut, tandis qu'à l'aide
d'une coulisse en arc de cercle, on peut le faire tourner pour changer
le plan vertical suivant lequel le tube est dirigé.

Deux autres télescopes construits, l'un par Grégory, l'autre par
Herschell, n'offrent avec celui de Newton que des différences de disposition destinées à en rendre l'usage plus facile. Du reste, les lunettes
que l'on construit aujourd'hui ont assez de perfection pour que les
télescopes à réflexion soient fort peu employés.

CHAMBRE CLAIRE. — La *chambre claire*, nommée ainsi de l'italien
camera lucida, est un appareil à prisme, au moyen duquel on peut
obtenir un tracé exact, une sorte de décalque d'un objet ou d'un
paysage. On en doit l'invention à Wollaston (1804) ; son petit instrument consiste en un prisme de verre à 4 faces, dont deux sont à angle
droit l'une sur l'autre, tandis que l'angle dièdre opposé à cet angle
droit est très-obtus. Dans cette disposition, les rayons lumineux qui
pénètrent par l'une des faces de l'angle dièdre droit subissent la réflexion totale sur les deux faces de l'angle dièdre obtus du prisme. Si
donc un observateur place son œil au bord d'une des faces de l'angle
droit, il apercevra, par suite de la réflexion des rayons, les objets

placés devant l'autre face de l'angle droit, mais il les verra horizontalement au-dessous de l'arête, sur le bord de laquelle l'œil est placé, et
il pourra les retracer sur un papier disposé à cet effet.

MICROSCOPE SOLAIRE. — Dans le volet d'une pièce hermétiquement
fermée d'ailleurs, on place un tube de laiton muni, à l'extrémité qui
regarde au dehors de la pièce, d'une lentille à long foyer, dans l'axe
de laquelle un miroir ou un héliostat amène les rayons du soleil. Ces
rayons rencontrent, à l'autre extrémité du tube en laiton, une petite
lentille à court foyer. Ces deux lentilles biconvexes forment un système
convergent qui réunit les rayons vers un diaphragme placé à la suite
de la seconde lentille; c'est un *appareil d'éclairage*. Derrière l'orifice
de ce diaphragme est placé un objectif achromatique formé d'une seule
ou de plusieurs lentilles biconvexes à court foyer, et par conséquent à
fort grossissement; ceci constitue *l'appareil amplifiant*, le véritable
microscope. Entre le diaphragme et l'appareil d'éclairage, on peut fixer
le petit objet translucide que les lentilles grossissantes placées à la
suite de l'objet et du diaphragme vont reproduire en grandes dimensions sur un écran placé vis-à-vis du microscope solaire dans la pièce
obscure. C'est une image réelle recueillie sur l'écran.

VISION. — Les notions d'optique exposées dans les chapitres qui
viennent d'être lus permettent de comprendre un peu quels phénomènes se passent dans l'œil pour former les impressions des objets
que nous voyons.

L'œil est essentiellement formé d'une membrane nerveuse impressionnable à la lumière, la rétine, et de milieux transparents placés
devant elle pour modifier convenablement la marche des rayons lumineux. La rétine, le cristallin et le corps vitré sont d'ailleurs enveloppés par la choroïde et la sclérotique qui constituent autour d'eux une
véritable chambre noire. Imaginons un corps placé devant l'œil et lui
envoyant soit sa propre lumière, soit de la lumière réfléchie, comme
cela se passe le plus communément. Aucun rayon ne pénétrera dans
l'œil s'il ne tombe pas sur la cornée transparente. Mais parmi ceux qui
rencontreront ce premier milieu transparent, les uns serviront à la
vision, les autres seront éliminés : tous cependant subiront un changement de direction, une réfraction. Il est facile, avec les plus simples
notions d'optique, de comprendre que la convexité de la cornée a
pour effet de disposer à la convergence les rayons plus ou moins divergents qui pénètrent dans sa substance. Cette déviation des rayons
lumineux se détruirait si, au sortir de la cornée, ils cheminaient dans
un milieu aussi peu réfringent que l'air; mais l'humeur aqueuse a un
pouvoir réfringent considérable et peu inférieur à celui de la cornée
elle-même, et maintient ainsi la plus grande partie de la déviation

imprimée par la cornée. D'après Brewster, le pouvoir réfringent de
la cornée serait, par rapport à celui de l'air, de 1,386, et celui de l'humeur aqueuse de 1,337. En un mot, la cornée et l'humeur aqueuse
forment un premier système convergent qui réunit et dirige vers l'iris,
et surtout vers la pupille, les rayons incidents reçus par la cornée.
C'est dans ce pinceau de rayons que l'iris sépare les plus centraux
que leur direction rend aptes à produire une vision distincte. Ce diaphragme membraneux réfléchit, en effet, tous les rayons tombés sur
lui-même, et laisse pénétrer plus avant dans l'œil ceux-là seulement
qui sont dans le champ de l'ouverture pupillaire. En la franchissant,
ils pénètrent dans la chambre postérieure de l'œil, où déjà le pigment
noir absorbe et éteint tous ceux qu'une direction trop oblique enver-
rait se réfléchir contre les parois de cette chambre. En face de l'ouverture pupillaire est le cristallin qui reçoit ainsi tout un faisceau
choisi de rayons lumineux. Ce milieu lenticulaire biconvexe est un
instrument de convergence parfaitement comparable, dans sa forme et
ses effets généraux, aux verres biconvexes de nos instruments d'optique. Doué d'un pouvoir réfringent que Brewster a évalué à 1,384
(celui de l'air étant 1,000), le cristallin fait converger vers l'axe de
l'œil les rayons déjà réunis par la cornée et l'humeur aqueuse. Cette
convergence est complétée par l'action du corps vitré qui, moins
réfringent que le cristallin (1,339), exerce une influence analogue à
celle de l'air sur les rayons lumineux qui sortent de nos lentilles op-
tiques. Il se formera donc un foyer comme avec ces appareils de convergence; seulement l'humeur vitrée étant pour sa réfringence un milieu moins différent du cristallin que l'air ne l'est par rapport au verre,
le foyer se forme à une distance un peu plus grande derrière le cristallin, que si les circonstances se rapprochaient plus des conditions de
nos instruments d'optique. Quoi qu'il en soit, déviés vers la convergence depuis la cornée jusqu'à la rétine, les rayons lumineux viennent
agir sur cette membrane, et y produisent des impressions *nettes*, parce
que la formation des foyers sur la rétine a pour résultat que tous les
rayons émanés d'un même point de l'objet, et qui parviennent sur cet
écran nerveux, le frappent en un même point au lieu d'être dispersés
comme ils le seraient sur tout autre point du trajet de la lumière. En
même temps que la netteté résulte de cette action des milieux de l'œil,
l'impression lumineuse y gagne aussi en intensité, puisque bon nombre de rayons qui eussent été perdus pour la rétine y sont ramenés
par l'action convergente de ces corps diaphanes.

Pour se faire une idée simple de la marche des rayons lumineux
dans l'œil, il suffit d'expliquer la figure ci-jointe.

Soit un objet *ab*; de chacun de ses points menons des axes secondaires *aa'*, *bb'*. Dès lors, tous les rayons qui, partis du point *a*, traversent les milieux de l'œil, viennent former leur foyer en *a'* sur la rétine, de même les rayons partis du point *b* le font en *b'*, et ainsi des

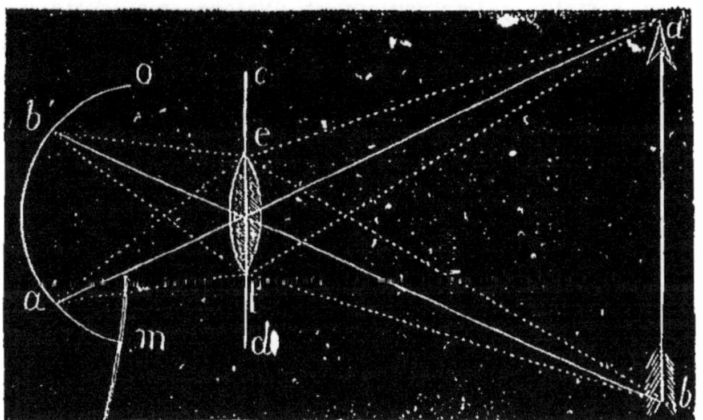

Fig. 278. — Formation des images au fond de l'œil [1].

autres points. Les notions les plus simples d'optique suffisent pour comprendre ces indications générales. Mais une difficulté se présente ici : de cette théorie même il résulte que les foyers sont disposés de façon à donner sur la rétine une image de sens inverse à celui des objets, renversée, par exemple, pour les objets droits. Un pareil résultat serait de nature à faire douter que la marche des rayons lumineux soit bien celle que je viens d'indiquer. On a donc cherché à le constater par expérience : si l'on prend un œil de bœuf ou de lapin, encore bien frais, et qu'après avoir suffisamment aminci la partie postérieure de la sclérotique pour la rendre à peu près transparente, on adapte l'œil ainsi préparé à l'orifice d'une chambre noire, on voit alors nettement se former des images inverses en direction aux objets qu'elles représentent. Plusieurs autres observations du même genre ont aujourd'hui mis ce fait hors de doute, et confirmé les déductions des principes fondamentaux de l'optique appliqués aux fonctions de l'œil.

Ce fait lui-même crée une difficulté nouvelle dans l'explication des phénomènes de la vision ; si la rétine reçoit une image renversée, comment voyons-nous les objets dans leur position réelle? Cette question embarrassante n'a encore reçu aucune solution, malgré tous les efforts des physiologistes. Quelques-uns ont invoqué l'éducation du sens de la vue et la rectification de nos jugements à l'aide des autres sens. J. Müller et après lui Volkmann ont pensé que tout en étant renversés, les objets conservaient leurs rapports, et le renversement devenait inappréciable; qu'en un mot, le sens *droit* et *renversé* n'existait que lorsque certains objets seulement avaient changé de direction, les autres demeurant immobiles. On a dit aussi, avec raison sans doute, que la rétine ne voyait pas l'image des objets, mais les objets eux-mêmes; c'est-à-dire que la lumière impressionnait cette membrane de manière à faire apprécier sa direction aussi bien que ses autres qualités; que, par conséquent, l'impression lumineuse est rapportée à l'objet, et non au point de la rétine où elle se produit.

Quoi qu'il en soit de ce problème relatif au mécanisme de l'impression lumineuse, on a conservé l'habitude de désigner sous le nom d'*image* la série des points de la rétine que la lumière impressionne. L'impression est d'autant plus nette que les rayons émanés d'un point de l'objet frappent un seul et même point de la membrane nerveuse; on désigne cette condition de la vision précise sous le nom de *netteté* ou *clarté de l'image*. Cette netteté est d'autant plus grande que *la rétine est plus exactement à la distance focale* des milieux réfringents de l'œil. Il faut en outre une *quantité convenable de lumière;* la mobilité de l'orifice pupillaire a pour but de réaliser cette condition. Trop de lumière éblouit et rend la vue douloureuse et confuse; celle-ci perd également toute netteté par défaut d'intensité lumineuse. Aussi voit-on au grand jour la pupille se resserrer considérablement pour diminuer la quantité des rayons lumineux qui pénètrent dans l'œil; tandis que dans les lieux obscurs ou peu éclairés, la pupille se dilate énormément.

Il est certaines propriétés de l'œil que nous ne pouvons expliquer, ni par conséquent imiter dans nos instruments. D'abord son aptitude à former sur la rétine une *image distincte des objets, à quelque distance de nous qu'ils soient placés.* Il n'en est pas de même de nos lunettes, et l'on sait que pour les adapter à des distances très-différentes il faut en faire varier très-notablement les dimensions. L'œil est bien plus parfait sous ce rapport, et jusqu'à présent nous ne pouvons donner aucune théorie précise de cette merveilleuse propriété. Une autre perfection de ce même organe n'a pas moins fixé l'attention, c'est son *achromatisme.* Les lentilles ne donnent d'image à peu près blanche que lorsqu'on reçoit les images précisément à la distance focale; dans l'œil humain, toutes les images à peu près sont dépourvues de ces franges colorées que montrent les images formées par les lentilles ailleurs qu'à leur foyer. Cet achromatisme a pour cause la diversité des milieux de l'œil et les relations de leurs formes extérieures.

Le concours des deux yeux dans la vision mérite aussi d'être considéré à part et commenté en quelques mots. D'après ce que j'ai dit de la marche des rayons lumineux à travers les milieux de l'œil, il est clair que les rayons les plus rapprochés de l'axe de l'œil, c'est-à-dire de la ligne qui joint le centre de la pupille au centre du globe oculaire, sont aussi ceux qui impressionnent le plus nettement la rétine. Lorsqu'on regarde avec les deux yeux, chacun d'eux fait percevoir une image un peu différente dans ses contours, mais représentant un même objet; il faut donc que les axes des deux yeux aillent converger sur l'objet que l'on regarde. On a pensé que les variations mêmes de l'angle que devaient former ces deux axes nous permettaient, par les diverses positions de l'œil, de juger relativement les distances de divers corps. On conçoit, en effet, que l'angle des deux axes visuels étant plus ouvert pour un objet rapproché que pour un objet éloigné, nous ayons conscience d'une modification dans la position des yeux l'un par rapport à l'autre, et nous en tirions une notion comparative de la distance. Une autre conséquence de l'emploi des deux yeux dans la vision paraît être une plus exacte perception du relief des objets. Tout le monde a mis les yeux devant ce curieux instrument nommé le *stéréoscope*, dans lequel une double image des mêmes objets, prise sous un angle égal à celui des deux axes visuels des yeux d'un spectateur, nous donne la sensation d'une seule et même vue, avec des reliefs extrêmement sensibles.

Je ne terminerai pas ces simples notions sur la vision sans dire un mot de deux défauts très-ordinaires que l'on a lieu d'y constater : je veux parler de la *myopie* ou *vue basse,* et du *presbytisme* ou *vue longue.* Ces deux défauts résultent de ce qu'une des conditions de la netteté des images n'est pas remplie, de ce que le foyer des rayons réfractés par les milieux de l'œil ne se forme pas sur la rétine, mais en avant ou en arrière de ce rideau visuel. Chez les *myopes,* par suite d'un excès de courbure ou d'une imperfection dans les relations des densités des corps transparents de l'œil, cet appareil possède un *pouvoir convergent trop énergique,* et son foyer tombe en avant du fond de l'œil. On rend la vision nette en rapprochant les objets de l'œil ou en les regardant à travers une lentille biconcave. Dans les deux cas, on envoie sur la cornée des rayons plus divergents, et l'on recule ainsi le foyer jusque sur la rétine. Les *presbytes* offrent un défaut inverse; l'œil a trop peu de pouvoir convergent, et ne fait voir nettement que les objets éloignés, parce que leurs rayons arrivent avec une très-faible divergence. On peut encore obtenir une bonne disposition des rayons incidents en plaçant au-devant de l'œil des lunettes à verres biconvexes. L'action convergente de ces verres s'ajoute à celle des milieux de l'œil et la complète; le foyer est alors assez rapproché pour venir tomber sur la rétine.

RÉSUMÉ DU CHAPITRE XXIV.

INSTRUMENTS D'OPTIQUE.

La *chambre noire* a pour but d'obtenir sur un écran l'image réduite des objets extérieurs. — Chambre noire du daguerréotype. — Chambre noire à dessiner.

La *loupe* et le *microscope composé* servent à amplifier les petits objets. — La *loupe* ne contient qu'un seul verre convergent, ses images sont droites. — Dans le *microscope*, l'objectif et l'oculaire sont des lentilles convergentes. Les objets sont vus renversés.

La *lunette de Galilée*, la lunette astronomique et le télescope servent à amplifier les dimensions apparentes des objets lointains.—La *lunette de Galilée* a un oculaire divergent et un objectif convergent. Elle donne des images droites. — La *lunette astronomique* a l'un et l'autre convergents. Elle donne des images renversées. — Le *télescope de Newton* recueille, au moyen d'un miroir concave, les rayons venus d'un astre, et l'image renversée qui en résulte est dirigée sous une lentille convergente qui amplifie ses dimensions.

La *chambre claire* est un appareil à prisme disposé de façon à ce que l'œil placé au bord d'une des faces d'un prisme voie simultanément par radiation directe et par réflexion totale dans le prisme un objet et son image projetée sur un papier où on peut le décalquer.

Le *microscope solaire* se compose d'une chambre noire portant dans son orifice un système éclairant de deux lentilles convergentes et d'un système grossissant, ou microscope d'une ou plusieurs lentilles biconvexes à court foyer. L'objet translucide placé entre les deux systèmes et éclairé par le soleil va se reproduire amplifié et en image réelle sur un écran.

VISION.

L'*œil* est comparable à une chambre noire ayant pour écran la *rétine;* pour volet, l'*iris* et pour orifice, la *pupille.* En avant de l'iris est un premier système convergent, la *cornée* et l'*humeur aqueuse.* En arrière en est un second, le *cristallin,* ou lentille de l'œil, et l'*humeur vitrée.* Les images réelles vont se former sur le rétine, renversées et rapetissées. — L'œil voit nettement à toutes distances sans que ses dimensions paraissent notablement changer. — Chez l'homme, la vision s'exerce avec les deux yeux, et cependant on ne voit qu'un seul objet.—L'excès des pouvoirs convergents des milieux de l'œil produit la *myopie* ou vue basse; leur insuffisance produit le *presbytisme* ou vue longue.

CHAPITRE XXV.

PHÉNOMÈNES CHIMIQUES PRODUITS PAR LA LUMIÈRE. DAGUERRÉOTYPE; PHOTOGRAPHIE.

PHÉNOMÈNES CHIMIQUES DUS A LA LUMIÈRE. — La lumière a le pouvoir de provoquer dans les corps sur lesquels elle tombe certains changements chimiques qui lui sont propres. Parmi les phénomènes de ce genre les plus connus sont les altérations des matières colorantes; le soleil *mange*, dit-on vulgairement, la couleur des étoffes, des papiers peints. Il y a là une décomposition progressive de la matière colorante appliquée par teinture. Certaines couleurs naturelles s'altèrent tout aussi bien; la toile écrue blanchit peu à peu à la lumière, la cire jaune offre le même changement. Je passerai sous silence les phénomènes tout opposés que produit la lumière chez les êtres vivants où elle développe la matière colorante quelle que soit sa nature. Mais pour se borner aux faits purement chimiques, on peut résumer l'influence de la lumière de la façon suivante : 1° la lumière a le pouvoir de décomposer les matières colorantes et les matières salines, particulièrement les sels de platine, d'or et d'argent; 2° elle a le pouvoir de déterminer au contraire des combinaisons chimiques. Ainsi elle provoque à l'air la combinaison de certains bitumes ou résines avec l'oxygène; elle fait combiner instantanément à froid le chlore, l'iode, le brome avec le gaz hydrogène.

L'action de la lumière sur les sels d'argent est particulièrement remarquable parce qu'elle est le fondement de l'emploi du daguerréotype et de la photographie. Tous les sels d'argent se colorent en noir, en violet ou tout au moins en gris lorsqu'on les expose à la lumière. Cette coloration est due à la décomposition du sel et à la formation d'une certaine quantité d'argent libre à un état de division extrême, état sous lequel il est noir violacé. L'azotate d'argent, le chlorure d'argent sont les sels les plus usités, et ils présentent au plus haut degré la propriété qui nous occupe. Nous allons voir quel parti en ont tiré d'ingénieux expérimentateurs pour reproduire l'image durable des objets par la lumière.

DAGUERRÉOTYPE. — Tout le monde sait aujourd'hui que le daguerréotype est un instrument dans lequel la lumière vient tracer elle-même l'image des objets sur une plaque convenablement préparée.

Cet admirable appareil, une des plus belles découvertes de notre siècle, est une heureuse application de *l'altérabilité des sels d'argent sous l'influence de la lumière;* car la substance impressionnable employée dans le *daguerréotype* et dans la *photographie* est toujours un sel d'argent.

Dès 1827, Niepce avait fait connaître à la Société royale de Londres un procédé pour tracer par la lumière l'image des objets. Mais l'idée fondamentale du daguerréotype se retrouve seule dans ce premier essai; une des idées secondaires les plus importantes y fait encore défaut, c'est l'emploi des sels d'argent comme matière impressionnable; Niepce se servait du bitume de Judée, résine noire que la lumière du soleil blanchit après un certain temps. La lenteur du procédé le rendait impraticable; il ne fallait pas moins de dix heures pour obtenir une image !

Mais en 1839, Daguerre publia son procédé, et la tentative de Niepce fut dès lors transformée en une grande découverte. Ce procédé n'a jusqu'ici subi aucune modification essentielle, mais de simples perfectionnements destinés à le rendre plus facile et plus rapide. L'idée principale consiste à exposer dans une *chambre noire* une plaque métallique *d'argent* bien poli, recouverte d'une couche mince d'un *sel d'argent.* Celui-ci se décompose rapidement par l'action de la lumière, de sorte qu'au bout de peu de temps la plaque porte, au lieu d'une couche uniforme, des parties non altérées correspondant aux ombres et des parties décomposées où l'argent est ramené à l'état métallique; celles-ci représentent les points lumineux ou les clairs du dessin. L'œil ne pouvant apercevoir aucune différence entre ces parties, l'image est encore invisible. Pour la rendre perceptible il faudra l'exposer aux vapeurs du *mercure* qui, se combinant avec l'argent mis à nu par la décomposition, marquera les lumières par un amalgame d'un blanc mat. Enfin il faut enlever à la plaque les restes du sel d'argent que la lumière achèverait de décomposer, de manière que l'image s'effacerait peu à peu au jour : c'est ce qu'on appelle *fixer l'image.* Daguerre utilisa dans ce but la solubilité des sels d'argent dans *l'hyposulfite de soude;* en lavant la plaque avec une dissolution de ce sel, on dissout la couche qui restait sur les parties ombrées, et le poli de l'argent n'en fait qu'une plus vive opposition au ton mat de l'amalgame qui retrace les parties lumineuses; en même temps l'image est devenue inaltérable à la lumière, puisque la substance impressionnable a disparu. En résumé, dans une image daguerrienne, les lumières sont données par un amalgame d'argent, et les ombres par la surface polie de la plaque mise à nu en dernier lieu. Après cette esquisse générale du procédé, j'en indiquerai sommairement les diverses opérations.

L'appareil même qu'on nomme un *daguerréotype*, est l'instrument essentiel de toutes ces opérations. C'est une chambre noire A qu'on voit dans la fig. 270; un double système de lentilles O y amène les rayons lumineux et les concentre sur le fond de l'appareil; pour obtenir les variations propres à chacune des distances focales déterminées par la position des objets, le fond de la chambre noire B peut se re-

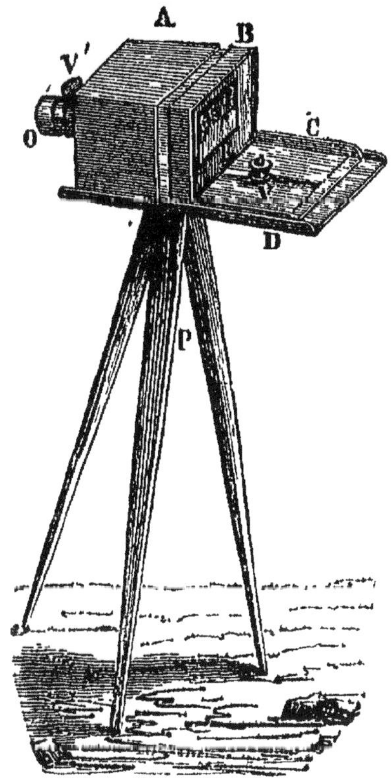

Fig. 270.

culer par une disposition de coulisse VC, et une vis de rappel V' permet de rapprocher plus ou moins la lentille extérieure de l'intérieure. Pour s'assurer que le fond de la chambre où sera placée la plaque est bien à la distance voulue pour la plus grande netteté de l'image, on la reçoit d'abord sur un écran en verre dépoli F auquel plus tard la plaque daguerrienne sera substituée.

Voici maintenant la série des opérations que l'on doit exécuter pour obtenir une épreuve dans cet appareil :

1° **Polissage de la plaque.** — La plaque est une lame rectangulaire en cuivre dont une face est recouverte d'argent. Il importe pour le succès que cette couche soit d'argent très-pur; aussi la dépose-t-on maintenant par les procédés galvaniques. Pour la polir, on la place sur un support horizontal, puis on la frotte avec un peu de terre pourrie, et on la termine avec un polissoir en cuir. De la perfection du poli dépend le dépôt de la *couche impressionnable* ou *sensible,* et la pureté des ombres.

2° Dépôt de la couche sensible. — La plaque ainsi préparée va être enduite du sel d'argent. Celui que préférait Daguerre est l'*iodure d'argent,* et voici comment on l'applique. La plaque est exposée à l'action de la vapeur d'iode, dans une boîte où la lumière n'a pas d'accès; sa surface est attaquée et transformée en iodure. La couche est suffisante lorsque la plaque a pris une coloration *rose velouté* ou *rose pourpre.* Daguerre avait indiqué seulement le *jaune d'or;* mais dans ce cas la sensibilité est bien moins grande et les épreuves se font bien plus lentement. De plus, on a reconnu depuis Daguerre, que certaines substances, dites *accélératrices,* avaient la propriété d'augmenter la sensibilité de la couche et de rendre l'action de la lumière extrêmement rapide. Ces substances accélératrices sont le chlore, les vapeurs de brome, ou bien le bromure de chaux (suivant M. Bingham), ou enfin la chaux chlorobromée (suivant le baron Gros). On expose pendant quelques secondes la plaque à l'action de ces vapeurs, et il est clair alors que la plaque se trouve recouverte d'un mélange d'iodure avec du chlorure et du bromure d'argent; on se trouve bien d'ailleurs de la passer encore une fois à l'iode après l'action des substances accélératrices. Toutes ces vapeurs ne doivent pas non plus arriver directement sur la plaque, où elles apporteraient de l'humidité : on leur fait traverser une plaque de dégourdi ou terre de pipe poreuse qui les dessèche; la plaque métallique est au-dessus et les reçoit ainsi séchées et également réparties.

3° Exposition dans la chambre noire. — La plaque ainsi préparée et soigneusement garantie de l'action de la lumière est ensuite exposée dans la chambre noire ou daguerréotype, à la place de l'écran en verre dépoli; elle est soumise ainsi à l'action des rayons lumineux qui ont traversé l'objectif. Le temps qu'elle doit y séjourner dépend de l'éclat du jour, du lieu où l'on opère, etc.; l'expérience seule peut apprendre à bien juger ces conditions. Quoi qu'il en soit, ce temps ne varie guère que de quelques secondes à 2 minutes.

4° Révélation de l'image. — Dès que l'action de la lumière a été jugée suffisante, on retire la plaque, toujours préservée de la lumière extérieure, on la transporte dans une pièce obscure et on la place dans une petite caisse où elle reçoit sous un angle de 45° les vapeurs d'un bain de mercure légèrement chauffé. En une minute et demie environ, l'image apparaît; j'ai dit plus haut quel rôle joue ici le mercure.

5° Fixation de l'image. — J'ai déjà indiqué ce qu'on appelait *fixer l'image;* on lave la plaque dans un bain d'hyposulfite de soude qui dissout les parties encore intactes de la couche sensible. M. Fizeau a introduit un heureux perfectionnement en ajoutant à l'hyposulfite de soude du *chlorure d'or,* ou en proposant au lieu de l'hyposulfite simple l'*hyposulfite d'or et de soude.* Cette modification a enlevé aux épreuves le miroitage fatigant qui permettait à peine de les voir, et a donné aux ombres plus de vigueur et de netteté. Il est probable qu'au lieu de rester à nu pour former les ombres, l'argent s'unit à l'or qui le brunit; quant à l'amalgame qui donne les lumières, il se gonfle en s'alliant à l'or et prend plus de blancheur et d'éclat.

Je terminerai en indiquant la réaction principale qui s'effectue sous l'influence de la lumière. L'iodure d'argent passe, dans les points que touche la lumière, à l'état de sous-iodure, et met en liberté du métal qui se combinera plus tard avec le mercure; car, tandis que l'iodure adhère énergiquement à la plaque et la préserve de l'action du mercure, le sous-iodure, qui manque d'adhérence, ne s'oppose nullement à l'amalgamation; ainsi se formeront tous les clairs, tandis que l'argent non amalgamé et que le bain d'hyposulfite dépouillera de la couche d'iodure, représente les ombres du dessin.

Photographie. — La *photographie,* qui a de si grands rapports avec le procédé de Daguerre, est cependant un art distinct qui a eu ses inventeurs et s'est révélé indépendamment de la découverte dont je viens de parler. Cet art nouveau a pour but d'obtenir sur papier des images tracées par la lumière, et aujourd'hui ce difficile problème est merveilleusement résolu. La photographie n'existe réellement que depuis les inventions de M. Fox Talbot : à la même époque où Daguerre publiait sa reproduction d'images sur plaques, M. Talbot faisait connaître sa *calotypie,* dont il garda quelque temps les procédés secrets. Il en résulta que, nés en même temps, les deux procédés eurent une destinée toute différente. Tandis que le daguerréotype se perfectionnait avec rapidité, la photographie ne se développa que tardivement. Aujourd'hui cependant on doit être convaincu que la photographie, avec ses mille ressources, a d'immenses avantages sur le daguerréotype. Le procédé primitif de M. Fox Talbot est resté à peu près intact, mais, par de légers perfectionnements dont les effets sont considérables, M. Blanquart-Évrard en a obtenu des résultats tout nouveaux.

La variété même des détails des opérations photographiques adoptées par chaque artiste ne permet qu'une indication sommaire du procédé général. Il faut savoir d'abord que l'on n'obtient pas directement l'image définitive. La première *épreuve* est ce qu'on appelle *négative*, c'est-à-dire que les *lumières* y sont *en noir* et *les ombres, en blanc*, c'est à l'aide de cette épreuve négative que l'on tire les *épreuves positives*, c'est-à-dire celles qui ont leurs *ombres noires* et leurs *lumières blanches*. Mais il faut un papier spécial pour chaque espèce d'image de sorte que nous aurons à examiner deux séries d'opérations, l'exécution de l'épreuve négative, et en second lieu la production des épreuves positives.

1° *Épreuve négative.* — L'exécution de l'épreuve négative comprend trois opérations : la préparation du papier négatif, la production de l'image, sa fixation.

a. — Préparation du papier négatif. — On dispose deux bains dans des cuves plates donnant une grande surface; le premier est une dissolution d'*azotate d'argent*, 1 partie dans 30 parties d'*eau;* le second est une dissolution d'*iodure de potassium*, 25 parties, *bromure de potassium*, 1 partie, dans 260 parties d'*eau*. On choisit ensuite un papier mince, perméable à la lumière, et que l'on coupe en feuilles de dimensions convenables. Pour préparer chacune de ces feuilles, on l'étend, sans la submerger, sur le bain d'azotate d'argent, jusqu'à ce qu'elle prenne une teinte bleuâtre; alors on l'enlève et on la fait sécher sur une plaque de verre, la face mouillée en dessus. Quand elle est sèche, on la plonge deux ou trois minutes dans le second bain, celui d'iodure et de bromure de potassium. Il est facile de prévoir que la surface imbibée d'azotate d'argent sera attaquée et se trouvera pénétrée bientôt d'iodure et de bromure d'argent. On lave à grande eau et on sèche comme tout à l'heure. Toutes ces opérations, ainsi que les suivantes, ont lieu dans une chambre obscure, et le papier préparé devra être conservé à l'abri de la lumière; il peut garder plusieurs mois sa sensibilité.

b. — Production de l'image négative. — Quand on veut se servir du papier négatif, il faut raviver sa sensibilité; pour cela on mouille la surface préparée en l'appliquant sur une glace humectée de la solution suivante :

Eau...........................	64 parties.
Acide acétique cristallisé.........	11 parties.
Azotate d'argent.................	6 parties.

Puis, une ou deux minutes après, on place sur l'autre face un papier à dessin, humide, et une autre glace. C'est à travers la première glace que le papier sensibilisé recevra l'action de la lumière. Ainsi entouré, le papier sensible est exposé dans la chambre noire du daguerréotype; il y doit rester assez longtemps, 10 à 20 minutes, si le jour est brillant, plus encore dans le cas contraire. Quand on retire le papier, l'iodure d'argent est attaqué par la lumière, mais rien n'est visible; l'opération suivante va faire apparaître l'image.

c. — Fixation de l'image négative. — Le papier sur lequel on a opéré, toujours maintenu à l'abri de la lumière, est étendu sur une glace, le côté impressionné en dessus. Un premier bain va révéler l'image, un second la rendra inaltérable ou fixe. Le bain *révélateur* est une dissolution aqueuse d'*acide gallique* (C^7,H^3O^5), telle que celle-ci :

Eau distillée.................... 100 parties.
Acide gallique.................... 8 parties.

On lave avec cette liqueur la surface impressionnée du papier étendu sur la glace, et aussitôt l'image apparaît négative, avec une teinte rousse qui finira par arriver au noir. Le papier était imbibé de sels d'argent (iodure, azotate, acétate) que la lumière, dans les points qu'elle a touchés, a réduits à l'état de sous-sels en dégageant de la combinaison une portion de l'argent. L'acide gallique attaque ces corps en décomposition, et forme en définitive un *gallate d'argent* qui est noir et donne les lumières en noir. Il reste donc les sels d'argent sur les parties ombrées; il faut les enlever pour détruire la sensibilité de l'image. Pour cela, aussitôt que l'image est bien venue, on place la glace avec sa feuille de papier dans le second bain, formé de 5 parties de *bromure de potassium* en dissolution dans 200 parties d'eau. Après 15 ou 20 minutes d'immersion, on lave à grande eau, et on fait sécher; ce bromure de potassium dissout les restes de sels d'argent, et bientôt il n'y a plus sur le papier que les lumières colorées en noir par le gallate désormais inaltérable, et les ombres dessinées en blanc par le papier lui-même dépouillé des matières sensibles dont il avait été imprégné. Alors on achève l'épreuve négative en la saupoudrant de cire vierge raclée que l'on fait fondre ensuite et pénétrer dans le papier en le repassant sous plusieurs feuilles avec un fer chaud. Cette imbibi-tion donne de la transparence à l'épreuve dans les parties non envahies par le gallate d'argent, qui est opaque.

2° *Épreuve positive.* — Trois opérations sont également nécessaires pour reproduire d'après l'épreuve négative les épreuves positives; ce sont : la préparation du papier positif, la reproduction de l'image et sa fixation.

d. — Préparation du papier positif. — Elle nécessite deux bains : l'un est une dissolution de 30 parties de *sel marin* dans 100 parties d'eau; l'autre est une dissolution de 1 partie d'*azotate d'argent* dans 10 parties d'eau. On choisit un papier épais; chaque feuille est éten-

due sur le bain de sel marin pendant 3 à 4 minutes, puis pressée
entre les feuilles d'un buvard jusqu'à ce qu'elle ait perdu toute humidité. Ensuite on l'étend sur le second bain pendant 5 à 6 minutes,
on l'égoutte et on la met sécher sur une lame de verre horizontale.
Tout ceci doit être fait dans l'obscurité, à la lueur d'une faible lampe.
Le papier ainsi préparé a l'une de ses faces pénétrée de chlorure d'argent, résultant de la réaction du sel marin et de l'azotate d'argent mis
en présence.

e. — Production de l'image positive. — La production de l'image
positive repose sur une idée bien simple : l'épreuve négative n'a conservé sa perméabilité à la lumière que dans les parties ombrées; le
gallate d'argent rend opaques tous les clairs. Si donc on expose le papier positif à la lumière derrière l'épreuve négative, celle-ci fera pour
ainsi dire l'office d'un écran à découpures; la lumière passant à travers les ombres ira colorer le chlorure d'argent du papier positif, tandis qu'il restera blanc derrière les parties lumineuses pénétrées de
gallate d'argent. On enferme donc entre deux glaces l'épreuve négative et une feuille de papier positif, on les expose à l'action de la lumière, le papier négatif tourné vers elle, et au bout de 15, 20 minutes
et plus, suivant l'éclat du jour, l'image s'est dessinée et a pris une
teinte olivâtre claire; l'opération est terminée.

f. — Fixation de l'image. — L'épreuve positive est alors transportée
dans une pièce obscure, puis retirée de l'appareil, plongée pendant
10 à 20 minutes dans l'eau, et enfin lavée au bain d'hyposulfite de
soude (1 partie d'hyposulfite pour 8 parties d'eau). Ce dernier lavage
est devenu, par les belles et patientes études de M. Blanquart-Évrard,
le point essentiel de l'opération. Ce savant photographe introduit dans
ce dernier bain quelques cristaux d'azotate d'argent qui lui permettent,
en variant les proportions, d'obtenir des épreuves positives de tous les
tons qu'il désire. En tous cas, ce bain d'hyposulfite dépouille le papier
de la substance sensible (chlorure d'argent) et fixe définitivement
l'image. Le blanc du papier donne les lumières, et les ombres sont les
taches résultant de la décomposition du chlorure d'argent.

Je ne puis indiquer ici les innombrables modifications introduites
dans ces procédés; elles sortent complétement de notre programme.
Je signalerai seulement l'idée qu'ont eue quelques photographes de
substituer au papier, pour obtenir l'épreuve négative, une lame de
verre enduite de blanc d'œuf ou de collodion (dissolution de poudre-
coton dans de l'éther sulfurique). On voit d'ailleurs qu'une seule
épreuve négative une fois obtenue, on peut en tirer de nombreuses
épreuves positives.

27.

RÉSUMÉ DU CHAPITRE XXV.

ACTION CHIMIQUE DE LA LUMIÈRE.

La lumière altère chimiquement les matières colorantes, les matières salines, les bitumes, certaines résines, certains mélanges gazeux. Les sels d'argent généralement incolores se colorent en s'altérant sous l'influence de la lumière.

DAGUERRÉOTYPE.

Procédé de Daguerre publié en 1830. — Il est basé sur l'altérabilité des sels d'argent à la lumière.

Description de la chambre noire ou daguerréotype.

Opérations : 1° Polissage de la plaque.

2° Dépôt de la couche sensible. — Substances accélératrices.

3° Exposition dans la chambre noire.

4° Révélation de l'image par les vapeurs mercurielles.

5° Fixation de l'image par le bain d'hyposulfite de soude.

PHOTOGRAPHIE.

Procédé de M. Fox Talbot, perfectionné par M. Blanquart-Évrard.

1° Épreuve négative : *a* préparation du papier négatif.

b production de l'image négative.

c fixation.

2° Épreuve positive : *d* préparation du papier positif.

e production de l'image positive.

f fixation.

PROGRAMME DE PHYSIQUE

POUR L'ENSEIGNEMENT SECONDAIRE CLASSIQUE

ENSEIGNEMENT SCIENTIFIQUE

CLASSE DE MATHÉMATIQUES ÉLÉMENTAIRES

(Ce programme est celui de l'examen du baccalauréat ès sciences.)

ÉLECTRICITÉ ET MAGNÉTISME.

ACOUSTIQUE.

OPTIQUE.

COURS ÉLÉMENTAIRE

DE PHYSIQUE

TABLE DES CHAPITRES

CHAPITRE V.

CHAPITRE VI.

CHAPITRE VII.

CHAPITRE VIII.

CHAPITRE IX.

CHALEUR.

CHAPITRE X.

CHAPITRE XI.

CHAPITRE XII.

27..

CHAPITRE XX.

ACOUSTIQUE.

FIN DE LA TABLE DES CHAPITRES.

www.ingramcontent.com/pod-product-compliance
Ingram Content Group UK Ltd.
Pitfield, Milton Keynes, MK11 3LW, UK
UKHW021003140726
13695UKWH00001B/60